当代
药用植物典

（第二版）

2

赵中振　肖培根 主编

世界图书出版公司
上海 · 西安 · 北京 · 广州

图书在版编目（CIP）数据

当代药用植物典 . 2 / 赵中振，肖培根主编 . — 2版 .
— 上海 : 上海世界图书出版公司，2018.9

ISBN 978-7-5192-4538-2

Ⅰ . ①当… Ⅱ . ①赵… ②肖… Ⅲ . ①药用植物—词典 Ⅳ . ① S567-61

中国版本图书馆 CIP 数据核字 (2018) 第077854号

书　　名	当代药用植物典（第二版）2 Dangdai Yaoyong Zhiwudian（Di–er Ban）2
主　　编	赵中振　肖培根
责任编辑	顾　泓
装帧设计	香港万里机构出版有限公司
出版发行	上海世界图书出版公司
地　　址	上海市广中路88号9 — 10楼
邮　　编	200083
网　　址	http://www.wpcsh.com
经　　销	新华书店
印　　刷	上海丽佳制版印刷有限公司
开　　本	889 mm × 1194 mm　1/16
印　　张	35.25
字　　数	1200 千字
版　　次	2018年9月第1版　2018年9月第1次印刷
书　　号	ISBN 978-7-5192-4538-2/S · 15
定　　价	698.00元

主编介绍

赵中振教授，现任香港浸会大学中医药学院讲座教授，中医药学院副院长。兼任香港中医中药发展委员会委员，香港卫生署荣誉顾问，中国药典委员会委员，美国药典委员会草药专家委员会委员等职。2014年获香港特别行政区颁发的荣誉勋章。长期从事本草学、药用植物资源与中药鉴定研究，致力于中医药教育、研究及国际交流。

1982年获北京中医药大学学士学位
1985年获中国中医科学院硕士学位
1992年获东京药科大学博士学位

主编 《中国药典中药粉末显微鉴别彩色图集》
《香港中药材图鉴》（中、英文版）
《中药显微鉴别图鉴》（中、英文版）
《香港容易混淆中药》（中、英文版）
《中药材鉴定图典》（中、英、日文版）
《中药显微鉴定图典》
《百方图解》《百药图解》系列图书（中、英文版）

肖培根院士，现任中国医学科学院药用植物研究所研究员、名誉所长，国家中医药管理局中药资源利用与保护重点实验室主任。兼任北京中医药大学中药学院教授、名誉所长，香港浸会大学中医药学院客座教授等。长期从事药用植物及中药研究，致力于开创药用亲缘学的研究。

1953年获厦门大学理学学士学位
1994年被评为中国工程院院士
2002年获香港浸会大学荣誉理学博士学位

现任《中国中药杂志》主编；*Journal of Ethnopharmacology*, *Phytomedicine*, *Phytotherapy Research*等杂志编委。

主编 《中国本草图录》《新编中药志》等大型图书

编者名单

主　　编： 赵中振　肖培根

副 主 编： 洪雪榕　吴孟华　叶俏波　陈虎彪　严仲铠　姜志宏　董小萍　邬家林　彭　勇　徐　敏　禹志领

顾　　问： 谢明村　谢志伟　徐宏喜

编 委 会： 黄　冉　郭　平　胡雅妮　梁之桃　区靖彤　赵凯存　周　华　梁士贤　杨智钧　李　敏　卞兆祥　徐增莱　易　涛　张　梅　乐　巍　黄文华　刘苹回

助　　理： 李会军　白丽萍　陈　君　孟　江　程轩轩　易　玲　宋　越　马　辰　袁佩茜　聂　红　夏　黎　蓝永豪　黄静雯　周芝苡　黄咏诗

植物摄影： 陈虎彪　邬家林　吴光弟　赵中振　严仲铠　徐克学　区靖彤　李宁汉　指田丰　杨　春　林余霖　张　浩　胡雅妮　李晓瑾　郑汉臣　御影雅幸　彭　勇　刘孟军　Mi-Jeong Ahn　裴卫忠　贺定翔　文宽心　寺林进　佐竹元吉　许慧琳　广西药用植物园　云南省药物研究所

药材摄影： 陈虎彪　陈亮俊　区靖彤　唐得荣　张　继

特别鸣谢： 曾育麟　袁昌齐　洪　恂　李宁汉　周荣汉　Martha Dahlen　陈露玲　李钟文　郑会健　寇根来　宋　丽

前言

《当代药用植物典》自2006年面世以来，在海内外医药行业，受到从事教育、科研、开发、生产、检验、临床与贸易各界人士的普遍关注与欢迎。本书先后推出中文繁体版、中文简体版、英文版、韩文版，中文简体版于2010年获得国家新闻出版总署颁发的“中国出版政府奖”，这是中国出版领域的最高奖项。这些成绩不但是对作者与出版者工作的认可与鼓励，更说明了市场对中医药信息的渴望与需求。

在中医药的现代化进程中，信息的现代化应当先行。让中国了解世界，让世界了解中国，是本书编撰的初衷。以古今为纬，以东西为经，是本书的基本定位。本书放眼全球，既囊括了常用的中药，也介绍常用的西方植物药。

过去的10年，是中国经济迅猛发展的10年，也是中医药大踏步前进的10年。2015年，中国第一个自然科学领域的诺贝尔奖——青蒿素的发现——从中医药领域诞生。中医药在国际上使用得越来越多，从事中医药研究的人士更是与日俱增。

此次新版订正了一些疏漏，在植物基原与药材图片、化学成分、药理作用、临床应用与中药安全用药等方面，补充了10年来海内外研究的最新进展。为顺应时代，一些药用植物还增加了二维码便于读者查阅。

2018年适逢李时珍诞辰500周年。李时珍是中国伟大的医药学家，是世界级的大学者，其所著《本草纲目》于2011年被列入“世界记忆名录”。《本草纲目》被誉为“中国古代的百科全书”，对世界科学界贡献巨大。谨以新版《当代药用植物典》向李时珍致敬！

编写说明

1. 收载世界范围内常用的药用植物共计500条目，涉及原植物800余种。第一、第二册为东方篇，以东方传统医学常用药为主，如中国、日本、朝鲜半岛、印度等；第三册为西方篇，以欧美常用植物药为主，如欧洲、俄罗斯、美国、澳大利亚等；第四册为岭南篇，以岭南地区出产与常用的草药为主，也包括经此地区贸易流通的常见药用植物。

2. 以药用植物正名为条目，下设名称、概述、原植物图片、药材图片、化学成分、化学结构式、药理作用、应用、评注、参考文献等项，顺序著录。

3. 名称

(1) 以药用植物资源种的中文名与汉语拼音名作为正名，并以汉语拼音为序，右上角以小字标明各国药典收载情况，例如：CP（《中国药典》）、JP（《日本药局方》）、KHP（《韩国草药典》）、VP（《越南药典》）、IP（《印度药典》）、USP（《美国药典》）、EP（《欧洲药典》）、BP（《英国药典》）。

(2) 除中文正名之外，还收载药用植物拉丁学名、药用植物英文名、药材中文名、药材拉丁名等。

(3) 药用植物拉丁学名及中文正名，首先以《中国药典》（2015年版）原植物名为准，如《中国药典》没有收载，则参考《新编中药志》《中华本草》等有关书籍确定。民族药以《中国民族药志》收录的名称为准。国外药用植物的拉丁学名以所在国药典为准，其中文名参照《欧美植物药》及其他相关文献拟定。

(4) 药材中文名和药材拉丁名以《中国药典》为准，如《中国药典》没有收载，则参照《中华本草》拟定。

4. 概述

(1) 首先标示该药用植物种在植物分类学上的分类位置。写出科名（括号内标示科之拉丁名称）、植物名、拉丁学名及药用部位。如一种药用植物多部位可供药用，则分别叙述。

(2) 记述药用植物所在属的名称，括号内标示所在属之拉丁名称，介绍本属和本种在全球的分布区及产地。一般记述到洲和国家，特产种收录道地产区。

(3)简单介绍该药用植物最早文献出处、历史沿革。记述主产国家药用植物法定地位及药材的主要产地。

(4) 概述该药用植物的化学成分研究成果，主要介绍活性成分、指标性成分。记述主要药典控制药材质量的方法。

(5) 概述该药用植物的药理作用。

(6) 介绍该药用植物的主要功效。

5. 原植物与药材照片

(1) 使用彩色图片包括：原植物图片、药材图片及部分种植基地图片。

(2) 原植物图片或含该药用植物种图片与近缘药用植物种图片等；药材图片或含原药材图片与饮片图片等。

(3) 药材图片中的线段为实物长度参照线段，药材实际长度可以根据线段下方所示长度数值等比例换算得出。

6. 化学成分

(1) 主要收载该药用植物已经国内外期刊、专著发表的主要成分、有效成分(或国家列为药食兼用种的营养成分)、特征性成分。对可作为控制该种原植物质量的指标性成分做重点记述。标示有中英文名及部分成分的化学结构式，并用方括号标出文献序号。成分的中文名称参照《中华本草》及有关专著；没有中文名称的仅列出英文名称。蛋白质、氨基酸、多糖、微量元素等一般未列入。

(2) 化学结构式统一用 ISIS Draw 软件绘制，其下方适当位置标有英文名称。

(3) 正文中化学中文名首次出现时，其后写出英文名，并加上括号，第一个字母小写。中文名第二次出现时不再标写英文名。

(4)该药用植物的化学成分类别较多时，如生物碱类、黄酮类、苷类等，“类”下记述其单一成分时在“类”后用冒号，单一成分之间用顿号，该类成分记述结束后用分号，其他“类”依次类推，整个植物器官成分记述结束后用句号。

(5) 同一基原植物的不同部位已作为单一商品生药入药，化学成分研究内容较少者简单记述；如各部位内容较多，则分段分别记述。

7. 药理作用

(1) 介绍该药用植物种及其有效成分或提取物已发表的实验药理作用内容，依药理作用简单记述或分项逐条记述。首先记述该植物的主要药理作用，其他作用视内容多寡逐条记述。

(2) 概述实验研究所用的药物（包含药用部位、提取溶剂等）、给药途径、实验动物、作用机制等，并用方括号标出文献序号。

(3) 首次出现的药理专业术语于括号内标示英文缩略语，第二次出现时直接为中文名或英文缩略语。

8. 应用

(1) 因收集内容包括药用植物、药用化学成分来源植物、保健品基原植物和化妆品基原植物等。故本项定为“应用”，项下包括功能、主治和现代临床三部分，视不同基原种的用途给予客观记述。药用化学成分中来源植物则仅说明其用途，未分项描述。

(2) 功能和主治准确按中医理论对该药用植物种及各药用部位进行表述。主要参考文献为《中国药典》《中华本草》及其他相关专著。

(3) 现代临床部分以临床实践为准，表述该药用植物的临床适应证。

9. 评注

(1) 以该药用植物为主，用历史和未来的眼光，概括阐述该种植物研究的特点和不足，提出开发应用前景、发展方向和重点。

(2) 对属于中国国家卫生部规定的药食同源品种或香港常见毒剧药名单的药用植物种，文中予以说明。

(3) 评注中还包括该药用植物种植基地的分布情况。

(4) 对已有明显不良反应报道的药用植物，概括阐述其安全性问题与应用注意事项。

10. 参考文献

(1) 对20世纪90年代以前已佚文献，采用转引方式。

(2) 引用文献时尊重原文，对原出处中术语与人名有明显错误之处，予以更正。

(3) 参考文献按照国家标准编制。

11. 计量单位，采用国际通用的计量单位和符号。文中主要成分含量的描述一般保留2位有效数字。

12. 编制的药用植物名称索引有：拉丁学名索引、中文笔画索引、汉语拼音索引、英文名称索引。

目录

总索引

当代药用植物典

（第二版）

2

楝 Lian CP

Melia azedarach L.
Chinaberry Tree

概述

楝科 (Meliaceae) 植物楝 *Melia azedarach* L.，其干燥树皮和根皮入药。中药名：苦楝皮。

楝属 (*Melia*) 植物全世界约 3 种，分布于东半球热带及亚热带地区。中国有 2 种，均可供药用。本种分布于中国黄河以南各省区；亚洲温带地区多有栽培。

楝以“楝实”药用之名，始载于《神农本草经》，列为下品。《中国药典》（2015 年版）收载本种为中药苦楝皮的法定原植物来源种之一。主产于中国四川、湖北、安徽、江苏、河南、贵州，陕西、云南、甘肃也产。

楝树皮和根皮中主要含四环三萜类化合物，还含黄酮、蒽醌等成分。川楝素是楝的主要活性成分。《中国药典》采用高效液相色谱法进行测定，规定苦楝皮药材含川楝素应为 0.010% ～ 0.20%，以控制药材质量。

药理研究表明，楝皮、果实、种子及叶均具有驱虫、抑菌、抗病毒等作用。

中医理论认为苦楝皮具有驱虫，疗癣等功效。

◆ 楝
Melia azedarach L.

◆ 药材苦楝皮
Meliae Cortex

化学成分

楝树皮和根皮中含有三萜类化合物：川楝素 (toosendanin)、异川楝素 (isotoosendanin)[1]、苦楝酮 (kulinone)、苦楝萜酮内酯 (kulactone)、苦楝萜醇内酯 (kulolactone)、苦楝萜酸甲酯 (methylkulonate)[2-3]、苦楝酮二醇 (melianodiol)、苦楝子三醇 (meliantriol)[4]、trichilin H[5]等；蒽醌苷：1,8-二羟基-2-甲基蒽醌-3-*O*-*β*-*D*-吡喃半乳糖苷 (1,8-dihydroxy-2-methylanthraquinone-3-*O*-*β*-*D*- galactopyranoside)、1,5-二羟基-8-甲氧基-2-甲基蒽醌-3-*O*-*α*-*L*-吡喃鼠李糖苷 (1,5-dihydroxy-8-methoxy-2-methylanthraquinone-3-*O*-*α*-*L*-rhamnopyranoside)[6]等；黄酮类成分：4',5-二羟基黄酮-7-*O*-*α*-*L*-吡喃鼠李糖基(1→4)-*β*-*D*-吡喃葡萄糖苷 (4',5-dihydroxyflavone-7-*O*-*α*-*L*-rhammopyranosyl-(1→4)-*β*-*D*-glucopyranoside) [7]、melianxanthone[8]等；酚性化合物：阿魏酸二十六醇酯 (hexacosyl ferulate)[9]等。

楝的果实中含有苦楝酮 (melianone)、苦楝醇 (melianol)、苦楝新醇 (melianoninol)[10]等。新近从巴西的楝果实中分得一些新的柠檬苦素类化合物，如：1-*O*-deacetyl-1-*O*-tigloylohchinolides A、B等[11]。

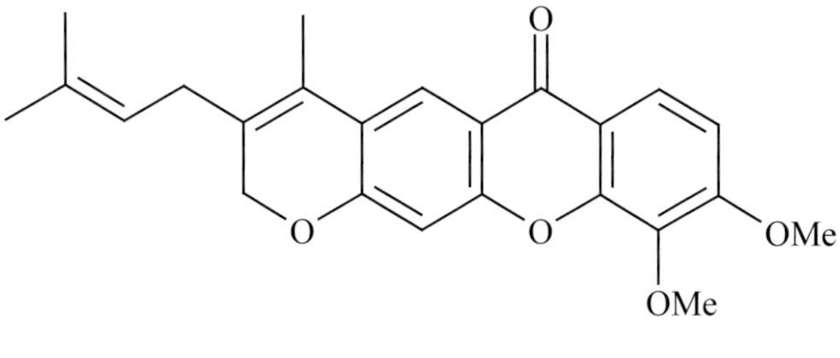

◆ melianxanthone

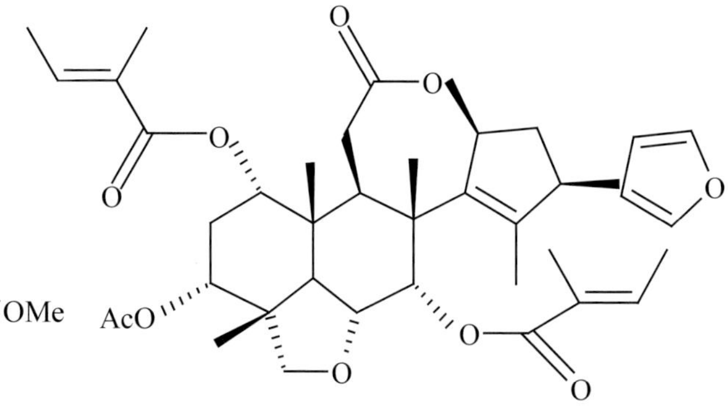

◆ 1-*O*-deacetyl-1-*O*-tigloylohchinolide B

药理作用

1. 驱虫

(1) 驱蛔虫　楝皮的酒精提取物体外对猪蛔虫，特别对其头部具有麻痹作用，有效成分为川楝素[12]。20% 浓度的楝皮水煎剂体外对蛔虫有一定的麻痹作用。

(2) 驱蛲虫　一定浓度苦楝皮药液体外可致小鼠蛲虫全部死亡[12]。

(3) 驱绦虫　楝皮水和醇提取物均有一定杀灭绦虫原头蚴的作用，浓度为200 mg/mL 时，48小时内头蚴死亡率分别为8% 和16%[12]。

2. 抑菌

楝种仁的甲醇提取物体外对大肠埃希氏菌、金黄色葡萄球菌、枯草芽孢杆菌等有显著抑制作用[13]。楝果实水提取液腹腔注射感染白色念珠菌的荷 S_{180} 肉瘤小鼠，可使其感染量显著下降[14]。

3. 对血小板聚集的影响

楝皮 75% 乙醇提取液体外对二磷酸腺苷诱导的兔血小板聚集有较强的抑制作用[15]。

4. 抗病毒

从楝叶中分得的 meliacine 对 I 型单纯性疱疹病毒 (HSV-1) 表现出强烈的抑制活性，能影响病毒 DNA 的合成[16]。Meliacin 对口蹄疫病毒 (FMDV) 脱壳有抑制作用，主要机制为影响了细胞内酸性泡囊的 pH 值[17]。楝叶粗提及半纯化提取物对脊髓灰质炎病毒 (polio virus)、FMDV、水疱性口炎病毒 (VSV)、单纯性疱疹病毒 (HSV)、辛德比斯病毒 (Sindbis virus) 等有抑制活性[18]。

5. 其他

楝皮的活性成分川楝素具有阻断神经肌肉接头、抑制呼吸中枢、抗肉毒素中毒、抗肿瘤等作用[19]。

应用

本品为中医临床用药。功能：杀虫，疗癣。主治：虫积腹痛；外治疥癣瘙痒。

现代临床还用于蛔虫病、绦虫病、鞭虫病、血吸虫病及头癣等的治疗。

评注

药用植物图像数据库

川楝 *Melia toosendan* Sieb. et Zucc. 为《中国药典》收载的苦楝皮之另一法定原植物来源种。

苦楝皮用于驱虫，在中国已有两千多年的历史。近代对楝的研究已经不局限于这一传统应用，更多的注重从其中寻找植物性的杀虫活性成分。目前，楝已经作为一种植物杀虫剂在农林业中广泛使用，具有安全、高效、无污染、杀灭多种害虫等优点。

楝是一种具有综合性经济价值的植物，楝木木材轻软，纹理粗而美，适为上等家具、建筑、模型、舟车、乐器等用材。果实的皮、肉可制白酒和工业酒精，果核硬壳可制糖醛、活性炭。楝树生长迅速，冠形美观，树干笔直，病虫害少，可作为理想的园林绿化树种。

参考文献

[1] 谢晶曦，袁阿兴. 驱蛔药川楝皮及苦楝皮中异川楝素的分子结构 [J]. 药学学报，1985，20(3)：188-192.

[2] CHANG F C, CHIANG C K. Tetracyclic triterpenoids from *Melia azedarach*. Ⅱ. *trans*-2-Oxabicyclo[3.3.0]octanones[J]. Tetrahedron Letters, 1969, 11: 891-894.

[3] CHIANG C K, CHANG F C. Tetracyclic triterpenoids from *Melia azedarach*. Ⅲ [J]. Tetrahedron, 1973, 29(14): 1911-1929.

[4] LAVIE D, JAIN M K, SHPAN-GABRIELITH S R. Locust phagorepellent from two *Melia* species[J]. Chemical Communications, 1967, 18: 910-911.

[5] NAKATANI M, HUANG R C, OKAMURA H, et al. Limonoid antifeedants from Chinese *Melia azedarach*[J]. Phytochemistry, 1994, 36(1): 39-41.

[6] SRIVASTAVA S K, MISHRA M. New anthraquinone pigments from the stem bark of *Melia azedarach* Linn.[J]. Indian Journal of Chemistry, Section B: Organic Chemistry Including Medicinal Chemistry, 1985, 24B(7): 793-794.

[7] MISHRA M, SRIVASTAVA S K. A new flavone glycoside from *Melia azedarach* Linn.[J]. Current Science, 1984, 53 (13): 694-695.

[8] 杨光忠，陈玉，张世琏，等. 苦楝树皮化学成分的研究 [J]. 天然产物研究与开发，1998，10(4)：45-47.

[9] 李石生，邓京振，赵守训. 苦楝微量酚性成分的研究 [J]. 中草药，2000，31(2)：86-89.

[10] 韩玖，林文翰，徐任生，等. 苦楝化学成分的研究 [J]. 药学学报，1991，26(6)：426-429.

[11] ZHOU H L, HAMAZAKI A, FONTANA J D, et al. New ring C-seco limonoids from Brazilian *Melia azedarach* and their cytotoxic activity[J]. Journal of Natural Products, 2004, 67(9): 1544-1547.

[12] 王本祥. 现代中药药理学 [M]. 天津：天津科学技术出版社，1997：707-711.

[13] 马玉翔，赵淑英，王梦媛，等. 苦楝的提取及其抑菌活性研究 [J]. 山东科学，2004，17(1)：32-35.

[14] 韩莉，万福珠，刘朝奇. 苦楝果浸出液对荷瘤小鼠及其感染白色念珠菌的影响 [J]. 咸宁医学院学报，1999，13(3)：149-151.

[15] 张小丽，谢人明，冯英菊. 四种中药对血小板聚集性的影响 [J]. 西北药学杂志，2000，15(6)：260-261.

[16] ALCHE L E, BARQUERO A A, SANJUAN N A, et al. An antiviral principle present in a purified fraction from *Melia azedarach* L. Leaf aqueous extract restrains herpes simplex virus type 1 propagation[J]. Phytotherapy Research, 2002, 16(4): 348-352.

[17] WACHSMAN M B, CASTILLA V, COTO C E. Inhibition of foot and mouth disease virus (FMDV) uncoating by a plant-derived peptide isolated from *Melia azedarach* L leaves[J]. Archives of Virology, 1998, 143(3): 581-590.

[18] ANDREI G M, COTO C E, DE TORRES R A. Assays of cytotoxicity and antiviral activity of crude and semipurified extracts of green leaves of *Melia azedarach* L[J]. Revista Argentina de Microbiologia, 1985, 17(4): 187-194.

[19] 杨吉安，马玉花，苏印泉，等. 苦楝研究现状及发展前景 [J]. 西北林学院学报，2004，19(1)：115-118.

裂叶牵牛 Lieyeqianniu CP, JP

Pharbitis nil (L.) Choisy
Japanese Morning Glory

概述

旋花科 (Convolvulaceae) 植物裂叶牵牛 *Pharbitis nil* (L.) Choisy，干燥成熟种子入药。中药名：牵牛子。

牵牛属 (*Pharbitis*) 植物全世界约 24 种，广泛分布于温带和亚热带地区。中国有 3 种，南方及北方均产。本种原产美洲，现中国各地均有野生及栽培。

“牵牛子”药用之名，始载于《名医别录》，列为下品。历代本草所载牵牛品种为裂叶牵牛及圆叶牵牛，古今药用品种一致。《中国药典》（2015 年版）收载本种为中药牵牛子的法定原植物来源种之一。

裂叶牵牛种子中主要活性成分为牵牛树脂苷 (pharbitin)，为牵牛子的泻下有效成分，另尚含生物碱、脂肪油及糖类等。《中国药典》以性状、显微和薄层色谱鉴别来控制牵牛子药材的质量。

现代药理研究表明，牵牛子具有泻下、利尿、杀虫等作用。

中医理论认为牵牛子具有泻水通便，消痰涤饮，杀虫攻积等功效。

◆ 裂叶牵牛
Pharbitis nil (L.) Choisy

◆ 圆叶牵牛
P. purpurea (L.) Voigt

◆ 药材牵牛子
Pharbitidis Semen

化学成分

裂叶牵牛种子含树脂苷类成分牵牛子苷（pharbitin，含量约2%～3%）[1-2]，该苷用碱水解得到牵牛子酸(pharbitic acid)、巴豆酸 (tiglic acid)、裂叶牵牛子酸 (nilic acid)、*α*-甲基丁酸 (*α*-methylbutyric acid) 及戊酸 (valeric acid) 等；牵牛子酸为混合物，可分离得到牵牛子酸A、B、C、D，且以后两者为主，牵牛子酸C为由番红醇酸 (ipurolic acid)与2分子*D*-葡萄糖 (*D*-glucose)、2分子*L*-鼠李糖 (*L*-rhamnose)、1分子异鼠李糖 (*D*-quinovose) 缩合而成的苷，牵牛子酸D比牵牛子酸C多含1分子鼠李糖[1, 3-4]；含生物碱类成分：麦角醇 (lysergol)、裸麦角碱 (chanoclavine)、野麦角碱 (elymoclavine)、狼尾草麦角碱 (penniclavine)、田麦角碱 (agroclavine)、麦角新碱 (ergonovine)、麦角辛 (ergonine)、麦角辛宁碱 (ergosinine)、麦角奴乏宁碱 (ergonovinine)、异狼尾草麦角碱 (isopenniclavine)等；从牵牛子中分离得到大黄素甲醚 (physcion)、大黄素 (emodin)、大黄酚 (chrysophanol)、咖啡酸 (caffcic acid)、咖啡酸乙酯 (ethyl caffeate)、*α*-乙基-*D*-吡喃半乳糖苷 (*α*-ethyl-*O*-*D*-galactopyranoside)、*β*-胡萝卜苷、*β*-谷甾醇[5]；另尚含脂肪油[6]、植物糖 (planteose)[7]等成分。

此外，牵牛子未成熟种子中还含有牵牛子酸 (pharbitic acid)[8]、赤霉素样物质 (gibberellin-like substances)[9]等成分；牵牛子花中亦分离得到芍药花苷元 (peonidin)、花葵素类 (pelargonidins)、黄酮类 (flavonoids)、矢车菊苷元类 (cyanidins)、酰化的花青素类等多种色素[10-16]。

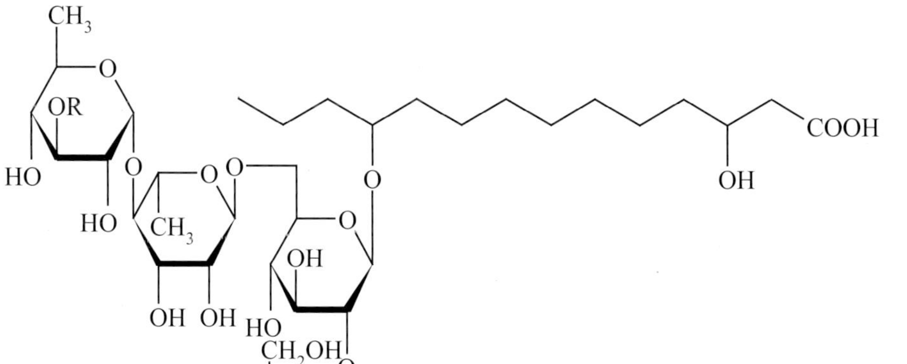

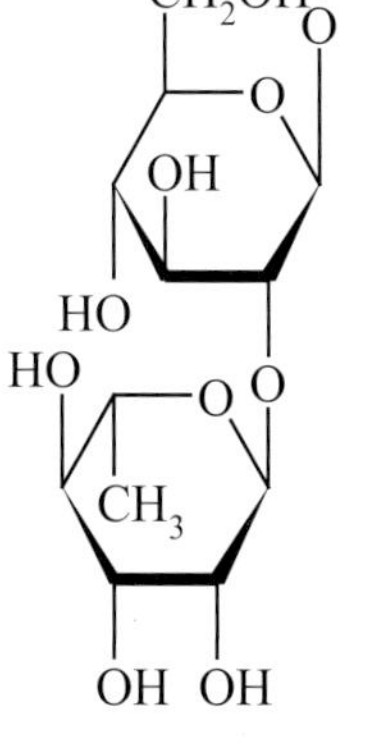

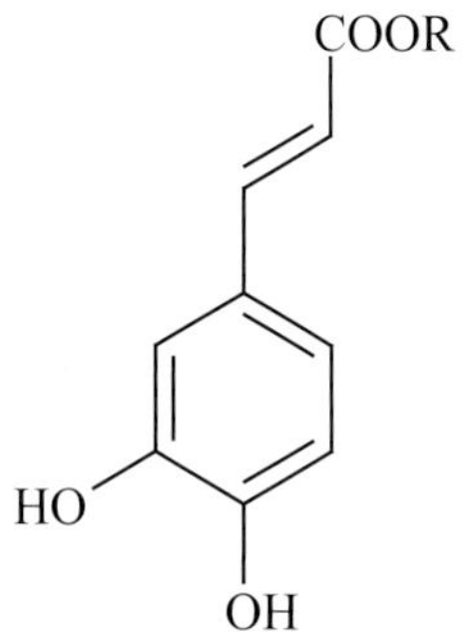

◆ caffeic acid: R=H
ethyl caffeate: R=CH_2CH_3

◆ pharbitic acid C: R=H
pharbitic acid D: R=rha

药理作用

1. 泻下

牵牛子粉及其溶剂灌胃，能明显增加碳末在小鼠小肠内的推进速度；牵牛子醇或水浸出液给小鼠灌胃，亦具有泻下作用，但煎剂无效[17]。

2. 利尿

牵牛子水提取物体外可抑制 15- 羟前列腺素脱氢酶，减少前列腺素 E_2 的破坏，从而延长其利尿作用；还可加速菊糖排出而利尿。

3. 对平滑肌的作用

牵牛子苷能使离体豚鼠回肠管张力增强，运动频率明显加快，收缩幅度增强；牵牛子苷对大鼠及小鼠的离体子宫[18]、兔肠亦有兴奋作用；牵牛子苷水解物的碱性盐，可使豚鼠小肠、大肠和盲肠收缩。

4. 改善记忆

牵牛子提取物灌胃，可明显改善东莨菪碱所致小鼠记忆获得性障碍[19]。

5. 抗肿瘤

牵牛子体外可抑制人胃癌细胞生长，并可诱导癌细胞凋亡[20]。

6. 降血脂

牵牛子喂饲，可改善长期喂饲乙醇的大鼠血液中胆固醇、三酰甘油等的水平[21]。

7. 其他

牵牛子中缩氨酸类等成分具有抗真菌活性[22]；牵牛子体外试验，对蛔虫、绦虫有驱虫作用。

应用

本品为中医临床常用药。功能：泻水通便，消痰涤饮，杀虫攻积。主治：水肿胀满，二便不通，痰饮积聚，气逆喘咳，虫积腹痛。

现代临床还用于腹水、肺源性心脏病所致的水肿、癫痫、蛔虫病、淋巴结核等病的治疗。

评注

药用植物图像数据库

《中国药典》收载作牵牛子药用的还有其同属植物圆叶牵牛 *Pharbitis purpurea* (L.) Voigt 的种子。

牵牛子自古以来即有黑白两种颜色，研究发现圆叶牵牛的花有白、红、蓝等色，其种子均为黑色；而裂叶牵牛的种子颜色随花颜色的不同而不同，即花为白色时种子为白色或黄白色，花为红、紫红或蓝色时，种子为黑色，故药材有黑丑、白丑之称。有学者将花白色者定为裂叶牵牛的新变种白花裂叶牵牛 *P. nil* (L.) Choisy var. *albiflora* L. J. Zhang et H. Q. Du。

牵牛花作为一种常见观赏花卉，有关其发根培养等方面的研究已有报道[23]。

有研究发现裂叶牵牛子中的胶样蛋白具有抗植物致病真菌样活性，可望在转基因植物及农作物的研究中发挥作用[24-26]。

牵牛属植物大多花色艳丽，花期较长，为园林观赏花卉中具有极大开发潜力的品种。

中医临床研究表明，牵牛子对于便秘[27]、肥胖[28]、癫痫[29]等症的治疗效果较好，但其作用机制及有效部位等尚有待于进一步研究。

牵牛子苷对人有毒，大剂量可致呕吐、腹泻、血尿，甚至昏迷。中医传统理论“十九畏”中认为，牵牛子畏巴豆。

参考文献

[1] KAWASAKI T, OKABE H, NAKATSUKA I. Resin glycosides. I. Components of pharbitin, a resin glycoside of the seeds of *Pharbitis nil*[J]. Chemical & Pharmaceutical Bulletin, 1971, 19(6): 1144-1149.

[2] YOKOYAMA R, WADA K. Pharbitin content in *Pharbitis nil*[J]. *Reports of Faculty of Science*, Shizuoka University, 1987, 21: 77-88.

[3] OKABE H, KOSHITO N, TANAKA K, et al. Resin glycosides. Ⅱ. Inhomogeneity of pharbitic acid and isolation and partial structures of pharbitic acids C and D, the major constituents of pharbitic acid[J]. Chemical & Pharmaceutical Bulletin, 1971, 19(11): 2394-2403.

[4] ONO M, NODA N, KAWASAKI T, et al. Resin glycosides. Ⅶ. Reinvestigation of the component organic and glycosidic acids of pharbitin, the crude ether-insoluble resin glycoside (Convolvulin) of Pharbitidis semen (seeds of *Pharbitis nil*) [J]. Chemical & Pharmaceutical Bulletin, 1990, 38(7): 1892-1897.

[5] 陈立娜，李萍. 牵牛子化学成分研究 [J]. 中国天然药物，2004，2(3)：146-148.

[6] 陈立娜，李萍，张重义，等. 牵牛子脂肪油类成分分析 [J]. 中草药，2003，34(11)：983-984.

[7] OKABE M, IDA Y, OKABE H, et al. Identification [as planteose] of substance-Ⅰin the sugar component of the seeds of *Pharbitis nil*[J]. Shoyakugaku Zasshi, 1970, 24(2): 88-92.

[8] YOKOTA T, YAMAZAKI S, TAKAHASHI N, et al. Structure of pharbitic acid, a gibberellin-related diterpenoid[J]. Tetrahedron Letters, 1974, 34: 2957-2960.

[9] ZEEVAART J A D. Reduction of the gibberellin content of Pharbitis seeds by CCC and after-effects in the progeny[J]. Plant Physiology, 1966, 41(5): 856-862.

[10] LU T S, SAITO N, YOKOI M, et al. An acylated peonidin glycoside in the violet-blue flowers of *Pharbitis nil*[J]. Phytochemistry, 1991, 30(7): 2387-2390.

[11] LU T S, SAITO N, YOKOI M, et al. Acylated pelargonidin glycosides in the red-purple flowers of *Pharbitis nil*[J]. Phytochemistry, 1992, 31(1): 289-295.

[12] SAITO N, LU T S, YOKOI M, et al. An acylated cyanidin 3-sophoroside-5-glucoside in the violet-blue flowers of *Pharbitis nil*[J]. Phytochemistry, 1993, 33(1): 245-247.

[13] SAITO N, CHENG J, ICHIMURA M, et al. Flavonoids in the acyanic flowers of *Pharbitis nil*[J]. Phytochemistry, 1994, 35(3): 687-691.

[14] SAITO N, LU T S, AKAIZAWA M, et al. Acylated pelargonidin glucosides in the maroon flowers of *Pharbitis nil*[J]. Phytochemistry, 1994, 35(2): 407-411.

[15] SAITO N, TATSUZAWA F, KASAHARA K, et al. Acylated peonidin glycosides in the slate flowers of *Pharbitis nil*[J]. Phytochemistry, 1996, 41(6):1607-1611.

[16] SAITO N, TOKI K, MORITA Y, et al. Acylated peonidin glycosides from duskish mutant flowers of *Ipomoea nil*[J]. Phytochemistry, 2005, 66(15): 1852-1860.

[17] 敖冬梅，魏群. 牵牛子研究进展 [J]. 中国中医药信息杂志，2003，10(4)：77-80.

[18] 余黎，洪敏，朱荃. 牵牛子效应成分对动物离体子宫的兴奋作用研究 [J]. 中华实用中西医杂志，2004，4(17)：1883-1884.

[19] 敖冬梅，骆静，吴和珍，等. 牵牛子提取物对 CN 的激活及对东莨菪碱致记忆获得性障碍小鼠的影响 [J]. 北京师范大学学报：自然科学版，2003，39(6)：803-806.

[20] KO S G, KOH S H, JUN C Y, et al. Induction of apoptosis by *Saussurea lappa* and *Pharbitis nil* on AGS gastric cancer cells[J]. Biological & Pharmaceutical Bulletin, 2004, 27(10): 1604-1610.

[21] OH S H, CHA Y S. Effect of diets supplemented with Pharbitis seed powder on serum and hepatic lipid levels, and enzyme activities of rats administered with ethanol chronically[J]. Journal of Biochemistry and Molecular Biology, 2001, 34(2): 166-171.

[22] KOO J C, LEE S Y, CHUN H J, et al. Two hevein homologs isolated from the seed of *Pharbitis nil* L. exhibit potent antifungal activity[J]. Biochimica et Biophysica Acta, Protein Structure and Molecular Enzymology, 1998, 1382(1): 80-90.

[23] YAOYA S, KANHO H, MIKAMI Y, et al. Umbelliferone released from hairy root cultures of *Pharbitis nil* treated with copper sulfate and its subsequent glucosylation[J]. Bioscience, Biotechnology, and Biochemistry, 2004, 68(9): 1837-1841.

[24] LEE O S, LEE B, PARK N, et al. Pn-AMPs, the hevein-

like proteins from *Pharbitis nil* confers disease resistance against phytopathogenic fungi in tomato, *Lycopersicum esculentum*[J]. Phytochemistry, 2003, 62(7): 1073-1079.

[25] KOO J C, CHUN H J, PARK H C, et al. Over-expression of a seed specific hevein-like antimicrobial peptide from *Pharbitis nil* enhances resistance to a fungal pathogen in transgenic tobacco plants[J]. Plant Molecular Biology, 2002, 50(3): 441-452.

[26] HA S C, MIN K, KOO J C, et al. Crystallization and preliminary crystallographic studies of an antimicrobial protein from *Pharbitis nil*[J]. Acta Crystallographica, Section D: Biological Crystallography, 2001, D57(2): 263-265.

[27] 戚建明 . 牵牛子粉治疗顽固性便秘 [J]. 四川中医，2000，18(9)：12.

[28] 方小强 . 牵牛子散治疗单纯性肥胖症 64 例临床观察 [J]. 湖南中医杂志，1996，12(6)：4-5.

[29] 张继德，郑根堂，滕建文，等 . 复方牵牛子丸治疗癫痫 841 例临床观察 [J]. 湖南中医杂志，1995，11(4)：17-18.

◆ 圆叶牵牛

凌霄 Lingxiao CP, KHP

Campsis grandiflora (Thunb.) K. Schum.
Chinese Trumpet Creeper

概述

紫葳科 (Bignoniaceae) 植物凌霄 *Campsis grandiflora* (Thunb.) K. Schum.，其干燥花入药。中药名：凌霄花。

凌霄属 (*Campsis*) 植物全世界有 2 种，均可供药用。本种产中国长江流域，以及华北、华南和台湾等地；日本也有分布，越南、印度、巴基斯坦西部等均有栽培。

凌霄以"紫葳"药用之名，始载于《神农本草经》，列为中品。"凌霄花"之名始见于《新修本草》。古今药用品种一致。《中国药典》（2015 年版）收载本种为中药凌霄花的法定原植物来源种之一。主产于中国江苏、浙江、安徽、山东、山西及北京等地。

凌霄化学成分主要为黄酮类化合物，此外，还含有环烯醚萜苷、三萜类成分。《中国药典》以性状、显微和薄层色谱鉴别来控制凌霄花药材的质量。

药理研究表明，凌霄花具有抗菌、抗血栓形成、抗肿瘤等作用。

中医理论认为凌霄花具有活血通经，凉血祛风等功效。

◆ 凌霄
Campsis grandiflora (Thunb.) K. Schum.

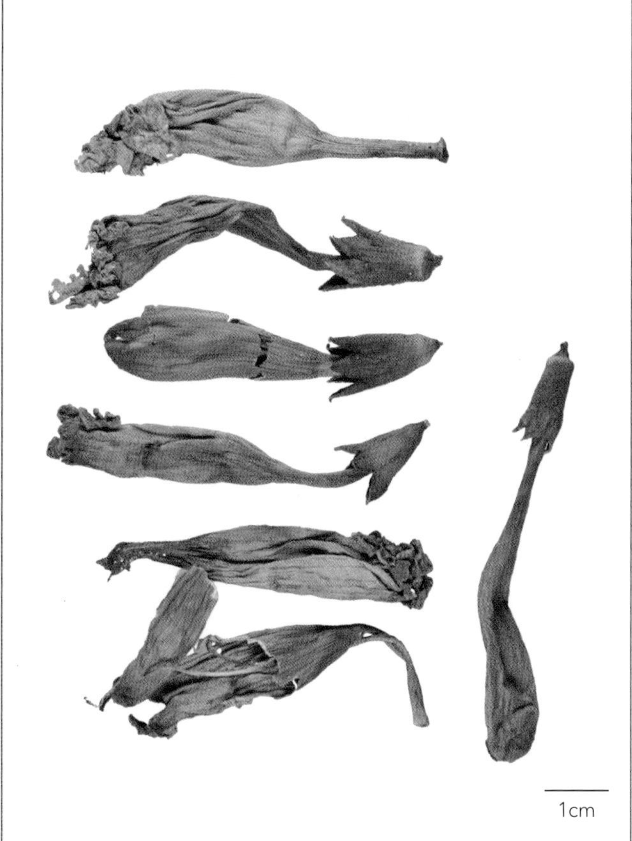

◆ 药材凌霄花
Campsis Flos

◆ 美洲凌霄
C. radicans (L.) Seem.

化学成分

凌霄的花含黄酮类成分：芹菜素 (apigenin)；苯乙醇苷类成分：毛蕊花糖苷 (verbascoside)即洋丁香酚苷 (acteoside)[1]、梾木苷 (cornoside)[2]；三萜类成分：齐墩果酸 (oleanolic acid)、熊果酸 (ursolic acid)、23-羟基熊果酸 (23-hydroxyursolic acid)、科罗索酸 (corosolic acid)、山楂酸 (maslinic acid)、阿江榄仁酸 (arjunolic acid)[3]；甾醇类成分：*β*-谷甾醇 (*β*-sitosterol)、胡萝卜甾醇 (daucosterol)[4]；挥发油类成分：糠醛 (furfural)、5-甲基糠醛 (5-methyl furfural)[5]。

凌霄的叶含黄酮类成分：柚皮素-7-*O*-*α*-*L*-鼠李糖苷(1→4)-鼠李糖苷 [naringenin-7-*O*-*α*-*L*-rhamnosyl(1→4)-rhamnoside]、二氢山柰酚-3-*O*-*α*-*L*-鼠李糖-5-*O*-*β*-*D*-葡萄糖苷 (dihydrokaempferol-3-*O*-*α*-*L*-rhamnoside-5-*O*-*β*-*D*-glucoside) [6]；环烯醚萜类成分：紫葳苷 (campenoside)、5-羟基紫葳苷 (5-hydroxy campenoside)[7]、campsiside、pondraneoside[8]，凌霄苷Ⅰ、Ⅲ、Ⅳ、Ⅴ (cachinesides Ⅰ,Ⅲ～Ⅴ)[9-10]，凌霄醇 (cachinol)、1-*O*-甲基凌霄醇 (1-*O*-methyl cachinol)[11]；三萜类成分：齐墩果酸、常春藤皂苷元 (hederagenin)、熊果酸、委陵菜酸 (tormentic acid)、myrianthic acid[12]。

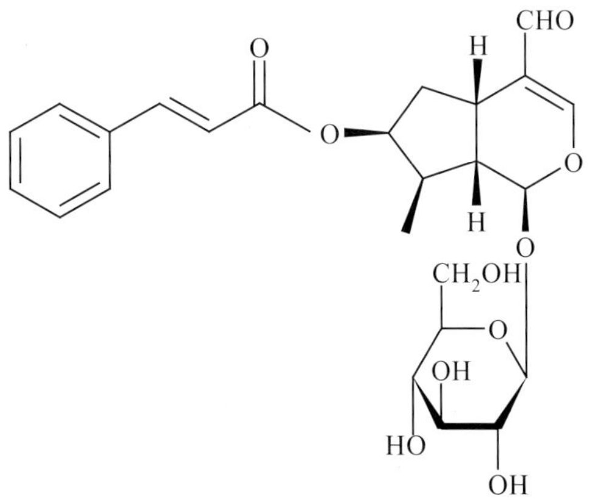

◆ campenoside

药理作用

1. **抗菌**

平板挖沟法实验证明，凌霄花和叶煎剂对弗氏痢疾志贺氏菌、伤寒沙门氏菌有抑制作用。

2. **抗血栓形成**

凌霄花水煎液具有明显的抗血栓形成作用；凌霄花能加快红细胞电泳，增加红细胞电泳率，使血液红细胞处于分散状态。凌霄叶所含的三萜类和环烯醚萜类成分对胶原蛋白或肾上腺素引起的血小板凝集有一定的抑制作用[11, 12]。

3. **抗肿瘤**

凌霄花的花萼提取物对牛脑中提取的蛋白激酶C有抑制作用，在体外对皮肤癌细胞 M_{14} 有一定的细胞毒性[13]。

4. **对血管平滑肌的作用**

凌霄花水煎液对离体猪冠状动脉条具有舒张作用，可显著抑制其收缩。

5. **对子宫平滑肌的作用**

凌霄花水煎液能显著抑制离体未孕小鼠子宫收缩，显著降低子宫的收缩强度，减慢收缩频率，降低收缩活性。而对离体已孕小鼠子宫，凌霄花水煎液则能增加收缩频率及收缩强度，并增强收缩活性[14]。凌霄花的丙酮：甲醇(1：1)提取部位也能显著增强离体已孕小鼠子宫肌条的收缩强度[1]。

6. **其他**

凌霄花提取物有抗氧化和抗炎作用[15-16]；其甲醇提取物可抑制胰淀粉酶[17]；所含的三萜类成分对人胆固醇脂酰基转移酶 (hACAT-1) 有显著的抑制作用[3]；所含的胡萝卜甾醇对法尼基蛋白转移酶 (FPTase) 的活性也有抑制作用[4]。

应用

本品为中医临床用药。功能：活血通经，凉血祛风。主治：月经不调，经闭癥瘕，产后乳肿，风疹发红，皮肤瘙痒，痤疮。

现代临床还用于原发性肝癌、胃肠道息肉、红斑狼疮、荨麻疹等病的治疗。

评注

《中国药典》尚收载美洲凌霄 *Campsis radicans* (L.) Seem 作为凌霄花的法定原植物来源种。原产北美洲，现中国已引种栽培。

美洲凌霄花除了无抑制血栓形成作用外，其他作用均与凌霄花相似。值得注意的是，美洲凌霄花对离体孕子宫作用具特殊性，它能使离体孕子宫呈节律性的兴奋和抑制作用。据此，美洲凌霄花可以作为引产药进一步研究开发。此外，美洲凌霄花与凌霄花化学成分有所不同，两者药理作用的对比研究有待深入。

参考文献

[1] 赵谦，廖矛川，郭济贤. 凌霄花的化学成分与抗生育活性[J]. 天然产物研究与开发，2002，14(3)：1-6.

[2] KIM D H, OH Y J, HAN K M, et al. Development of biologically active compounds from edible plant sources ⅩⅣ. Cyclohexylethanoids from the flower of *Campsis grandiflora* K. Schum[J]. Agricultural Chemistry and Biotechnology, 2005, 48(1): 35-37.

[3] KIM D H, HAN K M, CHUNG I S, et al. Triterpenoids from the flower of *Campsis grandiflora* K. Schum. as human acyl-CoA: cholesterol acyltransferase inhibitors[J]. Archives of Pharmacal Research, 2005, 28(5): 550-556.

[4] KIM D H, SONG M C, HAN K M, et al. Development of biologically active compounds from edible plant sources. Ⅹ. Isolation of lipids from the flower of *Campsis grandiflora* K. Schum. and their inhibitory effect on FPTase[J]. Han'guk Eungyong Sangmyong Hwahakhoeji, 2004, 47(3): 357-360.

[5] UEYAMA Y, HASHIMOTO S, FURUKAWA K, et al. The essential oil from the flower of *Campsis grandiflora* (Thumb.) K. Schum. from China[J]. Flavour and Fragrance Journal,1989, 4(3): 103-107.

[6] AHMAD M, JAIN N, KAMIL M, et al. Isolation and characterization of two new flavanone disaccharides from the leaves of *Tecoma grandiflora* Bignoniaceae[J]. Journal of Chemical Research, Synopses, 1991, 5: 109.

[7] KOBAYASHI S, IMAKURA Y, YAMAHARA Y, et al. New iridoid glucosides, campenoside and 5-hydroxycampenoside, from *Campsis chinensis* Voss[J]. Heterocycles, 1981, 16(9): 1475-1478.

[8] IMAKURA Y, KOBAYASHI S, YAMAHARA Y, et al. Studies on constituents of Bignoniaceae plants. Ⅳ. Isolation and structure of a new iridoid glucoside, campsiside, from *Campsis chinensis*[J]. Chemical & Pharmaceutical Bulletin, 1985, 33(6): 2220-2227.

[9] IMAKURA Y, KOBAYASHI S, KIDA K, et al. Iridoid glucosides from *Campsis chinensis*[J]. Phytochemistry, 1984, 23(10): 2263-2269.

[10] IMAKURA Y, KOBAYASHI S. Structures of cachineside Ⅲ, Ⅳ and Ⅴ, iridoid glucosides from *Campsis chinensis* Voss[J]. Heterocycles, 1986, 24(9): 2593-2601.

[11] JIN J L, LEE S L, LEE Y Y, et al. Two new non-glycosidic iridoids from the leaves of *Campsis grandiflora*[J]. Planta Medica, 2005, 71(6): 578-580.

[12] JIN J L, LEE Y Y, HEO J E, et al. Anti-platelet pentacyclic triterpenoids from leaves of *Campsis grandiflora*[J]. Archives of Pharmacal Research, 2004, 27(4): 376-380.

[13] LEE H S, PARK M S, W K OH, et al. Isolation and biological activity of verbascoside, a potent inhibitor of protein kinase C from the calyx of *Campsis grandiflora*[J]. Yakhak Hoechi, 1993, 37(6): 598-604.

[14] 沈琴，郭济贤，邵以德. 中药凌霄花的药理学考察 [J]. 天然产物研究与开发，1995，7(2)：6-11.

[15] CUI X Y, KIM J H, ZHAO X, et al. Antioxidative and acute anti-inflammatory effects of *Campsis grandiflora* flower[J]. Journal of Ethnopharmacology, 2006, 103(2): 223-228.

[16] KANG H S, CHUNG H Y, SON K H, et al. Scavenging effect of Korean medicinal plants on the peroxynitrite and total ROS[J]. Natural Product Sciences, 2003, 9(2): 73-79.

[17] KIM S H, KWON C S, LEE J S, et al. Inhibition of carbohydrate-digesting enzymes and amelioration of glucose tolerance by Korean medicinal herbs[J]. Journal of Food Science and Nutrition, 2002, 7(1): 62-66.

柳叶白前 Liuyebaiqian CP, KHP

Cynanchum stauntonii (Decne.) Schltr. ex Lévl.
Willowleaf Swallowwort

概述

萝藦科 (Asclepiadaceae) 植物柳叶白前 *Cynanchum stauntonii* (Decne.) Schltr. ex Lévl.，其干燥根茎和根入药。中药名：白前。

鹅绒藤属 (*Cynanchum*) 植物全世界约 200 种，分布于非洲东部、地中海地区，以及欧亚大陆的热带、亚热带和温带地区。中国产 53 种 12 变种，本属现供药用者约有 25 种。本种分布于中国甘肃、安徽、江苏、浙江、湖南、广东、广西和贵州等省区。

"白前"药用之名，始载于《名医别录》，列为中品。历代本草多有著录。中国自古以来作中药材白前入药者系指本种和芫花叶白前 *Cynanchum glaucescens* (Decne.) Hand.-Mazz.。《中国药典》（2015 年版）收载本种为中药白前的法定原植物来源种之一。主产于中国浙江、安徽、福建、江西、湖北、湖南、广西等地。

柳叶白前的主要化学成分为 C_{21} 甾体化合物。《中国药典》以性状、显微和薄层色谱鉴别来控制白前药材的质量。

药理研究表明，柳叶白前具有较好的镇咳、祛痰、平喘和抗炎等作用。

中医理论认为白前具有降气，消痰，止咳等功效。

◆ 柳叶白前
Cynanchum stauntonii (Decne.) Schltr. ex Lévl.

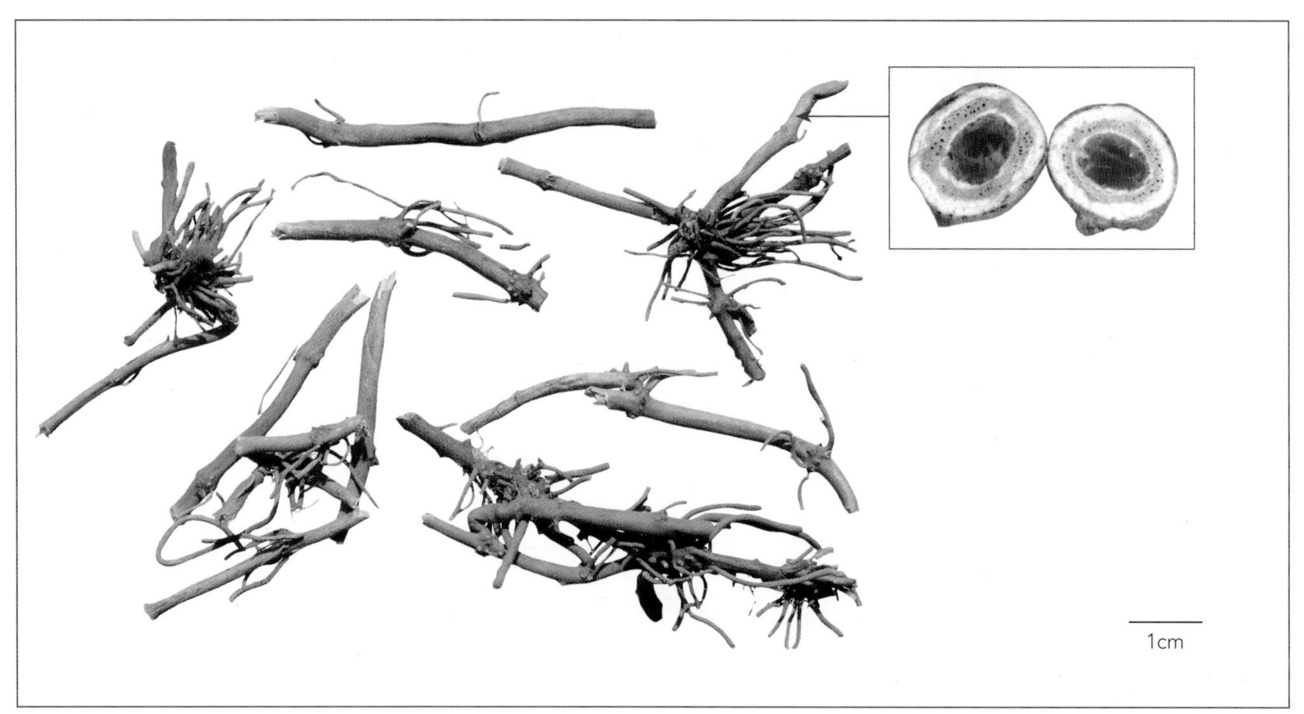

◆ 药材白前
Cynanchi Stauntonii Rhizoma et Radix

化学成分

柳叶白前的根中分离得到C_{21}甾体类化合物：stauntosides A、B[1]；三萜类化合物：华北白前醇 (hancockinol)[2]；类固醇类化合物：stauntonine、脱水何拉得苷元 (anhydrohirundigenin)、脱水何拉得苷元黄花夹竹桃单糖苷 (anhydrohirundigenin monothevetoside)、芫花叶白前苷元-*C*-黄花夹竹桃单糖苷 (glaucogenin-*C*-mono-*D*-thevetoside)[3]及挥发油[4]。

◆ stauntoside A

药理作用

1. 镇咳

柳叶白前的醇提取物和石油醚提取物灌胃对浓氨水引起的小鼠咳嗽有明显的抑制作用，能减少咳嗽次数，延长咳嗽潜伏期。醇提取物的镇咳作用呈良好的量效关系[5]。

2. 祛痰

酚红排泌法实验证明，柳叶白前的水提取物、醇提取物和石油醚提取物灌胃对小鼠均有显著的祛痰作用，其中醇提取物的作用最强[5]。

3. 抗炎

柳叶白前的水提取物腹腔注射能明显对抗巴豆油所致的小鼠耳郭急性渗出性炎症[5]；醇提取物灌胃能抑制小鼠二甲苯引起的耳郭肿胀和角叉菜胶引起的足趾肿胀[6]。

4. 镇痛

小鼠热痛刺激和醋酸扭体实验证明，柳叶白前的醇提取物灌胃有明显的镇痛作用[6]。

5. 抗血栓

柳叶白前的醇提取物能显著延长大鼠动脉内血栓形成时间和凝血时间[6]。

6. 抗流感病毒

体内和体外实验均证明，柳叶白前的挥发油有抗流感病毒的作用[4]。

7. 对消化系统的影响

柳叶白前醇提取物灌胃能显著抑制小鼠水浸应激性溃疡、盐酸性溃疡和吲哚美辛－乙醇性胃溃疡的形成，减少番泻叶和蓖麻油引起的小鼠腹泻次数及发生率，还能短暂地增加麻醉大鼠的胆汁分泌[7]。

应用

本品为中医临床用药。功能：降气，消痰，止咳。主治：肺气壅实，咳嗽痰多，胸满喘急。

现代临床还用于感冒、哮喘、气管炎、百日咳、肝炎、水肿、脾肿大等病的治疗。

评注

药用植物图像数据库

《中国药典》除柳叶白前外，还收载同属芫花叶白前 *Cynanchum glaucescens* (Decne.) Hand.-Mazz 作为中药材白前的法定原植物来源种。芫花叶白前与柳叶白前具有类似的药理作用，但其平喘作用明显强于柳叶白前[4, 8]，其化学成分也大致相同。与柳叶白前相比，芫花叶白前不含华北白前醇，另含白前皂苷 A、B、C、D、E、F、G、H、I、J (glaucosides A ～ J)[9-11]，并含白前皂苷元 A、B (glaucogenins A, B)[12]。

柳叶白前目前是白前的主流商品，已在湖北省和江西省实施规模化种植，湖北省产量现居中国首位[13]。

参考文献

[1] ZHU N, WANG M, KIKUZAKI H, et al. Two C_{21}-steroidal glycosides isolated from *Cynanchum stauntoi*[J]. Phytochemistry, 1999, 52(7): 1351-1355.

[2] 邱声祥 . 柳叶白前化学成分研究 [J]. 中国中药杂志，1994，19(8)：488-489.

[3] WANG P, QIN H L, ZHANG L, et al. Steroids from the roots of *Cynanchum stauntonii*[J]. Planta Medica, 2004, 70(11): 1075-1079.

[4] YANG Z C, WANG B C, YANG X S, et al. Chemical composition of the volatile oil from *Cynanchum stauntonii* and its activities of anti-influenza virus[J]. Colloids and Surfaces. B, Biointerfaces, 2005, 43(3-4): 198-202.

[5] 梁爱华，薛宝云，杨庆，等 . 柳叶白前的镇咳、祛痰及抗炎作用 [J]. 中国中药杂志，1996，21(3)：173-175.

[6] 沈雅琴，张明发，朱自平，等 . 白前的镇痛、抗炎和抗血栓形成作用 [J]. 中国药房，2001，12(1)：15-16.

[7] 沈雅琴，张明发，朱自平，等 . 白前的消化系统药理研究 [J]. 中药药理与临床，1996，12(6)：18-21.

[8] 梁爱华，薛宝云，杨庆，等 . 芫花叶白前的镇咳、祛痰及平喘作用 [J]. 中国中药杂志，1995，20(3)：176-178.

[9] NAKAGAWA T, HAYASHI K, WADA K, et al. Studies on the constituents of Asclepiadaceae plants-LII. The structures of five glycosides glaucoside A, B, C, D, and E from Chinese drug "Pai-ch'ien" *Cyanchum glaucescens* Hand.-Mazz.[J]. Tetrahedron, 1983, 39(4): 607-612.

[10] NAKAGAWA T, HAYASHI K, MITSUHASHI H. Studies on the constituents of Asclepiadaceae plants-LIV. The structures of glaucoside-F and -G from the Chinese drug "Pai-ch'ien" *Cynanchum glaucescens* Hand.-Mazz.[J]. Chemical & Pharmaceutical Bulletin, 1983, 31(3): 879-882.

[11] NAKAGAWA T, HAYASHI K, MITSUHASHI H. Studies on the constituents of Asclepiadaceae plants. LV. The structures of three new glycosides glaucoside-H, -I, and -J from the Chinese drug "Pai-ch'ien", *Cynanchum glaucescens* Hand.-Mazz.[J]. Chemical & Pharmaceutical Bulletin, 1983, 31(7): 2244-2253.

[12] NAKAGAWA T, HAYASHI K, MITSUHASHI H. Studies on the constituents of Asclepiadaceae plants. LIII. The structures of glaucogenin-A, -B, and –C mono-D thevetoside from the Chinese drug "Pai-ch'ien", *Cynanchum glaucescens* Hand.-Mazz.[J]. Chemical & Pharmaceutical Bulletin, 1983, 31(3): 870-878.

[13] 玛依拉，傅梅红，方婧 . 中药白前及其同属植物近 10 年研究概况 [J]. 中国民族民间医药，2003，6(6)：318-322.

龙胆 Longdan CP, JP

Gentiana scabra Bge.
Chinese Gentian

概述

龙胆科 (Gentianaceae) 植物龙胆 *Gentiana scabra* Bge.，其干燥根和根茎入药。中药名：龙胆。

龙胆属 (*Gentiana*) 植物全世界约 400 种，分布于欧洲、亚洲、大洋洲、北美洲及非洲北部等地区。中国约有 247 种，遍及全国。本属现供药用者约有 41 种。本种分布于中国内蒙古、黑龙江、吉林、辽宁、贵州、陕西、湖北、湖南、安徽、江苏、浙江、福建、广东、广西等地，在俄罗斯、朝鲜半岛、日本也有分布。

"龙胆"药用之名，始载于《神农本草经》，列为上品。历代本草多有著录。中国自古以来所药用者为龙胆属多种植物的根和根茎。《中国药典》（2015 年版）收载本种为中药龙胆的法定原植物来源种之一。主产于黑龙江、吉林、辽宁、内蒙古等地区，产量大，质量优。

龙胆属植物主要活性成分为裂环烯醚萜苷类苦味成分（主要为龙胆苦苷）及生物碱类成分等。《中国药典》采用高效液相色谱法进行测定，规定龙胆药材含龙胆苦苷不得少于 1.0%，以控制药材质量。

药理研究表明，龙胆具有保肝、利胆等作用。

中医理论认为龙胆具有清热燥湿，泻肝胆火等功效。

◆ 龙胆
Gentiana scabra Bge.

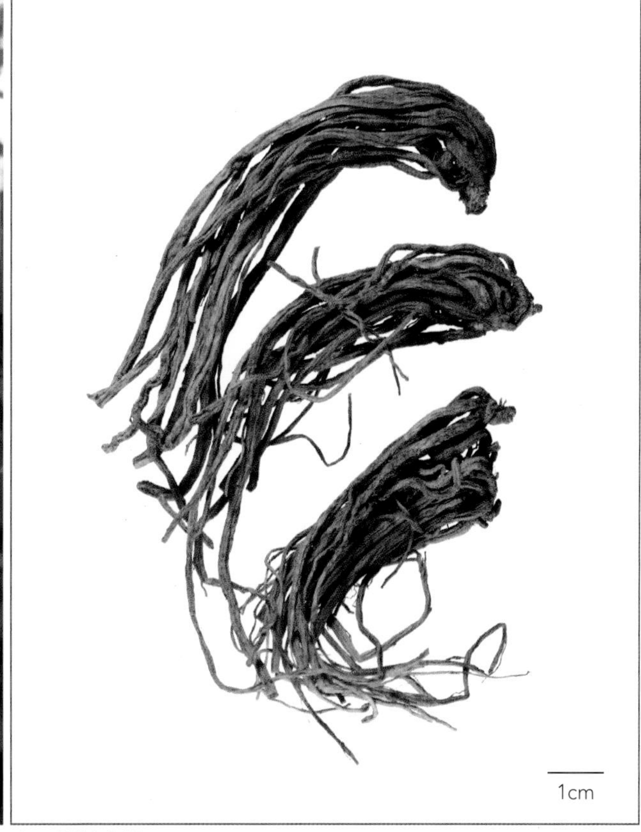

◆ 药材龙胆
Gentianae Radix et Rhizoma

◆ 条叶龙胆 *G. manshurica* Kitag.　◆ 三花龙胆 *G. triflora* Pall.　◆ 坚龙胆 *G. rigescens* Franch.

化学成分

龙胆根中主要含有裂环烯醚萜苷类成分，已分离得到龙胆苦苷 (gentiopicroside) 、当药苷 (sweroside)[1]、当药苦苷 (swertiamarin)[2]、苦龙胆脂苷 (amarogentin)[3]、4'-*O*-*β*-*D*-吡喃葡萄糖基龙胆苦苷 (4'-*O*-*β*-*D*-glucopyranosylgentiopicroside)、6'-*O*-*β*-*D*-吡喃葡萄糖基龙胆苦苷 (6'-*O*-*β*-*D*-glucopyranosylgentiopicroside)[4]、gentiascabraside A、6*β*-hydroxyswertiajaposide A、1-*O*-*β*-*D*-glucopyranosyl-4-epiamplexine及scabran G_3、G_4、G_5[5]等；另尚含有生物碱类成分龙胆碱 (gentianine)[6]、龙胆黄碱 (gentioflavine)[7]等；以及三萜类成分：(20*S*)-13(17),24-达玛二烯-3-酮 [(20*S*)-dammara-13(17),24-dien-3-one]、(20*R*)-13(17),24-达玛二烯-3-酮 [(20*R*)-dammara-13(17),24-dien-3-one]、chirat-16-en-3-one、chirat-17(22)-en-3-one、17*β*,21*β*-环氧-3-何帕酮 (17*β*,21*β*-epoxyhopan-3-one) [8]、齐墩果酸 (oleanolic acid)[9]等。

◆ gentiopicroside　◆ sweroside　◆ swertiamarin

药理作用

1. 保肝利胆

龙胆根水提取物、甲醇提取物灌胃或龙胆粉针剂腹腔注射对CCl_4、*D*-半乳糖胺 (*D*-GlanN)、硫代乙酰胺 (TAA) 等所致大鼠、小鼠急性肝损伤及肝纤维化具有保护作用[10-14]；龙胆苦苷体外还可抑制人肝癌细胞 SMMC-7721 的增殖[15]。

2. 抗炎、镇痛

龙胆水提取物灌胃对二甲苯所致小鼠耳郭肿胀有抑制作用，可减少冰醋酸所致小鼠扭体的次数[16]。

3. 抗疲劳、耐缺氧

龙胆水提取物灌胃可延长小鼠在缺氧情况下的存活时间，并可明显提高运动后血中乳酸的清除速度，增加肝糖原的含量[16]。

4. 抗甲亢

龙胆草煎剂灌胃，可明显抑制甲亢大鼠肝中皮质醇分解代谢的关键酶类固醇 Δ^4-还原酶的活性，降低甲亢大鼠肝中皮质醇的降解作用，使甲亢大鼠尿中17-羟皮质类固醇 (17-OHCS) 排量显著减少[17]。

5. 对中枢神经系统的影响

龙胆苦苷对正常小鼠戊巴比妥钠所致的睡眠有协同作用，对CCl_4中毒小鼠则明显缩短苯巴比妥钠所致的睡眠时间，延长翻正反射消失时间；龙胆碱对神经系统则具有兴奋作用，剂量较大时出现麻醉作用[18]。

6. 升血糖

龙胆碱腹腔注射能显著升高大鼠血糖，且具有持续作用[19]。

7. 其他

龙胆提取物还具有拮抗血小板活化因子 (PAF)[20]、增强免疫、抗菌、抗病原体、健胃、降血压等作用。

应用

本品为中医临床用药。功能：清热燥湿，泻肝胆火。主治：湿热黄疸，阴肿阴痒，带下，湿疹瘙痒，肝火目赤，耳鸣耳聋，胁痛口苦，强中，惊风抽搐。

现代临床还用于肝胆系统炎症、中耳炎、尿道感染、阴道炎、带状疱疹、高血压、急性眼结膜炎、湿疹等病的治疗。

评注

药用植物图像数据库

《中国药典》中收载作龙胆药用的还有同属植物条叶龙胆 *Gentiana manshurica* Kitag.、三花龙胆 *G. triflora* Pall. 及坚龙胆 *G. rigescens* Franch. 的根和根茎。

不同品种龙胆中总苦苷和龙胆苦苷含量测定结果表明，以《中国药典》所收载的4种龙胆中含量最高，分别为3.95%～7.33%和3.66%～6.34%。

目前，龙胆药材主要依靠野生资源，已不能满足日益增长的市场需求，有关人工栽培技术[21]及病虫害防治[22]等方面研究正在进行。

龙胆传统上主要以根及根茎入药，对其规范化种植及经验种植的质量分析研究表明，以 3 年为龙胆最佳采收年限 [23]。

龙胆亦可被制成兽药，治疗动物消化不良、充血性炎症等；还可制成农药，作为杀菌、杀虫剂。

由于龙胆属植物大多花色鲜艳，秋季开花，有较高的观赏价值，也是观赏花卉中大有开发前景的种植资源 [24]。

辽宁现已建立了龙胆的规范化种植基地。

参考文献

[1] TANG H Q, TAN R X. Glycosides from *Gentiana scabra*[J]. Planta Medica, 1997, 63(4): 388.

[2] HAYASHI T, KOSIRO C. Studies on crude from *Gentiana scabra*. 5. Determination of Gentianae Radix Swertiae herba deapensed in bitter peptic preparations in J. P. Ⅷ and stability of bitter principles gentiopicroside and swertiamarin[J]. Yakuzaigaku, 1976, 36(2): 95-100.

[3] TAKINO Y, KOSHIOKA M, KAWAGUCHI M, et al. Quantitative determination of bitter components in gentianaceous plants. Studies on the evaluation of crude drugs. Ⅷ [J]. Planta Medica, 1980, 38(4): 344-350.

[4] KAKUDA R, IIJIMA T, YAOITA Y, et al. Secoiridoid glycosides from *Gentiana scabra*[J]. Journal of Natural Products, 2001, 64(12): 1574-1575.

[5] KIKUCHI M, KAKUDA R, KIKUCHI M, et al. Secoiridoid glycosides from *Gentiana scabra*[J]. Journal of Natural Products, 2005, 68(5): 751-753.

[6] SHIBATA S, FUJITA M, IGETA H. Detection and isolation of an alkaloid gentianine from Japanese gentianaceous plants[J]. Journal of Social and Administrative Pharmacy, 1957, 77: 116-118.

[7] 杨绍云，王薇薇，李志平，等 . 龙胆化学成分的研究 (I) [J]. 中草药，1981，12(6)：7-8.

[8] KAKUDA R, IIJIMA T, YAOITA Y, et al. Triterpenoids from *Gentiana scabra*[J]. Phytochemistry, 2002, 59(8): 791-794.

[9] 刘明韬，韩志超，章漳，等 . 龙胆的化学成分研究 [J]. 沈阳药科大学学报，2005，22(2)：103-104，118.

[10] 崔长旭，柳明洙，李天洙，等 . 龙胆草水提取物对大鼠急性肝损伤的保护作用 [J]. 延边大学医学学报，2005，28(1)：20-22.

[11] 朴龙，金英淑，金艳华 . 龙胆草提取物对 *D-* 半乳糖致肝损伤的保护作用 [J]. 中华综合临床医学杂志，2004，6(4)：9-10.

[12] 江蔚新，薛宝玉 . 龙胆对小鼠急性肝损伤保护作用的研究 [J]. 中国中药杂志，2005，30(14)：1105-1107.

[13] 柳京浩，李泰峰，金香子 . 龙胆草提取物对四氯化碳致肝纤维化大鼠 TNF-α、HA 及 NO 的影响 [J]. 中华综合临床医学杂志，2004，6(1)：12-14.

[14] 佟丽，陈育尧，刘欢欢，等 . 龙胆粉针剂对实验性肝损伤的作用 [J]. 第一军医大学学报，2001，21(12)：906-907.

[15] 黄馨慧，罗明志，齐浩，等 . 龙胆苦苷等 6 种中草药提取物对 SMMC-7721 人肝癌细胞增殖的影响 [J]. 西北药学杂志，2001，19(4)：166-168.

[16] 金香子，徐明 . 龙胆草提取物抗炎、镇痛、耐缺氧及抗疲劳作用的研究 [J]. 时珍国医国药，2005，16(9)：842-843.

[17] 薛惠娟，赵伟康 . 龙胆草对甲亢大鼠肝匀浆类固醇 Δ^4- 还原酶的活性影响 [J]. 中国中西医结合杂志，1992，12(4)：230-231.

[18] 杨书彬，王承 . 龙胆化学成分和药理作用研究进展 [J]. 中医药学报，2005，33(6)：54-56.

[19] 张勇，蒋家雄，李文明 . 龙胆苦甙药理研究进展 [J]. 云南医药，1991，12(5)：304-306.

[20] HUH H, KIM H K, LEE H K. PAF antagonistic activity of 2-hydroxy-3-methoxybenzoic acid glucose ester from *Gentiana scabra*[J]. Archives of Pharmacal Research, 1998, 21(4): 436-439.

[21] 赵敏 . 龙胆草全露地育苗技术的研究 [J]. 中草药，2003，34(8)：757-759.

[22] UGA H, KOBAYASHI Y O, HAGIWARA K, et al. Selection of an attenuated isolate of bean yellow mosaic virus for protection of dwarf gentian plants from viral infection in the field[J]. Journal of General Plant Pathology, 2004, 70(1): 54-60.

[23] 孙晖，吴修红，刘丽，等 . 规范化种植龙胆质量标准的实验研究 [J]. 中医药学刊，2003，21(4)：505，507.

[24] 程雪，罗辅燕，苏智先 . 四川省野生观赏植物资源及开发利用 [J]. 资源开发与市场，2004，20(2)：131-133.

龙芽草 Longyacao CP, KHP

Agrimonia pilosa Ledeb.
Hairyvein Agrimony

概述

蔷薇科 (Rosaceae) 植物龙芽草 *Agrimonia pilosa* Ledeb.，其干燥地上部分入药。中药名：仙鹤草 。

龙芽草属 (*Agrimonia*) 植物全世界约有10种，分布于北温带和热带高山及拉丁美洲。中国产约有4种1变种，民间均供药用。本种分布于中国吉林、辽宁、山东、浙江等地，俄罗斯、朝鲜半岛、日本也有分布。

仙鹤草以“龙牙草”药用之名，始载于《图经本草》。古今药用品种一致。《中国药典》（2015年版）收载本种为中药仙鹤草的法定原植物来源种。主产于中国浙江、江苏、湖北；此外，安徽、辽宁、福建、广东、河北、山东等省也产。

龙芽草含鞣质、黄酮、内酯、三萜等成分。其中儿茶酚鞣质为中药仙鹤草的止血活性成分，仙鹤草酚为抗疟活性成分，鹤草酚为驱虫的活性成分。《中国药典》以性状、显微和薄层色谱鉴别来控制仙鹤草药材的质量。

药理研究表明，龙芽草具有止血、杀虫、抗菌、抗病毒、抗炎、镇痛、抗肿瘤等作用。

中医理论认为仙鹤草具有收敛止血，截疟，止痢，解毒，补虚等功效。

◆ 龙芽草
Agrimonia pilosa Ledeb.

◆ 药材仙鹤草
Agrimoniae Herba

化学成分

龙芽草全草含挥发油：主要为6,10,14-三甲基-2-十五烷酮 (6,10,14-trimethyl-2-pentadecanone)、α-没药醇 (α-bisabolol)[1]；三萜类成分：1β,2α,3β,19α-四羟基乌索-12-烯-28-酸 (1β,2α,3β,19α-tetrahydroxyurs-12-en-28- oic acid)、1β,2β,3β,19α-四羟基乌索-12-烯-28-酸 (1β,2β,3β,19α-tetrahydroxyurs- 12-en-28-oic acid)[2]、熊果酸 (ursolic acid)、 坡模醇酸 (pomolic acid)、委陵菜酸 (tormentic acid)、科罗索酸 (corosolic acid)[3]；黄酮类：(2*S*,3*S*)-(–)-花旗松素-3-*O*-葡萄糖苷[(2*S*,3*S*)-(–)-taxifolin-3-*O*-glucoside]、(2*R*,3*R*)-(+)-花旗松素-3-*O*-葡萄糖苷[(2*R*,3*R*)-(+)-taxifolin-3-*O*-glucoside]、金丝桃苷(hyperin)[4]、槲皮素 (quercetin)、槲皮苷 (quercitrin)、芦丁 (rutin)[5]等；鞣质类成分：仙鹤草素 (agrimoniin)[6]；间苯三酚类：仙鹤草酚 A、B、C、D、E、F、G (agrimols A～G)和鹤草酚 (agrimophol)[7]；有机酸类成分：鞣花酸 (ellagic acid)、没食子酸 (gallic acid)、咖啡酸 (caffeic acid)和仙鹤草酸 A、B (agrimonic acids A, B)。

地下部分含鞣质类成分：鞣花酸-4-*O*-β-*D*-木吡喃糖苷(ellagic aicd-4-*O*-β-*D*-xylopyranoside)[8]；三萜类成分：2α,19α-二羟基乌索酸-28-β-*D*-吡喃葡萄糖苷(2α,19α-dihydroxyursolic acid -28-β-*D*-glucopyranoside)[2]；黄酮类成分：2S,3S-(–)-花旗松素-3-*O*-葡萄糖苷 [2*S*, 3*S*-(–)-taxifolin-3-*O*-glucoside][9]；儿茶素衍生物：龙芽草醇A、B、C (pilosanols A～C)[10]；异香豆素类成分：仙鹤草内酯 (agrimonolide)、仙鹤草内酯-6-*O*-β-*D*-葡萄糖苷 (agrimonolide-6-*O*-β-*D*-glucoside) [11]等成分。

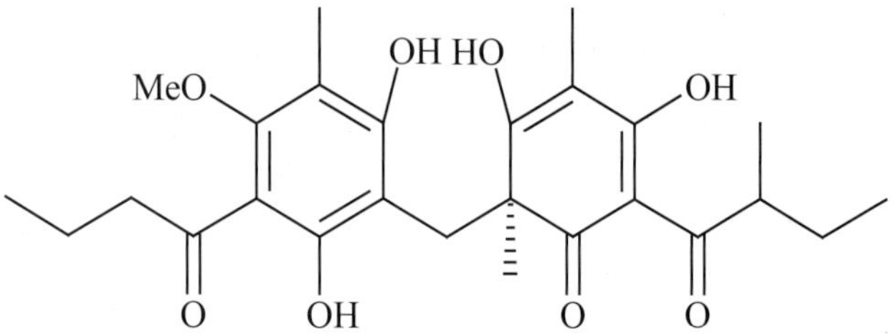

◆ agrimophol

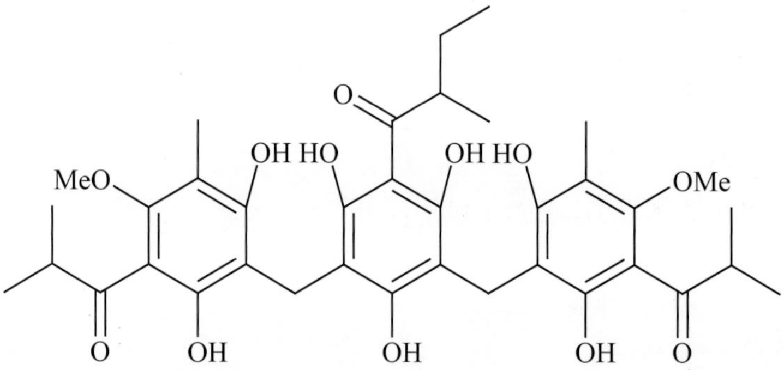

◆ agrimol A

药理作用

1. 止血

龙芽草含大量的鞣质及少量的维生素 K 等已知止血成分，故有止血作用。二磷酸腺苷 (ADP) 诱导体外兔血血小板聚集实验表明，龙芽草有明显的促凝血作用，可能与其水提取液中鞣质和维生素 K 的协同作用有关。

2. 抗疟

动物实验表明，仙鹤草酚 A、B、C、D、E 均具有一定的抗疟活性。

3. 杀虫、抗病原微生物

仙鹤草酚对绦虫、蛔虫、血吸虫、滴虫均有驱杀作用；鹤草酚有驱杀日本血吸虫的作用，与硝唑咪并用时效果极佳。龙芽草煎剂及其甲醇浸膏对革兰氏阳性菌有一定的抑制作用；热水或乙醇浸液在体外对枯草芽孢杆菌、金黄色葡萄球菌、大肠埃希氏菌、铜绿假单胞菌、弗氏痢疾志贺氏菌、伤寒沙门氏菌及人结核分枝杆菌等均有抑制作用[12]。水提取物有抗 I 型单纯性疱疹病毒 (HSV-1) 的作用[13]，甲醇提取物还可以抗 I 型人类免疫缺陷病毒 (HIV-1)[14]。

4. 抗炎、镇痛

龙芽草乙醇提取物灌胃能显著抑制二甲苯引起的小鼠耳郭肿胀，对热板法所致的小鼠疼痛及酒石酸锑钾所致的小鼠扭体反应均有显著的抑制作用[15]。水煎剂灌胃对热板所致的小鼠疼痛及醋酸所致的小鼠扭体反应也均有显著抑制作用[16]。

5. 对心血管系统的影响

龙芽草醇提取物对蛙、兔、犬等动物有增高血压、加大心搏、收缩外周和内脏血管，以及兴奋呼吸的作用。仙鹤草提取物静脉注射对麻醉兔有明显的降血压作用，醇提取物作用强于水提取物[17]。

6. 抗肿瘤、抗突变

龙芽草水提取物在体外能显著抑制人肠腺癌细胞 SW620、肝癌细胞 $HepG_2$ 及白血病细胞 HL-60 的增殖[18-19]；龙芽草鞣酸在体外对人宫颈癌 HeLa、肺腺癌 SPC-A-1 和乳腺癌 MCF7 等细胞均有抑制作用[20]。龙芽草水醇提取物灌胃，对人胃癌 MGC803、肺腺癌 SPC-A-1 和宫颈癌 HeLa 裸鼠移植瘤均有显著的抑制作用[21]。龙芽草水煎剂腹腔注射可延长艾氏腹水癌 (EAC) 小鼠的生存期，并抑制肝癌腹水型小鼠瘤体重量增加[16]；灌服则能明显增强荷瘤小鼠白介素 2 (IL-2) 活性，以及红细胞对肿瘤细胞的免疫黏附功能[22-23]。龙芽草水提取物灌胃能显著抑制环磷酰胺诱发的小鼠骨髓细胞微核发生和丝裂霉素 C 诱发的小鼠睾丸细胞染色体畸变；亦能显著抑制小鼠肉瘤 S_{180} 和肝癌 H-22 移植性肿瘤的生长[24]。

7. 降血糖

龙芽草水提取物、水和醇等提取制成的颗粒剂（主要含黄酮类）灌胃给药对链脲佐菌素 (STZ)、肾上腺素 (Adr) 或四氧嘧啶 (alloxan) 等诱导的高血糖小鼠有显著的降血糖作用，机制与其促进胰岛素分泌或增加组织对糖转化利用有关[25-26]。

8. 其他

龙芽草所含的异香豆素类化合物还具有保肝作用[11]。

应用

本品为中医临床用药。功能：收敛止血，截疟，止痢，解毒，补虚。主治：咯血，吐血，崩漏下血，疟疾，血痢，痈肿疮毒，阴痒带下，脱力劳伤。

现代临床还用于上消化道出血、功能性子宫出血、肿瘤（如原发性支气管肺癌、肺部转移癌）、全血细胞减少、绦虫及滴虫性阴道炎、痢疾等病的治疗。

评注

目前，对龙芽草化学、药理的研究较多，其止血、驱绦虫、抗菌成分已经基本明确，关于龙芽草中的抗癌有效成分及黄酮类化合物研究尚少报道。在龙芽草的药理方面，关于止血尚存疑问，有进一步证实和研究的必要。

药用植物图像数据库

龙芽草除具有很高的药用价值以外，还含有丰富的蛋白质、糖分、维生素、无机盐及食用纤维等营养物质，可以作为一种野生蔬菜资源加以开发，通过人工培育，集中栽培，扩大利用，成为栽培蔬菜。

参考文献

[1] 赵莹，李平亚，刘金平．仙鹤草挥发油化学成分的研究 [J]. 中国药学杂志，2001，36(10)：672.

[2] KOUNO I, BABA N, OHNI Y, et al. Triterpenoids from *Agrimonia pilosa*[J]. Phytochemistry, 1988, 27(1): 297-299.

[3] AN R B, KIM H C, JEONG G S, et al. Constituents of the aerial parts of *Agrimonia pilosa*[J]. Natural Product Sciences, 2005, 11(4): 196-198.

[4] 李霞，叶敏，余修祥，等．仙鹤草化学成分的研究 [J]. 北京医科大学学报，1995，27(1)：60-61.

[5] XU X Q, QI X Z, WANG W, et al. Separation and determination of flavonoids in *Agrimonia pilosa* Ledeb. by capillary electrophoresis with electrochemical detection[J]. Journal of Separation Science, 2005, 28(7): 647-652.

[6] MURAYAMA T, KISHI N, KOSHIURA R, et al. Agrimoniin, an antitumor tannin of *Agrimonia pilosa* Ledeb., induces interleukin-1[J]. Anticancer Research, 1992, 12(5): 1471-1474.

[7] YAMAKI M, KASHIHARA M, ISHIGURO K, et al. Antimicrobial principles of Xianhecao (*Agrimonia pilosa*) [J]. Planta Medica, 1989, 55(2): 169-170.

[8] 裴月湖，李铣，朱廷儒．仙鹤草根芽中新鞣花酸苷的结构研究 [J]. 药学学报，1990，25(10)：798-800.

[9] 裴月湖，李铣，朱廷儒，等．仙鹤草根芽中新二氢黄酮苷的结构研究 [J]. 药学学报，1990，25(4)：267-270.

[10] KASAI S, WATANABE S, KAWABATA J, et al. Antimicrobial catechin derivatives of *Agrimonia pilosa*[J]. Phytochemistry, 1992, 31(3): 787-789.

[11] Park E J, Oh H, Kang T H, et al. An isocoumarin with hepatoprotective activity in $HepG_2$ and primary hepatocytes from *Agrimonia pilosa*[J]. Archives of Pharmacal Research, 2004, 27(9): 944-946.

[12] 王本祥．现代中药药理学 [M]. 天津：天津科学技术出版社，1997：795-802.

[13] LI Y L, OOI L S M, WANG H, et al. Antiviral activities of medicinal herbs traditionally used in southern mainland China[J]. Phytotherapy Research, 2004, 18(9): 718-722.

[14] MIN B S, KIM Y H, TOMIYAMA M, et al. Inhibitory effects of Korean plants on HIV-1 activities[J]. Phytotherapy Research, 2001, 15(6): 481-486.

[15] 王德才，高允生，李柯，等．仙鹤草乙醇提取物抗炎镇痛作用的实验研究 [J]. 泰山医学院学报，2004，25(1)：7-8.

[16] 常敏毅．仙鹤草对小鼠抗肿瘤、镇痛及升白细胞作用的观察 [J]. 浙江中医学院学报，1998，22(5)：30-31.

[17] 王德才，高允生，朱玉云，等．仙鹤草提取物对兔血压的影响 [J]. 中国中医药信息杂志，2003，10(3)：21-24.

[18] 李玉祥，樊华，张劲松，等．中草药抗癌的体外实验 [J]. 中国药科大学学报，1999，30(1)：37-42.

[19] 高凯民，周玲，陈金英，等．仙鹤草煎剂对 HL-60 细胞的体外诱导凋亡作用 [J]. 中药材，2000，23(9)：561-562.

[20] 袁静，王元勋，侯正明，等．仙鹤草鞣酸体外对人体肿瘤细胞的抑制作用 [J]. 中国中医药科技，2000，7(6)：378-379.

[21] 王思功，李予蓉，王瑞宁，等．仙鹤草对人癌细胞裸鼠移植瘤的影响 [J]. 第四军医大学学报，1998，19(6)：702-704.

[22] 曹勇，骆永珍．仙鹤草对荷瘤小鼠脾 IL-2 活性影响的研究 [J]. 中国中医药科技，1999，6(4)：242.

[23] 曹勇，骆永珍．仙鹤草对肿瘤红细胞免疫及其调节功能影响的实验研究 [J]. 云南中医学院学报，1998，21(4)：18-21.

[24] 李红枝，黄清松，陈伟强，等．仙鹤草抗突变和抑制肿瘤作用实验研究 [J]. 数理医药学杂志，2005，18(5)：471-473.

[25] 王思功，李予蓉，王瑞宁，等．仙鹤草颗粒对小鼠血糖的影响 [J]. 第四军医大学学报，1999，20(7)：640-642.

[26] 范尚坦，李金兰，姚振华．仙鹤草降血糖的实验研究 [J]. 医药导报，2004，23(10)：710-711.

鹿蹄草 Luticao CP

Pyrola calliantha H. Andres
Chinese Pyrola

概述

鹿蹄草科 (Pyrolaceae) 植物鹿蹄草 *Pyrola calliantha* H. Andres，其干燥全草入药。中药名：鹿衔草。

鹿蹄草属 (*Pyrola*) 植物全世界约有 30 种，多分布于北半球的温带地区。中国约 27 种 3 变种，本属现供药用者达 13 种。本种为中国特有种，分布广泛。

"鹿衔草"药用之名，始载于《滇南本草》，历代本草多有著录[1]。《中国药典》（2015 年版）收载本种为中药鹿衔草的法定原植物来源种之一。主产于中国浙江、安徽、贵州、陕西、四川、云南等省区。

鹿蹄草属植物主要含有黄酮类和多酚类等化学成分。《中国药典》以性状、显微和薄层色谱鉴别来控制鹿衔草药材的质量。

药理研究表明，鹿蹄草具有抗炎、抗菌、抑瘤、免疫调节及扩张血管等作用。

中医理论认为鹿衔草具有祛风湿，强筋骨，止血，止咳等功效。

◆ 鹿蹄草
Pyrola calliantha H. Andres

◆ 药材鹿衔草
Pyrolae Herba

化学成分

鹿蹄草的地上部分含槲皮素 (quercetin)[2]、金丝桃苷 (hyperin)、2"-*O*-没食子酰金丝桃苷 (2"-*O*-galloylhyperin)[3-4]等黄酮类化合物；以及酚苷类化合物，包括肾叶鹿蹄草苷 (renifolin)[4]、羟基肾叶鹿蹄草苷 (hydroxylrenifolin)[5]、高熊果苷 (homoarbutin)、异高熊果苷 (isohomoarbutin)、6'-*O*-没食子酰基高熊果酚苷(6'-*O*-galloylhomoarbutin)[4]。此外，尚含有没食子鞣质 (gallotannin)[6]、鹿蹄草素 (pyrolin)、梅笠草素 (chimaphilin)[2]、儿茶素 (catechin)[5]等。

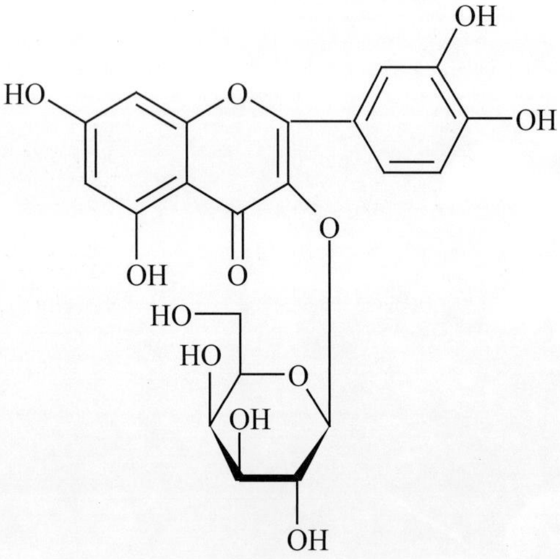

◆ hyperin

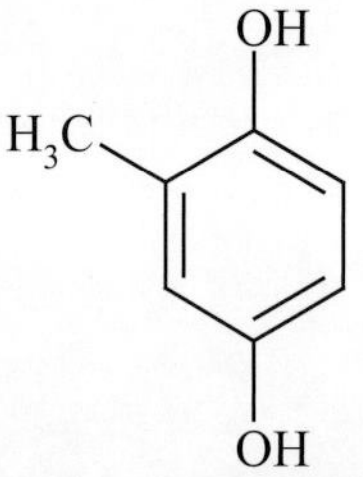

◆ pyrolin

药理作用

1. **抗炎**

鹿蹄草水煎剂灌胃能抑制二甲苯所致小鼠耳郭肿胀，抑制醋酸诱发的小鼠腹腔毛细血管通透性增高，抑制大鼠角叉菜胶性关节炎与佐剂性关节肿胀，还可对抗大鼠慢性肉芽肿[7]。

2. **免疫调节功能**

体外实验表明，鹿蹄草水煎剂能提高 E- 玫瑰花环形成率，并能明显促进淋巴细胞的转化率；鹿蹄草素、梅笠草素等成分对淋巴白细胞有抑制作用[8]。

3. **抗菌**

鹿蹄草水煎剂及鹿蹄草素在试管内对金黄色葡萄球菌、伤寒沙门氏菌、铜绿假单胞菌、痢疾志贺氏菌等均有抑制作用[9]。另有研究报道鹿蹄草素体外抑菌效果超过青霉素，体内则会迅速代谢失去抗菌活性[10]。

4. **扩张血管**

鹿蹄草注射剂能扩张麻醉猫、犬的脑血管，增加脑血流量，降低脑血管阻力[11]。阻塞兔椎动脉后，鹿蹄草能明显扩张脑血管和增加脑血流量；灌注兔离体心脏、耳及四肢，均有扩张血管作用，以扩张冠状动脉最强。鹿蹄草醇或醚提取液可增加小鼠心肌对 ^{86}Rb 的摄取；水煎剂亦能增加小鼠心肌营养性血流量及肝、肾、脾、脑的血流量。

5. **其他**

2′-*O*- 没食子酰基金丝桃苷有抗氧化作用[12]。鹿衔草还有抗生育、抑制中枢、镇咳等作用[8-9]。

应用

本品为中医临床用药。功能：祛风湿，强筋骨，止血，止咳。主治：风湿痹痛，肾虚腰痛，腰膝无力，月经过多，久咳劳嗽。

现代临床还用于肺炎、肠道感染（如慢性细菌性痢疾和慢性肠炎）、颈椎病、骨质增生、风湿及类风湿性关节炎、过敏性皮炎、心绞痛等病症的治疗。

评注

药用植物图像数据库

同属植物普通鹿蹄草 *Pyrola decorata* H. Andres 也被《中国药典》收载为中药鹿衔草的法定原植物来源种。两者的药理作用相似，化学成分上有一定区别[13]，今后应当加强种间的比较研究。

除法定种之外，同属多种植物也在中国不同地区作鹿衔草使用。东北地区主产日本鹿蹄草 *P. japonica* Klenze ex Alef. 和红花鹿蹄草 *P. incarnate* Fisch. ex DC.；而西南地区种类很多。同一地区分布不同品种及同一品种分布在不同地区，因采收时期不同，其内在有效成分的比例也会有变化，使用时应注意品种和质量问题。为提高资源利用度和商品质量，对分布面较广，市场用量大者，可开展最适采收期的研究。

以往文献报道，鹿蹄草及其同属植物的主要成分为熊果苷 (arbutin)，并以熊果苷作为鉴别鹿蹄草的依据；但有报道通过薄层色谱和高效液相色谱分析表明鹿蹄草中不含有熊果苷[14]，建议将高熊果苷作为中药鹿蹄草的鉴别依据[15]。

鹿蹄草作为一种天然的野生植物资源，其毒理学研究证明，该植物长期饮用无毒副作用，是符合中国食品卫生学规定的无毒级别植物，在食品领域具有很好的开发应用前景，目前已有鹿蹄草保健茶的工艺技术研究[16]。

参考文献

[1] 谢志民，姜谋志．鹿衔草和鹿蹄草的本草考证 [J]. 中药材，1996，19(1)：38-41.

[2] 吉腾飞，沙也夫，巴杭，等．鹿蹄草属植物化学成分研究进展 [J]. 中草药，1999，30(2)：154-155.

[3] 罗定强，杨燕子，宋莉，等．中国特有鹿蹄草属植物的研究进展 [J]. 中草药，2004，35(4)：463-466.

[4] 王军宪，陈新民，李宏，等．鹿衔草化学成分的研究：第1报 [J]. 天然产物研究与开发，1991，3(3)：1-6.

[5] 王军宪，陈新民，李宏，等．鹿衔草化学成分的研究：羟基肾叶鹿蹄草苷的结构鉴定 [J]. 植物学报，1994，36(11)：895-897.

[6] 张登科，沙振方，孙文基．鹿衔草中熊果苷及鞣质的含量测定 [J]. 中药通报，1987，12(5)：301-302，310.

[7] 段泾云，蔺文瑰，刘小勇．鹿蹄草的抗炎作用 [J]. 陕西中医，1992，13(9)：424-425.

[8] 田玉先．鹿衔草的研究与应用 [J]. 陕西中医函授，1998，(5)：1-2.

[9] 王本祥．现代中药药理学 [M]. 天津：天津科学技术出版社，1997：448-450.

[10] 徐文方，李孝常，董杰德，等．鹿蹄草素的体内外药效学研究 [J]. 山东医科大学学报，1996，34(3)：252-254.

[11] 马树德，谢人明，冯英菊，等．鹿蹄草对麻醉动物脑循环的影响 [J]. 中草药，1988，19(3)：23-25.

[12] 边晓丽，潘青，董军．没食子酰基金丝桃甙的抗氧化性及其构效关系研究 [J]. 西安交通大学学报：医学版，2003，24(5)：452-454.

[13] 王军宪，张莉，吕修梅，等．普通鹿蹄草化学成分的研究 [J]. 中草药，2003，34(4)：307-308.

[14] 王军宪，付强，李星海，等．鹿衔草中是否含有熊果甙的实验研究及考证 [J]. 中国中药杂志，1995，20(6)：327-328.

[15] 卫莹芳，山森千彰，郭力，等．HPLC 测定川产六种鹿蹄草中高熊果苷的含量 [J]. 华西药学杂志，2002，17(6)：435-436.

[16] 刘存海，杨淑英，张增强．鹿蹄草保健茶工艺技术的研究 [J]. 国土与自然资源研究，1998，(2)： 73-76.

萝卜 Luobo CP, KHP, IP

Raphanus sativus L.
Radish

概述

十字花科 (Brassicaceae) 植物萝卜 *Raphanus sativus* L.，其干燥成熟种子入药。中药名：莱菔子。

萝卜属 (*Raphanus*) 植物全世界约8种，多分布于地中海地区。中国约有2种2变种，本属现供药用者有2种。本种广泛栽培于中国南北各地；欧亚温带和热带地区多有栽种。

萝卜以"莱菔"药用之名，始载于《名医别录》。历代本草多有著录。《中国药典》（2015年版）收载本种为中药莱菔子的法定原植物来源种。中国南北各地均产。

莱菔子含脂肪油，还含莱菔素和芥子碱等。《中国药典》采用高效液相色谱法进行测定，规定莱菔子药材含芥子碱以芥子碱硫氰酸盐计，不得少于0.40%，以控制药材质量。

药理研究表明，莱菔子具有促进胃排空、镇咳、平喘和化痰等作用。

中医理论认为莱菔子具有消食除胀，降气化痰等功效。

◆ 萝卜
Raphanus sativus L.

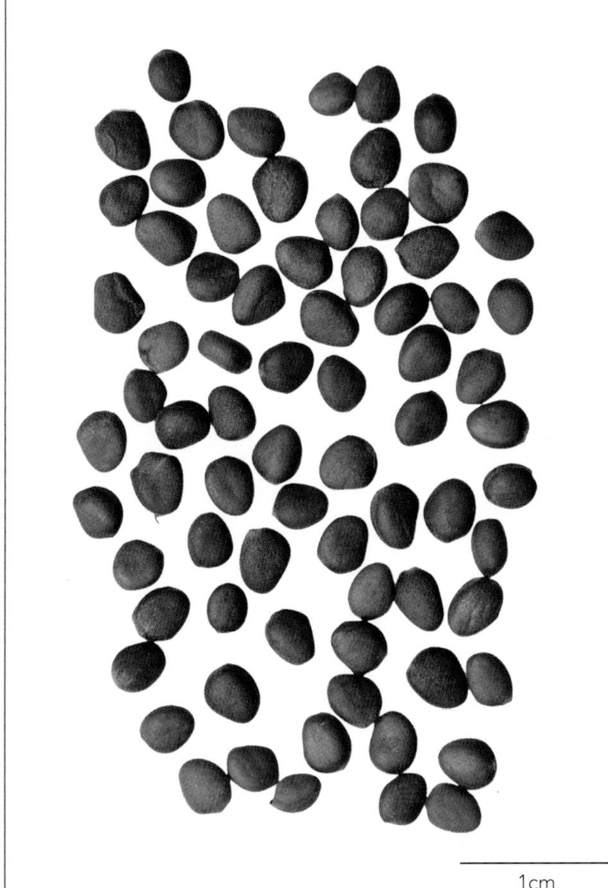

◆ 药材莱菔子
Raphani Semen

化学成分

萝卜种子含莱菔素 (raphanin)、芥子碱 (sinapine)[1-2]和菜子甾醇 (brassicasterol)等；脂肪油中主要含芥酸 (erucic acid)[3]、芥子酸 (sinapic acid)。萝卜苗中含raphanusol A[4]。

萝卜叶含三叶豆苷(trifolin)、烟花苷(nicotiflorin)[5]、8-hydroxy-6-methoxy-2-methyl anthraquinone-3-*O*-*β*-glucopyranoside[6]。红萝卜色素中主要含3-O-[2-*O*-(*β*-*D*-glucopyranosyl)]-(6-*O*-feruyl-*β*-*D*- glucopyranosyl)-[5-*O*-(*β*-*D*-glucopyranosyl)] pelargonidin、3-O-[2-*O*-(6-*O*- feruyl-*β*-*D*-glucopyranosyl)]-(6-*O*-feruyl-*β*-*D*-glucopyranosyl)-[5-*O*-(*β*-*D*-glucopyranosyl)] pelargonidin[7]。

萝卜根含芥子油苷 (glucosinolate)、莱菔苷 (raphanusin)、芥酸 (erucic acid)和4-methylthio-3-butenyl isothiocyanate等[8]。

药理作用

1. 对胃和肠道的影响

萝卜种子水煎液能收缩家兔离体胃和十二指肠肌；萝卜种子正己烷提取物能明显促进小鼠胃排空和肠推进，增加大鼠血浆胃动素 (MTL) 水平，阿托品能阻断其对胃和肠道的作用，提示其对胃和肠道的作用是通过M受体而实现的[9-10]。

2. 镇咳、平喘、化痰

萝卜种子对浓氨水所致小鼠咳嗽有显著抑制作用；对磷酸组胺所致豚鼠哮喘有平喘作用，对腹腔注射酚红溶液的小鼠有祛痰作用[11]。

3. 降血压

萝卜种子水醇提取液对兔、猫和犬三种麻醉动物静脉注射均有缓和而持久的降血压作用。静脉注射萝卜种子注射液能明显降低家兔急性缺氧性肺动脉高压和体动脉压[12]。

4. 其他

莱菔子素有抗菌作用。萝卜种子还有抗炎和解毒作用[13]。

应用

本品为中医临床用药。功能：消食除胀，降气化痰。主治：饮食停滞，脘腹胀痛，大便秘结，积滞泻痢，痰壅喘咳。

现代临床还用于慢性支气管炎、便秘、高血压、高血脂等病的治疗和防止动脉硬化。

评注

莱菔子是中国卫生部规定的药食同源品种之一。

萝卜根含大量氨基酸、维生素 C 等营养物质，为有益健康的蔬菜[14]。此外，萝卜根还有消食、下气、化痰、止血、解渴及利尿作用，常用于治疗消化不良、食积胀满、吞酸、吐食、腹泻、痢疾、便秘、痰热咳嗽、咽喉不利及各种出血症等。

参考文献

[1] 李贵海，巩海涛，刘逢琴．炮制对莱菔子部分成分的影响 [J]. 中国中药杂志，1993，18(2)：89-91.

[2] 刘丽芳，王宇新，张新勇，等．莱菔子中芥子碱的含量测定 [J]. 中成药，2002，24(1)：52-54.

[3] SINGH B K, KUMAR A. Chemical examination of seeds of *Raphanus sativus*. I. Component fatty acids and the probable glyceride structure of the oil[J]. Indian Academy of Sciences, Section A, 1948, 27A: 156-164.

[4] HASE T, HASEGAWA K. Raphanusol A, a new growth inhibitor from Sakurajima radish seedlings[J]. Phytochemistry, 1982, 21(5): 1021-1022.

[5] SRINIVAS K, RAO M E B, RAO S S, et al. Chemical constituents of the leaves of *Raphanus sativus*[J]. Acta Ciencia Indica, Chemistry, 2002, 28(1): 25-26.

[6] SRINIVAS K, PRAKASH K. Isolation of 8-hydroxy-6-methoxy-2-methyl anthraquinone 3 *O*-*β*-*D*-glucopyranoside from *Raphanus sativus* and its anti-inflammatory activity[J]. Asian Journal of Chemistry, 2001, 13(4): 1661-1663.

[7] SHIMIZU T, ICHI T, IWABUCHI H, et al. Structure of diacylated anthocyanins from red radish (*Raphanus sativus* L.) [J]. Nippon Shokuhin Kagaku Gakkaishi, 1996, 3(1): 5-9.

[8] UDA Y, OZAWA Y, MATSUOKA H. Generation of biologically active products from (*E*,*Z*)-4-methylthio-3-butenyl isothiocyanate, the pungent principle of radish (*Raphanus sativus* L.) [J]. Recent Research Developments in Agricultural & Biological Chemistry, 1998, 2(1): 207-224.

[9] 李玲，谈斐．莱菔子、蒲公英、白术对家兔离体胃、十二指肠肌的动力作用 [J]. 中国中西医结合脾胃杂志，1998，6(2)：107-108.

[10] 唐健元，张磊，彭成，等．莱菔子行气消食的机制研究 [J]. 中国中西医结合消化杂志，2003，11(5)：287-289.

[11] 刘继林，钟荞，张世波．莱菔子降气化痰的实验研究 [J]. 成都中医学院学报，1990，13(2)：29-30.

[12] 施波，宋爱英，隋明，等．莱菔子对家兔急性缺氧性肺动脉高压的降压作用研究 [J]. 中草药，1990，21(10)：25-27.

[13] 王本祥．现代中药药理学 [M]. 天津：天津科学技术出版社，1997：676-678.

[14] 刘希玲，郭碧薇，郭厚良．胡萝卜和白萝卜对果蝇寿命的比较效应 [J]. 氨基酸和生物资源，2003，25(1)：67-68.

络石 Luoshi CP

Trachelospermum jasminoides (Lindl.) Lem.
Chinese Starjasmine

概述

夹竹桃科 (Apocynaceae) 植物络石 *Trachelospermum jasminoides* (Lindl.) Lem.，其干燥带叶藤茎入药。中药名：络石藤。

络石属 (*Trachelospermum*) 植物全世界约有 30 种，主要分布于亚洲热带和亚热带地区。中国约有 10 种，本属现供药用者约有 6 种。本种分布广泛，遍及中国各省区；朝鲜半岛、日本、越南也有分布。

络石始载于《神农本草经》，列为上品，"络石藤"药用之名，始见于《本草拾遗》；历代本草多有著录，古今药用品种一致。本种为当今商品络石藤的主要原植物来源。《中国药典》（2015 年版）收载本种为中药络石藤的法定原植物来源种。主产于中国江苏、安徽、江西、山东、福建、湖北等省区。

络石含有木脂素类、生物碱和黄酮类成分。《中国药典》采用高效液相色谱法进行测定，规定络石藤药材含络石藤苷不得少于 0.45%，以控制药材质量。

药理研究表明，络石有镇痛、抗炎、抗痛风、抗氧化等作用。

中医理论认为络石藤具有祛风通络，凉血消肿等功效。

◆ 络石
Trachelospermum jasminoides (Lindl.) Lem.

◆ 药材络石藤
Trachelospermi Caulis et Fdium

◆ 蔓九节
Psychotria serpens L.

◆ 药材广东络石藤
Psychotriae Serpentis Herba

化学成分

络石的茎、叶含木脂素类成分：牛蒡子苷 (arctiin)、牛蒡子苷元 (arctigenin)、罗汉松脂素 (matairesinol)、络石藤苷元 (trachelogenin)、去甲络石藤苷元 (nortrachelogenin) [1]、络石藤苷 (tracheloside)、去甲络石藤苷 (nortracheloside)、去甲络石藤8'-*O*-*β*-*D*-吡喃葡萄糖苷 (nortrachelogenin 8'-*O*-*β*-*D*-glucopyranoside)、络石藤4'-*O*-*β*-龙胆二糖苷 (trachelogenin 4'-*O*-*β*-gentiobioside)[2]等；生物碱类成分：狗牙花碱 (conoflorine)、冠狗牙花定 (coronaridine)、伏康京碱(voacangine)、19-表伏康碱 (19-epi-voacangarine)、白坚木辛碱 (apparicine, pericalline)[3]、伊波加因碱 (ibogaine)、山辣椒碱 (tabernaemontanine)、伏康碱 (vobasine)、voacangine-7-hydroxyindolenine[4]等；黄酮类成分：芹菜素 (apigenin)、木犀草素 (luteolin)、cosmociin、木犀草素-4'-*O*-葡萄糖苷 (luteotin-4'-*O*-glucoside)、木犀草素-7-*O*-葡萄糖苷 (luteolin-7-*O*-glucoside)、芹菜素-7-*O*-新橙皮糖苷 (apigenin 7-*O*-neohesperidoside, rhoifolin)、芹菜素-7-*O*-龙胆二糖苷 (apigenin-7-*O*-gentiobioside)、木犀草素-7-*O*-龙胆二糖苷 (luteotin-7-*O*-gentiobioside)[5-6]等；三萜类成分：络石苷B-1、D-1、E-1、F (trachelosperosides B-1, D-1, E-1, F)及络石苷元B (trachelosperogenin B)、3*β*-*O*-*D*-glucopyranoside quinovic acid[7]等。

◆ trachelogenin

◆ trachelosperoside F

药理作用

1. 镇痛

络石藤水煎剂口服或腹腔注射，能明显延长热板法小鼠的痛阈值；水煎剂灌胃能显著抑制醋酸或酒石酸锑钾所致的小鼠扭体反应[8]。络石所含的总生物碱是其镇痛活性部位。

2. 抗炎

络石藤水煎剂腹腔注射能显著抑制二甲苯所致的小鼠耳郭肿胀，灌胃能显著抑制琼脂所致的小鼠足趾肿胀[8]。络石藤乙醇提取物体外能显著抑制环氧酶 -1 (COX-1)、磷脂酶 A_2 (PLA_2) 和 12- 脂氧酶 (12-LO) 的活性；其抑制环氧酶 -1 的作用强于阿司匹林 (aspirin)[9]。

3. 抗痛风

络石的叶及所含黄酮类化合物能显著抑制黄嘌呤氧化酶 (xanthine oxidase) 的活性，从而抑制尿酸的生成[5]。

4. 对平滑肌的作用

络石藤水提取物及所含木脂素类化合物对组胺 (histamine) 所致的豚鼠气管平滑肌收缩具有松弛作用[1]。

5. 抗氧化

络石所含的牛蒡子苷元、去甲络石藤苷元有显著抑制脂质过氧化的作用[1]。

应用

本品为中医临床用药。功能：祛风通络，凉血消肿。主治：风湿热痹，筋脉拘挛，腰膝酸痛，喉痹，痈肿，跌扑损伤。

现代临床还用于风湿性关节炎、强直性脊柱炎、坐骨神经痛，用其鲜品捣碎外敷治疗外伤出血、小儿腹泻等病的治疗。

评注

《中国药典》仅描述了络石藤药材的性状和显微特征。有研究认为，络石的茎所含的络石藤苷元、叶所含的芹菜素 -7-*O*- 新橙皮糖苷可以作为络石藤药材的标示性成分，采用 HPLC 法进行定性和定量分析[10-11]，以控制其药材质量。

药用植物图像数据库

络石的变种石血 *Trachelospermum jasminoides* (Lindl.) Lem. var. *heterophyllum* Tsiang 的带叶藤茎，有祛风湿、强筋骨、补肾止泻的功效，在中国一些省区亦作络石藤使用。石血含络石藤苷、牛蒡子 -4'-*β*- 龙胆二糖苷 (arctigenin-4'-*β*-gentiobioside)[12] 等成分。有研究发现，石血与络石在植物形态、生药组织、理化特征等方面较为一致，并入原变种络石。

茜草科 (Rubiaceae) 植物蔓九节 *Psychotria serpens* L. 在中国香港和华南地区称广东络石藤，其全草入药，为地区习用品，有祛风除湿、舒筋活络、消肿止痛的功效。

参考文献

[1] FUJIMOTO T, NOSE M, AKEDA T T, et al. Studies on the Chinese crude drug "Luoshiteng" (Ⅱ). On the biologically active components in the stem part of luoshiteng originating from *Trachelospermum jasminoides*[J]. Shoyakugaku Zasshi, 1992, 46(3): 224-229.

[2] TAN X Q, CHEN H S, LIU R H, et al. Lignans from *Trachelospermum jasminoides*[J]. Planta Medica, 2005, 71(1): 93-95.

[3] ATTA-UR R, FATIMA T, MEHRUN N, et al. Indole alkaloids from *Trachelospermum jasminoides*[J]. Planta Medica, 1987, 53(1): 57-59.

[4] ATTA-UR R, FATIMA T, CRANK G, et al. Alkaloids from *Trachelospermum jasminoides*[J]. Planta Medica, 1988, 54(4): 364.

[5] NISHIBE S, SAKUSHIMA A, NORO T, et al. Studies on the Chinese drug Luoshiteng (Ⅰ). Xanthine oxidase inhibitors from the leaf part of Luoshiteng originating from *Trachelospermum jasminoides*[J]. Shoyakugaku Zasshi, 1987, 41(2): 116-120.

[6] SAKUSHIMA A, OHNO K, MAOKA T, et al. Flavonoids from *Trachelospermum jasminoides*[J]. Natural Medicines, 2002, 56(4):159.

[7] 谭兴起，陈海生，周密，等. 络石藤中的三萜类化合物 [J]. 中草药，2006，37(2)：171-174.

[8] 来平凡，范春雷，李爱平. 夹竹桃科络石与桑科薜荔抗炎镇痛作用比较 [J]. 中医药学刊，2003，21(1)：154-155.

[9] LI R W, LIN G D, MYERS S P, et al. Anti-inflammatory activity of Chinese medicinal vine plants[J]. Journal of Ethnopharmacology, 2003, 85(1): 61-67.

[10] NISHIBE S, HAN Y M, NOGUCHI Y, et al. Studies on the Chinese crude drug "Luoshiteng" (3) The plant origins of Luoshiteng on the market and their identification[J]. Natural Medicines, 2002, 56(2): 40-46.

[11] 谭兴起，陈海生，钱正生，等. 反相高效液相色谱法测定络石藤中芹菜素 7-*O*-*β*- 新橙皮糖苷的含量 [J]. 中国中药杂志，2005，30(24)：1958-1959.

[12] 李熙龄，张慧珍，张萍，等. 石血化学成分的研究 [J]. 中国中药杂志，1994，19(4)：231-232.

马齿苋 Machixian CP, KHP, IP

Portulaca oleracea L.
Purslane

概述

马齿苋科 (Portulacaceae) 植物马齿苋 *Portulaca oleracea* L.，其地上部分入药。中药名：马齿苋。

马齿苋属 (*Portulaca*) 植物全世界约有 200 种，分布于热带、亚热带至温带地区。中国约有 6 种，本属现供药用者约有 4 种。本种广泛分布于全世界温带和热带地区。

“马齿苋”药用之名，始载于《本草经集注》。历代本草多有著录，古今药用品种一致。《中国药典》（2015 年版）收载本种为中药马齿苋的法定原植物来源种。中国各地均产。

马齿苋属植物主要活性成分为儿茶酚胺类、黄酮类化合物。《中国药典》以性状、显微和薄层色谱鉴别来控制马齿苋药材的质量。

药理研究表明，马齿苋具有抗菌消炎、抗病毒、增强免疫、降血脂、抗动脉粥样硬化、抗衰老等作用。

中医理论认为马齿苋具有清热解毒，凉血止血，止痢等功效。

◆ 马齿苋
Portulaca oleracea L.

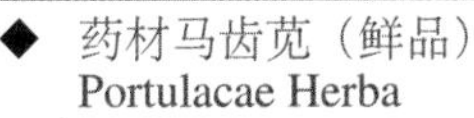

◆ 药材马齿苋（鲜品）
Portulacae Herba

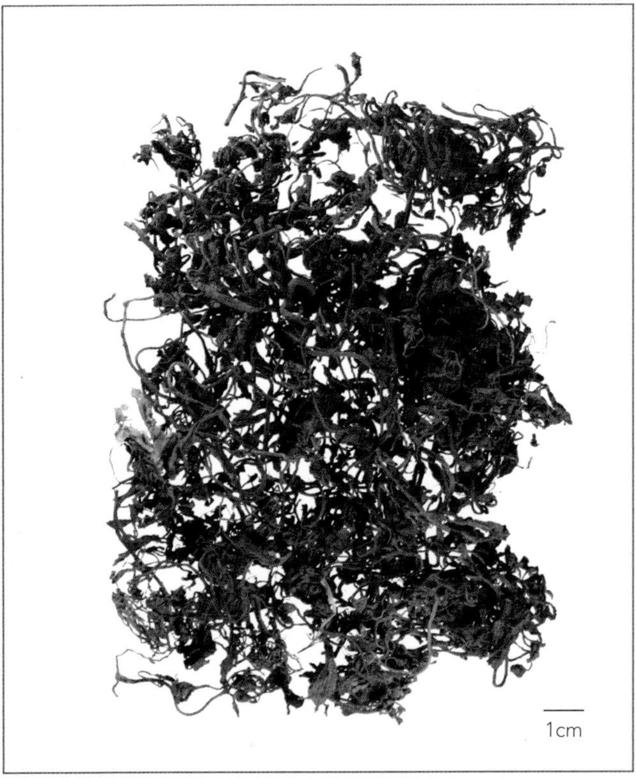

◆ 药材马齿苋
Portulacae Herba

化学成分

马齿苋的地上部分含黄酮类：槲皮素 (quercetin)、山柰酚 (kaempferol)、杨梅素 (myricetin)、芹菜素 (apigenin)、木犀草素 (luteolin)[1]；三萜醇类：β-香树脂醇 (β-amyrin)、丁基迷帕醇 (butyrospermol)、帕克醇 (parkeol)、环木菠萝烯醇 (cycloartenol)、24-亚甲基-24-二氢帕克醇 (24-methylene-24-dihydroparkeol)、亚甲基环木菠萝烷醇 (24-methylenecycloartanol)、羽扇豆醇 (lupeol)[2]、friedelan-4-α-methyl-3β-OH[3]；儿茶酚胺类：马齿苋鲜品中含去甲肾上腺素 (noradrenaline)、多巴胺 (dopamine) 及多巴 (dopa)[2, 4]。另外还含有甜菜花青苷类成分：酰化甜菜色苷 (acyated betacyanins)、甜菜苷配基-5-*O*-β-纤维二糖苷 (5-*O*-β-cellobioside of betanidin)、异甜菜苷配基-5-*O*-β-纤维二糖苷 (5-*O*-β-cellobioside of isobetanidin)。马齿苋中含有丰富的α-亚麻酸 (α-linolenic acid)、亚油酸 (linoleic acid) 等多不饱和脂肪酸及苹果酸 (malic acid)、枸橼酸 (citric acid) 等有机酸类成分。

药理作用

1. 抗菌

体外实验表明，马齿苋乙醇提取物对志贺氏、福氏志贺氏杆菌，大肠埃希氏菌和金黄色葡萄球菌有显著的抑制作用，水煎剂对志贺氏、宋内氏、斯氏、黄氏志贺氏菌及铜绿假单胞菌均有抑制作用，水浸剂对奥杜盎氏小芽孢癣菌、腹股沟表皮癣菌等皮肤真菌和大肠埃希氏菌、金黄色葡萄球菌有显著的抑制作用。另外对毛霉菌、赤霉菌、高氏链霉菌、黄曲霉菌等也有抑制作用。马齿苋乙醇溶液在体内对大肠埃希氏菌和伤寒沙门氏菌均有显著的抗菌作用[5-7]。

2. 降血脂

以马齿苋干品或鲜品（或其提取物）喂养高血脂兔或大鼠，能显著降低动物血清总胆固醇 (TC)、三酰甘油 (TG)

和低密度脂蛋白胆固醇 (LDL-C)，升高高密度脂蛋白胆固醇 (HDL-C)[8-10]。

3. 抗肿瘤

马齿苋多糖 (POP) 可增加 T 淋巴细胞的数量，体外实验表明其对肝癌细胞 SMMC7721 的增殖具有抑制作用，其效果与剂量呈正相关系；体内抗癌实验表明马齿苋多糖能显著降低小鼠腹水瘤的分裂指数，明显抑制小鼠 S_{180} 实体瘤的生长[11]。

4. 增强免疫

以马齿苋干粉喂养能显著提高正常家兔淋巴细胞和植物血凝素 (PHA) 诱导的淋巴细胞的增殖能力，并可使脾的重量有所增加，表明马齿苋能提高细胞免疫功能，调节机体的免疫状态[12]。马齿苋多糖体外可以加强小鼠腹腔巨噬细胞的吞噬能力并诱生巨噬细胞产生 NO 和白介素 1(IL-1)，说明马齿苋多糖可以通过活化巨噬细胞，增强机体的免疫功能[13]。

5. 抗衰老

马齿苋水提取液给老龄 BALB/C 小鼠灌胃 45 天后，显著增强肝超氧化物歧化酶 (SOD)、全血谷胱甘肽过氧化物酶 (GSH-Px) 和过氧化氢酶 (CAT) 的活力[14]。果蝇生存实验证明，马齿苋延长了果蝇的寿命，表明其具有推迟衰老的作用[15]。

6. 降血糖

以马齿苋粉喂养使四氧嘧啶糖尿病大鼠的血糖显著降低，且呈剂量依赖性，对正常大鼠血糖无明显影响[16]。

7. 对血液系统的影响

体外实验表明，马齿苋总黄酮对氧自由基引发人红细胞膜损伤具有保护作用，使膜丙二醛含量减少，明显降低自氧化速率，增加膜流动性和膜封闭性[17]。以复方马齿苋粉喂养大鼠，发现其能阻止大鼠血小板凝集率，能使红细胞膜流动性微黏度数值及红细胞刚性指数等提高[18]。

8. 其他

马齿苋水煎液能兴奋离体小鼠子宫，是通过子宫肌上的 H_1 受体起作用[19]。

应用

本品为中医临床用药。功能：清热解毒，凉血止血，止痢。主治：热毒血痢，痈肿疔疮，湿疹，丹毒，蛇虫咬伤，便血，痔血，崩漏下血。

现代临床还用于细菌性痢疾、湿疹、带状疱疹、功能性子宫出血等病的治疗。

评注

药用植物图像数据库

马齿苋是中国卫生部规定的药食同源的品种之一。既可干用，又可鲜用。马齿苋药用保健产品的开发研制也日益受到重视。

公元 10 世纪时，阿拉伯国家药用植物表就收载了马齿苋；欧洲草药典也有收录。在西非，马齿苋是当地的传统药物，以叶入药治肿胀、挫伤、脓疮、耳痛和牙痛。在印度，马齿苋是治疗心血管疾病的民间药。

参考文献

[1] HERTOG M G L, HOLLMAN P C H, KATAN M B. Content of potentially anticarcinogenic flavonoids of 28 vegetables and 9 fruits commonly consumed in the Netherlands[J]. Journal of Agricultural and Food Chemistry, 1992, 40(12): 2379-2383.

[2] 崔健，陈新，姜艳玲，等．马齿苋的药用研究概况 [J]. 长春中医学院学报，2004，20(4)：58-60.

[3] 孙健，张宏桂，张静敏，等．马齿苋的化学成分研究 [J]. 中国药学：英文版，2004，13(4)：291-292.

[4] 翁前锋，袁凯龙，张宏颖，等．胶束电动毛细管色谱安培检测中药马齿苋中多巴胺和去甲肾上腺素 [J]. 色谱，2005，23(1)：18-21.

[5] 屠连珍．马齿苋的药理研究 [J]. 中成药，2001，23(7)：519-520.

[6] 张秀娟，季宇彬，曲中原，等．马齿苋体外抗菌作用的实验研究 [J]. 中国微生态学杂志，2002，14(5)：277-280.

[7] 于军，徐丽华，王云，等．射干和马齿苋对 46 株绿脓杆菌体外抑菌试验的研究 [J]. 白求恩医科大学学报，2001，27(2)：130-131.

[8] 贺圣文，贺圣光，赵仁宏，等．野生马齿苋对家兔机体血脂及脂质过氧化作用的影响 [J]. 中国公共卫生，1997，13(3)：157-158.

[9] 张晶，田月洁．马齿苋提取物对大鼠血脂调节作用的实验研究 [J]. 山东医药工业，2003，22(4)：54-56.

[10] 王晓波，刘殿武，王本华，等．马齿苋对高脂动物血脂及脂质过氧化作用的干预实验研究 [J]. 河北医科大学学报，2003，24(5)：261-263.

[11] 崔旻，尹苗，安利国．马齿苋多糖的抗肿瘤活性 [J]. 山东师大学报：自然科学版，2002，17(1)：73-76.

[12] 贺圣文，尤敏，苗乃法，等．野生马齿苋对家兔淋巴细胞 PHA 诱导下增殖的影响 [J]. 潍坊医学院学报，1996，18(3)：206-207.

[13] 王晓波，刘殿武，丁月新，等．马齿苋多糖对小鼠腹腔巨噬细胞免疫功能作用 [J]. 中国公共卫生，2005，21(4)：462-463.

[14] 鞠兴荣，施洪飞．马齿苋抗氧化作用实验研究 [J]. 山东中医药大学学报，2000，24(6)：466-467.

[15] 刘浩，李丽华，崔美芝．马齿苋粉推迟衰老的实验研究 [J]. 中国临床康复，2005，9(3)：170-171.

[16] 崔美芝，刘浩，李春艳．糖尿病大鼠血糖变化与马齿苋的干预效应 [J]. 中国临床康复，2005，9(27)：92-93.

[17] 卢新华，关章顺，何军山，等．马齿苋总黄酮对氧自由基引发人红细胞膜损伤的保护作用 [J]. 中国药学杂志，2004，39(8)：587-589.

[18] 贺圣文，赵仁宏，王守训，等．复方马齿苋对大鼠血小板聚集率等的影响 [J]. 潍坊医学院学报，2003，25(3)：164-166.

[19] 毛露甜．马齿苋对子宫兴奋作用的机理研究 [J]. 惠州大学学报：自然科学版，2001，21(4)：61-64.

麦冬 Maidong CP, JP

Ophiopogon japonicus (L. f) Ker-Gawl.
Dwarf Lilyturf

概述

百合科 (Liliaceae) 植物麦冬 *Ophiopogon japonicus* (L. f) Ker-Gawl.，其干燥块根入药。中药名：麦冬。

沿阶草属 (*Ophiopogon*) 植物全世界约 50 多种，主要分布于亚洲东部、南部的亚热带和热带地区。中国约有 33 种，本属现供药用者约有 2 种。本种分布于中国广东、广西、福建、台湾、浙江、江苏、江西、湖南、湖北、四川、云南、贵州、安徽、河南、陕西与河北；在浙江和四川有大量栽培。日本、越南、印度也有分布。

麦冬以“麦门冬”药用之名，始载于《神农本草经》，列为上品。历代本草多有著录，但其植物来源不止一种。《本草纲目》记述的产自浙江的栽培者，系指本种。《中国药典》（2015 年版）收载本种为中药麦冬的法定原植物来源种。商品大多为栽培品，主产于浙江者称“浙麦冬（杭麦冬）”，主产于四川者称“川麦冬”。

麦冬含甾体皂苷、高异黄酮、多糖等成分。其所含的皂苷和多糖为主要的活性成分。《中国药典》采用高效液相色谱法进行测定，规定麦冬药材含麦冬总皂苷以鲁斯可皂苷元计，不得少于 0.12%，以控制其质量。

药理研究表明，麦冬具有抗心律失常、抗心肌缺血、改善心功能、增强免疫功能、抗炎、抗诱变、降血糖、推迟衰老等作用。

中医理论认为麦冬具有养阴生津，润肺清心等功效。

◆ 麦冬
Ophiopogon japonicus (L. f) Ker-Gawl.

◆ 药材麦冬
Ophiopogonis Radix

化学成分

麦冬的块根含皂苷：麦冬皂苷 A、B、C、D、B'、C'、D' (ophiopogonins A～D、B'～D')，(23*S*,24*S*,25*S*)-23,24-dihydroxyruscogenin 1-*O*-[*α*-*L*-rhamnopyranosyl (1→2)] [*β*-*D*-xylopyranosyl (1→3)]-*α*-*L*-arabinopyranoside 24-*O*-*β*-*D*-fucopyranoside、l-borneol *O*-*β*-*D*-glucopyranoside[1]，ophipojaponins A、B[2]，ophiogenin 3-*O*-*α*-*L*-rhamnopyranosyl-(1→2)-*β*-*D*-glucopyranoside[3]、ophiopogonoside A[4]等；高异黄酮：麦冬酮 A、B、C (ophiopogonones A～C)，甲基麦冬酮 A、B (methylophiopogonones A, B)，2'-羟甲基麦冬酮 A (2'-hydroxymethylophiopogonone A)、异麦冬酮 A (isoophiopogonone A)，6-醛基异麦冬酮 A、B (6-aldehydroisoophiopogonones A, B)，麦冬黄烷酮 A、C、D、E、F (ophiopogonanones A, C～F)，甲基麦冬黄烷酮 A、B (methylophiopogonanones A,B)[5-8]，6-醛基异麦冬黄烷酮 A、B (6-aldehydoisoophiopogonanones A, B)和5,7-dihydroxy-8-methoxy-6-methyl-3-(2'-hydroxy-4'-methoxybenzyl)chroman-4-one、2,5,7-trihydroxy-6,8-dimethyl-3-(3',4'-methylenedioxybenzyl)chroman-4-one[9]等；多糖：麦冬多糖 Md-1、Md-2[10]；蒽醌：大黄酚 (chrysophenol)、大黄素 (emodin)等成分[8]。

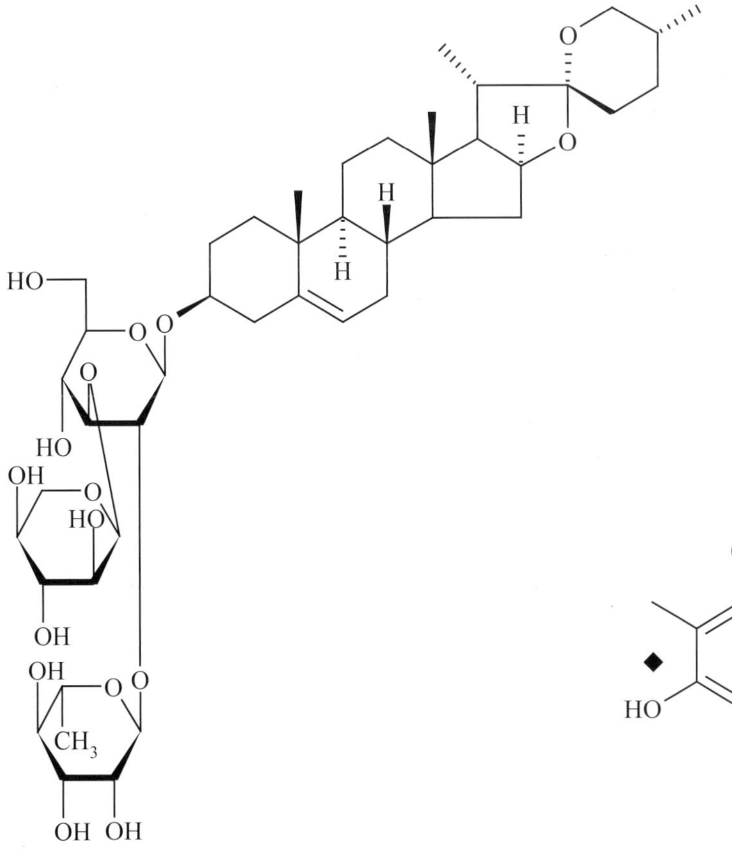

◆ ophiopogonin C

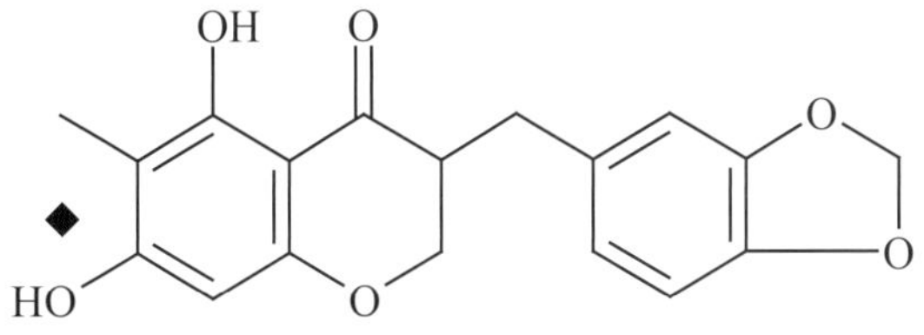

◆ ophiopogonanone A

药理作用

1. 对心血管系统的影响

麦冬总皂苷静脉注射可有效预防或对抗由氯仿－肾上腺素 ($CHCl_3$-Adr) 诱发兔、氯化钡 ($BaCl_2$) 和乌头碱 (Aco) 诱发大鼠的心律失常，降低结扎冠状动脉犬的室性心律失常发生率[11]；腹腔注射可显著增加小鼠心肌营养血流量[12]；灌胃可明显降低实验性心肌缺血大鼠心电图 S-T 段及 T 波变化，抑制心肌梗死心肌血清中磷酸肌酸

激酶 (CPK)、乳酸脱氢酶 (LDH) 水平和心肌组织中超氧化物歧化酶 (SOD)、丙二醛 (MDA) 含量，改善大鼠心肌缺血 [13]；麦冬皂苷体外可使缺氧再给氧培养心肌细胞活力提高，搏动频率提高，培养液上清中乳酸脱氢酶含量降低 [14]；麦冬总皂苷口服可剂量依赖地抑制 ADP 诱导的大鼠血小板聚集及动 - 静脉旁路血栓形成 [15]；麦冬水煎剂的家兔灌胃药物血清，能够明显促进培养人脐静脉血管内皮细胞 (HUVEC) 增殖及其线粒体代谢四甲基氮唑盐 (MTT)[16]，能通过清除自由基、增加 SOD 活性而减少内毒素诱导的 HUVEC 凋亡 [17]，还可以明显提高 *bcl*-2 基因表达和缓解 Ca^{2+} 超载，抑制脂多糖 (LPS) 所致 HUVEC 凋亡 [18]，同时降低 LPS 所致培养液上清的 NO 与内皮素 (ET) 升高，维持血管内皮细胞 (VEC) 血管调节物质动态平衡和生理功能 [19]；体外可抑制高胰岛素、高脂血清诱导的血管平滑肌细胞 (VSMC) 增殖，显著缓解高胰岛素、高血脂造成的细胞形态改变 [20]。麦冬提取液灌胃能够显著改变小鼠耳郭微动脉、微静脉管径和血液流态，促进微循环 [21]。

2. 推迟衰老

麦冬水提取物灌胃能提高 *D*- 半乳糖诱导衰老大鼠脑组织和红细胞 SOD、肝组织谷胱甘肽过氧化物酶 (GSH-Px) 活性，降低肝组织和血清中 MDA 含量，提高大鼠红细胞 C_3b 受体花环率 (RBC-C_3bRR) 和肿瘤红细胞花环率 (RBC-CaR)，降低免疫复合物花环率 (RBC-ICR)[22-23]，降低衰老大鼠的全血和血浆的黏度 [24]。

3. 耐缺氧

麦冬水煎液、麦冬皂苷、麦冬多糖腹腔注射能显著延长常压缺氧小鼠和皮下注射异丙肾上腺素小鼠在低压缺氧条件下的存活时间 [25]。

4. 免疫调节功能

麦冬水煎液、麦冬皂苷、麦冬多糖腹腔注射能增加小鼠脾脏重量，增强小鼠的碳粒廓清作用，促进小鼠血清中溶血素的形成，对抗环磷酰胺和 ^{60}Co 照射所致的小鼠白细胞减少 [25]。

5. 抗炎

麦冬的水提取物口服可显著抑制二甲苯诱导的小鼠耳郭肿胀和角叉菜胶诱导的足趾肿胀，显著抑制角叉菜胶诱导的大鼠胸膜白细胞迁移、酵母聚糖 -A 诱导的小鼠腹膜白细胞和嗜中性白细胞迁移；其抗炎活性成分为鲁斯可皂苷元 (ruscogenin) 和麦冬皂苷 D[26]。

6. 抗诱变

麦冬水提取物灌胃可抑制硫酸镉 ($CdSO_4$) 所致小鼠骨髓嗜多染红细胞 (PCE) 微核率，可剂量依赖性地抑制甲基磺酸甲酯 (MMS) 诱导的小鼠精子非程序 DNA 合成 [27-28]。

7. 降血糖

麦冬水提取物口服对正常和实验性糖尿病家兔有降血糖效果，并能促使胰岛素 β 细胞恢复，肝糖原增加；麦冬多糖灌胃对正常小鼠和葡萄糖、肾上腺素、四氧嘧啶所致高血糖小鼠均有降血糖作用 [29]。

应用

本品为中医临床用药。功能：养阴生津，润肺清心。主治：肺燥干咳，阴虚痨嗽，喉痹咽痛，津伤口渴，内热消渴，心烦失眠，肠燥便秘。

现代临床还用于萎缩性胃炎、慢性支气管炎、糖尿病、冠心病等病的治疗。

评注

同科山麦冬属 (*Liriope*) 植物湖北麦冬 *Liriope spicata* (Thunb.) Lour. var. *prolifera* Y. T. Ma 和短葶山麦冬 *L. muscari* (Decne.) Baily. 在《中国药典》收载为中药山麦冬的法定药用来源，应注意区别。

麦冬以块根入药，其须根通常被废弃。有初步研究表明，麦冬块根和须根的化学成分、生物活性大致相同 [30-31]，有必要对其须根进行深入的化学成分、药理活性等综合研究，以扩大药用资源。目前，四川绵阳已建立了麦冬的规范化种植基地。

参考文献

[1] ASANO T, MURAYAMA T, HIRA Y I, et al. Comparative studies on the constituents of ophiopogonis tuber and its congeners. VIII. Studies on the glycosides of the subterranean part of *Ophiopogon japonicus* Ker-Gawler cv. Nanus[J]. Chemical & Pharmaceutical Bulletin, 1993, 41(3): 566-570.

[2] 戴好富，周俊，谭宁华，等. 川麦冬中的新 C_{27} 甾体苷 [J]. 植物学报，2001，43(1)：97-100.

[3] ADINOLFI M, PARRILLI M, ZHU Y X. Terpenoid glycosides from *Ophiopogon japonicus* roots[J]. Phytochemistry, 1990, 29(5): 1696-1699.

[4] CHENG Z H, WU T, BLIGH S W A, et al. *cis*-Eudesmane sesquiterpene glycosides from *Liriope muscari* and *Ophiopogon japonicus*[J]. Journal of Natural Products, 2004, 67(10): 1761-1763.

[5] TADA A, KASAI R, SAITOH T, et al . Studies on the constituents of ophiopogonis tuber. Ⅵ. Structures of homoisoflavonoids. (2) [J]. Chemical & Pharmaceutical Bulletin, 1980, 28(7): 2039-2044.

[6] CHANG J M, SHEN C C, HUANG Y L, et al. Five new homoisoflavonoids from the tuber of *Ophiopogon japonicus*[J]. Journal of Natural Products, 2002, 65(11): 1731-1733.

[7] ZHU Y X, YAN K D, TU G S. Two homoisoflavones from *Ophiopogon japonicus*[J]. Phytochemistry, 1987, 26(10): 2873-2874.

[8] 程志红，吴弢，李林洲，等. 中药麦冬脂溶性化学成分的研究 [J]. 中国药学杂志，2005，40(5)：337-341.

[9] HOANG A N T, VAN S T, PORZEL A, et al. Homoisoflavonoids from *Ophiopogon japonicus* Ker-Gawler[J]. Phytochemistry, 2003, 62(7): 1153-1158.

[10] 折改梅，石阶平. 麦冬多糖 Md-1、Md-2 化学结构的研究 [J]. 西北药学杂志，2003，18(2)：58-60.

[11] 陈敏，杨正苑，朱寄天，等. 麦冬总皂苷抗心律失常作用及其电生理特性 [J]. 中国药理学报，1990，11(2)：161-165.

[12] 周跃华，徐德生，冯怡，等. 麦冬提取物对小鼠心肌营养血流量的影响 [J]. 中国实验方剂学杂志，2003，9(1)：22-24.

[13] 金立玲，闵旸. 麦冬总皂苷 (DMD) 抗实验性大鼠心肌缺血 [J]. 中国药理通讯，2004，21(3)：11-12.

[14] 何平，代赵明. 麦冬总皂苷对培养心肌细胞缺氧再给氧损伤的保护作用 [J]. 微循环学杂志，2005，15(2)：45-47.

[15] 金立玲，闵旸. 麦冬总皂苷对 ADP 及胶原诱导的大鼠血小板聚集的影响 [J]. 中国药理通讯，2004，21(3)：12.

[16] 李民，张旭，朱平，等. 麦冬、生地药血清对血管内皮细胞增殖的影响 [J]. 国医论坛，2001，16(5)：43-44.

[17] 张旭，龚婕宁，卞慧敏，等. 麦冬药物血清抗血管内皮细胞凋亡的分子机制 [J]. 南京中医药大学学报：自然科学版，2001，17(5)：289-290.

[18] 张旭，张超英，王文，等. 麦冬药物血清对血管内皮细胞凋亡相关基因表达及胞内 Ca^{2+} 的影响 [J]. 中国病理生理杂志，2003，19(6)：789-791.

[19] 吴德芹，张旭. 麦冬药物血清对 VEC 血管调节物质的影响 [J]. 中医药学报，2004，32(2)：56-57.

[20] 周惠芳，张旭，吴德芹. 麦冬对诱导性血管平滑肌细胞增殖的拮抗作用 [J]. 浙江中西医结合杂志，2003，13(9)：531-533.

[21] 黄厚才，倪正. 麦冬对小鼠耳郭微循环的影响 [J]. 上海实验动物科学，2003，23(1)：57-58.

[22] 陶站华，白书阁，白晶. 麦冬对 *D*- 半乳糖衰老模型大鼠的抗衰老作用研究 [J]. 黑龙江医药科学，1999，22(4)：36-37.

[23] 张易水，刘祥忠，李华. 麦冬对衰老模型大鼠抗衰老作用的研究 [J]. 深圳中西医结合杂志，1999，9(6)：26-27.

[24] 郭晶，陈非，李丽华，等. 麦冬对 *D*- 半乳糖衰老模型大鼠血液流变性的影响 [J]. 中国微循环，2002，6(4)：246.

[25] 余伯阳，殷霞，张春红，等. 麦冬多糖的免疫活性研究 [J]. 中国药科大学学报，1991，22(5)：286-288.

[26] KOU J P, SUN Y, LIN Y W, et al. Anti-inflammatory activities

of aqueous extract from Radix *Ophiopogon japonicus* and its two constituents[J]. Biological & Pharmaceutical Bulletin, 2005, 28(7): 1234-1238.

[27] 刘冰，武广恒. 麦冬对镉所致遗传损伤的抑制作用研究 [J]. 长春中医学院学报，1998，14(12)：53.

[28] 朱玉琢，庞慧民，刘念稚. 麦冬对甲基磺酸甲酯诱发的小鼠精子非程序 DNA 合成的抑制作用 [J]. 吉林大学学报：医学版，2002，28(5)：461-462.

[29] 陈卫辉，钱华，王慧中. 麦冬多糖对正常和实验性糖尿病小鼠血糖的影响 [J]. 中国现代应用药学杂志，1998，15(4)：21-22.

[30] 黄天俊，金虹. 麦冬及其须根药效成分的对比实验 [J]. 中国药学杂志，1990，25(1)：11-13.

[31] 黄可泰，刘中申，俞哲达，等. 麦冬须根的综合开发利用研究 [J]. 中国中药杂志，1992，17(1)：21-23.

麦蓝菜 Mailancai [CP]

Vaccaria segetalis (Neck.) Garcke
Cowherb

概述

石竹科 (Caryophyllaceae) 植物麦蓝菜 *Vaccaria segetalis* (Neck.) Garcke，其干燥成熟种子入药。中药名：王不留行。

麦蓝菜属 (*Vaccaria*) 植物全世界约有 4 种，分布于欧洲和亚洲。中国产仅有 1 种，且供药用。本种分布于中国北部和长江流域。

“王不留行”药用之名，始载于《神农本草经》，列为上品。中国历代本草多有著录，主要为本种[1]。《中国药典》（2015 年版）收载本种为中药王不留行的法定原植物来源种。主产于中国河北、黑龙江、辽宁等省区。

麦蓝菜主要化学成分为三萜皂苷类化合物和环肽成分，其中环肽 segetalins A、B、G、H 具有雌激素样活性。《中国药典》采用高效液相色谱法进行测定，规定王不留行药材含王不留行黄酮苷不得少于 0.40%，以控制药材质量。

药理研究表明，麦蓝菜能改善血液流变中高黏状态、改善微血液量、缩短血流循环时间、增加组织血流灌注量，同时也能改善微血管形态、降低血液的瘀滞和汇集。

中医理论认为王不留行具有活血通经，下乳消肿，利尿通淋等功效。

◆ 麦蓝菜
Vaccaria segetalis (Neck.) Garcke

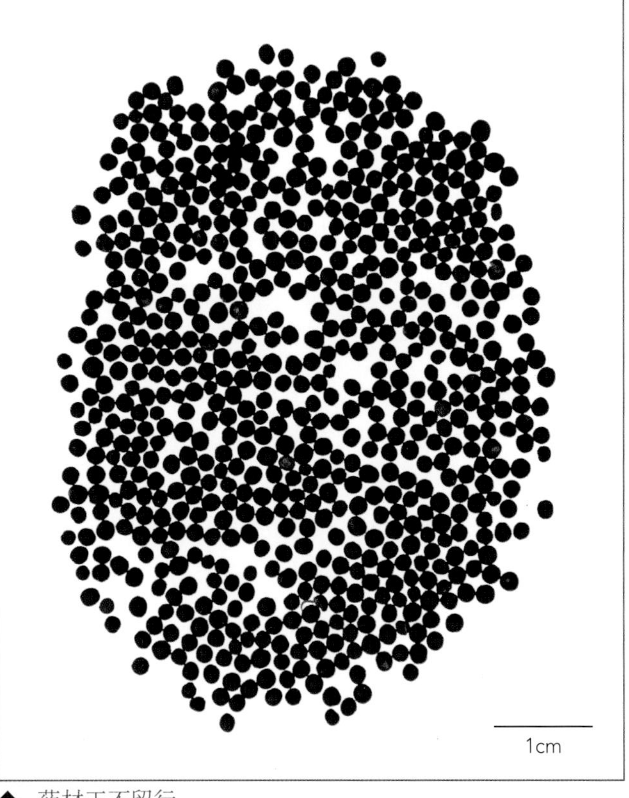

◆ 药材王不留行
Vaccariae Semen

化学成分

麦蓝菜的种子含三萜皂苷类：王不留行皂苷B、C (vaccegosides B, C)[2-3]， vaccaroids A、B[4-5]，王不留行次皂苷A、B、C、D、E、F、G、H (vaccarosides A～H)[6-7]，segetosides B、C、D、E、F、G、H、I、K、L[8-14]及vaccarisides A、B、C、D、E[15-16]；环肽类：王不留行环肽 A、B、C、D、E、F、G、H (segetalins A～H)[17-22]；黄酮类：异肥皂草苷 (isosaponarin)[23]、洋芹素-6-*C*-阿拉伯糖-葡萄糖苷 (apigenin-6-*C*-arabinosylglucoside)、洋芹素-6-*C*-双葡萄糖苷 (apigenin-6-*C*-glucosylglucoside)[24]；此外还含有刺桐碱 (hypaphorine)[23]。

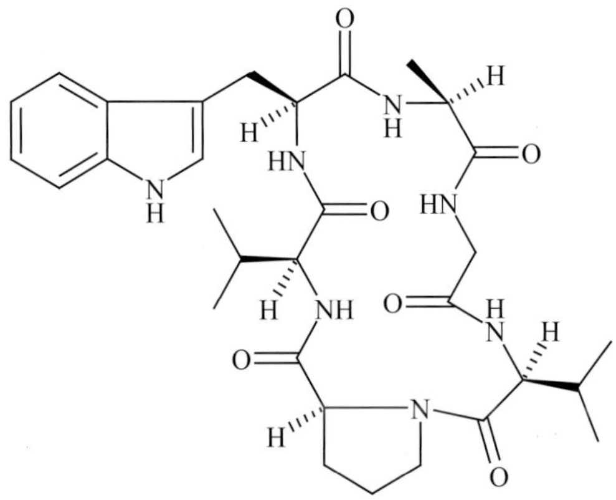

◆ segetalin A

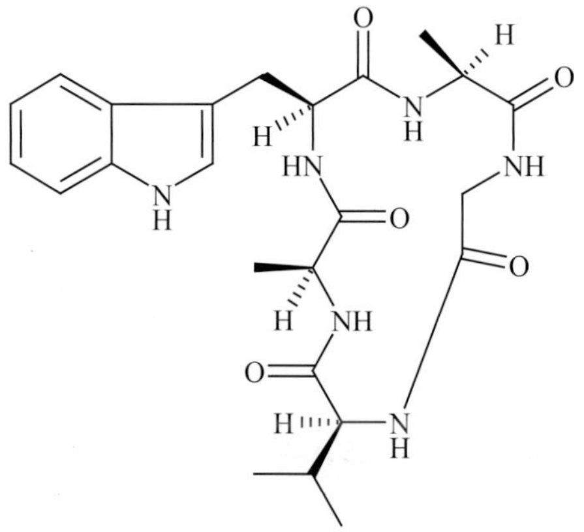

◆ segetalin B

药理作用

1. 对血管及血液系统的作用

用高分子右旋糖酐造成豚鼠急性血瘀模型观察王不留行对该模型豚鼠耳蜗电位的改善作用，发现王不留行水煎液口服给药在对抗高分子右旋糖酐对内耳生物电的影响及改善血液流变学指标方面有显著的效果；并可明显降低豚鼠的血液黏度、屈服应力和血液的瘀滞、汇集，改善微血液量和微血管形态，缩短血液循环时间，增加组织血液灌注量[25-27]。麦蓝菜水煎液还可引起兔离体主动脉环收缩，其机制可能与平滑肌细胞上的肾上腺素能α受体、Ca^{2+}通道、细胞外Ca^{2+}及组胺H_1受体有关[28]。

2. 雌激素样作用

麦蓝菜分离得到的王不留行环肽 A、B、G、H 具有雌激素样活性[29-32]。

3. 抗肿瘤

麦蓝菜水煎液体外对人肺腺癌细胞 A549、鼠路易斯肺癌细胞 LLC、人胰腺癌细胞 Panc-1、鼠胰腺癌细胞 Panc02、人前列腺癌细胞 PC-3、前列腺癌细胞 LNCaP、人乳腺癌细胞 MCF-7 和鼠乳腺癌细胞 MCNeuA 均有抑制作用，但对正常细胞也有一定的细胞毒作用[33]。

4. 抗关节炎

对大鼠弗氏佐剂诱发的右后肢足趾浮肿，麦蓝菜水煎液经口给药可使血清中白细胞数量和 C- 反应蛋白明显减少，对关节炎患者关节水肿有显著抑制作用[34]。

5. 其他

麦蓝菜乙酸乙酯提取物能降低胆固醇；麦蓝菜醇提取物能明显增高血浆和子宫组织中的第二信使 cAMP 含量，有抗早孕作用；麦蓝菜贴压耳穴对胆囊有收缩作用，可促使胆囊内的胆汁排泄；麦蓝菜对实验动物有镇痛作用。

应用

本品为中医临床用药。功能：活血通经，下乳消肿，利尿通淋。主治：经闭，痛经，乳汁不下，乳痈肿痛，淋证涩痛。

现代临床还用于带状疱疹、产后乳汁缺乏症、乳腺炎、尿路感染等病的治疗。

评注

药用植物图像数据库

近年从王不留行中分离得到了多种三萜皂苷，其活性评价尚未充分研究。药理实验证实王不留行具有抗早孕作用，应加强其在避孕药方面的研究与开发。

药材上王不留行多年来依靠野生，不能满足市场需要，故栽培种植王不留行有着广阔的市场前景。

参考文献

[1] 徐忠银，肖浦生．王不留行的本草学研究 [J]. 基层中药杂志，1993，7(1)：26-28.

[2] BAYEBA R T, KARRIEV M O, ABUBAKIROV N K. Glycosides from *Vaccaria segetalis*. Ⅶ. Composition of vaccegoside B[J]. Izvestiya Akademii Nauk Turkmenskoi SSR, Seriya Fiziko-Tekhnicheskikh, Khimicheskikh i Geologicheskikh Nauk, 1974, 6: 84-88.

[3] BAEVA R T, KARRYEV M O, ABUBAKIROV N K. Glycosides from *Vaccaria segetalis*.Ⅷ. Structure of vaccegoside[J]. Khimiya Prirodnykh Soedinenii, 1975, 5: 658-659.

[4] MORITA H, YUN Y S, TAKEYA K, et al. Vaccaroid A, a new triterpenoid saponin with contractility of rat uterine from *Vaccaria segetalis*[J]. Bioorganic & Medicinal Chemistry Letters, 1997, 7(8): 1095-1096.

[5] YUN Y S, SHIMIZU K, MORITA H, et al. Triterpenoid saponin from *Vaccaria segetalis*[J]. Phytochemistry, 1998, 47(1): 143-144.

[6] KOIKE K, JIA Z H, NIKAIDO T. Triterpenoid saponins from *Vaccaria segetalis*[J]. Phytochemistry, 1998, 47(7): 1343-1349.

[7] JIA Z H, KOIKE K, KUDO M, et al. Triterpenoid saponins and sapogenins from *Vaccaria segetalis*[J]. Phytochemistry, 1998, 48(3): 529-536.

[8] SANG S M, LAO A N, LENG Y, et al. A new triterpenoid saponin with inhibition of luteal cell from the seeds of *Vaccaria segetalis*[J]. Journal of Asian Natural Products Research, 2002, 4(4): 297-301.

[9] SANG S M, LAO A N, WANG H C, et al. Triterpenoid saponins from *Vaccaria segetalis*[J]. Journal of Asian Natural Products Research, 1999, 1(3): 199-205.

[10] SANG S M, LAO A N, WANG H C, et al. Triterpenoid saponins from *Vaccaria segetalis*[J]. Natural Product Sciences, 1998, 4(4): 268-273.

[11] SANG S M, LAO A N, LENG Y, et al. Segetoside F a new triterpenoid saponin with inhibition of luteal cell from the seeds of *Vaccaria segetalis*[J]. Tetrahedron Letters, 2000, 41(48): 9205-9207.

[12] SANG S M, LAO A N, CHEN Z L, et al. Three new triterpenoid saponins from the seeds of *Vaccaria segetalis*[J]. Journal of Asian Natural Products Research, 2000, 2(3): 187-193.

[13] SANG S M, ZOU M L, LAO A N, et al. A new triterpenoid saponin from the seeds of *Vaccaria segetalis*[J]. Chinese Chemical Letters, 2000, 11(1): 49-52.

[14] XIA Z H, ZOU M L, SANG S M, et al. Segetoside L, a new triterpenoid saponin from *Vaccaria segetalis*[J]. Chinese Chemical Letters, 2004, 15(1): 55-57.

[15] MA J, YE W C, WU H M, et al. Vaccariside A, novel saponin from *Vaccaria segetalis* (Neck.) Garcke[J]. Chinese Chemical Letters, 1999, 10(11): 921-924.

[16] MA J, HE F H, DENG J Z, et al. Triterpenoid saponins from *Vaccaria segetalis*[J]. Chinese Journal of Chemistry, 2001, 19(6): 606-611.

[17] MORITA H, YUN Y S, TAKEYA K, et al. Cyclic peptides from higher plants. 17. Conformational analysis of a cyclic hexapeptide, segetalin A from *Vaccaria segetalis*[J]. Tetrahedron, 1995, 51(21): 5987-6002.

[18] MORITA H, YUN Y S, TAKEYA K, et al. Cyclic peptides from higher plants. 18. Segetalins B, C and D, three new

cyclic peptides from *Vaccaria segetalis*[J]. Tetrahedron, 1995, 51(21): 6003-6014.

[19] MORITA H, YUN Y S, TAKEYA K, et al. A cyclic heptapeptide from *Vaccaria segetalis*[J]. Phytochemistry, 1996, 42(2): 439-441.

[20] MORITA H, YUN Y S, TAKEYA K, et al. New cyclic peptides, segetalins from *Vaccaria segetalis*[J]. Tennen Yuki Kagobutsu Toronkai Koen Yoshishu, 1996, 38: 289-294.

[21] ZHANG R P, ZOU C, CHAI Y K, et al. A new cyclopeptide from *Vaccaria segetalis*[J]. Chinese Chemical Letters, 1995, 6(8): 681-682.

[22] 张荣平，邹澄，谭宁华，等 . 王不留行环肽研究 [J]. 云南植物研究，1998，20(1)：105-112.

[23] 鲁静，林一星，马双成 . 中药王不留行中刺桐碱和异肥皂草苷分离鉴定和测定 [J]. 药物分析杂志，1998，18(3)：163-165.

[24] 桑圣民，夏增华，毛士龙，等 . 中药王不留行中黄酮苷类成分的研究 [J]. 中国中药杂志，2000，25(4)：221-222.

[25] 施建蓉，曾兆麟，李佰勤，等 . 中药王不留行对血瘀模型豚鼠耳蜗功能的改善作用 [J]. 中国中西医结合耳鼻咽喉科杂志，1998，6(2)：61-64.

[26] 冯爱成 . 王不留行改善血瘀模型豚鼠血液黏度实验研究 [J]. 时珍国医国药，1998，9(5)：432.

[27] 刘福官，施建蓉，张怀琼，等 . 王不留行治疗突发性耳聋的临床和实验研究 [J]. 中国中西医结合耳鼻咽喉科杂志，2000，8(1)：4-8.

[28] 张团笑，牛彩琴，秦晓民 . 王不留行对家兔离体主动脉环张力的影响及其机制 [J]. 中药药理与临床，2004，20(4)：28-29.

[29] ITOKAWA H, YUN Y S, MORITA H, et al. Cyclic peptides from higher plants. 16. Estrogen-like activity of cyclic peptides from *Vaccaria segetalis* extracts[J]. Planta Medica, 1995, 61(6): 561-562.

[30] MORITA H, YUN Y S, TAKEYA K, et al. Cyclic peptides from higher plants, 37. Thionation of segetalins A and B, cyclic peptides with estrogen-like activity from seeds of *Vaccaria segetalis*[J]. Bioorganic & Medicinal Chemistry, 1997, 5(3): 631-636.

[31] YUN Y S, MORITA H, TAKEYA K, et al. Cyclic peptides from higher plants. 34. Segetalins G and H, structures and estrogen-like activity of cyclic pentapeptides from *Vaccaria segetalis*[J]. Journal of Natural Products, 1997, 60(3): 216-218.

[32] MORITA H, YUN Y S, TAKEYA K, et al. Conformational preference for segetalins G and H, cyclic peptides with estrogen-like activity from seeds of *Vaccaria segetalis*[J]. Bioorganic & Medicinal Chemistry, 1997, 5(11): 2063-2067.

[33] SHOEMAKER M, HAMILTON B, DAIRKEE S H, et al. *In vitro* anticancer activity of twelve Chinese medicinal herbs[J]. Phytotherapy Research, 2005, 19: 649-651.

[34] 徐富一，金正子，申舜植 . 王不留行与硬叶女娄菜对关节炎作用的比较研究 [J]. 河南中医，2005，25(1)：30-32.

蔓荆 Manjing CP

Vitex trifolia L.
Shrub Chastetree

概述

马鞭草科 (Verbenaceae) 植物蔓荆 *Vitex trifolia* L.，其干燥成熟果实入药。中药名：蔓荆子。

牡荆属 (*Vitex*) 植物全世界约有 250 种，分布于热带和温带地区。中国约有 14 种，本属现供药用者约有 4 种。本种分布于中国福建、广东、广西、云南、台湾等省区；印度、越南、菲律宾、澳大利亚也有分布。

蔓荆子以"蔓荆实"药用之名，始载于《神农本草经》，列为上品；"蔓荆子"之名始见于《本草经集注》。历代本草多有著录，古今药用品种一致[1]。《中国药典》（2015 年版）收载本种为中药蔓荆子的法定原植物来源种之一。主产于中国云南、海南、广东、广西等省区。

蔓荆主要含挥发油、黄酮、二萜等成分。其所含的黄酮类和二萜类成分有多种生理活性。《中国药典》采用高效液相色谱法进行测定，规定蔓荆子药材含蔓荆子黄素不得少于 0.03%，以控制药材质量。

药理研究表明，蔓荆的果实具有解热、镇痛、抗炎、祛痰、平喘、抗病原微生物、抗肿瘤等作用。

中医理论认为蔓荆子具有疏散风热，清利头目等功效。

◆ 蔓荆
Vitex trifolia L.

◆ 单叶蔓荆
V. trifolia L. var. *simplicifolia* Cham.

◆ 药材蔓荆子
Viticis Fructus

化学成分

蔓荆的叶含挥发油：油中主成分为β-丁香烯 (β-caryophyllene)、α-蒎烯 (α-pinene)、1,8-桉叶素 (1,8-cineole)、香桧烯 (sabinene)[2-3]等；黄酮类成分：木犀草素-7-*O*-β-*D*-葡萄糖醛酸苷 (luteolin-7-*O*-β-*D*-glucuronide)、异荭草素 (isoorientin)[4]、蔓荆子黄素 (vitexicarpin, casticin)[5]等；二萜类成分：viteosin A[5]、三叶蔓荆素E (vitetrifolin E)[6]。

蔓荆的果实含挥发油：油中主成分为1-cyclohexen-1-ol-2,6-dimethylacetate、β-丁香烯、α-鸢尾酮 A (α-irone A)、1,8-桉叶素等；黄酮类成分：蔓荆子黄素、3, 6,7-三甲基槲皮万寿菊素 (3,6,7-trimethylquercetagetin)[7]、桃苷元 (persicogenin)、蔓荆子蒿素 (artemetin, artemitin)、木犀草素 (luteolin)、喷杜素 (penduletin)、金腰素丁 (chrysosplenol D)[8]；二萜类成分：三叶蔓荆素 A、B、C、D、E、F、G (vitetrifolins A～G)及蔓荆呋喃 (rotundifuran)、dihydrosolidagenone、abietatrien-3β-ol[9-10]、牡荆内酯 (vitexilactone)、前牡荆内酯 (previtexilactone)[11]等。

蔓荆的种子油含肉豆蔻酸 (myristic acid)、棕榈酸 (palmitic acid)、硬脂酸 (stearic acid)、棕榈油酸 (palmitoleic acid)、油酸 (oleic acid)、亚油酸 (linoleic acid)[12]等。

◆ vitexicarpin

◆ vitetrifolin E

药理作用

1. 解热、镇痛、抗炎

蔓荆果实水提取液灌胃，能显著抑制 2,4- 二硝基酚所致的大鼠发热，显著抑制醋酸所致的小鼠扭体反应，显著提高热板法小鼠的痛阈值 [13]。蔓荆果实粗提取物能抑制 5- 脂氧合酶的活性；甲醇提取物灌胃能抑制小鼠腹腔内色素渗出，表明其对毛细血管的通透性有一定的抑制作用。

2. 祛痰、平喘

小鼠酚红排泌实验证明，果实醇浸液有明显的祛痰作用；果实水煎液、果实石油醚提取液、叶的正己烷提取物对组胺所致的豚鼠离体气管平滑肌痉挛有明显的松弛作用，解痉活性成分为蔓荆子黄素等黄酮类化合物 [5-6, 14]。

3. 降血压

果实醇浸液静脉注射或十二指肠给药，对麻醉猫有显著的降血压作用 [14]。

4. 抗病原微生物

果实水煎剂体外对枯草芽孢杆菌、蜡状芽孢杆菌、金黄色葡萄球菌等多种细菌都有不同程度的抑制作用；叶的水提取物体外对恶臭假单胞菌、大肠埃希氏菌、日本短根瘤菌等有显著抑制作用 [15]。果实的丙酮提取物体外对克氏锥虫有明显的杀灭作用，其杀锥虫活性成分为三叶蔓荆素 E 等二萜类化合物 [11, 16]。叶的提取物有抗恶性疟原虫的作用 [17]。

5. 抗肿瘤

果实的乙醇提取物及所含的二萜和黄酮类成分，体外能显著抑制小鼠乳腺癌细胞 (tsFT210)、人髓细胞性白血病细胞 (K_{562}) 的增殖，并诱导其凋亡；其中蔓荆子黄素 (vitexicarpin) 体外能抑制多种人癌细胞系的增殖，并且对 K_{562} 细胞最敏感，通过激活线粒体调控的凋亡通路诱导 K_{562} 细胞凋亡 [8, 18-19]。茎、叶的己烷和二氯甲烷提取物体外对子宫颈鳞状上皮细胞癌 (SQC-1,UISO)、卵巢癌 (OVCAR-5)、结肠癌 (HCT-15)、鼻咽癌 (KB) 等癌细胞株有显著的细胞毒活性 [20]。

应用

本品为中医临床用药。功能：疏散风热，清利头目。主治：风热感冒，头痛头风，目赤肿痛，目昏多泪，风湿痹痛。

现代临床还用于眶上神经痛、血管性头痛、鼻炎、支气管炎、中耳炎、小儿上呼吸道感染等病的治疗。

评注

药用植物图像数据库

蔓荆的变种单叶蔓荆 *Vitex trifolia* L. var. *simplicifolia* Cham. (*Vitex rotundifolia* L.) 亦为《中国药典》（2015 年版）收载的中药蔓荆子的法定药用来源种。

单叶蔓荆与蔓荆具有类似的药理作用，其化学成分也大致相同。此外，单叶蔓荆果实的乙醚提取物体外能显著抑制大鼠眼晶状体醛糖还原酶的活性 [21]，果实提取物能舒张血管 [22]，果实的水提取物有抗过敏作用 [23] 等。单叶蔓荆果实尚含 viteoids Ⅰ、Ⅱ等环烯醚萜类化合物 [24]。

蔓荆不仅是重要的药用植物，而且被认为是治沙的先锋植物，具有萌发力强、耐高温干旱、耐瘠薄、耐盐碱，生长迅速，覆盖度大等特点，能有效固定流沙，保持水土。

参考文献

[1] 刘红燕，彭艳丽，万鹏．蔓荆子本草学考证 [J]. 山东中医杂志，2006，25(2)：126-128.

[2] 潘炯光，徐植灵，樊菊芬．牡荆、荆条、黄荆和蔓荆叶挥发油的 GC-MS 分析 [J]. 中国中药杂志，1989，14(6)：357-359.

[3] SUKSAMRARN A, WERAWATTANAMETIN K, BROPHY J J. Variation of essential oil constituents in *Vitex trifolia* species[J]. Flavour and Fragrance Journal, 1991, 6(1): 97-99.

[4] RAMESH P, NAIR A G R, SUBRAMANIAN S S. Flavone glycosides of *Vitex trifolia*[J]. Fitoterapia, 1986, 57(4): 282-283.

[5] ALAM G, WAHYUONO S, GANJAR I G, et al. Tracheospasmolytic activity of viteosin-A and vitexicarpin isolated from *Vitex trifolia*[J]. Planta Medica, 2002, 68(11): 1047-1049.

[6] ALAM G, GANJAR I G, HAKIM L, et al. Tracheospasmolytic activity of vitetrifolin-E isolated from the leaves of *Vitex trifoli*a L.[J]. Majalah Farmasi Indonesia, 2003, 14(4): 188-194.

[7] 曾宪仪，方乍浦，吴永忠，等．蔓荆子化学成分研究 [J]. 中国中药杂志，1996，21(3)：167-168.

[8] LI W X, CUI C B, CAI B, et al. Flavonoids from *Vitex trifolia* L. inhibit cell cycle progression at G_2/M phase and induce apoptosis in mammalian cancer cells[J]. Journal of Asian Natural Products Research, 2005, 7(4): 615-626.

[9] ONO M, SAWAMURA H, ITO Y, et al. Diterpenoids from the fruits of *Vitex trifolia*[J]. Phytochemistry, 2000, 55(8): 873-877.

[10] ONO M, ITO Y, NOHARA T. Four new halimane-type diterpenes, vitetrifolins D-G, from the fruit of *Vitex trifolia*[J]. Chemical & Pharmaceutical Bulletin, 2001, 49(9): 1220-1222.

[11] KIUCHI F, MATSUO K, ITO M, et al. New norditerpenoids with trypanocidal activity from *Vitex trifolia*[J]. Chemical & Pharmaceutical Bulletin, 2004, 52(12): 1492-1494.

[12] PRASAD Y R, NIGAM S S. Detailed chemical investigation of the seed oil of *Vitex trifolia* Linn.[J]. Proceedings of the National Academy of Sciences, India, Section A: Physical Sciences, 1982, 52(3): 336-339.

[13] 钟世同，邱光铎，刘元帛，等．单叶蔓荆子、蔓荆子、黄荆子和牡荆子的药理活性比较 [J]. 中药药理与临床，1996，(1)：37-39.

[14] 陈奇，连晓媛，毕明，等．蔓荆子开发研究 [J]. 江西中医药，1991，22(1)：42-43.

[15] CHAVAN K M, TARE V S, MAHULIKAR P P. Studies on stability and antibacterial activity of aqueous extracts of some Indian medicinal plants[J]. Oriental Journal of Chemistry, 2003, 19(2): 387-392.

[16] KIUCHI F, MATSUO K, ITANO Y, et al. Screening of natural medicines used in Vietnam for trypanocidal activity against epimastigotes of *Trypanosoma cruzi*[J]. Natural Medicines, 2002, 56(2): 64-68.

[17] CHOWWANAPOONPOHN S, BARAMEE A. Antimalarial activity *in vitro* of some natural extracts from *Vitex trifolia*[J]. Chiang Mai Journal of Science, 2000, 27(1): 9-13.

[18] LI W X, CUI C B, CAI B, et al. Labdane-type diterpenes as new cell cycle inhibitors and apoptosis inducers from *Vitex trifolia* L.[J]. Journal of Asian Natural Products Research, 2005, 7(2): 95-105.

[19] 王海燕，蔡兵，崔承彬，等．蔓荆子活性成分 vitexicarpin 诱导 K562 细胞凋亡的机制 [J]. 药学学报，2005，40(1)：27-31.

[20] HERNANDEZ M M, HERASO C, VILLARREAL M L, et al. Biological activities of crude plant extracts from *Vitex trifolia* L. (Verbenaceae) [J]. Journal of Ethnopharmacology, 1999, 67(1): 37-44.

[21] SHIN K H, KANG S S, KIM H J, et al. Studies on the inhibitory effects of medicinal plant constituents on cataract formation. Part 2. Isolation of an aldose reductase inhibitor from the fruits of *Vitex rotundifolia*[J]. Phytomedicine, 1994, 1(2): 145-147.

[22] OKUYAMA E, SUZUMURA K, YAMAZAKI M. Pharmacologically active components of Viticis Fructus (*Vitex rotundifolia*). I. The components having vascular relaxation effects[J]. Natural Medicines, 1998, 52(3): 218-225.

[23] SHIN T Y, KIM S H, LIM J P, et al. Effect of *Vitex rotundifolia* on immediate-type allergic reaction[J]. Journal of Ethnopharmacology, 2000, 72(3): 443-450.

[24] ONO M, ITO Y, KUBO S, et al. Two new iridoids from Viticis Trifoliae Fructus (fruit of *Vitex rotundifolia* L.) [J]. Chemical & Pharmaceutical Bulletin, 1997, 45(6): 1094-1096.

毛曼陀罗 Maomantuoluo

Datura innoxia Mill.
Hairy Datura

概述

茄科 (Solanaceae) 植物毛曼陀罗 *Datura innoxia* Mill.，其干燥花入药。中药名：北洋金花。

曼陀罗属 (*Datura*) 植物全世界约有 16 种，多数分布于热带和亚热带地区，少数分布于温带。中国分布约有 4 种，均可作药用。中国新疆（阿尔泰地区）、河北、山东、河南、湖北、江苏等省区有野生，许多城市有栽培；欧亚大陆及南北美洲也有分布。

“洋金花”药用之名，始载于《本草纲目》，是指曼陀罗属植物。毛曼陀罗含有与白花曼陀罗（洋金花）*Datura metel* L. 类似成分，在中国北方地区作“洋金花”应用，故商品名又称“北洋金花”。其主产于辽宁、新疆阿尔泰地区、河北、浙江、河南、江苏等省区。

毛曼陀罗主要含生物碱类成分，尚含甾体内酯类成分等。曼陀罗属植物中普遍存在的莨菪碱和东莨菪碱是该属的主要活性成分。

药理研究表明，毛曼陀罗具有麻醉、镇痛、抗菌、抗氧化等作用。

中医理论认为北洋金花具有平喘止咳，麻醉止痛，解痉止痛等功效。

◆ 毛曼陀罗
Datura innoxia Mill.

◆ 药材北洋金花
Daturae Innoxiae Flos

◆ 白花曼陀罗
D. metel L.

◆ 曼陀罗
D. stramonium L.

◆ 木本曼陀罗
D. arborea L.

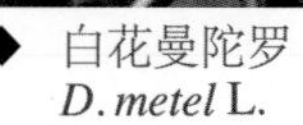 化学成分

毛曼陀罗花含生物碱类成分：东莨菪碱 (scopolamine)、莨菪碱 (hyoscyamine) [1-2]、阿托品 (atropine)[3]、阿朴东莨菪碱 (asposcopolamine) 即阿朴天仙子碱 (apohyoscine)[4]等。

毛曼陀罗种子中含有α-东莨菪宁碱和β-东莨菪宁碱 (α, β-scopodonnines)[5]、莨菪碱 (hyoscyamine)、阿托品 (atropine)[6]、东莨菪碱 (scopolamine)、陀罗碱 (meteloidine)、曼陀罗萜二醇(daturadiol)、曼陀罗萜醇酮 (daturaolone)[7]及植物凝集素I_1、I_2 (lectins I_1, I_2)[8] 等。

从毛曼陀罗地上部分分离得到甾体内酯类成分：withametelinol、withametelinone[9]、withametelinol A、withametelinol B[10]、witharifeen、daturalicin、daturacin [11-12]。

◆ scopolamine

◆ atropine

药理作用

1. 麻醉作用

毛曼陀罗制剂（主要成分为东莨菪碱）与氯丙嗪 (chlorpromazine) 合用（静脉滴注），在对马进行麻醉实验中有协同作用，作用可持续 2 ～ 4 小时 [13]。

2. 镇痛

洋金花水煎剂灌胃能明显阻止连续应用吗啡出现的镇痛作用耐受性的发展，可恢复小鼠对吗啡镇痛作用的敏感性 [14]。

3. 抗菌

毛曼陀罗地上部分甲醇提取物可剂量依赖性地抑制革兰氏阳性菌的生长 [15]。

4. 抗氧化

洋金花总生物碱（主要成分为东莨菪碱）能抑制膜脂质过氧化作用，使缺血再灌注兔脑组织的丙二醛 (MDA) 含量下降，病理形态改变减轻 [16]；洋金花总生物碱静脉注射对肠系膜上动脉夹闭所致犬肠缺血模型有保护作用，能显著升高血液中超氧化物歧化酶 (SOD) 活力，降低血液和小肠组织中的丙二醛 (MDA) 和血乳酸含量 [17]。

5. 其他

洋金花有效成分东莨菪碱和阿托品对中枢神经系统具有先兴奋后抑制作用；东莨菪碱能兴奋呼吸中枢，加快呼吸，并能对抗冬眠灵药物的呼吸抑制作用；阿托品和东莨菪碱能抑制血管痉挛，并有阻断 α 受体的作用 [18]。

应用

本品为中医临床用药。功能：平喘止咳，镇痛止痉。主治：哮喘咳嗽，心腹疼痛及风湿痹痛，跌打损伤，癫痫及小儿慢惊风等；还可用于麻醉 [19]。

现代临床还用于慢性支气管炎、各种休克、呼吸衰竭、病态窦房结综合征、精神疾病、强直性脊柱炎、类风湿性颈椎综合征、银屑病 [20-22] 等的治疗，尚用于全身麻醉、镇痛、戒毒等。

评注

药用植物图像数据库

北洋金花（毛曼陀罗）是中国传统的麻醉药，《本草纲目》曾有记载。《中国药典》仅收载了洋金花（白花曼陀罗）为正品药材，用于哮喘咳嗽、风湿痹痛等。洋金花被列入中国香港常见毒剧中药 31 种名单，在临床应用时应特别注意使用剂量。在商品市场和临床应用上，北洋金花在部分地区被同等作为药材洋金花流通和使用。除此两种以外，常见供药用及观赏的还有同属植物曼陀罗 *Datura stramonium* L.、木本曼陀罗 *D. arborea* L.。

由于洋金花的生理活性较强，国际市场的需求量较大，根据联合国国际贸易中心所发布的资料，曼陀罗为目前国际市场上生产和流通量最大的 8 种药用植物之一。

参考文献

[1] XIAO P G, HE L Y. Ethnopharmacologic investigation on tropane-containing drugs in Chinese solanaceous plants[J]. Journal of Ethnopharmacology, 1983, 8(1): 1-18.

[2] 何丽一，肖培根 . 中药洋金花和天仙子的质量鉴别 [J]. 中药通报，1982，6(3)：8-10.

[3] 金斌，金蓉鸾，何宏贤 . 反相离子对 HPLC 法测定洋金

花类生药中的东莨菪碱和阿托品 [J]. 中国药科大学学报，1991，22(3)：181-183.

[4] WITTE L, MULLER K, ARFMANN H A. Investigation of the alkaloid pattern of *Datura innoxia* plants by capillary gas-liquid-chromatography-mass spectrometry[J]. Planta Medica, 1987, 53(2): 192-197.

[5] ARIPOV S F, TASHKHODZHAEV B. α-and β-scopodonnines from seeds of *Datura inoxia*[J]. Khimiya Prirodnykh Soedinenii, 1991, 4: 532-537.

[6] ZIELINSKA S R, SZEPCZYNSKA K. Alkaloids occurring during development of *Datura innoxia* plants[J]. Pharmaceuticae et Pharmacologicae, 1972, 24(3): 307-311.

[7] PAGANI F. Phytoconstituents of the Burundi drug Rwiziringa[J]. Bollettino Chimico Farmaceutico, 1982, 121(5): 230-238.

[8] LEVITSKAYA S V, ASATOV S A, YUNUSOV T S. Isolation of two lectins from *Datura innoxia* seeds[J]. Khimiya Prirodnykh Soedinenii, 1985, 2: 256-9.

[9] SIDDIQUI B S, AFREEN S, BEGUM S. Two new withanolides from the aerial parts of *Datura innoxia*[J]. Australian Journal of Chemistry, 1999, 52(9): 905-907.

[10] SIDDIQUI B S, HASHMI I A, BEGUM S. Two new withanolides from the aerial parts of *Datura innoxia*[J]. Heterocycles, 2002, 57(4): 715-721.

[11] SIDDIQUI B S, ARFEEN S, AFSHAN F, et al. Withanolides from *Datura innoxia*[J]. Heterocycles, 2005, 65(4): 857-863.

[12] SIDDIQUI B S, ARFEEN S, BEGUM S, et al. Daturacin, a new withanolide from *Datura innoxia*[J]. Natural Product Research, 2005, 19(6): 619-623.

[13] 陈金汉，刘苏玲，迟国成，等 . 洋金花制剂麻醉作用的动物实验 [J]. 中草药，1996，27(2)：101-102.

[14] 刘振明，陈萍，衣秀义，等 . 洋金花对吗啡镇痛作用耐受性的影响 [J]. 时珍国药研究，1996，7(4)：210-211.

[15] EFTEKHAR F, YOUSEFZADI M, TAFAKORI V. Antimicrobial activity of *Datura innoxia* and *Datura stramonium*[J]. Fitoterapia, 2005, 76(1): 118-120.

[16] 吴和平，龙汉珍，王焱林 . 洋金花总生物碱对缺血再灌注脑组织病理形态和丙二醛的影响 [J]. 医学新知杂志，1994，4(4)：160-161.

[17] 何丽娅，罗德生，董加召，等 . 洋金花总生物碱对动物肠缺血再灌注损伤的防治作用 [J]. 医学理论与实践，1994，7(8)：5-7.

[18] 李英霞，彭广芳，张素芹 . 洋金花研究概况 [J]. 山东医药工业，1989，8(1)：40-43.

[19] 王本祥 . 现代中药药理学 [M]. 天津：天津科学技术出版社，1997：1050-1056.

[20] 郑春雷，王雷 . 洋金花酒治疗类风湿性颈椎综合征的疗效观察 [J]. 辽宁中医学院学报，2001，3(2)：115-116.

[21] 康秋华，祝天来，李军 . 洋金花复方制剂内服外敷配合睡眠疗法治疗银屑病 [J]. 山东中医杂志，1999，18(10)：453-454.

[22] 靳小中，陈勇伟 . 洋金花在戒毒中的作用 [J]. 海军医学杂志，2003，24(1)：36-37.

◆ 毛曼陀罗种植基地

茅苍术 Maocangzhu CP, JP, VP

Atractylodes lancea (Thunb.) DC.
Swordlike Atractylodes

概述

菊科 (Asteraceae) 植物茅苍术 *Atractylodes lancea* (Thunb.) DC.，其干燥根茎入药。中药名：苍术。

苍术属 (*Atractylodes*) 植物全世界约有 7 种，主要分布于亚洲东部地区。中国约有 5 种，本属现供药用者约有 4 种。本种分布于中国河南、山东、江苏、浙江、江西、湖北、四川等省，各地多有栽培。

"术"药用之名，始载于《神农本草经》，列为上品，但无白术、苍术之分。《本草经集注》按其形态、药材形状，将术分为白、赤两种，此两种与现今白术、苍术相吻合，但功用未分开。至《本草衍义》才明确将白术、苍术加以区分。金人张元素对白术、苍术的功能主治加以论述，才使两术分用，并沿袭至今。《中国药典》（2015 年版）收载本种作为中药苍术的法定原植物来源种之一。主产于中国江苏、湖北、河南等地，浙江、安徽、江西也产；以江苏句容、河南桐柏所产质量较好；湖北省为茅苍术的主要产地，产量大。

苍术类药材主要含挥发油和倍半萜苷类成分。挥发油中苍术素是苍术类药材的特征性成分。《中国药典》采用高效液相色谱法进行测定，规定苍术药材含苍术素不得少于 0.30%，以控制药材质量。

药理研究表明，茅苍术具有抗胃溃疡、保肝、抗菌、抗缺氧、降血糖等作用。

中医理论认为苍术具有燥湿健脾，祛风散寒，明目等功效。

◆ 茅苍术
Atractylodes lancea (Thunb.) DC.

◆ 北苍术
A. chinensis (DC.) Koidz.

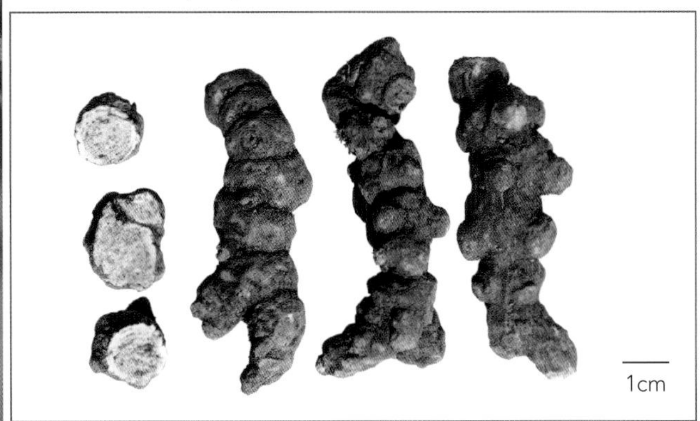

◆ 药材苍术
Atractylodis Rhizoma

化学成分

茅苍术的根茎含有挥发油，油中主要成分有苍术素 (atractylodin)、茅苍术醇 (hinesol) 、苍术酮 (atractylon)、β-桉叶醇 (β-eudesmol)、榄香醇 (elemol) [1-2]等；多炔类成分：苍术素醇(atractylodinol)、乙酰苍术素醇 (acetylatractylodinol)[3]等；倍半萜类成分：乙酰氧基苍术酮 (acetoxyatractylon)、3β-羟基苍术酮 (3β-hydroxyatractylon)[4]，苍术苷A、B、C、D、E、F、G、H、I (atractylosides A～I)[5]，atractyloside A-14-*O*-β-*D*-fructofuranoside、(1*S*,4*S*,5*S*,7*R*,10*S*)-10,11,14-trihydroxyguai-3-one-11-*O*-β-*D*-glucopyranoside、(5*R*,7*R*,10*S*)-isopterocarpolone-β-*D*-glucopyranoside、*cis*-atractyloside I、(2*R*,3*R*,5*R*,7*R*,10*S*)-atractyloside G-2-*O*-β-*D*-glucopyranoside、(2*E*,8*E*)-2,8-decadiene-4,6-diyne-1,10-diol-1-*O*-β-*D*-glucopyranoside[6]、4(15),11-eudesmadiene等；尚含有三萜类成分：3-乙酰基-β-香树脂素 (3-acetyl-β-amyrin)；以及香豆素类成分：蛇床子素 (osthole)[7]。

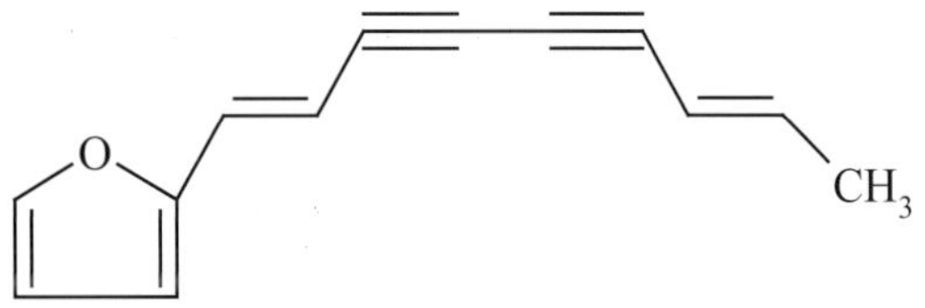

◆ atractylodin

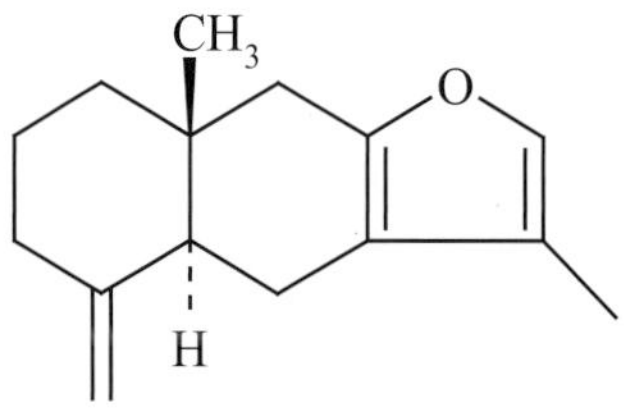

◆ atractylon

药理作用

1. 对胃肠道的作用

茅苍术水提取物和多炔类成分灌胃可改善 NG- 硝基 -*L*- 精氨酸诱导的大鼠胃排空延迟 [8]。茅苍术甲醇提取物中的茅术醇和β- 桉叶醇对幽门结扎大鼠的胃液分泌有极显著的抑制作用；β- 桉叶醇可有效抑制大鼠幽门结扎及组胺、阿司匹林等所致的胃溃疡，对组胺引起的胃酸分泌也表现出显著的抑制作用 [9]。β- 桉叶醇灌胃可显著促进正常小鼠的胃肠运动，对新斯的明负荷小鼠引起的胃肠运动加快有明显的拮抗作用，还可使脾虚模型小鼠体重上升、体征改善并且胃肠运动受抑制，直至趋于正常 [10]。

2. 保肝

体外实验表明茅苍术提取物对四氯化碳、半乳糖胺造成的大鼠肝细胞毒性具有一定的保护作用，其有效成分为苍术酮、β- 桉叶醇和茅术醇 [11]。苍术酮对叔丁基过氧化氢所致体外培养的大鼠肝细胞损伤有保护作用，能减少丙二醛 (MDA) 生成，抑制乳酸脱氢酶 (LDH) 和丙氨酸转氨酶 (ALT) 细胞外渗出，修复受损的肝细胞 DNA[12]。

3. 抗菌

茅苍术艾叶烟熏剂体外对肺炎链球菌、流感杆菌、金黄色葡萄球菌、枯草芽孢杆菌和铜绿假单胞菌有明显灭菌作用 [13]。茅苍术中酸性多糖灌胃对白色酵母感染的小鼠有明显的保护作用，可以延长小鼠存活时间 [14]。

4. 抗缺氧

茅苍术丙酮提取物及β- 桉叶醇灌胃能明显延长氰化钾中毒小鼠的存活时间，降低死亡率，具有较强的抗缺氧能力。茅苍术抗缺氧作用的主要活性成分为β- 桉叶醇 [15]。

5. 对神经系统的作用

β- 桉叶醇能够通过降低小鼠重复性刺激引起的乙酰胆碱的再生释放对抗新斯的明诱导的神经肌肉障碍 [16]。β- 桉叶醇可以增强小鼠琥珀酰胆碱诱导的神经肌肉麻醉阻断作用，通过阻断烟碱的乙酰胆碱受体通道而起作用 [17-19]。在研究β- 桉叶醇结构中发现，其亚环己基衍生物也有增强琥珀酰胆碱诱导的神经肌肉麻醉阻断作用，对不同取代基的亚环己基衍生物研究发现，酯基团取代的增强作用更明显 [20-22]。

6. 抑制血管异常增生

β- 桉叶醇在体外能抑制猪微血管内皮细胞和人脐静脉内皮细胞 (HUVEC) 的增殖，还可抑制成纤维细胞生长因子 (bFGF) 引起的 HUVEC 迁移及基质胶中 HUVEC 的血管形成作用。体内实验表明 β- 桉叶醇显著抑制小鼠皮下埋植基质胶所致的血管增生 [23]。

7. 其他

茅苍术煎液在大鼠血浆中的水解产物对黄嘌呤氧化酶有抑制作用，能促进黄嘌呤的排泄 [24]。茅苍术中的多糖成分能刺激骨髓细胞增殖 [25]。茅苍术还具降血糖、镇静、抑制中枢、抗肿瘤等作用。

应用

本品为中医临床用药。功能：燥湿健脾，祛风散寒，明目。主治：湿阻中焦，脘腹胀满，泄泻，水肿，脚气痿躄，风湿痹痛，风寒感冒，夜盲，眼目昏涩。

现代临床还用于急慢性胃肠炎、佝偻病、湿疹、水肿等病的治疗。

评注

药用植物图像数据库

《中国药典》除茅苍术外，还收载北苍术 *Atractylodes chinensis* (DC.) Koidz. 为中药苍术的法定药用来源种。北苍术与茅苍术具有类似的药理作用，其化学成分也大致相同，主要含挥发油，多炔和萜类化合物。北苍术与茅苍术的区别主要表现为有效成分含量上的差异，茅苍术挥发油含量远高于北苍术。北苍术另含 α- 甜没药萜醇 (α-bisabolol)[1, 26-29]。

茅苍术又称南苍术，主产于江苏，因产于江苏句容茅山而得名；北苍术主产于河北、山西、陕西等中国北方地区。传统认为，在药材质量上茅苍术优于北苍术。

茅苍术的根约占地下部分总重的 20%，长期以来产地加工时均作为杂质而去除。有实验表明茅苍术根中挥发油含量虽比根茎低，但薄层层析斑点和色谱峰基本一致，因此可考虑将茅苍术的根和根茎一并入药，并适当增加剂量 [30]。

茅苍术除作药用以外，也是一种非常有效的空气消毒剂。它具有杀菌作用强，效果维持时间长，气味芳香，使用得当无刺激性，对人体无毒，可在有人在场时进行空气消毒，对仪器无腐蚀损伤等优点。因此，在特殊条件下，如在危重病房、烧伤病房、产科和母婴同室病房等患者移动不方便情况下，或洁净室、仪器室等设施、管线应避免酸性环境腐蚀的情况下，使用茅苍术进行空气消毒有一定的优越性。

参考文献

[1] 吉力，敖平，潘炯光，等 . 苍术挥发油的气相色谱 - 质谱联用分析 [J]. 中国中药杂志，2001，26(3)：182-185.

[2] 郭兰萍，刘俊英，吉力，等 . 茅苍术地道药材的挥发油组成特征分析 [J]. 中国中药杂志，2002，27(11)：814-819.

[3] RESCH M, HEILMANN J, STEIGEL A, et al. Further phenols and polyacetylenes from the rhizomes of *Atractylodes lancea* and their anti-inflammatory activity[J]. Planta Medica, 2001, 67(5): 437-442.

[4] NISIKAWA Y, WATANABE Y, Seto T, et al. Studies on the components of *Atractylodes*. Ⅰ. New sesquiterpenoids in the rhizome of *Atractylodes lancea* De Candolle[J]. Yakugaku Zasshi, 1976, 96(9): 1089-1093.

[5] YAHARA S, HIGASHI T, IWAKI K, et al. Studies on the constituents of *Atractylodes lancea*[J]. Chemical &

Pharmaceutical Bulletin, 1989, 37(11): 2995-3000.

[6] KITAJIMA J, KAMOSHITA A, ISHIKAWA T, et al. Glycosides of *Atractylodes lancea*[J]. Chemical & Pharmaceutical Bulletin, 2003, 51(6): 673-678.

[7] CHAU V M, PHAN V K, HOANG T H, et al. Terpenoids and coumarin from *Atractylodes lancea* growing in Vietnam[J]. Tap Chi Hoa Hoc, 2004, 42(4): 499-502.

[8] NAKAI Y, KIDO T, HASHIMOTO K, et al. Effect of the rhizomes of *Atractylodes lancea* and its constituents on the delay of gastric emptying[J]. Journal of Ethnopharmacology, 2003, 84(1): 51-55.

[9] NOGAMI M, MORIURA T, KUBO M, et al. Studies on the origin, processing and quality of crude drugs. Ⅱ. Pharmacological evaluation of the Chinese crude drug "Zhu" in experimental stomach ulcer. (2). Inhibitory effect of extract of *Atractylodes lancea* on gastric secretion[J]. Chemical & Pharmaceutical Bulletin, 1986, 34(9): 3854-3860.

[10] 王金华，薛宝云，梁爱云，等. 苍术有效成分 β- 桉叶醇对小鼠小肠推进功能的影响 [J]. 中国药学杂志，2002，37(4)：266-268.

[11] KISO Y, TOHKIN M, HIKINO H. Antihepatotoxic principles of *Atractylodes* rhizomes[J]. Journal of Natural Products, 1983, 46(5): 651-654.

[12] HWANG J M, TSENG T H, HSIEH Y S, et al. Inhibitory effect of atractylon on tert-butyl hydroperoxide induced DNA damage and hepatic toxicity in rat hepatocytes[J]. Archives of Toxicology, 1996, 70(10): 640-644.

[13] 王本祥. 现代中药药理学 [M]. 天津：天津科学技术出版社，1997：517-520.

[14] INAGAKI N, KOMATSU Y, SASAKI H, et al. Acidic polysaccharides from rhizomes of *Atractylodes lancea* as protective principle in *Candida*-infected mice[J]. Planta Medica, 2001, 67(5): 428-431.

[15] 李育浩，梁颂名，山原条二. 苍术的抗缺氧作用及其活性成分 [J]. 中药材，1991，14(6)：41-43.

[16] CHIOU L C, CHANG C C. Antagonism by β-eudesmol of neostigmine-induced neuromuscular failure in mouse diaphragms[J]. European Journal of Pharmacology, 1992, 216(2): 199-206.

[17] NOJIMA H, KIMURA I, KIMURA M. Blocking action of succinylcholine with β-eudesmol on acetylcholine-activated channel activity at endplates of single muscle cells of adult mice[J]. Brain Research, 1992, 575(2): 337-340.

[18] MUROI M, TANAKA K, KIMURA I, et al. β-eudesmol (a main component of *Atractylodes lancea*)-induced potentiation of depolarizing neuromuscular blockade in diaphragm muscles of normal and diabetic mice[J]. Japanese Journal of Pharmacology, 1989, 50(1): 69-71.

[19] KIMURA M, NOJIMA H, MUROI M, et al. Mechanism of the blocking action of β-eudesmol on the nicotinic acetylcholine receptor channel in mouse skeletal muscles[J]. Neuropharmacology, 1991, 30(8): 835-841.

[20] KIMURA M, TANAKA K, TAKAMURA Y, et al. Structural components of β-eudesmol essential for its potentiating effect on succinylcholine-induced neuromuscular blockade in mice[J]. Biological & Pharmaceutical Bulletin, 1994, 17(9): 1232-1240.

[21] KIMURA M, KIMURA I, MUROI M, et al. Different modes of potentiation by β-eudesmol, a main compound from *Atractylodes lancea*, depending on neuromuscular blocking actions of *p*-phenylene-polymethylene bis-ammonium derivatives in isolated phrenic nerve-diaphragm muscles of normal and alloxan-diabetic mice[J]. Japanese Journal of Pharmacology, 1992, 60(1): 19-24.

[22] KIMURA M, DIWAN P V, YANAGI S Y, et al. Potentiating effects of β-eudesmol-related cyclohexylidene derivatives on succinylcholine-induced neuromuscular block in isolated phrenic nerve-diaphragm muscles of normal and alloxan-diabetic mice[J]. Biological & Pharmaceutical Bulletin, 1995, 18(3): 407-410.

[23] TSUNEKI H, MA E L, KOBAYASHI S, et al. Antiangiogenic activity of β-eudesmol *in vitro* and *in vivo*[J]. European Journal of Pharmacology, 2005, 512(2-3): 105-115.

[24] SAKURAI T, YAMADA H, SAITO K, et al. Enzyme inhibitory activities of acetylene and sesquiterpene compounds in Atractylodes Rhizome[J]. Biological & Pharmaceutical Bulletin, 1993, 16(2): 142-145.

[25] YU K W, KIYOHARA H, MATSUMOTO T, et al. Intestinal immune system modulating polysaccharides from rhizomes of *Atractylodes lancea*[J]. Planta Medica, 1998, 64(8): 714-719.

[26] YOSIOKA I, NISHINO T, TANI T, et al. The constituents on the rhizomes of *Atractylodes lancea* DC. var. *chinensis* Kitamura ("Jin-changzhu") and *Atractylodes ovata* DC. ("Chinese baizhu"). The gas chromatographic analysis of the crude drug "zhu" [J]. Yakugaku Zasshi, 1976, 96(10): 1229-1235.

[27] NISHIKAWA Y, YASUDA I, WATANABE Y, et al. Studies on the components of *Atractylodes*. Ⅱ. New polyacetylenic compounds in the rhizome of *Atractylodes lancea* De Candolle var. *chinensis* Kitamura[J]. Yakugaku Zasshi, 1976, 96(11): 1322-1326.

[28] 李霞，王金辉，李铣，等. 北苍术化学成分的研究 I[J]. 沈阳药科大学学报，2002，19(3)：178-180.

[29] 李霞，王金辉，孟大利，等. 麸炒北苍术的化学成分 [J]. 沈阳药科大学学报，2003，20(3)：173-175.

[30] 王玉玺，李汉保，周继红. 苍术的质量研究：茅苍术根和根茎中挥发油的比较 [J]. 中国中药杂志，1991，16(7)：393-394.

玫瑰 Meigui CP, KHP

Rosa rugosa Thunb.
Rose

概述

蔷薇科 (Rosaceae) 植物玫瑰 *Rosa rugosa* Thunb.，其干燥花蕾入药。中药名：玫瑰花。

蔷薇属 (*Rosa*) 植物全世界约有 200 种，分布于亚、欧、北美、北非各洲的寒温带至亚热带地区。中国产约有 82 种，本属现供药用者约有 26 种。本种原产中国华北、日本及朝鲜半岛，现各地多有栽培。

“玫瑰花”药用之名，始载于《食物本草》。历代本草多有著录，古今药用品种一致。《中国药典》（2015年版）收载本种为中药玫瑰花的法定原植物来源种。主产于中国江苏、浙江、山东、安徽等省区。

玫瑰主要化学成分为挥发油、黄酮、萜类和多酚类化合物等[1]。《中国药典》以性状和显微鉴别来控制玫瑰花药材的质量。

药理研究表明，玫瑰在心血管、抗肿瘤、抗氧化等方面具有良好的活性。

中医理论认为玫瑰花具有行气解郁，和血，止痛等功效。

◆ 玫瑰
Rosa rugosa Thunb.

◆ 药材玫瑰花
Rosae Rugosae Flos

化学成分

玫瑰的花含挥发油，主要有香茅醇 (citronellol)、芳樟醇 (linalool)、芳樟醇甲酸酯 (linalyl formate)、香茅醇甲酸酯 (citronellyl formate)、牻牛儿甲酸酯 (geranyl formate) 等[2]；多酚：玫瑰鞣质A、B、C、D、E、F、G[3-4] (rugosins A～G)。

玫瑰的叶含倍半萜类成分：(7*R*,10*R*)-胡萝卜-1,4-二烯乙醛 [(7*R*,10*R*)-carota-1,4-dienaldehyde][5]，玫瑰酸 B、C、D (rugosic acids B～D)，玫瑰酸A甲酯 (rugosic acid A methyl ester)[6]，玫瑰没药萜醇A、B_1、B_2、C_1、C_2、D、E_1、E_2、F (bisaborosaol A, B_1, B_2, C_1, C_2, D, E_1, E_2, F)[7-9]，哈曼拉希酸A (hamanasic acid A)[7]、玫瑰螺烯醇 (rosacorenol)、玫瑰萜醛 A、D (rugosal A, D)，断玫瑰醇 (secocarotanal)、表玫瑰萜醛D (epirugosal D)[9-10]、玫瑰醛A (carotarosal A)、胡萝卜烯醛 (daucenal)和环胡萝卜烯醛A、B (epoxydaucenals A, B)[11]等；黄酮类：6-去甲氧基-4'-*O*-甲基茵陈色原酮 (6-demethoxy-4'-*O*-methylcapillarisin)、6-去甲氧基-茵陈色原酮 (6-demethoxycapillarisin)、芹菜素 (apigenin)[12]、槲皮素 (quercetin)、金丝桃素 (hyperin)[13]。还含有4'-羟基-顺-桂皮酸二十二醇酯 (4'-hydroxy-*cis*-cinnamic acid docosyl ester)[14]。

玫瑰的根部含儿茶素 [(+)-catechin][15]、原花青素 B_3 (procyanidin B_3)[16]、野蔷薇苷 (rosamultin)、刺梨苷F_1 (kaji-ichigoside F_1)[17]、野雅椿酸 (euscaphic acid)、委陵菜酸 (tormentic acid)[18]。地上部分含刺梨苷F_1、委陵菜酸、异阿江榄仁酸 (arjunic acid)[19]。

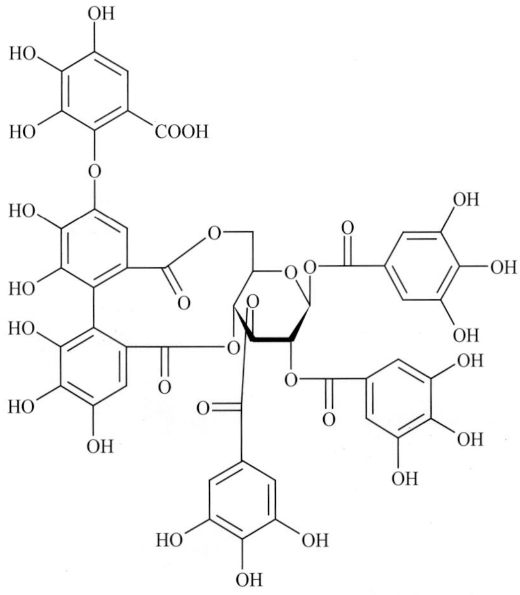

◆ rugosin A

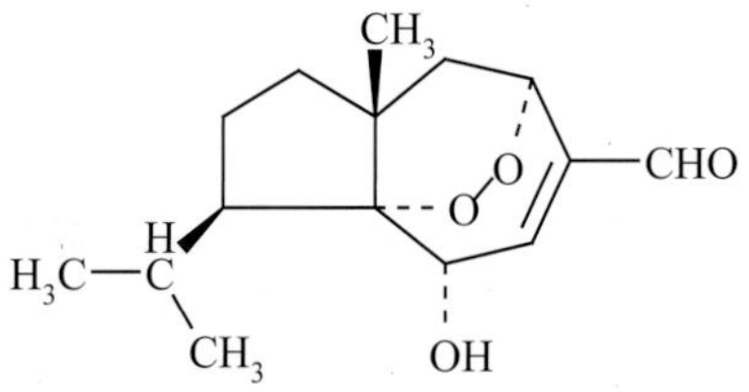

◆ rugosal A

药理作用

1. 对心血管系统的影响

玫瑰花水煎液灌胃可对抗异丙肾上腺素所致大鼠心肌急性缺血性的改变，可保护缺血心肌超氧化物歧化酶 (SOD) 的活性，明显抑制心肌的磷酸肌酸激酶释放，减轻氧自由基对心肌细胞膜破坏所造成的损伤[20]；酸性和中性玫瑰花水煎剂均可明显扩张去甲肾上腺素预收缩主动脉平滑肌条，此作用有内皮依赖性，与一氧化氮 (NO) 有关[21]。

2. 抗肿瘤

玫瑰果汁能强烈诱导白血病细胞 HL-60 分化成单核细胞和巨噬细胞，并抑制癌细胞增殖，且对正常细胞毒性小[22-23]。

3. 抗氧化

从玫瑰花水提取液中分离得到的没食子酸衍生物具有强的抗氧化活性，研究发现没食子酸衍生物和多糖的存在是玫瑰花水提取液主要的抗氧化作用物质[24]。

4. 抗炎、镇痛

小鼠醋酸扭体实验和热板法实验表明，玫瑰根提取物灌胃有明显的镇痛作用；根提取物灌胃对角叉菜胶所致的大鼠足趾肿胀也有显著的抗炎作用，其有效成分为委陵菜酸等三萜类成分[17]。

5. 其他

从玫瑰叶中分离得到的玫瑰萜醛 A 具有抗菌活性[11]；从玫瑰根中分离得到的原花青素 B_3 可抑制 I 型人类免疫缺陷病毒 (HIV-1) 蛋白酶活性[16]，野雅椿酸和委陵菜酸具有降血脂作用[18]，玫瑰根甲醇提取物及其所含的野蔷薇苷对大鼠溴苯所致的肝毒性具有保护作用[25]等。

应用

本品为中医临床用药。功能：行气解郁，和血，止痛。主治：肝胃气痛，食少呕恶，月经不调，跌扑伤痛。

现代临床还用于慢性胃炎、肝炎、慢性痢疾、痛经、糖尿病、冠心病、乳腺炎、头痛、食道痉挛、肺结核、关节炎等的治疗。

评注

药用植物图像数据库

玫瑰不仅具有良好的药用价值，还是享有盛名的花卉植物，在多方面具有广泛用途。从玫瑰花中提取玫瑰油可制作名贵香水，被广泛用于香料及化妆品工业。玫瑰花经炮制加工，可用于食品、饮料、茶、酒等行业。玫瑰果实也含有对人体有益的多种营养物质。

中国维吾尔医长期使用玫瑰花，用不同的制剂治疗不同的疾病，如：以玫瑰花制成糖膏治疗胃痛、消化不良等[26]。此外，研究结果还发现玫瑰叶、根具有抗菌或抗病毒的活性成分，有综合开发利用价值。

参考文献

[1] HASHIDOKO Y. The phytochemistry of *Rosa rugosa*[J]. Phytochemistry,1996, 43(3): 535-549.

[2] SAAKOV S G, SENCHENKO G G, KOZHINA I S. Composition of the essential oil from *Rosa rugosa* Thunb. grown in Leningrad[J]. Rastitel'nye Resursy, 1982, 18(3): 388-390.

[3] HATANO T, OGAWA N, YASUHARA T, et al. Tannins of rosaceous plants. Ⅷ. Hydrolyzable tannin monomers having a valoneoyl group from flower petals of *Rosa rugosa* Thunb.[J]. Chemical & Pharmaceutical Bulletin, 1990, 38(12): 3308-3313.

[4] HATANO T, OGAWA N, SHINGU T, et al. Tannins of rosaceous plants. Ⅸ. Rugosins D, E, F and G, dimeric and trimeric hydrolyzable tannins with valoneoyl group(s), from flower petals of *Rosa rugosa* Thunb.[J]. Chemical & Pharmaceutical Bulletin, 1990, 38(12): 3341-3346.

[5] HASHIDOKO Y, TAHARA S, MIZUTANI J. Carota-1,4-dienaldehyde, a sesquiterpene from *Rosa rugosa*[J]. Phytochemistry, 1990, 29(3): 867-872.

[6] HASHIDOKO Y, TAHARA S, MIZUTANI J. Isolation of

four novel carotanoids as possible metabolites of rugosic acid A in *Rosa rugosa* leaves[J]. Agricultural and Biological Chemistry, 1991, 55(4): 1049-1053.

[7] HASHIDOKO Y, TAHARA S, MIZUTANI J. Novel bisabolanoids in *Rosa rugosa* leaves[J]. Zeitschrift fuer Naturforschung, C: Journal of Biosciences, 1991, 46(5-6): 349-356.

[8] HASHIDOKO Y, TAHARA S, IWAYA N, et al. Highly oxygenated bisabolanoids in *Rosa rugosa* leaves[J]. Zeitschrift fuer Naturforschung, C: Journal of Biosciences, 1991, 46(5-6): 357-363.

[9] HASHIDOKO Y, TAHARA S, MIZUTANI J. Sesquiterpenoids from *Rosa rugosa* leaves[J]. Phytochemistry, 1993, 32(2): 387-390.

[10] HASHIDOKO Y, TAHARA S, MIZUTANI J. Antimicrobial sesquiterpene from damaged *Rosa rugosa* leaves[J]. Phytochemistry, 1989, 28(2): 425-430.

[11] HASHIDOKO Y, TAHARA S, MIZUTANI J. Carotanoids and an acoranoid from *Rosa rugosa* leaves[J]. Phytochemistry, 1991, 30(11): 3729-3739.

[12] HASHIDOKO Y, TAHARA S, MIZUTANI J. 2-Phenoxychromones and a structurally related flavone from leaves of *Rosa rugosa*[J]. Phytochemistry, 1991, 30(11): 3837-3838.

[13] PARK J C, OK K D. Phenolic compounds isolated from *Rosa rugosa* Thunb. in Korea[J]. Yakhak Hoechi, 1993, 37(4): 365-369.

[14] HASHIDOKO Y, TAHARA S, MIZUTANI J. Long chain alkyl esters of 4'-hydroxycinnamic acids from leaves of *Rosa rugosa*[J]. Phytochemistry, 1992, 31(9): 3282-3283.

[15] YOUNG H S, PARK J C, CHOI J S. Isolation of (+)-catechin from the roots of *Rosa rugosa*[J]. Saengyak Hakhoechi, 1987, 18(3): 177-179.

[16] PARK J C, ITO H, YOSHIDA T. H-NMR assignment of HIV protease inhibitor, procyanidin B3 isolated from *Rosa rugosa*[J]. Natural Product Sciences, 2003, 9(2): 49-51.

[17] JUNG H J, NAM J H, CHOI J W, et al. 19α-hydroxyursane-type triterpenoids: Antinociceptive anti-inflammatory principles of the roots of *Rosa rugosa*[J]. Biological & Pharmaceutical Bulletin, 2005, 28(1): 101-104.

[18] PARK H J, NAM J H, JUNG H J, et al. Inhibitory effect of euscaphic acid and tormentic acid from the roots of *Rosa rugosa* on high fat diet-induced obesity in the rat[J]. Saengyak Hakhoechi, 2005, 36(4): 324-331.

[19] YOUNG H S, PARK J C, CHOI J S. Triterpenoid glycosides from *Rosa rugosa*[J]. Archives of Pharmacal Research, 1987, 10(4): 219-222.

[20] 李宇晶，杨永新，康金国 . 新疆玫瑰花、肉苁蓉对大鼠缺血心肌的保护作用 [J]. 新疆中医药，1998，16(1)：49-51.

[21] 李红芳，庞锦红，丁永辉，等 . 玫瑰花水煎剂对兔离体主动脉平滑肌张力的影响 [J]. 中药药理与临床，2002，18(2)：20-21.

[22] YOSHIZAWA Y, KAWAII S, URASHIMA M, et al. Differentiation-inducing effects of small fruit juices on HL-60 leukemic cells[J]. Journal of Agricultural and Food Chemistry, 2000, 48(8): 3177-3182.

[23] YOSHIZAWA Y, KAWAII S, URASHIMA M, et al. Antiproliferative effects of small fruit juices on several cancer cell lines[J]. Anticancer Research, 2000, 20(6B): 4285-4289.

[24] NG T B, HE J S, NIU S M, et al. A gallic acid derivative and polysaccharides with antioxidative activity from rose (*Rosa rugosa*) flowers[J]. Journal of Pharmacy and Pharmacology, 2004, 56(4): 537-545.

[25] PARK J C, KIM S C, HUR J M, et al. Anti-hepatotoxic effects of *Rosa rugosa* root and its compound, rosamultin, in rats intoxicated with bromobenzene[J]. Journal of Medicinal Food, 2004, 7(4): 436-441.

[26] 茹仙如·麦米提明 . 玫瑰花在维吾尔医治疗中的应用 [J]. 中国民族医药杂志，1999，5(3)：25.

梅 Mei CP, KHP

Prunus mume (Sieb.) Sieb. et Zucc.
Japanese Apricot

概述

蔷薇科 (Rosaceae) 植物梅 *Prunus mume* (Sieb.) Sieb. et Zucc.，其干燥近成熟果实入药。中药名：乌梅。

李属 (*Prunus*) 植物全世界约 8 种，分布于东亚、中亚、小亚细亚和高加索地区。中国产约 7 种，本属现供药用者约有 4 种。本种原产于中国，全国各地均有栽培，长江流域以南各省较多；日本、朝鲜半岛也有分布。

“梅”药用之名，始载于《神农本草经》，列为中品。《中国药典》（2015 年版）收载本种为中药乌梅的法定原植物来源种。主产于中国福建、四川、浙江、湖南和广东等省区，以四川产量最大。

梅主要含有机酸和黄酮类成分。《中国药典》采用高效液相色谱法进行测定，规定乌梅药材含枸橼酸不得少于 12.0%，以控制药材质量。

药理研究表明，乌梅具有驱蛔虫、抗菌等作用。

中医理论认为乌梅具有敛肺，涩肠，生津，安蛔等功效。

◆ 梅
Prunus mume (Sieb.) Sieb. et Zucc.

◆ 药材乌梅
Mume Fructus

化学成分

乌梅含有机酸类成分：柠檬酸 (citric acid)、绿原酸 (chlorogenic acid)、苹果酸 (malic acid)、琥珀酸 (succinic acid)、苦味酸 (picric acid)、4-*O*-咖啡酰基奎宁酸 (4-*O*-caffeoylquinic acid)、5-*O*-咖啡酰基奎宁酸 (5-*O*-caffeoylquinic acid)、3-羟基-3-甲酯基戊二酸 (3-hydroxy-3-methoxycarbonylglutaric acid)。

黄酮类成分：鼠李柠檬素-3-*O*-鼠李糖苷 (rhamnocitrin-3-*O*-rhamnoside)、山柰酚-3-*O*-鼠李糖苷(kaempferol-3-*O*-rhamnoside)、鼠李素-3-*O*-鼠李糖苷(rhamnetin-3-*O*-rhamnoside)、槲皮素-3-*O*-鼠李糖苷 (quercetin-3-*O*-rhamnoside)[1]。

此外，还含熊果酸 (ursolic acid)[2]、mumefural、5-羟甲基-2-糠醛[5-hydroxymethyl-2-furfural][3]、苄基-*β*-*D*-吡喃葡萄糖苷 (benzyl-*β*-*D*-glucopyranoside)[4]、2,2,6,6-四甲基哌啶酮 (2,2,6,6-tetramethyl-4-piperidone) 和叔丁基脲 (tert-butylurea)[5]等。

药理作用

1. 驱蛔虫

体外实验证明，乌梅对蛔虫不具杀灭作用，但可麻醉蛔虫，使其动作迟钝、静止，失去附着肠壁的能力[6]。

2. 对平滑肌的影响

乌梅煎液能增高豚鼠离体膀胱逼尿肌肌条的张力及收缩频率，并呈剂量依赖性[7]。低浓度乌梅煎液能抑制豚鼠离体胆囊肌条的收缩，而高浓度乌梅煎剂对胆囊肌条则呈现先降低后增高的双向反应[8]。乌梅水提醇沉液能抑制小鼠小肠炭末推进率，对抗新斯的明所致的肠运动亢进，抑制家兔的肠蠕动，降低小肠平滑肌张力[9]。乌梅煎液对未孕和早孕大鼠子宫平滑肌有兴奋作用，妊娠子宫对其尤为敏感，提示乌梅有抗着床和抗早孕作用[1]。

3. 抗菌

乌梅在打孔法和试管法中对弗氏志贺氏菌、沙门氏菌、大肠埃希氏菌、金黄色葡萄球菌和铜绿假单胞菌等均有较强的抑制和杀灭作用[10]。在琼脂稀释法中，乌梅对 28 株临床肠球菌有显著抑制作用[11]。

4. 对胃组织的影响

用带血管灌流的离体大鼠胃模型观察乌梅对胃组织的作用，发现经胃循环灌流 50 分钟内，胃酸分泌无变化；胃蛋白酶及胃泌素的分泌均明显降低，说明乌梅具有减弱胃攻击因子的作用[12]。

5. 抗肿瘤

乌梅煎液对人原始巨核白血病细胞 HIMeg 和人早幼粒白血病细胞 HL-60 的增殖有抑制作用[13]。

6. 抗过敏

乌梅对豚鼠的蛋白质过敏性休克和组胺性休克有对抗作用[1]。

7. **其他**

乌梅还有抗氧化[14]、抗诱变[15]、抗疲劳、抗衰老、保肝和杀精作用[1]。

应用

本品为中医临床用药。功能：敛肺，涩肠，生津，安蛔。主治：肺虚久咳，久泻久痢，虚热消渴，蛔厥，呕吐腹痛。

现代临床还用于病毒性肝炎、溃疡性结肠炎和过敏性疾病等病的治疗。

评注

药用植物图像数据库

乌梅是中国卫生部规定的药食同源品种之一。

梅未成熟的果实称为青梅，味道酸甜可口，现代研究发现青梅含有人体所需要的维生素、矿物营养、蛋白质和有机酸等；具有清血、强肝、整肠、消除疲劳、抗衰老、杀菌、抗癌、改善心血管功能、促进消化等药用价值，是天然的健康食品。

梅的应用在日本、东南亚等地区都非常普及，被作为止渴剂、消食剂和防腐剂，已被开发为梅精、梅醋、梅酒及梅丹等保健品。

参考文献

[1] 刘友平，陈鸿平，万德光，等. 乌梅的研究进展 [J]. 中药材，2004，27(6)：459-462.

[2] 沈红梅，易杨华，乔传卓，等. 乌梅的化学成分研究 [J]. 中草药，1995，26(2)：105-106.

[3] CHUDA Y, ONO H, OHNISHI-KAMEYAMA M, et al. Mumefural, citric acid derivative improving blood fluidity from fruit-juice concentrate of Japanese apricot (*Prunus mume* Sieb. et Zucc.) [J]. Journal of Agricultural and Food Chemistry, 1999, 47(3): 828-831.

[4] INA H, YAMADA K, MATSUMOTO K, et al. Effects of benzyl glucoside and chlorogenic acid from *Prunus mume* on adrenocorticotropic hormone (ACTH) and catecholamine levels in plasma of experimental menopausal model rats[J]. Biological & Pharmaceutical Bulletin, 2004, 27(1): 136-137.

[5] 任少红，付丽娜，王红，等. 乌梅中生物碱的分离与鉴定 [J]. 中药材，2004，27(12)：917-918.

[6] 许腊英，余鹏，毛维伦，等. 中药乌梅的研究进展 [J]. 湖北中医学院学报，2003，5(1)：52-57.

[7] 张英福，邱小青，田治锋，等. 乌梅对豚鼠膀胱逼尿肌运动影响的实验研究 [J]. 山西中医，2000，16(2)：43-45.

[8] 周旭，瞿颂义，邱小青，等. 乌梅对豚鼠离体胆囊平滑肌运动的影响 [J]. 山西中医，1999，15(1)：34-35.

[9] 侯建平，杨军英，韩志宏. 乌梅对小鼠、家兔肠平滑肌运动的影响 [J]. 中国中医药科技，1995，2(6)：24-25.

[10] 陈星灿，刘定安，宫锡坤. 中药抗菌作用研究 [J]. 中医药学报，1998，36(1)：36-37.

[11] 李仲兴，王秀华，张立志，等. 应用 M-H 琼脂进行五倍子等 5 种中药对 28 株肠球菌的体外抗菌活性观察 [J]. 中草药，2001，32(12)：1101-1103.

[12] 李岩，李永渝，崔瑞平. 茵陈等 CCB 中药对消化性溃疡相关因素的研究 [J]. 遵义医学院学报，1998，21(4)：7-9.

[13] 沈红梅，程涛，乔传卓，等. 乌梅的体外抗肿瘤活性及免疫调节作用初探 [J]. 中国中药杂志，1995，20(6)：365-368.

[14] TSAI C H, STERN A, CHIOU J F, et al. Rapid and specific detection of hydroxyl radical using an ultraweak chemiluminescence analyzer and a low-level chemiluminescence emitter: application to hydroxyl radical-scavenging ability of aqueous extracts of Food constituents[J]. Journal of Agricultural and Food Chemistry, 2001, 49(5): 2137-2141.

[15] DOGASAKI C, MURAKAMI H, NISHIJIMA M, et al. Antimutagenic activities of hexane extracts of the fruit extract and the kernels of *Prunus mume* Sieb. et Zucc.[J]. Yakugaku Zasshi, 1992, 112(8): 577-584.

密花豆 Mihuadou [CP, KHP]

Spatholobus suberectus Dunn
Suberect Spatholobus

概述

豆科 (Fabaceae) 植物密花豆 *Spatholobus suberectus* Dunn，其干燥藤茎入药。中药名：鸡血藤。

密花豆属 (*Spatholobus*) 植物全世界约有 40 种，分布于中南半岛、马来半岛和非洲热带地区。中国约有 10 种 1 变种，本属现供药用者约有 3 种。本种为中国特有植物，分布于广东、广西、福建、云南等省区。

“鸡血藤胶”药用之名，始载于《本草纲目拾遗》。其药用历史不长，明代以前本草未见收载。《植物名实图考》有“昆明鸡血藤”和“鸡血藤”的记载，但所指并非本种。鸡血藤的本草所载品种为五味子科 (Schisandraceae) 五味子属 (*Schisandra*) 和南五味子属 (*Kadsura*) 多种植物[1]。《中国药典》（2015 年版）收载密花豆为中药鸡血藤的法定原植物来源种。主产于中国广东、广西、福建、云南、贵州等省区。

密花豆主要含黄酮类、香豆素类、蒽醌类成分等。《中国药典》以性状、显微和薄层色谱鉴别来控制鸡血藤药材的质量。

药理研究表明，密花豆具有促进造血、抗血栓形成、抗炎、抗肿瘤、调血脂、抗脂质过氧化等作用。

中医理论认为鸡血藤具有活血补血，调经止痛，舒筋活络等功效。

◆ 密花豆
Spatholobus suberectus Dunn

◆ 药材鸡血藤
Spatholobi Caulis

化学成分

密花豆的藤茎含黄酮类成分：芒柄花素 (formononetin)、芒柄花苷 (ononin)、樱黄素 (prunetin)、阿夫罗摩辛 (afrormosin)、卡亚宁 (cajinin)、大豆苷元 (daidzein)、异甘草素 (isoliquiritigenin)、甘草查耳酮 (licochalcone A)、四羟基查耳酮 (2',4',3,4-tetrahydroxychalcone)[2]、密花豆素 (suberectin)、毛蕊异黄酮 (calycosin)[3]、高丽槐素 (maackiain)、染料木素 (genistein)、野靛苷 (pseudobaptigenin)、美迪紫檀素 (medicarpin)、sativan[4]等；香豆素类成分：苜蓿内酯 (medicagol)、9-甲氧基香豆雌酚 (9-methoxycoumestrol)[2]、白芷内酯 (angelicin)[5]；蒽醌类成分：大黄素甲醚 (physcion)、大黄酚 (chrysophanol)[5]、大黄素(emodin)、芦荟大黄素 (aloe-emodin)、大黄酸 (rhein)[6]；三萜类成分：羽扇豆醇 (lupeol)[5]、白桦脂酸 (betulinic acid)[7]等；有机酸类成分：琥珀酸 (succinic acid)[3]、香草酸 (vanillic acid)、丁香酸 (syringic acid)[8]等；挥发油：油中主成分为α-红没药醇 (α-bisabolol)[9]等。

◆ suberectin　　◆ medicagol

药理作用

1. 促进造血

密花豆藤茎水煎剂灌胃，能显著促进正常小鼠和贫血小鼠骨髓细胞的增殖，也能提高小鼠细胞白介素 1、2、3 (IL-1, IL-2, IL-3) 的分泌能力；水煎剂灌胃能使乙酰苯肼、环磷酰胺所致的溶血性贫血和失血性贫血小鼠的红细胞、血红蛋白明显升高，并能显著提升正常的和溶血性贫血的小鼠脾条件培养液、腹腔巨噬细胞培养液中红细胞生成素生长因子水平[10-12]；水煎剂灌胃，可抑制放疗和化疗引起的贫血小鼠的外周白细胞数、骨髓有核细胞数、粒系细胞分裂指数下降，刺激培养粒单系祖细胞 (CFU-GM) 增殖[13]。密花豆藤茎乙醇提取物灌服，对由环磷酰胺或 $^{60}Co\ \gamma$ 照射引起的白细胞、红细胞、血红蛋白、红细胞容积和血小板下降均有提升作用[14]。

2．对心血管系统的影响

密花豆藤茎水煎剂灌胃有抗血栓形成作用，能显著降低血瘀模型大鼠的血栓湿重，明显抑制二磷酸腺苷 (ADP) 诱导的血小板聚集[15]。密花豆藤茎乙醇提取物体外有扩血管作用，能使苯肾上腺素、KCl 和 $CaCl_2$ 收缩离体大鼠主动脉环的量－效曲线均右移，并抑制最大效应[16]。

3．抗肿瘤

密花豆藤茎水煎剂灌胃，能显著提高正常小鼠淋巴因子活化杀伤细胞 (LAK) 和自然杀伤 (NK) 细胞 活性[17]；水提醇沉液灌胃，亦能显著提高荷 S_{180} 瘤小鼠的 LAK、NK 活性，并能抑制腹腔巨噬细胞 (Mφ) 活性[18]。

4．抗炎

密花豆藤茎乙醇提取物体外能显著抑制环氧酶 -1 (COX-1)、磷脂酶 A_2 (PLA_2)、5- 脂氧酶 (5-LO) 和 12- 脂氧酶 (12-LO) 的活性；其抑制 5- 脂氧酶和 12- 脂氧酶的作用与消炎痛相似[19]。

5．调血脂、抗脂质过氧化

密花豆藤茎口服能使高脂模型大鼠血清胆固醇 (TC) 和三酰甘油 (TG) 的含量下降，血浆的脂质过氧化物 (LPO) 含量下降，超氧化物歧化酶 (SOD) 活性升高，并且能使高脂模型大鼠高密度脂蛋白 (HDL) 升高，低密度脂蛋白 (LDL) 含量降低[20]；密花豆藤茎水煎剂体外能抑制大鼠肝匀浆中丙二醛 (MDA) 生成，同时能抑制蛋白质的糖基化作用，减少蛋白糖化产物的生成[21]。表儿茶素为其主要的抗氧化活性成分[22]。

应用

本品为中医临床用药。功能：活血补血，调经止痛，舒筋活络。主治：月经不调，痛经，经闭，风湿痹痛，麻木瘫痪，血虚萎黄。

现代临床还用于贫血性神经性麻痹症、再生障碍性贫血、白细胞减少症等病的治疗。

评注

药用植物图像数据库

鸡血藤的药用历史不长，自有记载以来就是一个多来源品种，涉及豆科和五味子科 6 属约 15 种植物。现今鸡血藤的主流商品是密花豆的藤茎，《中国药典》和其他现行的中药著作也普遍认同密花豆为中药鸡血藤的唯一原植物来源种。

密花豆的化学成分比较复杂，药理活性多样，值得深入研究各类成分的生物活性及构效关系。

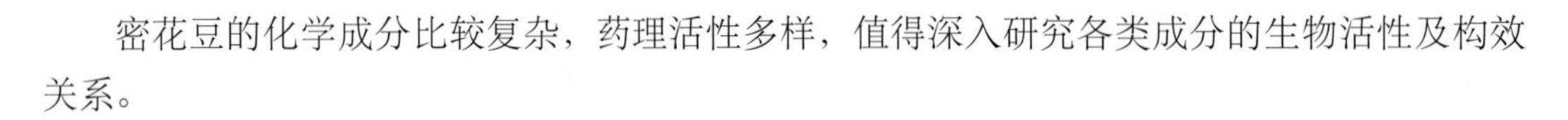

参考文献

[1] 陈道峰，徐国钧，徐珞珊，等．中药鸡血藤的原植物调查与商品鉴定 [J]. 中草药，1993，24(1)：34-37.

[2] 林茂，李守珍，海老冢丰，等．密花豆藤化学成分的研究 [J]. 中草药，1989，20(2)：5-8.

[3] 崔艳君，刘屏，陈若芸．鸡血藤的化学成分研究 [J]. 药学学报，2002，37(10)：784-787.

[4] YOON J S, SUNG S H, PARK J H, et al. Flavonoids from *Spatholobus suberectus*[J]. Archives of Pharmacal Research, 2004, 27(6): 589-592.

[5] 严启新，李萍，王迪．鸡血藤脂溶性化学成分的研究 [J]. 中国药科大学学报，2001，32(5)：336-338.

[6] 严启新，李萍，胡安明．鸡血藤化学成分的研究 [J]. 中草

药，2003，34(10)：876-878.

[7] 成军，梁鸿，王媛，等.中药鸡血藤化学成分的研究[J].中国中药杂志，2003，28(12)：1153-1155.

[8] 崔艳君，刘屏，陈若芸.鸡血藤有效成分研究[J].中国中药杂志，2005，30(2)：121-123.

[9] 高玉琼，刘建华，赵德刚，等.不同产地鸡血藤挥发性成分研究[J].中成药，2006，28(4)：555-557.

[10] 陈东辉，罗霞，余梦瑶，等.鸡血藤煎剂对小鼠骨髓细胞增殖的影响[J].中国中药杂志，2004，29(4)：352-355.

[11] 余梦瑶，罗霞，陈东辉，等.鸡血藤煎剂对小鼠细胞分泌细胞因子的影响[J].中国药学杂志，2005，40(1)：27-30.

[12] 罗霞，陈东辉，余梦瑶，等.鸡血藤煎剂对小鼠红细胞增殖的影响[J].中国中药杂志，2005，30(6)：477-479.

[13] 陈宜鸿，刘屏，张志萍，等.鸡血藤对小鼠粒单系血细胞的影响[J].中国药学杂志，1999，34(5)：305-307.

[14] 刘屏，陈宜鸿，张志萍.鸡血藤对环磷酰胺、^{60}钴照射后动物血象的影响[J].中药药理与临床，1998，14(3)：25-26.

[15] 王秀华，刘爱东，徐彩云.鸡血藤抗血栓形成作用的研究[J].长春中医学院学报，2005，21(4)：41.

[16] 江涛，唐春萍，李娟好，等.鸡血藤对大鼠主动脉环收缩反应的影响[J].广东药学院学报，1996，12(1)：33-35.

[17] 胡利平，樊良卿，杨锋，等.鸡血藤对小鼠LAK、NK细胞的影响[J].浙江中医学院学报，1997，21(2)：29-30.

[18] 戴关海，杨锋，沈翔，等.鸡血藤对S_{180}小鼠细胞毒细胞活性影响的实验研究[J].中国中医药科技，2001，8(3)：164-165.

[19] LI R W, LIN D G, MYERS S P, et al. Anti-inflammatory activity of Chinese medicinal vine plants[J]. Journal of Ethnopharmacology, 2003, 85(1): 61-67.

[20] 张志萍，刘屏，丁飞.鸡血藤对高脂血症大鼠血浆超氧化物歧化酶和脂质过氧化物的影响[J].中国药理学会通讯，2000，17(3)：15.

[21] 潘春芬，肖秀华，田恩圣，等.鸡血藤体外对肝匀浆MDA生成及蛋白质糖基化作用[J].中华医学全科杂志，2004，3(3)：26-27.

[22] CHA B C, LEE E H, NOH M A. Antioxidant activity of *Spatholobus suberectus* Dunn[J]. Saengyak Hakhoechi, 2005, 36(1): 50-55.

密蒙花 Mimenghua CP, KHP

Buddleja officinalis Maxim.
Pale Butterfly Bush

概述

马钱科 (Loganiaceae) 植物密蒙花 *Buddleja officinalis* Maxim.，其干燥花蕾及花序入药。中药名：密蒙花。

醉鱼草属 (*Buddleja*) 植物全世界约有 100 种，分布于美洲、非洲和亚洲的热带至温带地区。中国约产 29 种 4 变种，大部分省区均有分布。本属现供药用者约有 6 种。本种分布于中国大部分地区，不丹、缅甸、越南也有分布。

“密蒙花”药用之名，始载于《开宝本草》。历代本草多有著录。古今药用品种一致。《中国药典》（2015 年版）收载本种为中药密蒙花的法定原植物来源种。主产于中国湖北、四川、河南、陕西、云南，湖北、四川等地产量较大。

密蒙花主要含有黄酮苷、苯乙醇苷、三萜及三萜皂苷等成分。《中国药典》采用高效液相色谱法进行测定，规定密蒙花药材含蒙花苷不得少于 0.50%，以控制药材质量。

药理研究表明，密蒙花具有抗菌、抗炎、抗氧化等作用。

中医理论认为密蒙花具有清热泻火，养肝明目，退翳等功效。

◆ 密蒙花
Buddleja officinalis Maxim.

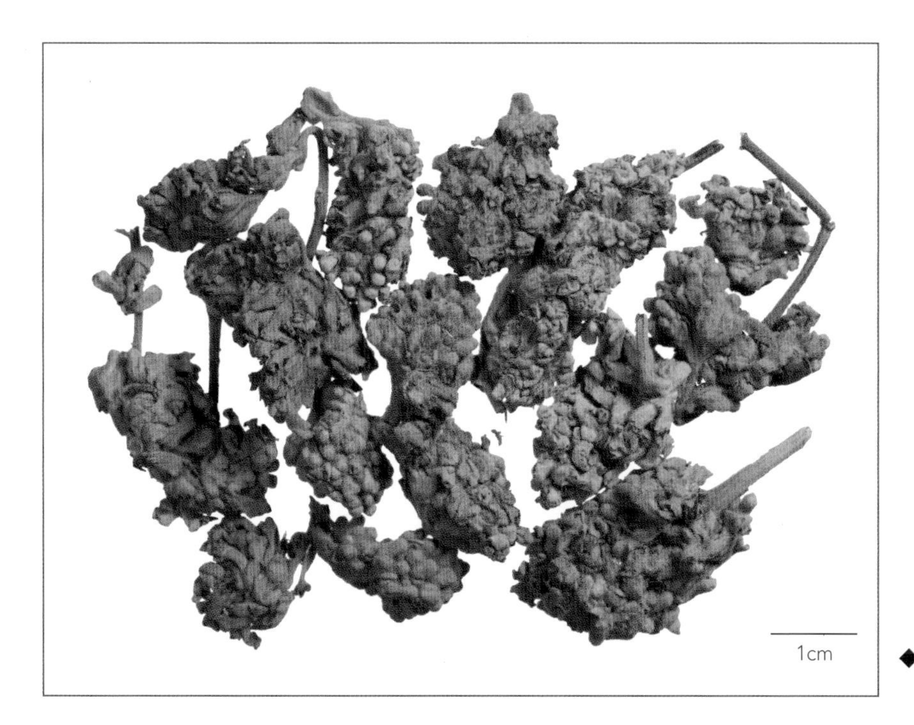

◆ 药材密蒙花
Buddlejae Flos

◆ linarin

◆ acteoside

化学成分

密蒙花的花蕾、花序中含有黄酮、黄酮苷类成分：醉鱼草素乙 (buddleoside) 即蒙花苷 (linarin)、芹菜素 (apigenin)、木犀草素 (luteolin)、密蒙花新苷 (neobudofficide)、秋英苷 (cosmosiin)、木犀草素-7-*O*-葡萄糖苷 (luteolin-7-*O*-glucopyranoside)、木犀草素-7-*O*-芸香糖苷 (luteolin-7-*O*-rutinoside)[1]、金合欢素 (acacetin)[2]等；三萜及三萜皂苷类成分：密蒙皂苷A、B、C、D、E、F、G (mimengosides A～G)[3-4]及齐墩果-13(18)-烯-3-酮 [olean-13(18)-ene-3-one]、δ-香树脂醇 (δ-amyrin)、大戟烷-8,24-二烯-3-醇乙酸酯 (euph-8, 24-diene-3-yl acetate)[5]、songaroside A[6]等；苯乙醇苷类成分：毛蕊花糖苷 (verbascoside) 即洋丁香酚苷 (acteoside)、异毛蕊花糖苷 (isoacteroside)、角胡麻苷 F (cistanoside F)、紫葳新苷 Ⅱ (campneoside Ⅱ)[6]、荷包花苷 (calceolarioside)、松果菊苷 (echinacoside)、连翘酯苷B (forsythoside B)、安哥罗苷 A (angoroside A)[2]、毛柳苷 (salidroside)[7]、密蒙花新苷 B (neobudofficide B)[8]、6β-羟基毛蕊花糖苷 (6β-hydroxyacteoside)、poliumoside、地黄苷 (martynoside)[9]等。

密蒙花的叶中含羽扇豆醇乙酸酯 (lupeol acetate)、环桉烯醇 (cycloeucalenol)等三萜类化合物；以及苯乙醇苷类成分：毛蕊花糖苷、6β-羟基毛蕊花糖苷、poliumoside、松果菊苷和角胡麻苷 F[10]。

药理作用

1. 抗菌

密蒙花水提取物及其黄酮单体体外对金黄色葡萄球菌和乙型溶血性链球菌等具有抑制作用[11]；密蒙花中的毛蕊花糖苷体外也具有抗菌活性[8]。

2. 抗炎

密蒙花氯仿提取物体外可抑制环氧酶的活性，具有抗炎作用[8]。

3. 抗白内障

密蒙花甲醇提取物及木犀草素等黄酮及黄酮苷类成分体外还可抑制大鼠晶状体醛糖还原酶活性，显示其具有抗白内障作用[12]。

4. 保肝

密蒙花中的黄酮类及苯乙醇苷类成分对培养的肝细胞有保护作用，抑制诱导的细胞毒性[13]。

5. 抗肿瘤

密蒙花中的毛蕊花糖苷等苯乙醇苷类成分体外具有抗肿瘤活性[8-9]。密蒙花中三萜皂苷类成分体外对 HL-60 白血病细胞有较弱的抑制作用[4]。

6. 抗氧化

密蒙花中分离出的木犀草素及毛蕊花糖苷体外具有抗氧化活性[14]，毛蕊花糖苷对1-甲基-4-苯基-吡啶盐 (MPP^+) 诱导的PC12神经细胞凋亡有明显的抑制作用，显示其可能对神经退化性疾病有治疗作用[15]。

7. 免疫调节

密蒙花水煎液灌胃，对环磷酰胺造成的小鼠免疫功能受损有拮抗作用[16]。

8. 其他

含密蒙花的大鼠血清体外可抑制人脐静脉血管内皮细胞的增生[17]，密蒙花还具有利尿、解痉及松弛平滑肌等作用。

应用

本品为中医临床用药。功能：清热泻火，养肝明目，退翳。主治：目赤肿痛，多泪羞明，目生翳膜，肝虚目暗，视物昏花。

现代临床还用于结膜炎、角膜炎、眼睑炎、高血压所致的头晕眼花等的治疗。

评注

密蒙花为中医治疗眼疾用药，现代药理研究亦初步证明其有良好的抗菌、抗炎及保肝活性，有关其药理作用及机制尚待进一步深入研究。

密蒙花黄色素作为一种安全、稳定的天然食用色素，在医药、食品及化妆品中有广阔的开发应用前景[18-19]。

药用植物图像数据库

参考文献

[1] 李教社，赵玉英，王邠，等．密蒙花黄酮类化合物的分离和鉴定 [J]. 药学学报，1996，31(1)：849-854.

[2] LIAO Y H, HOUGHTON P J, HOULT J R S. Novel and known constituents from *Buddleja* species and their activity against leukocyte eicosanoid generation[J]. Journal of Natural Products, 1999, 62(9): 1241-1245.

[3] DING N, YAHARA S, NOHARA T. Structure of mimengoside A and B, new triterpenoid glycosides from Buddlejae Flos produced in China[J]. Chemical & Pharmaceutical Bulletin, 1992, 40(3): 780-782.

[4] GUO H Z, KOIKE K, LI W, et al. Saponins from the flower buds of *Buddleja officinalis*[J]. Journal of Natural Products, 2004, 67(1): 10-13.

[5] 王邠，李教社，赵玉英，等．密蒙花三萜等成分的研究 [J]. 北京医科大学学报，1996，28(6)：473-477.

[6] 韩澎，崔亚君，郭洪祝，等．密蒙花化学成分及其活性研究 [J]. 中草药，2004，35(10)：1086-1091.

[7] 李教社，赵玉英，王邠．密蒙花中苯乙醇苷的分离和鉴定 [J]. 中国中药杂志，1997，22(10)：613-615.

[8] 李教社，赵玉英，马立斌．密蒙花中的新苯乙醇苷 [J]. 中国药学，1997，6(4)：178-181.

[9] 张虎翼，潘竞先．密蒙花中的苯丙素酚苷和黄酮苷研究 [J]. 中国药学，1996，5(2)：105-110.

[10] 余冬蕾，张青，张虎翼，等．羊耳朵叶化学成分的研究 [J]. 天然产物研究与开发，1997，9(4)：14-18.

[11] 李秀兰，孙光洁，戴树培，等．密蒙花 / 结香有效成分的抑菌作用 [J]. 西北药学杂志，1996，11(4)：165-166.

[12] MATSUDA H, CAI H, KUBO M, et al. Study on anti-cataract drugs from natural sources. Ⅱ. Effects of Buddlejae Flos on *in vitro* aldose reductase activity[J]. Biological & Pharmaceutical Bulletin, 1995, 18(3): 463-466.

[13] HOUGHTON P J, HIKINO H. Anti-hepatotoxic activity of extracts and constituents of *Buddleja* species[J]. *Planta Medica*, 1989, 55(2): 123-126.

[14] PIAO M S, KIM M R, LEE D G, et al. Antioxidative constituents from *Buddleia officinalis*[J]. Archives of Pharmacal Research, 2003, 26(6): 453-457.

[15] SHENG G Q, ZHANG J R, PU X P, et al. Protective effect of verbascoside on 1-methyl-4-phenylpyridinium ion-induced neurotoxicity in PC12 cells[J]. European Journal of Pharmacology, 2002, 451(2): 119-124.

[16] 吴克枫，刘佳，俞红．密蒙花对正常及免疫低下小鼠的免疫调节作用 [J]. 贵阳医学院学报，1977，22(4)：359-360.

[17] 接传红，高健生．中药密蒙花抗血管内皮细胞增生作用的研究 [J]. 眼科，2004，13(6)：348-350.

[18] 俞红，吴克枫，孙如一．食用天然色素密蒙黄稳定性分析研究 [J]. 广东微量元素科学，2001，8(1)：57-59.

[19] 殷彩霞，唐春，李聪，等．密蒙花黄色素性能研究 [J]. 化学世界，2000，41(1)：33-37.

膜荚黄芪 Mojiahuangqi CP, JP, VP

Astragalus membranaceus (Fisch.) Bge.
Milk-Vetch

概述

豆科 (Fabaceae) 植物膜荚黄芪 *Astragalus membranaceus* (Fisch.) Bge.，其干燥根入药。中药名：黄芪。

黄芪属 (*Astragalus*) 植物全世界约有 2000 种，主要分布于亚欧大陆、南美洲和非洲，少数种类分布于北美洲和大洋洲。中国约有 278 种 2 亚种 35 变种 2 变型，本属现供药用者约有 10 种。本种分布于中国东北、华北、西北地区，俄罗斯远东地区也有分布。

黄芪以"黄耆"药用之名，始载于《神农本草经》，列为上品。历代本草均有著录。《中国药典》（2015 年版）收载本种为中药黄芪的法定原植物来源种之一。膜荚黄芪主产于中国黑龙江、吉林、内蒙古、河北等省区；近年由于野生资源减少，黑龙江、河北、山东、江苏等省区有栽培。

黄芪主要活性成分为三萜皂苷、黄酮、多糖等。《中国药典》采用高效液相色谱法进行测定，规定黄芪药材含黄芪甲苷不得少于 0.040%，含毛蕊异黄酮葡萄苷不得少于 0.020%，以控制药材质量。

药理研究表明，膜荚黄芪具有提高免疫力、抗应激、保护心脑等作用。

中医理论认为黄芪具有补气升阳，固表止汗，利水消肿，生津养血，行滞通痹，托毒排脓，敛疮生肌等功效。

◆ 膜荚黄芪
Astragalus membranaceus (Fisch.) Bge.

◆ 蒙古黄芪
A. membranaceus (Fisch.) Bge. var. *mongholicus* (Bge.) Hsiao

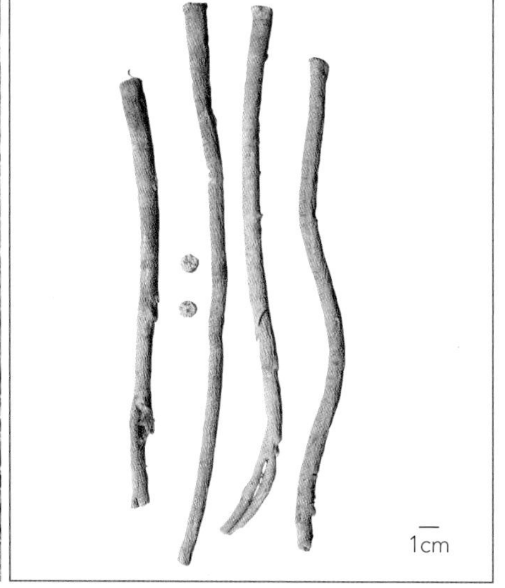

◆ 药材黄芪
Astragali Radix

化学成分

膜荚黄芪的根含三萜皂苷类成分：黄芪苷Ⅰ、Ⅱ、Ⅲ (astragalosides Ⅰ～Ⅲ)，黄芪苷Ⅳ (黄芪甲苷，astragaloside Ⅳ)，黄芪苷Ⅴ、Ⅵ、Ⅶ、Ⅷ (astragalosides Ⅴ～Ⅷ)，cycloastragenol、膜荚黄芪苷Ⅰ (astramembrannin Ⅰ, astragalin A)、膜荚黄芪苷Ⅱ (astramembrannin Ⅱ)、乙酰黄芪苷Ⅰ(acetylastragaloside Ⅰ)，异黄芪苷Ⅰ、Ⅱ(isoastragalosides Ⅰ, Ⅱ)、大豆皂苷Ⅰ(soyasaponin Ⅰ)、cyclocanthoside E[1-5]等，多数以环黄芪醇(cycloastragenol)为皂苷元；香豆素类成分：2'-angeloyloxy-1',2'-dihydroxanthyletin和2'-senecioyloxy- 1',2'-dihydroxanthyletin [6]；黄酮类成分：毛蕊异黄酮 (calycosin)、毛蕊异黄酮-7-*O*-*β*-*D*-吡喃葡萄糖 (calycosin-7-*O*-*β*-*D*-glucopyranoside)、毛蕊异黄酮-7-*O*-*β*-*D*-吡喃葡萄糖苷-6"-*O*-丙二酸酯 (calycosin-7-*O*-*β*-*D*-glucopyranoside-6"-*O*-malonate)、芒柄花苷 (ononin)、芒柄花素 (formononetin)、芒柄花素-7-*O*-*β*-*D*-葡萄糖苷-6"-*O*-丙二酸酯 (formononetin-7-*O*-*β*-*D*-glucoside-6"-*O*-malonate)、奥刀拉停-7-*O*-*β*-*D*-吡喃葡萄糖苷(odoratin-7-*O*-*β*-*D*-glucopyranoside)、9,10-二甲氧基紫檀烷-3-*O*-*β*-*D*-吡喃葡萄糖苷 (9,10-dimethoxypterocarpan-3-*O*-*β*-*D*-glucopyranoside)、2'-羟基-3',4'-二甲氧基紫檀烷-7-*O*-*β*-*D*-吡喃葡萄糖苷(2'-hydroxy-3',4'-dimethoxypterocarpan-7-*O*-*β*-*D*-glucopyranoside)、3-羟基-9,10-二甲氧基紫檀烷-3-*O*-*β*-*D*-葡萄糖苷 (3-hydroxy-9,10-dimethoxypterocarpan 3-*O*-*β*-*D*-glucoside)、3,9-二甲氧基-10-羟基紫檀烷 (3,9-dimethoxy-10-hydroxypterocarpan)、3,9,10-三甲氧基紫檀烷 (3,9,10-trimethoxypterocarpan)、(3*R*)-8,2'-二羟基-7,4'-二甲氧基异黄烷 [(3*R*)-8,2'-dihydroxy-7,4'-dimethoxyisoflavan]、2',3,7-三羟基-4'-甲氧基异黄烷 (2',3,7- trihydroxy-4'-methoxyisoflavan)、2'-羟基-3',4',7-三甲氧基异黄烷(2'-hydroxy-3',4',7-trimethoxyisoflavan)、2'-羟基-3',4'-二甲氧基异黄烷-7-*O*-*β*-*D*-吡喃葡萄糖苷(2'-hydroxy-3',4'-dimethoxyisoflavan-7-*O*-*β*-*D*-glucopyranoside)、2',7-二羟基-3',4'-二甲氧基异黄烷-7-*O*-*β*-*D*-葡萄糖苷(2',7-dihydroxy-3',4'-dimethoxyisoflavan-7-*O*-*β*-*D*-glucoside)、3',8 -二羟基-4',7-二甲氧基异黄酮 (3',8-dihydroxy-4',7-dimethoxyisoflavone)、3',7-二羟基-4',8-二甲氧基异黄酮(3',7-dihydroxy-4',8-dimethoxyisoflavone)、3'-甲氧基-5'-羟基-异黄酮-7-*O*-*β*-*D*-葡萄糖苷 (3'-methoxy-5'-hydroxy-isoflavone-7-*O*-*β*-*D*-glucoside)[5,7-11]。此外，还富含多糖类成分。

膜荚黄芪的地上部分含三萜皂苷类成分：huangqiyenins A、B、D[12-13]；黄酮类成分：槲皮素 (quercetin) 、槲皮素-3-葡萄糖苷 (quercetin-3-glucoside)、异鼠李素 (isorhamnetin)、鼠李柠檬素-3-葡萄糖苷 (rhamnocitrin-3-glucoside)、山柰酚 (kaempferol)[14-15]等。

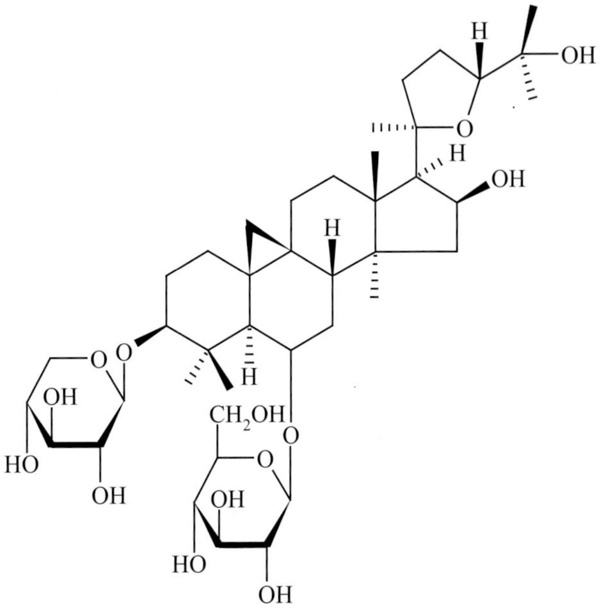

◆ astragaloside Ⅰ

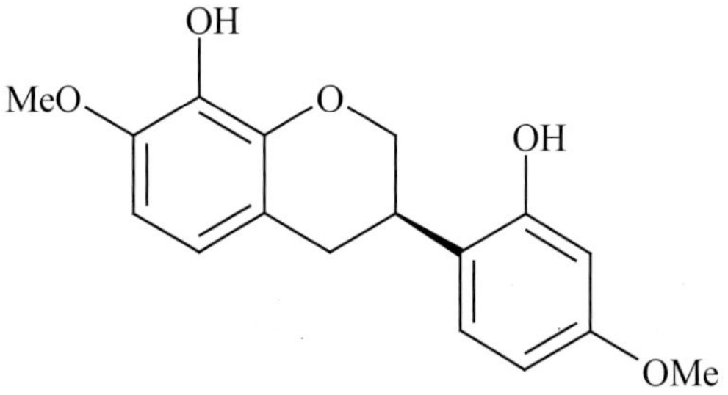

◆ (3*R*)-8,2′-dihydroxy-7,4′-dimethoxyisoflavan

药理作用

1. 调节免疫功能

黄芪总提取物腹腔注射可改善环磷酰胺 (Cy) 诱导的小鼠迟发型超敏 (DTH) 反应，体外对亚适浓度刀豆蛋白 (ConA)、脂多糖 (LPS) 诱导的小鼠脾淋巴细胞增殖和白介素 (IL-2) 产生有促进作用 [16]。黄芪水溶性黄酮类静脉注射，可提高氢化可的松 (HC) 致免疫低下小鼠 T 细胞总数，$L_3T_4^+$、Lyt_2^+ 细胞百分率和 $L_3T_4^+$、Lyt_2^+ 细胞比值，促进 ConA 诱导的小鼠脾淋巴细胞增殖 [17]，黄芪茎叶总黄酮也具有相似作用 [18]。黄芪多糖腹腔注射，可使创伤应激小鼠胸腺、脾脏重量恢复，抑制胸腺、淋巴细胞中 NF-κB 和白介素 -10 (IL-10) 的 mRNA 表达水平升高 [19]；红斑狼疮模型小鼠腹腔注射黄芪多糖，低剂量可使抗心磷脂 (aCL) 等 6 种抗磷脂抗体升高，高剂量则有抑制其产生的作用 [20]。

2. 保护心脏、大脑

黄芪注射液对离体大鼠胸主动脉有内皮依赖性舒缩双向作用，调节血管环张力 [21]，降低大鼠离体心肌内缺血再灌注损伤早期的肿瘤坏死因子 (TNF) 水平 [22]；黄芪多糖腹腔注射可降低动脉粥样硬化家兔血清总胆固醇、三酰甘油、丙二醛 (MDA)、内皮缩血管肽含量，保护血管内皮细胞 [23]。黄芪甲苷腹腔注射，可显著降低缺血脑组织 MDA 含量，提升谷胱甘肽过氧化物酶 (GSH-Px) 的活性 [24]。

3. 促进造血机能

黄芪多糖皮下注射，可促进丝裂霉素 C (MMC) 致骨髓抑制小鼠的骨髓、脾脏的造血祖细胞的增殖和成熟 [25]，促进正常及 Cy 化疗小鼠骨髓、外周血、脾脏造血干细胞增加 [26]；黄芪多糖体外能促进人外周血单个核细胞 (PBMC) 分泌粒细胞集落刺激因子 (G-CSF) 和粒细胞巨噬细胞集落刺激因子 (GM-CSF)，升高白细胞 [27]。

4. 推迟衰老

化学发光法证明，黄芪总皂苷为清除超氧阴离子自由基的活性成分 [28]；黄芪多糖灌胃能使 *D*- 半乳糖致衰老小鼠胸腺指数和脾脏指数升高，血清和肝组织 MDA 下降，超氧化歧化酶 (SOD) 活性增高，脑组织脂褐素 (LF) 下降，肾组织 GSH-Px 和一氧化氮合酶 (NOS) 活性增高 [29]。

5. 抗肿瘤

黄芪水提取物体外可提高人 PBMC 增殖，提升杀伤性 T 细胞 (CTL) 对肿瘤细胞杀伤活性，促进外周血黏附单核细胞 (PBAM) 对肿瘤细胞的吞噬和产生细胞因子，促进外周血 B 细胞 (PBBC) 产生 IgG 的能力 [30]；黄芪水提取物体外可抑制人肝癌细胞 SMMC-7721 增殖并降低其线粒体代谢活性，腹腔注射可抑制小鼠 S_{180} 实体瘤增重，提高 T/B 淋巴细胞比率和腹腔吞噬细胞活性 [31]；黄芪多糖体外可诱导肿瘤细胞凋亡 [32]，促进小鼠巨噬细胞 NO 合成，增强对黑色素瘤的杀伤作用 [33]。

6. 抗病毒

黄芪总苷、黄芪多糖体外可抗乙型肝炎病毒 (HBV)，抑制人肝癌细胞 $HepG_2$-2.2.15 增殖，并抑制 HBV-DNA 转染的 $HepG_2$-2.2.15 细胞分泌表面抗原 (HBsAg) 和 e 抗原 (HBeAg)[34]。

7. 其他

黄芪皂苷能对抗 *D*- 半乳糖胺、醋胺酚引起的肝损伤 [35]；黄芪多糖可促进脂肪细胞摄取葡萄糖、细胞分化和相关基因过氧化物体增殖基因活化 γ 受体 (PPARγ) mRNA 表达 [36]，预防 NOD 小鼠 1 型糖尿病发病 [37]。

应用

本品为中医临床用药。功能：补气升阳，固表止汗，利水消肿，生津养血，行滞通痹，托毒排脓，敛疮生肌。主治：气虚乏力，食少便溏，中气下陷，久泻脱肛，便血崩漏，表虚自汗，气虚水肿，内热消渴，血虚萎黄，半身不遂，痹痛麻木，痈疽难溃，久溃不敛。

现代临床还用于哮喘、慢性支气管炎、过敏性鼻炎、消化性溃疡、萎缩性胃炎、病毒性肝炎、病毒性心肌炎、慢性肾炎、贫血、脱肛、子宫脱垂等病的治疗。

评注

《中国药典》还收载蒙古黄芪 *Astragalus membranaceus* (Fisch.) Bge. var. *mongholicus* (Bge.) Hsiao 为中药黄芪的法定原植物来源种。蒙古黄芪分布于中国黑龙江、内蒙古、河北、山西等省区。药材主产于中国吉林、山西、内蒙古、宁夏、山东、陕西、河北等省区，以栽培为主，质量较优，销全国。目前，内蒙古已建立了蒙古黄芪的规范化种植基地。

药用植物图像数据库

黄芪历来以根入药，对膜荚黄芪地下部分与地上部分的对比分析表明，两者的黄酮类成分虽略有差异，但皂苷类成分完全相同 [38]，是值得进一步开发利用的资源。

黄芪属植物在中国分布广泛，由于该属植物生活于温带干旱、半干旱地区，生长缓慢，资源自然更新能力有限，野生资源数量不足。此外，黄芪为深根性植物，是保持水土、固沙的优良作物，应大力发展人工栽培，以确保其资源的持续利用。

参考文献

[1] KITAGAWA I, WANG H K, TAKAGI A, et al. Saponin and sapogenol. XXXIV. Chemical constituents of Astragali Radix, the root of *Astragalus membranaceus* Bunge. (1). Cycloastragenol, the 9,19-cyclolanostane- type aglycone of astragalosides, and the artifact aglycone astragenol[J]. Chemical & Pharmaceutical Bulletin, 1983, 31(2): 689-697.

[2] KITAGAWA I, WANG H K, SAITO M, et al. Saponin and sapogenol. XXXV. Chemical constituents of Astragali Radix, the root of *Astragalus membranaceus* Bunge. (2). Astragalosides Ⅰ, Ⅱ and Ⅳ, acetylastragaloside I and isoastragalosides Ⅰ and Ⅱ [J]. Chemical & Pharmaceutical Bulletin, 1983, 31(2): 698-708.

[3] KITAGAWA I, WANG H K, SAITO M, et al. Saponin and sapogenol. XXVI Chemical constituents of Astragali Radix, the root of *Astragalus membranaceus* Bunge. (3). Astragalosides Ⅲ, Ⅴ, and Ⅵ [J]. Chemical & Pharmaceutical Bulletin, 1983, 31(2): 709-715.

[4] KITAGAWA I, WANG H K, YOSHIKAWA M. Saponin and sapogenol. XXVII. Chemical constituents of Astragali Radix, the root of *Astragalus membranaceus* Bunge. (4). Astragalosides Ⅶ and Ⅷ [J]. Chemical & Pharmaceutical Bulletin, 1983, 31(2): 716-722.

[5] 曹正中，曹园，易以军，等．膜荚黄芪中新异黄酮苷的结构鉴定 [J]. 药学学报，1999，34(5)：392-394.

[6] KIM J S, KIM C S. A study on the constituents from the roots of *Astragalus membranaceus* (Bunge) (Ⅲ) [J]. Saengyak Hakhoechi, 2000, 31(1): 109-111.

[7] 李锐，付铁军，及元乔，等．膜荚黄芪与蒙古黄芪化学成分的高级液相色谱 - 质谱研究 [J]. 分析化学，2005，33(12)：1676-1680.

[8] 宋纯清，郑志仁，刘涤，等．膜荚黄芪中两个新的抗菌异黄烷化合物 [J]. 植物学报，1997，39(5): 486-488.

[9] 宋纯清，郑志仁，刘涤，等．膜荚黄芪中的异黄酮化合物 [J]. 植物学报，1997，39(8): 764-768.

[10] 宋纯清，郑志仁，刘涤，等．膜荚黄芪中的紫檀烷和异黄烷化合物．植物学报，1997，39(12): 1169-1171.

[11] LIN L Z, HE X G, LINDENMAIER M, et al. Liquid chromatography-electrospray ionization mass spectrometry study of the flavonoids of the roots of *Astragalus mongholicus* and *A. membranaceus*[J]. Journal of Chromatography, A, 2000, 876(1-2): 87-95.

[12] MA Y L, TIAN Z K, KUANG H X, et al. Studies of the constituents of *Astragalus membranaceus* Bunge. Ⅲ . Structures of triterpenoidal glycosides, huangqiyenins A and B, from the leaves[J]. Chemical & Pharmaceutical Bulletin, 1997, 45(2): 358-361.

[13] KUANG H X, ZHANG N, TIAN Z K, et al. Studies on the constituents of *Astragalus membranaceus* Ⅱ. Structure of triterpenoidal glycoside, huangqiyenin D, from its leaves[J]. Natural Medicines, 1997, 51(4): 358-360.

[14] CHESHUINA I A. Flavonol aglycons of *Astragalus membranaceus*[J]. Khimiya Prirodnykh Soedinenii, 1990, 6: 832-833.

[15] 马英丽，田振坤，苑春生，等．黄芪茎叶化学成分的研究 [J]. 沈阳药学院学报，1991，8(2)：121-123，136.

[16] 徐明，胡秀萍，朱虹，等．黄芪总提物的免疫调节作用 [J]. 中药药理与临床，2005，21(3)：27-29.

[17] 杨凤华，康成，李淑华，等．黄芪水溶性黄酮类对小鼠细胞免疫功能的影响 [J]. 时珍国医国药 .2002，13(12)：718-719.

[18] 焦艳，闻杰，于晓红，等．膜荚黄芪茎叶总黄酮对小鼠细胞免疫功能的影响 [J]. 中国中西医结合杂志，1999，19(6)：356-358.

[19] 刘俊英，曾广仙，熊金蓉，等．黄芪多糖对创伤应激小鼠胸腺、脾脏淋巴细胞中 NF-κB mRNA 与 IL-10 mRNA 表达影响的形态计量学研究 [J]. 中国体视学与图像分析，2004，9(1)：21-24.

[20] 王晓琴，赵玉铭，王雅坤，等．黄芪多糖对红斑狼疮小鼠 6 种抗磷脂抗体的影响 [J]. 中国免疫学杂志 .2004，20(8)：558-560.

[21] 张必祺，孙坚，胡申江，等．黄芪的内皮依赖性血管舒缩作用及其机制 [J]. 中国药理学与毒理学杂志，2005，19(1)：44-48.

[22] 徐世安，徐斌，陈晓慨，等．黄芪对肿瘤坏死因子介导大鼠缺血再灌注心肌细胞凋亡的作用 [J]. 中国新药与临床杂志，2004，23(10)：671-674.

[23] 吴勇，石显水，王石顺，等．黄芪多糖对动脉粥样硬化内皮细胞的保护作用 [J]. 中国临床康复，2005, 9(23): 238-240.

[24] 邱永明，王黛．黄芪改善缺血性脑损害的作用机制 [J]. 神经疾病与精神卫生，2001，1(2)：55-56.

[25] 夏星，DAO N. 黄芪多糖对丝裂霉素 C (MMC) 致骨髓抑制小鼠骨髓及脾脏造血祖细胞的生成作用的影响 [J]. 中国药理学通报，2003，19(7)：812-814.

[26] 翁玲，刘学英，刘彦，等．黄芪多糖对小鼠骨髓及外周血造血干细胞的增殖及动员作用 [J]. 基础医学与临床，2003，23(3)：306-309.

[27] 娄晓芬，张炳华，宋京，等．黄芪多糖对有核细胞分泌造血细胞因子的影响 [J]. 中药新药与临床药理，2003，14(5)：310-312.

[28] 刘星阶，江明华，俞正坤，等．黄芪有效成分研究 V：黄芪中清除超氧阴离子成分的分离和检测 [J]. 天然产物研究与开发，1991，3(4)：1-6.

[29] 葛斌，许爱霞，杨社华．黄芪多糖抗衰老作用机制的研究 [J]. 中国医院药学杂志，2004，24(10)：610-612.

[30] 王润田，单保恩，李巧霞，等．黄芪提取物免疫调节活性的体外实验研究 [J]. 中国中西医结合杂志，2002，22(6)：453-456.

[31] 肖正明，赵联合，邱军，等．黄芪水提物对人肝癌细胞和瘤鼠免疫细胞的影响 [J]. 山东中医药大学学报，2004，28(2)：136-139.

[32] 陈光，臧文臣，刘显清，等．黄芪多糖对动物肿瘤细胞凋亡影响的研究 [J]. 中医药学报，2002，30(4)：55-56.

[33] 姚金凤，王志新，张晓勇，等．黄芪多糖对小鼠腹腔巨噬细胞免疫功能的调节作用研究 [J]. 河南大学学报：医学版，2005，24(1)：34-36.

[34] 邹宇宏，杨雁，吴强，等．黄芪提取物体外抗乙肝病毒作用 [J]. 安徽医科大学学报，2003，38(4)：267-269.

[35] 张银娣，沈建平，朱树华，等.黄芪皂苷抗实验性肝损伤作用 [J]. 药学学报，1992，27(6)：401-406.

[36] 王树海，王文健，汪雪峰，等.黄芪多糖和小檗碱对 3T3-L1 脂肪细胞糖代谢及细胞分化的影响 [J]. 中国中西医结合杂志，2004，24(10)：926-928.

[37] 陈蔚，刘芳，俞茂华，等.黄芪多糖对 NOD 小鼠 1 型糖尿病的预防作用 [J]. 复旦学报：医学科学版，2001，28(1)：57-60.

[38] 张宇，赵玉梅，佟丽华，等.黄芪地下与地上部分有效成分比较 [J]. 中草药，1997,28(11): 651-653.

◆ 蒙古黄芪种植基地

牡丹 Mudan CP,JP,VP

Paeonia suffruticosa Andr.
Tree Peony

概述

毛茛科 (Ranunculaceae) 植物牡丹 *Paeonia suffruticosa* Andr.，其干燥根皮入药。中药名：牡丹皮。

芍药属 (*Paeonia*) 植物全世界约有 35 种，分布于欧、亚大陆温带地区。中国约有 11 种，现均供药用。本种在中国各地均有栽培。

"牡丹"药用之名，始载于《神农本草经》，列为中品。《中国药典》（2015 年版）收载本种为中药牡丹皮的法定原植物来源种。主产于中国安徽、四川、湖北、湖南等省区。

牡丹主要活性成分为单萜及单萜苷类化合物和酚类化合物。近代研究指出，本品中存在具活性的丹皮酚和芍药苷为该种的特征性成分。《中国药典》采用高效液相色谱法进行测定，规定牡丹皮药材含丹皮酚不得少于 1.2%，以控制药材质量。

药理研究表明，牡丹的根皮具有抑制中枢、抗炎、抗菌等作用。

中医理论认为牡丹皮具有清热凉血，活血化瘀等功效。

◆ 牡丹
Paeonia suffruticosa Andr.

◆ 牡丹
P. suffruticosa Andr.

◆ 药材牡丹皮
Moutan Cortex

化学成分

牡丹干燥根皮含酚类物质：丹皮酚 (paeonol)[1]、牡丹酚苷 (paeonoside)、牡丹酚新苷 (apiopaeonoside)、牡丹酚原苷 (paeonolide)[2]、山柰酚 (kaempferol)[3]、mudanoside B[4]；单萜及单萜苷类化合物：芍药苷 (paeoniflorin)[2]，牡丹苷A、B、C、D、E (suffruticoside A～E)，没食子酰氧化芍药苷 (galloyl-oxypaeoniflorin)[5]、牡丹酮 (paeonisuffrone)、牡丹缩酮 (paeonisuffral)[6]、paeonisothujone、去牡丹酮 (deoxypaeonisuffrone)、异牡丹缩酮 (isopaeonisuffral)[7]、氧化芍药苷 (oxypaeoniflorin)、苯甲酰芍药苷 (benzoylpaeoniflorin)[2]、没食子酰芍药苷 (galloylpaeoniflorin)[3]、芍药苷元 (paeoniflorigenone)、3-*O*-甲基牡丹缩酮 (3-*O*-methylpaeonisuffral)[8]、mudanpioside J[3]；另含4-羟基苯乙酮 (4-hydroxyacetophenone)、3-羟基-4-甲氧基苯甲酸 (3-hydroxy-4-methoxy benzoic acid)[3]、2,3-二羟基-4-甲氧基苯乙酮 (2,3-dihydroxy-4-methoxyacetophenone)、3-羟基-4-甲氧基苯乙酮 (3-hydroxy-4-methoxyacetophenone)[1]；此外，还含白桦脂酸 (betulinic acid)、白桦脂醇 (betulin)、齐墩果酸 (oleanolic acid)、3*β*-23-dihydroxy-30-norolean-12,20(29)-dien-28-oic acid、mudanpinoic acid A [4]等三萜类成分和6-羟基香豆素 (6-hydroxycoumarin)、没食子酸 (gallic acid)[8]、1,2,3,4,6-五没食子酰葡萄糖(1,2,3,4,6-penta-*O*-galloyl-*β*-*D*-glucose)[9]等化合物。

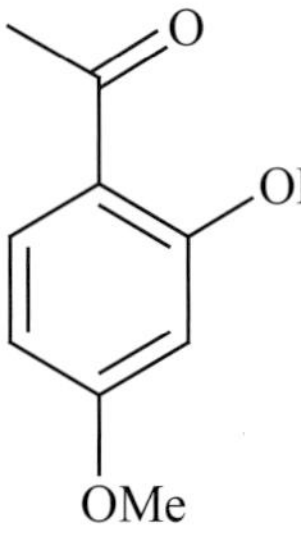

OMe

◆ paeonol

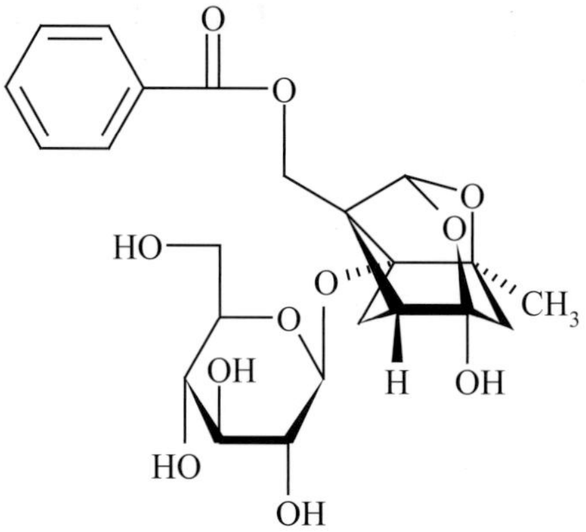

HO OH O O O CH3 H OH HO OH OH

◆ paeoniflorin

药理作用

1. 抗炎

牡丹皮水煎液、丹皮酚对二甲苯致小鼠耳郭肿胀和内毒素所致腹腔毛细血管通透性升高，对角叉菜胶、蛋清、甲醛、组胺、5- 羟色胺和缓激肽所致的大鼠足趾肿胀均有显著的抑制作用，摘除大鼠双侧肾上腺后其抗炎作用仍存在。丹皮酚可抑制炎性组织中 PGE_2 的生物合成及角叉菜胶所致胸膜炎多形核白细胞的移行 [10-11]。丹皮木心也有显著的抗炎作用，对二甲苯所致炎症有明显抑制作用，能显著对抗角叉菜胶所致的足趾肿胀 [12]。

2. 抗变态反应

丹皮酚能显著抑制豚鼠 Forssman 皮肤血管炎反应、大鼠反向皮肤过敏反应、大鼠主动和被动 Arthus 型足趾肿胀；对绵羊红细胞、牛血清白蛋白诱导的小鼠迟发型足趾肿胀，对二硝基氟苯引起的小鼠接触性皮炎均有明显的抑制作用。丹皮酚抗变态反应的机制为选择性地抑制补体经典途径的溶血作用，还可调节细胞免疫功能 [13]。

3. 抑菌

牡丹皮水煎液在体外对金黄色葡萄球菌、白色葡萄球菌、铜绿假单胞菌、炭疽芽孢杆菌、变形杆菌属、甲型溶血性链球菌、乙型溶血性链球菌有明显抑制作用 [14]，还能明显抑制马拉色菌 [15]。

4. 镇痛

用小鼠热板法、扭体法和甲醛致痛法证实丹皮酚有明显镇痛作用，表明其镇痛作用无耐受现象，作用不被纳洛酮翻转，但利血平能降低丹皮酚的镇痛效应 [16]。

5. 对心血管系统的影响

(1) 牡丹皮和木心对兔平均动脉压均有显著降血压作用，且木心作用比丹皮强 [12]。

(2) 丹皮酚能剂量依赖性地降低正常及钙反常乳鼠心肌细胞内脂质过氧化物 (LPO) 含量，这种作用对钙反常心肌细胞尤为敏感，提示丹皮酚的抗氧化作用可保护心肌细胞免受钙反常的损伤 [17]。有研究表明丹皮酚对钙反常培养乳鼠心肌细胞 Ca^{2+} 内流具抑制作用 [18]。

(3) 丹皮酚能降低大鼠全血表观黏度，使红细胞比容降低，同时降低红细胞凝集性和血小板黏附性，增强红细胞的变形能力 [19]。

(4) 在大鼠心肌缺血再灌注模型中，丹皮酚能不同程度降低室颤及室速的发生率，缩小心肌梗死范围，抑制超氧化物歧化酶 (SOD) 活性下降及丙二醛 (MDA) 含量的升高 [20]。丹皮酚对钙通道电流 (I_{Ca}) 的阻滞作用为其抗心律失常作用的主要机制之一 [21]。

(5) 丹皮酚可明显降低鹌鹑血清总胆固醇、三酰甘油、低密度脂蛋白、极低密度脂蛋白、载脂蛋白 B_{100} 含量，提高高密度脂蛋白含量；不同程度地降低低切变率下全血比黏度、血浆比黏度、纤维蛋白原比黏度、红细胞聚集性；显著减少主动脉及肝脏 TC 含量，缩小斑块面积，抑制主动脉脂质斑块形成 [22]。

6. 抗肿瘤

丹皮酚可抑制小鼠 HepA 肿瘤的生长，对 IL-2 及 TNF-α 的生成有促进作用 [23]。

7. 保肝

丹皮总苷可降低氯仿和 *D*- 氨基半乳糖 (*D*-Gal-N) 所致小鼠血清丙氨酸转氨酶 (ALT) 、天冬氨酸转氨酶 (AST) 的升高；促进血清蛋白含量增加和肝糖原合成；还可缩短 CCl_4 中毒小鼠灌胃戊巴比妥后的睡眠时间，表明其有增加肝脏解毒能力的作用 [24]。

8. 降血糖

丹皮多糖对 2 型糖尿病大鼠模型有明显的治疗作用，能显著减少食物和水摄取量、降低血清葡萄糖、总胆固醇及三酰甘油水平，改善葡萄糖耐量，提高肝细胞膜低亲和力、胰岛素受体最大结合容量 (B_{max2}) 及胰岛素敏感性指数 (ISI)[25]。其降血糖机制与提高胰岛素受体数目、改善受体环节的胰岛素抵抗有关 [26]。

9. 调节免疫功能

牡丹皮能促进单核巨噬细胞的吞噬功能，提高机体的特异性免疫功能，并且能增加免疫器官的重量 [27]。

10. 其他

牡丹皮还有镇静、催眠、抗惊厥、利尿、解热作用。

应用

本品为中医临床用药。功能：清热凉血，活血化瘀。主治：热入营血，温毒发斑，吐血衄血，夜热早凉，无汗骨蒸，经闭痛经，跌扑伤痛，痈肿疮毒。

现代临床还用于湿疹、糖尿病、原发性血小板减少性紫癜、高血压和过敏性鼻炎等病的治疗。

评注

中国药用牡丹皮种类很多，药源丰富，商品规格多。中国药典收载本品干燥根皮为正品。除本品外，还有紫斑牡丹 *Paeonia suffruticosa* Andr. var. *papaveracea* (Andr.) Kerner、矮牡丹 *P. suffruticosa* Andr. var. *spontanea* Rehder、四川牡丹 *P. decomposita* Hand. -Mazz (*P. szechuanica* Fang)、野牡丹 *P. delavayi* Franch. 和狭叶牡丹 *P. delavayi* Franch. var. *angustiloba* Rehd. et Wils. 都作牡丹皮用 [28]。

药用植物图像数据库

牡丹皮有效活性成分丹皮酚具有抗菌消炎、降血压、利尿等作用，是目前牡丹皮研究的热点。丹皮酚药理活性和相关制剂的研究很具有潜力。

参考文献

[1] LIN H C, CHERN H M. Phytochemical and pharmacological study on *Paeonia suffruticosa* (Ⅰ)-isolation of acetophenones[J]. The Chinese Pharmaceutical Journal, 1991, 43(2): 175-177.

[2] YU J, XIAO P G. Ontogenetic chemical changes of the active constituents in Mudan (*Paeonia suffruticosa*) and Shaoyao (*P. lactiflora*) [J]. Yaoxue Xuebao, 1985, 20(10): 782-784.

[3] DING H Y, LIN H C, TENG C M, et al. Phytochemical and pharmacological studies on Chinese Paeonia species[J]. Journal of the Chinese Chemical Society, 2000, 47(2): 381-388.

[4] LIN H C, DING H Y, WU Y C. Two novel compounds from *Paeonia suffructicosa*[J]. Journal of Natural Products, 1998, 61(3): 343-346.

[5] Yoshikawa M, Uchida E, Kawaguchi A, et al. Galloyl-oxypaeoniflorin, suffruticosides A, B, C, and D, five new antioxidative glycosides, and suffruticoside E, A paeonol glycoside, from Chinese Moutan Cortex[J]. Chemical & Pharmaceutical Bulletin, 1992, 40(8): 2248-2250.

[6] YOSHIKAWA M, OHTA T, KAWAGUCHI A, et al. Bioactive constituents of Chinese natural medicines.Ⅴ. Radical scavenging effect of moutan cortex. (1): Absolute stereostructures of two monoterpenes, paeonisuffrone and paeonisuffral[J]. Chemical & Pharmaceutical Bulletin, 2000, 48(9): 1327-1331.

[7] YOSHIKAWA M, HARADA E, MINEMATSU T, et al. Absolute stereostructures of paeonisothujone, a novel skeletal monoterpene ketone, and deoxypaeonisuffrone, and isopaeonisuffral, two new monoterpenes, from Moutan Cortex[J]. Chemical & Pharmaceutical Bulletin, 1994, 42(3): 736-738.

[8] 吴少华，马云保，罗晓东，等．丹皮的化学成分研究 [J]. 中草药，2002，33(8)：679-680.

[9] OH G S, PAE H O, OH H, et al. *In vitro* anti-proliferative effect of 1,2,3,4,6-penta-*O*-galloyl-*β*-*D*-glucose on human hepatocellular carcinoma cell line, SK-HEP-1 cells[J]. Cancer Letters, 2001, 174(1): 17-24.

[10] 巫冠中，杭秉茜，杭静霞，等．丹皮的抗炎作用 [J]. 中国药科大学学报，1990，21(4)：222-225.

[11] 巫冠中，杭秉茜，杭静霞，等．丹皮酚的抗炎作用及其机制 [J]. 中国药科大学学报，1989，20(3)：147-150.

[12] 李益福，张文娟，黄丽月，等．丹皮木心药效学的研究 [J]. 中国中药杂志，1997，22 (4)：214-216.

[13] 巫冠中，杭秉茜，杭静霞，等．丹皮酚的抗变态反应作用 [J]. 中国药科大学学报，1990，21(2)：103-106.

[14] 丁凤荣，邱世荣，郭丽华，等．牡丹皮的体外抑菌作用研究 [J]. 时珍国医国药，2003，14(8)：452.

[15] 郑晓晖，高进，郑义，等．9 种中药对马拉色菌分离株的抑菌实验研究 [J]. 中国中西医结合皮肤性病学杂志，2003，2(1)：16-18.

[16] 刘雪君，陈维宁，戴功．丹皮酚的镇痛作用和无耐受性研究 [J]. 中国药理学通报，1993，9(6)：464-467.

[17] 唐景荣，石琳．丹皮酚对钙反常培养心肌细胞的保护作用 [J]. 中国中药杂志，1991，16(9)：557-560.

[18] 唐景荣，石琳．丹皮酚磺酸钠对钙反常培养乳鼠心肌细胞 Ca^{2+} 内流的抑制作用 [J]. 药学学报，1991，26(3)：161-165.

[19] 李薇，王远亮，蔡绍晳，等．丹皮酚和阿司匹林对大鼠血液流变性影响的比较 [J]. 中草药，2000，31(1)：29-31.

[20] 张广钦，禹志领，赵厚长．丹皮酚对抗大鼠心肌缺血再灌注心律失常作用 [J]. 中国药科大学学报，1997，28(4)：225-227.

[21] 王腾，唐其柱，江洪，等．丹皮酚对豚鼠心肌细胞动作电位及钙通道电流的影响 [J]. 武汉大学学报：医学版，2001，22(4)：331-333.

[22] 戴敏，訾晓梅，彭代银，等．丹皮酚抗鹌鹑实验性动脉粥样硬化作用 [J]. 中国中药杂志，1999，24(8)：488-490.

[23] 孙国平，沈玉先，张玲玲，等．丹皮酚对 HepA 荷瘤小鼠免疫调节和抑瘤作用研究 [J]. 中国药理学通报，2003，19(2)：160-162.

[24] 梅俏，魏伟，许建明，等．丹皮总苷对化学性肝损伤保护作用机制 [J]. 中国药理学通报，1999，15(2)：176-178.

[25] 洪浩，王钦茂，赵帜平，等．丹皮多糖 -2b 对 2 型糖尿病大鼠的抗糖尿病作用 [J]. 药学学报，2003，38(4)：255-259.

[26] 王钦茂，洪浩，赵帜平，等．丹皮多糖 -2b 对 2 型糖尿病大鼠模型的作用及其降糖作用机制 [J]. 中国药理学通报，2002，18(4)：456-459.

[27] 李坤珍，万京华，姚丽芳，等．牡丹皮对小白鼠免疫功能的影响 [J]. 数理医药学杂志，2002，15(1)：76-77.

[28] 司俊文，罗兴平，宋平顺．紫斑牡丹皮与牡丹皮的比较鉴别 [J]. 中药材，1998，21(8)：395-396.

牡荆 Mujing CP

Vitex negundo L. var. *cannabifolia* (Sieb. et Zucc.) Hand. -Mazz.
Hempleaf Negundo Chastetree

概述

马鞭草科 (Verbenaceae) 植物牡荆 *Vitex negundo* L. var. *cannabifolia* (Sieb. et Zucc.) Hand. -Mazz.，其新鲜叶入药。中药名：牡荆叶。

牡荆属 (*Vitex*) 植物全世界约有 250 种，分布于热带和温带地区。中国约有 14 种，本属现供药用者约有 4 种。本种分布于中国华东各省及河北、湖南、湖北、广东、广西、四川、贵州、云南；日本也有分布。

“牡荆”药用之名，始载于《名医别录》。《本草纲目》《植物名实图考》所载系指本变种[1]。《中国药典》（2015 年版）收载本种为中药牡荆叶的法定原植物来源种。主产于中国江苏、浙江、安徽、江西、福建、湖南、广西和贵州等省区。

牡荆主要含挥发油、黄酮类、环烯醚萜类成分等。《中国药典》以性状和显微鉴别来控制牡荆叶药材的质量。

药理研究表明，牡荆的叶具有祛痰、镇咳、平喘、抗菌、调节免疫、抗肿瘤等作用。

中医理论认为牡荆叶具有祛痰，止咳，平喘等功效。

◆ 牡荆
Vitex negundo L. var. *cannabifolia* (Sieb. et Zucc.) Hand. -Mazz.

◆ 黄荆
V. negundo L.

化学成分

牡荆叶含挥发油：油中主成分为β-丁香烯 (β-caryophyllene)、香桧烯 (sabinene)、1,8-桉叶素 (1,8-cineole)[2]等；黄酮类成分：牡荆素 (vitexin)、艾黄素 (artemetin)[3]等；二萜类成分：牡荆内酯 (vitexilactone)[3]等；环烯醚萜类成分：negundoside、桃叶珊瑚苷(aucubin)[4]、isonishindaside[5]等；此外，尚含对羟基苯甲酸 (*p*-hydroxybenzoic acid)[3]等成分。

◆ vitexilactone

药理作用

1. 祛痰、镇咳、平喘

小鼠酚红法实验表明，牡荆叶挥发油灌胃有显著的祛痰作用，其祛痰作用是通过迷走神经发挥的；小鼠灌服或腹腔注射牡荆叶煎剂或牡荆粗黄酮，可由肺部排出，其祛痰作用也可能与此有关；牡荆叶能使酸性黏多糖纤维裂解，痰黏度降低而产生祛痰作用。牡荆叶挥发油灌胃，对氨喷雾引咳的小鼠有明显的镇咳作用；牡荆粗黄酮静脉注射，对电刺激麻醉猫喉上神经引起的咳嗽有抑制作用。牡荆叶挥发油乳剂灌胃能明显延长组胺喷雾引起的豚鼠抽搐倒伏潜伏期，并且能够减少抽搐发作鼠数。

2. 抗菌

牡荆叶水煎剂体外对金黄色葡萄球菌、炭疽芽孢杆菌、大肠埃希氏菌、乙型溶血性链球菌、白喉棒杆菌、伤寒沙门氏菌、铜绿假单胞菌和痢疾志贺氏菌均有抑制作用。

3. 免疫调节功能

牡荆叶挥发油能增强小鼠腹腔巨噬细胞对鸡红细胞吞噬能力。挥发油的主成分 β- 丁香烯能增强血清免疫球蛋白 G (IgG) 水平，有增强体液免疫的作用。牡荆叶挥发油还能回升慢性气管炎患者的血清蛋白，对 γ- 球蛋白、β- 球蛋白和 α- 球蛋白有双向调节作用。

4. 降血压

牡荆叶挥发油乳剂兔十二指肠给药，牡荆叶油石油醚洗脱物猫股静脉注射，均能使动物的血压降低。

5. 镇静

牡荆叶挥发油灌胃能显著延长戊巴比妥钠小鼠睡眠时间，增加阈下剂量戊巴比妥钠引起睡眠的小鼠只数。

6. 其他

牡荆叶提取物体外有抗氧化作用[6]。牡荆叶挥发油倍半萜烯乳剂灌胃，对移植性小鼠 S_{180} 肉瘤和 H_{22} 肝癌荷瘤有抑制[7]。

应用

本品为中医临床用药。功能：祛痰，止咳，平喘。主治：咳嗽痰多。

现代临床还应用于慢性支气管炎、肠炎、过敏性皮炎等皮肤病的治疗。

牡荆叶新鲜时供提取牡荆油用。

评注

《中国植物志》和《中国药典》采用 *Vitex negundo* L. var. *cannabifolia* (Sieb. et Zucc.) Hand. -Mazz. 作为牡荆的原植物学名，亦有文献仍然使用 *Vitex cannabifolia* Sieb. et Zucc. 作为其学名。

除叶外，牡荆的果实“牡荆子”、茎“牡荆茎”、根“牡荆根”也供药用。牡荆子有化湿祛痰，止咳平喘，理气止痛的功效。药理研究表明，牡荆子有平喘、抗炎、增强免疫、改善血液流变学、调血脂等作用[8-12]。牡荆茎有祛风解表，消肿止痛的功效。牡荆根有祛风解表，除湿止痛的功效。

同属植物黄荆 *V. negundo* L. 在民间与牡荆常等同使用，其外形和功效均与牡荆相似。

参考文献

[1] 刘红燕，彭艳丽，万鹏．蔓荆子本草学考证 [J]. 山东中医杂志，2006，25(2)：126-128.

[2] 潘炯光，徐植灵，樊菊芬．牡荆、荆条、黄荆和蔓荆叶挥发油的 GC-MS 分析 [J]. 中国中药杂志，1989，14(6)：37-39.

[3] TAGUCHI H. Studies on the constituents of *Vitex cannabifolia*[J]. Chemical & Pharmaceutical Bulletin, 1976, 24(7): 1668-1670.

[4] IWAGAWA T, NAKAHARA A, MIYAUCHI A, et al. Constituents of the leaves of *Vitex cannabifolia*[J]. Kagoshima Daigaku Rigakubu Kiyo, Sugaku, Butsurigaku, Kagaku, 1993, 26: 57-61.

[5] IWAGAWA T, NAKAHARA A, NAKATANI M. Iridoids from *Vitex cannabifolia*[J]. Phytochemistry, 1993, 32(2): 453-454.

[6] 袁新民，罗宗铭．牡荆叶提取物抗氧化性能的研究 [J]. 广东化工，1999，26(2)：6-7.

[7] 孙煦，李德山，刘淑清．牡荆叶油提取物的抑制肿瘤作用研究 [J]. 中华医学丛刊，2004，4(10)：11-12.

[8] 刘懋生，刘昌林，顾刚妹，等．牡荆子脂质对实验动物气道平滑肌的影响 [J]. 中国药理学通报，1993，9(4)：307-309.

[9] 黄敬耀，徐彭，朱家谷，等．牡荆子平喘作用的药理实验研究 [J]. 江西中医学院学报，2002，14(4)：13-14.

[10] 罗其富，周弟先，朱炳阳，等．牡荆子提取液抗炎免疫作用的实验研究 [J]. 中国医学理论与实践，2004，14(7)：1014-1015.

[11] 罗其富，朱炳阳，周弟先．牡荆子提取液对实验性高脂血症大鼠血液流变学的影响 [J]. 中国医学理论与实践，2004，14(7)：900，904.

[12] 罗其富，周弟先，朱炳阳，等．牡荆子提取液对鼠血脂、肝脂和血糖的调节作用 [J]. 中成药，2005，27(3)：304-306.

木耳 Mu’er

Auricularia auricula (L. ex Hook.) Underw.
Jew’s Ear

概述

木耳科 (Auriculariaceae) 真菌木耳 *Auricularia auricula* (L. ex Hook.) Underw.，其干燥子实体入药。中药名：木耳。

“木耳”药用之名，始载于《神农本草经》。木耳主产于中国四川和福建，中国大部分地区均产。

木耳的主要活性成分为多糖类化合物，其他还含麦角甾醇、磷脂酰胆碱、磷脂酰乙醇胺等[1]。木耳是营养价值很高的保健食用菌。

药理研究表明，木耳具有抗凝血、抗血小板聚集、抗血栓、提高机体免疫功能、降血脂、抗衰老等作用。

中医理论认为木耳有补气养血，润肺止咳，止血等功效。

◆ 木耳
Auricularia auricula (L. ex Hook.) Underw.

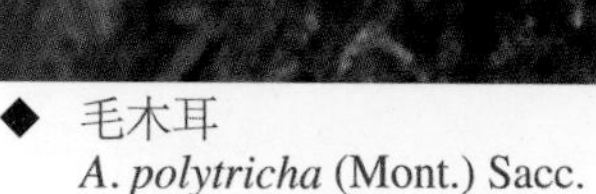

◆ 毛木耳
A. polytricha (Mont.) Sacc.

◆ 药材木耳
Auriculariae Auriculae Fructificatio

化学成分

木耳子实体含多糖类成分，为木耳的主要活性成分，包括：木耳多糖 (*Auricularia auricula* polysaccharide)、黑木耳酸性多糖 (F Ⅱ) [acid polysaccharide (F Ⅱ)][2]、WEA Ⅱ[3]，*D*-葡聚糖A、C、E (*D*-glucans A, C, E)，酸性杂多糖 B、D (acidic heteropolysaccharides B, D)[4]；还含麦角甾醇 (ergosterol)、原维生素D_2 (provitamin D_2)、黑刺菌素 (ustilaginoidin)、磷脂酰胆碱 (lecithin)、磷脂酰乙醇胺 (cephalin)[1]等；尚含氨基酸 (amino acids)、蛋白质 (protein)、多种维生素等营养成分。木耳菌丝体还含外多糖 (exopolysaccharide)[5]。

药理作用

1. 抗衰老

木耳多糖给小鼠腹腔注射，可延长小鼠的平均游泳时间，增强小鼠的抗疲劳能力，能明显地抑制小鼠离体脑中单胺氧化酶 B (MAO-B) 活性；木耳多糖喂饲还能增加果蝇的飞翔能力，明显延长果蝇的平均寿命 [6]。

2. 升高白细胞

木耳酸性杂多糖给小鼠腹腔注射，有明显的促进白细胞增加的作用 [7]；此外，木耳多糖腹腔注射对环磷酰胺引起的小鼠白细胞下降也有很好的抑制作用 [8]。

3. 促进免疫及抗肿瘤

木耳冲剂灌胃能明显提高小鼠的特异性抗体形成细胞数量和高脂血症家兔免疫球蛋白 G (IgG) 含量，对动物的体液免疫有明显的促进作用 [9]。木耳多糖腹腔注射还能提高荷瘤小鼠淋巴细胞的增殖、白介素 2 (IL-2) 的产生和淋巴细胞内钙离子浓度，全面提高其细胞免疫功能，使小鼠生存时间延长，通过调节机体免疫产生抗肿瘤作用 [10]。

4. **抗凝血**

木耳煎剂给大鼠灌胃，能延长白陶土部分凝血酶时间，提高血浆抗凝血酶Ⅲ活性，有明显的抗凝血作用[11]。木耳多糖静脉注射、腹腔注射或灌胃，均可明显延长小鼠的凝血时间[12]。

5. **抗血小板聚集**

木耳酸性多糖口服给药可显著抑制大鼠血小板聚集[13]。木耳菌丝体醇提取物在体外可显著抑制二磷酸腺苷(ADP)诱导大鼠的血小板聚集，且呈剂量依赖性；木耳菌丝体醇提取物给大鼠灌胃或于腿内侧静脉注射，同样具有抑制ADP诱导血小板聚集的作用[14]。

6. **抗血栓形成**

木耳多糖给兔灌胃，可明显延长特异性血栓及纤维蛋白血栓的形成时间，缩短血栓长度，减轻血栓湿重和干重，减少血小板数量，降低血小板黏附率和血液黏度，还可明显缩短豚鼠优球蛋白溶解时间，降低血浆纤维蛋白元含量，升高纤溶酶活性，具有明显的抗血栓作用[15]。

7. **降血脂及抗动脉粥样硬化**

木耳多糖经口给药能明显降低高胆固醇兔血中血清总胆固醇(TC)、三酰甘油(TG)和低密度脂蛋白(LDL)的含量，升高高密度脂蛋白(HDL)含量，减少脂质过氧化产物丙二醛含量，同时提高超氧化物歧化酶(SOD)的活力，缩小已形成的动脉粥样硬化斑块。表明木耳多糖有降低血脂、降低胆固醇、抗脂质过氧化、预防动脉粥样硬化形成及消退已形成的动脉粥样硬化斑块的作用[16-17]。

8. **强心**

离体家兔心脏、离体豚鼠心脏及在体大鼠心脏实验表明，木耳多糖能增强心脏收缩力，增加心输出量，但不加快心率，对Na^+, K^+-ATP酶有明显的抑制作用[18]。

9. **其他**

木耳多糖还有抗肝炎、抗突变[19]、抗生育[20]、降血糖[21-24]、抗氧化[25]、抗辐射、抗炎、抗溃疡、抗菌等作用。

应用

本品为中医临床用药。功能：补气养血，润肺止咳，止血。主治：气虚血亏；肺虚久咳；多种出血证如咳血，衄血，血痢，痔疮出血，妇女崩漏等。

现代临床还用于高血压、眼底出血、子宫颈癌、阴道癌、跌打损伤等病的治疗。

评注

药用植物图像数据库

除木耳外，同属植物毛木耳 *Auricularia polytricha* (Mont.) Sacc. 和皱木耳 *A. delicata* (Fr.) P. Henn. 的干燥子实体亦作木耳食用和药用。毛木耳和皱木耳与木耳具有类似的药理作用，其化学成分也大致相同，主要含多糖类化合物。本品可药食两用。木耳含有丰富的营养成分，被誉为“素中之肉”，是营养价值很高的保健食用菌。

木耳药源丰富，价格低廉，栽培技术容易掌握，用现代生物发酵技术制得菌丝体已获得成功，为深入研究木耳的医药应用提供了规模化生产的物质基础。

参考文献

[1] 张才擎．黑木耳药用研究的进展 [J]. 中国中医药科技，2001，8(5)：339-340.

[2] 陈和生，李汉东，王晓林．黑木耳酸性多糖 (F Ⅱ) 的分离、纯化及相对分子质量测定 [J]. 中国医院药学杂志，2002，22(6)：348-349.

[3] 沈业寿，李能树，吴东儒．黑木耳子实体水溶性多糖的分离纯化及其部分理化性质和生物效用 [J]. 安徽大学学报：自然科学版，1992，16(2)：82-86.

[4] ZHANG L, YANG L Q, DING Q, et al. Studies on molecular weights of polysaccharides of *Auricularia auricula-judae*[J]. Carbohydrate Research, 1995, 270(1): 1-10.

[5] CAVAZZONI V, ADAMI A. Exopolysaccharides produced by mycelial edible mushrooms[J]. Italian Journal of Food Science, 1992, 4(1): 9-15.

[6] 陈依军，夏尔宁，王淑如，等．黑木耳、银耳及银耳孢子多糖推迟衰老作用 [J]. 现代应用药学，1989，6(2)：9-10.

[7] 张俐娜，陈和生，李翔．黑木耳多糖酸性杂多糖构效关系的研究 [J]. 高等学校化学学报，1994，15(8)：1231-1234.

[8] 夏尔宁，陈琼华．木耳多糖、银耳多糖和银耳孢子多糖生物活性的比较 [J]. 南京药学院学报，1984，(3)：53-53.

[9] 徐淑玲，关崇芬，张永祥，等．木耳冲剂的功能研究 [J]. 中国实验临床免疫学杂志，1993，5(6)：41-43.

[10] 张秀娟，于慧茹，耿丹，等．黑木耳多糖对荷瘤小鼠细胞免疫功能的影响研究 [J]. 中成药，2005，27(6)：691-693.

[11] 汪培清，林建着，吴作干，等．木耳抗凝降脂的动物实验 [J]. 福建中医学院学报，1993，3(4)：230-231.

[12] 申建和，陈琼华．黑木耳多糖、银耳多糖、银耳孢子多糖的抗凝血作用 [J]. 中国药科大学学报，1987，18(2)：137-140.

[13] YOON S J, YU M A, PYUN Y R, et al. The nontoxic mushroom *Auricularia auricula* contains a polysaccharide with anticoagulant activity mediated by antithrombin[J]. Thrombosis Research, 2003, 112(3): 151-158.

[14] 曾雪瑜，李友娣，何飞，等．木耳菌丝体及其醇提物的药理作用 [J]. 中国中药杂志，1994，19(7)：430-432.

[15] 申建和，陈琼华．木耳多糖、银耳多糖和银耳孢子多糖对实验性血栓形成的影响 [J]. 中国药科大学学报，1990，21(1)：39-42.

[16] 郭素芬，曾光，李志强，等．木耳多糖对实验性动脉粥样硬化斑块消退作用的影响 [J]. 牡丹江医学院学报，2004，25(1)：1-4.

[17] 蔡小玲，章佩芬，何有明，等．黑木耳多糖、红菇多糖的降胆固醇作用研究 [J]. 深圳中西医结合杂志，2002，12(3)：137-139.

[18] 申建和，陈琼华．木耳多糖、银耳多糖和银耳孢子多糖的强心作用 [J]. 生化药物杂志，1990，(4)：20-23.

[19] 周慧萍，殷霞，高红霞，等．银耳多糖和黑木耳多糖的抗肝炎和抗突变作用 [J]. 中国药科大学学报，1989，20(1)：51-53.

[20] 何冰芳，陈琼华．黑木耳多糖对小鼠的抗生育作用 [J]. 中国药科大学学报，1991，22(1)：48-49.

[21] 薛惟建，鞠彪，王淑如，等．银耳多糖和木耳多糖对四氧嘧啶糖尿病小鼠高血糖的防治作用 [J]. 中国药科大学学报，1989，20(3)：181-183.

[22] YUAN Z M, HE P M, CUI J H, et al. Hypoglycemic effect of water-soluble polysaccharide from *Auricularia auricula-judae* Quel. on genetically diabetic KK-Ay mice[J]. Bioscience, Biotechnology, and Biochemistry, 1998, 62(10): 1898-1903.

[23] YUAN Z M, HE P M, TAKEUCHI H. Ameliorating effects of *Auricularia auricula-judae* Quel on blood glucose level and insulin secretion in streptozotocin-induced diabetic rats[J]. Nippon Eiyo, Shokuryo Gakkaishi, 1998, 51(3), 129-133.

[24] TAKEUJCHI H, HE P, MOOI L Y. Reductive effect of hot-water extracts from woody ear (*Auricularia auricula-judae* Quel.) on food intake and blood glucose concentration in genetically diabetic KK-Ay mice[J]. Journal of Nutritional Science and Vitaminology, 2004, 50(4): 300-304.

[25] Acharya K, Samui K, Rai M, et al. Antioxidant and nitric oxide synthase activation properties of *Auricularia auricula*[J]. Indian Journal of Experimental Biology, 2004, 42(5): 538-540.

木香 Muxiang CP, JP, KHP

Aucklandia lappa Decne.
Common Aucklandia

概述

菊科 (Asteraceae) 植物木香 *Aucklandia lappa* Decne.，其干燥根入药。中药名：木香。

风毛菊属 (*Aucklandia*) 植物全世界约 400 种，分布于欧洲和亚洲。中国有约 264 种及众多变种，遍布全国各地。本属现供药用者约有 39 种。本种原产于克什米尔地区等地，在中国四川、云南、广西、贵州、陕西、甘肃、湖南、广东、西藏各省均有栽培。

"木香"药用之名，始载于《神农本草经》，列为上品。历代本草多有著录。因本种自古以来多经广州进口，故有"广木香"之称；后在云南大量引种，故又称之为"云木香"。现时保存在日本正仓院的唐代木香，即为此种。《中国药典》（2015 年版）收载本种为中药木香的法定原植物来源种。主要栽培于云南丽江、迪庆、大理及重庆涪陵等地，此外，湖南、湖北等地也产。

木香主要活性成分为倍半萜、倍半萜酯类成分。《中国药典》采用高效液相色谱法进行测定，规定木香药材含木香烯内酯和去氢木香内酯的总量不得少于 1.8%，以控制药材质量。

药理研究表明，木香具有健胃、利胆、解痉、降血压、抗菌等作用。

中医理论认为木香具有行气止痛，健脾消食等功效。

◆ 木香
Aucklandia lappa Decne.

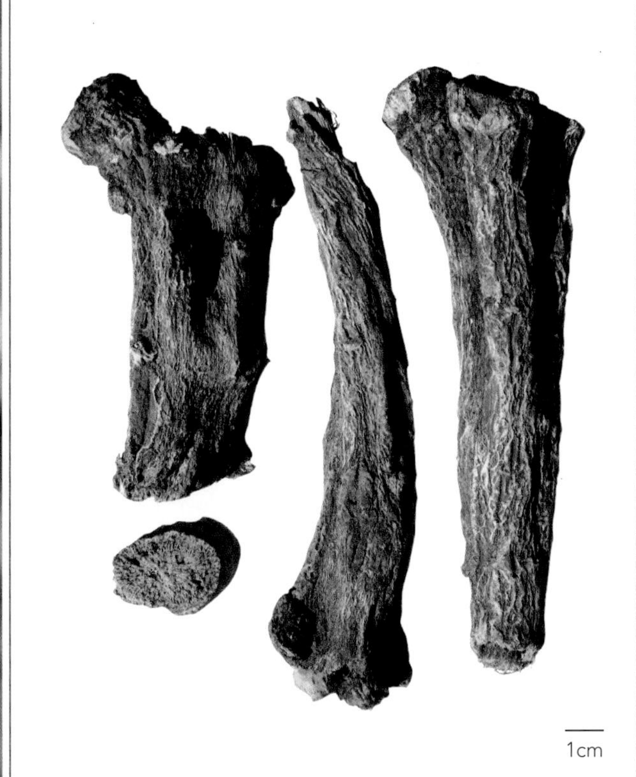

◆ 药材木香
Aucklandiae Radix

化学成分

木香的根含挥发油；倍半萜内酯类成分：木香烯内酯 (costunolide)、去氢木香内酯 (dehydrocostuslactone)、二氢木香内酯 (dihydrocostuslactone)、α-环木香烯内酯 (α-cyclocostunolide)、β-环木香烯内酯 (β-cyclocostunolide)、土木香内酯 (alantolactone)、异土木香内酯 (isoalantolactone)[1]、氢化去氢木香内酯 (hydrodehydrocostuslactone)[2]、11,13-环氧去氢木香内酯 (11,13-epoxydehydrocostuslactone)、11,13-环氧-3-氧代去氢木香内酯 (11,13-epoxy-3-ketodehydrocostuslactone)、11,13-环氧异中美菊素 (11,13-epoxyisozaluzanin C)[3]、4β-甲氧基去氢木香内酯 (4β-methoxydehydrocostuslactone)[4]、珊塔玛内酯 (santamarine)、瑞诺木素 (reynosin)、木兰内酯 (magnolialide)、矮艾素 A (arbusculin A)[5]、二氢去氢木香内酯 (dihydrodehydrocostuslactone)[6]等；还含有倍半萜类成分：木香酸 (costic acid)、异木香酸 (isocostic acid)[5]、一氧化丁香烯 (caryophyllene monooxide)[2]、桉叶烯 (selinene)、木香醇 (costol)、芳姜黄烯 (ar-curcumene)[7]、吉马烯 A (germacrene A)[8]；三萜类成分：木栓酮 (friedelin)[2]、白桦脂醇 (betulin)[9]；苯丙醇苷类成分：紫丁香苷 (syringin)[10]。另含单紫杉烯 (aplotaxene)[6]、氯原酸 (chlorogenic acid)[10]、孕甾烯醇酮 (pregnenolone)[11]和云木香胺A、B (saussureamines A, B)[12]等成分。

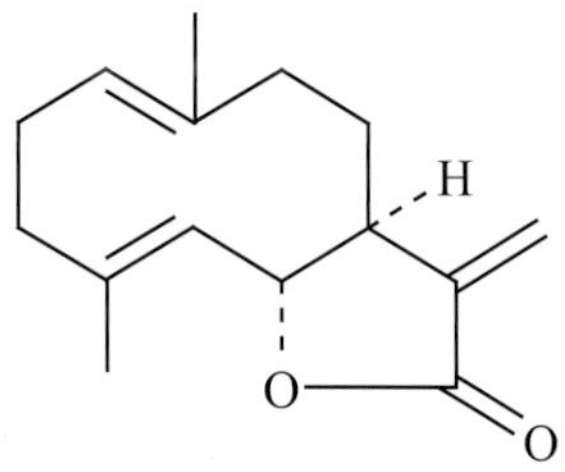

◆ costunolide

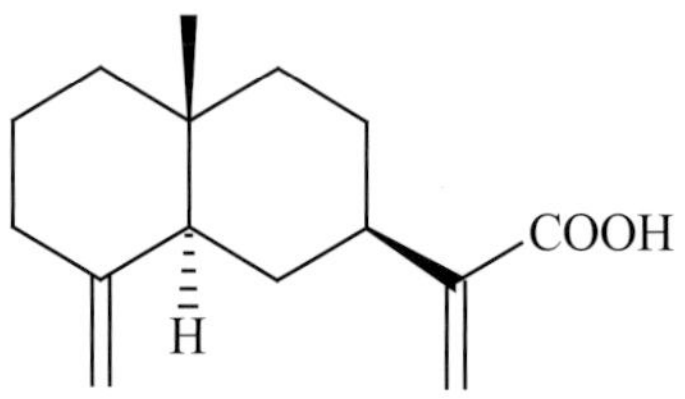

◆ costic acid

药理作用

1. 健胃

木香水煎液灌胃可明显增强正常小鼠的胃排空作用，改善大鼠左旋精氨酸 (*L*-Arg) 所致的胃排空障碍 [13]；此外，木香水煎液灌胃还可促进犬生长抑素的分泌，有益于消化性溃疡的治疗 [14]。木香丙酮提取物灌胃对盐酸－乙醇所致的大鼠急性胃黏膜损伤有显著的拮抗作用 [15]。

2. 利胆

犬在服用木香水煎液后，胆囊可出现明显的收缩 [16]；木香醇提取物给大鼠灌胃后，胆汁流量增加，利胆作用显著，其主要活性成分为木香烯内酯和去氢木香内酯 [17-18]。

3. 抗炎

木香醇提取物给小鼠灌胃对巴豆油所致的耳郭炎性肿胀及角叉菜胶所致的足趾肿胀均有较好的抑制作用 [17]。木香甲醇提取物及所含的木香烯内酯、脱氧木香内酯和云木香胺 A、B 体外能抑制脂多糖活化小鼠腹腔巨噬细胞中一氧化氮的形成。作用机制同其抑制与热休克蛋白 72 诱导相关的核因子 κB 活化和诱生型一氧化氮合酶活性有关 [12]。

4. 抗菌

体外实验表明，木香乙醚提取物对串链孢菌、茄病镰孢菌、黄曲霉菌等角膜致病菌有良好的抗菌作用 [19]，主要是通过破坏真菌的细胞壁、线粒体等细胞器来破坏菌丝细胞，达到抗菌效果 [20]。

5. **抗氧化**

木香提取物可显著降低二苯代苦味酰肼 (DPPH) 自由基的含量，减少脂质过氧化反应，抑制超氧自由基和一氧化氮 (NO) 的形成，其抗氧化作用可能与所含的氯原酸有关[21]。

应用

本品为中医临床用药。功能：行气止痛，健脾消食。主治：胸胁、脘腹胀痛，泻痢后重，食积不消，不思饮食。

现代临床还用于慢性胃炎、慢性肠炎、消化不良、慢性肝炎、冠性病等病的治疗。

评注

中药木香的拉丁学名，在《中国药典》《中华本草》等中药专著文献均使用 *Aucklindia lappa* Decne.，并将 *Saussurea lappa* (Decne.) C. B. Clarke 作为异名。《中国植物志》第七十八卷第二分册（1999 年）将其合并归入风毛菊属 (*Saussurea*) 中，以 *S. costus* (Falc.) Lipsch. 作为拉丁学名。

迄今为止，对木香的开发利用主要是药用和香料两个方面。在药用方面，多以根直接用作药材；在香料方面，主要生产木香油和浸膏，或以原材料直接出口。木香在中国产量大，且所含化学成分丰富，具有较广泛的生物活性。

参考文献

[1] GOVINDAN S V, BHATTACHARYYA S C. Alantolides and cyclocostunolides from *Saussurea lappa* Clarke (costus root) [J]. Indian Journal of Chemistry, Section B: Organic Chemistry Including Medicinal Chemistry, 1977, 15B(10): 956-957.

[2] MATHUR S B. Composition of Punjab costus root oil[J]. Phytochemistry, 1972, 11(1): 449-450.

[3] CHHABRA B R, GUPTA S, JAIN M, et al. Sesquiterpene lactones from *Saussurea lappa*[J]. Phytochemistry, 1998, 49(3): 801-804.

[4] SINGH I P, TALWAR K K, ARORA J K, et al. A biologically active guaianolide from *Saussurea lappa*[J]. Phytochemistry, 1992, 31(7): 2529-2531.

[5] 杨辉，谢金伦，孙汉董 . 云木香化学成分研究 I[J]. 云南植物研究，1997，19(1)：85-91.

[6] 祝璇，徐国钧，金蓉鸾，等 . 闪蒸：毛细管气相色谱 - 质谱法鉴定中药木香类的成分 [J]. 中国药科大学学报，1990，21(3)：159-162.

[7] MAURER B, GRIEDER A. Sesquiterpenoids from costus root oil (*Saussurea lappa* Clarke) [J]. Helvetica Chimica Acta, 1977, 60(7): 2177-2190.

[8] DE KRAKER J W, FRANSSEN M C, DE GROOT A, et al. Germacrenes from fresh costus roots[J]. Phytochemistry, 2001, 58(3): 481-487.

[9] 尹宏权，齐秀兰，华会明，等 . 云木香化学成分研究 [J]. 中国药物化学杂志，2005，15(4)：217-220.

[10] 李硕，胡立宏，楼凤昌 . 云木香化学成分研究 [J]. 中国天然药物，2004，2(1)：62-64.

[11] 杨辉，谢金伦，孙汉董 . 云木香化学成分研究 II[J]. 云南植物研究，1997，1(1)：92-96.

[12] MATSUDA H, TOGUCHIDA I, NINOMIYA K, et al. Effects of sesquiterpenes and amino acid-sesquiterpene conjugates from the roots of *Saussurea lappa* on inducible nitric oxide synthase and heat shock protein in lipopolysaccharide-activated macrophages[J]. Bioorganic & Medicinal Chemistry, 2003, 11(5): 709-715.

[13] 张国华，王贺玲 . 木香对胃肠运动作用的影响及机制研究 [J]. 中国现代实用医学杂志，2004，3(13)：24-26.

[14] 陈少夫，潘丽丽，李岩，等 . 木香对犬的胃酸及血清胃泌素、血浆生长抑素浓度的影响 [J]. 中医药研究，1998，14(5)：46-48.

[15] 应军，罗小萍 . 木香对大鼠急性胃黏膜损伤的拮抗作用 [J]. 中药材，1999，22(10)：526-527.

[16] 刘敬军，郑长青，周卓，等 . 广金钱草、木香对犬胆囊运

动及血浆 CKK 含量影响的实验研究 [J]. 中华医学研究杂志，2003，3(5)：404-405.

[17] 邵芸，黄芳，王强，等. 木香醇提取物的抗炎利胆作用 [J]. 江苏药学与临床研究，2005，13(4)：5-6.

[18] 王永兵，王强，毛富林，等. 木香的药效学研究 [J]. 中国药科大学学报，2001，32(2)：146-148.

[19] 刘翠青，陈联群，张荣梅，等. 木香等中药乙醚提取物抗角膜真菌作用研究 [J]. 中华实用中西医杂志，2005，18(8)：1216-1217.

[20] 刘翠青，陈联群，张荣梅，等. 木香乙醚提取部分抗角膜真菌的电镜观察 [J]. 中华实用中西医杂志，2005，18(19)：1162-1163.

[21] PANDEY M M, GOVINDARAJAN R, RAWAT A K S, et al. Free radical scavenging potential of *Saussurea costus*[J]. India Acta Pharmaceutica, 2005, 55(3): 297-304.

宁夏枸杞 Ningxiagouqi CP, JP, VP

Lycium barbarum L.
Barbary Wolfberry

概述

茄科 (Solanaceae) 植物宁夏枸杞 *Lycium barbarum* L.，其干燥成熟果实入药。中药名：枸杞子。

枸杞属 (*Lycium*) 植物全世界约有 80 种，主要分布于南美洲，少数种类分布于亚欧大陆温带地区。中国约有 7 种 3 变种，本属现供药用者约有 2 种。本种分布于中国河北、山西、陕西、甘肃、宁夏、青海、内蒙古、新疆等省区，由于果实药用而广为栽培。欧洲及地中海沿岸也有野生和普遍栽培。

枸杞子以“枸杞”药用之名，始载于《神农本草经》，列为上品。历代本草多有著录。《名医别录》《本草图经》等所记述的应是指枸杞 *L. chinense* Mill.；而《本草纲目》等所记载产于甘州者，应为本种。《中国药典》（2015 年版）收载本种为中药枸杞子的法定原植物来源种。主产于中国宁夏、内蒙古、新疆；甘肃、陕西等地也产。

宁夏枸杞主要含复合多糖类胡萝卜素、生物碱等成分。其所含的多糖类化合物有多种生理活性。《中国药典》采用紫外－可见分光光度法进行测定，规定枸杞子药材含枸杞子多糖以葡萄糖计不得少于 1.8%；采用薄层扫描法进行定测定，含甜菜碱不得少于 0.30%，以控制药材质量。

药理研究表明，宁夏枸杞的果实具有调节机体免疫功能、延缓衰老、保肝、降血糖、降血脂、抗肿瘤等作用。

中医理论认为枸杞子具有滋补肝肾，益精明目等功效。

◆ 宁夏枸杞
Lycium barbarum L.

◆ 宁夏枸杞
L. barbarum L.

◆ 药材枸杞子
Lycii Fructus

◆ 枸杞
L. chinese Mill.

◆ 药材地骨皮
Lycii Cortex

化学成分

宁夏枸杞的果实含挥发油：油中主成分为十六烷酸 (hexadecanoic acid)、亚油酸 (linoleic acid)、*β*-榄香烯 (*β*-elemene)、肉豆蔻酸 (myristic acid)[1]等；多糖类成分：枸杞糖缀合物 LbGp1、LbGp2、LbGp3、LbGp4、LbGp5[2-4]，枸杞多糖 LBP1a-1、LBP1a-2、LBP2a、LBP3a-1、LBP3a-2[5-6]，枸杞多糖 $LBPA_3$、$LBPB_1$、$LBPC_2$、$LBPC_4$[7]；香豆素类成分：莨菪亭 (scopoletin)；生物碱类成分：甜菜碱 (betaine)；多巴胺衍生物：lyciumide A[8]；此外，还含2-*O*-(*β*-*D*-吡喃葡萄糖基) 抗坏血酸 [2-*O*-(*β*-*D*-glucopyranosyl) ascorbic acid][9]和玉蜀黍黄素 (zeaxanthin)、隐黄素 (cryptoxanthin)、zeaxanthin dipalmitate等胡萝卜素 (carotenoid) 成分。

宁夏枸杞的根含阿托品 (atropine)、天仙子胺 (hyoscyamine)[10]等生物碱，以及枸杞环八肽 A、B (lyciumins A, B)等。

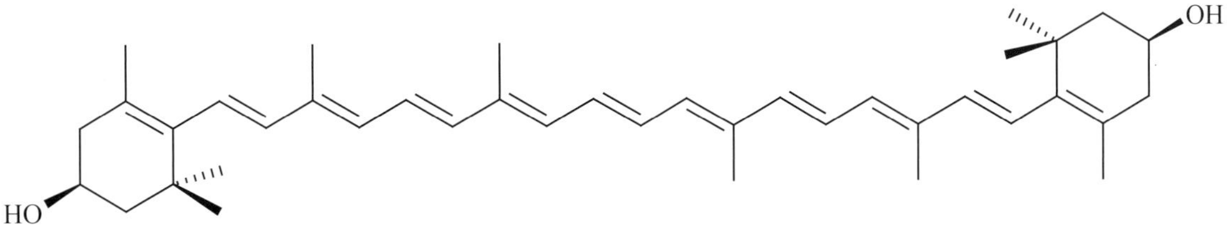

◆ zeaxanthin

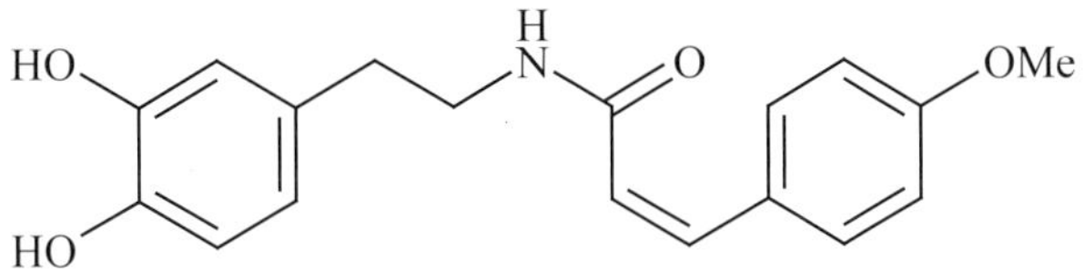

◆ lyciumide A

药理作用

1. 抗辐射

以枸杞多糖喂饲，可使 ^{60}Co γ 射线辐射引起的小鼠细胞微核率、染色体畸变、精子畸形率降低，骨髓细胞增殖活性增高，凋亡率降低，*bcl*-2 基因表达提高，细胞凋亡蛋白酶 caspase-3 mRNA 表达水平降低 [11]；枸杞多糖皮下注射，可显著提高 550 cGy X 线诱导的骨髓抑制小鼠外周血红细胞和血小板数目，恢复造血功能 [12]。

2. 调节免疫功能

枸杞多糖灌胃可调整 H_{22} 肝癌荷瘤小鼠的免疫功能，使外周血和肿瘤间质浸润的 CD_4^+ 和 CD_8^+ T 淋巴细胞数量增加，增加肿瘤间质中树突状细胞 (DCs) 数量及其共刺激分子 CD_{80} 表达 [13]。

3. 延缓衰老

枸杞子水提取液体外能延长人二倍体成纤维细胞 (2BS) 寿命，对衰老 2BS 细胞的原癌基因 *c-fos* 基因转录有诱导作用 [14]，可使 γ 射线损伤的人淋巴细胞微核率及微核细胞率显著降低；口服可提高正常人 DNA 修复能力 [15]。

4. 抗肿瘤

枸杞多糖对培养人白血病细胞 HL-60 增殖呈剂量依赖性抑制作用，且可降低细胞膜的流动性并诱导其凋亡 [16]；枸杞子水提取物体外可诱导白介素 6 (IL-6) 的产生，并能促进脂多糖 (LPS) 诱导肿瘤坏死因子 (TNF) 的产生 [17]。

5. 降血糖、降血脂

枸杞水煎液灌胃可使四氧嘧啶诱导糖尿病小鼠的胰岛 β 细胞数量增加，修复受损胰岛细胞，降低血糖，恢复血清胰岛素水平 [18]；枸杞多糖灌胃能明显降低链脲佐菌素所致小鼠高血糖，对链脲佐菌素引起的胰岛损伤有保护作用 [19]。枸杞多糖喂饲可使高脂饲料所致动脉粥样硬化兔的血清三酰甘油 (TG)、一氧化氮 (NO)、丙二醛 (MDA)、C- 反应蛋白 (CRP) 水平下降，高密度脂蛋白胆固醇 / 总胆固醇比值 (HDL-C/TCh) 和超氧化物歧化酶 (SOD) 活性上升，主动脉内膜粥样斑块面积减少 [20]；枸杞水提取物喂饲可有效降低高血脂大鼠血清中的 TG、胆固醇 (TC)、低密度脂蛋白 (LDL-C) 和 LDL-C/HDL-C 比值 [21]。

6. 保肝

枸杞多糖灌胃能明显抑制四氯化碳 (CCl_4) 致肝损伤小鼠的血清丙氨酸转氨酶 (ALT) 升高，增加肝糖原含量，降低肝组织 MDA 含量，对正常小鼠有利胆作用，对部分肝切除小鼠有促进肝脏再生作用 [22]。

7. 其他

枸杞糖缀合物对心肌细胞缺氧性损伤具有保护作用 [23]，对人皮肤也有保护作用 [24]；枸杞多糖还有抗疲劳 [25] 等作用。

应用

本品为中医临床用药。功能：滋补肝肾，益精明目。主治：虚劳精亏，腰膝酸痛，眩晕耳鸣，阳痿遗精，内热消渴，血虚萎黄，目昏不明。

现代临床还用于糖尿病、高脂血症、男性不育、慢性肝炎、银屑病、肿瘤等病的治疗。

评注

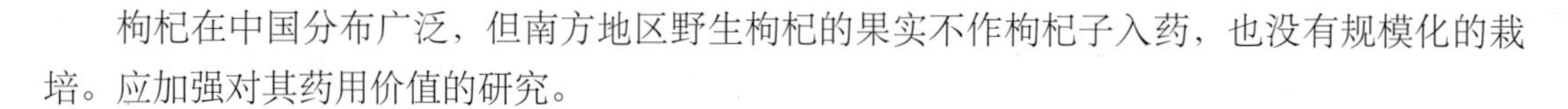

枸杞在中国分布广泛，但南方地区野生枸杞的果实不作枸杞子入药，也没有规模化的栽培。应加强对其药用价值的研究。

枸杞子为药食两用品种。宁夏枸杞栽培历史悠久，种植面积大；但是，对宁夏枸杞野生与栽培品种的研究一直很薄弱。中国学者近年就栽培品发表了一些新的种下等级，加强这一领域的研究，对于提高枸杞子的生产水平很有必要。

《韩国草药典》还收载本种及同属植物枸杞 *Lycium chinense* Mill. 为枸杞子的来源种。枸杞的果实含多糖、玉蜀黍黄素、脑苷脂 (cerebroside)[26-28] 等成分。

《中国药典》收载宁夏枸杞及同属植物枸杞 *Lycium chinense* Mill. 为中药地骨皮的法定原植物来源种。以干燥根皮入药。主产于中国山西、河南、江苏、浙江等省区。

枸杞根皮含生物碱类成分：甜菜碱，苦可胺 A、B (kukoamines A, B)，咖啡酰酪胺 (*N*-caffeoyltyramine)，二氢咖啡酰酪胺 (dihydro-*N*-caffeoyltyramine)；肽类成分：枸杞酰胺 (lyciumamide)，枸杞环八肽 A、B、C、D (lyciumins A ～ D)；无环二萜苷类成分：枸杞苷 Ⅰ、Ⅱ、Ⅲ (lyciumosides Ⅰ～Ⅲ)；蒽醌类成分：大黄素 (emodin)、大黄素甲醚 (physcion)；香豆素类成分：莨菪亭；黄酮类成分：芹菜素 (apigenin)、蒙花苷 (linarin)；有机酸类成分：(*S*)-9- 羟基 -*E*-l0, *Z*-12- 十八碳二烯酸 [(*S*)-9-hydroxy-*E*-l0, *Z*-12-octadecadienoic acid]、香草酸 (vanillic acid) 等。还含地骨皮苷甲 (digupigan A)[29-36] 等成分。地骨皮具有解热、镇痛、降血压、降血糖、调血脂、抗病原微生物 [37-38] 等作用。

宁夏枸杞和枸杞的茎叶也供药用，有补虚益精，清热明目的功效。枸杞叶含枸杞苷 Ⅰ、Ⅱ、Ⅲ、Ⅳ、Ⅴ、Ⅵ、Ⅶ、Ⅷ、Ⅸ (lyciumosides Ⅰ～Ⅸ)[39] 等成分。应对其进行深入研究，加以开发利用。

参考文献

[1] ALTINTAS A, KOSAR M, KIRIMER N, et al. Composition of the essential oils of *Lycium barbarum* and *L. ruthenicum* fruits[J]. Chemistry of Natural Compounds, 2006, 42(1): 24-25.

[2] 田庚元 . 枸杞子糖缀合物的结构与生物活性研究 [J]. 世界科学技术：中医药现代化，2003，5(4)：22-30.

[3] PENG X M, TIAN G Y. Structural characterization of the glycan part of glycoconjugate LbGp2 from *Lycium barbarum*

L.[J]. Carbohydrate Research, 2001, 331(1): 95-99.

[4] 黄琳娟，林颖，田庚元，等. 枸杞子中免疫活性成分的分离、纯化及物理化学性质的研究 [J]. 药学学报，1998，33(7)：512-516.

[5] 段昌令，乔善义，王乃利，等. 枸杞子活性多糖的研究 [J]. 药学学报，2001，36(3)：196-199.

[6] 王建华，汪建民，李林，等. 枸杞多糖 LBP2a 的分离、纯化与结构特征 [J]. 食品科学，2002，23(6)：44-48.

[7] 赵春久，李荣芷，何云庆，等. 枸杞多糖的化学研究 [J]. 北京医科大学学报，1997，29(3)：231-232，240.

[8] ZOU C, ZHAO Q, CHEN C X, et al. New dopamine derivative from *Lycium barbarum*[J]. Chinese Chemical Letters, 1999, 10(2): 131-132.

[9] TOYODA-ONO Y, MAEDA M, NAKAO M, et al. 2-*O*-(*β*-*D*-glucopyranosyl) ascorbic acid, a novel ascorbic acid analogue isolated from Lycium fruit[J]. Journal of Agricultural and Food Chemistry, 2004, 52(7): 2092-2096.

[10] HARSH M L. Tropane alkaloids from *Lycium barbarum* Linn., *in vivo and in vitro*[J]. Current Science, 1989, 58(14): 817-818.

[11] 李德远，汤坚，徐现波，等. 枸杞多糖对慢性辐射小鼠细胞凋亡及 *bcl*-2 基因表达的影响 [J]. 营养学报，2005，27(3)：235-237.

[12] 龚海洋，申萍，金莉，等. 枸杞多糖对放疗及化疗引起的小鼠骨髓抑制的影响 [J]. 中国中医药信息杂志，2005，12(7)：26-28.

[13] 何彦丽，应逸，罗荣敬，等. 枸杞多糖对荷瘤小鼠淋巴细胞亚群及树突状细胞表达的影响 [J]. 广州中医药大学学报，2005，22(4)：289-291，295.

[14] 邹俊华，梁红业，刘林，等. 枸杞子对人成纤维细胞寿命及 *c-fos* 基因表达的影响 [J]. 中国临床康复，2005，9(7)：110-111.

[15] 邹俊华，梁红业，闵凌峰，等. 枸杞子的抗衰老功效及增强 DNA 修复能力的作用 [J]. 中国临床康复，2005，9(11)：132-133.

[16] 甘璐，王建华，罗琼，等. 枸杞多糖对人白血病细胞株凋亡的影响 [J]. 营养学报，2001，23(3)：220-224.

[17] 杜守英，张新，楼黎明，等. 枸杞子水提物对白细胞介素 6 和肿瘤坏死因子产生的影响 [J]. 中国免疫学杂志，1994，10(6)：356-358.

[18] 田丽梅，王旻. 单味中药枸杞降血糖作用及对胰腺组织形态学影响的研究 [J]. 中医药通报，2005，4(1)：48-51.

[19] 黄正明，杨新波，王建华，等. 枸杞多糖对小鼠链脲佐菌素性胰岛损伤及血糖的影响 [J]. 世界华人消化杂志，

◆ 宁夏枸杞种植基地

2001，9(12)：1419-1421.

[20] 马灵筠，陈群力，杨五彪，等. 枸杞多糖对动脉粥样硬化模型兔血脂、脂质过氧化、NO和C反应蛋白的影响 [J]. 郑州大学学报：医学版，2005，40(2)：328-330.

[21] 衣艳君. 枸杞降血脂作用的实验研究 [J]. 首都师范大学学报：自然科学版，2000，21(4)：68-70.

[22] 张馨木，李秀芬，张悦，等. 吉林枸杞多糖保肝作用的研究 [J]. 吉林医学，2000，21(2)：96-97.

[23] 胡新，徐顺霖. 枸杞糖肽对心肌细胞缺氧性损伤的保护作用 [J]. 南京中医药大学学报，2005，21(4)：250-252.

[24] ZHAO H, ALEXEEV A, CHANG E, et al. *Lycium barbarum* glycoconjugates: effect on human skin and cultured dermal fibroblasts[J]. Phytomedicine, 2005, 12(1-2): 131-137.

[25] 罗琼，阎俊，张声华. 枸杞多糖的分离纯化及其抗疲劳作用 [J]. 卫生研究，2000，29(2)：115-117.

[26] ZIN X M, KATO K, YAMAUCHI R, et al. Chemical features of water-soluble polysaccharides in *Lycium chinense* Mill. fruit[J]. Gifu Daigaku Nogakubu Kenkyu Hokoku, 1999, 64: 83-88.

[27] KIM S Y, KIM H P, HUH H, et al. Antihepatotoxic zeaxanthins from the fruits of *Lycium chinense*[J]. Archives of Pharmacal Research, 1997, 20(6): 529-532.

[28] KIM S Y, CHOI Y H, HUH H,et al. New antihepatotoxic cerebroside from *Lycium chinense* fruits[J]. Journal of Natural Products, 1997, 60(3): 274-276.

[29] FUNAYAMA S, YOSHIDA K, KONNO C, et al. Structure of kukoamine A, a hypotensive principle of *Lycium chinense* root barks[J]. Tetrahedron Letters, 1980, 21(14):1355-1356.

[30] FUNAYAMA S, ZHANG G R, NOZOE S. Kukoamine B, a spermine alkaloid from *Lycium chinense*[J]. Phytochemistry, 1995, 38(6):1529-1531.

[31] HAN S H, LEE H H, LEE I S, et al. A new phenolic amide from *Lycium chinense* Miller[J]. Archives of Pharmacal Research, 2002, 25(4): 433-437.

[32] 李友宾，李萍，屠鹏飞，等. 地骨皮化学成分的分离鉴定 [J]. 中草药，2004，35(10)：1100-1101.

[33] NOGUCHI M, MOCHIDA K, SHINGU T, et al. Constituents of a Chinese drug, Ti Ku Pi. Ⅰ. Isolation and structure of lyciumamide, a new dipeptide[J]. Chemical & Pharmaceutical Bulletin, 1984, 32(9): 3584-3587.

[34] YAHARA S, SHIGEYAMA C, URA T, et al. Studies on the solanaceous plants. XVII. Cyclic peptides, acyclic diterpene glycosides and other compounds from *Lycium chinense* Mill. [J]. Chemical & Pharmaceutical Bulletin, 1993, 41(4): 703-709.

[35] 魏秀丽，梁敬钰. 地骨皮化学成分的研究 [J]. 中国药科大学学报，2002，33(4)：271-273.

[36] 魏秀丽，梁敬钰. 地骨皮的化学成分研究 [J]. 中草药，2003，34(7)：580-581.

[37] 李康，毕开顺，司保国. 地骨皮中不同组分对四氧嘧啶糖尿病小鼠的降血糖作用 [J]. 中医药学刊，2005，23(7)：1298-1299.

[38] 卫琮玲，闫杏莲，柏李. 地骨皮的镇痛作用 [J]. 中草药，2000，31(9)：688-689.

[39] TERAUCHI M, KANAMORI H, NOBUSO M, et al. New acyclic diterpene glycosides, lyciumosides Ⅳ～Ⅸ from *Lycium chinense* Mill.[J]. Natural Medicines, 1998, 52(2): 167-171.

牛蒡 Niubang CP, JP, KHP

Arctium lappa L.
Great Burdock

概述

菊科 (Asteraceae) 植物牛蒡 *Arctium lappa* L.，其干燥成熟果实入药。中药名：牛蒡子。

牛蒡属 (*Arctium*) 植物全世界约有 10 种，分布于亚洲和欧洲温带地区。中国有 2 种，均供药用。本种广布于欧亚大陆，中国南北各地均有分布。

牛蒡子以"恶实"药用之名，始载于《名医别录》，列为中品。历代本草多有著录。《中国药典》（2015 年版）收载本种为中药牛蒡子的法定原植物来源种。《韩国药典》也收载牛蒡子药用[1]，《英国植物药典》将牛蒡叶和根作为皮肤病用药[2]。主产于中国东北、浙江、江苏等地，以东北产量最大，浙江产质量好。

牛蒡属植物的主要活性物质为木脂素类成分。牛蒡苷及牛蒡苷元是牛蒡子的有效成分。《中国药典》采用高效液相色谱法进行测定，规定牛蒡子药材含牛蒡苷不得少于 5.0%，以控制药材质量。

药理研究表明，牛蒡具有抗病毒、提高机体免疫力等作用。

中医理论认为牛蒡子具有疏散风热，宣肺透疹，解毒利咽等功效。

◆ 牛蒡
Arctium lappa L.

◆ 药材牛蒡子
Arctii Fructus

化学成分

牛蒡果实中主要含有木脂素类成分，有牛蒡苷 (arctiin)、牛蒡苷元 (arctigenin)、罗汉松脂素 (matairesinol)[1]，牛蒡酚 A、B、C、D、E、F、H (lappaols A～F, H) [2-4]，异牛蒡酚 (isolappaols A, C)[5-6]，新牛蒡素A、B (neoarctins A, B)[1, 7]及牛蒡子素A、B、C、D、E、F、G、H (arctignans A～H)[5-8]等成分。

牛蒡叶含牛蒡苷、牛蒡苷元[9]和黄酮类成分槲皮素-3-*O*-葡萄糖基鼠李糖苷 (quercetin-3-*O*-rutinoside)、山柰酚-3-*O*-葡萄基鼠李糖苷 (kaempferol-3-*O*-rutinoside)[10]。根中含牛蒡寡糖 (BOS-2)[11]和挥发油[12]。

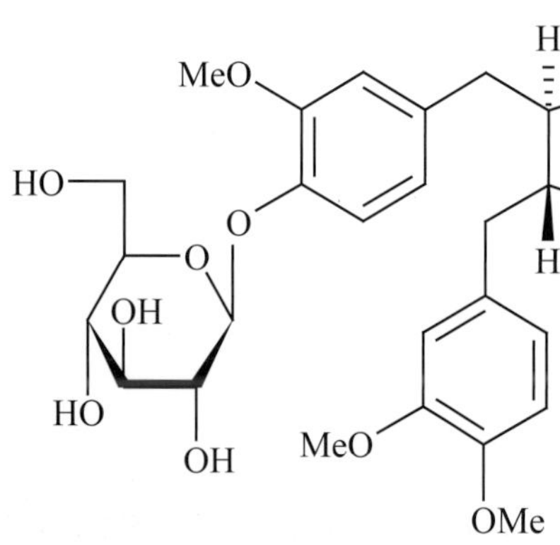

◆ arctiin

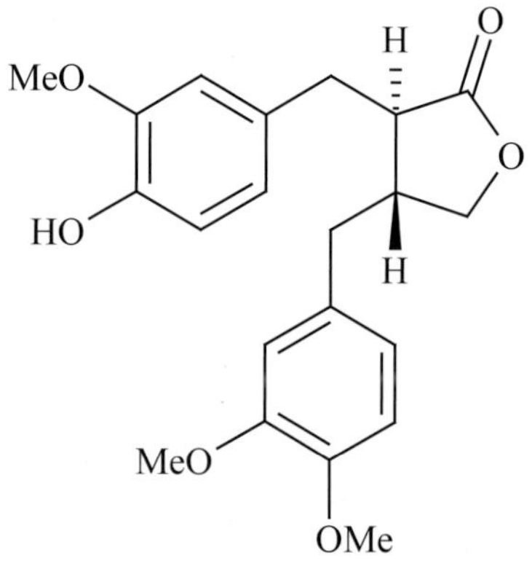

◆ arctigenin

药理作用

1. 抗菌、抗病毒

牛蒡子水提取液体外对堇色毛癣菌、同心性毛癣菌、许兰氏黄癣菌等多种致病真菌有抑制作用。牛蒡苷元口服明显抑制 H_1N_1 流感病毒引起的小鼠肺炎病变 [13]，体外有直接抑制 H_1N_1 型流感病毒复制作用 [14]；牛蒡子醇提取物体外对巴豆油、正丁酸钠联合激发的 Epstein-Barr 病毒特异性 DNA 酶、DNA 多聚酶、早期抗原、壳抗原表达均有抑制作用 [15]。

2. 抗肿瘤

牛蒡子煎剂灌胃对小鼠 S_{180} 移植瘤有抑制作用 [16]。牛蒡苷和牛蒡苷元体外对肝癌细胞 $HepG_2$ 有强细胞毒性 [17]，牛蒡苷元体外对人早幼粒性白血病细胞 HL-60 和淋巴细胞白血病 MOLT-4 细胞生长有抑制作用 [18]。牛蒡子二氯甲烷提取物体外对胰腺癌 PANC-1 细胞有细胞毒活性，牛蒡苷元腹腔注射可抑制裸鼠 PANC-1 移植瘤的生长 [19]。

3. 提高免疫力

牛蒡子醇提取物灌胃可显著提高正常小鼠淋巴细胞转化率和 α- 醋酸萘酯酶阳性率，增加抗体生成细胞的形成和巨噬细胞吞噬功能，增强小鼠免疫系统的功能 [20]。

4. 降血糖

牛蒡根醇提取物体外具有抑制 α- 糖苷酶的活性 [21]；牛蒡子醇提取物灌胃能显著降低正常小鼠口服葡萄糖所致的高血糖和四氧嘧啶致糖尿病小鼠的血糖水平 [20]。

5. 保护肾脏

牛蒡子醇提取物灌胃能明显改善链脲佐菌素 (STZ) 致糖尿病大鼠多饮、多食、消瘦等症状，降低尿蛋白、尿微量白蛋白，减少肾组织转化生长因子β_1 (TGF-β_1) mRNA、单核趋化蛋白 1 (MCP-1) mRNA 的表达[22]，降低肾皮质细胞膜蛋白激酶 C (PKC) 活性[23]。

6．其他

牛蒡苷和牛蒡苷元能拮抗血小板活化因子 (PAF) 受体活性[24]，牛蒡苷元有强烈的 Ca^{2+} 拮抗作用，对 KCl 引起的离体大鼠气管、结肠、肺动脉、胸主动脉平滑肌收缩和 $CaCl_2$ 引起的离体豚鼠气管平滑肌收缩有非竞争性抑制作用[25]；牛蒡苷有扩张血管的作用。牛蒡寡糖体外可促进双歧杆菌生长[26]。

应用

本品为中医临床用药。功能：疏散风热，透疹利咽，解毒散肿。主治：风热感冒，咳嗽痰多，麻疹，风疹，咽喉肿痛，痄腮，丹毒，痈肿疮毒。

现代临床还用于急慢性咽炎、扁桃体炎、支气管炎等病的治疗。

评注

药用植物图像数据库

中国新疆地区同属植物毛头牛蒡 *Arctium tomentosum* Mill. 的果实也作牛蒡子药用，并有悠久的临床药用史。近年研究表明，毛头牛蒡果实在功用、化学成分及药理作用等方面类同牛蒡子，牛蒡苷的含量符合《中国药典》中牛蒡子的含量规定。且毛头牛蒡在新疆地区有广泛的分布，其开发应用值得关注。

中国、日本、韩国和欧洲有食用牛蒡根及幼枝的传统习惯，在日本牛蒡被视为强身保健蔬菜。《英国草药典》将牛蒡叶和根作为皮肤病用药[27]。

近年来牛蒡在中国已有大面积的种植栽培，江苏丰县被誉为“中国牛蒡之乡”。已开发了牛蒡系列的保健食品 200 余种，畅销东南亚。作为药食两用植物，牛蒡在保健食品方面展示了广阔的开发应用前景。

参考文献

[1] 王海燕，杨峻山 . 牛蒡子化学成分的研究 [J]. 药学学报，1993，28(12)：911-917.

[2] ICHIHARA A, ODA K, NUMATA Y, et al. Lappanol A and B, novel lignans from *Arctium lappa* L.[J]. Tetrahedron Letters, 1976, 44: 3961-3964.

[3] ICHIHARA A, NUMATA Y, KANAI S, et al. New sesquilignans from *Arctium lappa* L. The structure of lappanol C, D and E[J]. Agricultural and Biological Chemistry, 1977, 41(9): 1813-1814.

[4] ICHIHARA A, KANAI S, NUMATA Y, et al. Structures of lappanol F and H, dilignans from *Arctium lappa* L.[J]. Tetrahedron Letters, 1978, 33: 3035-3038.

[5] UMEHARA K, NAKAMURA M, MIYASE T, et al. Studies on differentiation inducers. Ⅵ. Lignan derivatives from Arctium Fructus. (2) [J]. Chemical & Pharmaceutical Bulletin, 1996, 44(12): 2300-2304.

[6] PARK S Y, HONG S S, HAN X H, et al. Lignans from *Arctium lappa* and their inhibition of LPS-induced nitric oxide production[J]. Chemical & Pharmaceutical Bulletin, 2007, 55(1): 150-152.

[7] WANG H Y, YANG J S. Neoarctin A from *Arctium lappa* L.[J]. Chinese Chemical Letters, 1995, 6(3): 217-220.

[8] UMEHARA K, SUGAWA A, KUROYANAGI M, et al. Studies on differentiation-inducers from Arctium Fructus[J]. Chemical & Pharmaceutical Bulletin, 1993, 41(10): 1774-1779.

[9] LIU S M, CHEN K S, SCHLIEMANN W, et al. Isolation and identification of arctiin and arctigenin in leaves of burdock (*Arctium lappa* L.) by polyamide column chromatography in combination with HPLC-ESI/MS[J]. Phytochemical Analysis, 2005, 16(2): 86-89.

[10] 刘世明，陈靠山，Willibald S，等 . 聚酰胺柱层析：反向

高效液相色谱 / 电喷雾离子质谱法分离鉴定牛蒡叶中两种黄酮苷 [J]. 分析化学，2003，31(8)：1023.

[11] 郝林华，陈磊，仲娜，等 . 牛蒡寡糖的分离纯化及结构研究 [J]. 高等学校化学学报，2005，26(7)：1242-1247.

[12] 王晓，程传格，杨予涛，等 . 牛蒡挥发油化学成分分析 [J]. 天然产物研究与开发，2004，16(1)：33-35.

[13] 杨子峰，刘妮，黄碧松，等 . 牛蒡子苷元体内抗甲 1 型流感病毒作用的研究 [J]. 中药材，2005，28(11)：1012-1014.

[14] 高阳，董雪，康廷国，等 . 牛蒡苷元体外抗流感病毒活性 [J]. 中草药，2002，33(8)：724-726.

[15] 陈铁宏，黄迪 . 牛蒡子对 Epstein-Barr 病毒抗原表达的抑制作用 [J]. 中华实验和临床病毒学杂志，1994，8(4)：323-326.

[16] 孙铁民，梁伟，林莉，等 . 牛蒡子对癌瘤作用的实验研究 [J]. 辽宁中医学院学报，2002，4(4)：310.

[17] MORITANI S, NOMURA M, TAKEDA Y, et al. Cytotoxic components of Bardanae Fructus (Goboshi) [J]. Biological & Pharmaceutical Bulletin, 1996, 19(11): 1515-1517.

[18] HIRANO T, GOTOH M, OKA K. Natural flavonoids and lignans are potent cytostatic agents against human leukemic HL-60 cells[J]. Life Sciences, 1994, 55(13): 1061-1069.

[19] AWALE S, LU J, KALAUNI S K, et al. Identification of arctigenin as an antitumor agent having the ability to eliminate the tolerance of cancer cells to nutrient starvation[J]. Cancer Research, 2006, 66(3): 1751-1757.

[20] 阎凌霄，李亚明 . 牛蒡子提取物对小鼠免疫功能及血糖的作用 [J]. 西北药学杂志，1993，8(2)：75-78.

[21] MIYAZAWA M, YAGI N, TAGUCHI K. Inhibitory compounds of α-glucosidase activity from *Arctium lappa* L.[J]. Journal of Oleo Science, 2005, 54(11): 589-594.

[22] 王海颖，陈以平 . 牛蒡子提取物对糖尿病大鼠肾脏病变作用机制的实验研究 [J]. 中成药，2004，26(9)：745-749.

[23] 王海颖，朱戎，邓跃毅，等 . 牛蒡子提取物对糖尿病大鼠肾脏蛋白激酶 C 活性作用的研究 [J]. 中国中医基础医学杂志，2002，8(5)：382-383.

[24] 韩桂秋，白光清，王夕红，等 . 牛蒡子中血小板活化因子 (PAF) 受体拮抗剂的分离和结构鉴定 [J]. 中草药，1992，23(11)：563-566.

[25] 高阳，康廷国，张效禹 . 牛蒡苷元钙拮抗作用的研究 [J]. 中草药， 2000, 31(10): 758-762.

[26] 郝林华，陈靠山，李光友 . 牛蒡寡糖对双歧杆菌体外生长的促进作用 [J]. 海洋科学进展，2005，23(3)：347-352.

[27] British Herbal Association. British Herbal Pharmacopoeia[S]. United Kingdom: British Herbal Medicine Association, 1996: 47-49.

牛膝 Niuxi CP, JP, KHP, VP

Achyranthes bidentata Bl.
Twotoothed Achyranthes

概述

苋科 (Amaranthaceae) 植物牛膝 *Achyranthes bidentata* Bl.，其干燥根入药。中药名：牛膝，又称怀牛膝。

牛膝属 (*Achyranthes*) 植物全世界约有 15 种，分布于全球热带及亚热带地区。中国产有 3 种，均供药用。本种除东北外，广布于中国全国各地；朝鲜半岛、俄罗斯、印度、越南、菲律宾、马来西亚及非洲均有分布。

“牛膝”药用之名，始载于《神农本草经》，列为上品，但未有怀牛膝与川牛膝之分。从《名医别录》及其后诸多本草对牛膝产地、原植物形态的描述上看，本种应为传统药用牛膝的正品[1]。《中国药典》（2015 年版）收载本种为中药牛膝的法定原植物来源种。主要栽培于中国河南，为著名的“四大怀药”之一。

牛膝根的主要活性成分为齐墩果烷型三萜皂苷、蜕皮甾酮、多糖等。《中国药典》采用高效液相色谱法进行测定，规定牛膝药材含 β- 蜕皮甾酮不得少于 0.030%，以控制药材质量。

药理研究表明，牛膝具有镇痛、抗炎、增强免疫、抗衰老、增强记忆力等作用。

中医理论认为牛膝具有逐瘀通经，补肝肾，强筋骨，利尿通淋，引血下行等功效。

◆ 牛膝
Achyranthes bidentata Bl.

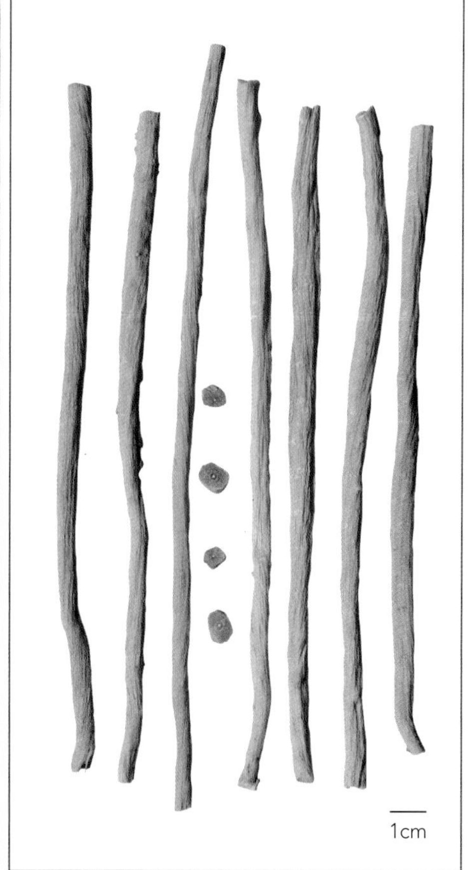

◆ 药材牛膝
Achyranthis Bidentatae Radix

化学成分

牛膝的根含三萜皂苷：牛膝皂苷Ⅰ、Ⅱ (achybidensaponins Ⅰ,Ⅱ[2]；achyrathosides Ⅰ，Ⅱ[3])，bidentatosides Ⅰ、Ⅱ[4-5]，人参皂苷R_0 (ginsenoside R_0)，竹节参皂苷-1 (oleanolic acid 28-*O*-*β*-*D*- glucopyranoside)[6]等；甾酮：*β*-蜕皮甾酮 (*β*-ecdysterone)、25*S*-牛膝甾酮 (25*S*-inokosterone)、25*R*-牛膝甾酮 (25*R*-inokosterone)[7]以及achyranthesterone A[8]等；多糖：牛膝肽多糖ABAB[9]、牛膝多糖ABPS[10]等。还含有生物碱、香豆素[11]等成分。

此外，尚含有挥发油，其特征性成分为2,6-二甲基吡嗪 (2,6-dimethyl-pyrazine)、2-甲氧基-3-异丙基吡嗪 (2-methoxy-3-isopropyl-pyrazine)、2-甲氧基-3-异丁基吡嗪 (2-methoxy-3-isobutyl-pyrazine)[12]。

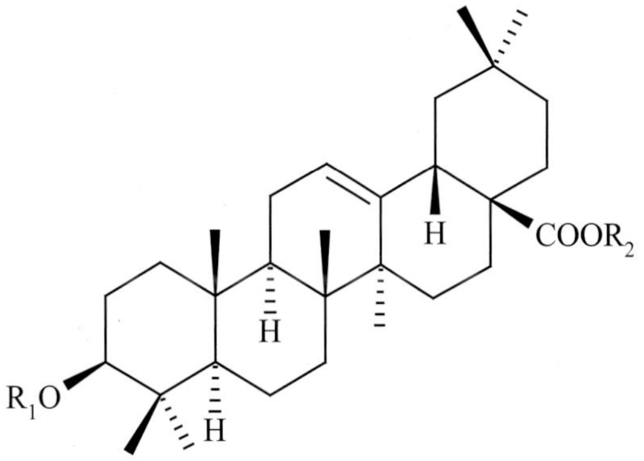

R1O　H　H　H　COOR2

- achybidensaponin Ⅰ
  R_1 = *α*-*L*-rha(1 → 3)-*β*-*D*-glcA
  R_2 = *β*-*D*-glc
- achybidensaponin Ⅱ
  R_1 = *β*-*D*-glcA
  R_2 = *β*-*D*-glc

药理作用

1. 免疫调节

牛膝多糖灌胃能提高小鼠单核巨噬细胞的吞噬功能，明显增加小鼠血清溶血素水平和抗体形成细胞数量[13]；牛膝多糖在体外可以提高老年小鼠 T 淋巴细胞的增殖能力和白介素 2 (IL-2) 的分泌，体内能显著提高老年大鼠 T 淋巴细胞、血清中肿瘤坏死因子（TNF-*β* 或 TNF-*α*）及一氧化氮的产生和一氧化氮合酶 (NOS) 的活性[14]。

2. 抗衰老

牛膝水煎液灌胃 30 天可显著提高衰老模型小鼠血液超氧化物歧化酶 (SOD) 活力，降低血浆过氧化脂质 (LPO) 水平[15]。

3. 抗凝血

牛膝多糖灌胃能延长小鼠凝血时间 (CT)、大鼠血浆凝血酶原时间 (PT) 和白陶土部分凝血活酶时间 (KPTT)[16]。

4. 抗肿瘤

牛膝多糖能明显抑制小鼠肉瘤细胞 S_{180} 和人白血病细胞 K_{562} 的增殖[17]；牛膝总皂苷体外可抑制艾氏腹水癌细胞的生长，且其抑瘤效应呈现出量效关系，体内对小鼠 S_{180} 腹水型肉瘤及肝癌实体瘤有抑制作用[18]。

5. 抗炎、镇痛

牛膝不同炮制品灌胃可抑制小鼠醋酸扭体反应，提高痛阈值，对巴豆油所致小鼠耳部炎症也有明显抑制作用；牛膝总皂苷灌胃能明显减轻二甲苯所致小鼠耳郭肿胀、蛋清所致大鼠足趾肿胀，降低大鼠琼脂肉芽肿重量，延长热板上小鼠舔足时间[19-20]。

6. **兴奋子宫**

牛膝总皂苷对离体大鼠子宫有明显浓度依赖性兴奋作用；牛膝皂苷A可使大鼠、小鼠离体子宫及家兔在体子宫产生明显的浓度依赖性收缩[21-22]。

7. **抗病毒**

体外实验表明牛膝多糖硫酸酯能强烈抑制乙型肝炎病毒HBsAg和HBeAg的活性，并有效抑制Ⅰ型单纯性疱疹病毒[23]。

8. **改善学习记忆**

小鼠灌胃牛膝水煎液7天可明显改善戊巴比妥钠所致记忆障碍[24]；牛膝提取物能改善东莨菪碱和MK-801所致大鼠健忘症[25]。

9. **其他**

牛膝醇提取物中所含的蜕皮甾酮体外对大鼠成骨样细胞UMR106有促进增殖作用[26]；小鼠灌胃牛膝水煎液可明显延长其负荷游泳时间，提高小鼠耐力[24]。

应用

本品为中医临床用药。功能：逐瘀通经，补肝肾，强筋骨，利尿通淋，引血下行。主治：经闭，痛经，腰膝酸痛，筋骨无力，淋证，水肿，头痛，眩晕，牙痛，口疮，吐血，衄血。

现代临床还用于骨质疏松症、习惯性流产、风湿性关节炎、性功能障碍、高血压等病的治疗。

评注

牛膝药用历史悠久，临床应用广泛，对其化学成分和药理活性研究亦较深入。牛膝皂苷具有显著的抗生育、抗肿瘤、抗炎镇痛等作用；牛膝多糖具有较强的增强免疫和抗衰老作用，现已开发出牛膝多糖免疫调节剂；此外，牛膝甾酮具有降血糖、降血脂、保肝等作用。

药用植物图像数据库

参考文献

[1] 袁秀荣，常章富．怀牛膝、川牛膝本草考证[J]. 中国中药杂志，2002，27(7)：545.

[2] 王晓娟，朱玲珍．牛膝皂苷的化学成分研究[J]. 第四军医大学学报，1996，17(6)：427-430.

[3] 王广树，周小平，杨晓虹，等．牛膝中酸性三萜皂苷成分的分离与鉴定[J]. 中国药物化学杂志，2004，14(1)：40-42.

[4] MITAINE-OFFER A C, MAROUF A, PIZZA C, et al. Bidentatoside Ⅰ, a new triterpene saponin from *Achyranthes bidentata*[J]. Journal of Natural Products, 2001, 64(2): 243-245.

[5] MITAINE-OFFER A C, MAROUF A, HANQUET B, et al. Two triterpene saponins from *Achyranthes bidentata*[J]. Chemical & Pharmaceutical Bulletin. 2001, 49(11): 1492-1494.

[6] 孟大利，李铣，熊印华，等．中药牛膝中化学成分的研究[J]. 沈阳药科大学学报，2002，19(1)：27-30.

[7] 朱婷婷，梁鸿，赵玉英，等．牛膝甾酮25位差向异构体的分离与鉴定[J]. 药学学报，2004，39(11)：913-916.

[8] MENG D L, LI X, WANG J H, et al. A new phytosterone from *Achyranthes bidentata* Bl.[J]. Journal of Asian Natural Products Research, 2005, 7(2): 181-184.

[9] 方积年，张志花，刘柏年．牛膝多糖的化学研究[J]. 药学学报，1990，25(7)： 526-529.

[10] 陈晓明，徐愿坚，田庚元．牛膝多糖的理化性质研究及结构确证[J]. 药学学报，2005，40(1)：32-35.

[11] BISHT G, SANDHU H, BISHT L S. Chemical constituents and antimicrobial activity of *Achyranthes bidentata*[J]. Journal of the Indian Chemical Society, 1990, 67(12): 1002-1003.

[12] 巢志茂，何波，尚尔金．怀牛膝挥发油成分分析 [J]. 天然产物研究与开发，1999，11(4)：41-44.

[13] 唐黎明，吕志筠，章小萍，等．牛膝多糖药效学研究 [J]. 中成药，1996，18(5)：31-32.

[14] 李宗锴，李电东．牛膝多糖的免疫调节作用 [J]. 药学学报，1997，32(12)：881-887.

[15] 马爱莲，郭焕．怀牛膝抗衰老作用研究 [J]. 中药材，1998，21(7)：360-362.

[16] 毛平，夏卉莉，袁秀荣，等．怀牛膝多糖抗凝血作用实验研究 [J]. 时珍国医国药，2000，11(12)：1075-1076.

[17] 余上才，章育正．牛膝多糖抗肿瘤作用及免疫机制实验研究 [J]. 中华肿瘤杂志，1995，17(4)：275-278.

[18] 王一飞，王庆端，刘晨江，等．怀牛膝总皂苷对肿瘤细胞的抑制作用 [J]. 河南医科大学学报，1997，32(4)：4-6.

[19] 陆兔林，毛春芹，张丽，等．牛膝不同炮制品镇痛抗炎作用研究 [J]. 中药材，1997，20(10)：507-509.

[20] 高昌琨，高建，马如龙，等．牛膝总皂苷抗炎、镇痛和活血作用研究 [J]. 安徽医药，2003，7(4)：248-249.

[21] 王世祥，车锡平．怀牛膝总皂苷对离体大鼠子宫的兴奋作用及机理研究 [J]. 西北药学杂志，1996，11(4)：160-162.

[22] 郭胜民，车锡平，范晓雯．怀牛膝皂苷 A 对动物子宫平滑肌的作用 [J]. 西安医科大学学报，1997，18(2)：216-218，225.

[23] 田庚元，李寿桐，宋麦丽，等．牛膝多糖硫酸酯的合成及其抗病毒活性 [J]. 药学学报，1995，30(2)：107-111.

[24] 马爱莲，郭焕．怀牛膝对记忆力和耐力的影响 [J]. 中药材，1998，21(12)：624-628.

[25] LIN Y C, WU C R, LI C J N, et al. The ameliorating effects of cognition-enhancing Chinese herbs on scopolamine- and MK-801-induced amnesia in rats[J]. American Journal of Chinese Medicine. 2003, 31(4): 543-549.

[26] 高晓燕，王大为，李发美．牛膝中脱皮甾酮的含量测定及促成骨样细胞增殖活性 [J]. 药学学报，2000，35(11)：868-870.

◆ 牛膝种植基地

女贞 Nüzhen CP, KHP

Ligustrum lucidum Ait.
Glossy Privet

概述

木犀科 (Oleaceae) 植物女贞 *Ligustrum lucidum* Ait.，其干燥果实入药。中药名：女贞子。

女贞属 (*Ligustrum*) 植物全世界约 45 种，分布于亚洲，并向东北延伸至欧洲，另经东南亚转至澳大利亚一带；东亚是该属分布中心。中国约有 29 种 1 亚种 9 变种 1 变型，本属现供药用者约有 6 种 2 变种。本种主要分布于中国南部和陕西、甘肃等地。

“女贞实”药用之名，始载于《神农本草经》，列为上品。历代本草多有著录，古今药用品种一致。《中国药典》（2015 年版）收载本种为中药女贞子的法定原植物来源种。主产于中国浙江、江苏、湖南、江西、福建、广西和四川等地，此外，贵州、广东、湖北、河南、安徽和陕西等地也产。

女贞子主要活性成分为三萜类、裂环环烯醚萜类 (seco-iridoids) 和黄酮类成分。《中国药典》采用高效液相色谱法进行测定，规定女贞子药材含特女贞苷不得少于 0.70%，以控制药材质量。

药理研究表明，女贞的果实具有增强免疫、抗氧化、抗衰老、保肝、抗肿瘤等作用。

中医理论认为女贞子具有滋补肝肾，明目乌发等功效。

◆ 女贞
Ligustrum lucidum Ait.

◆ 药材女贞子
Ligustri Lucidi Fructus

化学成分

女贞果实含三萜酸类成分：齐墩果酸 (oleanolic acid)、乙酰齐墩果酸 (acetyloleanolic acid)、2α-羟基齐墩果酸 (2α-hydroxy oleanolic acid)[1]、熊果酸 (ursolic acid)、α-熊果酸甲酯 (α-ursolic acid methyl ester)、委陵菜酸 (tormentic acid)[2]、19α-羟基-3-乙酰熊果酸 (19α-hydroxy-3-acetylursolic acid) 等[3]；裂环环烯醚萜类成分：女贞子苷 (nuezhenide)、橄榄苦苷 (oleuropein)、新女贞苷 (neonuezhenide)、木犀榄苷二甲基酯 (oleuroside dimethylester)、女贞苷 (ligustroside)，女贞果苷A、B、C、D (lucidumosides A～D)，异女贞子苷 (isonuezhenide)[4]、女贞子酸 (nuezhenidic acid)[3]、特女贞苷 (specnuezhenide)、女贞苦苷 (nuezhengalaside)[5]、8-表金吉苷 (8-epikingiside)、7-马钱酮苷 (7-ketologanin)[6]；黄酮类成分：槲皮素 (quercetin)[7]、大波斯菊苷 (cosmossin)[3]。另外，还含苯丙素苷类成分：女贞子素 (ligustrin)、丁香苷 (syringin) 等。

女贞叶含裂环环烯醚苷类成分：异-8-表金吉苷 (iso-8-epikingiside)、8-去甲基-7-马钱酮苷(8-demethyl-7-ketologanin)、8-表金吉苷 (8-epikingiside)、金吉苷 (kingiside)、女贞苷、10-羟基女贞苷 (10-hydroxyligustroside)及 ligustalosides A、B[8]。

◆ ligustroside

药理作用

1. 增强免疫

女贞子多糖灌胃对正常小鼠的非特异性免疫和环磷酰胺所致免疫抑制小鼠的细胞免疫有增强作用[9]；对正常小鼠和肾上腺皮质激素所致阴虚小鼠的脾T淋巴细胞有明显促进作用[10]；体外还可提高正常小鼠T淋巴细胞分泌白介素2 (IL-2) 的能力[11]。

2. 抗氧化、抗衰老

女贞子多糖或齐墩果酸灌胃能降低衰老小鼠肝、肾组织和更年期大鼠血清中的丙二醛 (MDA) 水平，提高超氧化物歧化酶 (SOD) 及谷丙甘肽过氧化物酶 (GSH-Px) 活性；齐墩果酸还能改善更年期大鼠卵巢及肾上腺的形态和功能[12-13]。

3. 促进毛囊生长

女贞子水煎液对体外培养的小鼠触须毛囊有显著的促进生长作用[14]。

4. 促进黑素合成

女贞子甲醇提取物对体外培养的黑素细胞增殖和黑素合成有促进作用，还能明显地促进酪氨酸激酶受体蛋白 (KIT) 合成[15]。

5. 保肝

齐墩果酸和女贞子酒炙品、酒蒸品、清蒸品等水煎液灌胃对四氯化碳引起的大、小鼠急性肝损伤有明显的保护作用，可使血清谷丙转氨酶 (SGPT) 明显下降[16]；齐墩果酸皮下注射还可使肝内三酰甘油蓄积量减少，促进肝细胞再生。

6. 抗肿瘤

女贞子提取物（主要含熊果酸）灌胃对小鼠移植性 H_{22} 肝癌和 S_{180} 肉瘤有抑制作用[17]；含女贞子血清对体外培养的宫颈癌细胞 HeLa 增殖有抑制作用[18]。

7. 降血糖

女贞子水煎剂灌胃对正常小鼠血糖及由四氧嘧啶、肾上腺素或葡萄糖引起的小鼠血糖增高均有显著的对抗作用；齐墩果酸为女贞子降血糖的主要成分[19-20]。

8. 其他

女贞子还有抗动脉粥样硬化[21]、抗炎、抗菌[22]、抗突变[23]、抗缺氧和升高白细胞[24]等作用。女贞叶有祛痰和镇咳作用[25]。

应用

本品为中医临床用药。功能：滋补肝肾，明目乌发。主治：肝肾阴虚，眩晕耳鸣，腰膝酸软，须发早白，目暗不明，内热消渴，骨蒸潮热。

现代临床还用于白细胞减少症、高脂血症、冠心病、青光眼、传染性黄疸型肝炎等病的治疗。

评注

女贞除果实药用外，其叶、树皮、根均可药用。女贞叶能清热明目，解毒散瘀，消肿止咳；女贞树皮能强筋健骨；女贞根能行气活血，止咳喘。女贞为优良的经济树种和园林观赏树种。枝叶上可放养白蜡虫。花可提取芳香油，也是夏季理想的辅助蜜源。叶尚可提取甘露醇等。

按传统习惯，女贞子以冬至采者为佳，采收时期的成分与药理活性相关性值得探讨。

参考文献

[1] 尹双，唐秀忠，吴立军，等. 女贞子化学成分的研究 [J]. 沈阳药科大学学报，1995，12(2)：125-126.

[2] 程晓芳，何明芳，张颖，等. 女贞子化学成分的研究 [J]. 中国药科大学学报，2000，31(3)：169-170.

[3] 尹双，吴立军，王素贤. 女贞子化学成分的研究 [J]. 沈阳药科大学学报，1995，12(2)：40.

[4] HE Z D, BUT P P H, CHAN T W, et al. Antioxidative glucosides from the fruits of *Ligustrum lucidum*[J]. Chemical & Pharmaceutical Bulletin, 2001, 49(6): 780-784.

[5] 石立夫，曹颖瑛，陈海生，等. 中药女贞子中水溶性成分二种新裂环环烯醚萜苷的分离和鉴定 [J]. 药学学报，1997，32(6)：442-446.

[6] MACHIDA K, KUBOMOTO A, KIKUCHI M. Constituents of fruits of *Ligustrum lucidum*[J]. Natural Medicines, 1998, 52(3): 288.

[7] 张兴辉，石立夫. 中药女贞子化学成分的研究（Ⅰ）[J]. 第二军医大学学报，2004，25(3)：333-334.

[8] KIKUCHI M, KAKUDA R. Studies on the constituents of Ligustrum species. ⅩⅨ. Structures of iridoid glucosides from the leaves of *Ligustrum lucidum* Ait.[J]. Yakugaku Zasshi, 1999, 119(6): 444-450.

[9] 李璘，丁安伟，孟丽. 女贞子多糖的免疫调节作用 [J]. 中药药理与临床，2001，17(2)：11-12.

[10] 阮红，吕志良. 女贞子多糖免疫调节作用研究 [J]. 中国中药杂志，1999，24(11)：691-693.

[11] 阮红. 女贞子多糖对小鼠淋巴细胞 IL-2 诱生的调节作用 [J]. 上海免疫学杂志，1999，19(6)：337.

[12] 张振明，蔡曦光，葛斌，等. 女贞子多糖的抗氧化活性研究 [J]. 中国药师，2005，8(6)：489-491.

[13] 娄艳，陈志良，王春霞. 齐墩果酸对更年期大鼠作用的实验研究 [J]. 中药材，2005，28(7)：584-587.

[14] 范卫新，朱文元. 55 种中药对小鼠触须毛囊体外培养生物学特性的研究 [J]. 临床皮肤科杂志，2001，30(2)：81-84.

[15] 李永伟，许爱娥，尉晓冬，等. 女贞子对黑素细胞的黑素合成、细胞增殖和 c-kit 基因表达的影响 [J]. 中国中西医结合皮肤性病学杂志，2005，4(3)：150-152.

[16] 殷玉生，于传树. 女贞子炮制品化学成分和护肝作用的实验研究 [J]. 中成药，1993，15(9)：18-19.

[17] 向敏，顾振纶，梁中琴，等. 女贞子提取物对小鼠抗肿瘤作用 [J]. 传染病药学，2001，11(3)：3-5.

[18] 张鹏霞，桑娟，盛延良，等. 女贞子血清药理对 HeLa 细胞增殖抑制的实验研究 [J]. 黑龙江医药科学，2004，27(5)：15-16.

[19] 郝志奇，杭秉茜，王瑛. 女贞子降血糖作用的研究 [J]. 中国中药杂志，1992，17(7)：429-431.

[20] 郝志奇，杭秉茜，王瑛. 齐墩果酸对小鼠的降血糖作用 [J]. 中国药科大学学报，1991，22(4)：210-212.

[21] 李勇，黄青，张洪岩，等. 女贞子研究进展 [J]. 中草药，1994，25(8)：441-443.

[22] 毛春芹，陆兔林，高士英. 女贞子不同炮制品抗炎抑菌作用研究 [J]. 中成药，1996，18(7)：17-18.

[23] 薄芯，赵小民，刘红涛，等. 板蓝根、鱼腥草、女贞子和枸杞子抗环磷酰胺引起的骨髓抑制初探 [J]. 北京联合大学学报，1994，8(1)：58-61.

[24] 范秦鹤，侯雅玲，朱爱华，等. 女贞子不同炮制品升高白细胞耐缺氧作用及毒性比较 [J]. 西北药学杂志，2004，19(1)：20-22.

[25] 张恩户，于妮娜，刘敏，等. 女贞叶提取物及其成分熊果苷祛痰、镇咳作用的实验研究 [J]. 江苏中医药，2005，26(11)：69-70.

佩兰 Peilan CP

Eupatorium fortunei Turcz.
Fortune Eupatorium

概述

菊科 (Asteraceae) 植物佩兰 *Eupatorium fortunei* Turcz.，其干燥地上部分入药。中药名：佩兰。

泽兰属 (*Eupatorium*) 植物全世界约 600 种，主要分布于中南美洲的温带及热带地区，欧洲、亚洲、非洲及大洋洲种类很少。中国约有 14 种，除新疆、西藏外，全国均有分布。本属现供药用者约有 7 种。本种分布于中国陕西、山东、江苏、浙江、江西、湖北、湖南、云南、贵州、四川、广东和广西等地区。

从湖南长沙的马王堆汉墓中就曾发现有完好的佩兰瘦果和碎叶片。佩兰以“兰草”药用之名，始载于《神农本草经》，列为上品；而“佩兰”之名则始见于《本草再新》。《中国药典》（2015 年版）收载本种为中药佩兰的法定原植物来源种。主产于中国陕西、山东、江苏、浙江、江西、湖北、湖南等省区，以江苏产量较大。

佩兰主要含单萜、倍半萜、三萜、生物碱等成分。《中国药典》采用挥发油测定法进行测定，规定佩兰药材含挥发油不得少于 0.30% (mL/g)，以控制药材质量。

药理研究表明，佩兰具有祛痰、抗炎、调节胃肠运动等作用。

中医理论认为佩兰具有芳香化湿，醒脾开胃，发表解暑等功效。

◆ 佩兰
Eupatorium fortunei Turcz.

◆ 药材佩兰
Eupatorii Herba

化学成分

佩兰地上部分含挥发油，其质和量因鲜品、干品、产地、提取方法不同而有明显差异。油中主成分为冰片烯 (bornylene)、石竹烯 (caryophyllene)、对聚伞花素 (*p*-cymene)、*α*-水芹烯 (*α*-phellandene)、乙酸橙花醇酯 (neryl acetate)、麝香草酚甲醚 (thymyl methyl ether)[1-3]等；麝香草酚衍生物(thymol derivatives)：9-acetoxythymol 3-*O*-tiglate、8-methoxy-9-hydroxythymol[4]等；单萜类成分：(1*R**,2*S**,3*R**,4*R**,6*S**)-1,2,3,6-tetrehydroxy-p-menthane、(1*S**, 2*S**,3*S**,4*R**,6*R**)- 1,2,3,6-tetrehydroxy-*p*-menthane[5]；倍半萜：eupafortunin[6]；三萜类成分：蒲公英甾醇棕榈酸酯 (taraxasteryl palmitate)、蒲公英甾醇乙酸酯 (taraxasteryl acetate)、蒲公英甾醇 (taraxasterol)[7]、*β*-香树脂醇乙酸酯 (*β*-amyrin acetate)、*β*-香树脂醇棕榈酸酯 (*β*-amyrin palmitate)[8]等；生物碱类成分：仰卧天芥菜碱 (supinine)[9]、rinderine、*O*-7-acetylrinderine[10]、meso-trihydroxypiperidine、3*α*,4*β*,5*α*-trihydroxypiperidine、3*β*,4*β*,5*α*-trihydroxypiperidine[11]等；有机酸类成分：延胡索酸 (fumaric acid)、琥珀酸 (succinic acid)、棕榈酸 (palmitic acid)[7-8]等。

根含宁德洛菲碱 (lindelofine)、仰卧天芥菜碱[9]和兰草素 (euparin)[7]。

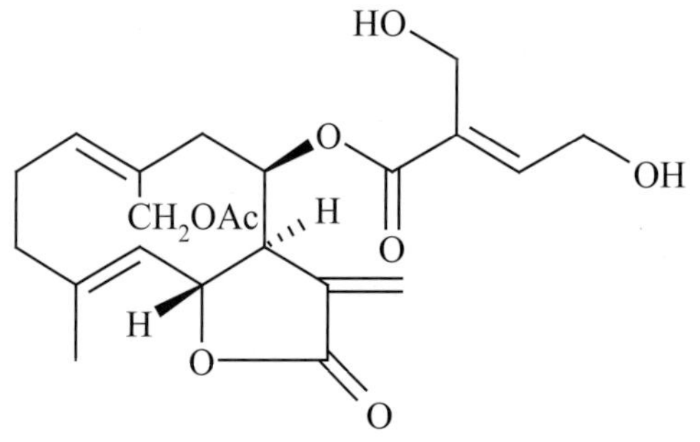

HO OH CH_2OAc H O O H O O

◆ eupafortunin

药理作用

1. 助消化

鲜佩兰、干佩兰挥发油体外能显著增强人的唾液淀粉酶活性，鲜品挥发油的作用强于干品 [12]。

2. 调节胃肠运动

佩兰水煎剂能增高大鼠离体胃平滑肌条（胃底纵、环行肌条和胃体纵行肌条）的张力 [13]。

3. 祛痰

酚红排泌实验表明，佩兰挥发油、对聚伞花素灌胃，对小鼠有明显祛痰作用。

4. 抗炎

鲜佩兰、干佩兰挥发油灌胃对巴豆油所致小鼠耳郭肿胀有明显抑制作用，鲜品挥发油抗炎作用强于干品 [12]。

5. 抗肿瘤

体内、体外实验均显示佩兰总生物碱有抗肿瘤活性。佩兰乙酸乙酯或丙酮提取物体外能抑制小鼠 B16 黑素瘤细胞酪氨酸酶的活性 [14]。

6. 钙拮抗作用

用 ^{45}Ca 跨膜测量技术，研究了佩兰对大鼠主动脉平滑肌细胞膜 Ca^{2+} 通道的影响，结果表明，佩兰的正己烷提取部分有显著的钙拮抗作用 [15-16]。

应用

本品为中医临床用药。功能：芳香化湿，醒脾开胃，发表解暑。主治：湿浊中阻，脘痞呕恶，口中甜腻，口臭，多涎，暑湿表证，湿温初起，发热倦怠，胸闷不舒。

现代临床还用于治疗感冒、腹泻、轮状病毒性肠炎、乙型脑炎、血栓性静脉炎、慢性气管炎及蛇咬伤等病的治疗。

评注

药用植物图像数据库

中药佩兰与泽兰（唇形科植物毛叶地瓜儿苗 *Lycopus lucidus* Turcz. var. *hirtus* Regel 的干燥地上部分）自古以来常相混淆。造成佩兰与泽兰的交叉混用现象的原因之一，是历史上已然存在的混乱问题没有得到及时的澄清。另外，植物分类学上将 *Eupatorium* 命名为"泽兰属"，忽略了唇形科地笋属 (*Lycopus*) 植物毛叶地瓜儿苗作为中药正品泽兰的本草学地位 [17]。因此，似应将 *Eupatorium* 命名为"佩兰属"较为妥当。

中药鲜用，是一大特色，等量佩兰药材的挥发油含量，鲜品高于干品近一倍 [1]；干、鲜佩兰挥发油在相等剂量下，鲜品的抗炎等作用强于干品 [12]。这从挥发油含量及药理活性两方面为鲜品疗效优于干品提供了依据。

参考文献

[1] 韩淑萍，冯毓秀．佩兰及同属 3 种植物的挥发油化学成分研究 [J]. 中国中药杂志，1993，18(1)：39-41.

[2] 崔兆杰，邱琴，刘廷礼，等．佩兰挥发油化学成分的研究 [J]. 药物分析杂志，2002，22(2)：117-122.

[3] 曾虹燕，李京龙．超临界 CO_2 和微波辅助萃取佩兰挥发油工艺的研究 [J]. 食品科学，2004，25(4)：124-128.

[4] TORI M, OHARA Y, NAKASHIMA K, et al. Thymol derivatives from *Eupatorium fortunei*[J]. Journal of Natural Products, 2001, 64(8): 1048-1051.

[5] JIANG H X, GAO K. Highly oxygenated monoterpenes from *Eupatorium fortunei* [J]. Chinese Chemical Letters, 2005, 16(9): 1217-1219.

[6] HARUNA M, SAKAKIBARA Y, ITO K. Structure and conformation of eupafortunin, a new germacrane-type sesquiterpene lactone from *Eupatorium fortunei* Turcz. [J]. Chemical & Pharmaceutical Bulletin, 1986, 34(12): 5157-5160.

[7] YOSHIZAKI M, SUZUKI H, SANO K, et al. Lan-so and Ze-lan.I. Constituents of Eupatorium species. 1[J]. Yakugaku Zasshi, 1974, 94(3): 338-342.

[8] LAI C F, CHEN C H. Studies on the constituents of *Eupatorium fortunei* Turcz.[J]. 台湾药学杂志，1978, 30(2): 103-113.

[9] FURUYA T, HIKICHI M. Constituents of crude drugs. Ⅳ. Lindelofine and supinine. Pyrrolizidine alkaloids from *Eupatorium stoechadosmum*[J]. Phytochemistry, 1973, 12(1): 225.

[10] LIU K, ROEDER E, CHEN H L, et al. Pyrrolizidine alkaloids from *Eupatorium fortunei*[J]. Phytochemistry, 1992, 31(7): 2573-2574.

[11] SEKIKOA T, SHIBANO M, KUSANO G. Three trihydroxypiperidines, glycosidase inhibitiors, from *Eupatorium fortunei* Turcz.[J]. Natural Medicines, 1995, 49(3): 332-335.

[12] 孙绍美，宋玉梅，刘俭，等．佩兰挥发油药理作用的研究 [J]. 西北药学杂志，1995，10(1)：24-26.

[13] 李伟，郑天珍，瞿颂义，等．佩兰对大鼠胃肌条运动的作用 [J]. 兰州医学院学报，2000，26(4)：3-4.

[14] OBAYASHI K, IWAMOTO A, MASAKI H. Evaluation of plant extracts on depigmentation effect in cultured B_{16} melanoma cells[J]. Journal of SCCJ, 1996, 30(2): 153-160.

[15] 莫尚武，张坐奎，袁鹏飞，等．用 ^{45}Ca 跨膜测量技术研究藿香、佩兰的钙拮抗作用的活性成分 [J]. 核技术，1999，22(5)：297-300.

[16] 杨远友，刘宁，莫尚武，等．用 ^{45}Ca 研究中药的钙拮抗作用及机理 [J]. 同位素，2002，15(2)：69-73.

[17] 何灵秀，罗集鹏．泽兰和佩兰的本草考证与紫外光谱法鉴别 [J]. 中药材，2005，28(7)：549-551.

枇杷 Pipa CP, JP, KHP

Eriobotrya japonica (Thunb.) Lindl.
Loquat

概述

蔷薇科 (Rosaceae) 植物枇杷 *Eriobotrya japonica* (Thunb.) Lindl.，其干燥叶入药。中药名：枇杷叶。

枇杷属 (*Eriobotrya*) 植物全世界约30种，分布于亚洲温带及亚热带。中国产约13种，本属现供药用者约1种。本种主要分布于中国甘肃、陕西、河南、江苏、浙江、安徽、江西、福建、台湾、广东、广西、四川、云南等省区，各地广为栽培，四川、湖北有野生。日本、印度、越南、缅甸、泰国、印度尼西亚等国也有栽培。

"枇杷叶"药用之名，始载于《名医别录》，列为中品。历代本草多有著录。古今药用品种一致。《中国药典》(2015年版）收载本种为中药枇杷叶的法定原植物来源种。主产于中国广东、广西、江苏、浙江；江苏产量大，通称"苏杷叶"；广东质量佳，通称"广杷叶"。

枇杷叶主要活性成分为三萜、倍半萜苷类化合物。《中国药典》采用高效液相色谱法进行测定，规定枇杷叶药材含齐墩果酸和熊果酸的总量不得少于0.70%，以控制药材质量。

药理研究表明，枇杷叶具有镇咳、祛痰、抗炎的作用。

中医理论认为枇杷叶具有清肺止咳，降逆止呕等功效。

◆ 枇杷
Eriobotrya japonica (Thunb.) Lindl.

◆ 枇杷
E. japonica (Thunb.) Lindl.

◆ 药材枇杷叶
Eriobotryae Folium

化学成分

新鲜的枇杷叶中含挥发油0.045%～0.108%，其主要成分为橙花叔醇 (nerolidol)、金合欢醇 (farnesol)[1]。

枇杷叶含三萜类化合物：熊果酸 (ursolic acid)、马斯里酸 (maslinic acid)、马斯里酸甲酯 (methyl maslinate)、野鸦春酸 (euscaphic acid)[2]、2*α*-羟基熊果酸 (2*α*-hydroixyursolic acid)[3]、23-反式对香豆酰基委陵菜酸 (23-*trans*-*p*-coumaroyltormentic acid)、23-顺式对香豆酰基委陵菜酸(23-*cis*-*p*-coumaroyltormentic acid)、3-*O*-反式咖啡酰基委陵菜酸(3-*O*-*trans*-caffeoyltormentic acid)、3-*O*-反式对香豆酰基委陵菜酸(3-*O*-*trans*-*p*-coumaroylrotundic acid)[4]、3-*O*-反式阿魏酰基野鸭春酸 (3-*O*-*trans*-feruloyl euscaphic acid)[5]、3*α*-反式阿魏酰氧基-2*α*-羟基乌索-12-烯-28-酸 (3*α*-*trans*-feruloyloxy-2*α*-hydroxyurs-12-en-28-oic acid)[6]、枇杷苷 I (eriobotroside I)等；含倍半萜苷类化合物橙花叔醇-3-*O*-*α*-*L*-吡喃鼠李糖基 (1→2)-*β*-*D*-吡喃葡萄糖苷 [nerolidol-3-*O*-*α*-*L*-rhamnopyranosyl (1→2)-*β*-*D*-glucopyranoside]、橙花叔醇-3-*O*-*α*-*L*-吡喃鼠李糖基 (1→4)-*α*-*L*-吡喃鼠李糖基 (1→2)-*β*-*D*-吡喃葡萄糖苷 [nerolidol-3-*O*-*α*-*L*-rhamnopyranosyl(1→4)-*α*-*L*-rhamnopyranosyl(1→2)-*β*-*D*-glucopyranoside]等[7]；另含黄酮类化合物柚皮素 8-*C*-*α*-*L*-吡喃鼠李糖基-(1→2)-*β*-*D*-吡喃葡萄糖苷 [(2*S*),(2*R*)-naringenin 8-*C*-*α*-*L*-rhamnopyranosyl-(1→2)-*β*-*D*-glucopyranosides]、cinchonain Id 7-*O*-*β*-*D*-glucopyranosides[8]。

此外，叶和种子中还含苦杏仁苷 (amygdalin)[9-10]。

◆ euscaphic acid

◆ amygdalin

药理作用

1. 平喘、镇咳、祛痰

枇杷叶中所含的苦杏仁苷在体内分解产生微量氢氰酸，有平喘镇咳作用[10]。枇杷叶二氯甲烷和乙酸乙酯提取物灌胃能明显延长二氧化硫气体引起的小鼠咳嗽潜伏期；分离得到的枇杷苷Ⅰ、熊果酸、总三萜酸及枇杷叶乙醇提取物的正丁醇萃取部位灌胃均能明显延长枸橼酸喷雾所致豚鼠咳嗽的潜伏期，减少咳嗽次数[11-12]。枇杷叶水煎液对小鼠也有明显的止咳、祛痰作用，灌胃给药效果优于腹腔注射[13]。

2. 抗炎

枇杷叶二氯甲烷和乙酸乙酯提取物及乙醇提取物的乙酸乙酯和正丁醇萃取物灌胃，对二甲苯所致小鼠耳郭肿胀有明显抑制作用[11-12]。枇杷叶提取物灌胃可减轻佐剂性关节炎 (AA) 大鼠原发性及继发性足趾肿胀程度，降低多发性关节炎积分等指标；体外给药可增加 AA 大鼠低下的刀豆蛋白 A (ConA)、脂多糖 (LPS) 诱导的脾淋巴细胞增殖反应，提高脾淋巴细胞分泌白介素 2 (IL-2) 的水平，同时抑制腹腔巨噬细胞 IL-1 的过高产生[14]。

3. 降血糖

枇杷叶甲醇提取物中的倍半萜葡萄糖苷和多羟基三萜烯苷可显著降低遗传性糖尿病小鼠的尿糖，后者还可降低正常大鼠的血糖[15]。

4. 改善肝功能

枇杷子 70% 乙醇和甲醇提取物口服给药可使二甲基亚硝胺诱导的肝病大鼠血中天冬氨酸转氨酶 (AST)、丙氨酸转氨酶 (ALT) 和肝中羟脯氨酸水平下降，肝中类维生素 A 水平升高，表现出抑制肝纤维化进展的作用[16]。

5. 抗肿瘤

枇杷叶所含的三萜类化合物能抑制肿瘤促进剂 (TPA) 诱导的 Epstein-Barr 病毒早期抗原性的激活，其中野鸭春酸在体内能显著抑制由 7,12- 二甲基苯并蒽 (DMBA) 合并 TPA 引起的小鼠癌症发展进程[17]。

6. 其他

枇杷子 70% 乙醇提取物给大鼠口服，可减轻抗肿瘤药物阿霉素引起的肾病等不良反应[9]。枇杷叶乙醇和水提取物可改善受损肾和衰竭肾的功能，水提取物对甘油引起的肾衰竭有保护作用[18]。

应用

本品为中医临床用药。功能：清肺止咳，降逆止呕。主治：肺热咳嗽，气逆喘急，胃热呕逆，烦热口渴。

现代临床还用于百日咳、慢性支气管炎、慢性肾炎、膀胱炎、尿道炎、痤疮等病的治疗。

评注

枇杷全株用途广，除叶可作药用外，枇杷的鲜果是一种优良的水果。它含有丰富的蛋白质、脂肪、维生素 C 和糖、钙、镁、铁等成分，营养价值很高，既可生食，又可制成罐头、果酒和果酱。枇杷的果核也可作药用，有化痰止咳，疏肝行气，利水消肿的功效。枇杷树干木质细韧，可供雕刻。枇杷花是珍贵的蜜源，“枇杷蜜”为高级滋补品。枇杷现已被引种到亚洲、欧洲、非洲和大洋洲的许多国家。

参考文献

[1] SUEMITSU R, FUJITA S, IGUCHI T. Determination of components of essential oil of *Eriobotrya japonica*[J]. Shoyakugaku Zasshi, 1973, 27(1): 7-11.

[2] SHIMIZU M, FUKUMURA H, TSUJI H, et al. Anti-inflammatory constituents of topically applied crude drugs. Ⅰ. Constituents and anti-inflammatory effect of *Eriobotrya japonica* Lindl.[J]. Chemical & Pharmaceutical Bulletin, 1986, 34(6): 2614-2617.

[3] LIANG Z Z, AQUINO R, DE FEO V, et al. Polyhydroxylated triterpenes from *Eriobotrya japonica*[J]. Planta Medica, 1990, 56(3): 330-332.

[4] DE TOMMASI N, DE SIMONE F, PIZZA C, et al. Constituents of *Eriobotrya japonica*. A study of their antiviral properties[J]. Journal of Natural Products, 1992, 55(8): 1067-1073.

[5] SHIMIZU M, EUMITSU N, SHIROTA M, et al. A new triterpene ester from *Eriobotrya japonica*[J]. Chemical & Pharmaceutical Bulletin, 1996, 44(11): 2181-2182.

[6] ITO H, KOBAYASHI E, LI S H, et al. Megastigmane glycosides and an acylated triterpenoid from *Eriobotrya japonica*[J]. Journal of Natural Products, 2001, 64(6): 737-740.

[7] DE TOMMASI N, DE SIMONE F, AQUINO R, et al. Plant metabolites. New sesquiterpene glycosides from *Eriobotrya japonica*[J]. Journal of Natural Products, 1990, 53(4): 810-815.

[8] ITO H, KOBAYASHI E, TAKAMATSU Y, et al. Polyphenols from *Eriobotrya japonica* and their cytotoxicity against human oral tumor cell lines[J]. Chemical & Pharmaceutical Bulletin, 2000, 48(5): 687-693.

[9] HAMADA A, YOSHIOKA S, TAKUMA D, et al. The effect of *Eriobotrya japonica* seed extract on oxidative stress in adriamycin-induced nephropathy in rats[J]. Biological & Pharmaceutical Bulletin, 2004, 27(12): 1961-1964.

[10] 庄永峰 . 高效液相色谱法测定枇杷叶中苦杏仁苷含量 [J]. 海峡药学，2002，14(5)：64-65.

[11] 王立为，刘新民，余世春，等 . 枇杷叶抗炎和止咳作用研究 [J]. 中草药，2004，35(2)：174-175.

[12] 鞠建华，周亮，林耕，等 . 枇杷叶中三萜酸类成分及其抗炎、镇咳活性研究 [J]. 中国药学杂志，2003，38(10)：752-757.

[13] 钱萍萍，田菊雯 . 枇杷叶对小鼠的止咳、祛痰作用 [J]. 现代中西医结合杂志，2004，13(5)：580，663.

[14] 葛金芳，李俊，姚宏伟，等 . 枇杷叶提取物对佐剂性关节炎的作用及部分机制研究 [J]. 中国药理通讯，2003，20(3)：48.

[15] DE TOMMASI N, DE SIMONE F, CIRINO G, et al. Hypoglycemic effects of sesquiterpene glycosides and polyhydroxylated triterpenoids of *Eriobotrya japonica*[J]. Planta Medica, 1991, 57(5): 414-416 .

[16] NISHIOKA Y, YOSHIOKA S, KUSUNOSE M, et al. Effect of extract derived from *Eriobotrya japonica* on liver function improvement in rats[J]. Biological & Pharmaceutical Bulletin, 2002, 25(8): 1053-1057.

[17] BANNO N, AKIHISA T, TOKUDA H, et al. Anti-inflammatory and antitumor-promoting effects of the triterpene acids from the leaves of *Eriobotrya japonica*[J]. Biological & Pharmaceutical Bulletin, 2005, 28(10): 1995-1999.

[18] EL-HOSSARY G A, FATHY M M, KASSEM H A, et al. Cytotoxic trierpenes from the leaves of *Eriobotrya japonica* L. growing in Egypt and the effect of the leaves on renal failure[J]. Bulletin of the Faculty of Pharmacy, 2000, 38(1): 87-97.

蒲公英 Pugongying CP

Taraxacum mongolicum Hand. -Mazz.
Mongolian Dandelion

概述

菊科 (Asteraceae) 植物蒲公英 *Taraxacum mongolicum* Hand. -Mazz.，其干燥全草入药。中药名：蒲公英。

蒲公英属 (*Taraxacum*) 植物全世界约 2000 种，主产于北半球温带至亚热带地区，少数产于热带南美洲。中国有 70 种 1 变种。本属现供药用者约有 20 种。本种分布于中国黑龙江、吉林、辽宁、内蒙古、河北、山西、陕西、甘肃等省区；朝鲜半岛、蒙古、俄罗斯也有分布。

"蒲公英"药用之名，始载于《新修本草》。历代本草多有著录，中国自古以来作蒲公英药用者系本属多种植物。《中国药典》（2015 年版）收载本种为中药蒲公英法定原植物来源种之一。中国大部分地区均产。

蒲公英主要含有酚酸类、黄酮类、三萜类成分。《中国药典》采用高效液相色谱法进行测定，规定蒲公英药材含咖啡酸不得少于 0.020%，以控制药材质量。

药理研究表明，蒲公英有抗病原微生物、抗肿瘤、抗胃溃疡、增强免疫等作用。

中医理论认为蒲公英具有清热解毒，消肿散结，利尿通淋等功效。

◆ 蒲公英
Taraxacum mongolicum Hand. -Mazz.

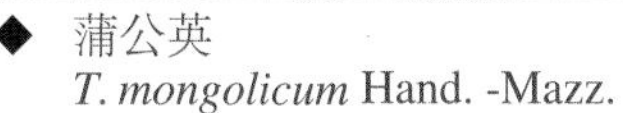

◆ 蒲公英
T. mongolicum Hand. -Mazz.

◆ 药材蒲公英
Taraxaci Herba

化学成分

蒲公英全草含有酚酸类成分：咖啡酸 (caffeic acid)、绿原酸 (chlorogenic acid)[1]；黄酮类成分：槲皮素 (quercetin)[1]、槲皮素-3-*O*-葡萄糖苷 (quercetin-3-*O*-glucoside)、槲皮素-3-*O*-β-半乳糖苷 (quercetin-3-*O*-β-galactoside)[2]、木犀草素-7-*O*-葡萄糖苷 (luteolin-7-*O*-glucoside)[1]；三萜类成分：蒲公英醇 (taraxol)、蒲公英赛醇 (taraxerol)、假蒲公英甾醇 (pseudotaraxasterol)、蒲公英甾醇 (taraxasterol)[3]；挥发油类成分：正己醇 (*n*-hexanol)、3-正己烯-1-醇 (3-hexen-1-ol)、2-呋喃甲醛 (2-furancarboxaldehyde)、樟脑 (camphor)、苯甲醛 (benzaldehyde)、正辛醇 (*n*-octanol)、3,5-正辛烯-2-酮 (3,5-octadien-2-one)、反式石竹烯 (*trans*-caryophyllene)、β-紫罗兰酮 (β-lonone)、α-雪松醇 (α-cedrol)[4]。

◆ taraxasterol

药理作用

1. 抗病原微生物

体外实验证明，蒲公英水煎剂或水浸剂对金黄色葡萄球菌、大肠埃希氏菌、铜绿假单胞菌、弗氏痢疾志贺氏菌、甲型副伤寒沙门氏菌、白色念珠菌、牛布氏杆菌、变形杆菌属、甲型及乙型溶血性链球菌等均有抑制作用[5]。蒲公英水浸剂对堇色毛癣菌、同心性毛癣菌、许兰氏黄癣菌、奥杜盎氏小芽孢癣菌、腹股沟表皮癣菌、红色表皮癣菌、星形奴卡氏菌等均有抑杀作用。此外，蒲公英对人结核分枝杆菌 ($H_{37}RV$)、幽门螺杆菌均有良好的灭杀作用。蒲公英煎剂或水提取物能推迟孤儿病毒 ($ECHO_{11}$) 及疱疹病毒引起的人胚肾或人胚肺原代细胞病变。

2．抗肿瘤

蒲公英根的主要成分三萜类化合物，对小鼠皮肤二阶段致癌有显著的对抗作用[6]。给小鼠腹腔注射蒲公英多糖，对艾氏腹水癌有显著抑制作用，此作用于接种癌细胞 10 ～ 20 天后期给药有效，推测该多糖的抑瘤活性与其免疫激活效果有关。蒲公英根的甲醇提取物和水提取物的丙酮溶液局部皮肤应用 20 周，对二甲基苯蒽 (DMBA)、佛波酯 (TPA) 所致小鼠皮肤乳头状瘤有抑制作用[6]。

3．对消化系统的作用

蒲公英水提醇沉液腹腔注射对清醒大鼠的胃酸分泌有显著抑制作用，对组胺、五肽胃泌素和氨甲酰胆碱诱导的麻醉大鼠胃酸分泌也有明显抑制作用[7]。蒲公英水煎剂灌胃对大鼠应激性溃疡、幽门结扎性胃溃疡和无水乙醇所致大鼠胃黏膜损伤均有不同程度的保护作用[8]，其水提取物还有收缩兔离体胃、十二指肠作用[9]。此外，其水或乙醇提取物经十二指肠给药，能使麻醉大鼠胆汁分泌显著增加[10]。体外实验还显示，蒲公英水提取物对四氯化碳所致原代培养大鼠肝细胞损伤有显著保护作用[11]。

4．增强免疫

蒲公英提取物经口给药可增强小鼠脾淋巴细胞增殖能力，提高自然杀伤细胞 (NK) 活性及吞噬细胞吞噬能力[12]；对氢化可的松所致的免疫抑制有显著对抗作用[13]。

5．抗诱变

蒲公英水煎剂灌胃能抑制小鼠环磷酰胺诱发的染色体畸变和微核率，促进细胞的增殖能力[14]；对环磷酰胺诱导实验性小鼠精子畸形具有显著抑制作用[15]。

6．抗氧化、抗衰老

蒲公英黄酮类成分有较强的体外清除超氧阴离子的能力[16]；给衰老小鼠灌胃后能提高脑组织内超氧化物歧化酶 (SOD) 活性和降低丙二醛 (MDA) 、脂褐素 (LPF) 含量，具有一定的抗衰老作用[17]。

7．其他

蒲公英水提取物可以保护体外缺氧缺糖心肌细胞[18]。高剂量蒲公英提取物对离体大鼠动脉有内皮依赖性 (endothelium-dependent) 舒张作用[19]。蒲公英还有促进毛细血管循环、促进脑垂体分泌和利尿的作用[20]。

应用

本品为中医临床用药。功能：清热解毒，消肿散结，利尿通淋。主治：疔疮肿毒，乳痈，瘰疬，目赤，咽痛，肺痈，肠痈，湿热黄疸，热淋涩痛。

现代临床还用于急性上呼吸道感染、扁桃体炎、腮腺炎、乳腺炎、肝胆系统炎症、胃炎、胃溃疡、尿道炎等病的治疗。

评注

药用植物图像数据库

《中国药典》还收载碱地蒲公英 *Taraxacum borealisinense* Kitam. 及其他同属植物为药材蒲公英的原植物来源种。目前中国作蒲公英入药的主要种类还有东北蒲公英 *T. ohwianum* Kitam.、异苞蒲公英 *T. heterolepis* Nakai et Koidz. ex Kitag.、亚洲蒲公英 *T. asiaticum* Dahlst.、斑叶蒲公英 *T. variegatum* Kitag.、白缘蒲公英 *T. platypecidum* Diels、芥叶蒲公英 *T. brassicaefolium* Kitag. 和大头蒲公英 *T. calanthodium* Dahlst.[21]。

蒲公英药材具有多种重要药理活性，药用价值很高，但其来源复杂，对各种来源植物的研究不多，有待深入。

蒲公英嫩叶中钙含量高达0.22 g/100 g，铁含量高达12 mg/100 g，还含丰富的矿物质，营养价值高，食用安全，可开发为多种绿色保健食品[22]。

参考文献

[1] 凌云，鲍燕燕，朱莉莉，等．蒲公英化学成分的研究 [J]. 中国药学杂志，1997，32(10)：584-586.

[2] 凌云，鲍燕燕，郭秀芳，等．蒲公英中两个黄酮苷的分离鉴定 [J]. 中国中药杂志，1999，24(4)：225-226.

[3] 孟志云，徐绥绪．蒲公英的化学与药理 [J]. 沈阳药科大学学报，1997，14(2)：137-143.

[4] 凌云，张卫华，郭秀芳，等．气相色谱 - 质谱分析蒲公英挥发油成分 [J]. 西北药学杂志，1998，13(4)：154.

[5] 吕俊华，邱世翠，张连同，等．蒲公英体外抑菌作用研究 [J]. 时珍国医国药，2002，13(4)：215-216.

[6] 吴艳玲，朴惠善．蒲公英的药理研究进展 [J]. 时珍国医国药，2004，15(8)：519-520.

[7] 尤春来，韩兆丰，朱丹，等．蒲公英对大鼠胃酸分泌的抑制作用及其对胃酸刺激药的影响 [J]. 中药药理与临床，1994，(2)：23-26.

[8] 赵守训，杭秉倩．蒲公英的化学成分和药理作用 [J]. 中国野生植物资源，2001，20(3)：1-3.

[9] 李玲，谈斐．莱菔子、蒲公英、白术对家兔离体胃、十二指肠肌的动力作用 [J]. 中国中西医结合脾胃杂志，1998，6(2)：107-108.

[10] 王本祥．现代中药药理学 [M]. 天津：天津科学技术出版社，1997：223-225.

[11] 金政，金美善，李相伍，等．蒲公英对四氯化碳损伤原代培养大鼠肝细胞的保护作用 [J]. 延边大学医学学报，2001，24(2)：94-97.

[12] 吴小丽，蔡云清，赵岩，等．蒲公英提取物对小鼠免疫功能的调节作用 [J]. 南京医科大学学报：自然科学版，2005，25(3)：163-165.

[13] 凌云，单晶，张雅琳，等．中药蒲公英对小鼠脾淋巴细胞增殖的影响 [J]. 解放军药学学报，2005，21(1)：73-74.

[14] 朱蔚云，庞竹林，梁敏仪，等．蒲公英对环磷酰胺致小鼠骨髓细胞突变作用的抑制研究 [J]. 癌变 · 畸变 · 突变，2003，15(3)：164-167.

[15] 朱蔚云，庞竹林，汤郡，等．蒲公英水煎液对环磷酰胺诱导的实验性小鼠精子畸形的影响 [J]. 广州医学院学报，1999，27(4)：14-16.

[16] 陈景耀，龚祝南，宰学明，等．蒲公英提取物黄酮类物质成分及其抗氧化活性的初步研究 [J]. 中国野生植物资源，2001，20(3)：22-23.

[17] 隋洪玉，李秀霞，赵永勋，等．蒲公英总黄酮提取液对 *D*-gal 衰老模型小鼠脑组织的抗氧化作用 [J]. 黑龙江医药科学，2004，27(6)：3-4.

[18] 金政，李相伍，金美善，等．蒲公英对体外培养心肌细胞保护作用的研究 [J]. 中国中医药科技，2001，8(5)：284.

[19] YOU C L, NAKAZAWA M. Effects of taraxacum-extract on the isolated rat aorta[J]. Niigata Igakkai Zasshi, 1992, 106(6): 513-517.

[20] 邵辉．蒲公英活性成分 T-1 的药理学研究及临床探讨 [J]. 天津中医，2002，19(4)：59-60.

[21] 袁昌齐．蒲公英的本草论证和种类鉴定 [J]. 中国野生植物资源，2001，20(3)：6-8，17.

[22] 俞红，李锦兰，宇莉，等．天然野生蒲公英矿物元素及动物毒理学安全评价分析 [J]. 微量元素与健康研究，2004，21(4)：4-5.

茜草 Qiancao CP, IP

Rubia cordifolia L.
Indian Madder

概述

茜草科 (Rubiaceae) 植物茜草 *Rubia cordifolia* L.，其干燥根和根茎入药。中药名：茜草。

茜草属 (*Rubia*) 植物全世界有 70 余种，分布于西欧、北欧、地中海沿岸、非洲、亚洲温带和喜马拉雅地区、美洲热带。中国产约有 36 种 2 变种，本属现供药用者约 15 种。本种分布于中国东北、华北、西北，以及四川、西藏等地；朝鲜半岛、日本、俄罗斯远东地区也有分布。

茜草以"茜根"药用之名，始载于《神农本草经》，列为中品。历代本草多有著录，古今药用品种一致。《中国药典》（2015 年版）收载本种为中药茜草的法定原植物来源种。主产于中国大部分地区，以陕西、河南产量大且质量优。

茜草主要成分以蒽醌及其苷类化合物为主，此外，还有醌类、环肽类、多糖等。《中国药典》采用高效液相色谱法进行测定，规定茜草药材含大叶茜草素不得少于0.40%，羟基茜草素不得少于0.10%，以控制药材质量。

药理研究表明，茜草具有止血、抗肿瘤、抗菌、抗病毒、抗氧化、抗衰老等作用。

中医理论认为茜草具有凉血，祛瘀，止血，通经等功效。

◆ 茜草
Rubia cordifolia L.

◆ 药材茜草
Rubiae Radix et Rhizoma

化学成分

茜草的根中含蒽醌及其苷类成分：茜草素 (alizarin)[1]、羟基茜草素 (purpurin)[2]、异羟基茜草素 (xanthopurpurin)、甲基异茜草素 (rubiadin)[3]、茜草酸 (munjistin)[4]、去甲虎刺素 (nordamnacanthal)、1-羟基-2-甲基蒽醌 (1-hydroxy-2-methylanthraquinone)[5]、1,3,6-三羟基-2-甲基蒽醌-3-*O*-*β*-*D*-吡喃木糖(1→2)-*β*-*D*-（6′-*O*-乙酰基）吡喃葡萄糖苷 [2-methyl-1,3,6-trihydroxy-anthraquinone-3-*O*-*β*-*D*-xylosyl(1→2)-*β*-*D*-(6′-*O*- acetyl) glucoside][6]、cordifoliol、cordifodiol[7]及rubiasins A、B、C[8]等；萘醌及其苷类化合物：呋喃大叶茜草素 (furomollugin)[9]、大叶茜草素 (mollugin)[10]、二氢大叶茜草素 (dihydromollugin)、茜草内酯 (rubilactone)[11]等；三萜类成分：3*β*-乙酰氧基齐墩果烷-12-酮 (3*β*-acetoxyoleanane-12-one)、3*β*,13*β*,15*α*-三羟基齐墩果烷-12-酮 (3*β*,13*β*,15*α*-trihydroxyoleanane-12-one)、常春藤皂苷元 (hederagenin)[12]等；还含有具抗癌作用的环己肽类化合物：RA Ⅰ、Ⅱ、Ⅲ、Ⅳ、Ⅴ、Ⅵ、Ⅶ、Ⅷ、Ⅸ、Ⅹ、Ⅺ、Ⅻ、XⅢ、XⅣ、XⅤ、XⅥ、XⅦ(RA Ⅰ～XⅦ)[13-20]，RA二聚物 A (RA dimmer A)[21]，多糖类化合物茜草多糖RPS-1、RPS-2、RPS-3[22]和 QA_2[23]。

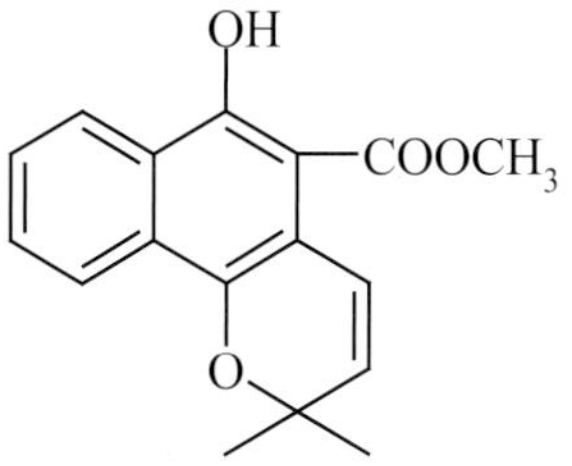

◆ mollugin

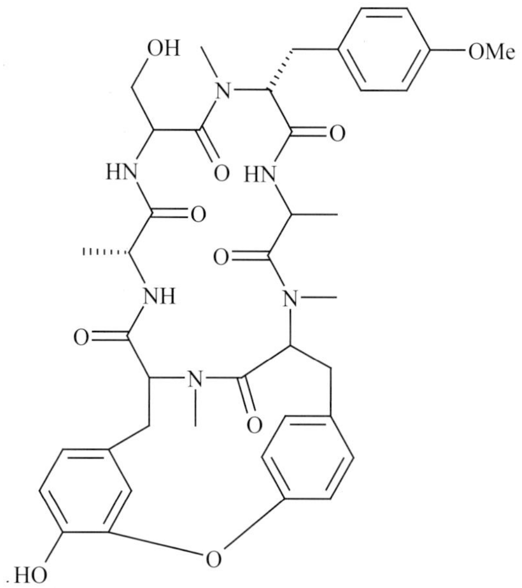

◆ RA-I

药理作用

1. 对血液系统的影响

家兔口服茜草温浸液有明显促进血液凝固的作用。茜草水煎醇沉液灌胃或腹腔注射均能明显缩短小鼠的凝血时间 [24]。全草的提取物体外能抑制血小板活化因子 (PAF) 引起的血小板聚集 [25]。其作用机制为促进凝血活酶、凝血酶和纤维蛋白的生成。茜草还能明显纠正肝素所引起的凝血障碍，可治疗肝素过多的出血疾患 [26]。

2. 抗肿瘤

从茜草中分离的环己肽类化合物RA系列都有抗癌作用，但强度大小不一，毒性也不同。其中RA-Ⅰ、Ⅱ、Ⅲ、Ⅳ、Ⅴ、Ⅵ、Ⅶ腹腔给药对 P388 白血病小鼠有生命延长作用；RA-Ⅴ、Ⅶ体内对 L1210 白血病、B16 黑色素瘤、实体瘤中的结肠癌 38、艾氏腹水癌和 Lewis 肺癌等有抗癌活性；对 MM-2 乳腺癌，只有 RA-Ⅴ才有效 [27]。

3. 升高白细胞

犬口服茜草提取物后白细胞数量显著升高，其活性成分为茜草酸及其苷 [28]。

4. 抗菌、抗病毒

体外试验表明，茜草水提取物对金黄色葡萄球菌、枯草芽孢杆菌有明显的抑制作用；茜草氯仿和甲醇提取物对革兰氏阳性菌、铜绿假单胞菌有明显的抑制作用 [29]。呋喃大叶茜草素和大叶茜草素对乙型肝炎表面抗原 (HBsAg) 分泌也有较强的抑制作用 [9]。茜草水提取液腹腔注射对小鼠阴道感染Ⅱ型单纯疱疹病毒 (HSV-2) 有抑制作用 [30]；茜草甲醇提取物体外对 HSV-2 也有抑制作用 [31]。

5. 抗氧化、抗衰老

茜草水煎液灌胃可提高 *D*- 半乳糖致衰老小鼠心肌线粒体呼吸链酶复合体Ⅰ、Ⅰ+Ⅲ、Ⅱ+Ⅲ的活性，细胞色素 b、c、aa_3 的含量，以及 Mn- 超氧化物歧化酶 (Mn-SOD) 的活性，降低丙二醛 (MDA) 的含量，减少线粒体过氧化损伤，通过抑制线粒体的脂质过氧化和改善呼吸链的活性、提高呼吸链的细胞色素含量起到抗衰老的作用 [32-33]。茜草多糖体外具有显著抑制自由基脂质过氧化的作用 [34]，腹腔注射可有效地提高急性肾缺血再灌注肾损伤大鼠肾组织中 SOD、Na^+,K^+-ATP 酶及 Ca^{2+}-ATP 酶的活性，降低 MDA 的含量，对损伤后的肾脏有明显的保护作用 [35]。

6. 抗炎、抗风湿

茜草总蒽醌给佐剂性关节炎大鼠灌胃，可通过降低大鼠血清中白介素 1 (IL-1)、白介素 2(IL-2)、白介素 6(IL-6) 和肿瘤坏死因子 (TNF) 的含量，抑制机体免疫反应，改善局部炎症，发挥抗炎抗风湿作用 [36-37]。茜草醇提取物灌胃对大鼠足趾肿胀、棉球肉芽肿等多种炎症具有明显的抑制作用，并能显著降低小鼠血清溶血素的含量 [38]。

7. 其他

茜草还具有抗辐射 [39]、解热、镇痛 [40]、保肝 [41]、抗惊厥 [42] 和抑制细胞增殖 [43] 等作用。

应用

本品为中医临床用药。功能：凉血，祛瘀，止血，通经。主治：吐血，衄血，崩漏，外伤出血，瘀阻经闭，关节痹痛，跌扑肿痛。

现代临床还用于非功能性子宫出血、肿瘤化疗、放化疗所致的白细胞减少症和原因不明的白细胞减少症等病的治疗。

评注

药用植物图像数据库

茜草在中国有广阔的资源分布，日本学者从茜草中分离出高效低毒的抗癌成分及具有显著升白作用的茜草双酯，人工合成后更促进了人们对茜草的深入研究。

茜草除供药用外，也是人类最早使用的红色植物染料之一。史书中即有“染绛茜草也”的说法。茜草色素还可作为天然色素成分应用在美容化妆品的制造上，极具开发前景[44]。

染色茜草 *Rubia tinctorum* L. 中含有芦西定 (lucidin)，是一种有较强致基因突变作用的化合物，美国 FDA 已明确将染色茜草列为禁用药物。

参考文献

[1] MURTI V V S, SESHADRI T R, SIVAKUMARAN S. Anthraquinones of *Rubia cordifolia*[J]. Phytochemistry, 1972, 11(4): 1524.

[2] GUPTA D, KUMARI S, GULRAJANI M. Dyeing studies with hydroxyanthraquinones extracted from Indian madder. Part 1: Dyeing of nylon with purpurin[J]. Coloration Technology, 2001, 117(6): 328-332.

[3] ITOKAWA H, QIAO Y F, TAKEYA K. Anthraquinones and naphthohydroquinones from *Rubia cordifolia*[J]. Phytochemistry, 1989, 28(12): 3465-3468.

[4] TAKAGI Y. The pigments in the root of *Rubia cordifolia* variety munjista[J]. Nippon Kagaku Zasshi, 1961, 82: 1561-1563.

[5] TESSIER A M, DELAVEAU P, CHAMPION B. New anthraquinones in *Rubia cordifolia* root[J]. Planta Medica, 1981, 41(4): 337-343.

[6] 王素贤，华会明，吴立军，等. 茜草中蒽醌类成分的研究[J]. 药学学报，1992，27(10)：743-747.

[7] ABDULLAH S T, ALI A, HAMID H, et al. Two new anthraquinones from the roots of *Rubia cordifolia* Linn.[J]. Pharmazie, 2003, 58(3): 216-217.

[8] CHANG L C, CHAVEZ D, GILLS J J, et al. Rubiasins A-C, new anthracene derivatives from the roots and stems of *Rubia cordifolia*[J]. Tetrahedron Letters, 2000, 41(37): 7157-7162.

[9] HO L K, DON M J, CHEN H C, et al. Inhibition of hepatitis B surface antigen secretion on human hepatoma cells. Components from *Rubia cordifolia*[J]. Journal of Natural Products, 1996, 59(3): 330-333.

[10] ITOKAWA H, MIHARA K, TAKEYA K. Studies on a novel anthraquinone and its glycosides isolated from *Rubia cordifolia* and *R. akane*[J]. Chemical & Pharmaceutical Bulletin, 1983, 31(7): 2353-2358.

[11] 华会明，王素贤，吴立军，等. 茜草中萘酸酯类成分的研究 [J]. 药学学报，1992，27(4)：279-282.

[12] IBRAHEIM Z Z. Triterpenes from *Rubia cordifolia* L.[J]. Bulletin of Pharmaceutical Sciences, Assiut University, 2002, 25(2): 155-163.

[13] ITOKAWA H, TAKEYA K, MORI N, et al. Studies on antitumor cyclic hexapeptides RA obtained from Rubiae radix, Rubiaceae. Ⅵ. Minor antitumor constituents[J]. Chemical & Pharmaceutical Bulletin, 1986, 34(9): 3762-3768.

[14] ITOKAWA H, TAKEYA K, MIHARA K, et al. Studies on the antitumor cyclic hexapeptides obtained from Rubiae Radix[J]. Chemical & Pharmaceutical Bulletin, 1983, 31(4): 1424-1427.

[15] ITOKAWA H, MORITA H, TAKEYA K, et al. New antitumor bicyclic hexapeptides, RA-Ⅵ and -Ⅷ from *Rubia cordifolia*; conformation-activity relationship. II[J]. Tetrahedron, 1991, 47(34): 7007-7020.

[16] ITOKAWA H, YAMAMIYA T, MORITA H, et al. New antitumor bicyclic hexapeptides. RA-Ⅸ and -Ⅹ from *Rubia cordifolia*. Part 3. Conformation-antitumor activity relationship[J]. Journal of the Chemical Society, Perkin Transactions 1: Organic and Bio-Organic Chemistry, 1992, 4: 455-459.

[17] ITOKAWA H, SAITOU K, MORITA H, et al. Structures and conformations of metabolites of antitumor cyclic hexapeptides, RA-Ⅶ and RA-Ⅹ[J]. Chemical & Pharmaceutical Bulletin, 1992, 40(11): 2984-2989.

[18] MORITA H, YAMAMIYA T, TAKEYA K, et al. New antitumor bicyclic hexapeptides, RA-Ⅺ, -Ⅻ, -ⅩⅢ and -ⅩⅣ from *Rubia cordifolia*[J]. Chemical & Pharmaceutical Bulletin, 1992, 40(5): 1352-1354.

[19] TAKEYA K, YAMAMIYA T, MORITA H, et al. Two antitumor bicyclic hexapeptides from *Rubia cordifolia*[J]. Phytochemistry, 1993, 33(3): 613-615.

[20] HITOTSUYANAGI Y, ISHIKAWA H, HASUDA T, et al. Isolation, structural elucidation, and synthesis of RA-ⅩⅦ, a novel bicyclic hexapeptide from *Rubia cordifolia*, and the

effect of side chain at residue 1 upon the conformation and cytotoxic activity[J]. Tetrahedron Letters, 2004, 45(5): 935-938.

[21] HITOTSUYANAGI Y, AIHARA T, TAKEYA K. RA-dimer A, a novel dimeric antitumor bicyclic hexapeptide from *Rubia cordifolia* L.[J]. Tetrahedron Letters, 2000, 41(32): 6127-6130.

[22] 黄荣清，王作华，王红霞，等．茜草多糖 RPS-1、RPS-2 和 RPS-3 组成研究 [J]. 中药材，1996，19(1)：25-27.

[23] 王红霞，王秉伋．茜草多糖 QA_2 的分离纯化及组成分析 [J]. 中草药，1998，29(4)：219-221.

[24] 宁康健，李东风，桂子奉．不同炮制方法、给药途径及浓度的茜草水煎醇沉液对小鼠凝血作用的影响 [J]. 中国中医药科技，2005，12(6)：368-369.

[25] TRIPATHI Y B, PANDEY S, SHUKLA S D. Anti-platelet activating factor property of *Rubia cordifolia* Linn.[J]. Indian Journal of Experimental Biology, 1993, 31(6): 533-535.

[26] 杨胜利，刘发．茜草的药理作用及应用 [J]. 实用中西医结合杂志，1995，8(8)：588.

[27] 樊中心．茜草中的抗癌成分 [J]. 国外医学：中医中药分册，1997，19(4)：3-5.

[28] 王升启，马立人．茜草属药用植物的化学成分及生物活性 [J]. 军事医学科学院院刊，1991，15(4)：254-259.

[29] BASU S, GHOSH A, HAZRA B. Evaluation of the antibacterial activity of *Ventilago madraspatana* Gaertn., *Rubia cordifolia* Linn. and *Lantana camara* Linn.: isolation of emodin and physcion as active antibacterial agents[J]. Phytotherapy Research, 2005, 19(10): 888-894.

[30] 伍参荣，贺双腾，胡建中．茜草提取液小鼠体内抗 HSV-2 及诱生干扰素作用的实验观察 [J]. 深圳中西医结合杂志，1997，7(1)：18-19.

[31] 金玉怀，王玉坤，顾葆良．茜草对Ⅱ型单纯疱疹病毒的体外生长抑制作用 [J]. 病毒学杂志，1989，(4)：345-349.

[32] 谢红，王德明，王明富，等．茜草对半乳糖致衰小鼠心肌线粒体能量代谢的影响 [J]. 中国老年学杂志，2005，25(7)：808-809.

[33] 谢红，王明富，江旭东，等．茜草对半乳糖致衰小鼠心肌线粒体细胞色素含量的影响 [J]. 黑龙江医药科学，2005，28(1)：8-9.

[34] 张振涛，吴泉，吴仁奇，等．茜草多糖的抗氧化作用 [J]. 内蒙古医学院学报，1998，20(1)：31-33.

[35] 张振涛，沈传智，吴仁奇，等．茜草多糖对肾缺血再灌注损伤的保护作用 [J]. 内蒙古医学院学报，2000，22(1)：38-39.

[36] 许兰芝，赵世琴，胡庆伟，等．茜草总蒽醌抗炎抗风湿作用及机制 [J]. 潍坊医学院学报，2002，24(1)：11-13.

[37] 许兰芝，胡庆伟，冷萍．佐剂性关节炎大鼠细胞因子和皮质醇水平与茜草总蒽醌的干预作用 [J]. 中国临床康复，2006，10(3)：116-117.

[38] 许兰芝，陈维宁，张薇，等．茜草醇提物的抗炎免疫作用 [J]. 潍坊医学院学报，2002，24(1)：1-3.

[39] 陈寅生，李武营．茜草中多糖成分的提取分离与抗辐射作用的实验研究 [J]. 河南大学学报：医学版，2004，23(1)：32-34.

[40] 刘成立，许兰芝，陈维宁，等．茜草醇提物的解热镇痛作用 [J]. 潍坊医学院学报，2002，24(1)：4-5.

[41] RAO G M M, RAO C V, PUSHPANGADAN P, et al. Hepatoprotective effects of rubiadin, a major constituent of *Rubia cordifolia* Linn.[J]. Journal of Ethnopharmacology, 2006, 103(3): 484-490.

[42] KASTURE V S, DESHMUKH V K, CHOPDE C T. Anticonvulsant and behavioral actions of triterpene isolated from *Rubia cordifolia* Linn.[J]. Indian Journal of Experimental Biology, 2000, 38(7): 675-680.

[43] TRIPATHI Y B, SHUKLA S D. *Rubia cordifolia* extract inhibits cell proliferation in A-431 cells[J]. Phytotherapy Research, 1998, 12(6): 454-456.

[44] 刘新民．茜草色素：有待于化妆品界挖掘利用的古老色素 [J]. 广西轻工业，1995，(3)：14-20.

羌活 Qianghuo CP, JP

Notopterygium incisum Ting ex H. T. Chang
Incised Notopterygium

概述

伞形科 (Apiaceae) 植物羌活 *Notopterygium incisum* Ting ex H. T. Chang，其干燥根茎和根入药。中药名：羌活。

羌活属 (*Notopterygium*) 植物为中国特有属，有5种。本属现供药用者为3种[1]。本种分布于中国陕西、甘肃、青海、四川、云南及西藏等省区。

"羌活"药用之名，始载于《神农本草经》"独活"项下，列为别名。《药性论》才开始独立记载羌活的功效。《中国药典》（2015年版）收载本种为中药羌活的法定原植物来源种之一。主产于中国四川、青海、甘肃及西藏、云南等省区，为中国西北、西南地区道地药材[2]。

羌活属植物主要活性成分为香豆素类化合物，尚有酚性化合物和挥发油。《中国药典》采用挥发油测定法进行测定，规定羌活药材含挥发油不得少于1.4% (mL/g)；采用高效液相色谱法进行测定，含羌活醇和异欧前胡素的总量不得少于0.40%，以控制药材质量。

药理研究表明，羌活具有解热、镇痛、抗炎、抗过敏、抗心律失常和抗病毒等作用。

中医理论认为羌活具有解表散寒，祛风除湿，止痛等功效。

◆ 羌活
Notopterygium incisum Ting ex H. T. Chang

◆ 宽叶羌活
N. franchetii H. de Boiss

◆ 药材羌活（来源羌活）
Notopterygii Rhizoma et Radix

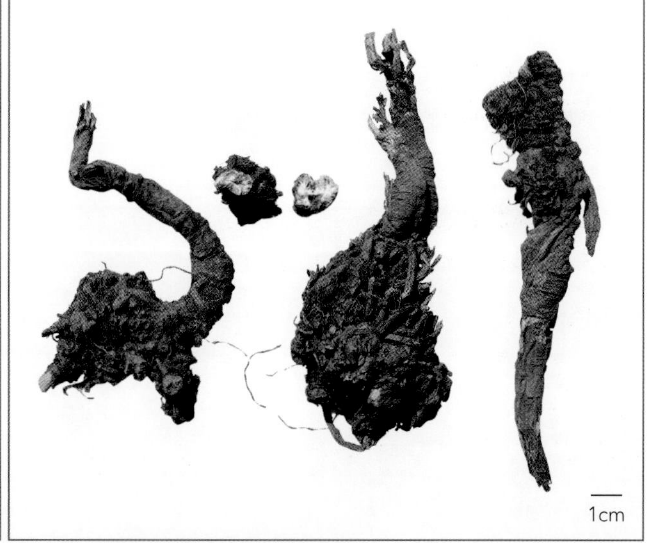

◆ 药材羌活（来源宽叶羌活）
Notopterygii Rhizoma et Radix

化学成分

羌活根茎和根部含香豆素类化合物：羌活醇 (notopterol)、异欧前胡素 (isoimperatorin)、蛇床夫内酯 (cnidilin)、佛手柑内酯 (bergapten)、紫花前胡苷元 (nodakenetin)、紫花前胡苷 (nodakenin)、佛手柑亭 (bergamottin)[3-4]、乙基羌活醇 (ethylnotopterol)、羌活酚缩醛 (notoptolide) 和环氧脱水羌活酚 (anhydronotoptoloxide)[5]等；酚性化合物：对-羟基苯乙基茴香酸酯 (*p*-hydroxyphenethyl anisate)、阿魏酸 (ferulic acid)[4]、苯乙基阿魏酸酯 (phenethyl ferulate)、花椒毒酚 (xanthotoxol)等；挥发油类成分，主要为α、β-蒎烯 (α, β-pinenes)、γ-松油烯 (γ-terpinene)、福尔卡烯炔二

醇 (falcarindiol)[6-7]、柠檬烯 (limonene)、对-聚伞花素 (*p*-cymene)、缬草萜烯醇 (valerianol)[8]等。

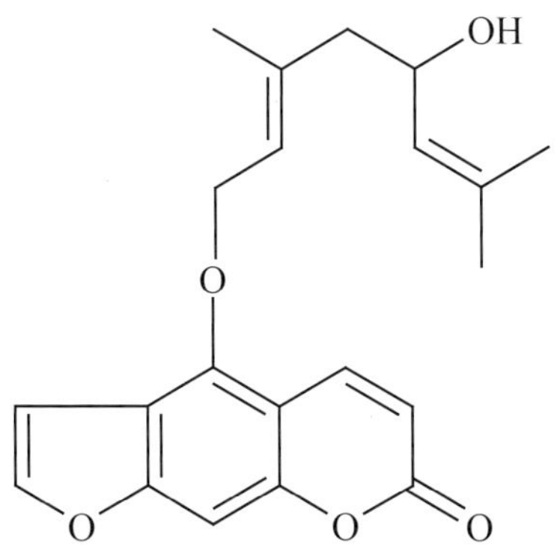

◆ notopterol

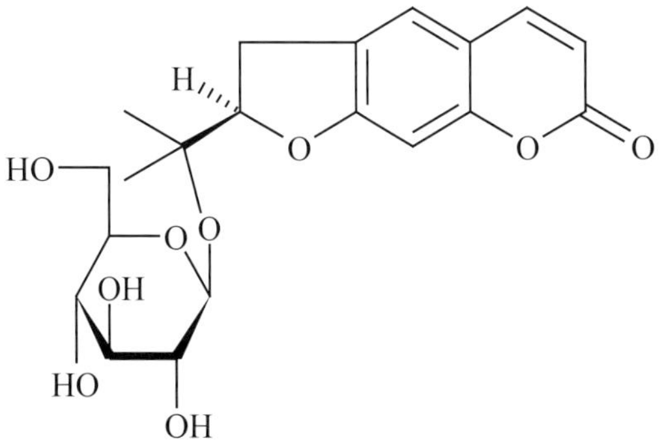

◆ nodakenin

药理作用

1. 抗菌、抗病毒

羌活正己烷提取物对从变应性皮炎患者身上分离到的金黄色葡萄球菌具有显著抑制作用，其活性成分为苯乙基阿魏酸酯和福尔卡烯炔二醇 [7]。羌活超临界 -CO_2 提取物灌胃对流感病毒导致的小鼠死亡有很好的保护作用，能显著延长小鼠的平均存活时间 [9]。

2. 解热

羌活挥发油腹腔注射或灌胃对酵母引起的家兔和大鼠发热均有明显解热作用。

3. 镇痛

羌活挥发油腹腔注射可明显提高热板法试验小鼠的痛阈；灌胃能显著抑制醋酸所致小鼠扭体反应。应用小鼠醋酸扭体法实验表明，羌活镇痛作用的有效成分为羌活醇 [10]。

4. 抗炎

羌活水提取液灌胃对弗氏完全佐剂所致大鼠足趾肿胀的第Ⅰ、Ⅱ期炎症有显著抑制作用，能抑制大鼠蛋清性足趾肿胀；抑制二甲苯所致小鼠耳郭肿胀及纸片所致小鼠炎性增生 [11]。羌活挥发油灌胃能抑制二甲苯和角叉莱胶所致的炎性反应。血管通透性抑制试验表明羌活醇也有抗炎作用。

5. 抗过敏

羌活水提取物在诱导相和效应相灌胃给药，均能显著抑制 2,4,6- 三硝基氯苯 (PCI) 诱导的迟发型变态反应性肝损伤，并显著抑制酵母多糖诱导的腹腔白细胞游出 [12]。

6. 抗心律失常

羌活水溶性部分（非无机盐部分）口服具有对抗乌头碱所致小鼠、大鼠心律失常及氯仿－肾上腺素所致家兔实验性心律失常的作用 [13]。羌活和宽叶羌活水提取物口服能缩短乌头碱所致大鼠心律失常的持续时间，延长其潜伏期 [14]。羌活小分子水溶液灌胃也能对抗乌头碱所致大鼠实验性心律失常 [15] 。

7. 改善脑循环

羌活水提取液静脉注射对麻醉犬及麻醉猫均能选择性地增加脑血流量，且不加快心率，不升高血压[16]。

8. **增强免疫**

羌活水提取液灌胃能促进弗氏完全佐剂所致关节炎模型大鼠全血白细胞的吞噬功能和全血淋巴细胞的转化率，并提高其红细胞免疫功能[11]。

9. **其他**

羌活甲醇提取物及福尔卡烯炔二醇和咖啡酸甲酯对鼠黑素瘤 B16、人肺癌 A549 等 4 种癌细胞显示出明显的细胞毒性[17]；羌活和宽叶羌活的甲醇提取物有抗脂质过氧化作用[18]。羌活正己烷提取物能抑制 5- 脂肪氧合酶 (5-LO) 和环氧合酶 (COS) 活性[19]。

应用

本品为中医临床用药。功能：解表散寒，祛风除湿，止痛。主治：风寒感冒，头痛项强，风湿痹痛，肩背酸痛。

现代临床还用于脑动脉硬化症、心绞痛、心律失常、风湿性关节痛、急慢性肠炎及慢性菌痢、顽固性头痛、肾功能衰竭、痛经、白癜风、病毒性角膜炎[20-21]等病的治疗。

评注

同属植物宽叶羌活 *Notopterygium franchetii* H. de Boiss. 也为《中国药典》收载为中药羌活的法定原植物来源种。宽叶羌活与羌活的药理作用相似，化学成分大致相同，但羌活中羌活醇含量远比宽叶羌活为高（10 倍以上），而其所含紫花前胡苷远比宽叶羌活低（低达 1/100），这可作为两者的化学成分鉴别特征。宽叶羌活另含 6'-*O*- 反式阿魏酸紫花前胡苷 (6'-*O*-*trans*-feruloylnodakenin)、佛手酚 -*O*-*β*-*D*- 吡喃葡萄糖苷 (bergaptol-*O*-*β*-*D*-glucopyranoside)、珊瑚菜素 (phellopterin)、farcarindiol[4, 22-23] 等。

宽叶羌活分布海拔较低，蕴藏量大，单株产量高，又易于栽培。在生长于高寒山区的羌活资源濒临资源危机之时，如能进一步加强宽叶羌活的药效学研究，将有利于宽叶羌活的资源开发利用。

羌活属植物为中国特有，分布于高海拔地区（2500 ～ 4200 米），最高可生长在 5000 米的高寒山区，生长缓慢。由于不合理的采挖，资源已经面临危机，被《中国珍稀濒危保护植物名录》列为二级保护物种。

参考文献

[1] 溥发鼎，王萍莉，郑中华，等. 重订羌活属的分类 [J]. 植物分类学报，2000，38(5)：430-436.

[2] 胡世林. 中国地道药材 [M]. 哈尔滨：黑龙江科学技术出版社，1989：465-467.

[3] KOZAWA M, FUKUMOTO M, MATSUYAMA Y, et al. Chemical studies on the constituents of the Chinese crude drug Quiang Huo[J]. Chemical & Pharmaceutical Bulletin, 1983, 31(8): 2712-2717.

[4] GU Z M, ZHANG D X, YANG X W, et al. Isolation of two new coumarin glycosides from *Notopterygium forbesii* and evaluation of a Chinese crude drug, Qiang-huo, the underground parts of *N. incisum* and *N. forbesii* by high-performance liquid chromatography[J]. Chemical & Pharmaceutical Bulletin,1990, 38(9): 2498-2502.

[5] 肖永庆，马场きみ江，谷口雅颜，等. 中药羌活中的香豆素 [J]. 药学学报，1995，30(4)：274-279.

[6] 肖永庆，孙友富，刘晓宏. 羌活化学成分研究 [J]. 中国中药杂志，1994，19(7)：421-422.

[7] MATSUDA H, SATO N, TOKUNAGA M, et al. Bioactive constituent of Notopterygii Rhizoma, falcarindiol having antibacterial activity against *Staphylococcus aureus* isolated from patients with atopic dermatitis[J]. Natural Medicines, 2002, 56(3): 113-116.

[8] 吉力，徐植灵，潘炯光，等. 羌活挥发油成分分析 [J]. 天

然产物研究与开发，1997，9(1)：4-8.

[9] 郭晏华，沙明，孟宪生，等．中药羌活的抗病毒研究 [J]. 时珍国医国药，2005，16(3)：198-199.

[10] 周毅，蒋舜媛，马小军，等．川产羌活基源及镇痛作用研究 [J]. 中药药理与临床，2003，19(6)：22-23.

[11] 王一涛，杨奎，王家葵，等．羌活的药理学研究 [J]. 中药药理与临床，1996，4：12-15.

[12] 孙业平，徐强．羌活水提物对迟发型变态反应及炎症反应的影响及其机制 [J]. 中国药科大学学报，2003，34(1)：51-54.

[13] 秦彩玲，焦艳．羌活水溶部分的抗心律失常作用 [J]. 中药通报，1987，12(12)：749-751.

[14] 朱晓鸥，褚荣光．四种羌活抗心律失常作用比较 [J]. 中国中药杂志，1990，15(6)：46-48.

[15] 成伊竹，闪增郁，陈燕萍．羌活水溶液不同成分抗心律失常作用的比较 [J]. 中国中医基础医学杂志，1998，4(2)：43.

[16] 冯英菊，谢人明．羌活对麻醉动物脑循环的作用 [J]. 陕西中医，1998，19(1)：37-38.

[17] NAM N H, HUONG H T T, KIM H M, et al. Cytotoxic constituents from *Notopterygium incisum*[J]. Saengyak Hakhoechi, 2000, 31(1): 77-81.

[18] YANG X W, GU Z M, WANG B X, et al. Comparison of anti-lipid peroxidative effects of the underground parts of *Notopterygium incisum* and *N. forbesii* in mice[J]. Planta Medica, 1991, 57(5): 399-402.

[19] ZSCHOCKE S, LEHNER M, BAUER R. 5-Lipoxygenase and cyclooxygenase inhibitory active constituents from Qianghuo (*Notopterygium incisum*) [J]. Planta Medica, 1997, 63(3): 203-206.

[20] 李珍娟，黄红英．羌活的药理作用及临床新用概述 [J]. 实用中医药杂志，2004，20(2)：108-109.

[21] 李华中．羌活临床应用 [J]. 四川中医，2001，19(7)：23.

[22] 王曙，王天志．宽叶羌活化学成分的研究 [J]. 中国中药杂志，1996，21(5)：295-296.

[23] 杨秀伟，严仲铠，顾哲明，等．宽叶羌活化学成分的研究 [J]. 中国药学杂志，1994，29(3)：141-143.

秦艽 Qinjiao CP, KHP, VP

Gentiana macrophylla Pall.
Large-leaf Gentian

概述

龙胆科 (Gentianaceae) 植物秦艽 *Gentiana macrophylla* Pall.，其干燥根入药。中药名：秦艽。

龙胆属 (*Gentiana*) 植物全世界约400种，分布于欧洲、亚洲、大洋洲、北美洲及非洲北部。中国约有247种，遍及全国。本属现供药用者约有41种。秦艽分布于中国东北、华北、西北及四川；俄罗斯远东地区、蒙古也有分布。

“秦艽”药用之名，始载于《神农本草经》，列为中品。中国从古至今作中药材秦艽入药者均为该属多种植物。《中国药典》（2015年版）收载本种为中药秦艽的法定原植物来源种之一。中国陕西、甘肃是秦艽的主产区和道地产区[1]；东北、内蒙古、山西、四川也产，以甘肃产量最大，质量最好。

秦艽主要含裂环环烯醚萜苷类成分。《中国药典》采用高效液相色谱法进行测定，规定龙胆药材含龙胆苦苷和马钱苷酸的总量不得少于2.5%，以控制药材质量。

药理研究表明，秦艽具有抗炎、镇痛、保肝、降血压等作用。

中医理论认为秦艽有祛风湿，清湿热，止痹痛，退虚热等功效。

◆ 秦艽
Gentiana macrophylla Pall.

◆ 药材秦艽
Gentianae Macrophyllae Radix

化学成分

秦艽根含裂环环烯醚萜苷类成分：龙胆苦苷 (gentiopicroside, gentiopicrin)[2]、马钱苷酸 (loganic acid)、秦艽苷A (qinjiaoside A)、哈马苷 (harpagoside)[3]、獐牙菜苷（当药苷，sweroside）、6'-*O*-*β*-*D*-葡萄糖基龙胆苦苷 (6'-*O*-*β*-*D*-glucosylgentiopicroside)、6'-*O*-*β*-*D*-葡萄糖基獐牙菜苷(6'-*O*-*β*-*D*-glucosylsweroside)、三叶苷 (trifloroside)、rindoside、大叶苷A、B、C、D (macrophyllosides A～D)[4]、獐牙菜苦苷（当药苦苷，swertiamarine）[5]等；三萜类成分：*α*-香树脂醇 (*α*-amyrin)、齐墩果酸 (oleanolic acid)[4]、栎瘿酸 (roburic acid)[6-7]等；黄酮类成分：苦参酚 I (kushenol Ⅰ)、异牡荆黄素(isovitexin, saponaretin)[4]等；香豆素类成分：红白金花内酯 (erythrocentaurin)、红白金花酸 (erythrocentauric acid)[5, 8]；尚含秦艽酰胺 (qinjiao amide)[8]等成分。

地上部分含黄酮类成分异荭草素 (homoorientin)、异牡荆黄素[9]等。

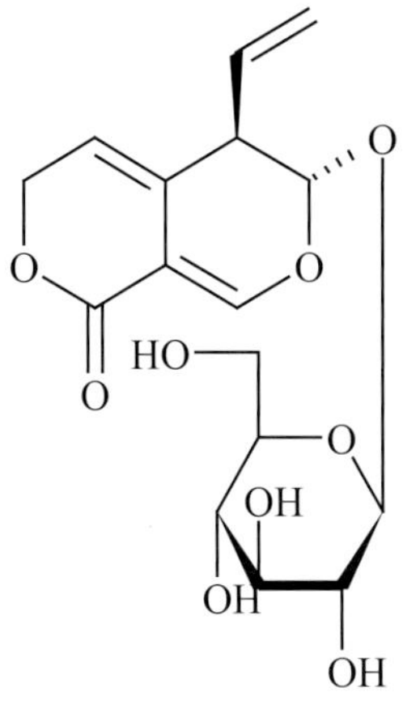

◆ gentiopicroside

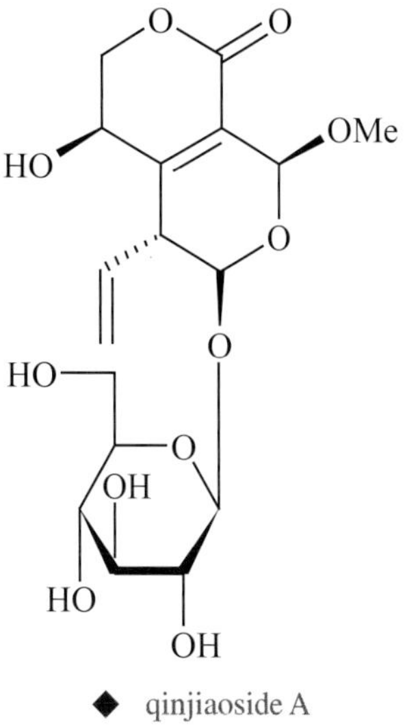

◆ qinjiaoside A

药理作用

1. 抗炎

秦艽水及醇提取物灌胃能显著抑制巴豆油所致的小鼠耳郭肿胀[10]；秦艽乙醇提取物口服给药，能显著抑制弗氏完全佐剂 (FCA) 所致的大鼠佐剂性关节炎，显著降低炎性组织中前列腺素 E_2 (PGE_2) 的水平[11]；龙胆苦苷灌胃能显著抑制二甲苯所致的小鼠耳郭肿胀和醋酸引起的小鼠腹腔毛细血管通透性增加，以及酵母多糖 A、角叉菜胶所致的大鼠足趾肿胀[12]。

2. 镇痛、镇静

秦艽水及醇提取物灌胃能显著抑制醋酸所致的小鼠扭体反应[10]；秦艽醇提取液腹腔注射能显著延长热板法试验小鼠痛反应时间[13]。龙胆苦苷和獐牙菜苷腹腔注射能明显延长戊巴比妥钠引起的小鼠睡眠时间，龙胆苦苷作用较强。

3. 抗菌

秦艽醇浸液对痢疾志贺氏菌、伤寒沙门氏菌、肺炎链球菌等有抑制作用，而水浸液对同心性毛癣菌、许兰氏黄癣菌、奥杜盎氏小芽孢癣菌等有抑制作用[14]。

4. 保肝

龙胆苦苷口服对小鼠四氯化碳 (CCl_4) 肝损伤模型和脂多糖 / 芽孢杆菌 (LPS/BCG) 肝损伤模型均有保护作用，能显著降低小鼠血清谷草转氨酶 (sGOT) 和谷丙转氨酶 (sGPT) 的水平[15]；龙胆苦苷对小鼠、大鼠和豚鼠急性、慢性、免疫性肝损伤有明显的保护作用，能降低肝损伤模型动物血清转氨酶，减轻肝组织肿胀、坏死及脂肪变性的程度，并可促进肝脏的蛋白质合成[16]。龙胆苦苷灌胃能显著增加大鼠胆流量，提高胆汁中胆红素浓度[17]。

5. 其他

秦艽醇提取液给猫股静脉注射，有明显的降血压作用[13]。

应用

本品为中医临床用药。功能：祛风湿，清湿热，止痹痛，退虚热。主治：风湿痹痛，卒中半身不遂，筋脉拘挛，骨节酸痛，湿热黄疸，骨蒸潮热，小儿疳积发热。

现代临床还用于治疗风湿性关节炎、病毒性肝炎、头痛、荨麻疹等。

评注

同属植物麻花秦艽 *Gentiana straminea* Maxim.、粗茎秦艽 *G. crassicaulis* Duthie ex Burk. 及小秦艽 *G. dahurica* Fisch. 也被《中国药典》收载为中药秦艽的法定原植物来源种。它们也含有裂环环烯醚萜苷类龙胆苦苷等成分。

关于秦艽的化学成分曾经有不同的报道，认为其含有秦艽碱甲（龙胆碱，gentianine）、秦艽碱乙（龙胆次碱，gentianidine）、秦艽碱丙（龙胆醛碱，gentianal）等生物碱类成分。后经研究证明生物碱类成分是龙胆苦苷等成分在提取分离过程中与氨水作用转化而生成的[2, 18]。

秦艽药材一直依赖于野生资源，而秦艽的药材生长周期较长，一般需要几年时间才可入药；生长环境为高海拔的高山草甸、林边等狭窄的区域，所以必须实行有计划的采挖，以确保野生秦艽资源的永续利用。

参考文献

[1] 权宜淑 . 中药秦艽的本草学研究 [J]. 西北药学杂志，1997，12(3)：113-114.

[2] HAYASHI T, HIGASHINO M. Studies on crude drugs originated from gentianaceous plants. Ⅲ . The bitter principle of the Chinese crude drug Quinjiao and its contents[J]. Yakugaku Zasshi, 1976, 96(3): 362-365.

[3] 刘艳红，李兴从，刘玉清，等 . 秦艽中的环烯醚萜苷成分 [J]. 云南植物研究，1994，16(1)：85-89.

[4] TAN R X, WOLFENDER J L, ZHANG L X, et al. Acyl secoiridoids and antifungal constituents from *Gentiana macrophylla*[J]. Phytochemistry, 1996, 42(5): 1305-1313.

[5] 陈千良，石张燕，涂光忠，等 . 陕西产秦艽的化学成分研究 [J]. 中国中药杂志，2005，30(19)：1519-1522.

[6] JONG T T, CHEN C T. Roburic acid, a triterpene 3,4-seco acid[J]. Acta Crystallographica, Section C: Crystal Structure Communications, 1994, 50(8) : 1326-1328.

[7] KONDO Y, YOSHIDA K. Constituents of roots of *Gentiana macrophylla*[J]. Shoyakugaku Zasshi, 1993, 47(3): 942-943.

[8] 陈千良，孙文基，涂光忠，等 . 陕西产秦艽脂溶部位化学成分研究 [J]. 中草药，2005，36(1)：4 -7.

[9] TIKHONOVA L A, KOMISSARENKO N F, BEREZOVSKAYA T P. Flavone *C*-glycosides from *Gentiana macrophylla*[J]. Khimiya Prirodnykh Soedinenii, 1989, 2: 287-288.

[10] 崔景荣，赵喜元，张建生，等 . 四种秦艽的抗炎和镇痛作用比较 [J]. 北京医科大学学报，1992，24(3)：225-227.

[11] YU F R, YU F H, LI R, et al. Inhibitory effects of the *Gentiana macrophylla* (Gentianaceae) extract on rheumatoid arthritis of rats[J]. Journal of Ethnopharmacology, 2004, 95(1): 77-81.

[12] 陈长勋，刘占文，孙峥嵘，等 . 龙胆苦苷抗炎药理作用研究 [J]. 中草药，2003，34(9)：814-816.

[13] 杨愉君，冯国基，邱少铭 . ^{60}Co-g 射线辐照对秦艽药理作用的影响 [J]. 中药材，1994，17(1)：31-34.

[14] 王本祥 . 现代中药药理学 [M]. 天津：天津科学技术出版社，1997：398-400.

[15] KONDO Y, TAKANO F, HIROSHI H. Suppression of chemically and immunologically induced hepatic injuries by gentiopicroside in mice[J]. Planta Medica, 1994, 60(5): 414-416.

[16] 李艳秋，赵德化，潘伯荣，等 . 龙胆苦苷抗鼠肝损伤的作用 [J]. 第四军医大学学报，2001，22(18)：1645-1649.

[17] 刘占文，陈长勋，金若敏，等 . 龙胆苦苷的保肝作用研究 [J]. 中草药，2002，33(1)：47-50.

[18] 郭亚健，陆蕴如 . 龙胆苦苷转化为秦艽丙素等生物碱的研究 [J]. 药物分析杂志，1983，3(5)：268-271.

青藤 Qingteng [CP, JP]

Sinomenium acutum (Thunb.) Rehd. et Wils.
Orientvine

概述

防己科 (Menispermaceae) 植物青藤 *Sinomenium acutum* (Thunb.) Rehd. et Wils.，其干燥藤茎入药。中药名：青风藤。

青藤属 (*Sinomenium*) 植物全世界仅有 1 种，且供药用。分布于亚洲东部、中国长江流域及以南各省区，日本亦有分布。

“清风藤”药用之名，始载于《本草图经》。《中国药典》（2015 年版）收载本种为中药青风藤的法定原植物来源种，《日本药局方》（第 15 次修订）也收载本种 [1]。药材主产于西南、中南和华东地区。

青藤主要含生物碱类成分，其中青藤碱是主要的活性成分。《中国药典》采用高效液相色谱法进行测定，规定青风藤药材含青藤碱不得少于 0.50%，以控制药材质量。《日本药局方》以性状、显微特征、总灰分和酸不溶性灰分控制药材质量 [1]。

药理研究表明，青藤具有抗炎、免疫抑制、抗心律失常和抑制吗啡依赖等作用。

中医理论认为青风藤具有祛风湿，通经络，利小便等功效。

◆ 青藤
Sinomenium acutum (Thunb.) Rehd. et Wils.

◆ 药材青风藤
Sinomenii Caulis

化学成分

青藤的藤茎主要含生物碱类成分：青藤碱 (sinomenine)、青风藤碱 (sinoacutine)、青藤防己碱 (acutumine)、*N*-去甲基青藤防己碱 (acutumidine)、*N*-氧化青藤碱 (sinomenine *N*-oxide)、*N*-去甲基青藤碱 (*N*-demethylsinomenine)、降尖青风藤碱 (*N*-norsinoacutine)[2]、双青藤碱 (disinomenine)、四氢表小檗碱 (sinactine)[3]、土藤碱 (tuduranine)、木兰花碱 (magnoflorine)[4]、异青藤碱 (isosinomenine)[5]、白兰花碱 (michelalbine)、光千金藤碱 (stepharine)[6]、8,14-二氢萨鲁塔里定碱 (8, 14-dihydrosalutaridine)、青风藤定碱 (sinomendine)、千金藤宁碱 (stepharanine)、蝙蝠葛宁碱 (bianfugenine)[7]；*N*-去甲基-*N*-甲酰基去氢荷叶碱 (*N*-demethyl-*N*-formyldehydronuciferine)[8]、鹅掌楸碱 (liriodenine)[9]、蝙蝠葛任碱 [(+)-menisperine]、樟叶木防己碱 [(+)-laurifoline]、去氢离木亭 (dehydrodiscretine)、表小檗碱 (epiberberine)、巴马亭 (palmatine)、acutupyrrocoline[10]。藤茎越粗，青藤碱的含量越高[11]。

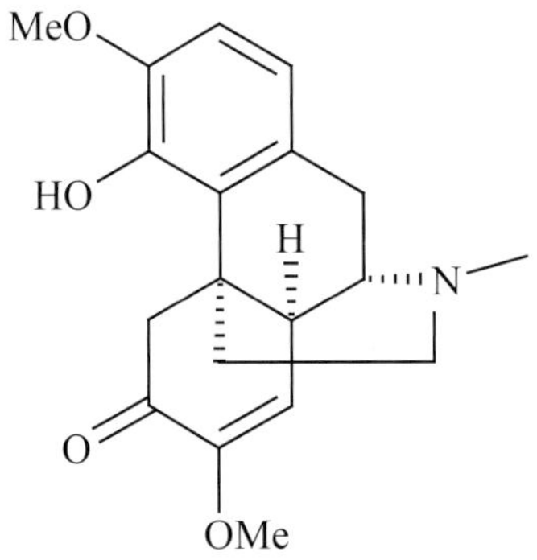

◆ sinomenine

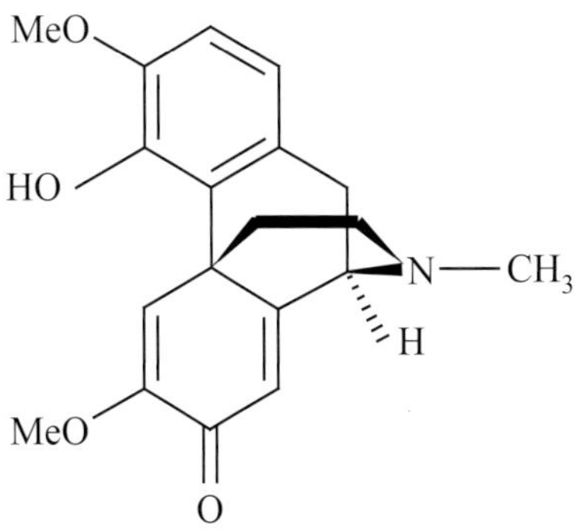

◆ sinoacutine

药理作用

1. 抗炎

青藤碱体外能明显降低酵母多糖或钙离子载体诱导的小鼠腹膜巨噬细胞合成前列腺素 E_2 (PGE_2) 和白三烯 C_4 (LTC_4)[12]；对大鼠抗原诱导的急性关节炎 (AIA) 模型，短期或中期腹腔注射青藤碱可减轻关节肿胀，减慢红细胞沉降速率 (ESR)[13]；以体外小鼠脾细胞和人外周血单核细胞观察青藤碱对淋巴细胞作用，发现青藤碱抑制淋巴细胞的增殖具有可逆性[14]，并能增加白介素 6 (IL-6) 的产生，抑制白介素 2 (IL-2) 膜受体表达[15]；青藤碱体外能通过下调人外周血单核细胞 IL-1β、IL-8 mRNA 表达而产生抗风湿性关节炎作用[16]；对胶原诱导型关节炎 (CIA) 大鼠，青藤碱灌胃可通过抑制滑膜细胞恶性增殖及 IL-6 mRNA 的表达来阻断滑膜炎的进程[17]。进一步抗炎作用机制研究发现青藤碱可能通过下调单核 / 巨噬细胞系统炎症介质和细胞因子合成发挥抗炎作用[18]，并呈剂量依赖性地显著降低 T 细胞内细胞因子 TNF-γ、TNF-α 分子表达[19]，也可能与其抑制细胞核转录因子 NF-κB p65 核移位及其抑制因子 IκB-α 的降解[20]和抑制细胞核因子 NF-κB 活性[21]有关。此外，体外酶反应实验体系和脂多糖诱导的神经细胞增殖实验还发现，青藤碱对环氧化酶 -2 (COX-2) 所致 PGE_2 合成表现出较强的抑制作用[22-23]；深入研究表明，青藤碱对 COX-2 活性具有一定的选择性抑制作用，并可能主要通过对 COX 酶活性的直接作用来实现[24]。

2. 免疫抑制

青藤碱有免疫调节作用；与环孢霉素 (cyclosporine A) 合用能显著延长异体心脏移植模型动物的存活时间[25]。青藤碱体外实验表明能减少活化 T 淋巴细胞中胸苷的掺入、IL-2 的合成和细胞周期进程[26]；其作用机制可能是抑制 Th1 细胞产生 IL-2[27]，抑制 T 细胞亚群[28]，也可能通过抑制外周血 CD_4^+ 细胞增殖，下调 TNF-α、干扰素 -γ (IFN-γ) 的表达水平而产生对同种异体移植的免疫抑制作用[29]；此外，以实验性自身免疫性脑脊髓炎大鼠为模型发现，青藤碱的免疫抑制作用与抑制脑组织 NF-κB 活性有关，而这种抑制作用可能与增加皮质醇分泌、抑制泌乳素分泌有关[30]。

3. 对心脑血管系统的作用

(1) 降血压　青藤碱对内皮素刺激的离体家兔平滑肌细胞增殖反应有抑制作用，还可抑制 DNA 合成，可能与青藤碱明显而持久的降血压作用相关[31]。

(2) 抗心律失常　研究青藤碱对酶解分离的豚鼠单个心室肌细胞膜钠离子电流 (I_{Na})、L 型钙电流 (I_{Ca}-L) 的影响发现，青藤碱对 I_{Na} 和 I_{Ca}-L 具浓度依赖性阻滞作用，这可能为其抗心律失常的重要机制[32]；青藤碱对单个心室肌细胞内向整流钾电流 (I_{K1}) 及延迟整流钾电流 (I_K) 也具有浓度依赖性阻滞作用，其延长心肌细胞的复极效应可能与钾通道阻滞有关[33]。

(3) 心脏抑制　分别灌注青藤碱及其同分异构体 8,14- 二氢萨鲁塔里啶碱 (DHS) 给正常离体大鼠工作心脏，发现两者对心脏有直接抑制作用，使心脏的收缩功率降低，且 DHS 对缺血大鼠心脏的舒张功能有明显保护作用[34-35]。

(4) 抗血管新生　青藤碱体外和体内均可抑制碱性成纤维细胞生长因子 (bFGF) 导致的血管形成，抑制粒性白细胞游走，从而起到缓解类风湿性关节炎 (RA) 的作用[36]。

(5) 扩张血管　青藤碱体外可抑制 Ca^{2+} 通道和蛋白激酶 C (PK-C) 的活性，增加内皮细胞一氧化氮 (NO) 和前列腺素 I_2 (PGI_2) 的合成，具有舒血管作用[37]。

4. 抑制吗啡依赖

以剂量递增法形成吗啡依赖鼠模型，并在注射青藤碱后以纳络酮进行催促戒断，发现青藤碱腹腔注射能抑制吗啡依赖小鼠催促戒断症状，显著缓解成瘾小鼠和大鼠的体重下降，其机制可能与调节单胺类神经递质紊乱有关[38-39]；通过离体豚鼠回肠试验还表明青风藤水提取物也能抑制吗啡依赖的戒断症状[40]；青风藤醇提取液或青藤碱在体内外也均能有效抑制吗啡依赖性模型纳洛酮催促的戒断反应[41]；此外，连续灌胃还可明显抑制吗啡引起的小鼠位置偏爱的形成，并对小鼠已形成的条件性位置偏爱效应也具有一定的抑制作用[42]。

5. **镇痛**

青藤碱灌胃或皮下注射对小鼠醋酸所致的扭体反应、电刺激尾部所致的嘶叫反应均有抑制作用[43-44]。

6. **抗焦虑**

青藤碱经口给药可增加高架十字迷宫中小鼠对开放臂的访问次数和停留时间，增加明暗箱模型中小鼠在明箱的停留时间和活动量，增加小鼠在群体接触实验中的群体接触时间，具有明显的抗焦虑作用[45]。

应用

本品为中医临床用药。功能：祛风湿，通经络，利小便。主治：风湿痹痛，关节肿胀，麻痹瘙痒。

现代临床还用于治疗风湿及类风湿性关节炎、骨质增生等，还用于红斑性狼疮、心律失常（特别是房性及室性早搏）等病的治疗。

评注

《中国药典》还收载了青藤的变种毛青藤 *Sinomenium acutum* (Thunb.) Rehd. et Wils. var. *cinereum* Rhed. et Wils. 作为中药青风藤的法定原植物来源种。但《中国植物志》将其合并为一种，有研究发现两者所含青藤碱的量并没有显著差别[11]，支持将其变种合并为一种。

近年，青藤提取物制成的制剂使用广泛。青藤碱药理作用显著、确切，但由于青藤碱生物半衰期短，在体内代谢较快，普通制剂需多次给药才能达到满意效果，对青藤碱的进一步开发利用应加强剂型研究。目前在中国青藤碱主要用于治疗风湿及类风湿性关节炎，近年药理研究显示青藤碱在心血管和戒毒方面具有较好的作用，应加强开发和利用。

市售药材青风藤的混淆品种较多，主要有茜草科植物鸡矢藤 *Paederia scandens* (Lour.) Merr.，使用时应予特别注意。

参考文献

[1] 日本公定书协会 . 日本药局方 : 第十五改正 [S]. 东京：广川书店，2006：3719.

[2] BAO G H, QIN G W, WANG R, et al. Morphinane alkaloids with cell protective effects from *Sinomenium acutum*[J]. Journal of Natural Products, 2005, 68(7): 1128-1130.

[3] GOTO K, SUDZUKI H. Sinomenine and disinomenine. Ⅸ. Acutumine and sinactine[J]. Bulletin of the Chemical Society of Japan, 1929, 4: 220-224.

[4] TOMITA M, KUGO T. Alkaloids of menispermeceous plants. CXXXII. Isolation of magnoflorine from *Sinomenium acutum*[J]. Yakugaku Zasshi, 1956, 76: 857-859.

[5] SASAKI Y, UEDA S. Alkaloids of menispermaceous plants. CLX. Alkaloids of *Sinomenium acutum*. Suppl. 2[J]. Yakugaku Zasshi, 1958, 78: 44-49.

[6] SASAKI Y, ONJI K. Isolation of minor alkaloids from *Sinomenium acutum*[J]. Yakugaku Zasshi, 1968, 88(10): 1286-1288.

[7] 陈雅研，邱翠嫦，沈莉，等 . 清风藤微量生物碱的研究 [J]. 北京医科大学学报，1991，23(3)：235-237.

[8] NOZAKA T, MORIMOTO I, ISHINO M, et al. Mutagenic principles of Sinomeni Caulis et Rhizoma. Ⅰ. The structure of a mutagenic alkaloid, *N*-demethyl-*N*-formyldehydronuciferine, in the neutral fraction of the methanol extract[J]. Chemical & Pharmaceutical Bulletin, 1987, 35(7): 2844-2848.

[9] NOZAKA T, MORIMOTO I, ISHINO M, et al. Mutagenic principles in Sinomeni Caulis et Rhizoma. Ⅱ. The mutagenicity of liriodenine in the basic fraction of the methanol extract[J]. Chemical & Pharmaceutical Bulletin, 1988, 36(6): 2259-2262.

[10] MORIYASU M, ICHIMARU M, NISHIYAMA Y, et al. Isolation of alkaloids from plant materials by the

combination of ion-pair extraction and preparative ion-pair chromatography using sodium perchlorate. II Sinomeni Caulis et Rhizoma[J]. Natural Medicines, 1994, 48(4): 287-290.

[11] ZHAO Z Z, LIANG Z T, ZHOU H, et al. Quantification of sinomenine in Caulis Sinomenii collected from different growing regions and wholesale herbal markets by a modified HPLC method[J]. Biological & Pharmaceutical Bulletin, 2005, 28(1): 105-109.

[12] LIU L, RIESE J, RESCH K, et al. Impairment of macrophage eicosanoid and nitric oxide production by an alkaloid from *Sinomenium acutum*[J]. Arzneimittel-Forschung, 1994, 44(11): 1223-1226.

[13] LIU L, BUCHNER E, BEITZE D, et al. Amelioration of rat experimental arthritides by treatment with the alkaloid sinomenine[J]. International Journal of Immunopharmacology, 1996, 18(10): 529-543.

[14] LIU L, RESCH K, KAEVER V. Inhibition of lymphocyte proliferation by the anti-arthritic drug sinomenine[J]. International Journal of Immunopharmacology, 1994, 16(8): 685-691.

[15] 涂胜豪，胡永红，陆付耳．青藤碱对人淋巴细胞产生 IL-2、IL-2R 和 IL-6 的影响 [J]. 中国实验临床免疫学杂志，1998，10(5)：12-14.

[16] 刘良，李晓娟，王培训，等．青藤碱对人外周血单个核细胞 IL-1β 和 IL-8 细胞因子基因表达的影响 [J]. 中国免疫学杂志，2002，18(4)：241-244.

[17] 刘晓玲，陈光星，李晓娟，等．青藤碱对 II 型胶原诱导关节炎大鼠骨膜炎症的抑制作用及其机理探讨 [J]. 广州中医药大学学报，2002，19(3)：214-217.

[18] 李晓娟，王培训，刘良，等．青藤碱抗炎抗风湿作用机理研究 [J]. 广州中医药大学学报，2004，21(1)：34-36.

[19] 李晓娟，王培训，刘良，等．青藤碱对 T 淋巴细胞活化及 TH1 类细胞内细胞因子表达的影响 [J]. 中国免疫学杂志，2004，20(4)：249-252，258.

[20] 金晓珉，李卫东，滕慧玲，等．青藤碱对核转录因子 κB 及其抑制因子 IκB 的影响 [J]. 中国药理学通报，2004，20(7)：788-791.

[21] 方勇飞，王勇，周新，等．青藤碱对佐剂性关节炎大鼠骨膜细胞核因子 κB 信号转导的影响及其机制 [J]. 中国临床康复，2005，9(7)：204-205.

[22] 王文君，王培训．青藤碱对环氧化酶 2 活性的选择性抑制作用 [J]. 广州中医药大学学报，2002，19(1)：46-47，51.

[23] 陈炜，沈悦娣，赵光树，等．青藤碱对脂多糖诱导的神经细胞环氧化酶 -2 表达的影响 [J]. 中国中药杂志，2004，29(9)：900-903.

[24] 王文君，王培训，李晓娟．青藤碱抗炎机理：青藤碱对人外周血单个核细胞环氧化酶活性及其基因表达的影响 [J]. 中国中药杂志，2003，28(4)：352-354.

[25] CANDINAS D, MARK W, KAEVER V, et al. Immunomodulatory effects of the alkaloid sinomenine in the high responder ACI-to-Lewis cardiac allograft model[J]. Transplantation, 1996, 62(12): 1855-1860.

[26] VIEREGGE B, RESCH K, KAEVER V. Synergistic effects of the alkaloid sinomenine in combination with the immunosuppressive drugs tacrolimus and mycophenolic acid[J]. Planta Medica, 1999, 65(1): 80-82.

[27] 杨庞，杨罗艳，罗志刚．青藤碱对肾移植大鼠 IL-2 的影响 [J]. 中国现代医学杂志，2003，13(8)：21-22，26.

[28] 杨庞，杨罗艳，罗志刚．青藤碱对肾移植大鼠 T 细胞亚群的影响 [J]. 临床泌尿外科杂志，2003，18(10)：620-622.

[29] 王毅，陈正，熊烈，等．青藤碱对肾移植大鼠急性排斥反应及 T 细胞增殖的影响 [J]. 中华实验外科杂志，2004，21(5)：573-574.

[30] 郭琳，李跃华，季晓辉，等．盐酸青藤碱对实验性自身免疫性脑脊髓炎大鼠脑内核转录因子 -κB 活性的作用 [J]. 免疫学杂志，2005，21(1)：1-4.

[31] 李乐．青藤碱对家兔平滑肌细胞增殖的影响 [J]. 西安医科大学学报，2000，21(3)：205-206，210.

[32] 丁仲如，李庚山，蒋锡嘉，等．青藤碱对豚鼠单个心室肌细胞膜钠、钙离子通道的阻滞作用 [J]. 中国心脏起搏与心电生理杂志，2000，14(1)：39-41.

[33] 黄从新，丁仲如，李庚山，等．青藤碱对豚鼠心室肌细胞膜钾离子通道的阻滞作用 [J]. 中国心脏起搏与心电生理杂志，1997，11(1)：36-38.

[34] 金其泉，韦颖梅．8,14- 二氢萨鲁塔里啶碱和青藤碱对大鼠离体心脏功能的影响 [J]. 中国药理学通报，1995，11(2)：139-142.

[35] 韦颖梅，金其泉．8,14- 二氢萨鲁塔里啶碱对缺血心脏舒张功能的保护作用 [J]. 中国药理学通报，1997，13(2)：180-182.

[36] KOK T W, YUE P Y, MAK N K, et al. The anti-angiogenic effect of sinomenine[J]. Angiogenesis, 2005, 8(1): 3-12.

[37] NISHIDA S, SATOH H. *In vitro* pharmacological actions of sinomenine on the smooth muscle and the endothelial cell activity in rat aorta[J]. Life Sciences, 2006, 79(12):1203-1206.

[38] 王彩云，莫志贤，梁荣能．青藤碱对吗啡依赖小鼠催促戒断症状的影响 [J]. 解放军药学学报，2002，18(3)：134-136.

[39] 王彩云，莫志贤，朱秋双，等．青藤碱对吗啡依赖大鼠戒断症状及单胺类神经递质的影响 [J]. 中药材，2002，25(5)：337-339.

[40] 王彩云，莫志贤，朱国鸿．青藤碱对吗啡在离体回肠中依赖性的作用 [J]. 第四军医大学学报，2003，24(5)：421-423.

[41] 莫志贤，许丹丹，王彩云．青风藤和青藤碱在体外及体内对吗啡依赖模型纳洛酮催促戒断反应的影响 [J]. 中国临床康复，2004，34(8)：7879-7881.

[42] 莫志贤，梁荣能，王彩云．青风藤及青藤碱对吗啡依赖小鼠位置偏爱效应及 cAMP 水平的影响 [J]. 中国现代应用药学杂志，2004，21(2)：87-90.

[43] 霍海如，车锡平．青藤碱镇痛和抗炎作用机理的研究 [J]. 西安医科大学学报，1989，10(4)：346-349.

[44] 王晓洪，邱赛红，董绍象，等．青藤碱片的药效学研究 [J]. 中药药理与临床，1997，13(4)：23-25.

[45] CHEN S W, MI X J, WANG R, et al. Behavioral effects of sinomenine in murine models of anxiety[J]. Life Sciences, 2005, 78(3): 232-238.

青葙 Qingxiang CP, KHP

Celosia argentea L.
Feather Cockscomb

概述

苋科 (Amaranthaceae) 植物青葙 *Celosia argentea* L.，其干燥成熟种子入药。中药名：青葙子。

青葙属 (*Celosia*) 植物全世界约有 60 种，分布于亚洲、美洲及非洲的亚热带和温带地区。中国产约有 3 种，均可供药用。本种分布于中国各省区，野生、栽培均有；朝鲜半岛、日本、印度、越南、缅甸、泰国、菲律宾、马来西亚及非洲热带地区均有分布。

“青葙子”药用之名，始载于《神农本草经》，列为下品。《中国药典》（2015 年版）收载本种为中药青葙子的法定原植物来源种。中国大部分地区均产。

青葙的地上部分主要含黄酮类化合物。《中国药典》以性状、显微特征鉴别来控制青葙子药材的质量。

药理研究表明，青葙的种子具有降眼压、降血压、抗菌等作用。

中医理论认为青葙子具有清肝泻火，明目退翳等功效。青葙子在印度民间用于治疗糖尿病[1]。

◆ 青葙
Celosia argentea L.

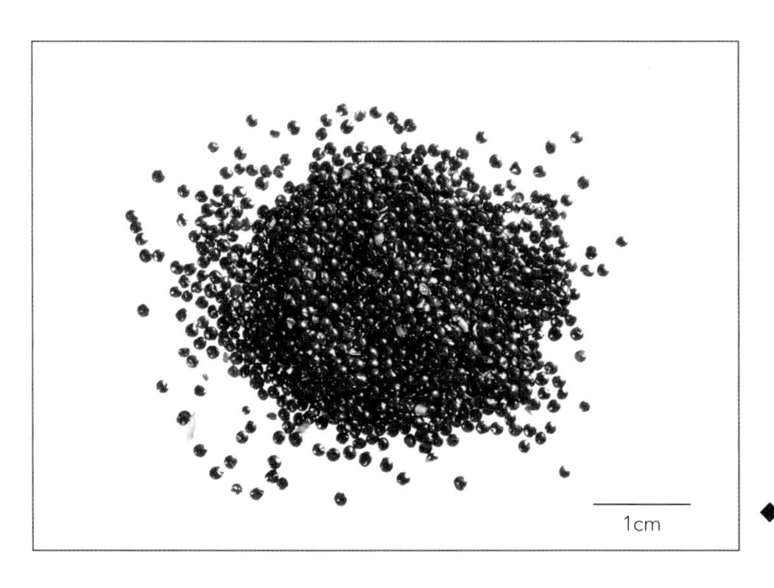

◆ 药材青葙子
Celosiae Semen

化学成分

青葙的地上部分含有黄酮类成分：血苋黄素 (tlatlancuayin)、betavulgarin[2]。

种子含肽类成分： celogenamide A[3]，celogentins A、B、C[4]、D、E、F、G、H、J[5]、K[6]，moroidin[7]；氨基酸类成分：天冬氨酸 (aspartic acid)、苏氨酸 (threonine)、谷氨酸 (glutamic acid)等[8]；青葙子酸性多糖：celosian[9]。

叶含苷类化合物：枸橼苦素C (citrusin C)、吲哚苷 (indican)、(3*Z*)-己烯基-1-*O*-（6-*O*-α-吡喃鼠李糖基-β-吡喃葡萄糖基）[(3*Z*)-hexenyl-1-*O*-(6-*O*-α-rhamnopyranosyl-β-glucopyranoside)]、(7*E*)-6,9-dihydromegastigma-7-ene-3-one-9-*O*-β-glucopyranoside等[10]。

花序含甜菜拉因类(betalains)成分[11]。

◆ tlatlancuayin

◆ betavulgarin

药理作用

1. 对眼睛的作用

青葙子水煎剂灌胃，对正常兔的眼内压有降低的作用[12]。体外实验表明，青葙子水煎剂能提高大鼠晶状体抗氧化能力并抑制晶状体上皮细胞凋亡[13]。

2. 保肝

青葙子酸性多糖对 CCl_4 肝损伤的大鼠及半乳糖胺 / 脂多糖 (*D*-Gal/LPS) 肝损伤的小鼠都有明显的保护作用。它能抑制 CCl_4 诱导的肝损伤大鼠血清酶 谷丙转氨酶 (GPT)、谷草转氨酶 (GOT) 和乳酸脱氢酶 (LDH) 及胆红素浓度的提高[9]。

3. 抗糖尿病

青葙子乙醇提取物能显著降低由四氧嘧啶诱导的糖尿病大鼠的血糖浓度，同时又抑制糖尿病大鼠体重的下降 [1]。

4. 抗菌

青葙叶的甲醇提取物具有广谱抗菌作用 [14]，青葙叶的乙醇提取物对从烧伤感染的患者身上提取的病原体具有较强的抑制作用 [15]。

5. 其他

动物实验证明青葙子有降血压作用；moroidin 具有抑制微管蛋白的聚合作用 [16]；青葙叶乙醇提取物还有促进创伤组织愈合作用 [17]；青葙子提取物具有免疫调节活性 [18-19]；青葙子酸性多糖能诱导小鼠体内肿瘤坏死因子 α (TNF- α) 的产生 [20]。

应用

青葙子

本品为中医临床用药。功能：清肝泻火，明目退翳。主治：肝热目赤，目生翳膜，视物昏花，肝火眩晕。

现代临床还用于急性结膜炎、虹膜睫状体炎、高血压等病的治疗。

青葙（全草）

本品为中医临床用药。功能：燥湿清热，杀虫止痒，凉血止血。主治：湿热带下，小便不利，尿浊，泄泻，阴痒，疥疮，风瘙身痒，痔疮，衄血，创伤出血。

青葙花

本品为中医临床用药。功能：凉血止血，清肝除湿，明目。主治：吐血，衄血，崩漏，赤痢，血淋，热淋，白带，目赤肿痛，目生翳障。

现代临床还用于月经不调、月经过多、视网膜出血等病的治疗。

评注

青葙的全草和花序供药用。全草燥湿清热，杀虫止痒，凉血止血；花凉血止血，清肝除湿，明目；嫩叶、枝可作蔬菜食用；全株可作饲料。叶的提取物有增白护肤的作用，用于化妆品 [21]。

药用植物图像数据库

药理研究表明青葙子具有降眼压作用，临床用于青光眼、白内障等疾病的治疗，作为防治白内障的天然药物具有广阔的前景。

参考文献

[1] VETRICHELVAN T, JEGADEESAN M, DEVI B A U. Anti-diabetic activity of alcoholic extract of *Celosia argentea* Linn. seeds in rats[J]. Biological & Pharmaceutical Bulletin, 2002, 25(4): 526-528.

[2] JONG T T, HWANG C C. Two rare isoflavones from *Celosia argentea*[J]. Planta Medica, 1995, 61(6): 584-585.

[3] MORITA H, SUZUKI H, KOBAYASHI J. Celogenamide A, a new cyclic peptide from the seeds of *Celosia argentea*[J]. Journal of Natural Products, 2004, 67(9): 1628-1630.

[4] KOBAYASHI J, SUZUKI H, SHIMBO K, et al. Celogentins A-C, new antimitotic bicyclic peptides from the seeds of *Celosia argentea*[J]. Journal of Organic Chemistry, 2001, 66(20): 6626-6633.

[5] SUZUKI H, MORITA H, IWASAKI S, et al. New antimitotic bicyclic peptides, celogentins D-H, and J, from the seeds of *Celosia argentea*[J]. Tetrahedron, 2003, 59(28): 5307-5315.

[6] SUZUKI H, MORITA H, SHIRO M, et al. Celogentin K, a new cyclic peptide from the seeds of *Celosia argentea* and X-ray structure of moroidin[J]. Tetrahedron, 2004, 60(11): 2489-2495.

[7] MORITA H, SHIMBO K, SHIGEMORI H, et al. Antimitotic activity of moroidin, a bicyclic peptide from the seeds of *Celosia argentea*[J]. Bioorganic & Medicinal Chemistry Letters, 2000, 10(5): 469-471.

[8] 郑庆华，崔熙，周平，等. 青葙子和鸡冠子中氨基酸和无机元素的比较研究 [J]. 中药材，1996，19(2)：86-87.

[9] HASE K, KADOTA S, BASNET P, et al. Protective effect of celosian, an acidic polysaccharide, on chemically and immunologically induced liver injuries[J]. Biological & Pharmaceutical Bulletin, 1996, 19(4): 567-572.

[10] SAWABE A, OBATA T, Nochika Y, et al. Glycosides in the leaves of African *Celosia argentea* L.[J]. Nihon Yukagakkaishi, 1998, 47(1): 25-30.

[11] SCHLIEMANN W, CAI Y, DEGENKOLB T, et al. Betalains of *Celosia argentea*[J]. Phytochemistry. 2001, 58(1): 159-165.

[12] 淤泽溥，李文明，蒋家雄. 青葙子对家兔瞳孔和眼内压的影响 [J]. 云南中医杂志，1990，11(1)：30-31.

[13] 黄秀榕，祁明信，汪朝阳，等. 4 种归肝经明目中药对晶状体上皮细胞凋亡相关基因 Bcl-2 和 Bax 的调控 [J]. 中国临床药理学与治疗学，2004，9(3)：322-325.

[14] WIART C, MOGANA S, KHALIFAH S, et al. Antimicrobial screening of plants used for traditional medicine in the state of Perak, Peninsular Malaysia[J]. Fitoterapia, 2004, 75(1):68-73.

[15] GNANAMANI A, PRIYA K S, RADHAKRISHNAN N, et al. Antibacterial activity of two plant extracts on eight burn pathogens[J]. Journal of Ethnopharmacology, 2003, 86(1): 59-61.

[16] MORITA H, SHIMBO K, SHIGEMORI H, et al. Antimitotic activity of moroidin, a bicyclic peptide from the seeds of *Celosia argentea*[J]. Bioorganic & Medicinal Chemistry Letters, 2000, 10(5): 469-471.

[17] PRIYA K S, ARUMUGAM G, RATHINAM B, et al. *Celosia argentea* Linn. leaf extract improves wound healing in a rat burn wound model[J]. Wound Repair and Regeneration, 2004, 12(6): 618-625.

[18] HAYAKAWA Y, FUJII H, HASE K, et al. Anti-metastatic and immunomodulating properties of the water extract from *Celosia argentea* seeds[J]. Biological & Pharmaceutical Bulletin, 1998, 21(11): 1154-1159.

[19] IMAOKA K, USHIJIMA H, INOUYE S, et al. Effects of *Celosia argentea* and *Cucurbita moschata* extracts on anti-DNP IgE antibody production in mice[J]. Arerugi, 1994, 43(5): 652-659.

[20] HASE K, BASNET P, KADOTA S, et al. Immunostimulating activity of Celosian, an antihepatotoxic polysaccharide isolated from *Celosia argentea*[J]. Planta Medica, 1997, 63(3): 216-219.

[21] SAWAB A, MATSUBARA Y, IWASAKI M, et al. Extraction of chemical constituents from *Celosia argentea* leaves and skin-lightening cosmetics containing the chemical constituents[J]. Tennen Yuki Kagobutsu Toronkai Koen Yoshishu, 1999, 41: 559-564.

瞿麦 Qumai CP, KHP

Dianthus superbus L.
Fringed Pink

概述

石竹科 (Caryophyllaceae) 植物瞿麦 *Dianthus superbus* L.，其干燥地上部分入药。中药名：瞿麦。

石竹属 (*Dianthus*) 植物全世界约有 600 种，广布于北温带，大部分产于欧洲和亚洲，少数产自美洲和非洲。中国约有 16 种 10 变种，本属现供药用者约有 8 种。本种分布于中国东北、华北、西北、华东及河南、湖北、四川、贵州、新疆；北欧、中欧、俄罗斯西伯利亚、哈萨克斯坦、蒙古、朝鲜半岛、日本也有分布。

“瞿麦”药用之名，始载于《神农本草经》，列为中品。历代本草多有著录。《中国药典》（2015 年版）收载本种为中药瞿麦的法定原植物来源种之一。主产于中国河北、河南、陕西、山东、四川、湖北、湖南、浙江、江苏等省区。

瞿麦主要化学成分为环肽、蒽醌、黄酮等。《中国药典》以性状、显微和薄层色谱鉴别来控制瞿麦药材的质量。

药理作用表明，瞿麦具有利尿、抗生育、兴奋平滑肌等作用。

中医理论认为瞿麦具有利尿通淋，活血通经等功效。

◆ 瞿麦
Dianthus superbus L.

◆ 石竹
D. chinensis L.

◆ 药材瞿麦
Dianthi Herba

◆ dianthin A

◆ orientin

化学成分

瞿麦地上部分含环肽成分：dianthins A、B[1]、C、D、E、F[2]；蒽醌类成分：大黄素甲醚 (physcion)、大黄素 (emodin)、大黄素-8-*O*-葡萄糖苷 (emodin-8-*O*-glucoside)[3]；黄酮类成分：异红草素 (homoorientin)、红草素 (orientin)[4]；此外还有松醇 (pinitol)、3,4-二羟基苯甲酸甲酯 (methyl 3,4-dihydroxybenzoate)和3-（3',4'-二羟基苯基）丙酸甲酯 (methyl 3',4'-dihydroxyphenyl propionate)[3]等化合物。

药理作用

1. 利尿

瞿麦乙醇提取物、水煎液均有利尿作用；麻醉家兔耳缘静脉恒速滴注生理盐水作为水负荷，瞿麦水煎剂液灌胃后家兔泌尿量虽有增加但不显著[5]。

2. 抗生育

从瞿麦中分离得到的3,4-二羟基苯甲酸甲酯能兴奋受孕大鼠子宫肌条，并协同催产素的作用，增强妊娠小鼠在体子宫的自发性收缩强度和幅度[3]；妊娠小鼠抗生育实验、遗传毒理学实验的结果表明瞿麦水煎液在着床期、妊娠早期和妊娠中期均有较显著的致流产、致死胎的作用，且随剂量增加作用增强，但上述作用剂量无遗传毒性作用[6]。

3. 兴奋平滑肌

瞿麦煎剂对离体兔肠、麻醉犬在位肠管、犬慢性肠瘘均有显著兴奋作用，此作用可被苯海拉明、罂粟碱所拮抗；瞿麦乙醇提取物对麻醉兔在体子宫及大鼠离体子宫肌条均有明显兴奋作用。

4. 其他

具有抗菌、抑制心脏、抗泌尿生殖道感染、抗沙眼衣原体[7]、抑制烟花叶病毒 (TMV) 传染[8]、抗诱变[9]等作用。

应用

本品为中医临床用药。功能：利尿通淋，活血通经。主治：热淋，血淋，石淋，小便不通，淋沥涩痛，经闭瘀阻。

现代临床还用于泌尿系统感染、慢性前列腺炎、闭经、皮肤湿疹[10]等病的治疗。

评注

《中国药典》除瞿麦外，还收载石竹 *Dianthus chinensis* L. 作为中药瞿麦的法定原植物来源种。与瞿麦相比，石竹的带花全草含石竹皂苷 A、B、C、D (dianchinenosides A ~ D)，瞿麦吡喃酮苷 (dianthoside) 及具抗癌活性的花色苷和黄酮类化合物；花另含丁香油酚 (eugenol)、苯乙醇 (phenylethyl alcohol)、苯甲酸苄酯 (benzyl benzoate) 等[11]；在药理作用方面，石竹的利尿作用比瞿麦强[5]。

药用植物图像数据库

参考文献

[1] WANG Y C, TAN N H, ZHOU J, et al. Cyclopeptides from *Dianthus superbus*[J]. Phytochemistry, 1998, 49(5): 1453-1456.

[2] HSIEH P W, CHANG F R, WU C C, et al. New cytotoxic cyclic peptides and dianthramide from *Dianthus superbus*[J]. Journal of Natural Products, 2004, 67(9): 1522-1527.

[3] 汪向海，巢启荣，黄浩，等 . 瞿麦化学成分研究 [J]. 中草药，2000，31(4)：248-249.

[4] SERAYA L M, BIRKE K, KHIMENKO S V, et al. Flavonoid compounds of *Dianthus superbus*[J]. Khimiya Prirodnykh Soedinenii, 1978, 6: 802-803.

[5] 李定格，周风琴，姬广臣，等 . 山东产中药瞿麦利尿作用的研究 [J]. 中药材，1996，19(10)：520-522.

[6] 李兴广，高学敏 . 瞿麦水煎液对小鼠妊娠影响的实验研究 [J]. 北京中医药大学学报，2000，23(6): 40-42.

[7] 李建军，涂裕英，佟菊贞，等 . 瞿麦等 12 味利水中药体外抗泌尿生殖道沙眼衣原体活性检测 [J]. 中国中药杂志，2000，25(10)：628-630.

[8] CHO H J, LEE S J, KIM S, et al. Isolation and characterization of cDNAs encoding ribosome inactivating protein from *Dianthus sinensis* L. [J]. Molecules and Cells, 2000, 10(2): 135-141.

[9] LEE H, LIN J Y. Antimutagenic activity of extracts from anticancer drugs in Chinese medicine[J]. Mutation Research, 1988, 204(2): 229-234.

[10] 王本祥 . 现代中药药理学 [M]. 天津：天津科学技术出版社，1997：558-560.

[11] LI H Y, KOIKE K, OHMOTO T. Triterpenoid saponins from *Dianthus chinensis*[J]. Phytochemistry, 1994, 35(3): 751-756.

拳参 Quanshen CP

Polygonum bistorta L.
Bistort

概述

蓼科 (Polygonaceae) 植物拳参 *Polygonum bistorta* L.，其干燥根茎入药。中药名：拳参。

蓼属 (*Polygonum*) 植物全世界约有 230 种，广布于世界各地，主要分布在北温带。中国约有 120 种，本属现供药用者约有 80 种。本种在中国大部分地区均有分布；俄罗斯西伯利亚和远东地区、哈萨克斯坦斯坦、蒙古、日本及欧洲也有。

拳参以"紫参"药用之名，始载于《神农本草经》，列为中品。《本草图经》始用"拳参"之名，历代本草多有著录。《中国药典》（2015 年版）收载本种为中药拳参的法定原植物来源种。主产于中国华北、西北及山东、江苏、湖北等省区。

拳参主要成分为鞣质，包括没食子酸、并没食子酸及可水解鞣质和缩合鞣质等。鞣质为拳参抗菌作用的活性成分之一。《中国药典》采用高效液相色谱法进行测定，规定拳参药材含没食子酸不得少于 0.12%，以控制药材质量。

药理研究表明，拳参具有抗菌、止血、抑制中枢等作用。

中医理论认为拳参具有清热解毒，消肿，止血等功效。

◆ 拳参
Polygonum bistorta L.

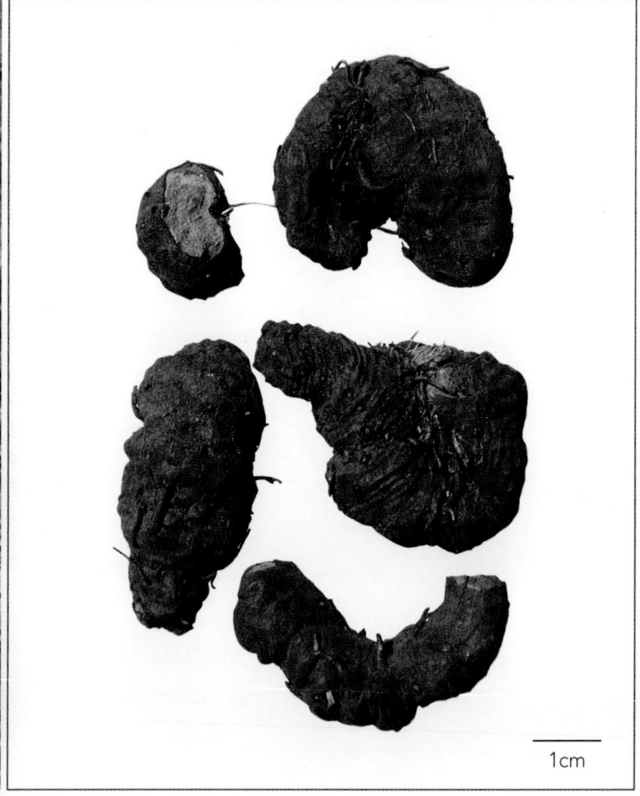

◆ 药材拳参
Bistortae Rhizoma

化学成分

拳参的根茎含鞣质 8.7%～25%；还含没食子酸 (gallic acid)、丁二酸 (succinic acid)、原儿茶酸 (3,4-dihydroxy benzoic acid)[1]、并没食子酸 (ellagic acid)、右旋儿茶酚 (*D*-catechol)、左旋表儿茶酚 (*L*-epicatechol)、6-没食子酰葡萄糖 (6-galloylglucose)、3,6-二没食子酰葡萄糖 (3,6-digalloylglucose)[2]、2,6-二羟基苯甲酸 (2,6-dihydroxy benzoic acid)、(–)-表儿茶素-5-*O*-*β*-*D*-吡喃葡萄糖苷[(–)-epicatechin-5-*O*-*β*-*D*-glucopyranoside]、(+)-儿茶素-7-*O*-*β*-*D*-吡喃葡萄糖苷 [(+)-catechin-7-*O*-*β*-*D*-glucopyranoside][3]等；又含5-glutinen-3-one、木栓烷醇 (friedelanol)[4]、伞形花内酯 (umbelliferone)、东莨菪内酯 (scopoletin)[5]、槲皮素 (quercetin)、芦丁 (rutin)、槲皮素-5-*O*-*β*-*D*-葡萄糖苷 (quercetin-5-*O*-*β*-*D*-glucopyranoside)[1]、联苯三酚 (pyrogallol)、4-羟基苯醛 (4-hydroxybenzaldehyde)[5]、丁香苷 (syringin)、mururin A[6]、拳参苷 (bistortaside)[7]。拳参全草含绿原酸 (chlorogenic acid)、咖啡酸 (caffeic acid)、原儿茶酸、金丝桃苷 (hyperin)。

药理作用

1. 抗菌

体外实验表明，拳参乙醇、石油醚、乙酸乙酯等提取物及拳参苷、没食子酸等单体成分对金黄色葡萄球菌、大肠埃希氏菌、枯草芽孢杆菌及铜绿假单胞菌等均有一定的抑制作用，以乙酸乙酯提取物和没食子酸抑菌活性最强[7]。

2. 抗炎

拳参的乙醇提取物及从拳参中分离得到的 5-glutinen-3-one 和木栓烷醇经口给药，对角叉莱胶引起的大鼠足趾肿胀有抑制作用[4, 8]。

3. 镇痛

醋酸扭体法、热板致痛法和电刺激致痛实验表明，拳参正丁醇提取物和水提取物腹腔注射对小鼠均有明显的镇痛作用[9-10]。

4. 镇静

拳参正丁醇提取物腹腔注射对小鼠的自发活动有明显的抑制作用，能明显增强戊巴比妥钠的中枢抑制作用[11]。

5. 其他

拳参根茎中所含的左旋表儿茶精可显著降低胆碱酯酶活性，并能降低大鼠血清和肝脏中的胆固醇。拳参还有抗突变[12]、抗癌[13]等作用。

应用

本品为中医临床用药。功能：清热解毒，消肿，止血。主治：赤痢热泻，肺热咳嗽，痈肿瘰疬，口舌生疮，血热吐衄，痔疮出血，蛇虫咬伤。

现代临床还用于细菌性痢疾、肠炎、痔疮出血、胃炎、阑尾炎、慢性气管炎、急性扁桃体炎、皮肤炎、牙龈炎等病的治疗。

评注

拳参别名重楼、草河车或蚤休，因此常出现拳参与中药重楼（百合科植物云南重楼或七叶一枝花的根茎）使用混淆的现象。虽然拳参别名与重楼相同，但两者来源、性味、功效与主治均不相同，《中国药典》已明确分列条目，不可混用。

婴幼儿腹泻辅以拳参治疗后，与对照组相比，缩短了平均退热时间及脱水纠正时间，减少了肠黏膜损伤，缩短疗程，疗效显著，治疗剂量无不良反应，值得临床推广使用。但拳参的具体药物作用机制尚未完全阐明，有待进一步研究。

参考文献

[1] 刘晓秋，陈发奎，吴立军，等．拳参的化学成分 [J]. 沈阳药科大学学报，2004，21(3)：187-189.

[2] GSTIRNER F, KORF G. Components of *Polygonum bistorta* rhizomes[J]. Archiv der Pharmazie, 1966, 299(7): 640-646.

[3] 肖凯，宣利江，徐亚明，等．拳参的 DNA 裂解活性成分研究 [J]. 中草药，2003，34(3)：203-206.

[4] DUWIEJUA M, ZEITLIN I J, GRAY A I, et al. The anti-inflammatory compounds of *Polygonum bistorta*: isolation and characterization[J]. Planta Medica, 1999, 65(4): 371-374.

[5] CHOI S Y, KWON Y S, KIM C M. Chemical constituents from *Polygonum bistorta* rhizomes[J]. Saengyak Hakhoechi, 2000, 31(4): 426-429.

[6] 刘晓秋，利瓦伊维，生可心，等．拳参正丁醇提取物的化学成分 [J]. 沈阳药科大学学报，2006，23(1)：15-17.

[7] 刘晓秋，利瓦伊维，李晓丹，等．拳参提取物及单体化合物的体外抑菌活性初步研究 [J]. 中药材，2006，29(1)：51-53.

[8] DUWIEJUA M, ZEITLIN I J, WATERMAN P G, et al. Anti-inflammatory activity of *Polygonum bistorta*, *Guaiacum officinale* and *Hamamelis virginiana* in rats[J]. The Journal of Pharmacy and Pharmacology, 1994, 46(4): 286-290.

[9] 黄玉珊，曾靖，叶和杨，等．拳参正丁醇提取物的镇痛作用的研究 [J]. 赣南医学院学报，2004，24(1)：12-13.

[10] 曾靖，单热爱，钟声，等．拳参水提取物镇痛作用的实验观察 [J]. 中国临床康复，2005，9(6)：80-81.

[11] 曾靖，黄志华，叶和杨，等．拳参正丁醇提取物中枢抑制作用的研究 [J]. 赣南医学院学报，2003，23(4)：359-361.

[12] NIIKAWA M, WU A F, SATO T, et al. Effects of Chinese medicinal plant extracts on mutagenicity of Trp-P-1[J]. Natural Medicines, 1995, 49(3): 329-331.

[13] 李振巧，程蔼隽，王济民，等．几种抗癌中药的品种和疗效问题 [J]. 河北中西医结合杂志，1997，6(3)：407-408.

◆ 拳参种植基地

人参 Renshen BP, CP, EP, JP, KHP, USP, VP

Panax ginseng C. A. Mey.
Ginseng

概述

五加科 (Araliaceae) 植物人参 *Panax ginseng* C. A. Mey.，其干燥根和根茎入药，中药名：人参；其干燥叶入药，中药名：人参叶。

人参属 (*Panax*) 植物全世界约有 10 种，分布于亚洲东部及北美洲。中国约有 8 种，均供药用。野生人参分布于中国东北、朝鲜半岛、俄罗斯远东地区，在《中国珍稀濒危植物》（红皮书）第一卷列为国家一级保护物种，现仅长白山地区有少量分布；中国吉林、辽宁、黑龙江有大量栽培，河北、山西、内蒙古等地亦有引种。

距今 3500 年以前商代的甲骨文和金文中，已有关于"参"的记载。《神农本草经》列人参为上品，历代本草均有著录。人参的古代分布地区较广，在 1600 年以前已有人参种植的记述，明代开始采用种子繁殖。《中国药典》（2015 年版）收载本种为中药人参和人参叶的法定原植物来源种。主产于中国吉林、辽宁、黑龙江等省。

人参含三萜皂苷、多炔、多糖、挥发油、多肽、氨基酸等成分。人参皂苷 Rb_1、Rb_2、Rc、Rg_1、Re、Rf 等三萜皂苷为其主要活性成分，其中人参皂苷 Rf 为人参的特有成分。《中国药典》采用高效液相色谱法进行测定，规定人参药材含人参皂苷 Rg_1 和人参皂苷 Re 的总量不得少于 0.30%，含人参皂苷 Rb_1 不得少于 0.20%；人参叶药材含人参皂苷 Rg_1 和人参皂苷 Re 的总量不得少于 2.25%，以控制药材质量。

药理研究表明，人参具有调节中枢神经功能、增强机体免疫功能、促进造血功能、抗心肌缺血、改善物质代谢、增强内分泌功能、推迟衰老、抗肿瘤等作用。

中医理论认为人参具有大补元气，复脉固脱，补脾益肺，生津养血，安神益智等功效；人参叶具有补气，益肺，祛暑，生津等功效。

◆ 人参
Panax ginseng C. A. Mey.

◆ 人参（林下参）
P. ginseng C. A. Mey.

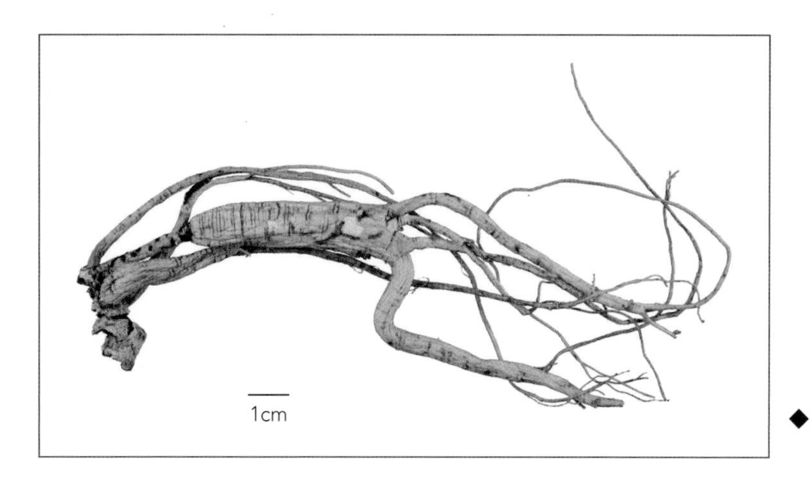

◆ 药材人参
Ginseng Radix et Rhizoma

化学成分

人参根部含三萜皂苷：人参皂苷Ro、Ra_1、Ra_2、Ra_3、Rb_1、Rb_2、Rb_3、Rc、Rd、Re、Rf、Rg_1、Rg_2、Rg_3、Rh_1、Rh_2、Rh_4、Rs_1、Rs_2、Rs_3 (ginsenosides Ro, Ra_1, Ra_2, Ra_3, Rb_1, Rb_2, Rb_3, Rc, Rd, Re, Rf, Rg_1, Rg_2, Rg_3, Rh_1, Rh_2, Rh_4, Rs_1, Rs_2, Rs_3)[1-2]，polyacetyleneginsenoside Ro[3]，三七皂苷R_1、R_4 (notoginsenosides R_1, R_4)，西洋参皂苷R_1、R_2 (quinquenosides R_1, R_2) 等；多炔类：人参炔醇 (panaxynol)、人参环氧炔醇 (panaxydol)、人参炔三醇 (panaxytriol)等；挥发油：油中主成分为α-蒎烯 (α-pinene)、β-蒎烯 (β-pinene)、β-人参烯 (β-panasinsene)、α-葎草烯 (α-humulene)、ginsinsene[4]等；多糖：人参多糖A、B、C、D、E、F、G、H、I、J、K、L、M、N、O、P、Q、R、S、T、U (panaxans A～U)；多肽：人参多肽Ⅰ、Ⅱ (GP Ⅰ,Ⅱ)，鲜人参多肽Ⅰ、Ⅱ、Ⅲ、Ⅳ (FGP Ⅰ～Ⅳ)；生物碱：N_9-甲酰哈尔满 (N_9-formyl harman)、黑麦草碱 (perlolyrine)、胆碱 (choline)、β-卡啉-1-羧酸乙酯 (ethyl-β-carboline-1-carboxylate)等成分。红参等加工品的大多数化学成分与人参相近，但各类成分的含量有所不同。

◆ ginsenoside Rb_1

◆ panaxynol

叶含三萜皂苷：人参皂苷Rb_1、Rb_2、Rc、Rd、Re、F_1、F_2、F_3、Rg_1、Rg_2、Rg_3、Rg_7、Rh_1、Rh_2、Rh_5、Rh_6、Rh_7、Rh_8、Rh_9 (ginsenosides Rb_1, Rb_2, Rc～Re, F_1～F_3, Rg_1, Rg_2, Rg_3, Rg_7, Rh_1～Rh_9)，三七皂苷Fe (notoginsenoside Fe)，珠子参苷F_2、F_4 (majorosides F_2, F_4)[5]等。

药理作用

1. 推迟衰老、提高机体应激能力

人参皂苷 Rg_1 体外可减弱三丁基过氧化氢 (t-BHP) 对人胚肺成纤维细胞 (WI-38) 衰老的诱导作用 [6]，人参皂苷 Rb_2 可诱导 Cu/Zn- 超氧化物歧化酶 (SOD1) 基因的表达 [7]。人参皂苷能增加正常生理状态下垂体－肾上腺皮质激素分泌，对应激状态下的垂体－肾上腺皮质系统具有保护作用；人参根及煎剂能加强肌体适应性，有抗疲劳、抗缺氧、抗低温、抗高温、抗噪声等应激作用。

2. 免疫调节功能

人参皂苷能增强小鼠等多种动物对血液中胶体炭粒等的吞噬廓清能力，显著促进动物抗体产生；人参多糖能使羊红细胞免疫小鼠血清中的抗体 IgH 升高。人参皂苷体外可增强小鼠脾脏自然杀伤细胞 (NKC) 活性，并在 ConA 存在时诱生 γ 干扰素 (IFN-γ) 和白细胞介素 2 (IL-2)，促进人白细胞介素 1 (IL-1) 基因表达 [8] 及小鼠脾脏树突状细胞 (DC) 增殖 [9]；人参皂苷 Rg_1 可增强 CD(+) T 淋巴细胞活性，调节 Th_1/Th_2 分化 [10]，减少 X 线诱发的小鼠骨髓细胞染色体畸变，对动物脾脏等免疫器官有辐射防护作用 [11]。人参多糖可改善荷 S_{180} 小鼠脾脏空斑形成细胞等免疫指标，使荷 B_{16} 黑色素瘤小鼠的 NKC 活性及 IL-2、IFN-γ 水平正常化。

3. 对内分泌系统的影响

人参皂苷能兴奋雌激素和雄激素受体 [12]，兴奋垂体分泌促性腺激素，促进幼年雌性小鼠及大鼠动情期出现，增加子宫和卵巢重量，加速大鼠性成熟过程，延长成熟大鼠动情期，促进雄性大鼠交配行为。人参总皂苷可刺激离体大鼠胰岛释放胰岛素。

4. 对中枢神经系统的影响

人参对高级神经系统的兴奋过程和抑制过程均有加强作用。全参皮下或腹腔注射可减少小鼠自主活动，延长小鼠戊巴比妥睡眠时间和士的宁、戊四氮所致小鼠惊厥潜伏期，减少惊厥发生率。人参皂苷可促进正常大鼠的学习记忆过程，改善化学药品等因素所致动物学习记忆障碍。人参皂苷腹腔注射能稳定大鼠神经元膜系统，促进 *c-fos* 基因表达，提高 mRNA、fos 蛋白质和 cAMP 含量。人参皂苷可抑制谷氨酸 (GLU) 的兴奋性毒性，降低一氧化氮合酶 (NOS) 活性，减少 NO，拮抗脑细胞凋亡，保护动物脑神经 [13]；还可以对抗阿片 μ 受体激动剂，兴奋多巴胺能和胆碱能神经传递，拮抗吗啡的镇痛作用，抑制吗啡引起的体重下降和记忆障碍，减轻吗啡的成瘾性和耐受性 [14]。

5. 对循环系统的影响

人参对动物心脏呈先兴奋后抑制，小剂量兴奋，大剂量抑制的作用；人参皂苷能降低狗和大鼠心率，延长缺氧条件下离体豚鼠心房收缩时间，减少缺血冠状窦中的乳酸含量，提高耐缺氧能力，并可对抗氯化钡诱发心律失常，纠正心动过速。人参Rb组皂苷能减少实验性心肌梗死犬左心室做功，降低心肌耗氧量，增加缺血心肌供血 [15]，降低大鼠血黏度和游离脂肪酸水平 [16]；人参皂苷 Rg_2 对内毒素所致大鼠弥漫性血管内凝血具有保护作用，降低死亡率 [17]。人参皂苷体外可诱导 *c-fos* 或 GATA-1 转录因子，促进造血细胞粒系细胞株 HL-60、单核细胞株 U937、红系细胞 K_{562}、巨核系细胞株 Meg-01 增殖，以及造血干细胞或祖细胞增殖和定向分化 [18-19]。人参多糖也可促进粒单系造血祖细胞 (CFU-GM) 和多向性造血祖细胞 (CFU-Mix) 的增殖及内皮细胞的 GM-CSF、IL-3 和 IL-6 蛋白表达 [20]。

6. 调节物质代谢

人参使实验性高血压动物紊乱的糖代谢过程正常化；人参皂苷促进脂代谢和胆固醇合成，抑制胆固醇吸收；使雌性大鼠食欲和体重增加，生长加快，矫正雌鼠因饥饿致肝 DNA 减少，促进肝脏 DNA、RNA 和蛋白质的合成。

7. **抗肿瘤**

人参皂苷体外能诱导人肝癌 SK-HEP-1、鼠神经胶质瘤 C6Bu-1、人神经母细胞瘤 SK-N-BE、人恶性黑色素瘤 A375-S2、前列腺癌 LNCaP 的细胞凋亡；诱导肝癌 Morris、黑色素瘤 B16、畸胎瘤 F9 等肿瘤细胞分化；抑制 B16-BL6 小鼠黑色素瘤、Lewis 肺癌等肿瘤的血管生成和肿瘤转移；抑制促癌剂 TPA 和 H_2O_2 诱发 WB-F344 大鼠肝上皮细胞癌变，抑制 3- 甲基胆蒽的致癌活性 [21-22]。人参多糖可阻止人早幼粒白血病细胞 HL-60 增殖 [23]；人参炔醇可抑制 HL-60 增殖 [24]。

8. **其他**

适量人参二醇组皂苷能促进肾小管细胞增殖，高浓度则有抑制作用 [25]；人参皂苷可改善初发期急性肾衰大鼠的肾功能，减轻并加速修复肾脏病变 [26]。人参须能降低四氯化碳 (CCl_4) 引起的小鼠肝、脾重量增加及血清谷丙转氨酶 (ALT)、总蛋白 (TP) 升高，减轻 CCl_4 引起的肝坏死病变 [27]。

应用

本品为中医临床用药。功能：大补元气，复脉固脱，补脾益肺，生津养血，安神益智。主治：体虚欲脱，肢冷脉微，脾虚食少，肺虚喘咳，津伤口渴，内热消渴，气血亏虚，久病虚羸，惊悸失眠，阳痿宫冷。

现代临床还用于糖尿病、癌症、性功能障碍、神经系统疾病（如阿尔茨海默病、神经衰弱），以及循环系统疾病（如心力衰竭、心源性休克）等病的治疗。

评注

野山参属于珍稀濒危植物，目前使用的多为栽培人参。根据人参栽培方式的不同，主要有“园参”“林下参”等类型；根据加工方式不同，又分为鲜参、生晒参、红参、白干参、白糖参等。由于栽培、采收、加工等条件不同，人参的质量也有较大差异。吉林现已建立了人参的规范化种植基地。

药用植物图像数据库

人参的茎叶、花、果实等部位也供药用，亦含有人参皂苷等活性成分。

参考文献

[1] BAEK N I, KIM D S, LEE Y H, et al. Ginsenoside Rh_4, a genuine dammarane glycoside from Korean red ginseng[J]. Planta Medica, 1996, 62(1): 86-87.

[2] BAEK N I, KIM J M, PARK J H, et al. Ginsenoside Rs_3, A genuine dammarane-glycoside from Korean red ginseng[J]. Archives of Pharmacal Research, 1997, 20(3): 280-282.

[3] ZHANG H J, LU Z Z, TAN G T, et al. Polyacetyleneginsenoside-Ro, a novel triterpene saponin from *Panax ginseng*[J]. Tetrahedron Letters, 2002, 43(6): 973-977.

[4] RICHTER R, BASAR S, KOCH A, et al. Three sesquiterpene hydrocarbons from the roots of *Panax ginseng* C. A. Meyer (Araliaceae) [J]. Phytochemistry, 2005, 66(23): 2708-2713.

[5] DOU D Q, CHEN Y J, LIANG L H, et al. Six new dammarane-type triterpene saponins from the leaves of *Panax ginseng*[J]. Chemical & Pharmaceutical Bulletin, 2001, 49(4): 442-446.

[6] 赵朝晖，陈晓春，金建生，等 . 人参皂苷 Rg_1 对细胞衰老过程中 p21, cyclin E 和 CDK2 表达的影响 [J]. 药学学报，2004，39(9)：673-676.

[7] KIM Y H, PARK K H, RHO H M. Transcriptional activation of the Cu, Zn-superoxide dismutase gene through the AP2 site by ginsenoside Rb_2 extracted from a medicinal plant, *Panax ginseng*[J]. Journal of Biological Chemistry, 1996, 271(40): 24539-24543.

[8] 田志刚，杨贵贞 . 人参三醇皂苷促进人白细胞介素 -1 基因表达 [J]. 中国药理学报，1993，14(2)：159-161.

[9] 王斌，李杰芬，胡岳山 . 人参皂苷对小鼠脾脏树突状细胞增殖的影响 [J]. 上海免疫学杂志，2003，23(6)：381，

388.

[10] LEE E J, KO E J, LEE J W, et al. Ginsenoside Rg_1 enhances CD4(+) T-cell activities and modulates Th_1/Th_2 differentiation[J]. International Immunopharmacology, 2004, 4(2): 235-244.

[11] 刘丽波，孙晓玲，张海英，等．人参三醇组苷对小鼠骨髓细胞染色体辐射的防护作用 [J]. 吉林大学学报，2002，28(2)：138-140.

[12] JI S M, LEE Y J. Estrogen, androgen, and retinoic acid hormone activity of ginseng total saponin[J]. Journal of Ginseng Research, 2003, 27(3): 93-97.

[13] 王卫霞，王巍，陈可冀．人参皂苷对动物脑神经保护作用及其机理研究进展 [J]. 中国中西医结合杂志，2005，25(1)：89-93.

[14] 郭明，吴春福，王金辉，等．人参皂苷对吗啡作用影响的研究进展 [J]. 中国中药杂志，2004，29(4)：299-301.

[15] 孙干，睢大员，于晓凤，等．人参 Rb 组皂苷对实验性心肌梗死犬心脏血流动力学及氧代谢的影响 [J]. 中草药，2002，33(8)：718-722.

[16] 覃秀川，睢大员，郭新雯，等．人参 Rb 组皂苷对实验性心梗大鼠血黏度和游离脂肪酸水平的影响 [J]. 中草药，2002，33(6)：540-542.

[17] 张志伟，赵永娟，叶金梅，等．人参皂苷 Rg_2 对内毒素性血管内凝血致心肌损伤及血液流变学的影响 [J]. 中草药，2002，33(9)：814-816.

[18] 陈小红，高瑞兰，徐卫红，等．人参皂苷对红系、粒单系、巨核系细胞株的增殖及转录因子的诱导作用 [J]. 中国中西医结合杂志，2001，21(1)：40-42.

[19] 陈晓健，郭若霖，万晓华，等．人参总苷及单体对脐血 CD_{34}^+ 细胞体外增殖及分化的影响 [J]. 天津医药，2003，31(6)：343-345.

[20] 吴宏，姜蓉，郑敏，等．人参多糖和当归多糖诱导人内皮细胞表达造血生长因子的实验研究 [J]. 中国中西医结合杂志，2002，22(9)：687-690.

[21] 杨玉琪，李玛琳．人参皂苷的抗肿瘤作用及其机制 [J]. 药学进展，2003，27(5)：287-290.

[22] LIU W K, XU S X, CHE C T. Anti-proliferative effect of ginseng saponins on human prostate cancer cell line[J]. Life Sciences, 2000, 67(11): 1297-1306.

[23] 戴勤，王亚平，周开昭，等．人参多糖对人早幼粒白血病细胞株 (HL-60) 增殖的影响 [J]. 重庆医科大学学报，2001，26(2)：126-131.

[24] 王泽剑，吴英理，林琦，等．人参炔醇对 HL-60 细胞体外诱导分化作用的研究 [J]. 中草药，2003，34(8)：736-738.

[25] 盘强文，冉兵，郭勇，等．人参二醇组皂苷对人肾小管细胞增殖的影响 [J]. 泸州医学院学报，2001，24(2)：105-107.

[26] 李春英，黄龙．人参皂苷对急性肾衰大鼠肾功能及肾病变的影响 [J]. 大连医科大学学报，2000，22(1)：17-20.

[27] 冯有辉，何康，邹丽宜，等．人参须对四氯化碳致小鼠肝纤维化的保护作用 [J]. 中国临床药理学与治疗学，2004，9(9)：1019-1022.

◆ 人参种植基地

忍冬 Rendong CP, JP, KHP,VP

Lonicera japonica Thunb.
Japanese Honeysuckle

概述

忍冬科 (Caprifoliaceae) 植物忍冬 *Lonicera japonica* Thunb.，其干燥花蕾或带初开的花、茎枝入药。中药名分别为：金银花、忍冬藤。

忍冬属 (*Lonicera*) 植物全世界约有 200 种，分布于北美洲、欧洲、亚洲及非洲北部的温带和亚热带地区。中国约有 98 种，本属现供药用者约有 19 种。本种分布于中国华东、中南、西南及辽宁、河北、山西、陕西、甘肃等省区，各地多有栽培；朝鲜半岛、日本也有分布，北美洲有栽培及逸为野生植物。

金银花以“忍冬”药用之名，始载于《名医别录》，列为上品。《中国药典》（2015 年版）已收载本种为中药金银花和忍冬藤的法定原植物来源种。主产于中国河南、山东、广西、广东等省区。

忍冬的主要活性成分为有机酸类、三萜皂苷、黄酮类和挥发油等。《中国药典》采用高效液相色谱法进行测定，规定金银花药材含绿原酸不得少于 1.5%，含木犀草苷不得少于 0.050%；忍冬藤药材含绿原酸不得少于 0.10%，含马钱苷不得少于 0.10 %，以控制药材质量。

药理研究表明，忍冬的花蕾具有抑菌、抗病毒、抗炎、抗过敏、利胆、保肝及降血脂等作用。

中医理论认为金银花具有清热解毒，疏散风热等功效；忍冬藤具有清热解毒，疏风通络等功效。

◆ 忍冬
Lonicera japonica Thunb.

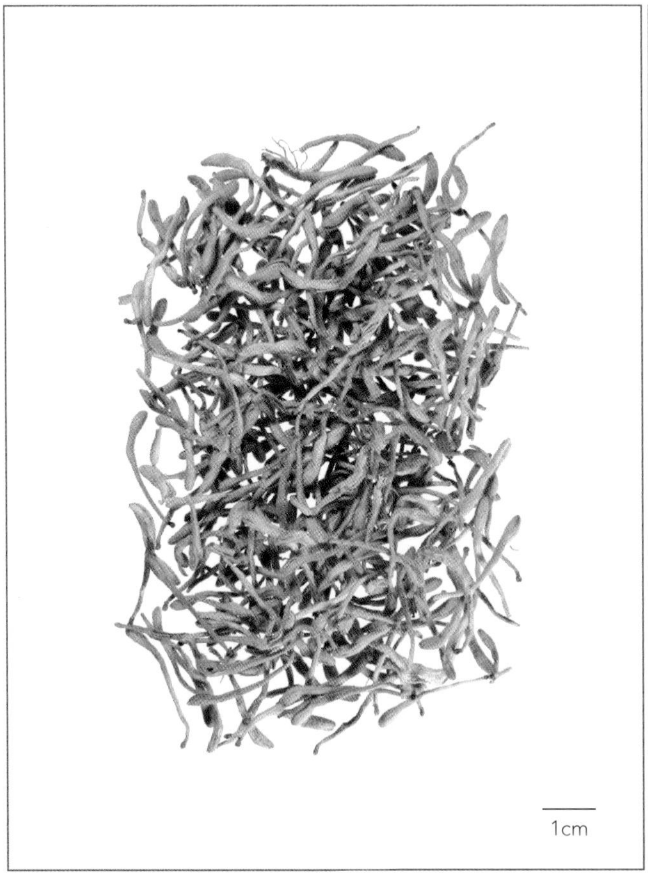

◆ 药材金银花
Lonicerae Japonicae Flos

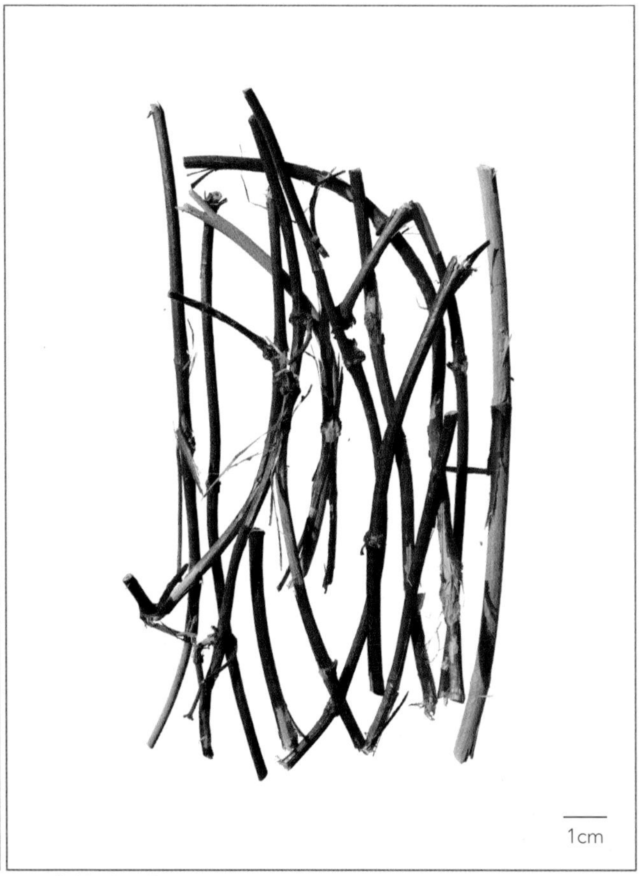

◆ 药材忍冬藤
Lonicerae Japonicae Caulis

化学成分

忍冬花蕾的活性成分主要为酚酸类化合物：绿原酸 (chlorogenic acid)、异绿原酸 (isochlorogenic acid)、咖啡酸 (caffeic acid)等[1]；又含黄酮类化合物：木犀草素 (luteolin)、金丝桃苷 (hyperoside)[2]、忍冬苷 (lonicerin)[3]、木犀草素-7-*O*-*β*-*D*-半乳糖苷、槲皮素-3-*O*-*β*-*D*-葡萄糖苷、木犀草苷 (luteoloside) 等[1]；还含三萜皂苷类：忍冬苦苷A、C (lonicerosides A, C)[3-4]、3-*O*-*α*-*L*-吡喃鼠李糖基-(1-2)-*α*-*L*-吡喃阿拉伯糖基常春藤皂苷元-28-*O*-*β*-*D*-吡喃木糖基-(1-6)-*β*-*D*-吡喃葡萄糖酯、3-*O*-*α*-*L*-吡喃阿拉伯糖基常春藤皂苷元-28-*O*-*α*-*L*-吡喃鼠李糖基-(1-2)-[*β*-*D*-吡喃木糖基-(1-6)]-*β*-*D*-吡喃葡萄糖酯、3-*O*-*α*-*L*-吡喃鼠李糖基-(1-2)-*α*-*L*-吡喃阿拉伯糖基常春藤皂苷元-28-*O*-*α*-*L*-吡喃鼠李糖基-(1-2)-[*β*-*D*-吡喃木糖基-(1-6)]-*β*-*D*-吡喃葡萄糖酯[1]；还含挥发油类成分：芳樟醇 (linalool)、1,1'-联二环己烷 (1,1'-bicyclohexyl) 等[5]；还含环烯醚萜苷类：马钱苷 (loganin)、7-epi-loganine、獐牙菜苷 (sweroside)、7-epi-vogeloside、secoxyloganin[6]。

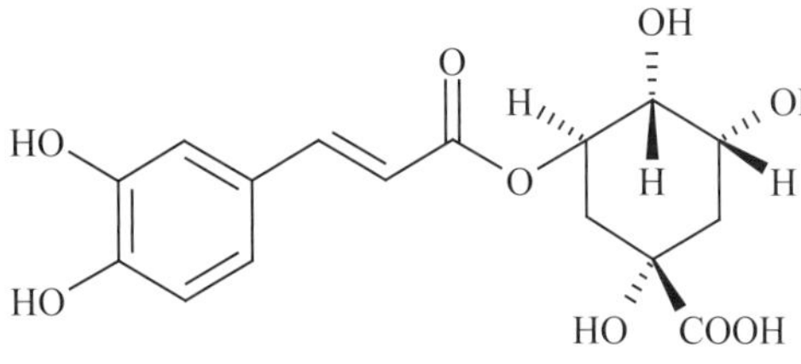

◆ chlorogenic acid

药理作用

1. 抗病原微生物

金银花具有广谱的抗菌作用，对革兰氏阳性菌如金黄色葡萄球菌、白色葡萄球菌、甲型溶血性链球菌、乙型溶血性链球菌、大肠埃希氏菌、藤黄微球菌、枯草芽孢杆菌和幽门螺杆菌均有明显的抑制作用[7-9]。金银花在体内外对人 I 型疱疹病毒、豚鼠巨细胞病毒和禽流感病毒 AIV（H9N2 亚型）均有不同程度的抑制作用[10-12]。金银花的醇提取液、水提取液和水超声提取液均能显著增强体外培养的新生儿肾细胞 NB324K 抗腺病毒感染的能力[13]。

2. 抗炎、抗过敏

金银花能明显抑制蛋清、角叉菜胶等所致大鼠足趾肿胀；并能明显抑制巴豆油所致大鼠肉芽肿的炎性渗出和增生[14]。金银花水提取物可缓解卵清蛋白 (OVA) 致敏小鼠小肠绒毛炎症，降低其体内白细胞介素 4 (IL-4)、OVA-sIgE 水平及 IL-4/IFN-γ 比值，抑制外周淋巴组织单个核细胞中 IL-12 的表达[15]。

3. 抗血小板聚集

金银花水提取物在体外能对抗二磷酸腺苷 (ADP) 诱导的血小板聚集，有效成分为绿原酸、异绿原酸和咖啡酸等酚酸类化合物[16]。

4. 降血脂

金银花在体外可与胆固醇相结合，灌服金银花煎剂可减少肠内胆固醇的水平[14]。

5. 调节免疫

金银花中的绿原酸能启动钙调神经磷酸酶 (calcineurin)，在体内及体外均能提高巨噬细胞的吞噬功能[17]。金银花还能提高牛血和牛奶中性粒细胞对金黄色葡萄球菌的吞噬功能[18]。

6. 保肝

金银花甲醇提取液对 CCl_4 引起的大鼠肝损伤有明显的保护作用，能阻止血清丙氨酸转氨酶 (ALT) 和天冬氨酸转氨酶 (AST) 升高[19]。

7. 其他

金银花还具有止血、抗生育[14]、抗氧化[8]、抑制肠运动[20]等作用。

应用

本品为中医临床用药。

金银花

功能：清热解毒，疏散风热。主治：痈肿疔疮，喉痹，丹毒，热毒血痢，风热感冒，温病发热。

现代临床还用于感冒、流感、上呼吸道感染、毛囊炎、口腔炎、急性胆囊炎、扁桃体炎、乳腺炎等病的治疗。

忍冬藤

功能：清热解毒，疏风通络。主治：温病发热，热毒血痢，痈肿疮疡，风湿热痹，关节肿热。

现代临床还用于风湿性关节炎、蜂窝组织炎、慢性湿疹、细菌性痢疾、肠炎等病的治疗。

评注

金银花的药用价值一直很高，因为其在抗击非典型性肺炎方面的功效，市场需求量更大，故金银花的种植方兴未艾，现在中国多个地方都在建立金银花规范化种植基地。有研究显示，金银花的最佳采收时间是花盛期，届时金银花中的绿原酸达到最高值，且发现河南道地产地的金银花中绿原酸含量比其他地区为高，表明药材质量和产地密切相关，建议商品药材当表明产地，以区分质量优劣[21]。

《中国药典》（2015 年版）收载灰毡毛忍冬 *Lonicera macranthoides* Hand. -Mazz.、红腺忍冬 *L. hypoglauca* Miq.、华南忍冬 *L. confusa* DC. 或黄褐毛忍冬 *L. fulvotomentosa* Hsu et S. C. Cheng 的干燥花蕾或带初开的花为中药山银花的法定原植物来源种。主要分布于中国南方各地，灰毡毛忍冬中的绿原酸含量比传统产地的正品金银花还高[22]。此外，有研究表明，忍冬越冬老叶中绿原酸含量约为药用金银花的 1.41 倍，为忍冬藤的 9.08 倍；黄酮含量为药用金银花 2.78 倍，为忍冬藤的 6.98 倍。老叶、金银花、忍冬藤三者的绿原酸粗提取物的薄层层析结果极为相近[23]；忍冬叶的抑菌试验证明忍冬叶中的黄酮类物质含量较高，其抑菌效果优于绿原酸[24]，提示忍冬叶的利用前景非常广阔。

忍冬除了药用价值外，其保健用途一直也是开发热点。金银花露及各种清凉饮料市场逐渐扩大。由于金银花对口腔细菌有良好的抑制作用，漱口水、牙膏等口腔护理产品将越来越多地采用金银花作为原料。

参考文献

[1] 葛冰，卢向阳，易克，等. 金银花活性成分、药理作用及其应用 [J]. 中国野生植物资源，2004，23(5)：13-16.

[2] PENG Y Y, LIU F H, YE J N. Determination of phenolic acids and flavones in *Lonicera japonica* Thunb. by capillary electrophoresis with electrochemical detection[J]. Electroanalysis, 2005, 17(4): 356-362.

[3] LEE S J, SHIN E J, SON K H, et al. Anti-inflammatory activity of the major constituents of *Lonicera japonica*[J]. Archives of Pharmacal Research, 1995, 18(2): 133-135.

[4] KWAK W J, HAN C K, CHANG H W, et al. Loniceroside C, an antiinflammatory saponin from *Lonicera japonica*[J]. Chemical & Pharmaceutical Bulletin, 2003, 51(3): 333-335.

[5] 吉力，潘炯光，徐植灵. 忍冬花挥发油的 GC-MS 分析 [J]. 中国中药杂志，1990，15(11)：40-42.

[6] LI H J, LI P, YE W C. Determination of five major iridoid glucosides in Flos Lonicerae by high-performance liquid chromatography coupled with evaporative light scattering detection[J]. Journal of Chromatography A, 2003, 1008(2): 167-172.

[7] 宋海英，邱世翠，王志强，等. 金银花的体外抑菌作用研究 [J]. 时珍国医国药，2003，14(5)：269.

[8] 张泽生，乌兰. 金银花中绿原酸的体外抑菌和抗氧化性的研究 [J]. 天津科技大学学报，2005，20(2)：5-8，34.

[9] 杜平华，朱世真，吕品. 20 种中药材对幽门螺杆菌体外抗菌活性的研究 [J]. 中药材，2001，24(3)：188-189.

[10] 王志洁，黄铁牛. 金银花在体内外抗人 I 型疱疹病毒的实验研究 [J]. 中国中医基础医学杂志，2003，9(7)：39-43，50.

[11] 王昕荣，陈素华，乔福元，等. 金银花抗豚鼠巨细胞病毒的体外实验研究 [J]. 中国妇幼保健，2005，20 (17)：2241-2243.

[12] 王国霞，邹海棠，梅春升，等. 黄芪、金银花提取物体外抗禽流感病毒的实验研究 [J]. 中兽医学杂志，2005，(3)：4-6.

[13] 李永梅，李莉，柏川，等. 金银花的抗腺病毒作用研究 [J]. 华西药学杂志，2001，16(5)：327-329.

[14] 王本祥. 现代中药药理学 [M]. 天津：天津科学技术出版社，1999：204-209.

[15] 李斐，黎海芪. 金银花水提物对卵清蛋白致敏小鼠的免疫调控作用 [J]. 中华儿科杂志，2005，43(11)：852-857.

[16] 樊宏伟，肖大伟，余黎，等. 金银花及其有机酸类化合物的体外抗血小板聚集作用 [J]. 中国医院药学杂志，2006，26(2)：145-147.

[17] WU H Z, LUO J, YIN Y X, et al. Effects of chlorogenic acid, an active compound activating calcineurin, purified from Flos Lonicerae on macrophage[J]. Acta Pharmacologica Sinica, 2004, 25(12): 1685-1689.

[18] HU S, CAI W, YE J, et al. Influence of medicinal herbs on phagocytosis by bovine neutrophils[J]. Zentralblatt fur Veterinarmedizin. Reihe A, 1992, 39(8): 593-599.

[19] JEONG C S, SUH I O, HYUN J E, et al. Screening of hepatoprotective activity of medicinal plant extracts on carbon tetrachloride-induced hepatotoxicity in rats[J]. Natural Product Science, 2003, 9(2): 87-90.

[20] 王明根，倪少江，刘生宝，等 . 金银花水提醇沉剂对家兔离体小肠运动的影响 [J]. 中国农学通报，2005，21(6)：32-34.

[21] 邢俊波，李萍，刘云 . 不同产地、不同物候期金银花中绿原酸的动态变化研究 [J]. 中国药学杂志，2003，38 (1)：19-21.

[22] 周日宝，童巧珍 . 灰毡毛忍冬与正品金银花的绿原酸含量比较 [J]. 中药材，2003，26(6)：399-400.

[23] 武雪芬，李玉贤，魏炜，等 . 金银花越冬老叶有效成分测定 [J]. 中药材，1997，20(1)：6-7.

[24] 武雪芬，景小琦，李国茹 . 金银花叶药用成分的提取及抑菌试验 [J]. 天然产物研究与开发，2001，13(3)：43-44.

◆ 忍冬种植基地

日本当归 Ribendanggui JP

Angelica acutiloba (Sieb. et Zucc.) Kitag.
Japanese Angelica

概述

伞形科 (Apiaceae) 植物日本当归 *Angelica acutiloba* (Sieb. et Zucc.) Kitag.，其干燥根入药。日本称作：当归。

当归属 (*Angelica*) 植物全世界约有 80 种，分布于北温带地区和新西兰。中国有 26 种 5 变种 1 变型， 本属现供药用者约有 16 种。本种栽培于日本、朝鲜半岛及中国吉林延边朝鲜族自治州。

“ 当归 ”药用之名，收载于《日本药局方》（第 15 次修订），为日本和汉药使用药材当归的法定原植物来源种 [1]。主产于日本、朝鲜半岛及中国延边地区。

日本当归主要含挥发油，尚有香豆素、酚酸，多糖类成分等。《日本药局方》采用性状、显微鉴别、纯度试验及稀醇提取物含量测定等指标，以控制其药材质量。

药理研究表明，当归具有增加子宫平滑肌收缩频率、保肝、增强造血功能等作用。

日本汉方医药用于强身健体，安神等，还用于妇科病的治疗。

◆ 日本当归
Angelica acutiloba (Sieb. et Zucc.) Kitag.

◆ 药材日本当归
Angelicae Acutilobae Radix

化学成分

日本当归的根含挥发油，其主要成分为：藁本内酯 (ligustilide)、亚丁基苯酞 (butylidenephthalide)、川芎内酯 (cnidilide)、异川芎内酯 (isocnidilide)、瑟丹交酯 (sedanolide)、对聚伞花素 (*p*-cymene)[2-3] 等；还含香豆素类成分：佛手柑内酯 (bergapten)、花椒毒素 (xanthotoxin)、异茴芹素 (isopimpinellin)、东莨菪素 (scopoletin)、伞形花内酯 (umbelliferone) 等；多炔类成分：法尔卡林醇 (falcarinol)、法卡林二醇 (falcarindiol)、法尔卡林酮 (falcarinolone)；有机酸类成分：阿魏酸 (ferulic acid)、香草酸 (vanillic acid)[4] 等。

果实中含香豆素类成分：佛手柑内酯、花椒毒素、异茴芹素等。

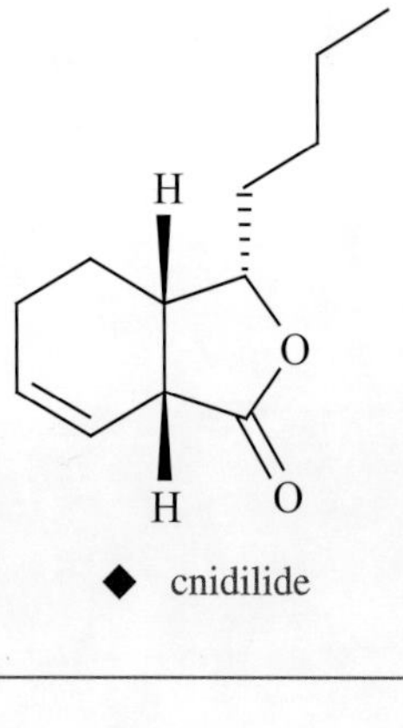

◆ cnidilide

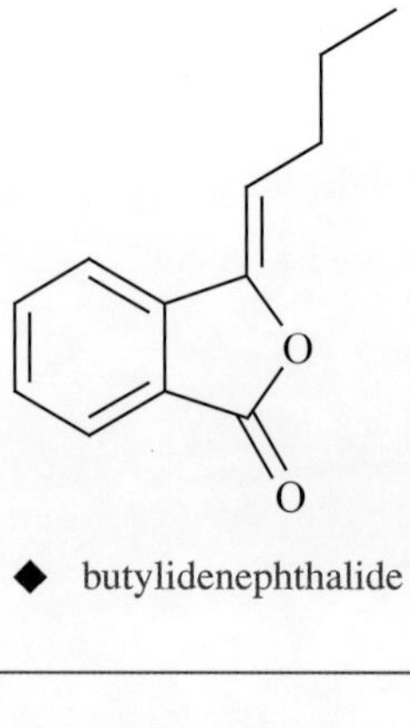

◆ butylidenephthalide

药理作用

1. 对子宫平滑肌的影响

日本当归煎剂可使未孕大鼠离体子宫平滑肌收缩幅度明显加大；而对孕早期大鼠离体子宫平滑肌可明显增加收缩的频率，但对收缩幅度的影响不明显。日本当归水煎剂可对抗垂体后叶素引起的大鼠离体子宫平滑肌收缩[5]。

2. **保肝**

日本当归水提取物灌胃，能显著抑制四氯化碳及乙醇所致小鼠谷丙转氨酶 (GPT) 或谷草转氨酶 (GOT) 水平升高，表明日本当归水提取物对四氯化碳及乙醇性肝损伤具有保护作用 [6]。

3. **对造血系统的作用**

日本当归水溶性部位（主要含多糖）口服，对 5- 氟尿嘧啶造成的贫血小鼠的造血功能有促进作用 [7]。

4. **其他**

日本当归提取物的丁醇部位（主要成分为胺类）口服能改善东莨菪碱引起的大鼠空间认知障碍 [8]。

应用

本品为日本和汉医临床用药。功能：补血，活血，调经，止痛，润肠。主治：心肝血虚，面色萎黄，眩晕心悸等；血虚或血虚兼有瘀滞的月经不调，痛经，经闭等证；血虚或血滞兼有寒凝，以及跌打损伤，风寒湿阻的疼痛证；痈疽疮疡；血虚肠燥便秘。

现代临床还用于急性缺血性脑卒中、突发性耳聋、血栓闭塞性脉管炎、心律失常等病的治疗。

评注

药用植物图像数据库

本种在日本被列为药材当归的法定原植物来源种。中国自 20 世纪 40 年代在吉林延边引种栽培，在中国东北已有 60 余年地方用药历史。在朝鲜半岛也以本种作当归入药。日本当归在解痉止痛功效方面与当归 *Angelica sinensis* (Oliv.) Diels 有相似之处。

日本当归、当归及朝鲜当归 *A. gigas* Nakai 系同属植物，在日本、中国和朝鲜均作为当归入药，其主要活性成分为阿魏酸、藁本内酯及丁基苯酞类物质。有研究数据表明，三者主要活性成分的含量差别较大，但其临床疗效是否有差异，还有待于进一步研究 [9]。

参考文献

[1] 日本公定书协会 . 日本药局方：第十五改正 [S]. 东京：广川书店，2006：3664-3665.

[2] TAKANO I, YASUDA I, TAKAHASHI N, et al. Analysis of essential oils in various species of Angelica root by capillary gas chromatography[J]. Tokyo-toritsu Eisei Kenkyusho Kenkyu Nenpo, 1990, 41: 62-69.

[3] 杜蕾蕾，王晓静，蔡传真，等 . 四川栽培东当归挥发油成分分析 [J]. 中药材，2002，25(7)：477-478.

[4] TANAKA S, IKESHIRO Y, TABATA M, et al. Anti-nociceptive substances from the roots of *Angelica acutiloba*[J]. Arzneimittel-Forschung, 1977, 27(11): 2039-2045.

[5] 李波，赵雅灵，袁惠南 . 当归与东当归对大鼠离体子宫平滑肌的影响 [J]. 中药药理与临床，1995，(6)：40-42.

[6] 张善玉，金在久，申英爱，等 . 东当归对四氯化碳及乙醇性肝损伤的保护作用 [J]. 中国野生植物资源，2003，22(1)：42-43.

[7] HATANO R, TAKANO F, FUSHIYA S, et al. Water-soluble extracts from *Angelica acutiloba* Kitagawa enhance hematopoiesis by activating immature erythroid cells in mice with 5-fluorouracil-induced anemia[J]. Experimental Hematology, 2004, 32(10): 918-924.

[8] HATIP-AL-KHATIB I, EGASHIRA N, MISHIMA K, et al. Determination of the effectiveness of components of the herbal medicine Toki-Shakuyaku-San and fractions of *Angelica acutiloba* in improving the scopolamine-induced impairment of rat's spatial cognition in eight-armed radial maze test[J]. Journal of Pharmacological Sciences, 2004, 96(1): 33-41.

[9] LAO S C, LI S P, KAN K K W, et al. Identification and quantification of 13 components in *Angelica sinensis* (Danggui) by gas chromatography-mass spectrometry coupled with pressurized liquid extraction[J]. Analytica Chimica Acta, 2004, 526(2): 131-137.

日本黄连 Ribenhuanglian JP

Coptis japonica Makino
Japanese Coptis

概述

毛茛科 (Ranunculaceae) 植物日本黄连 *Coptis japonica* Makino，其干燥根茎入药。中药名：黄连。

黄连属 (*Coptis*) 植物全世界约有 16 种，分布于北温带，多数分布于亚洲东部。中国产约有 6 种，分布于西南、中南、华东和台湾。本属现供药用者有 6 种。本种主要分布在日本。

日本从奈良时代 (A.D. 707 ~ 793) 就开始使用中国的黄连，但自江户时代开始有日本黄连的栽培，产品向中国出口，至今日本黄连在日本出口的生药中占首位，主要出口东南亚地区[1]。《日本药局方》（第 15 次修订）已收载本种[2]。主产于日本的福井、鸟取、新泻、石川、兵库、高知等县，市场上的商品根据产地分为加贺黄连、越前黄连、丹波黄连等[3]。

日本黄连主要含生物碱和木脂素类化合物。研究报道指出本种所含生物碱具有很好的药理活性，是主要的有效成分和质量评价指标性成分[3]。《日本药局方》采用高效液相色谱法进行测定，规定日本黄连药材含小檗碱不得少于 4.2 %，以控制药材质量[2]。

药理研究表明日本黄连具有抗炎、抗菌、抗肿瘤、抗氧化等药理活性。

在日本主要用于止泻和健胃。

◆ 日本黄连
Coptis japonica Makino

◆ 药材日本黄连
Coptidis Rhizoma

化学成分

日本黄连的根茎含生物碱类成分：小檗碱 (berberine)、巴马亭 (palmatine)、药根碱 (jateorrhizine)、黄连碱 (coptisine)、甲基黄连碱 (worenine)、木兰花碱(magnoflorine)[3]；木脂素类成分：woorenosides Ⅰ、Ⅱ、Ⅲ、Ⅳ、Ⅴ[4]，异落叶松脂素[(+)-isolariciresinol]、(+)lariciresinol glycoside、松脂醇 [(+)-pinoresinol]、松脂醇苷 [(+)-pinoresinol glycoside]、丁香脂素糖苷 [(+)-syringaresinol glycoside][5]。种子还含有秦皮苷 (fraxin)、阿魏酰奎宁酸 (feruloyl quinic acid)等[6]。

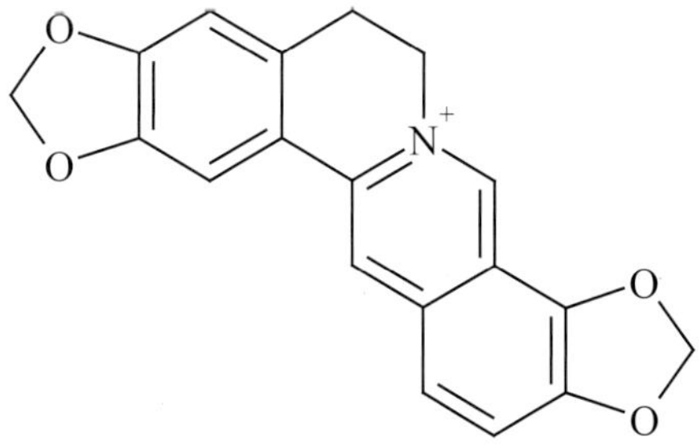

◆ coptisine

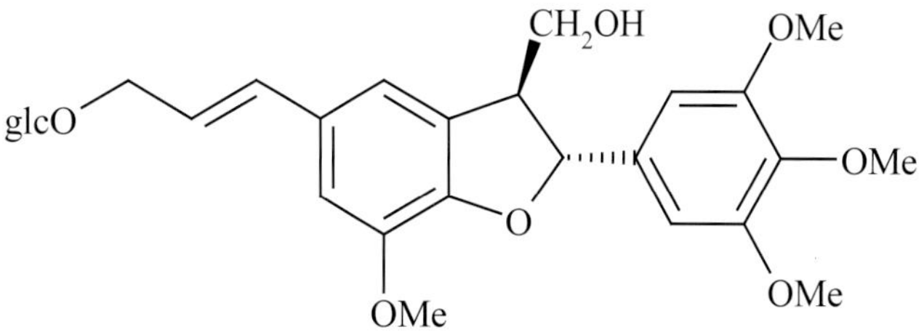

◆ woorenoside Ⅰ

药理作用

1. 抗菌

日本黄连提取物对真菌轮纹病菌 *Botryosphaeria berengeriana*、炭疽芽孢杆菌 *Glomerella cingulata* 和扩展青霉属 *Penicillium expansum* 具有强的抑制作用 [7]。采用浸渍纸盘方法检测发现小檗碱氯化物、巴马亭碘化物对长双歧杆菌 *Bifidobacterium longum*、两歧双歧杆菌 *Bifidobacterium bifidum*、产气荚膜梭菌 *Clostridium perfringens*、类腐败梭菌 *Clostridium paraputrificum* 具有强烈抑制作用 [8]。

2. 抗炎

从日本黄连中分离得到的 woorenosides Ⅰ、Ⅱ、Ⅲ、Ⅳ、Ⅴ和松脂醇、异落叶松脂素能抑制 TNF-α 的产生，化合物丁香脂素糖苷可强烈抑制淋巴细胞增生 [4-5]。以小檗碱预处理诱导巨噬细胞和树突细胞，发现能显著增加

IL-12 的产生，增强诱导 CD_4^+ T 细胞产生 γ- 干扰素的能力，但降低诱导 IL-4 的能力 [9]。进一步的机制研究发现，小檗碱在体外和体内实验均能呈剂量依赖性减少外源性前列腺素 E_2 (PGE_2) 和环氧化酶 -2 蛋白的产生，从而产生抗炎作用 [10]。

3．对心血管系统的影响

口服小檗碱观测其对肾上腺腹部主动脉结扎诱导的小鼠心脏肥大作用，发现小檗碱能提高不正常心脏的功能和阻止压力过大诱导的左心室肥大 [11]；进一步研究发现小檗碱可以降低血浆中肾上腺素和去甲肾上腺素水平，并降低左心室组织中肾上腺素水平 [12]。

4．抗肿瘤

结合高效液相色谱和 PCR 技术发现小檗碱呈剂量依赖性抑制脑癌细胞 G9T/VGH 和 GBM8401 中 *N*- 乙酰转移酶的活性 [13]；小檗碱对体外宫颈癌细胞 HeLa 和白血病细胞 L1210 均有细胞毒活性，光学显微镜检测发现小檗碱能诱导 DNA 拓扑异构酶中毒从而导致细胞凋亡 [14-15]；小檗碱能诱导 KB 细胞株凋亡，但可被 PGE_2 部分逆转，机制研究发现小檗碱能呈剂量相关性抑制环氧化酶 -2 和蛋白质 Mcl-1 的表达 [16]。

5．抗氧化

体外实验表明日本黄连提取物能有效清除过氧亚硝基阴离子 [$ONOO^-$] 及其前体 NO 和超氧阴离子；体内实验也发现该提取物可显著抑制 [$ONOO^-$] 的产生，活性追踪发现含有小檗碱、巴马亭、黄连碱的生物碱部位活性最强 [17]。

6．其他

小檗碱和巴马亭具有抑制多巴胺生物合成的活性 [18]；富含小檗碱、巴马亭、黄连碱的生物碱部位可显著抑制单胺氧化酶活性 [19]；小檗碱还具有显著抗焦虑活性 [20] 及降低胆固醇作用 [21]；日本黄连甲醇提取液还可以增强神经生长因子诱导的神经突生长 [22]。

应用

日本黄连为日本汉方及其制剂中用药，主要作用为止泻和苦味健胃药。主治：胃弱、食欲不振、胃部及腹部膨胀、消化不良、痢疾。

评注

日本黄连 *Coptis japonica* Makino 与中国黄连为同属不同种的药用植物，在相同的古方当中常被等同使用。两者之间的化学成分、药理作用、临床应用的对比研究有待深入。

近年对小檗碱的药理活性研究发现了很多新的活性，如抗焦虑、抗肿瘤、降低胆固醇等，应重视对日本黄连的资源开发和利用。

参考文献

[1] 何三民，刘宝玲 . 日本商品黄连的简况与鉴别 [J]. 中国中药杂志，2003，28(6)：578-579.

[2] 日本公定书协会 . 日本药局方：第十五改正 [S]. 东京：广川书店，2006：3477-3479.

[3] 日本公定书协会 . 日本药局方解说书：第十五改正 [M]. 东京：广川书店，2006：1187-1188.

[4] CHO J Y, BAIK K U, YOO E S, et al. *In vitro* antiinflammatory effects of neolignan woorenosides from the rhizomes of *Coptis japonica*[J]. Journal of Natural Products, 2000, 63(9): 1205-1209.

[5] CHO J Y, KIM A R, PARK M H. Lignans from the rhizomes of *Coptis japonica* differentially act as anti-inflammatory principles[J]. Planta Medica, 2001, 67(4): 312-316.

[6] MIZUNO M, KOJIMA H, IINUMA M, et al. Chemical constituents and their variations among *Coptis* species in Japan[J]. Shoyakugaku Zasshi, 1992, 46(1): 42-48.

[7] CHUNG I M, PAIK S B. Isolation and activity test of antifungal substance from *Coptis japonica* extract[J]. Analytical Science & Technology, 1997, 10(2):153-159.

[8] CHAE S H, JEONG I H, CHOI D H, et al. Growth-inhibiting effects of *Coptis japonica* root-derived isoquinoline alkaloids on human intestinal bacteria[J]. Journal of Agricultural and Food Chemistry, 1999, 47(3): 934-938.

[9] KIM T S, KANG B Y, CHO D, et al. Induction of interleukin-12 production in mouse macrophages by berberine, a benzodioxoloquinolizine alkaloid, deviates CD_4^+ T cells from a Th2 to a Th1 response[J]. Immunology, 2003, 109(3): 407-414.

[10] KUO C L, CHI C W, LIU T Y. The anti-inflammatory potential of berberine *in vitro* and *in vivo*[J]. Cancer Letter, 2004, 203(2):127-137.

[11] HONG Y, HUI S C, CHAN T Y, et al. Effect of berberine on regression of pressure-overload induced cardiac hypertrophy in rats[J]. The American Journal of Chinese Medicine, 2002, 30(4): 589-599.

[12] HONG Y, HUI S S, CHAN B T, et al. Effect of berberine on catecholamine levels in rats with experimental cardiac hypertrophy[J]. Life Science, 2003, 72(22): 2499-2507.

[13] WANG D Y, YEH C C, LEE J H, et al. Berberine inhibited arylamine N-acetyltransferase activity and gene expression and DNA adduct formation in human malignant astrocytoma (G9T/VGH) and brain glioblastoma multiforms (GBM 8401) cells[J]. Neurochemical Research, 2002, 27(9): 883-839.

[14] JANTOVA S, CIPAK L, CERNAKOVA M, et al. Effect of berberine on proliferation, cell cycle and apoptosis in HeLa and L_{1210} cells[J]. The Journal of Pharmacy and Pharmacology, 2003, 55(8):1143-1149.

[15] KETTMANN V, KOSFALOVA D, JANTOVA S, et al. *In vitro* cytotoxicity of berberine against HeLa and L1210 cancer cell lines[J]. Pharmazie, 2004, 59(7): 548-551.

[16] KUO C L, CHI C W, LIU T Y. Modulation of apoptosis by berberine through inhibition of cyclooxygenase-2 and Mcl-1 expression in oral cancer cells[J]. In Vivo, 2005, 19(1): 247-252.

[17] YOKOZAWA T, ISHIDA A, KASHIWADA Y, et al. Coptidis Rhizoma: protective effects against peroxynitrite-induced oxidative damage and elucidation of its active components[J]. The Journal of Pharmacy and Pharmacology. 2004, 56(4): 547-556.

[18] LEE M K, KIM H S. Inhibitory effects of protoberberine alkaloids from the roots of *Coptis japonica* on catecholamine biosynthesis in PC12 cells[J]. Planta Medica, 1996, 62(1): 31-34.

[19] LEE M K, LEE S S, RO J S, et al. Inhibitory effects of bioactive fractions containing protoberberine alkaloids from the roots of *Coptis japonica* on monoamine oxidase activity[J]. Natural Product Sciences, 1999, 5(4):159-161.

[20] PENG W H, WU C R, CHEN C S, et al. Anxiolytic effect of berberine on exploratory activity of the mouse in two experimental anxiety models: interaction with drugs acting at 5-HT receptors[J]. Life Science, 2004, 75(20): 2451-2462.

[21] KONG W J, WEI J, ABIDI P, et al. Berberine is a novel cholesterol-lowing drug working through a unique mechanism distinct from statins[J]. Nature Medicine, 2004, 10: 1344-1351.

[22] SHIGETA K, OOTAKI K, TATEMOTO H, et al. Potentiation of nerve growth factor-induced neurite outgrowth in PC12 cells by a Coptidis Rhizoma extract and protoberberine Alkaloids[J]. Bioscience, Biotechnology, and Biochemistry, 2002, 66(11): 2491-2494.

肉苁蓉 Roucongrong CP, KHP

Cistanche deserticola Y. C. Ma
Desert Cistanche

概述

列当科 (Orobanchaceae) 植物肉苁蓉 *Cistanche deserticola* Y. C. Ma，其干燥带鳞叶的肉质茎入药。中药名：肉苁蓉。

肉苁蓉属 (*Cistanche*) 植物全世界约有 20 种，分布于欧、亚洲温暖的干燥地区，自欧洲的伊比利亚半岛，经非洲北部、亚洲的阿拉伯半岛、伊朗、阿富汗、巴基斯坦、印度北部，到中国西北部、俄罗斯中亚地区和蒙古。中国产约有 5 种，主要分布于内蒙古、宁夏、甘肃、青海及新疆等地。本属现供药用者约有 4 种。本种产于中国内蒙古、宁夏、甘肃及新疆。

"肉苁蓉"药用之名，始载于《神农本草经》，列为上品。历代本草多有著录。中国从古至今作中药材肉苁蓉入药者均系肉苁蓉属多种植物。《中国药典》（2015 年版）采用高效液相色谱法进行测定，规定肉苁蓉药材含松果菊苷和毛蕊花糖苷的总量不得少于 0.30%，以控制药材质量。

药理研究表明，肉苁蓉具有调节神经内分泌系统、免疫调节、抗氧化、增强体力、抗衰老、抗肝炎等作用。

中医理论认为肉苁蓉具有补肾阳，益精血，润肠通便等功效。

◆ 肉苁蓉
Cistanche deserticola Y. C. Ma

◆ 药材肉苁蓉
Cistanches Herba

化学成分

肉苁蓉带鳞叶的肉质茎主要含苯乙醇苷类化合物：肉苁蓉苷 A、B、C、F、H[1-2] (cistanosides A～C, F, H)和异肉苁蓉苷 C (isocistanoside C)、松果菊苷 (echinacoside)、毛蕊花糖苷 (acteoside)、异毛蕊花糖苷 (isoacteoside)、2'-乙酰基毛蕊花糖苷 (2'-*O*-acetylacteoside)、管花肉苁蓉苷 B (tubuloside B)、osmanthuside B[2]、红景天苷 (salidroside)[3]；环烯醚萜类成分：8-表马钱子酸 (8-epiloganic acid)、6-脱氧梓醇 (6-deoxycatalpol)[2]、梓醇 (catalpol)、苁蓉素 (cistanin)[3]；苯丙醇苷类成分：丁香苷 (syringin)[3]、丁香苷 A-3'-*α*-*L*-吡喃鼠李糖苷 (syringalide A-3'-*α*-*L*-rhamnopyranoside)、异丁香苷-3'-*α*-*L*-吡喃鼠李糖苷 (isosyringalide-3'-*α*-*L*-rhamnopyranoside)[2]等；此外还含有鹅掌楸苷 (liriodendrin)、甜菜碱 (betaine)[1]及半乳糖醇 (galactitol)[4]和多糖类成分[5]。

肉苁蓉的新鲜花序中含6-脱氧梓醇、鹅掌楸苷、8-表马钱子酸、半乳糖醇[6]等。

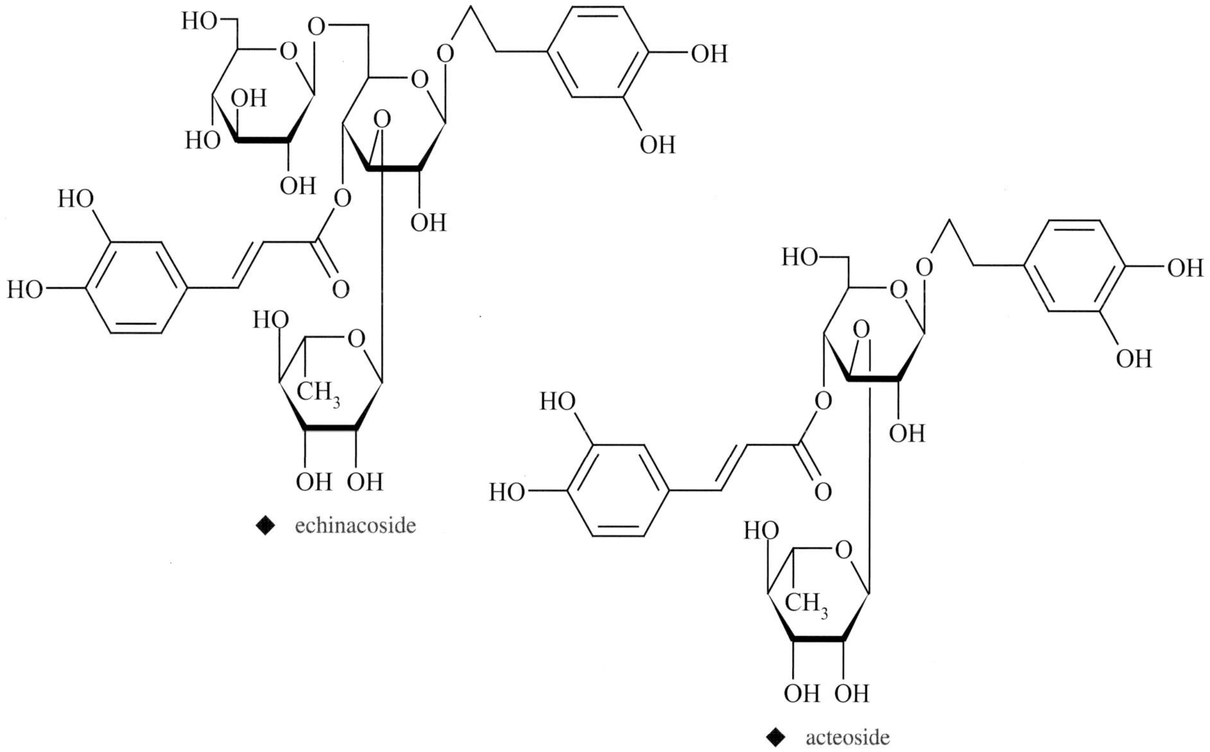

◆ echinacoside

◆ acteoside

药理作用

1. 雄激素样作用

肉苁蓉水煎液灌胃可明显增加氢化可的松引起的“肾阳虚”小鼠的体重，明显延长其耐寒时间，显示出一定的壮阳作用[7]。肉苁蓉醇提取物灌胃可防止小鼠长期使用皮质激素引起的肾上腺皮质萎缩，对肾功能有保护作用[8]。肉苁蓉生品和炮制品水煎物醇溶部分灌胃可显著增加去势幼龄大鼠的精囊前列腺重量，使正常小鼠和大鼠的睾丸、精囊前列腺增重，具有雄激素样作用[9]，其活性成分可能是毛蕊花糖苷和甜菜碱[10]。

2. 对免疫系统的影响

肉苁蓉苷类化合物口服给药可明显增加小鼠血中巨噬细胞的吞噬能力及免疫器官的重量[11]。肉苁蓉总苷给小鼠灌胃能增强受$^{60}Co\gamma$照射后小鼠的迟发型超敏反应，增加胸腺指数，增加T淋巴细胞增殖反应，提升白介素-2

(IL-2) 的活性[12]。体外实验表明，肉苁蓉多糖可促进细胞进入分裂期，对小鼠胸腺细胞增殖有促进作用，其机制与促进胸腺淋巴细胞内钙释放有关[13]。

3. 抗衰老

肉苁蓉苷类化合物能强烈抑制体外活性氧自由基；口服给药对大鼠糖尿病肾病引起的自由基损伤具有预防和修复作用[10]。肉苁蓉多糖灌胃可防止臭氧造成衰老小鼠大脑神经元单胺氧化酶 (MAO-B)、乳酸脱氢酶 (LDH) 活性升高，降低脂褐素的形成，从而降低臭氧对大脑神经元结构的损伤，推迟细胞衰老[14]。肉苁蓉总苷灌胃可明显提高 *D*- 半乳糖所致的亚急性衰老小鼠超氧化物歧化酶 (SOD) 的活性，显著降低脑、肝中的脂质过氧化物的含量，具有抗氧化及抗衰老作用[15]。肉苁蓉水煎液还能延长果蝇的平均寿命[16]。

4. 保护缺血心肌

大鼠静脉注射肉苁蓉总苷后 5 分钟再结扎冠脉，与未给药组相比，肉苁蓉总苷可明显改善缺血心电图，减小心肌梗死面积，提高心肌组织中磷酸肌酸激酶 (CPK) 的活力，显示出保护缺血心肌的作用[17]。

5. 镇痛、抗炎

肉苁蓉 50% 乙醇提取物的正丁醇洗脱部分和水洗脱部分能显著对抗小鼠醋酸所致的扭体反应和福尔马林所致的疼痛，还能有效地减轻角叉菜胶所致的足趾肿胀，显示出较好的镇痛抗炎作用[18]。

6. 对中枢神经系统的影响

肉苁蓉乙醇提取物及其水溶性部分具有镇静作用，能显著延长小鼠环己烯巴比妥睡眠时间，减少大鼠自发性活动[19]。肉苁蓉苯乙醇苷可通过抑制caspase-3（一种天冬氨酸特异性酶切半胱氨酸蛋白酶）的活性，起到抗1-甲基-4-苯基吡啶离子 (MPP^+) 致中脑神经细胞凋亡的作用[20]。

7. 其他

肉苁蓉提取物灌胃对感染性休克大鼠急性肺损伤有较好的保护作用[21]；静脉注射肉苁蓉清膏可显著降低大鼠膀胱排尿时的最大压力，改善排尿功能[22]；此外，体内实验表明，肉苁蓉所含的毛蕊花糖苷对氯仿引起的肝损伤有显著的保护作用[23]。肉苁蓉总苷灌胃可明显缩小局灶性脑缺血大鼠小脑梗死范围，改善神经症状，升高脑组织超氧化物歧化酶和谷胱甘肽过氧化物酶 (GSH-Px) 的活性，显著降低丙二醛 (MDA) 含量，具有神经保护作用[24]，此外对清醒小鼠脑缺血再灌注损伤也有保护作用[25]。

应用

本品为中医临床用药。功能：补肾阳，益精血，润肠通便。主治：肾阳不足，精血亏虚，阳痿不孕，腰膝酸软，筋骨无力，肠燥便秘。

现代临床还用于习惯性便秘、慢性前列腺炎、阿尔茨海默病、乳糜尿、慢性中耳炎等病的治疗。

评注

《中国药典》除肉苁蓉外，还收载管花肉苁蓉 *Cistanche tubulosa* (Schrenk) Wight 作为中药肉苁蓉的法定原植物来源种。管花肉苁蓉与肉苁蓉具有类似的药理作用，其化学成分也大致相同，主要含苯乙醇苷类、多糖和氨基酸类化合物。与肉苁蓉相比，管花肉苁蓉不含肉苁蓉苷和甜菜碱，另含管花肉苁蓉苷 A、B、C、D、E (tubulosides A ~ E) 及圆齿列当苷 (crenatoside)、五福花苷酸 (adoxosidic acid)、京尼平苷酸 (geniposidic acid)、玉叶金花苷酸 (mussaenosidic acid)、8- 羟基香叶醇 (8-hydroxygeraniol) 等[26-29]。

肉苁蓉主要分布在海拔 1200 米以下的沙丘，以藜科植物梭梭 *Haloxylon ammodendron* (C. A. Mey.) Bge. 及白

梭梭 *H. persicum* Bge. ex Boiss. 为寄主；管花肉苁蓉主要分布在海拔 1200 米以上水分较充足的柽柳丛及沙丘地，寄主为柽柳属 (*Tamarix*) 植物。

肉苁蓉是重要的补益中药，特产中国西北沙漠地区，有"沙漠人参"之称。肉苁蓉资源已濒临枯竭，引种栽培肉苁蓉与管花肉苁蓉将是保障药源的可靠途径。

参考文献

[1] 徐文豪，邱声祥，赵继红，等.肉苁蓉化学成分的研究 [J]. 中草药，1994，25(10)：509-513.

[2] HAYASHI K. Studies on the constituents of Cistanchis Herba[J]. Natural Medicines, 2004, 58(6): 307-310.

[3] 徐朝晖，杨峻山，吕瑞绵，等.肉苁蓉化学成分的研究 [J]. 中草药，1999，30(4)：244-246.

[4] 张百舜，陈双厚，赵学文，等.肉苁蓉提取物半乳糖醇通便作用的量效研究 [J]. 中国中医药信息杂志，2003，10(12)：28-29.

[5] 陈妙华，刘凤山，许建萍.补肾壮阳中药肉苁蓉的化学成分研究 [J]. 中国中药杂志，1993，18(7)：424-426.

[6] 屠鹏飞，何燕萍，楼之岑.肉苁蓉花序的化学成分研究 [J]. 中草药，1994，25(9)：451-452.

[7] 吴波，顾少菊，傅玉梅，等.肉苁蓉和管花肉苁蓉通便与补肾壮阳药理作用的研究 [J]. 中医药学刊，2003，21(4)：539，548.

[8] 潘玉荣，闵凡印.肉从蓉醇提物对阳虚动物模型肾脏、肾上腺的影响 [J]. 实用中医药杂志，2004，20(7)：357.

[9] 何伟，舒小奋，宗桂珍，等.肉苁蓉炮制前后补肾壮阳作用的研究 [J]. 中国中药杂志，1996，21(9)：534-537.

[10] 何伟，宗桂珍，武桂兰，等.肉苁蓉中雄性激素样作用活性成分的初探 [J]. 中国中药杂志，1996，21(9)：564-565.

[11] 古历努尔·木特列夫，刘明菊，卢景芬.肉苁蓉苷类化合物对氧化应激和免疫功能的影响 [J]. 中国药学，2001，10(3)：157-160.

[12] 邬利娅·伊明，王晓雯，阿斯亚·拜山伯，等.肉苁蓉总苷对 ^{60}Co 照射损伤小鼠 T 淋巴细胞功能的影响 [J]. 新疆医科大学学报，2003，26(6)：558-560.

[13] 曾群力，郑一凡，吕志良.肉苁蓉多糖的免疫活性作用及机制 [J]. 浙江大学学报：医学版，2002，31(4)：284-287.

[14] 王德俊，孙红亚，邓扬梅，等.肉苁蓉多糖对衰老小鼠大脑神经元影响的形态学研究 [J]. 实用医药杂志，2001，14(1)：1-3.

[15] 吴波，傅玉梅.肉苁蓉总苷对亚急性衰老小鼠抗脂质过氧化作用的研究 [J]. 中国药理学通报，2005，21(5)：639.

[16] 塞冬.淫羊藿、肉苁蓉、巴戟天对果蝇寿命影响的研究 [J]. 老年医学与保健，2004，10(3)：140-141.

[17] 毛新民，王晓雯，李琳琳，等.肉苁蓉总苷对大鼠心肌缺血的保护作用 [J]. 中草药，1999，30(2)：118-120.

[18] LIN L W, HSIEH M T, TSAI F H, et al. Anti-nocieptive and anti-inflammatory activity caused by *Cistanche deserticola* in rodents[J]. Journal of Ethnopharmacology, 2002, 83(3): 177-182.

[19] LU M C. Studies on the sedative effect of *Cistanche deserticola*[J]. Journal of Ethnopharmacology, 1998, 59(3): 161-165.

[20] 蒲小平，李燕云.肉苁蓉苯乙醇苷抗中脑神经元凋亡机制的研究 [J]. 中国药理通讯，2002，19(4)：50-51.

[21] 尹刚，王志强，黄美蓉.肉苁蓉对感染性休克大鼠急性肺损伤的影响 [J]. 中医药学报，2004，32(3)：62-64.

[22] 沈连忠，仲晓燕，王淑仙.肉苁蓉对大鼠排尿过程的影响 [J]. 中药新药与临床药理，1999，10(2)：82-83.

[23] XIONG Q B, HASE K, TEZUKA Y, et al. Hepatoprotective activity of phenylethanoids from *Cistanche deserticola*[J]. Planta Medica, 1998, 64(2): 120-125.

[24] 蒋晓燕，王晓雯，王雪飞，等.肉苁蓉总苷对大鼠局灶性脑缺血损伤的影响 [J]. 中草药，2004，35(6)：660-662.

[25] 孟新珍，王晓雯，蒋晓燕，等.肉苁蓉总苷对清醒小鼠脑缺血再灌注损伤的保护作用 [J]. 中国临床神经科学，2003，11(3)：239-242.

[26] KOBAYASHI H, OGUCHI H, TAKIWA N, et al. New phenylethanoid glycosides from *Cistanche tubulosa* (Schrenk) Hook. f. Ⅰ [J]. Chemical & Pharmaceutical Bulletin, 1987, 35(8): 3309-3314.

[27] YOSHIZAWA F, DEYAMA T, TAKIZAWA N, et al. The constituents of *Cistanche tubulosa* (Schrenk) Hook. f. Ⅱ. Isolation and structures of a new phenylethanoid glycoside and a new neolignan glycoside[J]. Chemical & Pharmaceutical Bulletin, 1990, 38(7): 1927-1930.

[28] 宋志宏，屠鹏飞，赵玉英，等.管花肉苁蓉的苯乙醇苷类成分 [J]. 中草药，2000，31(11)：808-810.

[29] 宋志宏，莫少红，陈燕，等.管花肉苁蓉化学成分的研究 [J]. 中国中药杂志，2000，25(12)：728-730.

瑞香狼毒 Ruixianglangdu

Stellera chamaejasme L.
Chinese Stellera

概述

瑞香科 (Thymelaeaceae) 植物瑞香狼毒 *Stellera chamaejasme* L.，其干燥根入药。中药名：狼毒。

狼毒属 (*Stellera*) 植物全世界约有 12 种，分布于亚洲温带地区。中国约有 2 种，仅本种供药用。本种分布于中国陕西、甘肃、内蒙古、黑龙江等省区；俄罗斯西伯利亚地区也有。

狼毒以“续毒”药用之名，始载于《神农本草经》，列为下品。本种为中国西北地区所使用中药“狼毒”的主要品种之一。主产于中国陕西、甘肃等省区。

狼毒属植物主要活性成分为黄酮类、二萜类化合物，尚有木脂素、香豆素等成分。

药理研究表明，瑞香狼毒具有抗肿瘤、抗菌、杀虫等作用。

中医理论认为狼毒具有逐水祛痰，破积杀虫，散结止痛等功效。

◆ 瑞香狼毒
Stellera chamaejasme L.

◆ 药材狼毒
Stellerae Radix

化学成分

瑞香狼毒根含黄酮类成分：狼毒素（chamaejasmine，chamaejasmin）[1]、7-甲氧基狼毒素(7-methoxychamaejasmin)[2]、异狼毒素 (isochamaejasmin)，新狼毒素甲、乙 (neochamaejasmins A, B)[3]，7-甲氧基新狼毒素A (7-methoxyneochamaejasmin A)[4]，狼毒宁A、B、C、D (chamaejasmenins A～D)，异狼毒宁B (isochamaejasmenin B)[5]，芫花醇甲、乙 (wikstrols A, B)[1]，狼毒色原酮 (chamaechromone)、表桄杷素(epiafzelechin)[6]、瑞香素 (daphnodorin)、瑞香素乙(daphnodorin B)、二氢瑞香素乙 (dihydrodaphnodorin B)[3, 7]，瑞香狼毒素A、B (ruixianglangdusus A, B)[8]，mohsenone[9]、isomohsenone[4]、stelleranol[10]等；香豆素类成分：西瑞香素 (daphnoretin)、异西瑞香素 (isodaphnoretin)、伞形花内酯 (umbelliferone)、东莨菪素 (scopoletin)、bicoumastechamin[11-13]等；木脂素类成分：松脂素(pinoresinol)、落叶松脂素 (lariciresinol)、鹅掌楸树脂醇B (lirioresinol B)、罗汉松脂素 (matairesinol)、木兰勒宁C (magnolenin C)、樟树宁 (kusunokinin)、拉帕酚F (lappaol F)、牛蒡子苷 (arctiin)、isohinokinin、eudesmin、clemastanin B、bursehernin[7-8, 14-15]等；二萜类成分：新瑞香素 (neostellerin)、尼地吗啉 (gnidimacrin)、瑞香狼毒任 (stelleramacrin)、河朔荛花素 (simplexin)、赫雷毒素(huratoxin)、subtoxin A、pimelea factor P_2、wikstroelide M[7,13,16]等；苯丙素苷类成分：紫丁香苷 (syringin)、紫丁香酚苷 (syringinoside)、coniferinoside[17]等。

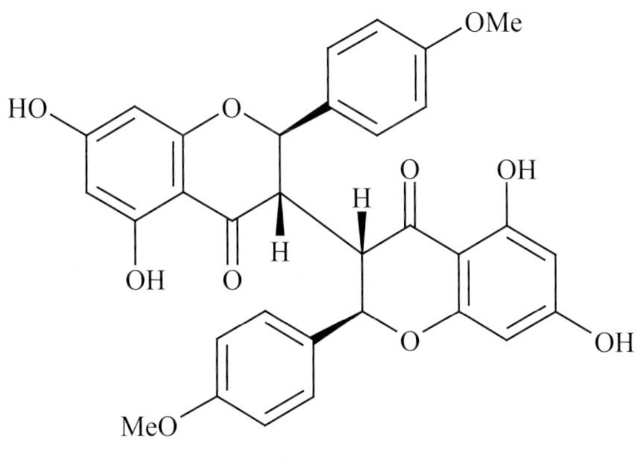

◆ chamaejasmenin A

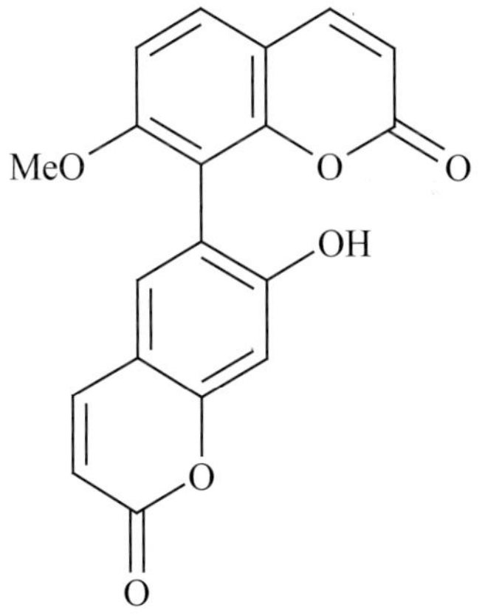

◆ bicoumastechamin

药理作用

1. 抗肿瘤

瑞香狼毒水提取物给小鼠灌胃，其药物血清可抑制人胃腺癌 SGC-7901[18]、人肝癌 BEL-7402[19]、小鼠白血病 L_{1210} 细胞增殖和[^{3}H]TdR 渗入细胞 DNA[20]。瑞香狼毒药物血清能显著增加化疗药物对K562/VCR多药耐药细胞[21]、BEL-7402 细胞[22]的敏感性，降低化疗药物的 IC_{50}；瑞香狼毒总黄酮体外对 SGC-7901、BEL-7402、人白血病细胞 HL-60 有抑制作用，并抑制 S_{180} 和 H_{22} 小鼠移植性瘤的生长[23]；瑞香狼毒总木脂素体外抑制肿瘤活性高于长春新碱[24]；二萜类成分尼地吗啉体内外对多种肿瘤有较强抑制作用[25]。

2. 抗惊厥、抗癫痫

瑞香狼毒丙酮提取物灌胃 384 mg/kg 或腹腔注射 174 mg/kg 可提高大鼠电刺激惊厥阈值 (TLS)，对小鼠听源性惊厥 (AS)、最大电休克惊厥 (MES)、戊四唑惊厥 (MET) 均有剂量依赖性对抗作用，其 ED_{50} 分别为 103.05 mg/kg、123.83 mg/kg、132.01 mg/kg[26]。

3. 抑菌

瑞香狼毒提取物体外对苹果干腐病菌、小麦赤霉病菌等多种真菌有广谱抗菌作用[27]。

4. 止痛

电击法和热板法实验表明，瑞香狼毒煎剂灌胃可提高小鼠痛阈 20% ～ 60%。

5. 其他

瑞香狼毒多糖可改善环磷酰胺抑制小鼠的免疫功能[28]，乙醇提取物能抑制人增生性瘢痕成纤维细胞增殖[29]。

应用

本品为中医临床用药。功能：逐水祛痰，破积杀虫，散结止痛。主治：水湿痰饮诸证；虫积心腹疼痛；症瘕积聚，结核；肿瘤，疥癣，各种皮肤病。

现代临床还用于慢性气管炎、肝癌、胃癌、坐骨神经痛、外伤出血、滴虫性阴道炎、癫痫，以及多种结核如肺、睾丸、淋巴结核等病的治疗。

评注

瑞香狼毒野生品种产量大，分布面积广泛，资源丰富。近年来对其研究较多的是其抗癌活性，认为其所含的二萜化合物尼地吗啉是其主要抗癌活性成分。对瑞香狼毒加以开发利用，做更深层次的探讨，其可能是一种有前途的抗癌新药。

本种是草原上的一种野生植物，有杀虫之功效，近年来，将其开发成为植物杀虫剂的研究已成热点。

生狼毒为中国香港 31 种毒剧中药品种之一，以外用为主，资源利用度低。

中国从古至今作中药材狼毒入药者为瑞香狼毒或大戟科的月腺大戟 *Euphorbia ebracteolata* Hayata、狼毒 *E. fischeriana* Steud. 等多种植物。

参考文献

[1] FENG B M, PEI Y H, HUA H M, et al. Biflavonoids from *Stellera chamaejasme*[J]. Pharmaceutical Biology, 2003, 41(1): 59-61.

[2] 冯宝民，裴月湖，韩冰 . 瑞香狼毒化学成分的研究 [J]. 沈阳药科大学学报，2000，17(4)：258-259, 288.

[3] 刘欣，叶文才，车镇涛，等 . 瑞香狼毒中的双黄酮类化合物 [J]. 中草药，2003，34(5)：399-401.

[4] FENG B M, PEI Y H, HUA H M. Chemical constituents of *Stellera chamaejasme* L.[J]. Journal of Asian Natural Products Research, 2002, 4(4): 259-263.

[5] YANG G H, LIAO Z X, XU Z Y, et al. Antimitotic and antifungal C-3/C-3"-biflavanones from *Stellera chamaejasme*[J]. Chemical & Pharmaceutical Bulletin, 2005, 53(7): 776-779.

[6] 冯宝民，裴月湖，韩冰 . 瑞香狼毒中的黄酮类化合物 [J]. 中草药，2001，32(1)：14-15.

[7] JIANG Z H, TANAKA T, SAKAMOTO T, et al. Biflavanones, diterpenes, and coumarins from the roots of *Stellera chamaejasme* L.[J]. Chemical & Pharmaceutical Bulletin, 2002, 50(1): 137-139.

[8] 徐志红，秦国伟，李晓玉，等 . 瑞香狼毒中新的双黄酮和活性成分 [J]. 药学学报，2001，36(9)：668-671.

[9] JIN C, MICHETICH R G, DANESHTALAB M. Flavonoids from *Stellera chamaejasme*[J]. Phytochemistry, 1999, 50(3): 505-508.

[10] FENG B M, PEI Y H, HUA H M. A new biflavonoid from *Stellera chamaejasme* L.[J]. Chinese Chemical Letters, 2004, 15(1): 61-62.

[11] LIU G F, WANG J, FU Y Q, et al. Chemical constituents of *Stellera chamaejasme*[J]. Journal of Chinese Pharmaceutical Sciences, 1997, 6(3): 125-128.

[12] XU Z H, QIN G W, XU R S. A new bicoumarin from *Stellera chamaejasme* L.[J]. Journal of Asian Natural Products Research, 2001, 3(4): 335-340.

[13] 冯宝民，裴月湖．瑞香狼毒中的化学成分研究 [J]. 中国药学杂志，2001，36(1)：21-22.

[14] 冯宝民，裴月湖，张海龙，等．瑞香狼毒中的化学成分 [J]. 中草药，2004，35(1)：12-14.

[15] 刘欣，叶文才，车镇涛，等．瑞香狼毒的木脂素类成分研究 [J]. 中国药科大学学报，2003，34(2)：116-118.

[16] FENG W J. Studies on antitumor active compounds of *Stellera chamaejasme* L. and their mechanism of action[J]. Toho Igakkai Zasshi, 1992, 38(6): 896-909.

[17] JIN C D, MICETICH R G, DANESHTALAB M. Phenylpropanoid glycosides from *Stellera chamaejasme*[J]. Phytochemistry, 1999, 50(4):677-680.

[18] 焦效兰，贾正平．瑞香狼毒水提物小鼠药物血清对人胃腺癌 SGC-7901 细胞增殖的影响 [J]. 中成药，2002，24(3)：196-197.

[19] 樊俊杰，贾正平，谢景文，等．瑞香狼毒水提物小鼠药物血清对人肝癌细胞增殖的影响 [J]. 西北国防医学杂志，2000，21(2)：90-91.

[20] 贾正平，樊俊杰，王彦广，等．瑞香狼毒水提物小鼠药物血清对小鼠白血病 L_{1210} 细胞增殖、克隆形成和 DNA 合成的影响 [J]. 中草药，2001，32(9)：807-809.

[21] 贾正平，樊俊杰，谢景文，等．瑞香狼毒小鼠药物血清增敏化疗药物对 K562/VCR 耐药细胞的抗癌活性 [J]. 西北国防医学杂志，2001，22(4)：307-309.

[22] 樊俊杰，贾正平，谢景文，等．瑞香狼毒小鼠药物血清协同细胞毒化疗药物抗肝癌及机制研究 [J]. 世界华人消化杂志，2001，9(9)：1008-1012.

[23] 王敏，贾正平，马俊，等．瑞香狼毒总黄酮提取物的抗肿瘤作用 [J]. 中国中药杂志，2005，30(8)：603-606.

[24] 马金强，贾正平，王彬，等．瑞香狼毒总木脂素与长春新碱的体外抗肿瘤活性比较 [J]. 西北国防医学杂志，2004，25(5)：374-375.

[25] YOSHIDA M, FENG W, SAIJO N, et al. Antitumor activity of daphnane-type diterpene gnidimacrin isolated from *Stellera chamaejasme* L.[J]. International Journal of Cancer, 1996, 66(2): 268-273.

[26] 张美妮，刘玉玺，孙美珍，等．瑞香狼毒丙酮提取物抗惊厥作用研究 [J]. 中国药物与临床，2002，2(1)：18-21.

[27] 秦宝福，周乐，苗芳，等．瑞香狼毒根的抑菌活性研究 (I) [J]. 西北植物学报，2003，23(11)：1977-1980.

[28] 樊俊杰，贾正平，谢景文，等．瑞香狼毒多糖对环磷酰胺处理小鼠免疫功能的影响 [J]. 西北国防医学杂志，2000，21(4)：263-265.

[29] 万鲲，王瑾，王世岭．瑞香狼毒提取物对人增生性瘢痕成纤维细胞抑制作用的研究 [J]. 中国药学杂志，2005，40(13)：986-987.

三白草 Sanbaicao CP

Saururus chinensis (Lour.) Baill.
Chinese Lizardtail

概述

三白草科 (Saururaceae) 植物三白草 *Saururus chinensis* (Lour.) Baill.，其干燥地上部分入药。中药名：三白草。

三白草属 (*Saururus*) 植物全世界约有 3 种，分布亚洲东部和北美洲。中国仅有 1 种，本种亦为岭南民间常用药，分布于中国河北、山东、河南及长江流域以南各省区；日本、菲律宾至越南均有分布。

“三白草”药用之名，始载于《本草经集注》。历代本草多有著录，古今药用品种一致。《中国药典》（2015 年版）收载本种为中药三白草的法定原植物来源种。主产于中国江苏、浙江、湖南、广东等地。

三白草主要活性成分为挥发油、黄酮类和木脂素化合物。《中国药典》采用高效液相色谱法进行测定，规定三白草药材含三白草酮不得少于 0.10%，以控制药材质量。

药理研究表明，三白草具有利尿、降血糖、抗炎、抗菌、抑制血小板聚集等作用。

中医理论认为三白草具有利尿消肿，清热解毒等功效。

◆ 三白草
Saururus chinensis (Lour.) Baill.

◆ 药材三白草
Saururi Herba

化学成分

三白草含挥发油，其中主要成分为甲基正壬基酮(methyl-*n*-nonylketone)、肉豆蔻醚 (myristicin)、*β*-石竹烯(*β*-caryophyllene)等成分[1]；黄酮类化合物：槲皮素 (quercetin)、槲皮苷 (quercitrin)、异槲皮苷(isoquercitrin)、金丝桃苷 (hyperin)[2]、萹蓄苷 (avicularin)、芦丁 (rutin)、槲皮素-3-*O*-*β*-*D*-吡喃葡萄糖-(1→4)-*α*-*L*-吡喃鼠李糖苷[quercetin -3-*O*-*β*-*D*-glucopyranose-(1→4)-*α*-*L*-rhamnopyranoside][3]等；木脂素类成分：三白草脂素(saucernetin)、三白脂素-8 (saucernetin-8)、三白脂素-7 (saucernetin-7)[4]、三白草醇A、B、C[5]、D、E (saucerneols A～E)、manassantins A、B[6]，三白草酮 (sauchinone)[7]；酰胺类成分：三白草内酰胺 (sauristolactam)[8]等。

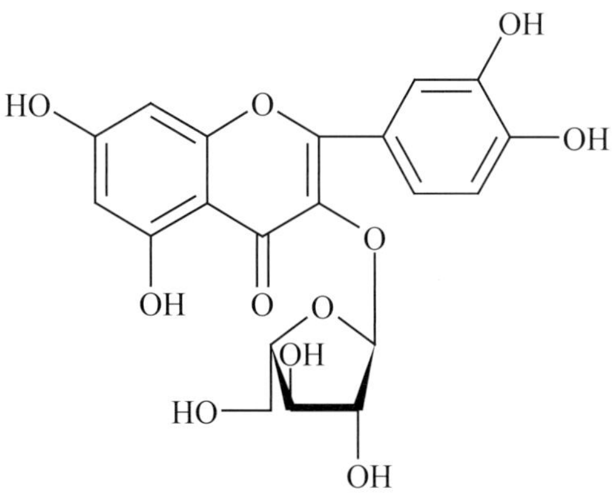

◆ avicularin

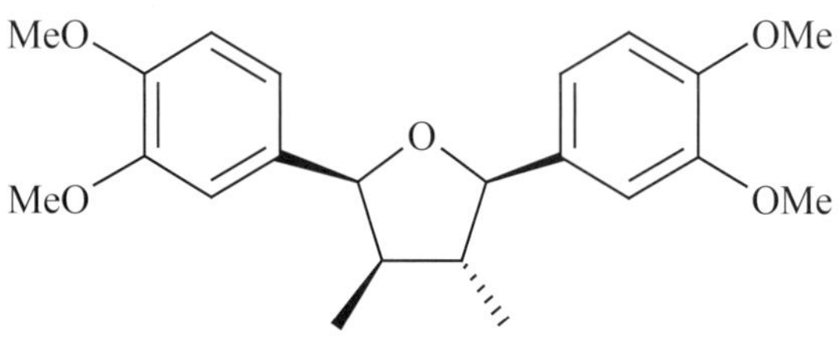

◆ saucernetin

药理作用

1. 抗炎

三白脂素 -8 对大鼠角叉菜胶性足趾肿、棉球肉芽肿均有明显的抑制作用。这可能是三白草临床用于清热解毒的药理学基础之一[9]。Manassantins A、B 有抑制 NF-*κ*B 活性的作用[10]；体外实验表明，三白草甲醇提取物对脂多糖诱导鼠巨噬细胞 RAW264.7 生成 NO 和前列腺素 (PGE_2) 具有抑制作用[11]。

2. 降血糖

三白草水提取液、总黄酮类化合物和多糖给四氧嘧啶型糖尿病小鼠或兔灌胃（一次给药或连续给药）均可明显降低血糖水平，促进超氧化物歧化酶 (SOD) 活性的提高，丙二醇 (MDA) 降低，提示三白草能降低四氧嘧啶对胰岛 *β* 细胞的损伤或改善受损伤的 *β* 细胞的功能；三白草水提取液还可抑制二磷酸腺苷 (ADP) 诱导的家兔血小板聚集，提示三白草有可能改善糖尿病患者的凝血异常[12-15]。

3. 其他

三白草提取物的氯仿萃取部位有降血压作用[7]。

应用

本品为中医临床用药。功能：利尿消肿，清热解毒。主治：水肿，小便不利，淋沥涩痛，带下；外治疮疡肿毒，湿疹。

现代临床还用于扁桃体炎、肝炎、乳腺炎、尿道炎、肾炎等病的治疗。

评注

三白草的根茎亦供药用。三白草全株有毒，人畜误食新鲜茎叶，常造成头痛、头晕、肠胃发炎，并有呕吐、泻痢等现象，在使用时要多加注意。三白草除药用外，亦可栽培作为观赏植物。三白草的提取物还可用作除湿疹止痒香皂的原料。

参考文献

[1] CHOE K H, KWON S J. A study on chemical composition of sauruaceae growing in Korea. (2). On volatile constituents of *Saururus chinensis* by GC and GC-MS method[J]. Punsok Kwahak, 1988, 1(2): 259-62.

[2] CHOE K H, YOON C H, KWON S J. A study of chemical composition of sauruaceae growing in Korea, on flavonoid constituents of *Saururus chinensis*[J]. Analytical Science & Technology, 1994, 7(1): 11-15.

[3] 李人久，任丽娟，陈玉武. 中药三白草的化学成分研究（Ⅰ）[J]. 中国中药杂志，1999，24(8)：479-481.

[4] 马敏，阮金兰，KV Rao. 三白草的化学成分研究（Ⅰ）[J]. 中草药，2001，32(1)：9-11.

[5] SUNG S H, HUH M S, KIM Y C. New tetrahydrofuran-type sesquilignans of *Saururus chinensis* root[J]. Chemical & Pharmaceutical Bulletin, 2001, 49(9): 1192-1194.

[6] HWANG B Y, LEE J H, NAM J B, et al. Lignans from *Saururus chinensis* inhibiting the transcription factor NF-κB[J]. Phytochemistry, 2003, 64(3): 765-771.

[7] WANG E C, SHIH M H, LIU M C, et al. Studies on constituents of *Saururus chinensis*[J]. Heterocycles, 1996, 43(5): 969-976.

[8] RAO K V, REDDY G C. Chemistry of *Saururus cernuus*, Ⅴ. Sauristolactam and other nitrogenous constituents[J]. Journal of Natural Products, 1990, 53(2): 309-312.

[9] 马敏，阮金兰. 三白脂素-8的抗炎作用[J]. 中药材，2001，24(1)：42-43.

[10] LEE J H, HWANG B Y, KIM K S, et al. Suppression of RelA/p65 transactivation activity by a lignoid manassantin isolated from Saururus chinensis[J]. Biochemical Pharmacology, 2003, 66(10): 1925-1933.

[11] KIM R G, SHIN K M, KIM Y K, et al. Inhibition of methanol extract from the aerial parts of *Saururus chinensis* on lipopolysaccharide-induced nitric oxide and prostagladin E_2 production from murine macrophage RAW 264.7 cells[J]. Biological & Pharmaceutical Bulletin, 2003, 26(4): 481-486.

[12] 叶蕻芝，许雪琴，林薇，等. 三白草对四氧嘧啶型糖尿病小鼠治疗作用的实验研究[J]. 福建中医学院学报，2004，14(3)：34-35.

[13] 叶蕻芝，许雪琴，林薇，等. 三白草黄酮类化合物对糖尿病治疗作用的实验研究[J]. 福建中医学院学报，2004，14(5)：33-36.

[14] 叶蕻芝，许雪琴，林薇，等. 三白草多糖微波提取及其对糖尿病治疗的实验研究[J]. 福建中医学院学报，2004，14(6)：28-30.

[15] 何亚维，彭国平，黄泉秀，等. 三白草降血糖作用的研究[J]. 中国中药杂志，1992，17(12)：751-752.

三岛柴胡 Sandaochaihu [JP]

Bupleurum falcatum L.
Hare's Ear

概述

伞形科 (Apiaceae) 植物三岛柴胡 *Bupleurum falcatum* L.，其干燥根入药。日本汉方药名：柴胡。

柴胡属 (*Bupleurum*) 植物全世界约有 100 种，主要分布在北半球的温带、亚热带地区。中国产约 40 种 20 余变种及变型，多产于西北及西南高原地区。本属现供药用者约有 20 种。本种主要分布于日本、朝鲜半岛，中国近年部分地区有引种栽培。

《日本药局方》（第 15 次修订）收载本种 [1]。柴胡皂苷 a、c、d 及柴胡总皂苷是评价其药材质量的主要指标性成分 [2]。

三岛柴胡含有三萜皂苷、多糖、聚乙炔等化合物，以及挥发油。

三岛柴胡在日本被广泛用于感冒和肝炎的防治。药理研究表明，三岛柴胡的果胶多糖类成分具有抗溃疡和增强免疫功能的作用。

◆ 三岛柴胡
Bupleurum falcatum L.

◆ 药材三岛柴胡
Bupleuri Falcati Radix

化学成分

三岛柴胡的根含三萜皂苷类成分：柴胡皂苷a、b_1、b_2、b_4、c、d、e、f[3-4] (saikosaponins a, b_1, b_2, b_4, c～f)，羟基柴胡皂苷 a、c、d (hydroxysaikosaponins a, c, d)，4″-*O*-乙酰柴胡皂苷d (4″-*O*-acetylsaikosaponin d)[4]，丙二酰柴胡皂苷a、d (malonylsakosaponins a, d)[5]，柴胡皂苷元d、f、g (saikogenins d, f, g)[6]；多糖类成分： bupleurans 2Ⅱb、2Ⅱc[7-9]；聚乙炔类成分：saikodiynes A、B、C和2*Z*-9*Z*- pentadecadiene-4,5-diyn-1-ol[10]；黄酮类成分：柴胡色原酮A (saikochromone A)[6]。

果实含phenethyl alcohol 8-*O*-*β*-*D*-glucopyranosyl-(1→2)-*O*-*β*-*D*-apiofuranosyl-(1→6)-*β*-*D*- glucopyranoside、phenethyl alcohol 8-*O*-*β*-*D*-glucopyranosyl-(1→2)-*β*-*D*- glucopyranoside、isopentenol 1-*O*-*β*-*D*-apiofuranosyl-(1→6)-*β*-*D*-glucopyranoside, icarisides D_1、F_2及柴胡皂苷a、c、d (saikosaponins a, c, d)[11]。

种子含柴胡皂苷c、d (saikosaponins c, d)及6″-*O*-乙酰柴胡皂苷d (6″-*O*-acetylsaikosaponin d)[12]。

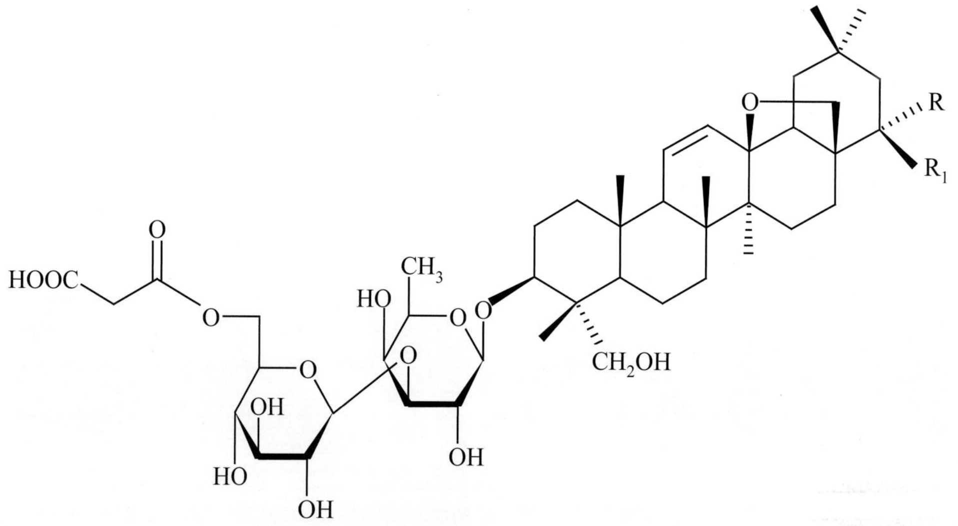

◆ malonylsaikosaponin a: R=H, R_1=OH
malonylsaikosaponin d: R=OH, R_1=H

药理作用

1. 抗溃疡

三岛柴胡多糖口服给药对盐酸－乙醇、乙醇和水浸造成的小鼠胃溃疡，以及幽门结扎和醋酸引起的大鼠胃溃疡有对抗作用，但不影响胃液中前列腺素 E_2 (PGE_2) 的含量[7, 13-14]。三岛柴胡多糖 bupleuran 2Ⅱc 给小鼠静脉注射，24 小时后主要在肝脏中被检出，其结构中的半乳糖基是其抗溃疡活性的重要基团[15-16]。

2. 免疫调节功能

三岛柴胡多糖 bupleuran 2Ⅱb 能通过增加 Fc 受体的表达而增强免疫复合物与巨噬细胞的结合[8]。小鼠连续 7 天口服三岛柴胡多糖 bupleuran 2Ⅱc，脾细胞的增殖能力显著增强；体外研究证明 bupleuran 2Ⅱc 能通过调节细胞周期调控蛋白的表达而促进 B 淋巴细胞增殖，并促进 B 淋巴细胞释放白介素 6 (IL-6)[17-20]；体外实验还发现 bupleuran 2Ⅱc 能与正常人血浆和初乳中的抗体 IgM、IgG 和 IgA 有不同程度的结合[21]。此外，柴胡皂苷 d 能通过调节 PKC*θ*、JNK 和 NF-*κ*B 转录因子而抑制小鼠 T 淋巴细胞活性[22]。总之，三岛柴胡多糖 bupleuran 2Ⅱb、2Ⅱc 可分别增强非特异性免疫及体液免疫，而柴胡皂苷 d 可抑制细胞免疫。

3. **其他**

柴胡皂苷a、d、e具有强的抗细胞黏性和溶血作用[23]；柴胡皂苷d有促进细胞凋亡作用，机制可能与增加c-Myc及p53的mRNA水平有关[24]；柴胡皂苷a对实验性过敏哮喘具有抑制作用[25]。

应用

《日本药局方》（第15次修订）记载三岛柴胡为日本汉方处方用药，用于精神抑郁、痔疾等治疗，以及消炎排脓、保健强壮作用的处方，如柴朴汤、柴胡桂枝汤、小柴胡汤、加味逍遥散等。

评注

三岛柴胡在日本被广泛使用于各种含有柴胡的汉方制剂中。在中国，中医处方使用柴胡主要是柴胡 *Bupleurum chinense* DC. 和狭叶柴胡 *B. scorzonerifolium* Willd. 两种。中日柴胡来源不同，现临床与制剂产品常等同入药，两者之间的对比有待深入研究。

三岛柴胡植物野生资源不足，现各种产品的来源以栽培为主。

参考文献

[1] 日本公定书协会 . 日本药局方：第十五改正 [S]. 东京：广川书店，2006：3561-3563.

[2] 原田正敏 . 繁用生药の成分定量 [M]. 天然药物分析デ：夕集，1989：161.

[3] ISHII H, NAKAMURA M, SEO S, et al. Isolation, characterization, and nuclear magnetic resonance spectra of new saponins from the roots of *Bupleurum falcatum* L.[J]. Chemical & Pharmaceutical Bulletin, 1980, 28(8): 2367-2373.

[4] EBATA N, NAKAJIMA K, HAYASHI K, et al. Saponins from the root of *Bupleurum falcatum*[J]. Phytochemistry, 1996 , 41(3): 895-901.

[5] EBATA N, NAKAJIMA K, TAGUCHI H, et al. Isolation of new saponins from the root of *Bupleurum falcatum* L.[J]. Chemical & Pharmaceutical Bulletin, 1990, 38(5): 1432-1434.

[6] KOBAYASHI M, TAWARA T, TSUCHIDA T, et al. Studies on the constituents of Umbelliferae plants. XⅧ Minor constituents of Bupleuri Radix: occurrence of saikogenins, polyhydroxysterols, a trihydroxy C18 fatty acid, a lignan and a new chromone[J]. Chemical & Pharmaceutical Bulletin, 1990, 38(11): 3169-3171.

[7] YAMADA H, SUN X B, MATSUMOTO T, et al. Purification of anti-ulcer polysaccharides from the roots of *Bupleurum falcatum*[J]. Planta Medica, 1991, 57(6): 555-559.

[8] MATSUMOTO T, CYONG J C, KIYOHARA H, et al. The pectic polysaccharide from *Bupleurum falcatum* L. enhances immune-complexes binding to peritoneal macrophages through Fc receptor expression[J]. International Journal of Immunopharmacology, 1993, 15(6): 683-693.

[9] YAMADA H. Structure and pharmacological activity of pectic polysaccharides from the roots of *Bupleurum falcatum* L.[J]. Nippon Yakurigaku Zasshi, 1995, 106(3): 229-237.

[10] MORITA M, NAKAJIMA K, IKEYA Y, et al. Polyacetylenes from roots of *Bupleurum falcatum*[J]. Phytochemistry, 1991, 30(5): 1543-1545.

[11] ONO M, YOSHIDA A, ITO Y, et al. Phenethyl alcohol glycosides and isopentenol glycoside from fruit of *Bupleurum falcatum*[J]. Phytochemistry, 1999, 51(6): 819-823.

[12] 刘绣华，何建英，范兴涛，等 . 三岛柴胡种子中的柴胡皂苷 [J]. 化学研究，2004，20(1)：8-11.

[13] SUN X B, MATSUMOTO T, YAMADA H. Effects of a polysaccharide fraction from the roots of *Bupleurum falcatum* L. on experimental gastric ulcer models in rats and mice[J]. The Journal of Pharmacy and Pharmacology, 1991, 43(10): 699-704.

[14] MATSUMOTO T, SUN X B, HANAWA T, et al. Effect of the antiulcer polysaccharide fraction from *Bupleurum falcatum* L. on the healing of gastric ulcer induced by acetic acid in rats[J]. Phytotherapy Research, 2002, 16(1): 91-93.

[15] SAKURAI M H, MATSUMOTO T, KIYOHARA H, et al. Detection and tissue distribution of anti-ulcer pectic polysaccharides from *Bupleurum falcatum* by polyclonal antibody[J]. Planta Medica, 1996, 62(4): 341-346.

[16] SAKURAI M H, KIYOHARA H, MATSUMOTO T, et al. Characterization of antigenic epitopes in anti-ulcer pectic polysaccharides from *Bupleurum falcatum* L. using several carbohydrases[J]. Carbohydrate Research, 1998, 311(4): 219-229.

[17] SAKURAI M H, MATSUMOTO T, KIYOHARA H, et al. B-cell proliferation activity of pectic polysaccharide from a medicinal herb, the roots of *Bupleurum falcatum* L. and its structural requirement[J]. Immunology, 1999, 97(3): 540-547.

[18] GUO Y, MATSUMOTO T, KIKUCHI Y, et al. Effects of a pectic polysaccharide from a medicinal herb, the roots of *Bupleurum falcatum* L. on interleukin 6 production of murine B cells and B cell lines[J]. Immunopharmacology, 2000, 49(3): 307-316.

[19] MATSUMOTO T, GUO Y J, IKEJIMA T, et al. Induction of cell cycle regulatory proteins by murine B cell proliferating pectic polysaccharide from the roots of *Bupleurum falcatum* L.[J]. Immunology Letters, 2003, 89(2-3): 111-118.

[20] MATSUMOTO T, HOSONO-NISHIYAMA K, GUO Y J, et al. A possible signal transduction pathway for cyclin D2 expression by a pectic polysaccharide from the roots of bupleurum falcatum L. in murine B cell[J]. International Immunopharmacology, 2005, 5(9): 1373-1386.

[21] KIYOHARA H, MATSUMOTO T, NAGAI T, et al. The presence of natural human antibodies reactive against pharmacologically active pectic polysaccharides from herbal medicines[J]. Phytomedicine, 2006, 13(7): 494-500.

[22] LEUNG C Y, LIU L, WONG R N, et al. Saikosaponin-d inhibits T cell activation through the modulation of PKCtheta, JNK, and NF-kappaB transcription factor[J]. Biochemical and Biophysical Research Communications, 2005, 338(4): 1920-1927.

[23] AHN B Z, YOON Y D, LEE Y H, et al. Inhibitory effect of Bupleuri Radix saponins on adhesion of some solid tumor cells and relation to hemolytic action: screening of 232 herbal drugs for anti-cell adhesion[J]. Planta Medica, 1998, 64(3): 220-224.

[24] HSU M J, CHENG J S, HUANG H C. Effect of saikosaponin, a triterpene saponin, on apoptosis in lymphocytes: association with c-myc, p53, and bcl-2 mRNA[J]. British Journal of Pharmacology, 2000, 131(7): 1285-1293.

[25] PARK K H, PARK J, KOH D, et al. Effect of saikosaponin-A, a triterpenoid glycoside, isolated from *Bupleurum falcatum* on experimental allergic asthma[J]. Phytotherapy Research, 2002, 16(4): 359-363.

三七 Sanqi CP, KHP

Panax notoginseng (Burk.) F. H. Chen
Notoginseng

概述

五加科 (Araliaceae) 植物三七 *Panax notoginseng* (Burk.) F. H. Chen，其干燥根和根茎入药。中药名：三七。

人参属 (*Panax*) 植物全世界约有 10 种，分布于亚洲东部及北美洲。中国约有 8 种，均供药用。本种主要栽培于中国广西、云南，广东、福建、江西、浙江、湖北、四川等省区亦有栽培；迄今未发现有野生者。

“三七”药用之名，始载于《本草纲目》，古今药用品种一致。《中国药典》（2015 年版）收载本种为中药三七的法定原植物来源种。主产于中国云南文山、砚山、广南，广西靖西、睦边、百色等地。

三七富含三萜皂苷，还含有多糖、环肽、黄酮等成分。所含的三萜皂苷为其主要活性成分。《中国药典》采用高效液相色谱法进行测定，规定三七药材含人参皂苷 Rg_1、Rb_1 和三七皂苷 R_1 的总量不得少于 5.0%，以控制药材质量。

药理研究表明，三七具有止血、抗血栓、促进造血、改善微循环、抗心肌缺血、抗脑缺血、抗动脉粥样硬化、抗肝脏缺血再灌注损伤、抗肾间质纤维化、保肝、调血脂、抗肿瘤、调节免疫、推迟衰老等多方面的作用。

中医理论认为三七具有散瘀止血，消肿定痛等功效。

◆ 三七
Panax notoginseng (Burk.) F. H. Chen

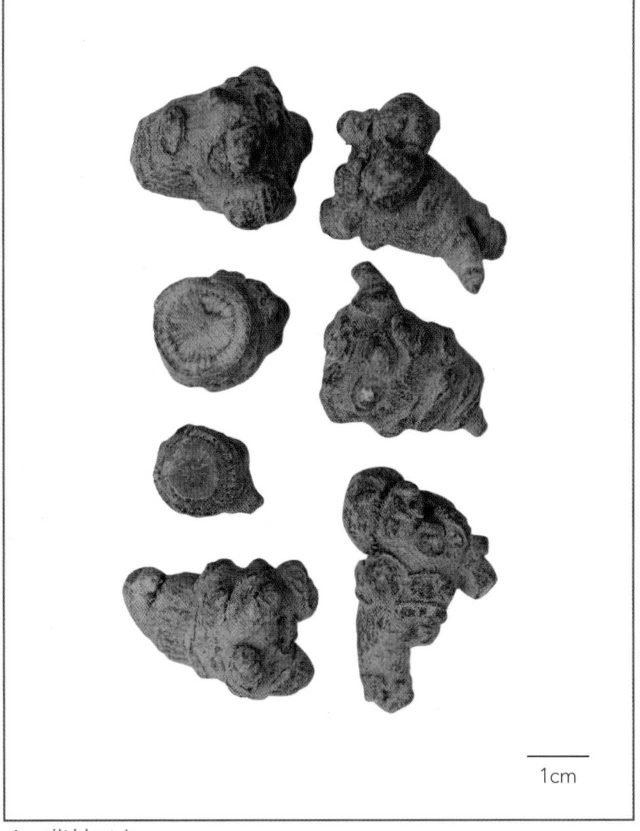

◆ 药材三七
Notoginseng Radix et Rhizoma

化学成分

三七根和根茎含多种三萜皂苷：三七皂苷A、B、C、D、E[1]、G、H、I、J、K、L、M、N[2-4]、U[5]、R_1、R_2、R_3、R_4、R_6、R_7 (notoginsenosides A～E, G～N, U , R_1～R_4, R_6, R_7)，人参皂苷Rb_1、Rb_2、Rd、Re、Rg_1、Rg_2、Rh_1、Rh_4、U[3](ginsenosides Rb_1, Rb_2, Rd, Re, Rg_1, Rg_2, Rh_1, Rh_4, U)，20-*O*-葡萄糖人参皂苷Rf (20-*O*-glucoginsenoside Rf)、达玛-20(22)-烯-3*β*,12*β*,25-三醇-6-*O*-*β*-*D*-吡喃葡萄糖苷[dammar-20(22)-ene-3*β*,12*β*,25-triol-6-*O*-*β*-*D*-glucopyranoside]、绞股蓝苷XVII (gypenoside XVII)等；环二肽：环（亮氨酸-苏氨酸）[cyclo-(Leu-Thr)]、环（亮氨酸-丝氨酸）[cyclo-(Ile-Val)]、环（异亮氨酸-缬氨酸）[cyclo-(Leu-Ser)][6]等；黄酮：槲皮素 (quercetin)等；多糖：三七多糖A (sanchinan A)[7]。此外，还含三七酸-*β*-槐糖苷 (notoginsenic acid-*β*-sophoroside)[1]、田七氨酸 (三七素，dencichine)、人参二醇 (panaxydol)、panaxydol、panaxynol等成分。

三七的叶和花蕾也富含多种三萜皂苷[8-9]。

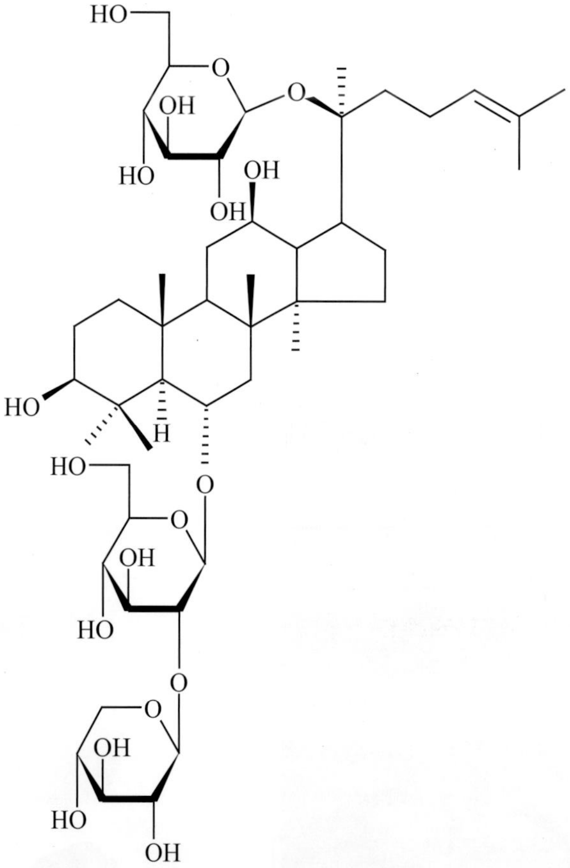

◆ notoginsenoside R_1

药理作用

1. 止血、抗血栓、促进造血

田七氨酸洛氏溶液腹腔注射能缩短小鼠断尾的出血时间。熟三七粉醇提取物口服，对小鼠有温和的促进凝血和促进纤维蛋白溶解的作用[8]。三七皂苷 R_1 和人参皂苷 Rd 皮下注射能显著促进或改善正常小鼠及去甲肾上腺素所致耳郭微循环障碍小鼠的微循环，延长血浆复钙时间和凝血时间[9]。三七总皂苷体外能促进人骨髓粒系 (CFU-GM)、红系 (CFU-E) 造血祖细胞的增殖，诱导造血细胞 AP-1 家族转录因子 NF-E2、*c-jun*、*c-fos* 的增加，与特异性 DNA 促进子结合活性增高，调控与人造血细胞增殖分化相关的基因表达[10-11]。

2. 对心血管系统的影响

三七皂苷体外对心肌细胞电压依赖性钙通道开放和与 β 受体关联的钙通道开放引起的胞质 Ca^{2+} 升高有抑制作用[12]；三七总皂苷体外可抑制胎牛血清、高脂血清诱发的人胎血管、兔主动脉、大鼠血管平滑肌细胞 (VSMC) 的增殖，抑制高脂血清促进 [^{3}H] thymidine 渗入细胞的过程，减少高脂血清抑制 NO 释放，阻滞细胞于 G_0/G_1 期，降低 NF-κB 活性，从而发挥抗动脉粥样硬化作用[13-17]。三七总皂苷体外对血管紧张素 - Ⅱ (Ang Ⅱ) 诱导的心肌细胞凋亡有显著抑制作用[18]；灌胃可改善急性心肌缺血大鼠心脏功能，静脉注射预处理能抑制肿瘤坏死因子 (TNF-α) 释放，增加 *bcl*-2 蛋白表达同时减少 bax 蛋白表达[19-20]；三七有效成分能增强离体大鼠心肌收缩力，减慢心率，减少过氧化脂质 (LPO) 产生和乳酸脱氢酶 (LDH)、磷酸肌酸激酶 (CPK) 释放，减少血管内皮活性因子缩血管物质 (TXB_2) 释放和心肌细胞能量消耗，增加血管内皮扩血管物质 ($PGF_1\alpha$) 释放，减轻缺血再灌流引起的大鼠心肌细胞损伤[21]。

3. 保护大脑和神经系统

三七的三醇皂苷腹腔注射可上调 HSP70 蛋白、下调转铁蛋白表达，降低脑含水量，保护血脑屏障，对大脑中动脉阻塞模型大鼠 (MCAO) 局灶性脑缺血有保护作用，促进 MCAO 大鼠脑细胞增殖[22-23]；三七总皂苷静脉注射可扩张脑血管平滑肌，降低脑血管阻力 (CVR)，腹腔注射可抑制大鼠局灶性脑缺血再灌注后缺血区大脑皮层和尾壳核髓过氧化物酶 (MPO) 活性、细胞间黏附分子 -1 (ICAM-1) 表达、中性粒细胞浸润，减轻脑梗死区炎症反应，抑制基质金属蛋白酶 (MMP-9) 表达，减轻脑梗死区体积和血脑屏障破坏程度，降低大鼠尾壳核注射胶原酶诱导脑出血后脑内铁离子浓度[24-27]。三七粗皂苷、人参皂苷 Rd 可促进培养神经干细胞的星形胶质细胞分化[28]；三七总皂苷腹腔注射可升高 T_{13}-L_1 节脊髓 Allen's 损伤大鼠的前列腺素 I_2 (PGI_2)，降低血小板血栓素 A_2 (TXA_2)，调节血管扩张与收缩之间的关系，增加脊髓血流量，减少丙二醛 (MDA) 生成和超氧化物歧化酶 (SOD) 活性降低，减轻灰质区出血坏死、髓鞘分离和线粒体水肿，改善微循环障碍，减轻继发性病理损害[29-31]。

4. 延缓衰老

三七皂苷皮下注射可降低 *D*- 半乳糖致衰老大鼠氧化损伤造成的脑海马区白介素 1β、白介素 6 (IL-1β, IL-6) 含量增加，减少神经细胞 Ca^{2+} 超载和凋亡，改善衰老大鼠学习记忆能力下降[32]；三七总皂苷大鼠灌胃药物血清，体外能拮抗 β- 淀粉样肽 25-35 片段对 NG108-15 神经细胞的毒性，促进其生长[33]，灌胃能减轻 *D*- 半乳糖合并鹅膏蕈氨酸 (IBA) 损伤导致的大脑胆碱能神经元数量减少和胆碱乙酰基转移酶 (ChAT) 水平下降[34]，静脉注射可拮抗 IBA 所致痴呆大鼠学习记忆力降低，提高海马区内乙酰胆碱 (Ach)、大脑皮质内去甲肾上腺素 (NE)、多巴胺 (DA)、5- 羟色胺 (5-HT) 等神经递质含量[35-36]，腹腔注射能提高大鼠体内 SOD、过氧化氢酶 (CAT)、谷胱甘肽 (GSH) 含量[37]。

5. 保肝

三七粉灌胃可降低酒精性脂肪肝大鼠的血清 TNF-α、瘦素 (Leptin) 水平，减轻肝组织脂肪变[38]；三七总皂苷体外能显著抑制大鼠肝星状细胞 (HSC) 增殖，诱导 HSC 凋亡，可能是其抗肝纤维化的作用机制之一[39]。

6. 抗肝脏缺血再灌注损伤

三七总皂苷能特异性阻断培养大鼠肝细胞膜上受体依赖性 Ca^{2+} 通道 (ROC)，抑制肝细胞的 Ca^{2+} 内流，阻断内源性三磷酸肌醇 (IP_3) 途径，防止 Ca^{2+} 超载[40]；三七总皂苷预处理大鼠供肝，能有效地减轻移植肝的缺血再灌注损伤，抑制肝细胞凋亡，抑制 TNF-α、caspase-3 的表达，抑制氧自由基生成，上调调控基因 *bcl*-2 蛋白的表达[41-42]，并可通过抑制钙超载、抗氧自由基损伤、促进能量物质代谢等多种机制，减轻大鼠肝脏在低温保存时的损伤[43]。

7. 抗肾间质纤维化

三七总皂苷体外可抑制 IL-1α 诱导的大鼠肾小管上皮细胞 (NRK52E) 转分化，减少细胞外基质分泌，抑制尿毒血清诱导的人肾小管上皮细胞株 HK-2 增殖及总胶原分泌，推迟肾小管间质纤维化过程[44-45]。

8. 免疫调节

三七根中提取的木聚糖酶有抑制 I 型人类免疫缺陷病毒 (HIV-1) 反转录酶活性[46]；三七皂苷灌胃能明显刺激小鼠脾淋巴细胞增殖、转化，促进迟发性变态反应作用，提高小鼠抗体生成细胞数、血清溶血素水平，促进单核巨噬细胞炭粒廓清作用，提高自然杀伤 (NK) 细胞活性[47]；三七皂苷皮下给药可显著促进刀豆蛋白 A (ConA)、美洲商陆蛋白 (PWM)、卵清蛋白 (OVA) 诱导的小鼠脾细胞增殖，提高血清中 OVA 特异性 IgG、IgG_1、IgG_2b 抗体水平[48]；腹腔注射能显著提高烫伤小鼠腹腔中性粒细胞吞噬功能，降低 NO 产生，提高淋巴细胞增殖功能[49]。

9. 其他

三七提取物及所含的人参皂苷 Rg_1 有抗肿瘤活性[50]；三七总皂苷可促进成年大鼠视网膜节细胞再生[51]；叶中所含的皂苷喂饲，可显著降低高血脂家兔的血清胆固醇、三酰甘油含量，提高高密度脂蛋白与胆固醇的比值[52]。此外，三七皂苷还有降血糖、调节肌体物质代谢等作用。

应用

本品为中医临床用药。功能：散瘀止血，消肿定痛。主治：咯血，吐血，衄血，便血，崩漏，外伤出血，胸腹刺痛，跌扑肿痛。

现代临床还用于冠心病、脑血栓、高脂血症等心脑血管疾病，肝炎、术后肠粘连、子宫脱垂及营养不良性贫血等病的治疗。

评注

药用植物图像数据库

三七传统主要取其止血活血的功效，为中医止血要药，兼能补虚。近代大量的药效学研究对三七主要活性成分及其作用有了较深入的探讨，三七的应用也更加广泛。

除根和根茎外，三七的叶、花也可药用，分别称为“三七叶”和“三七花”。三七叶亦有止血散瘀，消肿定痛的功效，三七花有清热，生津，平肝的功效。

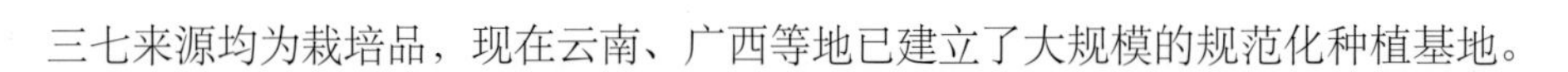

三七来源均为栽培品，现在云南、广西等地已建立了大规模的规范化种植基地。

参考文献

[1] YOSHIKAWA M, MURAKAMI T, UENO T, et al. Bioactive saponins and glycosides.Ⅷ. Notoginseng (1): new dammarane-type triterpene oligoglycosides, notoginsenosides-A, -B, -C, and -D, from the dried root of *Panax notoginseng* (Burk.) F. H. Chen[J]. Chemical & Pharmaceutical Bulletin, 1997, 45(6): 1039-1045.

[2] YOSHIKAWA M, MURAKAMI T, UENO T, et al. Bioactive saponins and glycosides. Ⅸ. Notoginseng (2): structures of five new dammarane-type triterpene oligoglycosides, notoginsenosides-E, -G, -H, -I, and -J, and a novel acetylenic fatty acid glycoside, notoginsenic acid β-sophoroside, from the dried root of *Panax notoginseng* (Burk.) F. H. Chen[J]. Chemical & Pharmaceutical Bulletin, 1997, 45(6): 1056-1062.

[3] SUN H X, YE Y P, PAN Y J. Immunological-adjuvant saponins from the roots of *Panax notoginseng*[J]. Chemistry & Biodiversity, 2005, 2(4): 510-515.

[4] YOSHIKAWA M, MORIKAWA T, YASHIRO K, et al. Bioactive saponins and glycosides. Ⅺ. Notoginseng (3): immunological adjuvant activity of notoginsenosides and

related saponins: structures of notoginsenosides-L, -M, and -N from the roots of *Panax notoginseng* (Burk.) F. H. Chen[J]. Chemical & Pharmaceutical Bulletin, 2001, 49(11): 1452-1456.

[5] SUN H X, YANG Z G, YE Y P. Structure and biological activity of protopanaxatriol-type saponins from the roots of *Panax notoginseng*[J]. International Immunopharmacology, 2005, 6(1):14-25.

[6] 王双明，谭宁华，杨亚滨，等.三七环二肽成分 [J]. 天然产物研究与开发，2004，16(5)：383-386.

[7] OHTANI K, MIZUTANI K, HATONO S, et al. Sanchinan A, a reticuloendothelial system activating arabinogalactan from Sanchi-Ginseng (roots of *Panax notoginseng*) [J]. Planta Medica, 1987, 53(2): 166-169.

[8] SAKAMOTO K, OKAZAKI M, SHIRASAKI K, et al. Pharmacological studies on *Panax notoginseng* extract (HK-302). Ⅳ. Effect on blood coagulative and fibrinolytic system in mice[J]. Showa Igakkai Zasshi, 1987, 47(6): 795-800.

[9] 陈重华，粟晓黎，张俊霞，等.三七皂苷 R_1、人参皂苷 R_d 对微循环及凝血作用的影响 [J]. 华西医科大学学报，2002，33(4)：550-552.

[10] 郑茵红，高瑞兰，朱大元，等.三七总皂苷及其单体对人骨髓造血祖细胞增殖作用的研究 [J]. 中国中西医结合急救杂志，2003，10(3)：135-137.

[11] 高瑞兰，徐卫红，陈小红，等.三七皂苷对造血细胞 AP-1 家族转录调控蛋白 NF-E2，*c-jun* 和 *c-fos* 的诱导作用 [J]. 中国实验血液学杂志，2004，12(1)：16-19.

[12] 缪丽燕，关永源，孙家钧.三七皂苷单体 Rb_1 对心肌细胞 Ca^{2+} 内流作用的研究 [J]. 中国药理学通报，1996，12(1)：39-42.

[13] 庞荣清，潘兴华，吴亚玲，等.三七总皂苷对兔血管平滑肌细胞核因子 κB 和细胞周期的影响 [J]. 中国微循环，2004，8(3)：154-156.

[14] 周晓霞，苏佩清，杨鹤梅，等.三七总皂苷对人高血脂血清诱发胎儿血管平滑肌细胞增殖的抑制作用 [J]. 中国动脉硬化杂志，2000，8(1)：43-45.

[15] 庞荣清，陈志龙，朱玉昆，等.三七总皂苷对兔高胆固醇血清刺激的兔主动脉平滑肌细胞增殖及其释放一氧化氮的影响 [J]. 中国现代医学杂志，2003，13(1)：56-57，60.

[16] 庞荣清，王慧萱，潘兴华，等.三七总皂苷、大鼠高胆固醇血清对大鼠血管平滑肌细胞增殖的影响 [J]. 中国现代医学杂志，2002，12(2)：4-6.

[17] 林曙光，郑熙隆，陈绮云，等.三七皂苷对高脂血清所致的培养主动脉平滑肌细胞增殖的作用 [J]. 中国药理学报，1993，14(4)：314-316.

[18] 陈彦静，李建东，黄启福.三七总皂苷对 Ang Ⅱ 诱导心肌细胞凋亡的影响 [J]. 中国中药杂志，2005，30(10)：778-781.

[19] 刘杰，高秀梅，王怡，等.三七总皂苷对心肌缺血大鼠血流动力学影响实验研究 [J]. 天津中医药，2005，22(2)：158-160.

[20] 顾国嵘，黄培志，葛均波，等.缺血及三七总皂苷预处理对心肌缺血 - 再灌流损伤的保护作用 [J]. 中华急诊医学杂志，2005，14(4)：307-309.

[21] 钱越洲，刘宇，顾仁樾.三七有效成分 Rx 对离体心脏缺血再灌注损伤的影响 [J]. 上海中医药大学学报，2005，19(1)：50-52.

[22] 姚小皓，李学军.三七中人参三醇苷对脑缺血的保护作用及其机制 [J]. 中国中药杂志，2002，27(5)：371-373.

[23] 胡晓松，周德明，周东，等.三七三醇皂苷对局灶性脑缺血再灌注大鼠细胞增殖的影响 [J]. 华西医学，2004，19(3)：458-459.

[24] 伍杰雄，孙家钧.三七总皂苷、维拉帕米、去甲肾上腺素对大鼠和兔脑循环的作用比较 [J]. 中国药理学报，1992，13(6)：520-523.

[25] 何蔚，朱遵平.三七总皂苷对大鼠脑梗死区 ICAM-1 表达和中性粒细胞浸润的影响 [J]. 中药材，2005，28(5)：403-405.

[26] 王文安，周永伟，程洁，等.三七皂苷对局灶性脑缺血再灌注后 MMP-9 表达的影响 [J]. 上海第二医科大学学报，2004，24(9)：731-733.

[27] 张俊敏，朱培纯.三七总皂苷对脑出血大鼠脑内铁离子影响的实验研究 [J] 中国中医基础医学杂志，2000，6(8)：43-47.

[28] SHI Q, HAO Q, BOUISSAC J, et al. Ginsenoside-Rd from Panax notoginseng enhances astrocyte differentiation from neural stem cells[J]. Life Sciences, 2005, 76(9): 983-995.

[29] 胡侦明，劳汉昌，张宝华，等.实验性脊髓损伤早期三七总皂苷对 PGI_2 和 TXA_2 的影响 [J]. 中国脊柱脊髓杂志，1995，5(5)：206-208.

[30] 胡侦明，劳汉昌，张宝华，等.脊髓损伤早期三七总皂苷抗氧自由基作用的实验研究 [J]. 中国脊柱脊髓杂志，1996，6(4)：164-166.

[31] 胡侦明，劳汉昌，张宝华，等.三七总皂苷治疗早期脊髓损伤的实验研究 [J]. 中华骨科杂志，1996，16(6)：384-387.

[32] 乔萍，杨贵贞.三七皂苷 Rg_1 改善 D- 半乳糖模型鼠学习记忆能力与其作用的可能因素 [J]. 中国免疫学杂志，2003，19(11)：772-774.

[33] 钟振国，卢忠朋，王乃平.三七总皂苷对老年性痴呆细胞模型影响的研究 [J]. 中华临床医药，2004，5(23)：1-4.

[34] 钟振国，屈泽强，王乃平，等.三七总皂苷对 Alzheimer's 大鼠模型胆碱能神经病理损害的保护作用 [J]. 中药材，2005，28(2)：119-122.

[35] 郭长杰，伍杰雄，李若馨.三七总皂苷对痴呆大鼠模型

学习记忆行为的影响及其作用机理探讨 [J]. 中国药房，2004，15(10)：598-600.

[36] 郭长杰，伍杰雄，李若馨 . 三七总皂苷对痴呆模型大鼠大脑皮质内神经递质含量的影响 [J]. 中国临床药学杂志，2004，13(3)：150-152.

[37] 屈泽强，谢智光，王乃平，等 . 三七总皂苷抗衰老作用的实验研究 [J]. 广州中医药大学学报，2005，22(2)：130-133.

[38] 何蓓辉，项柏康，蔡丹莉，等 . 三七对酒精性脂肪肝大鼠血清 TNF-α、Leptin 水平的影响 [J]. 浙江中医学院学报，2005，29(3)：56-58.

[39] 王文兵，戴立里，郑元义 . 三七总皂苷诱导大鼠肝星状细胞凋亡的研究 [J]. 中华肝脏病杂志，2005，13(2)：156-157.

[40] 吕明德，黄嘉凌，肖定璋，等 . 三七总皂苷抑制肝细胞钙超载的机制 [J]. 中国药理学通报，1999，15(2)：150-152.

[41] 张毅，叶启发，明英姿，等 . 三七总皂苷预处理大鼠供肝对细胞凋亡及 TNF-α、Caspase-3 表达的影响 [J]. 中国现代医学杂志，2005，15(2): 172-176.

[42] 鲁力，叶启发，张毅，等 . 三七总皂苷对大鼠肝移植缺血再灌注损伤的保护作用 [J]. 中国现代医学杂志，2005，15(1)：50-52.

[43] 姜楠，李立，郭永章 . 三七总皂苷对大鼠肝脏低温保存作用的实验研究 [J]. 中国普外基础与临床杂志，2005，12(2)：153-157.

[44] 王宓，樊均明，刘欣颖，等 . 三七总皂苷对 IL-1α 诱导大鼠肾小管细胞转分化的影响 [J]. 中国中西医结合杂志，2004，24(8)：722-725.

[45] 刘海燕，陈孝文，刘华锋，等 . 三七总皂苷对尿毒血清诱导的 HK-2 细胞增殖及总胶原分泌的影响 [J]. 中国中西医结合肾病杂志，2004，5(3)：143-145.

[46] LAM S K, NG T B. A xylanase from roots of sanchi ginseng (*Panax notoginseng*) with inhibitory effects on human immunodeficiency virus-1 reverse transcriptase[J]. Life Sciences, 2002, 70(25): 3049-3058.

[47] 赵鹏，李彬，何为涛，等 . 三七皂苷对小鼠免疫功能影响的实验研究 [J]. 中国热带医学，2004，4(4)：522-524.

[48] SUN H X, YE Y P, PAN H J, et al. Adjuvant effect of *Panax notoginseng* saponins on the immune responses to ovalbumin in mice[J]. Vaccine, 2004, 22(29-30): 3882-3889.

[49] 罗中华，刘旭盛，彭代智，等 . 三七皂苷对烫伤小鼠白细胞介导的防御系统功能的调理作用 [J]. 第三军医大学学报，2005，27(3)：203-205.

[50] KONOSHIMA T. Cancer chemopreventive activities of *Panax notoginseng* and ginsenoside Rg_1[J]. Studies in Plant Science, 1999, 6: 36-42.

[51] 项平，黄锦桃，李卉，等 . 三七总皂苷对成年大鼠视网膜节细胞再生的影响 [J]. 中山大学学报：医学科学版，2004，25(4)：319-321.

[52] 吕萍，陈海峰 . 三七叶苷降脂作用的实验研究 [J]. 中国生化药物杂志，2004，25(4)：235-236.

◆ 三七种植基地

桑 Sang CP, JP, KHP, VP

Morus alba L.
White Mulberry

概述

桑科 (Moraceae) 植物桑 *Morus alba* L.，其干燥根皮、叶、嫩枝、果穗入药。中药名分别为：桑白皮、桑叶、桑枝、桑椹。

桑属 (*Morus*) 植物全世界约有 16 种，分布于北温带。中国约有 11 种，本属现供药用者约有 4 种。本种分布于中国东北到西南各省区，野生、栽培均有；日本、蒙古、朝鲜半岛及中亚、欧洲等地也有分布。

“桑”在《诗经》中已有记载，《神农本草经》列为中品。中国历代本草作中药用的桑白皮、桑叶、桑枝、桑椹均来源于本种，桑属多种植物在不同地区亦可供药用。《中国药典》（2015 年版）收载本种为中药桑白皮、桑叶、桑枝、桑椹的法定原植物来源种。主产于中国浙江、江苏、安徽、湖南、四川、广东等省。

桑主要化学成分为黄酮类化合物，尚有生物碱和香豆素类，黄酮类化合物及东莨菪内酯为其主要的活性成分。《中国药典》采用高效液相色谱法进行测定，规定桑叶药材含芦丁不得少于 0.10%，以控制药材质量。

药理研究表明，桑具有利尿、降血糖、抗炎、抗菌、抗病毒及免疫调节等作用。

中医理论认为桑白皮具有泻肺平喘，利水消肿等功效；桑枝具有祛风湿，利关节等功效；桑叶具有疏散风热，清肺润燥，清肝明目等功效；桑椹具有滋阴补血，生津润燥等功效。

◆ 桑
Morus alba L.

◆ 桑（雄花）
M. alba L.

◆ 桑（雌花）
M. alba L.

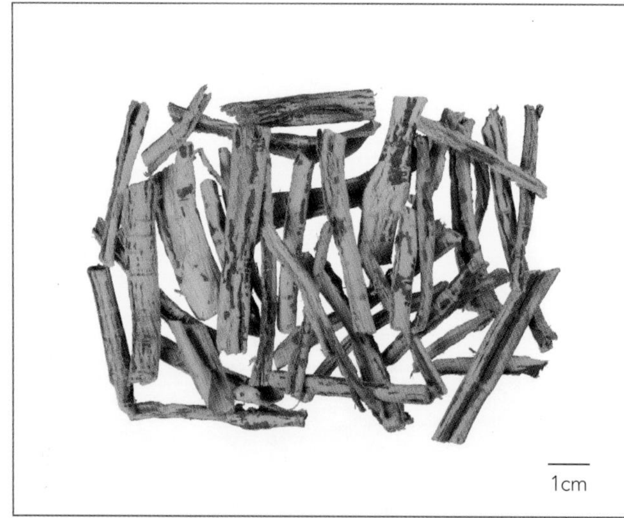

◆ 药材桑白皮
Mori Cortex

◆ 药材桑叶
Mori Folium

◆ 药材桑枝
Mori Ramulus

◆ 药材桑椹
Mori Fructus

化学成分

桑的根皮含黄酮类：桑素 (mulberrin)、环桑素 (cyclomulberrin)、桑色烯 (mulberrochromene)、环桑色烯 (cyclomulberrochromene)[1]、桑根皮素 (morusin)、环桑根皮素 (cyclomorusin)[2]、氧化二氢桑根皮素 (oxydihydromorusin)[3]，桑白皮素C、D (moracenins C,D)[4-5]，桑根酮 A、B、C、D、E、F、G、H、I、J、K、L、M、N、O、P (sanggenones A～P)，桑黄酮 A、B、C、D、E、F、G、H[6]、I、K、L、S、Y、Z[7] (kuwanons A～I, K, L, Y, Z, S)、moralbanone、mulberroside C、eudraflavone B hydroperoxide、勒奇黄烷酮 G (leachianone G)[7]；2',4',5-三羟基-3-(γ,γ,γ-羟基-二甲基)丙基-2",2"-二甲基吡喃-5",6",6,7-黄酮 (morusignin L)、4',6-二甲氧基-3',5,7-三羟基异黄酮 (4',6-dimethoxy-3',5,7-trihydroxyisoflavone)、7-甲氧基-4',5-二羟基二氢黄酮醇 (7-methoxy-4',5-dihydroxyflavanonol)、6-甲氧基-4',5,7-三羟基异黄酮 (6-methoxy-4',5,7-trihydroxyisoflavone)[8]；苯骈呋喃衍生物：桑色呋喃A、B、C、D、G、K[6]、M、N、O、P、Q (mulberrofurans A～D, G, K, M～Q)；香豆素类：东莨菪内酯 (scopoletin)、5,7-羟基香豆素 (5,7-dihydroxycoumarin)[9]；此外还含有 (2*R*,3*R*,4*R*)-2-羟甲基-3,4-二羟基吡咯烷-*N*-丙酰胺 [(2*R*,3*R*,4*R*)- 2-hydroxymethyl-3,4-dihydroxypyrrolidine-*N*-propionamide][10]、氧化白藜芦醇 (oxyresveratrol)[11]等。

桑叶含黄酮类：芸香苷 (rutin)、槲皮素 (quercetin)、桑苷 (moracetin)、异槲皮苷 (isoquercitrin)、山柰酚-3-*O*-(6"-*O*-乙酰基)-β-*D*-吡喃葡萄糖苷 [kaempferol- 3-*O*-(6"-*O*-acetyl)-β-*D*-glucopyranoside][12]、槲皮素-3-*O*-β-*D*-吡喃葡萄糖苷 (quercetin-3-*O*-β-*D*-glucopyranoside)、槲皮素-3,7-*O*-β-*D*-二吡喃葡萄糖苷 (quercetin-3,7-di-*O*-β-*D*-glucopyranoside)[13]、紫云英苷 (astragalin)[14]；生物碱类：左旋脱氧野尻霉素 (*l*-deoxynojirimycin)、*N*-甲基-左旋脱氧野尻霉素 (*N*-methyl-*l*-deoxynojirimycin)、fagomine、calystegin B_2[15]。

桑枝含生物碱类：左旋脱氧野尻霉素、*N*-甲基-左旋脱氧野尻霉素、fagomine、4-*O*-β-*D*-glucopyranosyl fagomine[16]；木材含桑色素 (morin) 和4',2,4,6-四羟基苯酮 (4',2,4,6- tetrahydroxybenzophenone)等，心材含二氢桑色素 (dihydromorin) 和二氢山柰酚 (dihydrokaempferol) 等。

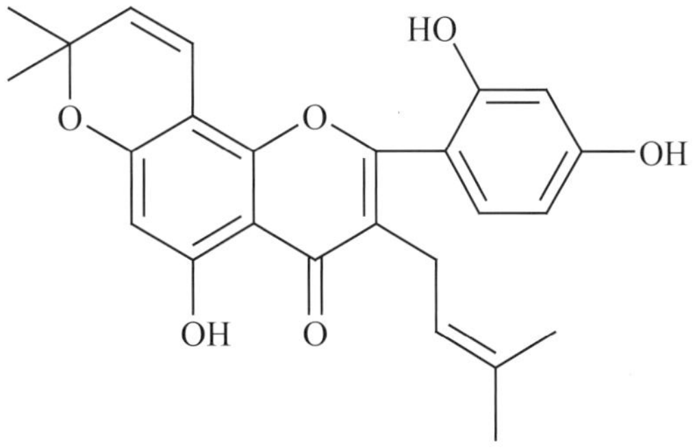

◆ morusin

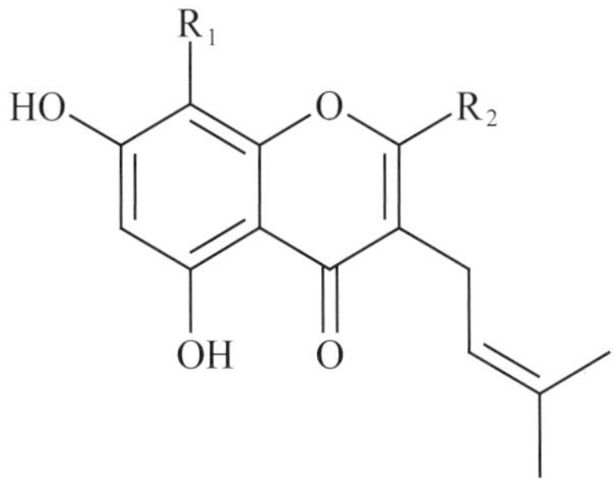

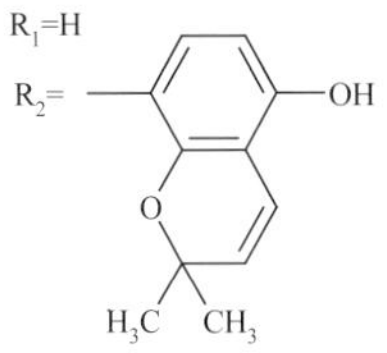

◆ kuwanon A 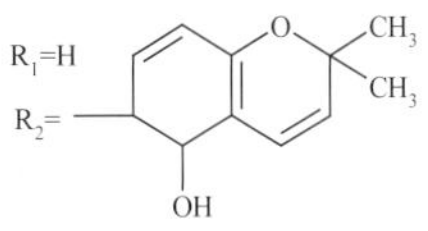　◆ kuwanon B 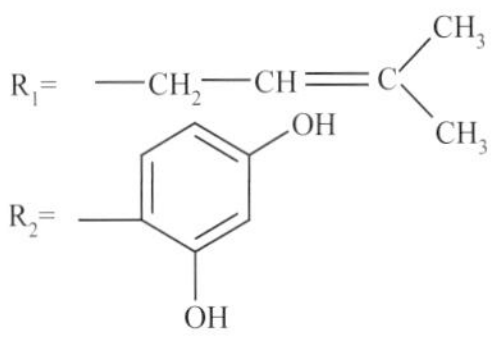　◆ kuwanon C

桑的果穗含生物碱：$2\alpha,3\beta$-二羟基去甲莨菪烷 ($2\alpha,3\beta$-dihydroxynortropane)、$2\beta,3\beta$-二羟基去甲莨菪烷 ($2\beta,3\beta$-dihydroxynortropane)、$2\alpha,3\beta,6\xi$-三羟基去甲莨菪烷 ($2\alpha,3\beta,6\xi$-trihydroxynortropane)、$2\alpha,3\beta,4\alpha$-三羟基去甲莨菪烷 ($2\alpha,3\beta,4\alpha$-trihydroxynortropane)、$3\beta,6\xi$-二羟基去甲莨菪烷 ($3\beta,6\xi$-dihydroxynortropane)、去甲-ψ-莨菪醇 (nor-ψ-tropine)[17]。

药理作用

1. 对呼吸系统的影响

小鼠浓氨水引咳法结果显示，桑白皮丙酮提取物、水煎液中氯仿提取物和碱提取物灌胃给药均有镇咳作用，其中丙酮提取物和水煎液的碱提取物灌胃还可显著增加小鼠气管酚红排出量，丙酮提取物腹腔注射对乙酰胆碱所致的豚鼠哮喘有明显的平喘作用[18-19]。通过豚鼠离体气管条实验发现，桑白皮提取物的平喘作用与其对白三烯的拮抗活性有关[20-21]。

2. 利尿

桑白皮去除粗皮前后之水煎剂分别灌胃，均能显著增加兔的尿量[22]。经药理筛选，证实利尿的有效部位是60%乙醇提取物中的乙酸乙酯提取物，是以香豆素类为主的化合物[23]。

3. 降血糖

桑叶总多糖腹腔注射给药对四氧嘧啶糖尿病小鼠有显著的降血糖作用，可提高糖尿病小鼠的耐糖能力和正常小鼠血中胰岛素水平，增加肝糖原含量而降低肝葡萄糖[24]；桑叶中含有的左旋脱氧野尻霉素腹腔注射可抑制糖尿病小鼠血糖上升[15]；桑叶总黄酮灌胃能降低糖尿病大鼠血糖，使注入麦芽糖后门-外周静脉血糖浓度差降低[25]；桑叶水提取液灌胃也能降低四氧嘧啶或链尿佐菌素诱导的糖尿病大鼠血糖和过氧化脂质含量，同时升高超氧化物歧化酶 (SOD) 水平[26-27]，改善大鼠的耐糖功能[28]，抑制 α-葡萄苷酶活性[29]。此外，桑白皮的水提取液灌胃对实验性糖尿病大鼠也具有降血糖作用[30]。

4. 抗炎

从桑白皮中分离得到的氧化白藜芦醇能显著减轻大鼠角叉菜胶所致的足趾肿胀[11]；桑白皮碱提取物灌胃对二甲苯引起的小鼠耳郭肿胀有明显的抑制作用[18]；桑叶、桑枝水煎液灌胃对小鼠巴豆油致耳肿胀、角叉菜胶致足趾肿胀均有较强的抑制作用，还可抑制醋酸引起的小鼠腹腔液渗出，表现出较强的抗炎活性[31]。

5. 其他

桑还有抗病毒[6-7, 32]、抗菌[33]、保肝、清除自由基[34]、免疫调节[35-36]、抗动脉血栓形成[37]和癌细胞凋亡[38]作用。

应用

本品为中医临床用药。

桑白皮

功能：泻肺平喘，利水消肿。主治：肺热喘咳，水肿胀满尿少，面目肌肤浮肿。

现代临床还用于支气管炎、肺炎、慢性阻塞性肺病、高血压、水肿等病的治疗。

桑叶

功能：疏散风热，清肺润燥，清肝明目。主治：风热感冒，肺热燥咳，头晕头痛，目赤昏花。

现代临床还用于上呼吸道感染、眼结膜炎、角膜炎、下肢象皮肿、高血压等病的治疗。

桑枝

功能：祛风湿，利关节。主治：风湿痹病，肩臂、关节酸痛麻木。

现代临床还用于风湿性关节炎、高血压、糖尿病、慢性阻塞性肺病等病的治疗，亦用于提高淋巴细胞转化率低下。

桑椹

功能：滋阴补血，生津润燥。主治：肝肾阴虚，眩晕耳鸣，心悸失眠，须发早白，津伤口渴，内热消渴，肠燥便秘。

现代临床还用于脱发、颈淋巴结核、醉酒等病的治疗。

评注

桑叶、桑椹可药食两用，保健功能显著，是开发食品、保健品和药品的良好原料。在中国，桑叶被当作茶叶使用，桑椹也已成为一种广受欢迎的保健水果。除作为药物外，市场上还有桑叶茶、桑椹果汁、桑椹果酒等产品。桑叶显著的降血糖活性、桑椹的滋补美容功效等尚待进一步研究，开发出高附加值的保健品和药品。

因炮制方法的不同，桑白皮的东莨菪内酯含量也不同，未除去粗皮者的含量高于去除粗皮者[39]，但除去粗皮者的毒性大于未除粗皮者，使用应注意。

参考文献

[1] DESHPANDE V H, PARTHASARATHY P C, VENKATARAMAN K. Four analogs of artocarpin and cycloartocarpin from *Morus alba*[J]. Tetrahedron Letters, 1968, 14: 1715-1719.

[2] NOMURA T, FUKAI T, YAMADA S, et al. Phenolic constituents of the cultivated mulberry tree (*Morus alba* L.)[J]. Chemical & Pharmaceutical Bulletin, 1976, 24(11): 2898-2900.

[3] NOMURA T, FUKAI T, KATAYANAGI M. Kuwanon A, B, C and oxydihydromorusin, four new flavones from the root bark of the cultivated mulberry tree (*Morus alba* L.)[J]. Chemical & Pharmaceutical Bulletin, 1977, 25(3): 529-532.

[4] OSHIMA Y, KONNO C, HIKINO H, et al. Validity of oriental medicines. Part 26. Structure of moracenin C, a hypotensive principle of Morus root barks[J]. Heterocycles, 1980, 14(10): 1461-1464.

[5] NOMURA T, FUKAI T, SATO E, et al. The formation of moracenin D from kuwanon G[J]. Heterocycles, 1981, 16(6): 983-986.

[6] 罗士德， NEMEC J，宁冰梅 . 桑白皮中抗人艾滋病病毒 (HIV) 成分研究 [J]. 云南植物研究，1995，17(1)：89-95.

[7] DU J, HE Z D, JIANG R W, et al. Antiviral flavonoids from the root bark of *Morus alba* L.[J]. Phytochemistry, 2003, 62(8): 1235-1238.

[8] 张国刚，黎琼红，叶英子博，等 . 桑白皮黄酮化学成分的研究 [J]. 中国药物化学杂志，2005，15(2)：108-112.

[9] 孙静芸，徐宝林，张文娟，等 . 桑白皮平喘、利尿有效成分研究 [J]. 中国中药杂志，2002，27(5)：366-367.

[10] ASANO N, YAMASHITA T, YASUDA K, et al. Polyhydroxylated alkaloids isolated from mulberry trees (*Morus alba* L.) and silkworms (*Bombyx mori* L.) [J]. Journal of Agricultural and Food Chemistry, 2001, 49(9): 4208-4213.

[11] CHUNG K O, KIM B Y, LEE M H, et al. *In-vitro* and *in-vivo* anti-inflammatory effect of oxyresveratrol from *Morus alba* L[J]. The Journal of Pharmacy and Pharmacology, 2003, 55(12): 1695-1700.

[12] KIM S Y, GAO J J, LEE W C, et al. Antioxidative flavonoids from the leaves of *Morus alba*[J]. Archives of Pharmacal Research, 1999, 22(1): 81-85.

[13] KIM S Y, GAO J J, KANG H K. Two flavonoids from the leaves of *Morus alba* induce differentiation of the human promyelocytic leukemia (HL-60) cell line[J]. Biological & Pharmaceutical Bulletin, 2000, 23(4): 451-455.

[14] DOI K, KOJIMA T, MAKINO M, et al. Studies on the constituents of the leaves of *Morus alba* L.[J]. Chemical & Pharmaceutical Bulletin, 2001, 49(2): 151-153.

[15] CHEN F, NAKASHIMA N, KIMURA I, et al. Potentiating effects on pilocarpine-induced saliva secretion, by extracts and *N*-containing sugars derived from mulberry leaves, in streptozocin-diabetic mice[J]. Biological & Pharmaceutical Bulletin, 1995, 18(12): 1676-1680.

[16] 陈震，汪仁芸，朱丽莲，等．桑枝水提取物化学成分的研究 [J]. 中草药，2000，31(7)：502-503.

[17] KUSANO G, ORIHARA S, TSUKAMOTO D, et al. Five new nortropane alkaloids and six new amino acids from the fruit of *Morus alba* LINNE growing in Turkey[J]. Chemical & Pharmaceutical Bulletin, 2002, 50(2): 185-192.

[18] 冯冰虹，赵宇红，黄建华．桑白皮的有效成分筛选及其药理学研究 [J]. 中药材，2004，27(3)：204-205.

[19] 冯冰虹，苏浩冲，杨俊杰．桑白皮丙酮提取物对呼吸系统的药理作用 [J]. 广东药学院学报，2005，21(1)：47-49.

[20] 李崧，闵阳，刘泉海．桑白皮醇提取物对白三烯拮抗活性的研究 (1)[J]. 沈阳药科大学学报，2004，21(2)：130-132.

[21] 李崧，闵阳，刘泉海．桑白皮醇提取物对白三烯拮抗活性的研究 (2)[J]. 沈阳药科大学学报，2004，21(2)：137-140.

[22] 张文娟，徐宝林，孙静芸．桑白皮除粗皮和未除粗皮利尿及急性毒性比较研究 [J]. 中成药，2001，23(12)：887-888.

[23] 徐宝林，张文娟，孙静芸．桑白皮提取物平喘、利尿作用的研究 [J]. 中成药，2003，25(9)：758-760.

[24] 陈福君，卢军，张永煜．桑的药理研究 (I)：桑叶降血糖有效组分对糖尿病动物糖代谢的影响 [J]. 沈阳药科大学学报，1996，13(1)：24-27.

[25] 俞灵莺，李向荣，方晓．桑叶总黄酮对糖尿病大鼠小肠双糖酶的抑制作用 [J]. 中华内分泌代谢杂志，2002，18(4)：313-315.

[26] 李向荣，龙宇红，方晓．桑叶提取液对实验性糖尿病大鼠血糖、LPO 含量及 SOD 水平的影响 [J]. 中国老年学杂志，2003，23(2)：101-103.

[27] 李卫东，刘先华，周安．桑叶提取液对糖尿病大鼠血糖及脂质过氧化作用的影响 [J]. 广东药学院学报，2005，21(1)：42-43.

[28] IIZUKA Y, SAKURAI E, TANAKA Y. Antidiabetic effect of Folium Mori in GK rats[J]. Yakugaku Zasshi, 2001, 121(5): 365-369.

[29] 李宏，黄金山，胡浩，等．桑叶对 α- 葡萄糖苷酶活力影响及降糖机理研究 [J]. 中国蚕业，2003，24(2)：19-20.

[30] 钟国连，刘建新，高晓梅．桑白皮水提取液对糖尿病模型大鼠血糖、血脂的影响 [J]. 赣南医学院学报，2003，23(1)：23-24.

[31] 陈福君，林一星，许春泉，等．桑的药理研究 (Ⅱ)：桑叶、桑枝、桑白皮抗炎药理作用的初步比较研究 [J]. 沈阳药科大学学报，1995，12(3)：222-224.

[32] KUSUM M, KLINBUAYAEM V, BUNJOB M, et al. Preliminary efficacy and safety of oral suspension SH, combination of five chinese medicinal herbs, in people living with HIV/AIDS; the phase Ⅰ/Ⅱ study[J]. Journal of the Medical Association of Thailand, 2004, 87(9): 1065-1070.

[33] PARK K M, YOU J S, LEE HY, et al. Kuwanon G: an antibacterial agent from the root bark of *Morus alba* against oral pathogens[J]. Journal of Ethnopharmacology, 2003, 84(2-3): 181-185.

[34] OH H, KO E K, JUN J Y, et al. Hepatoprotective and free radical scavenging activities of prenylflavonoids, coumarin, and stilbene from *Morus alba*[J]. Planta Medica, 2002, 68(10): 932-934.

[35] KIM H M, HAN S B, LEE K H, et al. Immunomodulating activity of a polysaccharide isolated from Mori Cortex Radicis[J]. Archives of Pharmacal Research, 2000, 23(3): 240-242.

[36] 邬灏，卢笑丛，王有为．桑枝多糖分离纯化及其免疫作用的初步研究 [J]. 武汉植物学研究，2005，23(1)：81-84.

[37] 徐爱良，彭延古，雷田香，等．桑叶提取液对家兔动脉血栓形成的影响 [J]. 湖南中医学院学报，2005，25(3)：14-15，33.

[38] NAM S Y, YI H K, LEE J C, et al. Cortex Mori extract induces cancer cell apoptosis through inhibition of microtubule assembly[J]. Archives of Pharmacal Research, 2002, 25(2): 191-196.

[39] 寿旦，孙静芸．桑白皮不同加工方法及采收期的东莨菪内酯含量比较 [J]. 中成药，2001，23(9)：650-651.

沙棘 Shaji CP

Hippophae rhamnoides L.
Sea Buckthorn

概述

胡颓子科 (Elaeagnaceae) 植物沙棘 *Hippophae rhamnoides* L.，其成熟果实入药。蒙药名：其察曰嘎纳。藏药名：达普。

沙棘属 (*Hippophae*) 植物全世界有 4 种 5 亚种，广布欧亚大陆。中国有 4 种 5 亚种。本种分布于中国河北、河南、内蒙古、山西、陕西、甘肃、宁夏、新疆、青海、四川、云南、西藏等省区。俄罗斯、蒙古、印度、伊朗及欧洲也有分布。

沙棘系蒙古族、藏族习用药材，始载于《月王药诊》及《四部医典》。《中国药典》（2015 年版）收载本种为蒙药其察曰嘎纳和藏药达普的法定原植物来源种。主产于中国内蒙古、陕西、宁夏、甘肃、青海等省区。

沙棘的果实主要含有黄酮类成分。《中国药典》采用紫外－可见分光光度法进行测定，规定沙棘药材含总黄酮以无水芦丁计不得少于 1.5%；采用高效液相色谱法进行测定，含异鼠李素不得少于 0.10%，以控制药材质量。

药理研究表明，沙棘对于咳嗽痰多、消化不良、跌打损伤、胃溃疡等有较好疗效。

蒙医与藏医理论认为沙棘具有健脾消食，止咳祛痰，活血散瘀等功效。

◆ 沙棘
Hippophae rhamnoides L.

化学成分

沙棘果实含黄酮类成分：异鼠李素 (isorhamnetin)、异鼠李素-3-*O*-*β*-*D*-葡萄糖苷(isorhamnetin-3-*O*-*β*-*D*-glucoside)、异鼠李素-3-*O*-*β*-芸香糖苷(isorhamnetin-3-*O*-*β*-rutinoside)[1]、芦丁 (rutin)、槲皮素 (quercetin)、槲皮素-7-*O*-鼠李糖苷 (quercetin-7-*O*-rhamnoside)、槲皮素3-*O*-甲酯 (quercetin-3-*O*-methyl ether)、异鼠李素-3-*O*-芸香糖苷 (isorhamnetin-3-*O*-rutinoside)[2]、紫云英苷 (astragalin)和以槲皮素、山柰酚 (kaempferol)为苷元的糖苷[1]；含丰富营养成分如维生素 A、B_1、B_2、C、E及去氢抗坏血酸 (dehydroascorbic acid)、叶酸 (folic acid)、类胡萝卜素 (carotenoid)、花色素 (anthocyanin)等。

沙棘种子含油脂，其中皂化部分有：丁酸 (butyric acid)、己酸 (caproic acid)、辛酸 (caprylic acid)、癸酸 (capric acid)、月桂酸 (lauric acid)、肉豆蔻酸 (myristic acid)、棕榈油酸 (palmitoleic acid)、棕榈酸 (palmitic acid)、油酸 (oleic acid)、亚油酸 (linoleic acid)、亚麻酸 (linolenic acid)、硬脂酸 (stearic acid)。非皂化部分有：玉米黄质 (zeaxanthin)、隐黄质 (cryptoxanthin) 等[3]。

沙棘果皮含熊果酸 (ursolic acid)、齐墩果酸 (oleanolic acid) 等三萜类成分[4]。

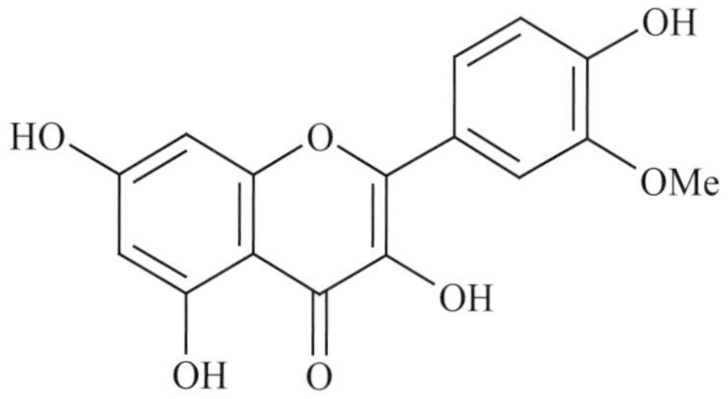

◆ isorhamnetin

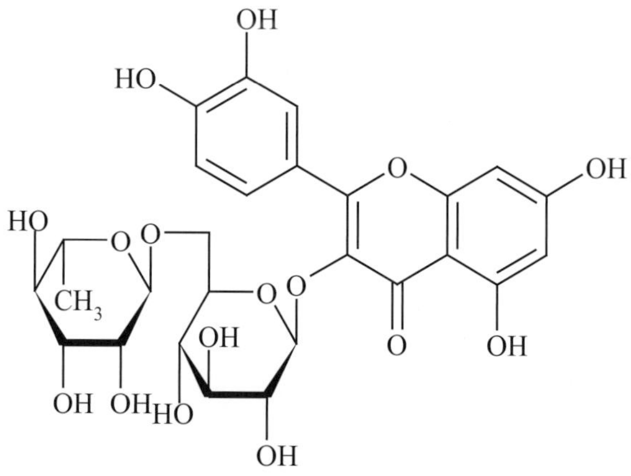

◆ rutin

药理作用

1. 对免疫功能的影响

沙棘提取物腹腔注射，可明显增加小鼠胸腺和脾重量，提高腹腔巨噬细胞对鸡红细胞的吞噬功能，提高血清溶菌酶含量和外周血*α*-萘酸性酯酶阳性 ($ANAE^+$) 细胞数[5]；小鼠口服沙棘粉可促进脾淋巴细胞转化，增强腹腔巨噬细胞对鸡红细胞的吞噬功能和血清抗体水平[6]。沙棘油、原汁灌胃可使大鼠血清中IgG、IgM、C_3水平均增高[7]。沙棘总黄酮 (TFH) 腹腔注射可提高小鼠脾细胞特异玫瑰花形成细胞 (SRFC) 数量[8]。沙棘子油使正常和*D*-半乳糖苷 (*D*-GalN) 致肝损伤小鼠腹腔巨噬细胞吞噬功能、血清溶菌酶活性、脾淋巴细胞转化和白介素2 (IL-2) 活性增强[9]。沙棘总黄酮 (TFH) 腹腔注射可抑制小鼠被动皮肤过敏反应 (PCA)[10]。

2. 抗肿瘤

沙棘汁和沙棘油腹腔注射或灌胃对S_{180}移植瘤、黑色素瘤B16、和淋巴白细胞病P388等均有明显的抑制作用；沙棘汁体外能杀伤S_{180}、P388、L1210和人胃癌SGC9901等癌细胞。沙棘汁口服可有效阻断*N*-亚硝基化合物在大鼠体内合成及诱癌[11]；体外人工胃液条件下亦可阻断*N*-亚硝基码啉的合成。沙棘汁体外可抑制小鼠骨髓瘤细胞NS-1、人急性粒白血病细胞 HL-60 及小鼠T淋巴瘤细胞 YAC-1 的DNA合成[12]。沙棘子渣黄酮类化合物 (FSH) 体外抑制人肝癌细胞BEL-7402生长并诱导其凋亡[13]。沙棘油可降低SO_2 对小鼠骨髓嗜多染红细胞 (PCE) 诱发形成微核 (MN) 的效应，对SO_2的致突变效应有抑制作用[14]。

3. 对心血管系统的影响

TFH 可使培养乳鼠心肌细胞搏动频率显著降低，搏动幅度下降，并可使异常自发搏动节律转为有规律的搏动[15]；TFH 口服能增强人心脏的收缩性和泵功能，降低外周血管阻力，增加血管弹性[16]；TFH 静脉注射可明显增强戊巴比妥致心衰犬心脏的泵功能和心肌收缩性能，明显改善心肌舒张性[17]；沙棘口服可减轻运动对大鼠心肌细胞的损伤，保护缺氧心肌[18]。

4. 对血液系统的影响

沙棘汁灌胃可使环磷酰胺致贫血大鼠凝血时间缩短、血小板数量增加、血小板聚集功能改善、血小板内 cGMP 含量降低[19]；沙棘油灌胃或腹腔注射可促进化疗大鼠红细胞系造血功能[20]。沙棘汁体外可促进再生障碍性贫血小鼠骨髓红系祖细胞 CFU-E、BFU-E 和粒单系祖细胞 (CFU-GM) 集落形成[21]。沙棘枝醇提取物静脉给药能降低大鼠全血黏度，静脉与口服给药能显著延长小鼠凝血时间，体外能延长家兔血浆复钙和凝血酶原时间[22]；沙棘枝醇提取物灌胃能降低实验高脂血症大鼠血清三酰甘油、胆固醇及肝组织中三酰甘油含量，静注或灌胃能抑制大鼠实验性血栓的形成[23]。

5. 对消化系统的影响

沙棘子油及沙棘果油灌胃能明显对抗 CCl_4、对乙酰氨基酚和乙醇致小鼠、大鼠肝脏丙二醛 (MDA) 升高，降低血清谷丙转氨酶 (sGPT) 和谷草转氨酶 (sGOT) 活性，阻止对乙酰氨基酚中毒小鼠肝谷胱甘肽 (GSH) 的耗竭[24-25]。沙棘子油灌胃对无水乙醇和阿司匹林引起的大鼠胃黏膜损伤有保护作用[26]；沙棘果肉油灌胃能抑制大鼠胃酸和胃蛋白酶分泌，对利血平、乙酸等大鼠实验性胃溃疡有保护和促进愈合作用[27]。

6. 抗氧化、抗衰老

低密度脂蛋白 (LDL) 在体外易受 Cu^{2+} 催化而氧化，在体内易被巨噬细胞、平滑肌细胞、血管内皮细胞等氧化，体外实验表明，沙棘油可抑制这些氧化过程，减少丙二醛 (MDA) 和共轭双烯的产生[28]；沙棘油体外能明显降低高脂损伤平滑肌细胞内脂质过氧化物 (LPO) 含量，提高超氧化物歧化酶 (SOD) 的活性，减轻高脂血清对细胞膜的损伤，保护并促进细胞生长[29]。沙棘提取物灌胃能显著降低老龄鼠脑组织脂褐素[30]。

7. 其他

沙棘油对动物实验性炎症、渗出、肿胀有较好的抗炎作用，对小鼠轻度烧伤及马、羊等外伤有促进愈合作用。沙棘子渣黄酮 (FSH) 和沙棘果渣黄酮 (FFH) 能降低正常小鼠的血糖和血脂水平[31]。复方沙棘对大鼠脑缺血、脑梗塞具有明显的保护作用[32]，沙棘子油对大鼠急性缺血性脑梗死也具有明显的保护作用[33]。

应用

本品为藏、蒙常用药。功能：健脾消食，止咳祛痰，活血散瘀。主治：脾虚食少，食积腹痛，咳嗽痰多，胸痹心痛，瘀血经闭，跌扑瘀肿。

现代临床还用于咽炎、胃溃疡、消化不良、高脂血症、动脉粥样硬化、月经不调等病的治疗。

评注

沙棘是中国卫生部规定的药食同源品种之一。

除果实入药外，药理研究证明，沙棘的黄酮类在治疗缺血性心脏病、心绞痛和高血脂等方面有较好的疗效，同时具有良好的抗肿瘤、抗炎、抗过敏、抗衰老及增强免疫功能的作用；沙棘油在治疗烧伤、妇科病和抗辐射等方面有较好的功效。此外，沙棘叶含有较高的粗蛋白、无氮浸出物、粗脂肪、粗纤维等，维生素 C 高于果实，还含有胡萝卜素、类胡萝卜素、氨基酸及微量元素，可制茶、食品及用作饲料等。沙棘对保持水土流失，增加土壤肥力等均有很好作用，因而有很好的发展前景。

沙棘，是一种落叶灌木或小乔木，为西北地区主要的林木品种之一。中国沙棘种植总面积已达世界总面积的95% 以上。

参考文献

[1] HOERHAMMER L, WAGNER H, KHALIL E. Flavonol glycosides of the fruit of the sea buckthorn (Hippophae rhamnoides) [J]. Lloydia, 1966, 29(3): 225-229.

[2] PURVE O, ZHAM'YANSAN Y, MALIKOV V M, et al. Flavonoids from *Hippophae rhamnoides* growing in Mongolia[J]. Khimiya Prirodnykh Soedinenii, 1978, 3: 403-404.

[3] KAUFMANN H P, RONCERO A V. Oil from the seed of Hippophae rhamnoides. Ⅱ. The unsaponifiable matter[J]. Grasas y Aceites (Sevilla, Spain), 1955, 6: 129-134.

[4] 路平，宋玉乔，方翠芬，等 . 中国沙棘果皮化学成分的研究 (I) [J]. 沙棘，2002，15(4)：25-26.

[5] 王玉珍，焦贺芝，李岷，等 . 蒙药沙棘对小鼠非特异性免疫功能的影响 [J]. 内蒙古中医药，1992，11(2)：43-44.

[6] 李丽芬，石扣兰，白建平，等 . 沙棘粉对免疫功能及胆固醇的影响 [J]. 西北药学杂志，1994，9(5)：218-221.

[7] 王仙琴，胡庆和，刘英姿，等 . 沙棘对实验动物体液免疫功能的研究 [J]. 宁夏医学杂志，1989，11(5)：281-282.

[8] 钟飞，蒋韵，吴芬芬，等 . 沙棘总黄酮对小鼠细胞免疫功能的影响 [J]. 中草药，1989，20(7)：43.

[9] 覃红，程体娟，佟婉红，等 . 沙棘子油对肝损伤小鼠免疫功能的影响 [J]. 中药药理与临床，2003，19(1)：14-15.

[10] 钟飞，蒋韵，吴芬芬，等 . 沙棘总黄酮的抗过敏作用 [J]. 中草药，1990，21(12)：6，29.

[11] 黎勇，柳黄 . 沙棘汁对致癌物 *N*- 二甲基亚硝胺 (NDMA) 在大鼠体内合成及诱癌的阻断与防护作用 [J]. 营养学报，1989，11(1)：47-53.

[12] 郁利平，隋志仁，范洪学 . 沙棘汁对细胞免疫功能及抑瘤作用的影响 [J]. 营养学报，1993，15(3)：280-283.

[13] 孙斌，章平，瞿伟菁，等 . 沙棘子渣黄酮类化合物诱导人肝癌细胞凋亡研究 [J]. 中药材，2003，26(12)：875-877.

[14] 孟紫强，阮爱东，张波，等 . 二氧化硫对小鼠骨髓细胞微核的诱发及沙棘油的防护作用 [J]. 山西大学学报：自然科学版，2002，25(2)：168-172.

[15] 吴捷，李孝光 . 沙棘总黄酮对培养心肌细胞搏动及电活动的影响 [J]. 西安医科大学学报，1990，11(4)：301-303.

[16] 王秉文，冯养正，于佑民，等 . 沙棘总黄酮对正常人心功能及血流动力学的影响 [J]. 西安医科大学学报，1993，14(2)：138-140.

[17] 吴英，王毅，王秉文，等 . 沙棘总黄酮对急性心衰犬心功能和血流动力学的影响 [J]. 中国中药杂志，1997，22(7)：429-431.

[18] 步斌，沈异，雷鸣鸣，等 . 运动负荷与沙棘对大鼠心肌 VEGF 表达影响的研究 [J]. 成都体育学院学报，2004，30(6)：76-79.

[19] 葛志红，梁毅，陈运贤，等 . 沙棘汁对环磷酰胺所致大鼠血小板减少的影响 [J]. 中国病理生理杂志，2003，19(5)：693-695.

[20] 陈运贤，钟雪云，刘天浩，等 . 沙棘油重建造血功能的实验研究 [J]. 中药材，2003，26(8)：572-575.

[21] 葛志红，梁毅，伍耀衡 . 沙棘汁对再生障碍性贫血小鼠骨髓红系祖细胞、粒单系祖细胞的影响 [J]. 新中医，2003，35(9)：73-74.

[22] 白音夫，周长凤，孙雷，等 . 沙棘枝对动物血液黏度及凝固作用的影响 [J]. 中药材，1990，13(12)：38-40.

[23] 白音夫，孙雷，党小菊，等 . 沙棘枝提取物对大鼠实验性高血脂和血栓形成的影响 [J]. 中国中药杂志，1992，17(1)：50-52.

[24] 程体娟，卜积康，武莉薇，等 . 沙棘子油的保肝作用及其作用机理初探 [J]. 中国中药杂志，1994，19(6)：367-370.

[25] 程体娟，李天健，段志兴，等 . 沙棘果油的急性毒性及其对实验性肝损伤的保护作用 [J]. 中国中药杂志，1990，15(1)：45-47.

[26] 钟启新，陈再智，陈小娟，等 . 沙棘油的成分对抗胃溃疡的实验研究 [J]. 广东医学，1995，16(6)：405-406.

[27] 邢建峰，董亚琳，王秉文，等 . 沙棘果肉油对大鼠胃液分泌的影响及抗胃溃疡作用 [J]. 中国药房，2003，14(8)：461-463.

[28] 史泓浏，蔡海江，陈秀英，等 . 沙棘种子油抗氧化作用的研究 [J]. 营养学报，1994，16(3)：292-295.

[29] 王宇，卢咏才，刘小青，等 . 沙棘对高脂血清培养平滑肌细胞的保护作用 [J]. 中国中药杂志，1992，17(10)：624-626.

[30] 刘志婷，黄晶，王永香，等 . 沙棘提取物对老龄大鼠脑脂褐素的影响 [J]. 中国老年学杂志，2001，21(4)：300-301.

[31] 曹群华，瞿伟菁，邓云霞，等 . 沙棘子渣和果渣中黄酮对小鼠糖代谢的影响 [J]. 中药材，2003，26(10)：735-737.

[32] 高丽萍，程体娟，王玉斌，等 . 复方沙棘对大鼠及小鼠缺血性脑梗死的防治作用 [J]. 兰州大学学报：自然科学版，2003，39(3)：53-56.

[33] 程体娟，王玉斌，高丽萍，等 . 沙棘子油对大鼠急性缺血性脑梗死的保护作用 [J]. 中国中药杂志，2003，28(6)：548-550.

沙参 Shashen CP

Adenophora stricta Miq.
Upright Ladybell

概述

桔梗科 (Campanulaceae) 植物沙参 *Adenophora stricta* Miq.，其干燥根入药。中药名：南沙参。

沙参属 (*Adenophora*) 植物全世界约有 50 种，分布于亚洲东部，尤其是中国东部，其次为日本、朝鲜半岛及俄罗斯远东地区。中国产约 40 种，本属现供药用者近 30 种。本种分布于中国江苏、安徽、浙江、江西、湖南等省区。

"沙参"药用之名，始载于《神农本草经》，列为上品。历代本草中记载的沙参为本属多种植物。《中国药典》（2015 年版）收载本种为中药南沙参的法定原植物来源种之一。主产于中国贵州、四川、河南、安徽、江苏和黑龙江等地。

沙参属植物主要成分为多糖类化合物，尚有甾醇、三萜类化合物等。《中国药典》以性状、显微和薄层色谱鉴别来控制南沙参药材的质量。

药理研究表明，沙参具有调节机体免疫、抗辐射、抗肿瘤等作用。

中医理论认为南沙参具有养阴清肺，益胃生津，化痰，益气等功效。

◆ 沙参
Adenophora stricta Miq.

◆ 药材南沙参
Adenophorae Radix

化学成分

沙参的根主要含多糖[1]。另有三萜类成分：乙酰环阿尔廷醇酯 (cycloartenol acetate)、羽扇豆烯酮 (lupenone)、蒲公英赛酮 (taraxerone)[2]、无柄沙参酸-3-*O*-异戊酸酯 (sessilifolic acid-3-*O*-isovalerate)[3]；甾醇类成分：*β*-谷甾醇-*O*-*β*-*D*-吡喃葡萄糖苷 (*β*-sitosterol-*O*-*β*-*D*-glucopyranoside)、*β*-谷甾醇-葡萄糖苷-6'-*O*-棕榈酰酯 (*β*-sitosteryl glucoside-6'-*O*-palmitoyl ester)[4]；香豆素类成分：白花前胡甲素 (praeruptorin A)、3'-当归酰-4'-异戊酰(3'*S*,4'*S*)-顺式克莱酮 [3'-angeloyl-4'-isovaleryl-(3'*S*,4'*S*)-*cis*-khellactone][4]。还含有丹皮酚 (paeonol)[5]等。

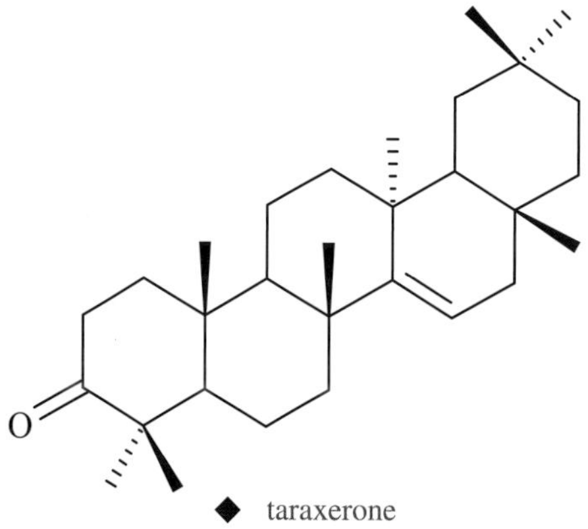

O

◆ taraxerone

药理作用

1. 免疫调节功能

沙参多糖及水提取物灌胃能明显增加正常小鼠炭粒廓清指数 K 及吞噬指数 α，增强单核巨噬细胞的吞噬功能使二硝基氟苯诱导的迟发型超敏反应小鼠耳肿胀度显著增加，迟发型超敏反应增强。沙参多糖和水提取物可增加小鼠胸腺重量，沙参多糖还可增加小鼠脾脏的重量[6]。

2. 镇咳祛痰

沙参乙醇和乙酸乙酯提取物灌胃对枸橼酸引起的豚鼠咳嗽有显著的对抗作用，乙酸乙酯提取物灌胃能显著增加小鼠酚红排泌量，显示出良好的祛痰作用[6]。

3. 抗辐射损伤

沙参多糖灌胃能明显对抗 ^{60}Co-γ 射线照射引起的小鼠免疫器官重量减轻和白细胞数量减少，能使照射引起的辅助性 T 淋巴细胞与抑制性 T 淋巴细胞的比值 (T_H/T_S) 降低趋于正常，腹腔巨噬细胞吞噬率和吞噬指数明显升高；还可使辐射大鼠血清丙二醛 (MDA) 含量减少，全血中谷胱甘肽过氧化物酶 (GHS-Px) 活性增加，红细胞中超氧化物歧化酶 (SOD) 含量回升；此外，沙参多糖灌胃对亚慢性受照小鼠雄性生殖细胞辐射损伤也有良好的防护作用[7-9]。

4. 抗衰老

沙参多糖灌胃能明显抑制老龄小鼠 MDA 的产生及肝、脑组织中脂褐素的形成，能降低其肝、脑组织中单胺氧化酶的活性，提高血清中睾酮的含量；采用含沙参多糖的培养基，能延长果蝇的寿命，提高性活力和交配频率，有较好的抗衰老作用[10]。

5. 改善学习记忆

沙参多糖灌胃对东莨菪碱、亚硝酸钠、乙醇引起的小鼠记忆获得、巩固及再现障碍均有显著的改善作用。其机制可能与清除自由基、降低单氨氧化酶 B (MAO-B) 活性有关[11]。

6. **抗肿瘤**

以沙参水煎液作为小鼠的日常饮水，对氨基甲酸乙酯诱发的肺腺癌有抑制作用，这种作用可能与提高机体的免疫功能有关[12]。沙参多糖给小鼠灌胃还能通过清除氧自由基、保护内源性自由基清除物而表现出抗肺癌作用[13]。

应用

本品为中医临床常用药。功能：养阴清肺，益胃生津，化痰，益气。主治：肺热燥咳，阴虚劳嗽，干咳痰黏，胃阴不足，食少呕吐，气阴不足，烦热口干。

现代临床还用于支气管炎、胃炎、糖尿病、肺癌等病的治疗。

评注

除本种外，《中国药典》还收载轮叶沙参 *Adenophora tetraphylla* (Thunb.) Fisch. 作为中药南沙参的法定原植物来源种。在中国局部地区作南沙参药用的植物更多，达 20 多种，使用时应注意品种和质量问题。

贵州目前是中国沙参产量最大的省，已成功家种，其他各省主要依靠野生资源。

沙参富含多糖、甾体和三萜化合物，口感好，营养价值高，分布广泛，贵州当地将其腌制食用。可对沙参进行进一步开发，使其成为功能性的营养食品。

参考文献

[1] 屠鹏飞，徐国钧，徐珞珊，等. 沙参类的研究Ⅲ：多糖的含量测定 [J]. 中草药，1992，23(7)：355-356.

[2] DU S J, GARIBOLDI P, JOMMI G. Constituents of Shashen (*Adenophora axilliflora*) [J]. Planta Medica, 1986, 4: 317-320.

[3] 江佩芬，高增平. 南沙参化学成分的研究 [J]. 中国中药杂志，1990，15(8)：38-39.

[4] TU P F, XU G J, YANG X W, et al. A triterpene from the roots of *Adenophora stricta* subsp. *sessilifolia*[J]. Shoyakugaku Zasshi, 1990, 44(2): 98-100.

[5] UEYAMA Y, FURUKAWA K. Volatile components of shajin[J]. Nippon Nogei Kagaku Kaishi, 1987, 61(12): 1577-1582.

[6] 龚晓健，季晖，李萍，等. 沙参提取物镇咳祛痰及免疫增强作用研究 [J]. 中国现代应用药学杂志，2000，17(4)：258-260.

[7] 葛明珠，赵亚莉，任少林. 南沙参多糖对小鼠免疫器官辐射损伤的防护 [J]. 中草药，1996，27(11)：673-675.

[8] 唐富天，梁莉，李新芳. 南沙参多糖对大鼠的辐射防护作用 [J]. 中药药理与临床，2002，18(2)：15-17.

[9] 梁莉，李梅，李新芳. 南沙参多糖对亚慢性受照小鼠的抗突变作用研究 [J]. 中药药理与临床，2003，19(3)：10-11.

[10] 李春红，李泱，李新芳，等. 南沙参多糖抗衰老作用的实验研究 [J]. 中国药理学通报，2002，18(4)：452-455.

[11] 张春梅，李新芳. 南沙参多糖改善化学品诱导小鼠学习记忆障碍的研究 [J]. 中药药理与临床，2001，17(4)：19-21.

[12] 凌昌全，韩明权，高虹，等. 扶正类中药对氨基甲酸乙酯诱发肺腺癌的抑制作用 [J]. 中国中西医结合杂志，1992，12(3)：169.

[13] 李泱，邓宏珠，李春红，等. 南沙参多糖对肺癌小鼠氧自由基作用的实验研究 [J]. 中国中医药科技，2000，7(4)：233-234.

山楂 Shanzha [CP]

Crataegus pinnatifida Bge.
Chinese Hawthorn

概述

蔷薇科 (Rosaceae) 植物山楂 *Crataegus pinnatifida* Bge.，以干燥成熟果实入药。中药名：山楂。

山楂属 (*Crataegus*) 植物全世界约有 1000 多种，广泛分布于北半球，以北美种类最多。中国产约有 17 种 2 变种，本属现供药用者约有 8 种。本种主要分布于中国黑龙江、吉林、辽宁、内蒙古、河北、河南、山东、山西、陕西和江苏等地。

山楂为《新修本草》所载赤爪木的果实，《本草纲目》中明确赤爪木即为山楂，中国古本草有关山楂的记述系指该属多种植物。《中国药典》（2015 年版）收载本种为中药山楂的法定原植物来源种之一。主产中国河北、山东、辽宁、河南等省区。

山楂属植物主要含有机酸和黄酮类化合物。山楂中的黄酮类化合物是防治心血管疾病及降血脂的有效成分，而有机酸是消食化滞的主要有效成分。《中国药典》采用化学滴定法进行测定，规定山楂药材含有机酸以枸橼酸计不得少于 5.0%，以控制药材质量。

药理研究表明，山楂具有促进消化、降血脂、保护血管内皮细胞、保护心肌细胞、抗氧化、降血压及促进免疫等作用。

中医理论认为山楂具有消食健胃，行气散瘀，化浊降脂等功效。

◆ 山楂
Crataegus pinnatifida Bge.

◆ 药材山楂
Crataegi Fructus

化学成分

山楂的果实含黄酮类成分：3-*O*-*α*-*L*-吡喃鼠李糖 (1→6)-*β*-*D*-吡喃葡萄糖槲皮素(quercetin-3-*O*-*α*-*L*-rhamnopyranosyl(1→6)-*β*-*D*-glucopyranoside)、3-*O*-*β*-*D*-吡喃半乳糖槲皮素 (quercetin-3-*O*-*β*-*D*-galactopyranoside)、槲皮素 (quercetin)[1]、金丝桃苷 (hyperoside)；三萜类成分：熊果醇 (uvaol)、熊果酸 (ursolic acid)、3-oxoursolic acid[2]；有机酸类成分：咖啡酸 (caffeic acid)、原儿茶酸 (protocatechuic acid)、pholorglucinol、焦性没食子酸 (pyrogallol)[3]、绿原酸 (chloroenic acid)；此外还有表儿茶精 [(–)-epicatechin]、黄烷聚合物 (flavan polymers) 等。

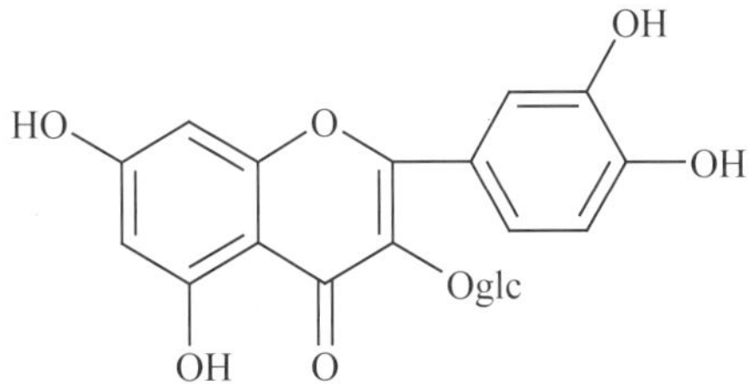

◆ hyperoside

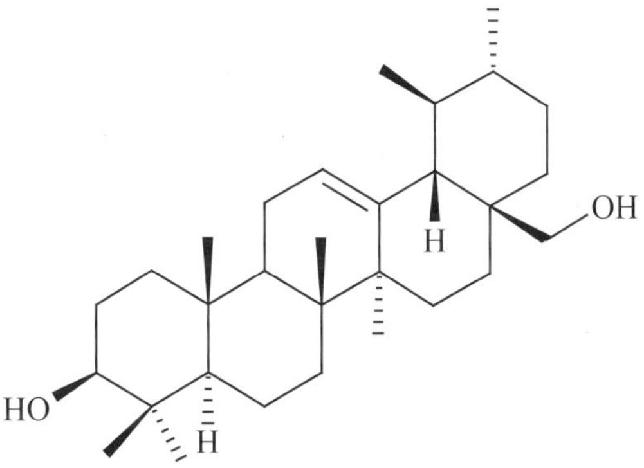

◆ uvaol

药理作用

1. 促进消化

山楂所含的脂肪酶能促进脂肪消化，并增加胃消化酶的分泌，促进消化，同时对胃肠功能具有一定的调节作用，可抑制活动亢进的兔十二指肠平滑肌，对松弛的大鼠胃平滑肌则有轻度增强收缩作用；山楂醇提取液及水溶液可明显抑制乙酰胆碱及钡离子引起兔、鼠离体胃肠平滑肌收缩，对大鼠松弛状态下的胃平滑肌则具有促收缩作用。

2. 对心血管系统的影响

(1) 对心脏的影响　山楂叶提取物灌胃给药能显著降低结扎冠脉大鼠的血清肌酸磷酸激酶活性和心肌梗死面积，具有明显的保护心肌作用[10]；山楂叶总黄酮对大鼠心肌缺血再灌注及乳鼠缺血缺氧损伤的心肌细胞有明显保护作用，这可能与清除自由基、抑制脂质过氧化反应有关，或与热休克蛋白70 (Hsp 70) 表达增强有关[4-6]；此外，山楂叶总黄酮对大鼠心肌缺血再灌注引起的心功能减弱有明显的保护作用，其机制可能与改善能量代谢障碍和抑制自由基生成或清除氧自由基作用有关[7]。山楂提取物能增强在体、离体蟾蜍心收缩力，山楂酸对疲劳衰弱的蟾蜍心脏停搏具恢复心跳作用，并能改善冠脉循环起强心作用；山楂浸膏及总黄酮苷给犬静脉注射，可增加冠脉血流量；给狗喂饲山楂（含原矢菊苷元低聚物）后，可增加其左心室血流量；给猫静脉注射原矢菊苷元低聚物，也呈剂量依赖性增加其心脏血流量。

(2) 血管内皮细胞保护作用　山楂总黄酮可以有效抑制氧化型低密度脂蛋白诱导的血管内皮细胞损伤[8]；山楂叶总黄酮能通过抗氧化途径对溶血磷脂酰胆碱与黄嘌呤和黄嘌呤氧化酶所致血管内皮细胞的氧化损伤起保护作用[9]。

(3) 降血压　山楂乙醇浸出物静脉给药可缓慢下降麻醉兔血压；山楂总黄酮静脉注射可使猫血压下降，其总提取物对兔、猫亦有明显的中枢降血压作用；山楂黄酮、三萜酸及水解物静脉注射、腹腔注射及十二指肠给药，对麻醉猫的血压均有不同程度的降血压作用。

(4) 降血脂　山楂及山楂黄酮能显著抑制喂高脂高胆固醇饲料的大鼠血清总胆固醇、低密度脂蛋白－胆固醇、载脂蛋白B浓度，并显著升高高密度脂蛋白－胆固醇和载脂蛋白AI浓度，但对三酰甘油影响不大；还能显著升高大鼠肝脏低密度脂蛋白受体mRNA水平、蛋白水平和数目[10]；从山楂中分离得到的金丝桃苷、熊果酸均显著降低小鼠血清总胆固醇，升高高密度脂蛋白与胆固醇的比值[11]；山楂黄酮和山楂汁能使高脂血症大鼠血清、肝脏的三酰甘油和肝脏胆固醇明显降低[12]；山楂水浸膏也能降低大鼠血清三酰甘油的含量[13]。

(5) 抗氧化　山楂及山楂黄酮能显著降低血清和肝脏丙二醛含量，增强红细胞和肝脏超氧化物歧化酶(SOD)的活性，同时增强全血谷胱甘肽过氧化物酶(GSH-Px)活性[10]；山楂水提取液具有体外清除氧自由基的作用，可使大鼠体内SOD活性增强，丙二醛含量降低[14]；山楂原花色素有明显的清除羟自由基和抗脂质过氧化作用[15]；山楂水煎液还可提高小鼠血清硫代乙酰胺、红细胞内SOD活性及红细胞膜Na^+, K^+-ATP酶的活性，并能降低脑组织Ca^{2+}和丙二醛的含量，增强机体抗氧化能力[16]；此外，山楂水提取液还能抑制低密度脂蛋白氧化[17]。

(6) 其他　山楂叶提取物体内或体外给药均可显著抑制家兔血小板聚集[18]。

3. 促进免疫

山楂煎剂和水提醇沉液对小鼠胸腺和脾重量、T淋巴细胞转化率及T淋巴细胞酸性α-醋酸萘酯酶细胞百分率均有明显增高作用，促进细胞免疫[19-20]。

4. 抗菌

山楂对痢疾志贺氏菌、金黄色葡萄球菌、乙型溶血性链球菌、大肠埃希氏菌、变形杆菌属、炭疽芽孢杆菌、白喉棒杆菌、伤寒沙门氏菌、铜绿假单胞菌等有抗菌作用；一般对革兰氏阳性菌作用强于革兰氏阴性菌。

5. 保护肝脏

口服山楂叶和桑叶两者的30%甲醇提取物对四氯化碳诱导肝损害小鼠具有保护作用[21]；体外试验显示山楂果实所含的黄酮类成分能减少类脂多糖诱导的巨噬细胞RAW264.7中前列腺素E_2 (PGE_2)和NO的释放，体内试验显示还能降低血清中丙氨酸转氨酶和天冬氨酸转氨酶水平，减少肝损害，同时也减少类脂多糖诱导的肝脏iNOS和COX-2的表达[22]。

6. 其他

山楂还具有防癌、细胞毒[2]、抑制精子畸变[23]等作用。

应用

本品为中医临床用药。功能：消食健胃，行气散瘀，化浊降脂。主治：食积滞，胃脘胀满，泻痢腹痛，瘀血经闭，产后瘀阻，心腹刺痛，胸痹心痛，疝气疼痛，高脂血症。

现代临床还用于消化不良、高脂血症、冠心病、高血压、克山病、急性肠炎、细菌性痢疾、肾盂肾炎、乳糜尿、冻疮、痛经、闭经、疝气等病的治疗。

评注

山楂是中国卫生部规定的药食同源品种之一。《中国药典》除山楂外，还收载山里红 *Crataegus pinnatifida* Bge. var. *major* N. E. Br. 作为中药山楂的原植物来源种。山里红资源丰富，有机酸含量高，可鲜食或加工成各种食品、饮料及果酒等，在天然食品或饮品中也具有很好的开发价值。

临床使用和开发主要集中在山楂果实部位。据报道，山楂核、叶部位也含有不同量的黄酮成分[24]，且用山楂叶、花提取物治疗充血性心力衰竭安全有效[25]。《中国药典》也收载了山楂叶，应加强山楂资源的综合利用研究。

现代药理研究显示山楂在心血管方面具有很好的活性。德国山楂制剂用于增强心肌收缩力，增加冠脉流量，已载入《德国药典》。

参考文献

[1] HONG S S, HWANG J S, LEE S A, et al. Inhibitors of monoamine oxidase activity from the fruits of *Crataegus pinnatifida* Bunge[J]. Saengyak Hakhoechi, 2002, 33(4): 285-290.

[2] MIN B S, KIM Y H, LEE S M, et al. Cytotoxic triterpenes from *Crataegus pinnatifida*[J]. Archives of Pharmacal Research, 2000, 23(2): 155-158.

[3] KIM J S, LEE G D, KWON J H, et al. Identification of phenolic antioxidative components in *Crataegus pinnatifida* Bunge[J]. Han'guk Nonghwa Hakhoechi, 1993, 36(3): 154-157.

[4] 林秋实，陈吉棣．山楂及山楂黄酮预防大鼠脂质代谢紊乱的分子机制研究 [J]. 营养学报，2000，22(2)：131-136.

[5] 李贵海，孙敬勇，张希林，等．山楂降血脂有效成分的实验研究 [J]. 中草药，2002，33(1)：50-52.

[6] 高莹，肖颖．山楂及山楂黄酮提取物调节大鼠血脂的效果研究 [J]. 中国食品卫生杂志，2002，14(3)：14-16.

[7] 李廷利，刘中申，梁德年．山里红水浸膏对 SHR 大鼠实验性高脂血症治疗作用的研究 [J]. 中医药学报，1989，(2)：45-47.

[8] 常翠青，陈吉棣．山楂总黄酮对人血管内皮细胞的作用 [J]. 中国公共卫生，2002，18(4)：390-392.

[9] 叶希韵，王耀发．山楂叶总黄酮对血管内皮细胞氧化损伤的保护作用 [J]. 中国现代应用药学杂志，2002，19(4)：265-268.

[10] 杨利平，王春霖，王永利，等．山楂叶提取物对家兔血小板聚集和大鼠实验性心肌缺血的影响 [J]. 中草药，1993，24(9)：482-483.

[11] 闵清，白育庭，舒思洁，等．山楂叶总黄酮对大鼠心肌缺血再灌注损伤的保护作用 [J]. 中药药理与临床，2005，21(2)：19-21.

[12] 叶希韵，张隆，张静，等．山楂叶总黄酮对乳鼠心肌细胞缺血缺氧损伤的实验研究 [J]. 中国现代应用药学杂志，2005，22(3)：202-204.

[13] 闫波．山楂总黄酮 TFC 对心肌缺血大鼠热休克蛋白 70 表达的影响 [J]. 中华中西医学杂志，2005，3(7)：7-9.

[14] 闵清，白育庭，吴基良，等．山楂叶总黄酮对心肌缺血再灌注损伤大鼠心功能的影响 [J]. 中国药学杂志，2005，40(7)：515-517.

[15] 王文．山楂提取液对大鼠血清 SOD、MDA 的影响 [J]. 赣南医学院学报，2003，23(4)：136-138.

[16] 王继峰，王石泉，汤国枝，等．山楂原花色素的抗氧化作用研究 [J]. 天然产物研究与开发，2001，13(2)：46-49.

[17] 王建光，杨新宇，叶辉，等．山楂对 *D*- 半乳糖致衰小鼠抗氧化系统及钙稳态影响的实验研究 [J]. 中国老年学杂志，2003，(23)：609-610.

[18] CHU C Y, LEE M J, LIAO C L, et al. Inhibitory effect of hot-water extract from dried fruit of *Crataegus pinnatifida* on low-density lipoprotein (LDL) oxidation in cell and cell-free systems[J]. Journal of Agricultural and Food Chemistry, 2003, 51(26): 7583-7588.

[19] 常江，金治萃，高光，等．山楂煎剂对小鼠细胞免疫的影响 [J]. 包头医学院学报，1996，12(4)：10-11.

[20] 金治萃，高光，常江，等．山楂注射液对小鼠免疫功能的影响 [J]. 包头医学院学报，1997，13(1)：6-7.

[21] KIM H J, KIM J K, WHANG W K, et al. Effects of Mori folium and *crataegus pinnatifida* leave extracts on CCl_4-induced hepatotoxicity in rats[J]. Yakhak Hoechi, 2003, 47(4): 206-211.

[22] KAO E S, WANG C J, LIN W L, et al. Anti-inflammatory potential of flavonoid contents from dried fruit of *Crataegus pinnatifida in vitro* and *in vivo*[J]. Journal of Agricultural and Food Chemistry, 2005, 53(2): 430-436.

[23] 崔太昌，刘秀卿，徐厚铨，等．山楂提取物对环磷酰胺致小鼠精子畸变的抑制作用 [J]. 中国公共卫生，2002，18(3)：266-267.

[24] 陈坚，陈代鸿．山楂果肉、核、叶中总黄酮的含量测定与比较 [J]. 基层中药杂志，1999，13(4)：8-9.

[25] ZAPFE J G. Clinical efficacy of crataegus extracts WS 1442 in congestive heart failure NYHA class Ⅱ[J]. Phytomedicine, 2001, 8(4): 262-266.

山茱萸 Shanzhuyu CP, JP, VP

Cornus officinalis Sieb. et Zucc.
Asiatic Cornelian Cherry

概述

山茱萸科 (Cornaceae) 植物山茱萸 *Cornus officinalis* Sieb. et Zucc.，其干燥成熟果肉入药。中药名：山茱萸。

山茱萸属 (*Cornus*) 植物全世界有 4 种，主要分布于欧洲中部和南部、亚洲东部及北美东部。中国有 2 种，均可作药用。本种分布于中国山西、陕西、甘肃、山东、江苏、浙江、安徽、江西、河南、湖南等地；朝鲜半岛和日本也有分布。

“山茱萸”药用之名，始载于《神农本草经》。《中国药典》（2015 年版）收载本种为中药山茱萸的法定原植物来源种。主产于中国浙江、河南、安徽、陕西、山西及四川。

山茱萸的主要化学成分为环烯醚萜苷类和可水解鞣质类成分。《中国药典》采用高效液相色谱法进行测定，规定山茱萸药材含马钱苷不得低于 0.60%，以控制药材质量。

药理研究表明，山茱萸具有调节免疫、强心、抗休克、抑制血小板聚集、抗血栓形成及抗炎等作用。

中医理论认为山茱萸具有补益肝肾，收涩固脱等功效。

◆ 山茱萸
Cornus officinalis Sieb. et Zucc.

◆ 药材山茱萸
Corni Fructus

化学成分

山茱萸的果肉中含有环烯醚萜类成分：马钱苷 (loganin)、莫诺苷 (morroniside)、7-*O*-甲基莫诺苷 (7-*O*-methyl morroniside)、7-*O*-乙基莫诺苷 (7-*O*-ethyl morroniside)、7-脱氢马钱素 (7-dehydrologanin)、脱水莫诺苷元 (dehydromorroniaglycone)[1-2]、山茱萸苷 (cornin)、山茱萸新苷 (cornuside)、獐牙菜苷 (sweroside)、山茱萸裂苷 (cornuside)。含三萜类化合物：熊果酸 (ursolic acid)、齐墩果酸 (oleanolic acid)[1]；还含鞣质类成分：异诃子素 (isoterchebin)，山茱萸鞣质 Ⅰ、Ⅱ (tellimagrandins Ⅰ, Ⅱ)，2,3-二-*O*-没食子酰基-*D*-葡萄糖 (2,3-di-*O*-galloyl-*D*-glucose)、1,2,3-三-*O*-没食子酰基-*β*-*D*-葡萄糖 (1,2,3-tri-*O*-galloyl-*β*-*D*-glucose)、1,2,3,6-四-*O*-没食子酰基-*β*-*D*-葡萄糖 (1,2,3,6-tetra-*O*-galloyl-*β*-*D*-glucose)、路边青鞣质D (gemin D)，喜树鞣质A、B (camptothins A, B)[3]，梾木鞣质A、B、C、D、E、F、G (cornusiins A～G)[3-4]，1-*O*-没食子酰基-4,6-*O*-六羟基苯二甲酰-*β*-*D*-葡萄糖 (1-*O*-galloyl-4,6-HHDP-*β*-*D*-glucose)、1,2,3,4,5-五-*O*-没食子酰基-*β*-*D*-葡萄糖 (1,2,3,4,5-penta-*O*-galloyl-*β*-*D*-glucose)[1]；尚含有机酸类成分：酒石酸 (tartaric acid)、苹果酸 (malic acid)、柠檬酸 (citric acid)、琥珀酸 (amber acid)、没食子酸 (galic acid)[5]；其他还含山茱萸多糖[6]、dimethyltetrahydrofuran *cis*-2,5- dicarboxylate[7]等化学成分。

COOCH$_3$ H HO H O-glc O

◆ loganin

COOCH$_3$ O H H Oglc O

◆ cornin

药理作用

1. 强心、抗休克

给猫静脉滴注山茱萸注射剂（水提醇沉液），能增强心肌收缩，扩张外周血管，升高血压；给失血性休克兔静脉滴注可迅速回升血压，增加心搏振幅，亦可使失血性大鼠延长血压下降和生存时间[8]。

2. 调节免疫

山茱萸水煎剂腹腔给药使小鼠胸腺明显萎缩，减慢网状内皮细胞对碳粒的廓清率，可抑制绵羊红细胞或2,4-二硝基氯苯 (DNCB) 所致小鼠迟发型超敏反应，减轻 DNCB 所致接触性皮炎，但它也能升高小鼠血清溶血素抗体含量及血清抗免疫球蛋白 G (IgG) 含量，显示出免疫调节作用 [9]。深入研究表明，熊果酸在体外能快速有效地杀死培养细胞，使培养的淋巴细胞几乎完全失去淋转、白介素 2 (IL-2) 生成和淋巴因子激活的杀伤细胞 (LAK) 产生的能力，但小鼠腹腔注射熊果酸时，上述三种免疫指标却明显提高；山茱萸总苷在体外能明显抑制小鼠淋巴细胞转化和 LAK 细胞生成；体内服用可抑制 IL-2 的产生，有免疫抑制作用。马钱子苷对免疫反应有双向调节作用，能促进 IL-2 的产生 [10]。

3. 抑制血小板聚集及抗血栓形成

山茱萸注射剂体外给药，对二磷酸腺苷 (ADP)、胶原或花生四烯酸 (arachidonic acid) 诱导的兔血小板聚集有明显抑制作用；注射剂还能抑制大鼠颈总动脉－颈外静脉侧支循环的血栓形成 [9]。

4. 抗心律失常

山茱萸水提醇沉液能明显延长乌头碱诱发大鼠心律失常的潜伏期，降低氯化钙所致大鼠室颤的发生率和死亡率，明显提高乌头碱诱发大鼠离体左室乳头肌节律失常的阈剂量，且能明显逆转由乌头碱和氯化钙诱发的大鼠左室乳头肌收缩节律失常 [11]。

5. 降血糖

山茱萸煎剂能降低四氧嘧啶糖尿病大鼠的血糖水平，且能增加肝糖原含量 [12]。山茱萸的环烯醚萜类成分能降低链脲佐菌素糖尿病大鼠血糖水平，对糖尿病导致的心脏和肾病变还有保护作用 [13-14]。

6. 抗炎

山茱萸水煎剂对醋酸引起的小鼠腹腔毛细血管通透性增高、大鼠棉球肉芽组织增生、二甲苯所致的小鼠耳郭肿胀以及蛋清引起的大鼠足趾肿胀等炎症有抑制作用，还能降低大鼠肾上腺内抗坏血酸的含量 [15]。体内实验证明，山茱萸总苷有良好的抗炎作用 [16]。山茱萸总苷能抑制角叉菜胶所致的大、小鼠足趾肿胀，对弗氏完全佐剂诱导的大鼠关节炎也有显著抑制作用 [16]。

7. 抗菌

体外实验证明，山茱萸煎剂对金黄色葡萄球菌、痢疾志贺氏菌及堇色毛癣菌等真菌有抑制作用；山茱萸鲜果肉对伤寒沙门氏菌和痢疾志贺氏菌有抑制作用 [10]。

8. 其他

山茱萸多糖有抗氧化活性 [17]；山茱萸还有保肝、抗肿瘤和抗人类免疫缺陷病毒 (HIV) 等作用 [9]。

应用

本品为中医临床用药。功能：补益肝肾，收涩固脱。主治：眩晕耳鸣，腰膝酸痛，阳痿遗精，遗尿尿频，崩漏带下，大汗虚脱，内热消渴。

现代临床还可用于化疗、放疗后白细胞减少症，以及失血性休克、糖尿病、慢性肝炎、复发性口腔溃疡等病的治疗。

评注

毒理学实验研究表明，山茱萸属于实际无毒物质，对动物体无遗传毒性及蓄积毒性，具有食用安全性，可药食两用[18]。山茱萸具有很高的营养价值，保健品或食品的开发具有广阔的前景。

山茱萸的药用部位为果肉，目前产地加工后的果核部分均弃之不用。研究发现山茱萸核有抗菌和抗氧化作用，其综合利用研究，值得深入探讨[19-20]。目前，河南西峡和南阳、浙江临安、陕西佛坪均已建立了山茱萸的规范化种植基地。

参考文献

[1] 杨晋，陈随清，冀春茹，等.山茱萸化学成分的分离鉴定[J].中草药，2005，36(12)：1780-1782.

[2] 徐丽珍，李慧颖，田磊，等.山茱萸化学成分的研究[J].中草药，1995，26(2)：62-65.

[3] HATANO T, OGAWA N, KIRA R, et al. Tannins of cornaceous plants. Ⅰ. Cornusiins A, B and C, dimeric monomeric and trimeric hydrolyzable tannins from *Cornus officinalis*, and orientation of valoneoyl group in related tannins[J]. Chemical & Pharmaceutical Bulletin, 1989, 37(8): 2083-2090.

[4] HATANO T, YASUHARA T, ABE R, et al. Tannins of cornaceous plants plants. Part 3. A galloylated monoterpene glucoside and a dimeric hydrolyzable tannin from *Cornus officinalis*[J]. Phytochemistry, 1990, 29(9): 2975-2978.

[5] 周兆祥，杨更生.山茱萸果实中有机酸、糖、维生素和微量元素的研究[J].林产化学与工业，1989，9(2)：57-65.

[6] 杨云，刘翠平，王浴铭，等.山茱萸多糖的化学研究[J].中国中药杂志，1999，24(10)：614-616.

[7] KIM D K, KWAK J H. A furan derivative from *Cornus officinalis*[J]. Archives of Pharmacal Research, 1998, 21(6): 787-789.

[8] 刘洪，许惠琴.山茱萸及其主要成分的药理学研究进展[J].南京中医药大学学报，2003，19(4)：254-256.

[9] 戴岳，杭秉茜，黄朝林，等.山茱萸对小鼠免疫系统的影响[J].中国药科大学学报，1990，21(4)：226-228.

[10] 赵武述，张玉琴，李洁，等.山茱萸成分的免疫活性研究[J].中草药，1990，21(3)：17-20.

[11] 闫润红，任晋斌，刘必旺，等.山茱萸抗心律失常作用的实验研究[J].山西中医，2001，17(5)：52-54.

[12] 舒思洁，庞鸿志，明章银，等.山茱萸抗糖尿病作用的实验研究[J].咸宁医学院学报，1997，11(4)：148-150.

[13] 时艳，许惠琴.山茱萸环烯醚萜总苷对实验性糖尿病心脏病变的保护作用[J].南京中医药大学学报，2006，22(1)：35-37.

[14] XU H Q, HAO H P. Effects of iridoid total glycoside from *Cornus officinalis* on prevention of glomerular overexpression of transforming growth factor beta 1 and matrixes in an experimental diabetes model[J]. Biological & Pharmaceutical Bulletin, 2004, 27(7): 1014-1018.

[15] 戴岳，杭秉茜，黄朝林.山茱萸对炎症反应的抑制作用[J].中国中药杂志，1992，17(5)：307-309.

[16] 赵世萍，陈玉武，郭景珍，等.山茱萸总甙的抗炎免疫抑制作用[J].中日友好医院学报，1996，10(4)：294-298.

[17] 李平，王艳辉，马润宇.山茱萸多糖PFCA Ⅲ的理化性质及生物活性研究[J].中国药学杂志，2003，38(8)：583-586.

[18] 张兰桐，袁志芳，杜英峰，等.山茱萸的研究近况及开发前景[J].中草药，2004，35(8)：952-955.

[19] 尚遂存，关宏良，李向书，等.山茱萸肉核抑菌作用的对照试验[J].河南中医药学刊，1994，9(6)：21-22.

[20] 尚遂存，刘亚竟，肖学风，等.山茱萸果核提取物抗氧作用的研究[J].林产化学与工业，1990，10(4)：217-221.

珊瑚菜 Shanhucai CP, JP

Glehnia littoralis Fr. Schmidt ex Miq.
Coastal Glehnia

概述

伞形科 (Apiaceae) 植物珊瑚菜 *Glehnia littoralis* Fr. Schmidt ex Miq.，其干燥根入药。中药名：北沙参。

珊瑚菜属 (*Glehnia*) 植物全世界约有 2 种，分布于亚洲东部及北美洲太平洋沿岸。中国仅有 1 种，且供药用。本种分布于中国辽宁、河北、山东、江苏、浙江、福建、台湾、广东等省。俄罗斯、日本、朝鲜半岛也有分布。

“沙参”药用之名，始载于《神农本草经》。明代以前的本草对“沙参”无南、北之分。“北沙参”之名始见《本草汇言》，至清代《本经逢原》才有南、北两种沙参之分。《中国药典》（2015 年版）收载本种为中药北沙参的法定原植物来原种。商品主要为栽培品，主产于中国山东、福建、河北、江苏、广东及辽宁。其中以山东莱阳产者最为著名。

珊瑚菜主要含多种香豆素类及多炔类成分等。《中国药典》以性状、显微和薄层色谱鉴别来控制北沙参药材的质量。

近代药理研究表明，珊瑚菜具有镇咳祛痰、免疫调节、解热、镇痛等作用。

中医理论认为北沙参具有养阴清肺，益胃生津等功效。

◆ 珊瑚菜
Glehnia littoralis Fr. Schmidt ex Miq.

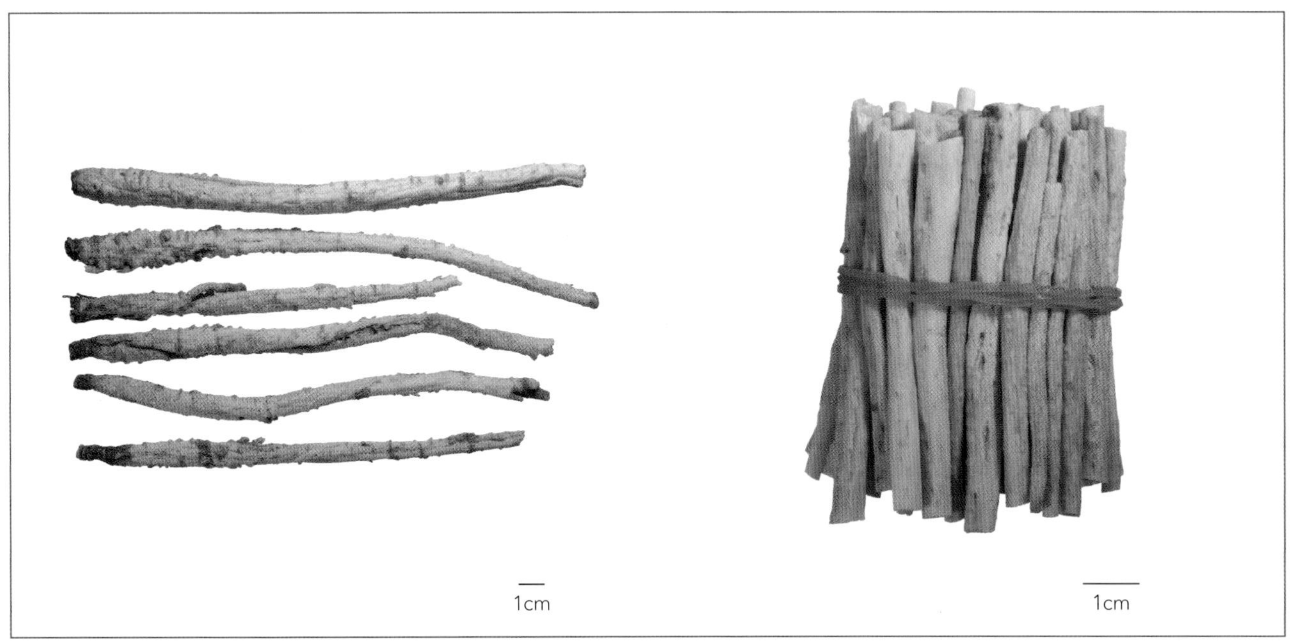

◆ 药材北沙参
Glehniae Radix

化学成分

珊瑚菜的根含香豆素及其苷类成分：补骨脂素 (psoralen)、佛手柑内酯 (bergapten)、花椒毒素 (xanthotoxin)、欧前胡素 (imperatorin)、异欧前胡素(isoimperatorin)、花椒毒酚 (xanthotoxol)、印度榅桲素 (marmesin)、东莨菪素(scopoletin)、欧芹酚-7-*O*-*β*-龙胆二糖苷 (ostheol-7–*O*-*β*-gentiobioside)及前胡素苷、欧前胡素苷[1-2]等；多炔类成分：(9*Z*)-1,9-heptadecadiene-4,6-diyne-3,8,11-triol、(10*E*)-1,10-heptadecadiene-4,6-diyne-3,8,9-triol、法卡林二醇 (falcalindiol)、(8*E*)-1,8-heptadecadiene-4,6-diyne-3,10-diol[3-4]等；木脂素苷成分：glehlinosides A、B、C[5]等。

根及地上部分含挥发油，其主要成分为*α*-蒎烯 (*α*-pinene)、*β*-水芹烯 (*β*-phellandrene)[6]等。

从其果实中得到多种单萜或芳香族化合物的*β*-*D*-吡喃葡萄糖苷[7]。

◆ glehlinoside A: R=H　　◆ glehlinoside B: R=OCH_3

珊瑚菜 Shanhucai

药理作用

1. 镇咳祛痰

珊瑚菜乙醇提取物灌胃能显著减少氨水所致小鼠的咳嗽次数，延长其咳嗽潜伏期；增加小鼠呼吸道酚红排出量[8]。

2. 免疫调节功能

珊瑚菜 100% 水煎剂、5% 醇沉液及 20% 多糖灌胃对小鼠巨噬细胞 (Mφ) 吞噬功能、血清溶菌酶水平、迟发超敏反应 (DTH) 有非常显著的促进作用。醇沉液及多糖对 B、T 细胞增殖呈显著抑制作用，而水煎剂对 B 细胞增殖呈显著促进作用[9]。

3. 抗突变

珊瑚菜的水、乙醇浸出液体外能抑制三种阳性诱变剂 (2-AF、2,7-AF、NaN_3) 诱导的鼠伤寒沙门氏菌组氨酸缺陷型突变株 TA_{98}、TA_{100} 回复突变，且呈剂量依赖关系[10]。

4. 解热、镇静、镇痛

珊瑚菜乙醇提取物可使伤寒疫苗所致发热家兔的体温下降；应用家兔牙髓电刺激法证明其有镇痛作用。珊瑚菜根甲醇提取物口服能延长催眠剂量戊巴比妥钠小鼠的睡眠时间，乙酸乙酯提取物有镇痛作用[11]。

5. 其他

珊瑚菜果实甲醇提取物能抑制肿瘤细胞 MK-1、HeLa 和 B16F10 的增殖[12]；珊瑚菜根水提取物能强烈抑制红细胞溶血，有机溶剂提取物对脂质过氧化反应有显著抑制作用[13]。

应用

本品为中医临床用药。功能：养阴清肺，益胃生津。主治：肺热燥咳，劳嗽痰血，胃阴不足，热病津伤，咽干口渴。

现代临床还用于急、慢性支气管炎和肺结核等病的治疗。

评注

药用植物图像数据库

珊瑚菜主要为栽培，野生极少。据考证中国古时的南沙参和北沙参均为桔梗科沙参属植物，把珊瑚菜的根作为北沙参，始于清代。珊瑚菜在日本汉字译名为“滨防风”，历史上曾一度作防风使用；因功效不同，现已与防风分列条目。

北沙参具有较好的滋阴功效，其物质基础、作用机制及相关药理作用有待于进一步深入研究。

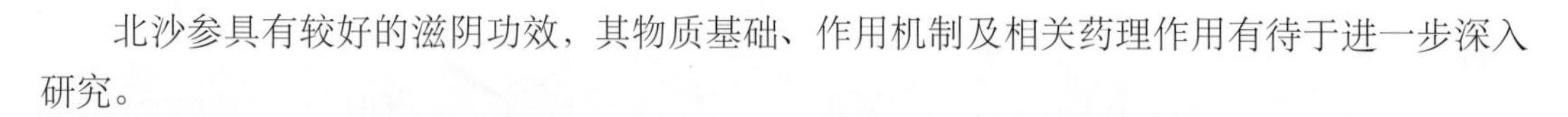

参考文献

[1] SASAKI H, TAGUCHI H, ENDO T, et al. The constituents of *Glehnia littoralis* Fr. Schmidt et Miq. Structure of a new coumarin glycoside, osthenol-7-*O*-β-gentiobioside[J]. Chemical & Pharmaceutical Bulletin, 1980, 28(6): 1847-1852.

[2] KITAJIMA J, OKAMURA C, ISHIKAWA T, et al. Coumarin glycosides of *Glehnia littoralis* root and rhizoma[J]. Chemical & Pharmaceutical Bulletin, 1998, 46(9): 1404-1407.

[3] MATSUURA H, SAXENA G, FARMER S W, et al. Antibacterial and antifungal polyyne compounds from

Glehnia littoralis[J]. Planta Medica, 1996, 62(3): 256-259.

[4] 原忠，赵梦飞，陈发奎，等．北沙参化学成分的研究 [J]. 中草药，2002，33(12)：1063-1065.

[5] YUAN Z, TEZUKA Y, FAN W Z, et al. Constituents of the underground parts of *Glehnia littoralis*[J]. Chemical & Pharmaceutical Bulletin, 2002, 50(1): 73-77.

[6] MIYAZAWA M, KUROSE K, ITOH A, et al. Components of the essential oil from *Glehnia littoralis*[J]. Flavour and Fragrance Journal, 2001, 16(3): 215-218.

[7] ISHIKAWA T, SEGA Y, KITAJIMA J. Water-soluble constituents of *Glehnia littoralis* fruit[J]. Chemical & Pharmaceutical Bulletin, 2001, 49(5): 584-588.

[8] 屠鹏飞，张红彬，徐国钧，等．中药沙参类研究Ⅴ：镇咳祛痰药理作用比较 [J]. 中草药，1995，26(1)：22-23.

[9] 谭允育，康娟娟，王娟娟．沙参对正常小鼠免疫功能影响的实验研究 [J]. 北京中医药大学学报，1999，22(6)：39-41.

[10] 王中民，张永祥，史美育，等．北沙参抗突变试验研究 [J]. 上海中医药杂志，1993，(5)：47-48.

[11] OKUYAMA E, HASEGAWA T, MATSUSHITA T, et al. Analgesic components of Glehnia root (*Glehnia littoralis*) [J]. Natural Medicines, 1998, 52(6): 491-501.

[12] NAKANO Y, MATSUNAGA H, SAITA T, et al. Antiproliferative constituents in Umbelliferae plants. Ⅱ. Screening for polyacetylenes in some Umbelliferae plants, and isolation of panaxynol and falcarindiol from the root of *Heracleum moellendorffii*[J]. Biological & Pharmaceutical Bulletin, 1998, 21(3): 257-261.

[13] NG T B, LIU F, WANG H X. The antioxidant effects of aqueous and organic extracts of *Panax quinquefolium*, *Panax notoginseng*, *Codonopsis pilosula*, *Pseudostellaria heterophylla* and *Glehnia littoralis*[J]. Journal of Ethnopharmacology, 2004, 93(2-3): 285-288.

◆ 珊瑚菜种植基地

商陆 Shanglu CP

Phytolacca acinosa Roxb.
Indian Pokeberry

概述

商陆科 (Phytolaccaceae) 植物商陆 *Phytolacca acinosa* Roxb.，其干燥根入药。中药名：商陆。

商陆属 (*Phytolacca*) 植物全世界约有 35 种，分布于热带及温带地区，绝大部分产于南美洲，少数产自非洲和亚洲。中国产有 4 种，均可供药用。本种分布于中国各省区，东北和西北有栽培；朝鲜半岛、日本、印度亦产。

"商陆"药用之名，始载于《神农本草经》，列为下品。历代本草多有著录，古今药用品种一致。《中国药典》（2015 年版）收载本种是中药商陆的法定原植物主要来源种之一。主产于中国黄河以南各省区，西藏和东北南部及陕西、河南等地有栽培。

商陆主要含三萜及三萜皂苷类成分。属于三萜皂苷类成分的商陆皂苷是商陆的特征性成分。《中国药典》采用高效液相色谱法进行测定，规定商陆药材含商陆皂苷甲不得少于 0.15%，以控制药材质量。

药理研究表明，商陆具有增强免疫功能、抗炎、抗病毒、抗肿瘤、祛痰、镇咳、平喘、利尿等作用。

中医理论认为商陆具有逐水消肿，通利二便，解毒散结等功效。

◆ 商陆
Phytolacca acinosa Roxb.

◆ 药材商陆
Phytolaccae Radix

◆ 垂序商陆
P. americana L.

◆ esculentoside A

化学成分

商陆根主要含三萜及三萜皂苷类成分：商陆苷A、B、C、D (esculentosides A ～ D)[1]，商陆苷E（即美商陆苷G，phytolaccoside G），商陆苷F、G、H、I、J、K、L、M、N、O、P、Q (esculentosides F ～ Q)[2-9]，美商陆苷E (phytolaccoside E)、商陆酸 (esculentic acid)、美商陆酸 (phytolaccagenic acid)、2-羟基商陆酸 (jaligonic acid)、美商陆皂苷元 (phytolaccagenin)[10-11]、商陆苷元 (esculentagenin)[7] 和 2,23,29-三羟基齐墩果酸 (esculentagenic acid)[6] 等；毒性成分：商陆毒素 (phytolaccatoxin)[12-13]。此外，还含有商陆多糖 I~II(PEP Ⅰ,Ⅱ)[14-15]。

新近从商陆的浆果中还得到3个新的三萜类成分：acinospesigenins A、B、C[16]。

药理作用

1. 免疫调节功能

商陆多糖体外能显著增强刀豆素A (ConA) 诱导的小鼠脾淋巴细胞增殖及DNA多聚酶a的活性[14-15]；商陆苷A体外对小鼠胸腺细胞自发出现的细胞凋亡无影响，但是能显著促进刀豆素A活化的胸腺细胞的凋亡；能明显抑制脂多糖诱导兔滑膜细胞产生肿瘤坏死因子 (TNF) 和白介素1 (IL-1)[17-18]。腹腔注射商陆苷A能剂量依赖性地降低自身免疫模型小鼠异常增高的淋巴细胞增殖水平，并能明显缓解自身免疫模型小鼠的肾脏炎症[19]。

2. 抗炎

商陆苷A腹腔注射可明显抑制乙酸引起的小鼠腹腔毛细血管通透性增高，对二甲苯所致小鼠耳郭肿胀和角叉菜胶所致大鼠足趾肿胀亦有显著抑制作用[20]；商陆苷A腹腔注射可显著减少肾炎大鼠尿蛋白的产生，抑制血清中的TNF、IL-1和白介素6 (IL-6) 的产生[21]。商陆苷A体外呈剂量依赖性地显著抑制银屑病患者外周单个核细胞 (PBMC) 释放肿瘤坏死因子 α (TNF-α) 等炎症递质[22]。

3. 抗肿瘤

腹腔注射商陆多糖能显著抑制小鼠肉瘤 S_{180}（腹水型）生长[23]；增强小鼠腹腔巨噬细胞对小鼠肉瘤细胞 S_{180} 和小鼠成纤维细胞L929的免疫细胞毒作用，使脂多糖辅助下释放的肿瘤坏死因子和白介素-1平行增加[24]。

4. 抗病毒

体外试验表明，从商陆种子中分离得到的抗病毒蛋白 (PAP) 能剂量依赖性地显著抑制丙型肝炎病毒 (HCV) 感染细胞模型内的HCV复制[25]。

5. 其他

商陆总皂苷可终止人精液中精子的活动，对兔精子有致死作用[26]；商陆皂苷对大鼠幽门结扎型、醋酸型及小鼠利血平型胃溃疡有一定抑制作用[27]。商陆生物碱部分灌服，对氨雾引起的小鼠咳嗽有明显镇咳作用；氯仿提取物和皂苷灌胃对小鼠有祛痰作用，对组胺喷雾所致豚鼠哮喘有平喘作用。

应用

本品为中医临床用药。功能：逐水消肿，通利二便，解毒散结。主治：水肿胀满，二便不通；外治痈肿疮毒。

现代临床还用于慢性支气管炎、尿路感染、咯血、消化道出血、银屑病、血小板减少性紫癜、过敏性紫癜和精神分裂症[28-31]等病的治疗。

评注

同属植物垂序商陆 *Phytolacca americana* L. 也为《中国药典》收载的中药商陆的法定药用来源。

垂序商陆与商陆的药理作用基本相似，化学成分大致相同，另含3-氧代-30-甲氧基羰基-23-去甲齐墩果-12-烯-28-酸 (3-oxo-30-carbomethoxy-23-norolean-12-en-28-oic acid)[32]等。从垂序商陆种子中提取的木脂素类成分 americanin 可显著抑制肉芽肿形成及水肿和关节炎产生；从垂序商陆种子中分离得到的抗病毒蛋白 (PAP-S) 体外能剂量依赖性地显著抑制乙型肝炎病毒 (HBV) 的复制，在合适的浓度，PAP-S既有较高的抑制HBV作用，又有较低的细胞毒性；垂序商陆水煎剂灌胃对CCl_4所致小鼠急性肝损伤有明显保护作用，用总皂苷喂养雄性果蝇，可延长其平均寿命；垂序商陆根氯仿提取物中分得的植物甾醇类物质 (α-spinasterol) 能显著抑制链脲霉素 (streptozotocin) 诱导的糖尿病小鼠的血清三酰甘油升高和尿蛋白分泌增加，对糖尿病性肾病可能有治疗作用[33-36]。

商陆为峻下逐水药，其水浸剂、煎剂、酊剂予小鼠灌胃 LD_{50} 分别为 26 g/kg、28 g/kg、47 g/kg；腹腔注射 LD_{50} 分别为 1.0 g/kg、1.3 g/kg、5.3 g/kg。临床用药用量上应予注意。

参考文献

[1] 易杨华，王著禄．商陆有效成分的研究 I：三萜皂苷的分离与鉴定 [J]. 中草药，1984，15(2)：55-59.

[2] 王著禄，易杨华．中药商陆有效成分的研究 II：商陆皂苷戊、已的分离与鉴定 [J]. 药学学报，1984，19(11)：825-829.

[3] YI Y H, WANG C L. A new active saponin from *Phytolacca esculenta*[J]. Planta Medica, 1989, 55(6): 551-552.

[4] YI Y H. Esculentoside L and K: two new saponins from *Phytolacca esculenta*[J]. Planta Medica, 1990, 56(3): 301-303.

[5] 易杨华，黄翔．商陆中三种新皂苷的分离与鉴定 [J]. 药学学报，1990，25(10)：745-749.

[6] YI Y H, DAI F B. A new triterpenoid and its glycoside from *Phytolacca esculenta*[J]. Planta Medica, 1991, 57(2): 162-164.

[7] YI Y H. A triterpenoid and its saponin from *Phytolacca esculenta*[J]. Phytochemistry, 1991, 30(12): 4179-4181.

[8] YI Y H. Two new saponins from the roots of *Phytolacca esculenta*[J]. Planta Medica, 1992, 58(1): 99-101.

[9] YI Y H. A triterpenoid saponin from *Phytolacca esculenta*[J]. Phytochemistry, 1992, 31(7): 2552-2554.

[10] WOO W S, CHI H J, KANG S S. Constituents of *Phytolacca* species. Ⅱ. Comparative examination on constituents of the roots of *Phytolacca americana*, *P. esculenta* and *P. insularis*[J]. Soul Taehakkyo Saengyak Yonguso Opjukjip, 1976, 15: 107-110.

[11] 杜志德．商陆皂苷元的分离及鉴别 [J]. 中草药，1984，15(2)：550.

[12] STOUT G H, MALOFSKY B M, STOUT V F. Phytolaccagenin: a light-atom X-ray proof using chemical information[J]. Journal of the American Chemical Society, 1964, 86(5): 957-958.

[13] 查文清，王孝涛，原思通．直序商陆炮制品毒性成分测定 [J]. 安徽中医学院学报，2000，19(4)：56-58.

[14] 王洪斌，郑钦岳，鞠佃文，等．商陆多糖 II 对小鼠脾细胞增殖及产生集落刺激因子的影响 [J]. 药学学报，1993，28(7)：490-493.

[15] 王洪斌，王劲，郑钦岳，等．商陆多糖 I 对小鼠淋巴细胞 DNA 多聚酶 a 活性的影响 [J]. 第二军医大学学报，1996，17(2)：150-153.

[16] KOUL S, RAZDAN T K, ANDOTRA C S. Acinospesigenin-A, -B, and -C: three new triterpenoids from *Phytolacca acinosa*[J]. Journal of Natural Products, 2003, 66(8): 1121-1123.

[17] 肖振宇，郑钦岳，郑向民，等．商陆皂苷甲对小鼠胸腺细胞凋亡的影响 [J]. 第二军医大学学报，2002，23(6)：659-661.

[18] 郑钦岳，王慧峰，郑向民，等．商陆皂苷甲对兔滑膜细胞产生 IL-1 和 TNF 的影响 [J]. 第二军医大学学报，2001，22(5)：425-426.

[19] 肖振宇，郑钦岳，张俊平，等．商陆皂苷甲对自身免疫综合征模型小鼠的疗效 [J]. 第二军医大学学报，2003，24(10)：1108-1111.

[20] 郑钦岳，麦凯，潘祥福，等．商陆皂苷甲的抗炎作用 [J]. 中国药理学和毒理学杂志，1992，6(3)：221-223.

[21] 鞠佃文，郑钦岳，曹雪涛，等．商陆皂苷甲对大鼠

Heymann 肾炎的治疗作用及对细胞因子的影响 [J]. 药学学报，1999，34(1)：9-12.

[22] 邓俐，张堂德，杜江 . 商陆皂苷甲对银屑病患者外周血单个核细胞产生 α 肿瘤坏死因子和可溶性白介素 2 受体的影响 [J]. 临床皮肤科杂志，2004，33(7)：407-409.

[23] 王洪斌，郑钦岳，沈有安，等 . 商陆多糖 I 对荷 S_{180} 小鼠的抑瘤、增强免疫和造血保护作用 [J]. 中国药理学和毒理学杂志，1993，7(1)：52-55.

[24] 张俊平，钱定华，郑钦岳 . 商陆多糖 I 对小鼠腹腔巨噬细胞细胞毒作用及诱生肿瘤坏死因子和白细胞介素 1 的影响 [J]. 中国药理学报，1990，11(4)：375-377.

[25] 贺永文，陈瑞烈，高勇，等 . 商陆抗病毒蛋白抗 HCV 作用的初步研究 [J]. 肝脏，2002，7(4)：233-236.

[26] 王一飞，崔蕴霞，崔蕴慧，等 . 商陆总皂苷的抗生育活性 [J]. 河南医科大学学报，1996，31(1)：91-93.

[27] 刘春宇，吴文倩，唐丽华，等 . 商陆皂苷的抗胃溃疡作用 [J]. 中国野生植物资源，1997，17(4)：54-56.

[28] 李翠萍，曹继晶，徐丽，等 . 商陆合剂治疗血小板减少性紫癜 30 例 [J]. 中医药学报，2001，29(2)：9.

[29] 崔泽宽 . 鲜白商陆液治疗精神病 26 例 [J]. 中国乡村医生杂志，2001，(1)：37-38.

[30] 陈百顺 . 小柴胡汤加商陆、潘生丁治疗过敏性紫癜 37 例 [J]. 四川中医，2003，21(5)：33-34.

[31] 吴永峰 . 商陆末敷脐治疗肝硬化腹水 [J]. 中医外治杂志，1996，(5)：45.

[32] WOO W S. Steroids and pentacyclic triterpenoids from *Phytolacca americana*[J]. Phytochemistry, 1974, 13(12): 2887-2889.

[33] LEE E B. Anti-inflammatory activity of americanin A with its physiological aspect[J]. Emerging Drugs, 2001, 1: 203-213.

[34] 贺永文，潘延凤，王萍，等 . 商陆抗病毒蛋白体外对 HepG2.2.15 细胞 HBV 复制的影响 [J]. 实用肝脏病杂志，2004，7(2)：80-82.

[35] 张剑春，宓鹤鸣，郑汉臣，等 . 垂序商陆保肝作用及对果蝇寿命的影响 [J]. 时珍国医国药，2000，11(6)：489-490.

[36] JEONG S I, KIM K J, CHOI M K, et al. α-Spinasterol isolated from the root of *Phytolacca americana* and its pharmacological property on diabetic nephropathy[J]. Planta Medica, 2004, 70(8): 736-739.

芍药 Shaoyao CP,JP,VP

Paeonia lactiflora Pall.
Peony

概述

毛茛科 (Ranunculaceae) 植物芍药 *Paeonia lactiflora* Pall.，其干燥根入药，置沸水中煮后除去外皮或去皮再煮，晒干。中药名：白芍。

芍药属 (*Paeonia*) 植物全世界约有 35 种，分布于欧、亚大陆温带地区。中国约有 11 种，现均供药用。本种主要分布于中国东北及内蒙古、河北、山西等省区，各地多有栽培；朝鲜半岛、日本也有分布。

"芍药"药用之名，始载于《神农本草经》，列为中品。历代本草多有著录，有栽培和野生品之分，其生物种源均指本种。《中国药典》（2015 年版）收载本种为中药白芍和赤芍的法定原植物来源种。芍药现主要为栽培品，产于中国浙江、安徽、山东等省区。

芍药主要活性成分为单萜苷类和酚类化合物。《中国药典》采用高效液相色谱法进行测定，规定白芍药材含芍药苷不得少于 1.6%，以控制其药材质量。

药理研究表明，芍药具有解痉、镇痛、调节免疫、保肝等作用。

中医理论认为白芍具有养血调经，敛阴止汗，柔肝止痛，平抑肝阳等功效。

◆ 芍药
Paeonia lactiflora Pall.

◆ 药材白芍
Paeoniae Radix Alba

◆ 药材赤芍
Paeoniae Radix Rubra

化学成分

芍药根含单萜苷类成分：芍药苷 (paeoniflorin)、苯甲酰芍药苷(benzoylpaeoniflorin)、没食子酰芍药苷 (galloylpaeoniflorin)[1]、羟基芍药苷 (hydroxypaeoniflorin)[2] 、白芍苷R_1 (albiflorin R_1)[3]、氧化芍药苷 (oxypaeoniflorin)[4]、芍药苷元酮 (paeoniflorigenone)[5]、 (*Z*)-(1*S*,5*R*)-b-pinen-10-yl-β-vicianoside[6]，paeonilactones A、B、C[7]，6-*O*-β-*D*-glucopyranosyl-lactinolide[8]；三萜类成分：11α,12α-epoxy-3β,23-dihydroxyolean-28,13β-olide、3β-hydroxy-11-oxo-olean-12-en-28-oic acid、3β-hydroxy-olean-11,13(18)-dien-28- oic acid、3b,23-dihydroxy-olean-11,13(18)-dien-28-oic acid[9]、11α,12α-epoxy-3β, 23-dihydroxy-30-norolean-20(29)-en-28,13β-olide[10]。还含可水解鞣质：1,2,3,4,6-五没食子酰基葡萄糖 (1,2,3,4,6-penta-galloyl glucose)[1]、儿茶精 [(+)-catechin]、1,2,3,4-tetragalloyl-6-digalloyl-β-*D*-glucose等[11]；挥发油主要含苯甲酸 (benzoic acid)、丹皮酚 (paeonol)[12]等。

◆ paeoniflorin

药理作用

1. 解痉

白芍水提取液对兔肠管平滑肌运动有明显抑制作用[13]。对隔日禁食喂养所致的胃电节律失常大鼠，白芍煎剂能通过使氮能神经减少和胆碱能神经增多，令其胃电节律恢复正常[14]。白芍水提取液对缩宫素所致离体小鼠子宫的收缩频率有明显的抑制作用[15]。

2. 镇痛

用小鼠热板法、扭体法证实白芍总苷有镇痛作用，可明显延长小鼠嘶叫潜伏期，抑制扭体反应；其镇痛作用不被纳洛酮翻转[16]。

3. 对免疫系统的作用

用50%白芍水煎剂给小鼠喂饲5天，小鼠腹腔巨噬细胞的吞噬百分率和吞噬指数均较对照组有明显提高[17]。白芍总苷对大鼠腹腔巨噬细胞产生白三烯 B_4 的抑制作用与同剂量的非甾体抗炎药氟灭酸相当，并呈剂量相关性，提示白芍总苷的抗炎和免疫调节作用可能与其影响的白三烯 B_4 的产生有关[18]。白芍总苷、芍药苷和白芍总苷去除芍药苷均对佐剂性关节炎大鼠低下的脾淋巴细胞增殖反应有增强作用，防止腹腔巨噬细胞产生过量的IL-1[19]。

4. 保肝

白芍总苷对 *D*-氨基半乳糖 (*D*-Gal-N)、卡介苗 (BCG) 加脂多糖 (LPS)、四氯化碳和白蛋白所致小鼠各种肝损伤和肝纤维化模型均有保护作用，能明显降低血清丙氨酸转氨酶 (ALT) 和天冬氨酸转氨酶 (AST) 水平，减轻肝脏的病理损害和纤维化程度[20]。

5. 抗菌

白芍对金黄色葡萄球菌、溶血性链球菌、草绿色链霉菌、肺炎链球菌、伤寒沙门氏菌、乙型副伤寒沙门氏菌、大肠埃希氏菌、铜绿假单胞菌均有不同程度的抑制作用[17]。

6. 对心脑血管系统的影响

白芍总苷对二磷酸腺苷 (ADP) 诱导的大鼠血小板凝集有抑制作用[21]；能明显改善垂体后叶素引起的家兔缺血心肌的功能，延长窒息性缺氧小鼠心电消失的时间[22]；还可延长小鼠断颅后的喘息时间，改善大鼠的脑电活动，降低脑钙、钠和水含量，对脑梗死有保护作用，作用机制可能与抗自由基和减少细胞凋亡有关[23-24]。

7. 其他

白芍还有抗肿瘤[25-26]、降血脂[27]、抗衰老[28]、抗应激和促进学习记忆等作用[29]。

应用

本品为中医临床常用药。功能：养血调经，敛阴止汗，柔肝止痛，平抑肝阳。主治：血虚萎黄，月经不调，自汗，盗汗，胁痛，腹痛，四肢挛痛，头痛眩晕。

现代临床还用于慢性肝炎、系统性红斑狼疮、类风湿性关节炎、腓肠肌痉挛、不安腿综合征、习惯性便秘等病的治疗。

评注

芍药未经加工过的干燥根也入药，中药名：赤芍。功效为清热凉血、散瘀止痛。赤芍和白芍的化学成分几乎相同，但含量有变化。经研究发现，同一产地栽培芍药根加工前后含化学成分有变化。去皮煮后，含芍药苷下降了37% ~ 56%，含没食子酸下降了8% ~ 25%，苯

药用植物图像数据库

甲酸下降达 83.3% ~ 92.4%[30]。赤芍和白芍的化学成分变化与药理作用的相关性研究尚未深入，有待进一步研究。目前，四川省渠县已建立了白芍的科技示范种植基地。

赤芍的详细药理作用请参照"川赤芍"项下。

参考文献

[1] 张晓燕，王金辉，李铣 . 白芍的化学成分研究 [J]. 沈阳药科大学学报，2001，18(1)：30-32.

[2] 张继振，陈海生，孙黎明，等 . 杭白芍化学成分的研究 [J]. 延边大学学报：自然科学版，1998，24(4)：24-25，34.

[3] 张晓燕，高崇凯，王金辉，等 . 白芍中的一种新的单萜苷 [J]. 药学学报，2002，37(9)：706-708.

[4] KANEDA M, IITAKA Y, SHIBATA S. Chemical studies on the oriental plant drugs. XXXIII. Absolute structure of paeoniflorin, albiflorin, oxypaeoniflorin, and benzoylpaeoniflorin isolated from Chinese paeony root[J]. Tetrahedron, 1972, 28(16): 4309-4317.

[5] SHIMIZU M, HAYASHI T, MORITA N, et al. Paeoniflorigenone, a new monoterpene from peony roots[J]. Tetrahedron Letters, 1981, 22(32): 3069-3070.

[6] LANG H Y, LI S Z, MCCABE T, et al. A new monoterpene glycoside of *Paeonia lactiflora*[J]. Planta Medica, 1984, 50(6): 501-504.

7] HAYASHI T, SHINBO T, SHIMIZU M, et al. Paeonilactone-A, -B, and -C, new monoterpenoids from peony root[J]. Tetrahedron Letters, 1985, 26(31): 3699-3702.

[8] MURAKAMI N, SAKA M, SHIMADA H, et al. New bioactive monoterpene glycosides from Paeoniae Radix[J]. Chemical & Pharmaceutical Bulletin, 1996, 44(6): 1279-1281.

9] IKUTA A, KAMIYA K, SATAKEK T, et al. Triterpenoids from callus tissue cultures of Paeonia species[J]. Phytochemistry, 1995, 38(5): 1203-1207.

[10] KAMIYA K, YOSHIOKA K, SAIKI Y, et al. Triterpenoids and flavonoids from *Paeonia lactiflora*[J]. Phytochemistry, 1997, 44(1): 141-144.

[11] BANG M H, SONG J C, LEE S Y, et al. Isolation and structure determination of antioxidants from the root of *Paeonia lactiflora*[J]. Han'guk Nonghwa Hakhoechi, 1999, 42(2): 170-175.

[12] MIYAZAWA M, MARUYAMA H, KAMEOKA H. Volatile flavor components of crude drugs. Part II. Essential oil constituents of Paeonia Radix, *Paeonia lactiflora* Pall. (*P. albilora* Pall.) [J]. Agricultural and Biological Chemistry, 1984, 48(11): 2847-2849.

[13] 李怀荆，郭忠兴，陈晓光，等 . 甘草、白芍及合用对在体兔肠管运动的影响 [J]. 佳木斯医学院学报，1992，15(5)：10-12.

[14] 龙庆林，王振华，任文海 . 白芍对大鼠胃电节律失常的影响机制 [J]. 世界华人消化杂志，2001，9(1)：109-110.

[15] 华永庆，洪敏，李璇，等 . 当归、芍药、香附及其配伍对离体小鼠子宫痛经模型的影响 [J]. 浙江中医杂志，2003，38(1)：26-27.

[16] 王本祥 . 现代中药药理学 [M]. 天津：天津科学技术出版社，1997：1313-1320.

[17] 梁旻若，刘倩娴，辛达愉，等 . 白芍药的抗炎免疫药理作用研究 [J]. 新中医，1989，21(3)：51-53.

[18] 李俊，赵维中，陈敏珠，等 . 白芍总苷对大鼠腹腔巨噬细胞产生白三烯 B_4 的影响 [J]. 中国药理学通报，1992，8(1)：36-39.

[19] 葛志东，周爱武，王斌，等 . 白芍总苷、芍药苷和白芍总苷去除芍药苷对佐剂性关节炎大鼠的免疫调节作用 [J]. 中国药理学通报，1995，11(4)：303-305.

[20] 魏伟，刘家骏，刘家琴，等 . 白芍总苷对乙型肝炎的治疗作用及其前景 [J]. 中国药理学通报，2000，16(5)：597-598.

[21] 杨耀芳，王钦茂，樊彦，等 . 白芍总苷对大鼠血小板聚集的影响 [J]. 安徽中医学院学报，1993，12(1)：51-52.

[22] 祝晓光，韦颖梅，刘桂兰，等 . 白芍总苷对急性心肌缺血的保护作用 [J]. 中国药理学通报，1999，15(3)：252-254.

[23] 刘玮，吴华璞，祝晓光，等 . 白芍总苷对鼠脑缺血的保护作用 [J]. 安徽医科大学学报，2001，36(3)：186-188.

24] 吴华璞，祝晓光 . 白芍总苷对大鼠局灶性脑缺血的保护作用 [J]. 中国药理学通报，2001，17(2)：223-225.

[25] 晏雪生，李瀚旻，彭亚琴，等 . 芍药苷对人肝癌细胞株 Bel-7402 增殖的影响 [J]. 中西医结合肝病杂志，2001，11(5)：287-288.

[26] 蔡玉文，李玉兰，赵磊 . 白芍总苷对实验性肝癌淋巴细胞酶活性的影响 [J]. 辽宁中医杂志，1999，26(6)：285-287.

[27] 董晓晖，柳玉萍，赵玮，等 . 白芍总苷对家兔慢性高脂血症的脂质调节及抗脂质过氧化作用 [J]. 湖北民族学院学报：医学版，2003，20(2)：15-19.

[28] 李怀荆，赵锦程，张明远，等 . 白芍水煎剂对老龄小鼠

抗衰老作用的实验研究 [J]. 佳木斯医学院学报，1997，20(4)：1-2.

[29] 周丹，韩大庆，刘静，等. 白芍、赤芍及卵叶芍药滋补强壮作用的研究初探 [J]. 吉林中医药，1993，(2)：38-39.

[30] 周红涛，骆亦奇，胡世林，等. 赤芍与白芍的化学成分含量比较研究 [J]. 中国药学杂志，2003，38(9)：654-657.

◆ 芍药种植基地

蛇床 Shechuang CP, JP, KHP

Cnidium monnieri (L.) Cuss.
Common Cnidium

概述

伞形科 (Apiaceae) 植物蛇床 *Cnidium monnieri* (L.) Cuss.，其干燥成熟果实入药。中药名：蛇床子。

蛇床属 (*Cnidium*) 植物全世界约有 20 种，主产于欧洲和亚洲。中国有 4 种 1 变种，分布遍及全中国。仅本种入药。本种中国各地均有分布。

"蛇床子"药用之名，始载于《神农本草经》，列为上品。历代本草多有著录。《中国药典》（2015 年版）收载本种为中药蛇床子的法定原植物来源种。主产于中国河北、浙江、江苏、四川等地，此外内蒙古、陕西、山西等地也产。

蛇床子的主要活性成分为香豆素类，其中蛇床子素为指标性成分，还含有挥发油。《中国药典》采用高效液相色谱法进行测定，规定蛇床子药材含蛇床子素不得少于 1.0%，以控制药材质量。

药理研究表明，蛇床的果实具有抗滴虫、抗骨质疏松、抗衰老、抗过敏、抗肿瘤、改善学习记忆及性激素样等作用 [1-3]。

中医理论认为其具有燥湿祛风，杀虫止痒，温肾壮阳等功效。

◆ 蛇床子
Cnidium monnieri (L.) Cuss.

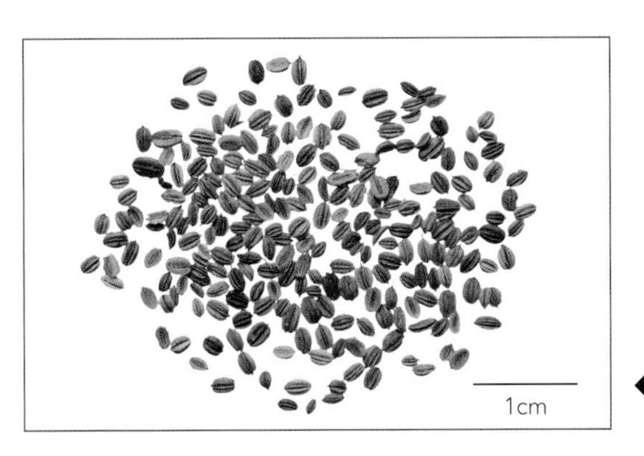

◆ 药材蛇床子
Cnidii Fructus

化学成分

蛇床的果实主要含香豆素类成分：蛇床子素 (osthole)、蛇床定 (cnidiadin)、欧芹素乙 (imperatorin)、auraptenol、哥伦比亚内酯 (columbianadin)、isogosferol、demethylauraptenol、佛手柑内酯 (bergapten)、元当归素 (archangelich)、花椒毒素 (xanthotoxin)、花椒毒酚 (xanthotoxol)、*O*-邻异戊酰咖伦亭 (*O*-isovalerylcolumbianetin)、白芷素 (angelicin)、二氢山芹醇乙酸酯 (*O*-acetylcolumbianetin)、异虎耳草素 (isopimpinellin)、哥伦比亚苷元 (columbianetin)、欧山芹素 (oroselone)、cnidimol B、cnidimarin、cnidinonal等成分[1,4-5]。其中蛇床子素含量最高，约占总香豆素的60%。此外还含挥发油1.3%，油中含月桂烯 (myrcene)、异龙脑 (isoborneol)、乙酸龙脑酯 (bornyl acetate) 等成分[6]。

◆ osthole

◆ xanthotoxin

药理作用

1. 抗微生物

体外实验显示蛇床子水煎液对阴道滴虫有杀灭作用[7]。

2. 性激素样作用

皮下注射蛇床子乙醇提取液可延长小鼠动情期，缩短动情间期，并能使去势鼠出现动情期。此外，蛇床子浸膏可使小鼠前列腺、精囊、提肛肌、卵巢和子宫的重量增加[4]。

3. 对心血管的作用

蛇床子水提取物腹腔注射对氯仿诱发的小鼠室颤有预防作用，静脉注射对氯化钙诱发的大鼠室颤及乌头碱诱发的大鼠心律失常有明显的预防和治疗效果[8]。给麻醉犬静脉注射蛇床子素可降低总外周血管阻力和血压，抑制心脏功能，并可延长心电图的P-R间期[9]。蛇床子素对离体豚鼠心房的实验表明，蛇床子素能抑制胞外钙内流[10]。

4. 对呼吸系统的作用

离体实验表明，蛇床子总香豆素能直接扩张豚鼠支气管平滑肌，并能拮抗由组胺引起的支气管平滑肌收缩[11]。蛇床子素能较强地抑制小鼠被动皮肤过敏反应，对组胺引起的豚鼠喘息有保护作用[2]。

5. 抗骨质疏松

高剂量的蛇床子总香豆素灌胃，能显著提高去卵巢大鼠血清雌二醇的含量，促进子宫发育，抑制骨吸收，降低血清中磷的含量，提高血清中骨钙素的含量，显著提高骨密度[12]。以新生大鼠颅盖骨成骨细胞为模型，发现蛇床子总香豆素的抗骨质疏松作用与其抑制成骨细胞产生NO、白介素(IL-1)和IL-6而调节成骨细胞的功能有关[13]。

6. 改善学习记忆

蛇床子素皮下注射能改善雌性大鼠由乙酰胆碱拮抗剂东莨菪碱或卵巢切除后水迷宫空间操作能力障碍的现象，其改善学习记忆的作用机制与提升雌性激素及活化中枢乙酰胆碱神经系统有关[14]。

7. 抗人类免疫缺陷病毒(HIV)活性

蛇床子的甲醇提取物具有抗HIV活性，经活性筛选，已初步确定提取物中的活性成分有欧芹素乙[3]。

8. 其他

蛇床子素和欧芹素乙等具有较强的抗诱变活性，对癌细胞HeLa-S3生长有抑制作用[2]。

应用

本品为中医临床用药。功能：燥湿祛风，杀虫止痒，温肾壮阳。主治：阴痒带下，湿疹瘙痒，湿痹腰痛，肾虚阳痿，宫冷不孕。

现代临床还用于治疗阴道滴虫、皮肤溃疡等病的治疗。

评注

蛇床子是临床常用中药。目前临床上多取其燥湿、祛风、杀虫作用，外用治疗外科、妇科及皮肤科诸疾。早期的文献记载及现在诸多药理研究都表明蛇床子具有补虚作用。蛇床子的资源丰富，价格低廉，是一种很有开发潜力的补肾壮阳及增智药。

药用植物图像数据库

鉴于蛇床子的药物作用及抗肿瘤和抗诱变性能的发现，今后在配合癌症化疗的药物方面，中药的组方及作为防癌用途的添加剂等方面，可能展现新的前景。

参考文献

[1] 张新勇，向仁德．蛇床子化学成分的研究[J]. 中草药，1997，28(10)：588-590.

[2] 沈丽霞，张丹参，张力．蛇床子化学成分药理作用与应用的研究[J]. 医学综述，2003，9(9)：565-567.

[3] 田部井由纪子．和汉药抗HIV作用的研究(2)：生药提取物与欧芹属素乙的抗HIV作用[J]. 国外医学：中医中药分册，1997，19(6)：45.

[4] 姜涛，李慧梁．中药蛇床子的研究进展[J]. 中草药，2001，32(2)：181-183.

[5] CAI J N, BASNET P, WANG Z T, et al. Coumarins from the fruits of Cnidium monnieri[J]. Journal of Natural Products, 2000, 63(4): 485-488.

[6] 秦路平，吴焕，王腾蛟，等．蛇床子和兴安蛇床果实挥发油的成分分析[J]. 中草药，1992，23(6)：330

[7] 孙启祥，聂红霞，胡红梅．常用中草药对阴道滴虫作用的测定[J]. 中华腹部疾病杂志，2004，4(9)：688.

[8] 连其深，张志祖，曾靖，等．蛇床子水提取物的抗心律失常作用[J]. 中国中药杂志，1992，17(5)：306-307.

[9] 李乐，庄斐尔，赵更生，等．蛇床子素对麻醉开胸犬心电图和血流动力学的影响[J]. 中国药理学与毒理学杂志，1994，8(2)：119-121.

[10] 李乐，庄斐尔，杨琳，等．蛇床子素对离体豚鼠心房的作用[J]. 中国药理学报，1995，16(3)：251-254.

[11] 陈志春，段晓波．蛇床子总香豆素止喘作用机理探讨[J]. 中国中药杂志，1990，15(5)：48-50.

[12] 张巧艳，秦路平，黄宝康，等．蛇床子总香豆素对去卵巢大鼠骨质疏松的作用[J]. 中国药学杂志，2003，38(2)：101-103.

[13] 张巧艳，秦路平，田野苹，等．蛇床子总香豆素对成骨细胞产生NO、IL-1及IL-6的影响[J]. 中国药学杂志，2003，38(5)：345-348.

[14] HSIEH M T, HSIEH C L, WANG W H, et al. Osthole improves aspects of spatial performance in ovariectomized rats[J]. The American Journal of Chinese Medicines, 2004, 32(1): 11-20.

蛇根木 Shegenmu KHP, USP

Rauvolfia serpentina (L.) Benth. ex Kurz
Indian Snakeroot

概述

夹竹桃科 (Apocynaceae) 植物蛇根木 *Rauvolfia serpentina* (L.) Benth. ex Kurz，其干燥根入药。药用名：Rauwolfia Serpentina。

萝芙木属 (*Rauvolfia*) 植物全世界约有 135 种，分布于美洲、非洲、亚洲及大洋洲各岛屿。中国约有 9 种和 3 个栽培种，本属现供药用者约有 5 种。本种分布于中国云南、印度、斯里兰卡、缅甸、泰国、印度尼西亚及大洋洲各岛；印度及中国云南、广东、广西有栽培 [1]。

蛇根木是印度传统的药用植物，在公元前 1000 年左右的古印度教著作和公元 200 年左右的梵文手稿中均有记述 [1]。《印度草药典》（2002 年新修订版）收载本种为 Rauwolfia Serpentina 的法定原植物来源种 [2]。

蛇根木主要含吲哚类生物碱、环烯醚萜类成分等。所含的利血平、利血胺、阿吗灵等生物碱为其主要的活性成分。《印度草药典》规定药材醇溶性浸出物不得少于 9.0%，水溶性浸出物不得少于 8.0%；《完备德国 E 委员会专论》规定药材含总生物碱以利血平计，不得少于 1.0%；《美国药典》（第 28 版）规定含利血平－利血胺类生物碱以利血平计不得少于 0.15%[2-4]，以控制药材质量。

药理研究表明，蛇根木具有降血压、抗心律失常、镇静催眠、抗氧化、抗肿瘤等作用。

印度传统医学将蛇根木用作被蛇和其他爬行动物咬伤的解毒剂，也用于治疗高血压、排尿困难、发烧等 [5]。中国民间用于退热，抗癫，解虫蛇咬伤之毒等。

◆ 蛇根木
Rauvolfia serpentina (L.) Benth. ex Kurz

◆ 蛇根木
R. serpentina (L.) Benth. ex Kurz

化学成分

蛇根木根含多种生物碱：利血平 (reserpine)、利血胺 (rescinnamine)、蛇根碱 (serpentine)、蛇根亭碱 (serpentinine)、育亨宾 (yohimbine)、柯楠碱 (corynanthine, rauhimbine)、异柯楠碱 (isorauhimbine)、阿吗碱 (ajmalicine)、阿吗灵 (ajmaline)、去甲氧基利血平 (deserpidine)、利血平灵 (reserpiline)[2]、异萝芙木碱 (isoajmaline)、norajmaline、raucaffricine、normacusine B、geissoschizol、rhazimanine、霹历萝芙木碱 (perakine)、利血平宁 (reserpinine)、N_b-methylajmaline、N_b-methylisoajmaline、3-hydroxysarpagine、yohimbinic acid、18-hydroxyepialloyohimbine、isorauhimbinic acid[6]、利血米定碱 (rescinnamidine)[7]、利血米醇 (rescinnaminol)[8]、萝芙木明碱 (ajmalimine)[9-10]、萝芙木尼明碱 (ajmalinimine)[11]、萝芙木西定碱 (ajmalicidine)[12]、3,4,5,6-四去氢育亨宾 (3,4,5,6-tetradehydroyohimbine)、3,4,5,6-tetradehydrogeissoschizine-17-*O*-*β*-*D*-glucopyranoside[13]等；环烯醚萜类成分：7-表番木鳖苷 (7-epiloganin)、马钱子酸 (loganic acid)、7-deoxyloganic acid、secoxyloganin[6]等。

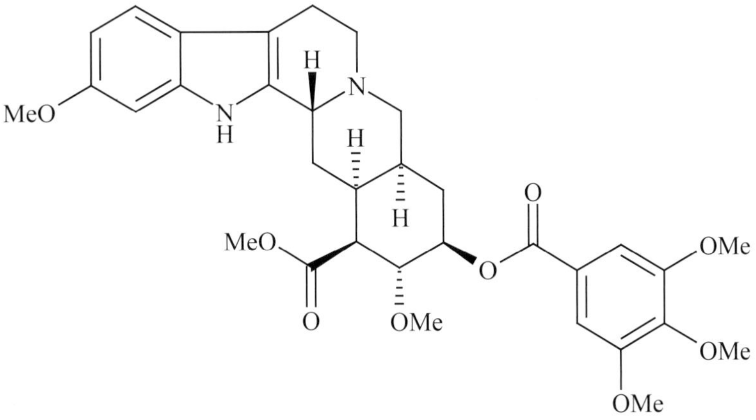

reserpine

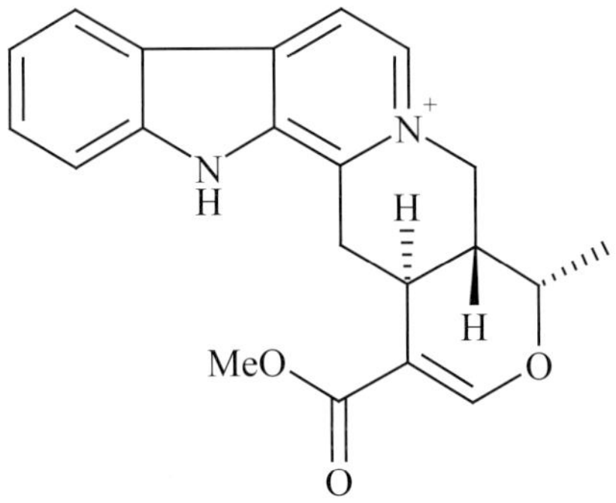

serpentine

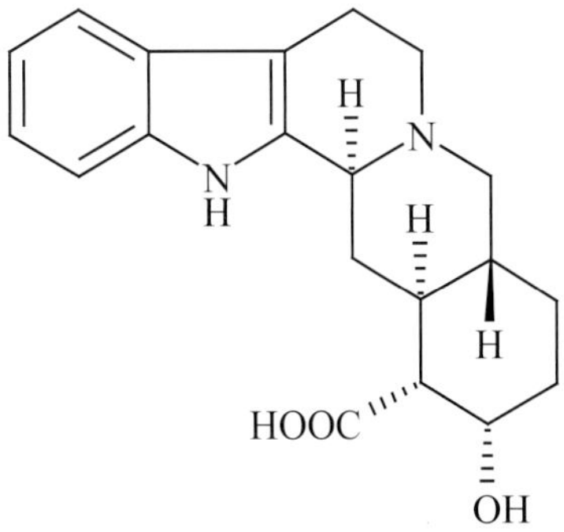

yohimbinic acid

药理作用

1. 降血压

根的提取物口服有温和、缓慢而持久的降血压作用[1]。根的主要活性成分利血平能剂量依赖地显著降低麻醉大鼠的血压[14]。

2. 抗心律失常

蛇根木总碱静脉注射可抑制乌头碱或氯化钙诱发的大鼠心律失常。阿吗灵对冠状动脉结扎、毒毛花苷和肾上腺素诱发的犬室性心律失常有抑制作用，并能提高猫室颤阈值。

3. 镇静、催眠

利血平能释放和排空脑内的 5- 羟色胺、去甲肾上腺素等化学递质，使动物自发活动明显减少，消除动物的攻击行为，趋于睡眠，易于唤醒；能延长麻醉大鼠的睡眠时间，减少大鼠的自发活动和条件躲避反应[14]。

4. 抗氧化、抗肿瘤

蛇根木根的甲醇提取物能抑制脂多糖 (LPS) 诱导的 RAW264.7 巨噬细胞释放一氧化氮 (NO)，有抗氧化活性[15]。根的水提取物、根的主要活性成分利血平体外能显著增强热休克活化 T 细胞对 Molt-4 及 T98G 肿瘤细胞的细胞毒活性；水提取物还能显著增加刀豆素 A (ConA) 刺激活化 T 细胞中的 γ 干扰素 (IFN-γ) 和肿瘤坏死因子 α (TNF-α) 的水平。根的水提取物喂饲能显著延长 EL-4 淋巴母细胞瘤荷瘤小鼠的生存期，并能显著抑制因腹水引起的体重增长；利血平皮下注射亦能显著延长 EL-4 淋巴母细胞瘤荷瘤小鼠的生存期[16]。

应用

蛇根木粉末生药或其他剂型口服，临床用于治疗高血压、焦虑症、失眠[2-4]等。

评注

蛇根木从1940年开始被印度医生作为降血压药应用于临床。20世纪50年代初，中国可供临床应用的降血压药只有从印度进口的蛇根木制剂——寿品南 (Serpina)。中国科学工作者对中国产萝芙木属植物进行了多学科的系统研究，发现萝芙木 *Rauvolfia verticillata* (Lour.) Baill.、云南萝芙木 *R. yunnanensis* Tsiang 等同属多种植物的根含有类似的化学成分和降血压活性。1958年中国卫生部批准生产了中国的第一种降压药——降压灵（萝芙木总生物碱制剂），成为当时中国广泛应用的抗高血压药，至今仍受到一些患者的欢迎。

蛇根木的经济价值颇高，其所含的利血平是抗高血压药（去甲肾上腺素神经末梢阻滞药），育亨宾 (yohimbine) 是 α_2 受体阻断药，阿吗灵 (ajmaline) 是抗心律失常药。

作为生产降压灵、利血平等药的原料，蛇根木等萝芙木属植物的根被大量采挖，野生资源和生态环境受到严重破坏，因此，建立萝芙木属植物资源保护区及规范化种植基地的意义重大。

参考文献

[1] RUDOLF F W, VOLKER F. Herbal Medicine (2nd edition)[M]. Stuttgart: Georg Thieme Verlag, 2000: 170-172, 276-277.

[2] India Drug Manufacturers' Association. Indian Herbal Pharmacopoeia (revised new edition 2002) [S]. Mumbai: Ebenezer Printing House, 2002: 345-354.

[3] M Blumenthal. The Complete German Commission E Monographs[M]. Austin: American Botanical Council, 1998: 152-153.

[4] United States Pharmacopeial Convention. United States Pharmacopeia (28th edition) [S]. Rockville: United States Pharmacopeial Convention, Inc, 2005: 1706-1707.

[5] B LaGow. PDR for Herbal Medicines (3rd edition) [M]. Montvale: Thomson PDR, 2004: 676-677.

[6] ITOH A, KUMASHIRO T, YAMAGUCHI M, et al. Indole alkaloids and other constituents of *Rauwolfia serpentina*[J]. Journal of Natural Products, 2005, 68(6): 848-852.

[7] SIDDIQUI S, HAIDER S I, AHMAD S S. A new alkaloid from the roots of *Rauwolfia serpentina*[J]. Journal of Natural Products, 1987, 50(2): 238-240.

[8] SIDDIQUI S, AHMAD S S, HAIDER S I. Rescinnaminol-a new alkaloid from *Rauwolfia serpentina* Benth.[J]. Pakistan Journal of Scientific and Industrial Research, 1986, 29(6): 401-403.

[9] SIDDIQUI S, AHMAD S S, HAIDER S I. A new alkaloid ajmalimine from the roots of *Rauwolfia serpentina*[J]. Planta Medica, 1987, 53(3): 288-289.

[10] HANHINEN P, LOUNASMAA M. Revision of the Structure of Ajmalimine[J]. Journal of Natural Products, 2001, 64(5): 686-687.

[11] SIDDIQUI S, HAIDER S I, AHMAD S S. Ajmalinimine-a new alkaloid from *Rauwolfia serpentina* Benth[J]. Heterocycles, 1987, 26(2): 463-467.

[12] SIDDIQUI S, AHMAD S S, HAIDER S I, et al. Ajmalicidine, an alkaloid from *Rauwolfia serpentina*[J]. Phytochemistry, 1987, 26(3): 875-877.

[13] WACHSMUTH O, MATUSCH R. Anhydronium bases from *Rauvolfia serpentina*[J]. Phytochemistry, 2002, 61(6): 705-709.

[14] NAMMI S, BOINI K M, KILARI E, et al. Pharmacological evidence for lack of central effects of reserpine methonitrate: A novel quaternary analog of reserpine[J]. Therapy, 2004, 1(2): 231-239.

[15] CHOI E M, HWANG J K. Screening of Indonesian medicinal plants for inhibitor activity on nitric oxide production of RAW264.7 cells and antioxidant activity[J]. Fitoterapia, 2005, 76(2): 194–203.

[16] JIN G B, HONG T, INOUE S, et al. Augmentation of immune cell activity against tumor cells by Rauwolfia Radix[J]. Journal of Ethnopharmacology, 2002, 81(3): 365-372.

射干 Shegan [CP, KHP]

Belamcanda chinensis (L.) DC.
Blackberry Lily

概述

鸢尾科 (Iridaceae) 植物射干 *Belamcanda chinensis* (L.) DC., 其干燥根茎入药。中药名：射干。

射干属 (*Belamcanda*) 植物全世界约有 2 种，分布于亚洲东部。中国产 1 种，供药用。本种分布于中国大部分地区。朝鲜半岛、日本、印度、越南和俄罗斯也有。

“射干”药用之名，始载于《神农本草经》。《中国药典》（2015 年版）收载本种为中药射干的法定原植物来源种。主产于中国湖北、河南、江苏、安徽；此外湖南、陕西、浙江、贵州、云南等地有野生。以湖北产者品质好。

射干主要成分为异黄酮类和三萜类化合物[1]。近代研究指出：射干中普遍存在的异黄酮类化合物具有明显的抗炎作用，其他一些成分如酚类、醌类等也具有独特的疗效。《中国药典》采用高效液相色谱法进行测定，规定射干药材含次野鸢尾黄素不得少于 0.1%，以控制药材质量。

药理研究表明，射干具有抗菌、抗炎、抗病毒等作用。

中医理论认为射干具有清热解毒，消痰，利咽等功效。

◆ 射干
Belamcanda chinensis (L.) DC.

◆ 药材射干
Belamcandae Rhizoma

化学成分

射干的根茎含异黄酮及其苷类化合物：鸢尾苷 (tectoridin) 、野鸢尾苷 (iridin)、鸢尾黄素 (tectorigenin)、野鸢尾苷元 (irigenin)、射干异黄酮 (belamcanidin)[1]、次野鸢尾黄素(irisflorentin)、二甲基鸢尾黄酮 (dimethyltectorigenin)、明宁京 (muningin)[2]、noririsflorentin[3]、白射干素 (dichotomitin)、3',4',5,7-四羟基-8-甲氧基-异黄酮 (3',4',5,7-tetrahydroxy-8-methoxy- isoflavone)[4]、德鸢尾素 (irilone)、染料木素 (genistein)[5]、粗毛豚草素 (hispidulin)[6]；还分得苯丙醇苷类化合物射干素C (shegansu C)[7]；三萜类化合物：iridobelamal A[8]、3-*O*-decanoyl-16-*O*-acetylisoiridogermanal、belachinal、 anhydrobelachinal、epianhydrobelachinal、isoanhydrobelachinal[9]、射干醛 (belamcandal)、16-*O*-acetyl iso-iridogermanal等[10]；根茎还含有二苯乙烯类化合物，主要有异丹叶大黄素 (isorhapotigenin)、白藜芦醇 (resveratrol)[11] 、射干素 B (shegansu B)[12]等。

种子含烯二酮类化合物belamcandones A、B、C、D[13]，酚类化合物射干酚A、B (belamcandols A, B)[14]。花和叶均含芒果苷 (mangiferin)。

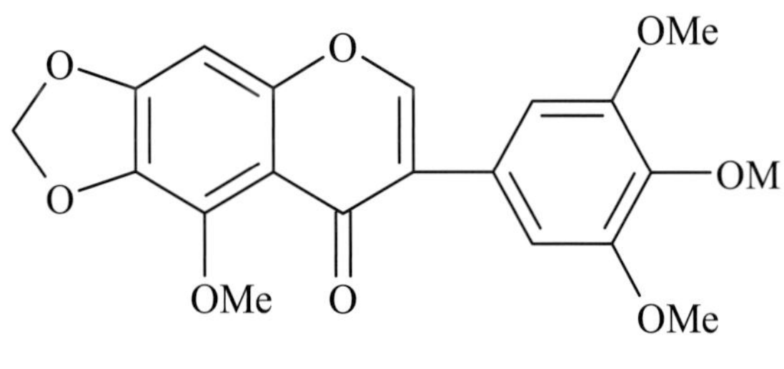

◆ irisflorentin 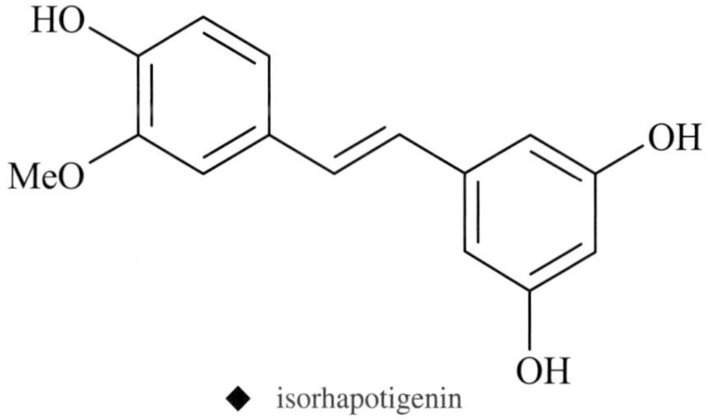　　◆ isorhapotigenin

药理作用

1. 抗菌

射干的乙醚提取物在体外对红色毛癣菌、须癣毛癣菌、犬小孢子菌、石膏状小孢子菌和絮状表皮癣菌等 5 种常见皮肤癣菌有显著抑制作用，且呈量效关系；射干中的极性小的亲脂性成分是其抗皮肤癣菌的有效成分 [15]。射干水煎剂在体外对铜绿假单胞菌有较强的抑制作用 [16]。射干水煎剂对多重耐药菌株铜绿假单胞菌 P_{29} 也有较强的抑制作用，同时对 P_{29} 株所携带的 R 质粒（耐药性质粒）也有消除作用 [17]。鸢尾黄素体外能抑制发癣属 (Trichophyton) 皮肤致病真菌 [18]。

2. 抗病毒

射干具有很强的抗病毒作用，1 : 20 射干煎剂可抑制或推迟腺病毒、埃可$_{11}$ (ECHO$_{11}$) 病毒、疱疹病毒等所致细胞病变；1 : 10 浓度可抑制流感病毒在鸡胚的生长 [19]。

3. 抗炎

射干醇提取物对炎症早期和晚期均有显著的抑制作用，射干主要成分鸢尾苷及鸢尾黄素，还有芒果苷、白藜芦醇、异丹叶大黄素等均具有抗炎作用 [20]。鸢尾黄素和鸢尾苷能抑制十四烷酰佛波醋酸酯 (TPA) 活化的大鼠腹膜巨噬细胞中前列腺素 E_2 (PGE_2) 的产生，以鸢尾黄素作用较强。作用机制与其抑制炎症细胞中环氧化酶 -2 (COX-2) 的诱导作用有关 [21-22]。

4. 其他

射干中的异黄酮类成分有清除自由基 [23]、抗氧化、保肝作用 [24] 和抗肿瘤活性 [25]。

应用

本品为中医临床用药。功能：清热解毒，消痰，利咽。主治：热毒痰火郁结，咽喉肿痛，痰涎壅盛，咳嗽气喘。

现代临床还用于咽喉炎、腮腺炎、急性扁桃体炎、气管炎和哮喘等病的治疗。

评注

药用植物图像数据库

射干古今均有异物同名品存在。除本种外，同科鸢尾属植物鸢尾 *Iris tectorum* Maxim. 的根茎称川射干，在中国四川广泛作射干使用已有较长的历史，而且在本草上也有过较早的记载。《中国药典》已将川射干分列条目。

射干除了供药用外，还是良好的耐旱、固沙植物。因为射干具发达的根系，对固定地表土壤、防止洪水冲刷、保持水土、固定流动沙土有重要作用。此外，射干叶形、花形美丽，色泽鲜艳，也是很好的观赏植物。

参考文献

[1] YAMAKI M, KATO T, KASHIHARA M, et al. Isoflavones of *Belamcanda chinensis*[J]. Planta Medica, 1990, 56(3): 335.

[2] EU G H, WOO W S, CHUNG H S, et al. Isoflavonoids of *Belamcanda chinensis* (Ⅱ) [J]. Saengyak Hakhoechi, 1991, 22(1): 13-17.

[3] WOO W S, WOO E H. An isoflavone noririsflorentin from *Belamcanda chinensis*[J]. Phytochemistry, 1993, 33(4): 939-940.

[4] 周立新，林茂，赫兰峰．射干的化学成分研究（Ⅰ）[J]. 中草药，1996，27(1)：8-10，59.

[5] 吉文亮，秦民坚，王铮涛．射干的化学成分研究（Ⅰ）[J]. 中国药科大学学报，2001，32(3)：197-199.

[6] 秦民坚，吉文亮，王峥涛．射干的化学成分研究（Ⅱ）[J]. 中草药，2004，35(5)：487-489.

[7] LIN M, ZHOU L X, HE W Y, et al. Shegansu C, a novel phenylpropanoid ester of sucrose from *Belamcanda chinensis*[J]. Journal of Asian Natural Products Research, 1998, 1(1): 67-75.

[8] TAKAHASHI K, HOSHINO Y, SUZUKI S, et al. Iridals from *Iris tectorum* and *Belamcanda chinensis*[J]. Phytochemistry, 2000, 53(8): 925-929.

[9] ITO H, ONOUE S, MIYAKE Y, et al. Iridal-type triterpenoids with ichthyotoxic activity from *Belamcanda chinensis*[J]. Journal of Natural Products, 1999, 62(1): 89-93.

[10] ABE F, CHEN R F, YAMAUCHI T. Iridals from *Belamcanda chinensis* and *Iris japonica*[J]. Phytochemistry, 1991, 30(10): 3379-3382.

[11] ZHOU L X, LIN M. Studies on chemical constituents of *Belamcanda chinensis* (L.) DC.Ⅱ[J]. Chinese Chemical Letters, 1997, 8(2): 133-134.

[12] ZHOU L X, LIN M. A new stilbene dimer—shegansu B from *Belamcanda chinensis*[J]. Journal of Asian Natural Products Research, 2000, 2(3): 169-175.

[13] SEKI K, HAGA K, KANEKO R. Belamcandones A-D, dioxotetrahydrodibenzofurans from *Belamcanda chinensis*[J]. Phytochemistry, 1995, 38(3), 703-709.

[14] FUKUYAMA Y, OKINO J, KODAMA M. Structures of belamcandols A and B isolated from the seed of *Belamcanda chinensis*[J]. Chemical & Pharmaceutical Bulletin, 1991, 39(7): 1877-1879.

[15] 刘春平，王凤荣，南国荣，等．中药射干提取物对皮肤癣菌抑菌作用研究 [J]. 中华皮肤科杂志，1998，31(5)：310-311.

[16] 于军，徐丽华，王云，等．射干和马齿苋对 46 株绿脓杆菌体外抑菌试验的研究 [J]. 白求恩医科大学学报，2001，27(2)：130-131.

[17] 王云，于军，于红．射干提取液对绿脓杆菌 P_{29} 株 R 质粒体内外消除作用研究 [J]. 长春中医学院学报，1999，15(3)：64.

[18] OH K B, KANG H, MATSUOKA H. Detection of antifungal activity in *Belamcanda chinensis* by a single-cell bioassay method and isolation of its active compound, tectorigenin[J]. Bioscience, Biotechnology, and Biochemistry, 2001, 65(4): 939-942.

[19] 王本祥．现代中药药理学 [M]. 天津：天津科学技术出版社，1997：238-240.

[20] 钟鸣，关旭俊，黄炳生，等．中药射干现代研究进展 [J]. 中药材，2001，24(12)：904-907.

[21] SHIN K H, KIM Y P, LIM S S, et al. Inhibition of prostaglandin E_2 production by the isoflavones tectorigenin and tectoridin isolated from the rhizomes of *Belamcanda chinensis*[J]. Planta Medica, 1999, 65(8): 776-777.

[22] KIM Y P, YAMADA M, LIM S S, et al. Inhibition by tectorigenin and tectoridin of prostaglandin E_2 production and cyclooxygenase-2 induction in rat peritoneal macrophages[J]. Biochimica et Biophysica Acta, 1999, 1438(3): 399-407.

[23] 秦民坚，吉文亮，刘峻，等．射干中异黄酮成分清除自由基的作用 [J]. 中草药，2003，34(7)：640-641.

[24] JUNG S H, LEE Y S, LIM S S, et al. Antioxidant activities of isoflavones from the rhizomes of *Belamcanda chinensis* on carbon tetrachloride-induced hepatic injury in rats[J]. Archives of Pharmacal Research, 2004, 27(2): 184-188.

[25] JUNG S H, LEE Y S, LEE S, et al. Anti-angiogenic and anti-tumor activities of isoflavonoids from the rhizomes of *Belamcanda chinensis*[J]. Planta Medica, 2003, 69(7): 617-622.

◆ 射干种植基地

升麻 Shengma CP, JP, VP

Cimicifuga foetida L.
Large Trifoliolious Bugbane

概述

毛茛科 (Ranunculaceae) 植物升麻 *Cimicifuga foetida* L.，其干燥根茎入药。中药名：升麻。

升麻属 (*Cimicifuga*) 植物全世界约有 18 种，分布于北温带。中国产约有 8 种 3 变种 3 变型，本属现供药用者约有 6 种。本种分布于中国陕西、山西、河南、甘肃、四川、青海、云南、西藏等省区，蒙古、俄罗斯西伯利亚地区也有分布。

“ 升麻 ”药用之名，始载于《神农本草经》，列为上品。历代本草多有著录。《中国药典》（2015 年版）收载本种为中药升麻法定原植物来源种之一。主产于中国四川、西藏、云南、青海、甘肃、陕西、河南西部和山西等地。

升麻根茎的主要活性成分为三萜皂苷类化合物，尚有香豆素及酚酸类化合物。《中国药典》采用高效液相色谱法进行测定，规定升麻药材含异阿魏酸不得少于 0.10%，以控制药材质量。

药理研究表明，升麻具有抗菌、抗炎、抗骨质疏松等作用。

中医理论认为升麻具有发表透疹，清热解毒，升举阳气等功效。

◆ 升麻
Cimicifuga foetida L.

◆ 兴安升麻
C. dahurica (Turcz.) Maxim.

◆ 药材升麻
Cimicifugae Rhizoma

化学成分

升麻根茎含三萜及三萜皂苷类化合物：阿梯因 (actein)、27-脱氧阿梯因 (27-deoxyactein)、2'-*O*-acetylactein、2'-*O*-acetyl-27-deoxyactein、升麻苷A～F (cimisides A～F)、升麻醇-3-*O*-*β*-*D*-吡喃木糖苷 [(23*R*,24*S*) cimigenol-3-*O*-*β*-*D*- xylopyranoside]、25-乙酰氨基升麻醇-3-*O*-*β*-*D*-吡喃木糖苷[(23*R*,24*S*) 25-*O*- acetylcimigenol-3-*O*-*β*-*D*-xylopyranoside]、升麻醇木质糖苷 (cimigenol xyloside)、25-*O*-乙酰升麻环氧醇苷 (25-*O*-acetylcimigenoside)、cimicidanol-3-*O*- arabinoside、cimicidanol、cimicifugosides H-1、H-2、H-4、H-6、cimicifol、15*α*-hydroxycimicidol-3-*O*-*β*-*D*-xyloside、foetidinol、27-deoxyacetylacteol、acetylacteol-3-*O*-arabinoside、7,8-二脱氢-27-脱氧升麻亭 (7,8-didehydro-27-deoxyactein)、(23*R*,24*R*) 24-*O*-乙酰升麻醇-3-*O*-*β*-*D*-木糖苷[(23*R*,24*R*)-24-*O*-acetylshengmanol-3-*O*-*β*-*D*-xylopyranoside]、升麻醇 (cimigenol)、升麻醇-3-*O*-*β*-*D*-木糖苷 (cimigenol-3-*O*-*β*-*D*- xylopyranoside)[1-7]；酚酸类化合物：升麻酸 (cimicifugic acid)、咖啡酸 (caffeic acid)、阿魏酸 (ferulic acid)、异阿魏酸 (isoferulic acid)、芥子酸 (sinapic acid)、4-*O*-乙酰基-咖啡酸 (4-*O*-acetyl-caffeic acid)[8-9]；香豆素类成分：马栗树皮素(esculetin)、升

◆ actein

◆ cimicifugin

麻素 (cimicifugin)、norcimicifugin、升麻素葡萄糖苷 (cimifugin glucoside)[8-10]；升麻地上部分含三萜皂苷类成分：西麻苷 Ⅰ、Ⅱ、Ⅲ(cimifoetisides Ⅰ～Ⅲ)、升麻醇半乳糖苷 (cimigenol-3-*O*-*β*-*D*-galactopyranoside)、12*β*-羟基升麻醇木糖苷(12*β*- hydroxycimigenol-3-*O*-*β*-*D*-xylopyranoside)、12*β*-羟基升麻醇阿拉伯糖苷(12*β*-hydroxycimigenol-3-*O*-*α*-*L*-arabinopyranoside)、25-*O*-乙酰升麻醇半乳糖苷(25-*O*-acetyl-cimigenol galactopyranoside)、7*β*-羟基升麻醇木糖苷(7*β*-hydrocimigenol xylopyranoside)、升麻醇-3-*O*-*β*-D-木糖苷、升麻醇-3-*O*-*α*-*L*-阿拉伯糖苷 (cimigenol-3-*O*-*α*-*L*-arabinopyranoside)、25-脱水升麻醇-3-*O*-*β*-*D*-木糖苷 (25-anhydrocimigenol-3-*O*-*β*-*D*-xylopyranoside)和cimifoetisides Ⅳ、Ⅴ[11-14]。

药理作用

1. 抗菌

升麻在试管中能抑制结核分枝杆菌的生长，对金黄色葡萄球菌、乙型溶血性链球菌、白喉棒杆菌、伤寒沙门氏菌、铜绿假单胞菌、炭疽芽孢杆菌、大肠埃希氏菌和痢疾志贺氏菌均有不同程度的抑制作用[15]。体外实验升麻素对白色念珠菌、石膏状毛癣菌、红色毛癣菌、铁锈色小芽孢癣菌、发癣毛癣菌、絮状表皮癣菌等皮肤真菌均有不同程度的抑制作用[16]。

2. 镇痛、抗炎

异阿魏酸和阿魏酸可以明显抑制乙酸引起的小鼠扭体反应，还可以降低流感病毒侵染小鼠支气管肺泡灌洗液中白细胞介素 -8 的水平，异阿魏酸的作用比阿魏酸强[17]。Norcimifugin 对角叉菜胶引起的鼠足趾肿胀有抑制作用[10]。

3. 抗骨质疏松

升麻中的三萜类成分对甲状旁腺激素 (PTH) 诱导的卵巢切除大鼠的骨质疏松具有抑制作用，其甲醇提取物对培养骨组织由 PTH 所致的骨质疏松具有抑制作用[17]。

4. 抑制核苷运转

升麻根茎分离的三萜类化合物能抑制植物血凝素 (PHA) 刺激的淋巴细胞对胸腺嘧啶核苷的转运，其中升麻苷的抑制活性最强[17]。

5. 抗肿瘤

升麻水提取物在体外对人子宫颈癌细胞 JTC-26 的抑制率为 90% 以上[15]。

6. 抗溃疡

升麻甲醇提取物对乙酸所致的大鼠直肠溃疡有抑制作用[17]。

7. 其他

升麻还有解除平滑肌痉挛、降血压和降血脂等作用[15]。

应用

本品为中医临床用药。功能：发表透疹，清热解毒，升举阳气。主治：风热头痛，齿痛，口疮，咽喉肿痛，麻疹不透，阳毒发斑，脱肛，子宫脱垂。

现代临床还用于消化性溃疡、阑尾炎、月经不调、痛经、盆腔炎、关节囊积水、睾丸鞘膜积液、肝硬化腹水、烧烫伤、痤疮、黄褐斑、银屑病、白癜风、脱发等病的治疗。还被用于化妆品、香味剂等方面[18-19]。

评注

同属植物兴安升麻 *Cimicifuga dahurica* (Turcz.) Maxim. 和大三叶升麻 *C. heracleifolia* Kom.，同为《中国药典》收载的中药升麻的法定原植物来源种。

兴安升麻根茎含升麻醇 (cimigenol)、24- 表 -7, 8- 去氢升麻醇 3-*O*-*β*-*D*- 吡喃木糖苷、7,8- 去氢升麻醇 3-*O*-*β*-*D*- 吡喃木糖苷、25-*O*- 乙酰基 -7,8- 去氢升麻醇 3-*O*-*β*-*D*- 吡喃木糖苷、3-aradinosyl-24-*O*-acetylhydroshengmanol 15-glucoside、异阿魏酸、(*E*)-3-(3'- 甲基 -2'- 亚丁烯基)-2- 吲哚酮、豆甾醇葡萄糖苷、升麻酰胺、异升麻酰胺、北升麻瑞 (cimidahurine) 和北升麻宁 (cimidahurinine) 等成分 [18-20]。兴安升麻药理作用与升麻相似，还有抗突变、提高肝抗氧化酶及解毒酶和抑制猴免疫缺陷病毒 (SIV) 的作用 [21-23]。有待进一步开发和利用。

香港应用的升麻药材为菊科植物华麻花头 *Serratula chinensis* S. Moore. 的干燥根，俗称广升麻 [24]。广升麻为岭南地区习用品种，但来源与升麻相去甚远，两者的化学成分、药理作用和临床疗效的对比研究有待深入。

参考文献

[1] 李从军，李英和，陈顺峰，等 . 升麻中的三萜类成分 [J]. 药学学报，1994，29(6)：449-453.

[2] 李从军，陈迪华，肖培根 . 中药升麻的化学成分Ⅲ：升麻苷 C 和升麻苷 D 的化学结构 [J]. 化学学报，1994，52(7)：722-726.

[3] 李从军，李英和，肖培根 . 升麻苷 F 的分离和结构 [J]. 药学学报，1994，29(12)：934-936.

[4] 鞠建华，杨峻山 . 升麻族植物三萜皂苷的研究进展 [J]. 中国中药杂志，1999，24(9)：517-521.

[5] LI J X, KADOTA S, PU X F, Namba T. Foetidinol, a new trinor-triterpenoid with a novel carbon skeleton, from a Chinese crude drug "Shengma" (*Cimicifuga foetida* L.) [J]. Tetrahedron Letters, 1994, 35(26): 4575-4576.

[6] 赵晓宏，陈迪华，斯建勇，等 . 升麻中新三萜皂苷类成分研究 [J]. 中国中药杂志，2003，28(2)：135-138.

[7] ZHU N Q, JIANG Y, WANG M F, et al. Cycloartane triterpene saponins from the roots of *Cimicifuga foetida*[J]. Journal of Natural Products, 2001, 64(5): 627-629.

[8] 赵晓宏，陈迪华，斯建勇，等 . 中药升麻酚酸类化学成分研究 [J]. 药学学报，2002，37(7)：535-538.

[9] 李从军，陈迪华，肖培根 . 中药升麻的化学成分 (Ⅴ) [J]. 中草药，1995，26(6)：288-289，318.

[10] LAL B, KANSAL V K, SINGH R, et al. An antiinflammatory active furochromone, norcimifugin from *Cimicifuga foetida*: isolation, characterization, total synthesis and antiinflammatory activity of its analogs[J]. Indian Journal of Chemistry, Section B: Organic Chemistry Including Medicinal Chemistry, 1998, 37B(9): 881-893.

[11] 潘瑞乐，陈迪华，斯建勇，等 . 升麻地上部分化学成分研究 [J]. 药学学报，2003，38(4)：272-275.

[12] 潘瑞乐，陈迪华，斯建勇，等 . 升麻地上部分新的三萜皂苷类成分 [J]. 中国中药杂志，2003，28(3)：230-232.

[13] 潘瑞乐，陈迪华，斯建勇，等 . 升麻地上部分皂苷类成分研究 [J]. 药学学报，2002，37(2)：117-120.

[14] PAN R L, CHEN D H, SI J Y, et al. Two new cyclolanostanol glycosides from the aerial parts of *Cimicifuga foetida*[J]. Journal of Asian Natural Products Research, 2004, 6(1): 63-67.

[15] 王本祥 . 现代中药药理学 [M]. 天津：天津科学技术出版社，1997：155-158.

[16] 常志青，刘方洲，梁力，等 . 中药升麻中抗真菌成分的实验研究 [J]. 中医研究，1990，3(3)：26-28.

[17] 刘勇，陈迪华，陈雪松 . 升麻属植物的化学、药理与临床研究 [J]. 国外医药：植物药分册，2001，16(2)：55-58.

[18] 李从军，陈迪华，肖培根 . 兴安升麻酚性苷成分的研究 [J]. 药学学报，1994，29(2)：195-199.

[19] 李从军，陈迪华，肖培根，等 . 中药升麻的化学成分Ⅱ：升麻酰胺的化学结构 [J]. 化学学报，1994，52(3)：296-300.

[20] 张庆文，叶文才，赵守训，等 . 兴安升麻的化学成分研究 [J]. 中草药，2002，33(8)：683-685.

[21] 林新，蔡有余，李文魁，等 . 兴安升麻总皂苷对大鼠肝微粒体抗氧化酶和解毒酶谷胱甘肽转硫酶活性的影响 [J]. 中国实验动物学报，1994，2(1)：8-12.

[22] 林新，蔡有余，肖培根 . 兴安升麻总皂苷对丝裂霉素 C 诱发人外周血淋巴细胞 SCE 频率的影响 [J]. 癌变 . 畸变 . 突变，1994，6(6)：30-33.

[23] 林新，蔡有余，肖培根 . 兴安升麻皂苷体外 SIV 抑制作用及其机制 [J]. 华西药学杂志，1994，9(4)：221-224.

[24] 杨成梓，艾松军，杨思沅，等 . 香港和内地中药品种与应用的异同考辨 [J]. 福建中医学院学报，2003，13(4)：31-33.

石菖蒲 Shichangpu [CP]

Acorus tatarinowii Schott
Grassleaf Sweetflag

概述

天南星科 (Araceae) 植物石菖蒲 *Acorus tatarinowii* Schott，其干燥根茎入药。中药名：石菖蒲。

菖蒲属 (*Acorus*) 植物全世界约有 7 种，分布于北温带至亚热带。中国 7 种均有，分布于中国各省区。本属现供药用者约有 3 种。本种分布于中国黄河流域以南各省区，印度东北部至泰国北部也有分布。

“菖蒲”药用之名，始载于《神农本草经》，列为上品。《中国药典》（2015 年版）收载本种为中药石菖蒲的法定原植物来源种。主产于四川、浙江、江苏、湖南，以四川、浙江产量较大。印度东北部至泰国北部也有出产。

菖蒲属植物主要活性成分为挥发油类成分。《中国药典》采用挥发油测定法进行测定，规定石菖蒲药材含挥发油不得少于 1.0% (mL/g)，以控制药材质量。

药理研究表明，石菖蒲具有镇静、抗惊厥、解痉平喘、增智、抑菌、抗衰老等作用。

中医理论认为石菖蒲具有开窍豁痰，醒神益智，化湿开胃等功效。

◆ 石菖蒲
Acorus tatarinowii Schott

◆ 药材石菖蒲
Acori Tatarinowii Rhizoma

◆ 水菖蒲
A. calamus L.

化学成分

石菖蒲根茎部分主要含有挥发油：β-细辛醚 (β-asarone)、α-细辛醚 (α-asarone)、顺式甲基异丁香酚 (*cis*-methyl-isoeugenol)、反式甲基异丁香酚(*trans*-methyl-isoeugenol)、榄香素 (elemicin)、石竹烯 (caryophyllene)、菖蒲二烯 (acoradiene)、柏木烯[1]、蒿脑 (methyl chavicol)[2]、金钱蒲烯酮（石菖蒲酮，gramenone）[3]、黄樟素 (safrole)、丁香酚 (eugenol)、细辛醛 (asarylaldehyde)、绿叶烯(α-patchoulene)、樟脑 (camphor)等[4]。

石菖蒲根茎的水煎液中含2,4,5-三甲氧基苯甲酸 (2,4,5-trimethoxybenzoic acid)、4-羟基-3-甲氧基苯甲酸 (4-hydroxy-3-methoxybenzoic acid)、2,4,5-三甲氧基苯甲醛 (2,4,5-trimethoxy benzaldehyde)、丁二酸 (butanedioic acid)、辛二酸 (octanedioic acid) 、5-羟甲基糠醛 (5-hydroxymethyl-2-furaldehyde)、2,5-二甲氧基苯醌 (2,5-dimethoxybenzoquinone)[5]等。

此外，还含acoramone、isoacoramone、*cis*-epoxyasarone、threo-1',2'-dihydroxyasarone、erythro-1',2'-dihydroxyasarone[6]等。

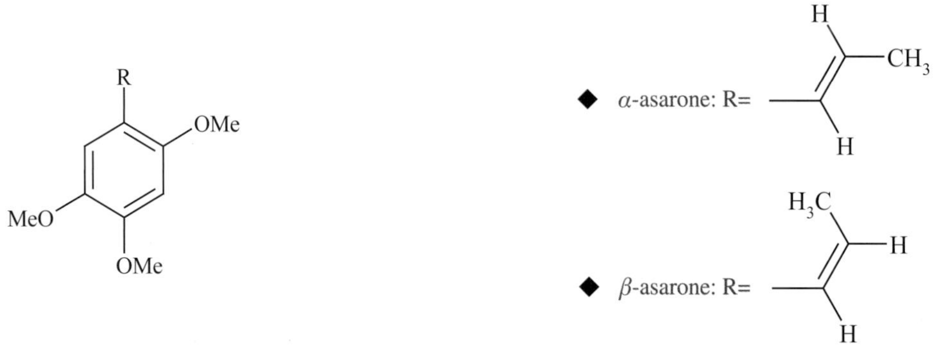

R
OMe
MeO
OMe

◆ α-asarone: R=
H
CH_3
H

◆ β-asarone: R=
H_3C
H
H

药理作用

1. 对中枢神经系统的影响

石菖蒲水提取液、醇提取液、总挥发油、α- 细辛醚、β- 细辛醚、去油煎剂均能增强阈下剂量的巴比妥钠对小鼠催眠作用[7-8]。石菖蒲醇提取液和挥发油能增强士的宁 (strychnine) 兴奋脊髓的作用；水提取液和醇提取液有协同苦味毒 (picrotoxin) 兴奋中枢神经系统的作用，使抽搐次数和死亡率增加；而挥发油能对抗苦味毒的兴奋作用。说明石菖蒲醇提取液能兴奋脊髓、中脑和大脑；水提取液主要兴奋中脑和大脑；挥发油既能兴奋脊髓，又能抑制中脑和大脑[7]。石菖蒲总挥发油、α- 细辛醚、β- 细辛醚还能延长回苏灵 (dimefline) 所致小鼠的惊厥潜伏期和死亡时间，α- 细辛醚为抗惊厥的主要有效成分之一[8-9]。采用最大电休克发作法和戊四氮最小阈发作法研究表明，石菖蒲煎剂和挥发油均能抗大鼠惊厥，还能防止惊厥引起的 γ- 氨基丁酸 (GABA) 神经元损伤[10]。

2. 促进学习记忆

石菖蒲煎剂灌胃对亚硝酸钠造成的小鼠记忆巩固障碍、东莨宕碱引起的记忆获得障碍和乙醇造成的记忆再现障碍均有明显的改善作用，还能促进正常小鼠的记忆获得[11]。

3. 对脑部的作用

石菖蒲挥发油、去油煎剂和含油水提取液对脑缺血再灌注的大鼠模型均有保护作用，能减轻脑水肿，减少大鼠脑皮质神经细胞凋亡；石菖蒲挥发油和含油水提取液还能减少大鼠海马神经细胞凋亡[12-13]。石菖蒲挥发油和 β- 细辛醚能增强大鼠脑皮质神经细胞 *bcl*-X 基因的表达，β- 细辛醚还能抑制大鼠脑皮质和海马神经细胞 Bax

基因表达，证明石菖蒲挥发油尤其是 β- 细辛醚为抑制大鼠神经细胞凋亡的主要成分 [13]，两者还能提高小鼠正常血脑通透性 [14]。

4. 平喘

石菖蒲总挥发油、α- 细辛醚、β- 细辛醚能显著抑制组胺和乙酰胆碱所致的离体豚鼠气管痉挛性收缩，且具明显的量效关系 [15]。

5. 对消化系统的影响

石菖蒲总挥发油、去油煎剂、α- 细辛醚、β- 细辛醚均能抑制离体家兔肠管的自发性收缩，拮抗乙酰胆碱、组胺及氯化钡所致的肠管痉挛，增强大鼠在体肠管蠕动和小鼠小肠运动；促进大鼠胆汁分泌 [16]。石菖蒲水提醇沉后的上清液腹腔注射对大鼠的胃、十二指肠的收缩活动均有抑制作用，其作用是通过阻断胆碱能 M 受体及迷走神经非胆碱能受体而实现的，与肾上腺能 α 和 β 受体无关 [17]。

6. 抗心律失常

石菖蒲挥发油腹腔注射能对抗乌头碱所致大鼠心律失常和肾上腺素、氯化钡所致家兔心律失常；治疗剂量时还有减慢心率的作用 [18]。

7. 抗菌

石菖蒲提取液在琼脂平板稀释法实验中对链球菌、苏云金芽孢杆菌、产气肠杆菌、金黄色葡萄球菌、枯草芽孢杆菌、表皮葡萄球菌、变形杆菌属、大肠埃希氏菌均有不同程度的抑制作用，其中对链球菌和苏云金芽孢杆菌的抑制效果最强 [19]。

8. 其他

石菖蒲还具有抗应激 [8,14] 和抗抑郁等作用 [20-21]。

应用

本品为中医临床用药。功能：开窍豁痰，醒神益智，化湿开胃。主治：神昏癫痫，健忘失眠，耳鸣耳聋，脘痞不饥，噤口下痢。

现代临床还用于治疗癫痫、肺性脑病、脑梗死、支气管炎、风湿性关节炎、哮喘、萎缩性胃炎、鼻炎等病。

评注

药用植物图像数据库

水菖蒲 *Acorus calamus* L. 主产于四川、湖南、湖北等地，民间亦作药用，功效类似石菖蒲。近年来，研究发现石菖蒲对污水有净化能力，在污水中能正常生长，对污水中的重金属有强吸收能力，对水质具有良好的净化效应 [22]。据研究表明，石菖蒲的根茎不仅能与藻类竞争光和矿质营养，还能向水中分泌化学物质，伤害和清除藻类。用培养石菖蒲的水培养藻类，可破坏藻类的叶绿素 a，促使藻细胞死亡 [23]。因此，推广石菖蒲种植对保护环境、净化水源有积极作用，但用作净化污水的石菖蒲不宜再入药，以防引起重金属对人体的伤害。

参考文献

[1] 唐洪梅，席萍，薛秀清．石菖蒲不同提取物化学成分的GC-MS分析[J]. 广东药学，2001，11(6)：33-35.

[2] 高玉琼，刘建华，霍昕．石菖蒲挥发油成分的研究[J]. 贵阳医学院学报，2003，28(1)：31-33.

[3] 刘驰，朱亮锋，何志诚，等．石菖蒲中一新倍半萜[J]. 植物资源与环境，1993，2(3)：22-25.

[4] 吴惠勤，张桂英，曾莉，等．超临界 CO_2 萃取石菖蒲有效成分的GC-MS分析[J]. 分析测试学报，2000，19(6)：70-71.

[5] 杨晓燕，陈发奎，吴立军．石菖蒲水煎液化学成分的研究[J]. 中草药，1998，29(11)：730-731.

[6] HU J F, FENG X Z. Phenylpropanes from *Acorus tatarinowii*[J]. Planta Medica, 2000, 66(7): 662-664.

[7] 方永奇，吴启瑞，王丽新，等．石菖蒲对中枢神经系统兴奋-镇静作用研究[J]. 广西中医药，2001，24(1)：49-50.

[8] 胡锦官，顾健，王志旺．石菖蒲及其有效成分对中枢神经系统作用的实验研究[J]. 中药药理与临床，1999，15(3)：19-21.

[9] 杨立彬，黄民，梁健民，等．石菖蒲及其成分对幼鼠电刺激反应性和电致惊厥阈的影响[J]. 中风与神经疾病杂志，2004，21(2)：112-113.

[10] LIAO W P, CHEN L, YI Y H, ET AL. Study of antiepileptic effect of extracts from *Acorus tatarinowii* Schott[J]. Epilepsia, 2005, 46(1): 21-24.

[11] 周大兴，李昌煜，林干良．石菖蒲对小鼠学习记忆的促进作用[J]. 中草药，1992，23(8)：417-419.

[12] 方永奇，李翎，邹衍衍，等．石菖蒲对缺血再灌注脑损伤大鼠脑电图和脑水肿的影响[J]. 中国中医急症，2003，12(1)：55-56.

[13] 方永奇，匡忠生，谢宇辉，等．石菖蒲对缺血再灌注脑损伤大鼠神经细胞凋亡的影响[J]. 现代中西医结合杂志，2002，11(17)：1647-1649.

[14] 吴启端，方永奇，李翎，等．石菖蒲醒脑开窍的有效部位筛选[J]. 时珍国医国药，2002，13(5)：260-261.

[15] 杨社华，王志旺，胡锦官．石菖蒲及其有效成分对豚鼠气管平滑肌作用的实验研究[J]. 甘肃中医学院学报，2003，20(2)：12-13，45.

[16] 胡锦官，顾健，王志旺．石菖蒲及其有效成分对消化系统的作用[J]. 中药药理与临床，1999，15(2)：16-18.

[17] 秦晓民，徐敬东，邱小青，等．石菖蒲对大鼠胃肠肌电作用的实验研究[J]. 中国中药杂志，1998，23(2)：107-109.

[18] 申军，肖柳英，张丹．石菖蒲挥发油抗心律失常的实验研究[J]. 广州医药，1993，(3)：44-45.

[19] 何池全，陈少凤，叶居新．石菖蒲抑菌效应的研究[J]. 环境与开发，1997，12(3)：1-3，6.

[20] 李明亚，陈红梅．石菖蒲对行为绝望动物抑郁模型的抗抑郁作用[J]. 中药材，2001，24(1)：40-41.

[21] 李明亚，李娟好，季宁东，等．石菖蒲几种粗提物的抗抑郁作用[J]. 广东药学院学报，2004，20(2)：141-144.

[22] 杨海龙，洪瑞川．石菖蒲对污水适应性的研究[J]. 南昌大学学报：理科版，1994，18(1)：97-102.

[23] 叶居新，何池全，陈少凤．石菖蒲的克藻效应[J]. 植物生态学报，1999，23(4)：379-384.

石韦 Shiwei CP

Pyrrosia lingua (Thunb.) Farwell
Felt Fern

概述

水龙骨科 (Polypodiaceae) 植物石韦 *Pyrrosia lingua* (Thunb.) Farwell，其干燥叶入药。中药名：石韦。

石韦属 (*Pyrrosia*) 植物全世界约有 100 种，分布于亚洲热带和亚热带地区。中国约有 37 种。本属现供药用者约有 9 种。本种分布于中国长江以南各省区；印度、越南、朝鲜半岛和日本也有分布。

“石韦”药用之名，始载于《神农本草经》，列为中品。历代本草均有著录，系指本种和石韦属多种植物。《中国药典》（2015 年版）收载本种为中药石韦的法定原植物来源种之一。主产于中国华东、中南、西南、华南及西藏等地区 [1]。

石韦主要含黄酮和三萜等成分。《中国药典》采用高效液相色谱法测定，规定石韦药材绿原酸不得少于 0.20%，以控制药材质量。

药理研究表明，石韦具有抗病原微生物、利尿、抗血小板聚集和祛痰等作用。

中医理论认为石韦具有利尿通淋，清肺止咳，凉血止血等功效。

◆ 石韦
Pyrrosia lingua (Thunb.) Farwell

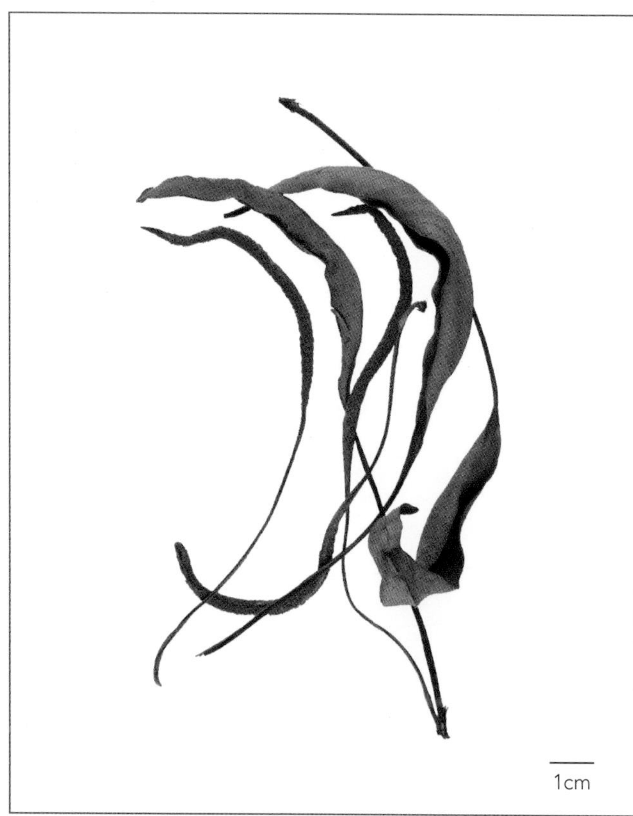

◆ 药材石韦
Pyrrosiae Folium

◆ 有柄石韦
P. petiolosa (Christ) Ching

化学成分

石韦地上部分含有机酸类成分：绿原酸 (chlorogenic acid)；黄酮类成分：山柰酚(kaempferol)、槲皮素 (quercetin)、异槲皮素 (isoquercetin)、三叶豆苷 (trifolin)[2]、紫云英苷 (astragalin)、甘草苷 (liquiritin)[3]；三萜类成分：里白烯 (diploptene) 等。

石韦根茎含三萜类成分：22,28-epoxyhopane、22,28-epoxyhopan-30-ol、hopane-22,30-diol、hop-22(29)-en-30-ol、hop-22(29)-en-28-ol[4]、cyclohopenol、cyclohopanediol[5]、octanordammarane、(18*S*)-18-hydroxydammar-21-ene、(18*S*)-pyrrosialactone、(18*S*)-pyrrosialactol、3-deoxyocotillol、dammara-18(28),21- diene[6]等。

◆ diploptene

◆ (18*S*)-pyrrosialactone

药理作用

1. 利尿

石韦煎剂灌胃对大鼠、小鼠均有一定的利尿作用。

2. 祛痰

石韦提取物腹腔注射或灌胃，小鼠酚红祛痰实验表明其有祛痰作用。

3. 抗病原微生物

石韦体外对痢疾志贺氏菌、肠伤寒沙门氏菌、甲型和乙型副伤寒沙门氏菌、金黄色葡萄球菌、溶血性链球菌、白喉棒杆菌、变形杆菌属、大肠埃希氏菌、甲型流感病毒、钩端螺旋体等有抑制作用。

4. 对血小板聚集的影响

石韦的甲醇和水提取物体外能显著抑制二磷酸腺苷 (ADP) 诱导的兔血小板聚集 [7]。

应用

本品为中医临床用药。功能：利尿通淋，清肺止咳，凉血止血。主治：热淋，血淋，石淋，小便不通，淋沥涩痛，肺热喘咳，吐血，衄血，尿血，崩漏。

现代临床还用于慢性气管炎、支气管哮喘、菌痢、泌尿系统结石、急慢性肾炎、湿疹、前列腺炎等病的治疗。

评注

药用植物图像数据库

同属植物庐山石韦 *Pyrrosia sheareri* (Bak.) Ching 和有柄石韦 *P. petiolosa* (Christ) Ching 也被《中国药典》收载为中药石韦的法定原植物来源种。三种石韦所含的化学成分明显不同，绿原酸为共同成分。庐山石韦全草含绿原酸、香草酸 (vanillic acid)、原儿茶酸 (protocatechuic acid)、延胡索酸 (fumaric acid)、杧果苷 (mangiferin)、里白烯 (diploptene)[8] 等成分。有柄石韦全草含绿原酸、香草酸、咖啡酸 (caffeic acid)、3,4- 二羟基苯丙酸 (3,4-dihydroxy-phenylpropionic acid)、杧果苷、异杧果苷 (isomangiferin)、(–) 圣草酚 [(–)eriodictyol]、(±) 圣草酚 7-*O*-*β*-*D*- 吡喃葡萄糖醛酸苷 [(±)eriodictyol 7-*O*-*β*-*D*-pyrannoglucuronide]、紫云英苷、棉皮素 (gossypetin)、柚皮素 (naringenin)、pyrropetioside、里白烯、cycloeucalenol[9-11] 等成分。有鉴于此，对中药石韦的 3 种基原植物应区别对待，分别制定质量控制标准，加强药效学研究，以保证其疗效和相关中成药产品的质量。

参考文献

[1] 李洁，童玉懿，邢公侠．中药石韦的原植物调查和质量评价 [J]. 中国中药杂志，1991，16(9)：520-522.

[2] 水野瑞夫，阪沼宗和，今井俊尚，等．石韦的化学成分 [J]. 植物学报，1986，28(3)：339-340.

[3] DO J C, JUNG K Y, SON K H. Flavonoid glycosides from the fronds of *Pyrrosia lingua*[J]. Saengyak Hakhoechi, 1992, 23(4): 276-279.

[4] MASUDA K, YAMASHITA H, SHIOJIMA K, et al. Fern constituents: triterpenoids isolated from rhizomes of *Pyrrosia lingua*. I [J]. Chemical & Pharmaceutical Bulletin, 1997, 45(4): 590-594.

[5] YAMASHITA H, MASUDA K, AGETA H, et al. Fern constituents: cyclohopenol and cyclohopanediol, novel skeletal triterpenoids from rhizomes of *Pyrrosia lingua*[J]. Chemical & Pharmaceutical Bulletin, 1998, 46(4): 730-732.

[6] YAMASHITA H, MASUDA K, KOBAYASHI T, et al. Dammarane triterpenoids from rhizomes of *Pyrrosia lingua*[J]. Phytochemistry, 1998, 49(8): 2461-2466.

[7] SAWABE Y, IWAGAMI S, SUZUKI S, et al. Inhibitory effect of *Pyrrosia lingua* on platelet aggregation[J]. Osaka-furitsu Koshu Eisei Kenkyusho Kenkyu Hokoku, Yakuji Shido-hen, 1991, 25: 39-40.

[8] 韩基善，王明时 . 庐山石韦的化学成分的研究 [J]. 南京药学院学报，1984，15(1)：40-44.

[9] 石建功，马辰，杨永春，等 . 中药石韦的生药学研究 [J]. 世界科学技术：中药现代化，2002，4(5)：36-43.

[10] YANG C, SHI J G, MO S Y, et al. Chemical constituents of *Pyrrosia petiolosa*[J]. Journal of Asian Natural Products Research, 2003, 5(2): 143-150.

[11] 王楠，王金辉，程杰，等 . 有柄石韦的化学成分 [J]. 沈阳药科大学学报，2003，20(6)：425-427，438.

石香薷 Shixiangru CP

Mosla chinensis Maxim.
Chinese Mosla

概述

唇形科 (Laminaceae) 植物石香薷 *Mosla chinensis* Maxim.，其干燥地上部分入药。中药名：香薷。

石荠苎属 (*Mosla*) 植物全世界约有 22 种，分布于印度、中南半岛、马来西亚，南至印度尼西亚及菲律宾，北至中国、朝鲜半岛和日本。中国产约有 12 种，本属现供药用者约有 7 种。本种分布于中国山东、江苏、浙江、安徽、江西、湖南、湖北、贵州、四川、广西、广东、福建、台湾等省区，越南也有分布。

"香薷"药用之名，始载于《名医别录》，列为中品。历代本草所记载的香薷，其植物来源不止一种；明代以后的本草，如《本草纲目》《植物名实图考》所记载的"石香薷"，是指本种及其栽培变种江香薷[1]。《中国药典》（2015 年版）收载本种为中药香薷的法定原植物来源种之一。主产于中国湖南、江西、四川、广西、广东、福建等省区，为野生品，习称"青香薷"。

石香薷主要含挥发油、黄酮、三萜等成分。挥发油的主成分麝香草酚和香荆芥酚为其主要的抗病原微生物活性成分。《中国药典》采用挥发油测定法进行测定，规定香薷药材含挥发油不得少于 0.60% (mL/g)；采用气相色谱法进行测定，含麝香草酚与香荆芥酚的总量不得少于 0.16%，以控制药材质量。

药理研究表明，石香薷具有抗菌、抗病毒、解热、镇痛、增强机体免疫功能等作用。

中医理论认为香薷具有发汗解表，化湿和中等功效。

◆ 石香薷
Mosla chinensis Maxim.

◆ 药材香薷
Moslae Herba

化学成分

石香薷全草含挥发油类成分，其主成分为麝香草酚 (thymol) 和香荆芥酚 (carvacrol)[2-3]。还含有黄酮类成分：5-羟基-6,7-二甲氧基黄酮 (5-hydroxy -6,7-dimethoxyflavone, mosloflavone)、5,7-二羟基-4'-甲氧基黄酮 (5,7-dihydroxy-4'-methoxyflavone)、芹菜素 (apigenin)、山柰酚-3-*O*-*β*-*D*-葡萄糖苷 (kaempferol-3-*O*-*β*-*D*-glucoside)、桑色素-7-*O*-*β*-*D*-葡萄糖苷 (morin-7-*O*-*β*-*D*-glucoside)、鼠李柠檬素 (rhamnocitrin)、鼠李柠檬素-3-*O*-*β*-*D*-芹糖(1→5)-*β*-*D*-芹糖-4'-*O*-*β*-*D*-葡萄糖苷[rhamnocitrin-3-*O*-*β*-apiosyl(1→5)-*β*-*D*-apiosyl-4'-*O*-*β*-*D*-glucoside]、5-羟基-6-甲基-7-*O*-*β*-*D*-吡喃木糖(3→1)-*β*-*D*-吡喃木糖双氢黄酮苷[5- hydroxy-6-methyflavanone -7-*O*-*β*-*D*-xylopyranose (3→1)-*β*-*D*-xylopyranoside]、strobopini-7-*O*-*β*-*D*-xylopyranosyl (1→3)-*β*-*D*-xylopyranoside[4-5]等；三萜类成分：常春藤皂苷元 (hederagenin)、齐墩果酸 (oleanolic acid)、贝萼皂苷元(bayogenin)、3,25-epoxy-2*β*,3*α*,7*β*-trihydroxyolean-12-en-28-oic acid、3*β*-angeloyl-2*β*,23-dihydroxyolean-12-en-28-oic acid[6]等。

MeO MeO OH O O

◆ 5-hydroxy -6,7-dimethoxyflavone

HO HO O H H H OH COOH

◆ 3,25-epoxy-2*β*,3*α*,7*β*-trihydroxyolean-12-en-28-oic acid

药理作用

1. 抗病原微生物

石香薷水提取物体外能显著抑制变异链球菌的生长[7]；甲醇提取物有广谱抗菌作用，能显著抑制多种细菌和真菌的生长，所含的麝香草酚为其主要抗菌活性成分[8]。挥发油体外能显著抑制金黄色葡萄球菌、大肠埃希氏菌、白色葡萄球菌、痢疾志贺氏菌、弗氏痢疾志贺氏菌、宋氏痢疾志贺氏菌、伤寒沙门氏菌、变形杆菌属等菌株的生长；急性菌痢患者口服石香薷挥发油胶丸后，大便细菌培养转阴率、大便镜检恢复正常时间和临床症状控制时间均优于痢特灵[9-10]。石香薷挥发油在培养 Vero 细胞中能有效抑制流感 A_3 病毒所致的细胞病变 (CPE)，在鸡胚中能使流感 A_3 病毒的血凝效价显著下降；灌胃对流感 A_3 病毒所致的小鼠流感病毒性肺炎有明显治疗作用[11]。

2. 解热、镇痛

石香薷挥发油腹腔注射，能显著降低正常小鼠的体温，缓解啤酒酵母菌所致的大鼠发热，显著提高热板法小鼠的痛阈值[12]。

3. 增强免疫

石香薷挥发油灌胃，能显著增加小鼠血清溶菌酶含量及血的 50% 溶血活性 (ACH_{50}) 值，促进抗体形成细胞分泌溶血素，升高血清抗绵羊红细胞 (SRBC) 抗体效价和外周血 T 淋巴细胞百分率，增加脾脏重量。

4. 其他

石香薷挥发油还有镇静、解痉等作用。

应用

本品为中医临床用药。功能：发汗解表，化湿和中。主治：暑湿感冒，恶寒发热，头痛无汗，腹痛吐泻，水肿，小便不利。

现代临床还用于中暑、胃肠炎、支气管炎等病的治疗。

评注

药用植物图像数据库

本种的栽培变种江香薷 *Mosla chinensis* 'Jiangxiangru'也为《中国药典》收载的中药香薷法定药用来源。主产于中国江西的分宜和新余等地，营销中国各地[13]。江香薷与石香薷具有类似的药理作用，其化学成分亦大致相同[12, 14]。江香薷的栽培时经几百年，目前在中国江西省南昌市已建立了江香薷的规范化种植基地。

香薷是中国卫生部公布的药食两用品种之一。石香薷植物资源丰富，其挥发油含有麝香草酚等天然抑菌活性成分，可以作为食品防腐剂和添加剂，还可用作空气清新剂和消毒剂。其产品在医药食品行业具有很大的开发利用价值。但是，有关石香薷的药效物质基础的研究仅限于其挥发油成分，其所含的黄酮类、三萜类成分的生理活性值得探索。

参考文献

[1] 龚慕辛，朱甘培．香薷的本草考证 [J]. 北京中医，1996，(5)：39-41.

[2] 郑尚珍，杨彩霞，高黎明，等．石香薷挥发油成分的研究 [J]. 西北师范大学学报：自然科学版，1998，34(3)：31-33.

[3] 郑尚珍，郑敏燕，戴荣，等．超临界流体 CO_2 萃取法研究石香薷精油化学成分 [J]. 西北师范大学学报：自然科学版，2001，37(2)：49-52.

[4] 郑尚珍，孙丽萍，沈序维．石香薷中化学成分的研究 [J]. 植物学报，1996，38(2)：156-160.

[5] ZHENG S Z, SUN L P, SHEN X W, et al. Flavonoids constituents from *Mosla chinensis* Maxim.[J]. Indian Journal of Chemistry, Section B: Organic Chemistry Including Medicinal Chemistry, 1996, 35B(4): 392-394.

[6] ZHENG S Z, KANG S H, SHEN T, et al. Triterpenoids from *Mosla chinensis*[J]. Indian Journal of Chemistry, Section B: Organic Chemistry Including Medicinal Chemistry, 2000, 39B(11): 875-878.

[7] CHEN C P, LIN C C, NAMBA T. Screening of Taiwanese crude drugs for antibacterial activity against *Streptococcus mutans*[J]. Journal of Ethnopharmacology, 1989, 27(3): 285-295.

[8] FURUYA T, MATSUURA Y, MIZOBATA S, et al. Research for the development of natural antimicrobial materials. I. -antimicrobial activity and effective constituents in *Mosla chinensis* Maxim.[J]. Nippon Shokuhin Kagaku Gakkaishi, 1997, 4(2): 114-119.

[9] 林文群，刘剑秋，兰瑞芳．闽产石香薷挥发油化学成分及其抑菌作用的研究 [J]. 福建师范大学学报：自然科学版，1999，15(2)：88-91.

[10] 成彩莲，彭承秀，刘爱荣．石香薷挥发油抗菌作用及治疗急性细菌性痢疾的疗效观察 [J]. 同济医科大学学报，2000，29(6)：569-571.

[11] 严银芳，陈晓，杨小清，等．石香薷挥发油对流感 A_3 病毒的抑制作用 [J]. 微生物学杂志，2002，22(1)：32-33，56.

[12] 龚慕辛．青香薷与江香薷挥发油药理作用比较 [J]. 北京中医，2000，(4)：46-49.

[13] 胡珊梅，范崔生，袁春林．江香薷的本草考证和药材资源的研究 [J]. 江西中医学院学报，1994，6(2)：79-82.

[14] 朱甘培．海州香薷与石香薷的栽培品江香薷挥发油的气相色谱 - 质谱分析比较 [J]. 药学学报，1992，27(4)：287-293.

薯蓣 Shuyu CP

Dioscorea opposita Thunb.
Common Yam

概述

薯蓣科 (Dioscoreaceae) 植物薯蓣 *Dioscorea opposita* Thunb.，其干燥块茎入药。中药名：山药。

薯蓣属 (*Dioscorea*) 植物全世界约有 600 种，广布于热带和温带地区。中国约有 55 种 11 变种 1 亚种，主要分布于西南和东南部省区 [1]。本属现供药用者约有 35 种，此外还有多种可供食用。本种分布于中国东北、华东地区，以及河北、河南、湖北、湖南、贵州、云南等省；朝鲜半岛、日本也有分布。

山药以“署豫”药用之名，始载于《神农本草经》，列为上品。其后历代本草均有著录。因文字避讳，自宋代后期本草中出现“山药”之名。历代本草中记载的山药，大致可分为药用与食用两类。药用山药多指人工栽培的本种，而食用山药都称为薯，均为薯蓣属内可食种，种类较为复杂。《中国药典》（2015 年版）收载本种为中药山药的法定原植物来源种。主产于中国河南新乡地区，多集中在河南沁阳（旧属怀庆府），故又名怀山药，产量大，质量优。此外，河北、陕西、江苏、浙江、江西、贵州、四川等省地也有，但产量较少。

薯蓣属植物主要活性成分为多糖、甾体皂苷类成分。特别是薯蓣属植物根茎中含有的薯蓣皂苷元 (diosgenin) 是合成甾体激素类药物的原料。《中国药典》以性状、显微和薄层色谱鉴别来控制山药药材的质量。

药理研究表明，薯蓣具有祛痰、脱敏、降血脂、抗肿瘤等作用。

中医理论认为山药具有补脾养胃，生津益肺，补肾涩精等功效。

◆ 薯蓣
Dioscorea opposita Thunb.

◆ 药材山药
Dioscoreae Rhizoma

◆ 穿龙薯蓣（雄）
D. nipponica Makino

◆ 穿龙薯蓣（雌）
D. nipponica Makino

化学成分

薯蓣的根茎中含有由甘露糖 (mannose)、葡萄糖 (glucose) 和半乳糖 (galactose) 按摩尔比6.45:1:1.26构成的山药多糖，甘露多糖 Ⅰa、Ⅰb、Ⅰc (mannan Ⅰa～Ⅰc)[2]，尿囊素 (allantoin)、多巴胺 (dopamine)、盐酸山药碱 (batatasine hydrochloride)[3]、多酚氧化酶 (polyphenoloxidase)[4]、止权素Ⅱ (abscisin Ⅱ)[5]。并含有多种甾醇：如胆甾烷醇 (choestanol)、(24*R*)-*α*-甲基胆甾烷醇 [(24*R*)-*α*-methyl cholestanol]、(24*S*)-*β*-甲基胆甾烷醇 [(24*S*)-*β*-methyl cholestanol]、胆甾醇(cholesterol)及它们的衍生物[6]。另外，近年还分离得一新的糖苷3,4,6-trihydroxyphenanthrene-3-*O*-*β*-*D*-glucopyranoside[7]。尚含山药多糖RDPS-1。

薯蓣的珠芽（零余子）中含5种酚性植物生长调节剂山药素Ⅰ、Ⅱ、Ⅲ、Ⅳ、Ⅴ (batatasins Ⅰ～Ⅴ)。

HO MeO MeO OMe

◆ batatasin Ⅰ

HO HO NH · HCl

◆ batatasine hydrochloride

药理作用

1. 调整胃肠运动

薯蓣能抑制胃排空运动，能拮抗乙酰胆碱、氯化钡所致的离体回肠强直性收缩作用，对新斯的明负荷小鼠胃肠推进运动的增强有抑制作用[8]。

2. 抗氧化、抗衰老

山药多糖能使维生素 C-NADPH 及 Fe^{2+}- 半胱氨酸诱发的微粒体过氧化脂质的含量降低，并对黄嘌呤－黄嘌呤氧化酶体系产生的超氧自由基及 Fenton 反应体系产生的羟自由基有清除作用，显示山药多糖具有较好的体外抗氧化活性[9]。薯蓣还能使小鼠体内谷胱甘肽过氧化物酶、过氧化氢酶、超氧化物歧化酶和脑 Na^+, K^+-ATP 酶活性增加，抑制单胺氧化酶 B 的活性及过氧化脂质和脂褐质的形成，表现出良好的抗氧化及抗衰老作用[10-11]。

3. 免疫调节功能

给小鼠灌服山药多糖，可明显提高环磷酰胺所致免疫功能低下小鼠腹腔巨噬细胞的吞噬百分率和吞噬指数，对其溶血素和溶血空斑的形成及淋巴细胞转化有促进作用，并使外周血 T 淋巴细胞转化率显著上升[12]。山药多糖既能提高特异性细胞免疫和体液的免疫功能，亦具有非特异性免疫功能[13]。

4. 降血糖

薯蓣水煎剂给小鼠灌胃，可以降低正常小鼠的血糖，对由四氧嘧啶引起的小鼠糖尿病有预防及治疗作用，对肾上腺素或葡萄糖引起的小鼠血糖升高亦有显著的拮抗作用[14]。山药多糖为降血糖作用的有效成分，其作用与增加胰岛素分泌、改善受损的胰岛 β 细胞功能有关[15]。

5. 抗肿瘤

山药多糖 RDPS-1 对移植性小鼠黑色素瘤 B16 和 Lewis 肺癌细胞有明显的抑制作用[16]。

6. 其他

薯蓣水煎剂给小鼠灌服，可增加其前列腺、精囊腺重量，产生雄性激素样作用。薯蓣中的尿囊素具有麻醉镇痛、抗刺激物、促进上皮生长、消炎和抗菌作用[17-18]，山药活性多糖具有体外抗突变作用[19]。

应用

本品为中医临床用药。功能：补脾养胃，生津益肺，补肾涩精。主治：脾虚食少，久泻不止，肺虚喘咳，肾虚遗精，带下，尿频，虚热消渴。麸炒山药补脾健胃，用于脾虚食少、泄泻便溏、白带过多。

现代临床还用于肠易激综合征、哮喘、慢性阻塞性肺病、肺源性心脏病、慢性尿道炎等病的治疗。

评注

药用植物图像数据库

山药是中国卫生部规定的药食同源品种之一。薯蓣属较原始的类群如盾叶薯蓣 *Dioscorea zingiberensis* C. H. Wright 等，具有短而横生的地下茎，为根茎；较进化的类群则具有球形、圆柱形、不规则形的地下茎，根据根茎与块茎两个术语的基本概念，此类器官应为块茎。山药药用部位的解剖构造为典型的单子叶植物茎的结构，所以认为山药的药用部位是块茎更为妥当。

除药用外，现今山药还可做成美味佳肴，开发成各种饮料、果酱和罐头，近年来更以鲜山药或山药饮片直接泡茶饮用。山药的产量较高、用量大、出口量稳定，是调整种植结构、发展高效农业有推广价值的理想农作物。河南已建立了薯蓣的规范化种植基地。

本属植物穿龙薯蓣 *D. nipponica* Makino，以根茎入药，有舒筋活血、祛风止痛的功效。穿龙薯蓣和盾叶薯蓣主含薯蓣皂苷，是生产皂素的主要原料，现中国已建有规范化生产基地。

参考文献

[1] 刘鹏，郭水良，吕洪飞，等.中国薯蓣属植物的研究综述[J].浙江师大学报：自然科学版，1993，16(4)：100-106.

[2] OHTANI K, MURAKAMI K. Structure of mannan fractionated from water-soluble mucilage of Nagaimo (*Dioscorea batatas* Dence) [J]. Agricultural and Biological Chemistry, 1991, 55(9): 2413-2414.

[3] TONO T. Tetrahydroixoquinoline derivative isolated from the acetone extract of *Dioscorea batatas*[J]. Agricultural and Biological Chemistry, 1971, 35(4): 619-621.

[4] IMAKAWA S. Brownig of Chinese yam (*Dioscorea batatas*) [J]. Hokkaido Daigaku Nogakubu Hobun Kiyo, 1967, 6(2): 181-192.

[5] Hashimoto T, Ikai T, Tamura S. Isolation of (+)-abscisin Ⅱ from dormant aerial tubers of *Dioscorea batatas*[J] [J]. Planta, 1968, 78(1): 89-92.

[6] AKIHISA T, TANAKA N, YOKOTA T, et al. 5α-Cholest-8(14)-en-3β-ol and three 24-alkyl-D8(14)-sterols from the bulbils of *Dioscorea batatas*[J]. Phytochemistry, 1991, 30(7): 2369-2372.

[7] SAUTOUR M, MITAINE-OFFER A, MIYAMOTO T, et al. A new phenanthrene glycoside and other constituents from *Dioscorea opposita*[J]. Chemical & Pharmaceutical Bulletin, 2004, 52(10): 1235-1237.

[8] 李树英，陈家畅，苗利军，等.山药健脾胃作用的研究[J].中药药理与临床，1994,(1)：19-22.

[9] 何书英，詹彤，王淑如.山药水溶性多糖的化学及体外抗氧化活性[J].中国药科大学学报，1994，25(6)：369-372.

[10] 詹彤，陶靖，王淑如.水溶性山药多糖对小鼠的抗衰老作用[J].药学进展，1999，23(6)：356-360.

[11] 苗明三.怀山药多糖抗氧化作用研究[J].中国医药学报，1997，12(2)：22-23.

[12] 苗明三.怀山药多糖对小鼠免疫功能的增强作用[J].中药药理与临床，1997，13(3)：25-26.

[13] 赵国华，王赟，李志孝，等.山药多糖的免疫调节作用[J].营养学报，2002，24(2)：187-188.

[14] 郝志奇，杭秉茜，王瑛.山药水煎剂对实验性小鼠的降血糖作用[J].中国药科大学学报，1991，22(3)：158-160.

[15] 胡国强，杨保华，张忠泉.山药多糖对大鼠血糖及胰岛释放的影响[J].山东中医杂志，2004，23(4)：230-231.

[16] 赵国华，李志孝，陈宗道.山药多糖RDPS-Ⅰ的结构分析及抗肿瘤活性[J].药学学报，2003，38(1)：37-41.

[17] 顾文珍，秦万章.尿囊素的作用及其临床应用[J].新药与临床，1990，9(4)：232-234.

[18] 聂桂华，周可范，董秀华，等.山药的研究概况[J].中草药，1993，24(3)：158-160.

[19] 阚建全，王雅茜，陈宗道，等.山药活性多糖抗突变作用的体外实验研究[J].营养学报，2001，23(1)：76-78.

◆ 薯蓣种植基地

水烛香蒲 Shuizhuxiangpu CP

Typha angustifolia L.
Narrow-Leaved Cattail

概述

香蒲科 (Typhaceae) 植物水烛香蒲 *Typha angustifolia* L.，其干燥花粉入药。中药名：蒲黄。

香蒲属 (*Typha*) 全世界有 16 种，分布于热带至温带，主要分布于欧亚和北美。中国有 11 种，本属现供药用者约有 5 种。本种分布于中国东北、华北、西北及河南、湖北、四川、云南、台湾等省区；尼泊尔、印度、巴基斯坦、日本、俄罗斯及欧洲、美洲也有分布。

"蒲黄"药用之名，始载于《神农本草经》，列为上品。据《名医别录》《本草经集注》《本草图经》及《本草纲目》的文字记载及相关附图，可以确定蒲黄的原植物为香蒲属植物。《中国药典》（2015 年版）规定本种为中药蒲黄的法定原植物来源种之一。主产于中国江苏、浙江、山东、内蒙古、湖北等地。

蒲黄的主要有效成分为黄酮类化合物。《中国药典》采用高效液相色谱法进行测定，规定蒲黄药材含异鼠李素 -3-*O*- 新橙皮苷和香蒲新苷的总量不得少于 0.50%，以控制药材质量。

药理研究表明，水烛香蒲具有增加冠状动脉流量、降血脂、抗血栓、促凝血等作用。

中医理论认为蒲黄具有止血，化瘀，通淋等功效。

◆ 水烛香蒲
Typha angustifolia L.

◆ 药材蒲黄
Typhae Pollen

化学成分

水烛香蒲的花粉主要含有黄酮类化合物，如香蒲新苷 (typhaneoside)、异鼠李素-3-*O*-新橙皮苷 (isorhamnetin-3-*O*-neohesperidoside)、山柰素-3-*O*-鼠李糖葡萄糖苷 (kaempferol-3-*O*-rhamnosylglucoside)、槲皮素-3-*O*-新橙皮苷(quercetin-3-*O*-neohesperidoside)[1]、异鼠李素 (isorhamnetin)、山柰素 (kaempferol)、槲皮素 (quercetin)、柚皮素 (naringenin)、异鼠李素-3-*O*-α-鼠李糖基-α-鼠李糖基-β-葡萄糖苷 (isorhamnetin-3-*O*-α-rhamnosyl-α-rhamnosyl-β -glucoside)、异鼠李素-3-*O*-α-*L*-鼠李糖-(1→2)-β-*D*-葡萄糖苷 (isorhamnetin-3-*O*-α-*L*-rhamnosyl-(1→2)-β-*D*-glucoside)、山柰素-3-*O*-α-鼠李糖基-β-葡萄糖苷 (kaempferol-3-*O*-α-rhamnosyl-β-glucoside)、槲皮素-3-*O*-α-鼠李糖基-β-葡萄糖苷 (quercetin-3-*O*-α-rhamnosyl-β-glucoside)[2]。另有酸性成分5-反-咖啡酰莽草酸 (5-*trans*-caffeoylshikimic acid)等。

◆ typhaneoside

药理作用

1. 对血液系统的影响

口服蒲黄水浸液、50% 乙醇浸液或煎剂均能使实验动物凝血时间明显缩短[3]。蒲黄有机酸对花生四烯酸 (AA) 诱导的家兔血小板聚集有明显抑制作用，其机制可能与抑制 AA 的代谢有关[4]。

2. 对心血管系统的作用

蒲黄提取液有改善微循环的作用，可缩小家兔心肌梗死范围，使病变减轻。蒲黄提取物对离体蛙心、兔心的抑制作用属可逆性，于高浓度时能使心脏停搏于舒张状态，并可降低家兔的血压[5]。蒲黄醇提取物通过提高心肌及脑对缺氧的耐受性或降低心、脑等组织的耗氧量，对心脑缺氧起保护作用[6]；通过调节心脏收缩或舒张的作用，蒲黄醇提取物的不同有效组分对垂体后叶素引起的急性心肌缺血有保护作用[7]；蒲黄水提取物对异丙肾上腺素引起的大鼠心律失常也有预防作用[8]。

3. 降血脂及抗动脉粥样硬化 (AS) 作用

蒲黄降血脂及抗 AS 是多个环节综合作用的结果。通过抑制食物中胆固醇的吸收，蒲黄能使胆固醇从肠道排出增加；蒲黄能直接升高前列环素 (PGI_2) 并降低血栓素 (TXA_2) 水平，这对防治 AS 斑块形成有重要意义。蒲黄还有启动巨噬细胞功能的作用，有助在早期时防治 AS 斑块的形成，并可促使其消退[9]。此外，蒲黄对家兔高脂血症所致血管内皮损伤有拮抗作用[10]。

4. 调节免疫

蒲黄可使大鼠胸腺、脾脏明显萎缩，并对免疫应答反应有抑制作用，而抑制程度与药物剂量呈正比。

5. 其他

蒲黄还有抗炎、利胆、利尿、收缩子宫等作用，对急性缺血再灌注损伤肾脏也有保护作用[11]。

应用

本品为中医临床用药。功能：止血，化瘀，通淋。主治：吐血，衄血，咯血，崩漏，外伤出血，经闭痛经，胸腹刺痛，跌扑肿痛，血淋涩痛。

现代临床还用于高脂血症、慢性非特异性结肠炎、子宫内膜异位症、冠心病、心绞痛等病的治疗。

评注

药用植物图像数据库

《中国药典》（2015 年版）规定，中药蒲黄的来源还包括同属植物东方香蒲 *Typha orientalis* Presl 或同属其他植物的干燥花粉。有研究表明：同属的长苞香蒲 *T. angustata* Bory et Chaub.、达香蒲 *T. davidiana* (Kronf.) Hand. -Mazz.、宽叶香蒲 *T. latifolia* L. 与水烛香蒲的花粉在黄酮单体成分的种类和含量上都非常接近，均对凝血系统有促进作用。东方香蒲因资源量较少，目前商品中所占的比例较少。

香蒲多属野生，资源十分丰富。但近年各地相继发展经济，将水塘改为鱼塘，资源也有所减少。为解决资源问题，也可进行人工栽培。香蒲适应性强，栽培技术简单，春季将根茎切成小段栽植于渠沟两边或池塘中即可以成活生长。

除药用外，水烛香蒲还有多种用途。其茎叶含果胶、木质素、半纤维素、纤维素，纤维长 5.25 mm，强力 4.25 g，是优良的造纸原料[12]。叶和叶鞘可用于编织蒲包、蒲席、蒲扇等。雌花序（果穗）的茸毛可作枕芯和其他填充物。

参考文献

[1] 贾世山，刘永隆，马超美．狭叶香蒲花粉（蒲黄）黄酮类成分的研究 [J]. 药学学报，1986，21(6)：441-446.

[2] 陈嫣，方圣鼎，顾云龙，等．水烛香蒲花粉中的活性成分 [J]. 中草药，1990，21(2)：50-55.

[3] 王丽君，廖矛川，肖培根．中药蒲黄的化学与药理活性 [J]. 时珍国药研究，1998，9(1)：49-50.

[4] 冯欣，刘凤鸣．蒲黄有机酸对家兔血小板聚集性的影响 [J]. 中国民间疗法，1999，(6)：48-49.

[5] 苑可武，徐文豪．蒲黄的化学及药理研究概况 [J]. 中草药，1996，27(11)：693-695.

[6] 俞腾飞，边力，王军，等．蒲黄醇提物对小鼠耐缺氧、抗疲劳的影响 [J]. 中药材，1991，14(2)：38-41.

[7] 孙伟，马传学，陈才法．蒲黄醇提取物对家兔急性心肌缺血的保护作用 [J]. 江苏药学与临床研究，2003，11(1)：9-11.

[8] 郑若玄，方三曼，李志明，等．蒲黄对大白鼠心律失常的预防作用 [J]. 中国中药杂志，1993，18(2)：108-110.

[9] 张彩英．中药蒲黄防治动脉粥样硬化机制的研究 [J]. 衡阳医学院学报，1991，19(3)：75-79.

[10] 张嘉晴，周志泳，左保华．蒲黄对高脂血症所致内皮损伤的保护作用 [J]. 中药药理与临床，2003，19(4)：20-22.

[11] 赵小昆，黄循，杨锡兰．蒲黄对肾缺血再灌流损伤保护作用的实验研究 [J]. 湖南医科大学学报，1993，18(4)：378-380.

[12] 王宗训．中国资源植物利用手册 [M]. 北京：科学出版社，1989：74-75.

◆ 野生水烛香蒲

丝瓜 Sigua CP, KHP

Luffa cylindrica (L.) Roem.
Loofah

概述

葫芦科 (Cucurbitaceae) 植物丝瓜 *Luffa cylindrica* (L.) Roem.，其干燥成熟果实的维管束入药。中药名：丝瓜络。

丝瓜属 (*Luffa*) 植物全世界约有 8 种，分布于东半球热带和亚热带地区。中国通常栽培 2 种，均可供药用。本种中国南北各地均有栽培，并广泛栽培于世界温带和热带地区。

“丝瓜络”药用之名，始载于《本草纲目》。历代本草多有著录。《中国药典》（2015 年版）收载本种为中药丝瓜络的法定原植物来源种。中国各地均产，以浙江慈溪产质量最佳，江苏南通、苏州所产质量也好。

丝瓜络主要化学成分为三萜皂苷。此外，还含有黄酮类化合物。《中国药典》以性状和显微鉴别来控制丝瓜络药材的质量。

药理研究表明，丝瓜具有抗炎、抗菌、镇痛、镇静、镇咳、祛痰平喘等作用。

中医理论认为丝瓜络具有祛风，通络，活血，下乳等功效。

◆ 丝瓜
Luffa cylindrica (L.) Roem.

◆ 药材丝瓜络
Luffae Fructus Retinervus

化学成分

丝瓜果实主要含三萜皂苷类化合物：丝瓜皂苷 A、B、C、D、E、F、G、H、I、J、K、L、M (lucyosides A～M)[1-2]和人参皂苷 Re、Rg_1 (ginsenosides Re, Rg_1)[1]。

丝瓜叶含三萜皂苷类化合物：丝瓜素 A (lucyin A)[3]，丝瓜皂苷 G、N、O、P、Q、R[3-7] (lucyosides G, N～R)，21*β*-羟基齐墩果酸 (21*β*-hydroxyoleanoic acid)、2*α*-羟基齐墩果酸-3-*O*-*β*-*D*-葡萄吡喃糖苷 (3-*O*-*β*-*D*-glucopyranosylmaslinic acid)[8]，人参皂苷 Re、Rg_1[9]。还含黄酮类成分：芹菜素 (apigenin)[10]。

丝瓜种子含多肽类化合物：丝瓜素 P_1、S (luffins P_1, S)[11]，luffacylin[12]。

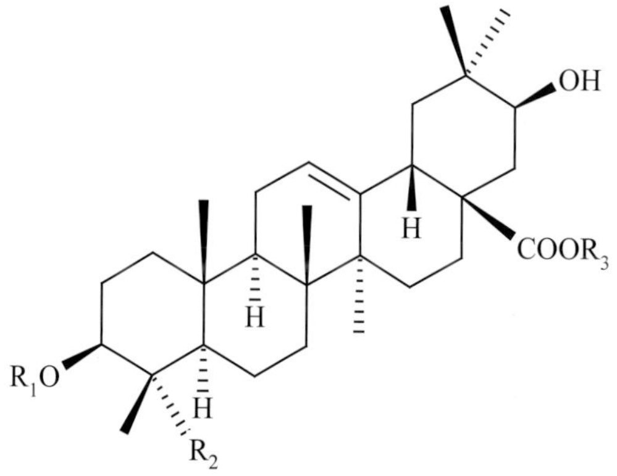

◆ lucyoside A：R_1=R_3=glc, R_2=CH_2OH
lucyoside C：R_1=R_3=glc, R_2=CH_3

药理作用

1. 抗炎

丝瓜络水煎剂腹腔注射能显著降低角叉菜胶所致的大鼠足趾肿胀[13]。

2. 抗菌

丝瓜种子中的 luffacylin 体外对落花生球腔菌 *Mycosphaerella arachidicola* 和尖孢镰刀菌 *Fusarium oxysporum* 有抑制作用[12]。

3. 镇痛、镇静

丝瓜络水煎剂腹腔注射能明显减少小鼠对醋酸引起的扭体反应次数，并能提高小鼠热板法和电刺激痛阈值；还可明显减少小鼠自发活动，并对戊巴比妥钠有良好的协同作用[13-14]。

4. 保护缺血心肌

丝瓜络水煎剂灌胃能降低垂体后叶素所致的急性心肌缺血小鼠心电图中 T 波增高幅度，抑制心率减慢，抑制血清中乳酸脱氢酶 (LDH) 和心肌组织中丙二醛 (MDA) 含量增高，增加心肌组织中超氧化物歧化酶 (SOD) 活性，对急性缺血心肌有明显的保护作用[15]。

5. 降血脂

丝瓜络水煎剂灌胃可显著降低实验性高血脂大鼠的血清胆固醇和三酰甘油，升高高密度脂蛋白胆固醇，有明显的降血脂作用，还能明显减轻大鼠的体重[16]。

6. 增强免疫

丝瓜果实、叶和藤的提取物（乙醇提取液的石油醚萃取部分）灌胃均能增强小鼠腹腔巨噬细胞内酸性磷酸酶活性和巨噬细胞吞噬功能[17]。丝瓜叶所含的2α-羟基齐墩果酸-3-*O*-β-*D*-葡萄吡喃糖苷体外对小鼠胸腺细胞产生白介素1 (IL-1)、肿瘤坏死因子α (TNF-α)及白介素2 (IL-2)有明显的促进作用[18]。

7. 抗过敏

丝瓜藤醇提取物灌胃给药，可显著抑制大鼠同种被动皮肤过敏反应 (PCA)、小鼠异种被动皮肤过敏反应、小鼠免疫复合体性过敏炎症 (Arthus) 反应，以及小鼠绵羊红细胞所致迟发型超敏反应[19]。

8. 镇咳、祛痰、平喘

对二氧化硫或氨雾法引起的小鼠咳嗽，丝瓜络煎剂醇提取物灌服或腹腔给药均有止咳作用，还能明显增加小鼠呼吸道排泌酚红作用。给豚鼠腹腔注射丝瓜络煎剂，对组胺致喘有预防作用。

9. 其他

丝瓜络还有抗急性肝损伤、强心、抑制S_{180}、抗人类免疫缺陷病毒 (HIV) 等作用[20]。丝瓜种子中提取的蛋白灌胃对小鼠有抗早孕作用[21]；种子中的丝瓜素P_1有胰蛋白酶抑制作用，丝瓜素S有核糖体灭活蛋白样作用[11]。丝瓜叶所含的2α-羟基齐墩果酸-3-*O*-β-*D*-葡萄吡喃糖苷侧脑室注射给药可明显促进脑缺血大鼠脑功能的恢复[22]。

应用

本品为中医临床用药。功能：祛风，通络，活血，下乳。主治：痹痛拘挛，胸胁胀痛，乳汁不通，乳痈肿痛。

现代临床还用于咳喘、慢性肾炎、带状疱疹、急性乳腺炎、风湿性关节炎、冠心病、心绞痛、卒中后半身不遂等病的治疗。

评注

药用植物图像数据库

香港、广东、广西等南方地区所用的丝瓜络为同属植物棱角丝瓜 *Luffa acutangula* Roxb. 果实的维管束，中药名为“粤丝瓜络”。

丝瓜和棱角丝瓜均为夏季蔬菜，营养极其丰富，所提供的热量仅次于南瓜，在瓜类蔬菜中居第二位。丝瓜通体均可入药，果实入药为“丝瓜”，功效为清热化痰、凉血解毒；种子入药为“丝瓜子”，功效为清热、利水、通便、驱虫；果皮入药为“丝瓜皮”，功效为清热解毒；瓜蒂入药为“丝瓜蒂”，功效为清热解毒、化痰定惊；花入药为“丝瓜花”，功效为清热解毒、化痰止咳。

参考文献

[1] TAKEMOTO T, ARIHARA S, YOSHIKAWA K, et al. Studies on the constituents of Cucurbitaceae plants. Ⅵ. On the saponin constituents of *Luffa cylindrica* Roem. (1) [J]. Yakugaku Zasshi, 1984, 104(3): 246-255.

[2] TAKEMOTO T, ARIHARA S, YOSHIKAWA K, et al. Studies on the constituents of Cucurbitaceae plants. XIII. On the saponin constituents of *Luffa cylindrica* Roem. (2) [J]. Yakugaku Zasshi, 1985, 105(9): 834-839.

[3] 梁龙，鲁灵恩，蔡元聪. 丝瓜叶化学成分研究 [J]. 药学学报，1993，28(11)：836-839.

[4] 梁龙，刘昌瑜，李光玉，等. 丝瓜叶中丝瓜皂苷R的化学结构 [J]. 药学学报，1997，32(10)：761-764.

[5] 梁龙，鲁灵恩，蔡元聪. 丝瓜叶中丝瓜皂苷O的化学结构研究 [J]. 药学学报，1994，29(10)：798-800.

[6] 梁龙，鲁灵恩，蔡元聪. 丝瓜叶化学成分研究 (Ⅲ) [J]. 华西药学杂志，1994，9(4)：209-211.

[7] 梁龙，刘昌瑜，李光玉，等. 丝瓜叶化学成分的研究 [J]. 药学学报，1996，31(2)：122-125.

[8] 梁龙，鲁灵恩，蔡元聪. 丝瓜叶化学成分研究（Ⅰ）[J]. 华西药学杂志，1993，8(2)：63-66.

[9] 梁龙，鲁灵恩，蔡元聪，等. 丝瓜叶化学成分研究（Ⅳ）[J]. 四川中草药研究，1995，(6)：18-19.

[10] KHAN M S Y, BHATIA S, JAVED K, et al. Chemical constituents of the leaves of *Luffa cylindrica* Linn.[J]. Indian Journal of Pharmaceutical Sciences, 1992, 54(2): 75-76.

[11] 李丰，夏恒传，杨欣秀，等. 丝瓜籽中一种具有翻译抑制活性和胰蛋白酶抑制剂活性的多肽 -Luffin P_1 的纯化和性质 [J]. 生物化学与生物物理学报，2003，35(9)：847-852.

[12] PARKASH A, NG T B, TSO W W. Isolation and characterization of luffacylin, a ribosome inactivating peptide with anti-fungal activity from sponge gourd (*Luffa cylindrica*) seeds[J]. Peptides, 2002, 23(6): 1019-1024.

[13] 康白，张义军，李华洲. 丝瓜络镇痛、抗炎作用的研究 [J]. 中医药研究，1992，(5)：45-47.

[14] 康白，张义军，李广宙. 丝瓜络镇痛、镇静作用初探 [J]. 实用中西医杂志，1993，6(4)：227-228.

[15] 关颖，李菁，朱伟杰，等. 丝瓜络对小鼠心肌缺血性损伤的预防效应 [J]. 中国病理生理杂志，2006，22(1)：68-71.

[16] 李菁，付咏梅，朱伟杰，等. 丝瓜络对实验性高血脂大鼠的降血脂效应 [J]. 中国病理生理杂志，2004，20(7)：1264-1266.

[17] 毛泽善，徐自超，宋向凤，等. 丝瓜提取物对小鼠巨噬细胞功能的影响 [J]. 新乡医学院学报，2004，21(2)：80-82.

[18] 李利民，聂梅，周永禄，等. 丝瓜叶成分 L-6a 对 BALB/C 鼠产生 IL-1、TNFα 及 IL-2 的影响 [J]. 华西药学杂志，2001，16(5)：334-336.

[19] 寇俊萍，庄书裴，唐新娟，等. 丝瓜藤醇提取物抗炎和抗过敏作用的研究 [J]. 中国药科大学学报，2001，32(4)：293-296.

[20] NG T B, CHAN W Y, YEUNG H W. Proteins with abortifacient, ribosome inactivating, immunomodulatory, antitumor and anti-AIDS activities from Cucurbitaceae plants[J]. General Pharmacology, 1992, 23(4): 579-590.

[21] 张颂，张宗禹，苏庆东，等. 丝瓜子蛋白的提取分离及其对小鼠的抗早孕作用 [J]. 中国药科大学学报，1990，21(2)：115-116.

[22] 齐尚斌，周永禄，李利民，等. 丝瓜叶成分对脑缺血大鼠学习记忆障碍及皮层体感诱发电位的影响 [J]. 药学学报，1999，34(10)：721-724.

菘蓝 Songlan CP

Isatis indigotica Fort.
Indigo Blue Woad

概述

十字花科 (Brassicaceae) 植物菘蓝 *Isatis indigotica* Fort.，其干燥根入药，中药名：板蓝根；干燥叶入药，中药名：大青叶；其茎叶加工所得的粉末或团块入药，中药名：青黛。

菘蓝属 (*Isatis*) 植物全世界约 30 种，分布于中欧、地中海地区，以及亚洲西部和中部。中国有 6 种 1 变种，本属现供药用者约有 2 种。本种原产中国，各地均有栽培。

“菘蓝”药用之名，始载于《本草经集注》。《中国药典》（2015 版）收载本种的根、叶、叶或茎的加工干燥粉末分别作为“板蓝根”“大青叶”和“青黛”药用。主产于中国江苏、安徽，此外浙江、河南、河北、山东、辽宁、内蒙古及西北大部分省区都有栽培。

菘蓝主要含有吲哚类、喹唑酮类及芥子苷类化合物，尚含有有机酸、甾醇、多糖、核苷、氨基酸等成分。其活性成分尚未明确，现大多采用靛蓝、靛玉红作为定量检测的指标 [1]。《中国药典》采用高效液相色谱法进行测定，规定板蓝根药材含 (*R*, *S*)- 告依春不得少于 0.020%；大青叶药材含靛玉红不得少于 0.020%；青黛药材含靛蓝不得少于 2.0%，含靛玉红不得少于 0.13%，以控制药材质量。

药理研究表明，菘蓝具有抗病原微生物、抗内毒素、解热、镇痛、抗炎、抗癌、增强免疫等作用。

中医理论认为板蓝根和大青叶具有清热解毒，凉血利咽消斑等功效。

◆ 菘蓝
Isatis indigotica Fort.

◆ 药材大青叶
Isatidis Folium

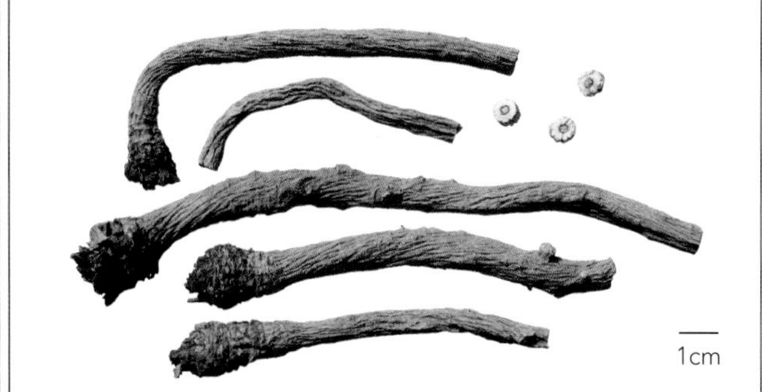

◆ 药材板蓝根
Isatidis Radix

化学成分

菘蓝根含吲哚类化合物：(*R*, *S*)-告依春 [(*R*, *S*)-goitrin]靛蓝 (indigo)、靛玉红 (indirubin)、靛苷 (indoxyl-b-glucoside)、靛红 (isatin)[1]、(*E*)-二甲氧羟苄吲哚酮 [(*E*)-3-(3',5'-dimethoxy-4'-hydroxy-benzylidene)-2-indolinone][2]、羟基靛玉红 (hydroxyindirubin)[3]、吲哚-3-乙腈-6-*O*-*β*-*D*-葡萄糖苷 (indole-3-acetonitrile-6-*O*-*β*-*D*-glucopyranoside)[4]、bisindigotin[5]等；含有喹唑酮类化合物：依靛蓝酮 (isaindigodione)、3羟苯基喹唑酮 [3-(2'-hydroxyphenyl)-4(3H)-quinazolinone][6]、青黛酮 (qingdainone)、色胺酮 (tryptanthrin)、2,3-二氢-1H-吡咯并[2,1-O][1,4]苯并二氮杂啰-5,11(10H,11aH)-二酮{2,3-dihydro-1H-pyrrolo[2,1-O][1,4] benzodiazepine-5,11(10H,11aH)-dione}、脱氧鸭嘴花酮碱 (deoxyvasicinone)[7]、依靛蓝双酮 (isaindigotidione)[2]、2,4(1H,3H) 喹唑二酮[2,4(1H,3H) quinzaolinedione][8]、板蓝根二酮B (tryptanthrin B)[9]等；含蒽醌类成分：大黄素 (emodin)、大黄素-8-*O*-*β*-*D*-葡萄糖苷 (emodin-8-*O*-*β*-*D*-glucoside)[10]；含黄酮类成分：高牡荆苷 (homovitexin)、蒙花苷 (linarin)[10]、新橙皮苷 (neohesperidin)、甘草素 (liquiritigenin)、异甘草素 (isoliquiritigenin)[11]；含木脂素类成分：丁香苷 (syringin)、(+)-异落叶松树脂醇 [(+)-isolariciresinol][4]、clemastanin B、板蓝根木脂素苷 A (indigoticoside A)[12]；此外还含有芥子苷类、有机酸类等多种成分。

菘蓝叶含靛玉红、靛蓝、菘蓝苷 (isatan B)、2,4(1H,3H)-喹唑二酮 [2, 4(1H,3H)-quinazoline dione]、色胺酮 (tryptanthrin)等。

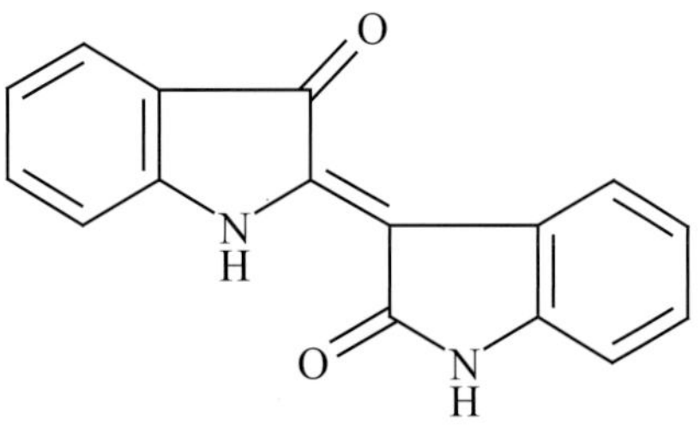

◆ indirubin

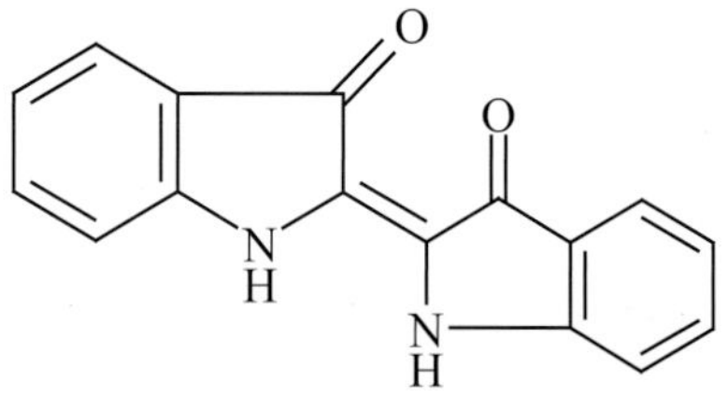

◆ indigo

药理作用

1. 抗病原微生物

菘蓝中提取的单体成分体外对柯萨奇病毒 B 组 3 型 (CVB_3)[13]、腺病毒[14]、I 型单纯性疱疹病毒[15]、SARS 病毒[16]、流感病毒、乙型脑炎病毒及腮腺炎病毒有抑制作用[17]。菘蓝根提取物体外对 CVB_3 感染的大鼠病毒性心肌炎 (VMC) 心肌细胞有保护作用[18]；叶提取物灌胃给药可显著改善 CVB_3 感染早期致小鼠 VMC 的病理改变[19]。菘蓝叶和根提取物体外对金黄色葡萄球菌等致病菌有广谱抗菌作用，其高极性部位抑菌活性较强[20-21]。

2. 抗内毒素

菘蓝根氯仿提取物体外可直接破坏内毒素结构[22]；灌胃给药可抑制 LPS 刺激小鼠巨噬细胞分泌肿瘤坏死因子 α (TNF-α) 和一氧化氮 (NO)，抑制肝、脾、肾组织中 moesin mRNA 表达[23-24]及单核细胞分泌 P38 丝裂原活化蛋白激酶活性，降低小鼠死亡率[25]；对内毒素血症小鼠巨噬细胞膜脂各组成成分均具有保护作用[26]，丁香酸是其抗内毒素主要活性物质之一[27]。动态浊度法研究显示，菘蓝叶正丁醇提取部位也具有显著抗内毒素活性[28]。体外实验同样表明，菘蓝根氯仿提取物可降低 LPS 刺激小鼠腹腔单核细胞释放 TNF-α、白介素 6 (IL-6) 和 NO 的水平[29]。

3. 解热、镇痛

菘蓝根醇提取物腹腔注射，对福尔马林所致的小鼠扭体反应有显著的镇痛作用，对脂多糖 (LPS) 引起的大鼠发热有显著解热作用[30]。菘蓝根氯仿提取物耳缘静脉注射可抑制内毒素引起的家兔发热[23]。

4. 抗炎

菘蓝根醇提取物腹腔注射对大鼠角叉菜胶所致的足趾肿胀有明显的抗炎作用[30]；灌胃给药，对二甲苯所致的小鼠耳郭肿胀也有显著的抗炎作用，其高极性部位抗炎活性较强[21]。化学发光法检测显示菘蓝根低极性流分及其亚流分也含有抗炎成分[31]。

5. 抗肿瘤

板蓝根二酮 B 体外可抑制肝癌细胞 BEL-7402、卵巢癌细胞 A2780 的增殖[9]。菘蓝根高级不饱和脂肪酸体外可抑制 BEL-7402 增殖[32]，腹腔注射可抑制小鼠 S_{180} 移植瘤生长，延长肝癌移植瘤 H_{22} 生存期[33]；菘蓝根中的活性单体和高级不饱和脂肪酸体外能逆转肝癌多药耐药细胞 BEL-7402/ADM、BEL-7404/ADM 对阿霉素 (ADM) 的耐药性[34-35]。

6. 增强免疫功能

菘蓝根多糖腹腔注射能显著促进小鼠免疫功能，菘蓝叶水煎剂体外可促进刀豆蛋白 A (ConA) 诱导小鼠脾淋巴细胞分泌 IL-2，增强免疫功能[36]。

7. 其他

菘蓝叶氯仿提取物能减轻环磷酰胺 (CP) 对生殖细胞遗传损伤[37]，同时对小鼠胚胎发育有保护作用[38]。板蓝根提取物能清除氧自由基，其中的根高极性流分及其亚流分含有抗氧自由基活性成分[39]。板蓝根凝集素有促进胸腺淋巴细胞分裂活性[40]；靛红有抑制单胺氧化酶作用[41]。

应用

本品为中医临床用药。其干燥根入药即为“板蓝根”，干燥叶入药称为“大青叶”，其茎叶加工所得的粉末或团块入药名为“青黛”，三者功效基本一致。功能：清热解毒，凉血利咽消斑。主治：温病高热，温毒发斑，温疫时毒，咽痛，血热吐衄，胸痛咳血，神昏，口疮，发疹，痄腮，烂喉丹痧，喉痹，大头瘟疫，丹毒，痈肿，小儿惊痫。

现代临床还用于病毒性及细菌性疾病，如流行性乙型脑炎、流行性感冒、流行性腮腺炎、肺炎、肝炎、钩端螺旋体病、带状疱疹等病的治疗。

评注

药用植物图像数据库

《中国药典》还收载爵床科植物马蓝 *Baphicacanthus cusia* (Nees) Bremek. 为中药南板蓝根的法定原植物来源种，其干燥根茎及根入药，在中国南方地区广为应用。

现有的化学成分和药理研究结果表明，本品通过多成分、多靶点、多途径作用于机体，发挥多样的药理活性。因此，有必要尽快找到发挥各药效的活性部位，阐明其作用机制，进行深入的研究与开发。目前，安徽已建立了菘蓝的规范化种植基地。

参考文献

[1] 崔卓，王颖，康廷国．板蓝根有效成分质量研究 [J]. 辽宁中医杂志，2004，31(8)：692-693.

[2] 刘云海，秦国伟，丁水平，等．板蓝根化学成分研究(I) [J]. 中草药，2001，32(12)：1057-1060.

[3] 丁水平，刘云海，李敬，等．板蓝根化学成分研究（Ⅱ）[J]. 医药导报，2001，20(8)：475-476.

[4] 何立巍，李祥，陈建伟，等．板蓝根水溶性化学成分的研究 [J]. 中国药房，2006，17(3)：232-234.

[5] WEI X Y, LEUNG C Y, WONG C K C, et al. Bisindigotin, a TCDD antagonist from the Chinese medicinal herb *Isatis indigotica*[J]. Journal of Natural Products, 2005, 68(3): 427-429.

[6] 刘云海，秦国伟，丁水平，等．板蓝根化学成分的研究（Ⅲ）[J]. 中草药，2002，33(2)：97-99.

[7] 刘云海，吴晓云，方建国，等．板蓝根化学成分研究（Ⅳ）[J]. 医药导报，2003，22(9)：591-594.

[8] 徐丽华，黄芳，陈婷，等．板蓝根中的抗病毒活性成分 [J]. 中国天然药物，2005，3(6)：359-360.

[9] 梁永红，侯华新，黎丹戎，等．板蓝根二酮 B 体外抗癌活性研究 [J]. 中草药，2000，31(7)：531-533.

[10] 刘云海，吴晓云，方建国，等．板蓝根化学成分研究（Ⅴ）[J]. 中南药学，2003，1(5)：302-305.

[11] 何轶，鲁静，林瑞超．板蓝根化学成分研究 [J]. 中草药，2003，34(9)：777-778.

[12] 张永文，俞敏倩，陈玉武，等．板蓝根中的木脂素双葡萄糖苷 [J]. 中国中药杂志，2005，30(5)：395-397.

[13] 赵玲敏，杨占秋，钟琼，等．菘蓝的 4 种单体成分抗柯萨奇病毒作用的研究 [J]. 武汉大学学报：医学版，2005，26(1)：53-57.

[14] 赵玲敏，杨占秋，方建国，等．菘蓝的 4 种有效成分及配伍组合抗腺病毒作用的研究 [J]. 中药新药与临床药理，2005，16(3)：178-181.

[15] 方建国，汤杰，杨占秋，等．板蓝根体外抗单纯疱疹病毒Ⅰ型作用 [J]. 中草药，2005，36(2)：242-244.

[16] LIN C W, TSAI F J, TSAI C H, et al. Anti-SARS coronavirus 3C-like protease effects of Isatis indigotica root and plant-derived phenolic compounds[J]. Antiviral Research, 2005, 68(1): 36-42.

[17] 王本祥．现代中药药理学 [M]. 天津：天津科学技术出版社，1997：1514-1516.

[18] 朱理安，关瑞锦，胡锡衷．板蓝根对实验性病毒性心肌炎心肌细胞的保护作用研究 [J]. 中华心血管病杂志，1999，27(6)：467-468.

[19] 李小青，张国成，许东亮，等．黄芪和大青叶治疗小鼠病毒性心肌炎的对比研究 [J]. 中国当代儿科杂志，2003，5(5)：439.

[20] 郑剑玲，王美惠，杨秀珍，等．大青叶和板蓝根提取物的抑菌作用研究 [J]. 中国微生态学杂志，2003，15(1)：18.

[21] 汤杰，施春阳，徐晗，等．板蓝根抑菌抗炎活性部位的评价 [J]. 中国医院药学杂志，2003，23(6)：327-328.

[22] 刘云海，方建国，谢委．板蓝根抗内毒素机制研究 [J]. 中国药科大学学报，2003，34(5)：442-447.

[23] 刘云海，方建国，王文清，等．板蓝根抗内毒素活性有效部位研究 (Ⅰ) [J]. 中南药学，2004，2(4)：195-198.

[24] 刘云海，谢委，方建国，等．板蓝根有效部位 F_{022} 对脂多糖刺激小鼠组织膜结构伸展刺突蛋白 mRNA 表达的影响 [J]. 医药导报，2006，25(1)：1-3.

[25] 刘云海，方建国，王文清，等．板蓝根抗内毒素活性部位研究 (Ⅱ) [J]. 中南药学，2004，2(5)：263-266.

[26] 王新春，许平，刘北彦，等．板蓝根磷脂对内毒素血症小鼠巨噬细胞膜脂成分的保护作用 [J]. 中华急诊医学杂志，2005，14(7)：577-578

[27] 刘云海，方建国，龚雪芃，等．板蓝根中丁香酸的抗内毒素作用 [J]. 中草药，2003，34(10)：926-928.

[28] 方建国，施春阳，汤杰，等．大青叶抗内毒素活性部位筛选 [J]. 中草药，2004，35(1)：60-62.

[29] 刘云海，尹雄章，谢委，等．板蓝根对脂多糖刺激鼠释放炎性细胞因子的影响 [J]. 中国药房，2006，17(1)：18-20.

[30] HO Y L, CHANG Y S. Studies on the antinociceptive, anti-inflammatory and antipyretic effects of *Isatis indigotica* root[J]. Phytomedicine, 2002, 9: 419-424.

[31] 秦菁，贺海平，CHRISTENSEN S B，等．板蓝根低极性流分的分离及其免疫活性 [J]. 中国临床药学杂志，2001，10(1)：29-31.

[32] 侯华新，秦箐，黎丹戎，等．板蓝根高级不饱和脂肪组酸的体外抗人肝癌 BEL-7402 细胞活性 [J]. 中国临床药学杂志，2002，11(1)：16-19.

[33] 侯华新，黎丹戎，秦箐，等．板蓝根高级不饱和脂肪组酸体内抗肿瘤实验研究 [J]. 中药新药与临床药理，2002，13(3)：156-157.

[34] 韦长元，黎丹戎，刘剑仑，等．板蓝根组酸活性单体 -5b 对不同肝癌耐药细胞的逆转作用 [J]. 实用肿瘤杂志，2003，18(1)：44-46.

[35] 侯华新，黎丹戎，韦长元，等．板蓝根高级不饱和脂肪酸对耐药肝癌细胞株 BEL-7404/ADM 逆转作用实验 [J]. 中国现代应用药学杂志，2002，19(5)：351.

[36] 赵红，张淑杰，马立人．大青叶水煎剂调节小鼠免疫细胞分泌 IL-2、TNF-α 的体外研究 [J]. 陕西中医，2003，23(8)：757.

[37] 王莉，邢绥光，安长新．菘蓝对小鼠生殖细胞损伤的保护作用 [J]. 癌变．畸变．突变，2002，14(4)：238-240.

[38] 王莉，买尔江，邢绥光，等．菘蓝对小鼠胚胎发育的保护作用 [J]. 解剖学杂志，2004，27(1)：47.

[39] 秦箐，侯华新，邱莉，等．板蓝根高极性流分及其亚流分抗氧自由基的活性 [J]. 中国临床药学杂志，2001，10(6)：373.

[40] 胡兴昌，张慧绮．板蓝根凝集素对小鼠胸腺淋巴细胞分裂作用的电镜观察 [J]. 上海师范大学学报：自然科学版，2002，31(1)：61-66.

[41] HAMAUE N. Pharmacological role of isatin, an endogenous MAO inhibitor[J]. Yakugadu Zasshi, 2000, 120(4): 352-362.

酸枣 Suanzao CP, JP

Ziziphus jujuba Mill. var. *spinosa* (Bge.) Hu ex H. F. Chou
Spine Date

概述

鼠李科 (Rhamnaceae) 植物酸枣 *Ziziphus jujuba* Mill. var. *spinosa* (Bge.) Hu ex H. F. Chou，其干燥成熟种子入药。中药名：酸枣仁。

枣属 (*Ziziphus*) 植物全世界约有 100 种，分布于亚洲和美洲的热带、亚热带地区。中国产约有 12 种 3 变种，本属现供药用者约有 5 种。本变种分布于中国华北、西北及辽宁、河南、山东、江苏、安徽、湖北、四川等省区。

“酸枣仁”药用之名，始载于《神农本草经》，列为上品。《中国药典》(2015 年版) 收载本变种为中药酸枣仁的法定原植物来源种。主产于中国河北、陕西、辽宁、河南等省区。

酸枣主要活性成分为酸枣仁皂苷和黄酮类化合物，尚有环肽类和生物碱等。《中国药典》采用高效液相色谱法进行测定，规定酸枣仁药材含酸枣仁皂苷 A 不得少于 0.030%，斯皮诺素不得少于 0.080%，以控制药材质量。

药理研究表明，酸枣的种子具有镇静催眠、抗焦虑等作用。

中医理论认为酸枣仁具有养心补肝，宁心安神，敛汗，生津等功效。

◆ 酸枣
Ziziphus jujuba Mill. var. *spinosa* (Bge.) Hu ex H. F. Chou

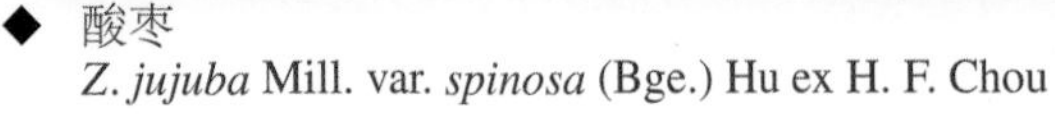

◆ 酸枣
Z. jujuba Mill. var. *spinosa* (Bge.) Hu ex H. F. Chou

◆ 药材酸枣仁
Ziziphi Spinosae Semen

化学成分

酸枣种子含三萜及三萜皂苷类：酸枣仁皂苷A、B、D、E (jujubosides A, B, D, E)[1-2]及白桦脂酸 (betulic acid)[2]、白桦脂醇 (betulin)、美洲茶酸 (ceanothic acid)、麦珠子酸 (alphitolic acid)；黄酮类：spinosin、isospinosin、当药素 (swertisin)、葛根素 (puerarin)、6‴-feruloylisospinosin、6‴-feruloylspinosin、芹菜素-6-*C*-*β*-*D*-吡喃葡萄糖苷 (apigenin-6-*C*-*β*-*D*-glucopyranoside)、皂草黄素-2″-*O*-*β*-*D*-吡喃葡萄糖苷 (isovitexin-2″-*O*-*β*-*D*-glucopyranoside)[3]、酸枣黄素 (zivulgarin)[4]、斯皮诺素(spinosin)、6‴-芥子酰斯皮诺素 (6‴-sinapoylspinosin)、6‴-对香豆酰斯皮诺素 (6‴-*p*-coumaroylspinosin)、4′,5,7-trihydroxyflavonol-3-O-*β*-D-rhamnopyranosyl-(1→6)-*β*-*D*-glucopyranoside[1]；生物碱类：酸枣仁碱A、E、K、Ia、Ib (sanjoinines A, E, K, Ⅱa, Ib)及lysicamine、juzirine[5]；此外，还含酸枣仁环肽 (sanjoinenine)。

◆ jujuboside A

药理作用

1. 镇静、催眠

生酸枣仁、炒酸枣仁中的皂苷类和黄酮类成分均有显著的镇静、催眠作用[6]。酸枣仁中的皂苷可显著减少小鼠的活动强度，增加静息时间，抑制苯丙胺的中枢兴奋作用，降低大鼠运动的协调性，明显延长戊巴比妥钠阈剂量的小鼠睡眠时间，增加戊巴比妥钠阈下催眠剂量的入睡动物数，作用效果持久而平稳[7-8]。其镇静、催眠作用可能与 β 内啡肽 (β-EP) 及强啡肽 A1-13 (DynA1-13) 的升高有关，作用与剂量相关[9]。

2. 增强学习记忆

酸枣仁煎剂和酸枣仁油可缩短正常小鼠在复杂水迷宫内由起点抵达终点的时间，减少错误次数，延长记忆获得障碍及记忆再现障碍模型小鼠的首次错误出现时间，降低错误发生率，初步研究显示酸枣仁油对学习记忆的加强作用可能与对抗中枢 γ- 氨基丁酸 (GABA) 系统有关[10-11]。

3. 抗氧化

酸枣仁总黄酮能显著清除 $O_2\cdot^-$，$\cdot OH$、$H_2O_2\cdot$三种自由基，且作用呈量效关系[12]。酸枣仁煎液对注射内毒素发热的小鼠体内超氧化物歧化酶 (SOD) 下降有抑制作用，且生枣仁作用比熟枣仁强，说明 SOD 保护作用可能与酸枣仁中的油性成分有关[13]。

4. 耐缺氧

酸枣仁总皂苷能保护大鼠心肌细胞，显著降低细胞内脂过氧化物荧光强度及 Ca^{2+} 荧光比率，改善心肌细胞超威结构，机制可能与其清除脂质过氧化物及抗 Ca^{2+} 超载有关[14]；还能减少缺血脑组织含水量及丙二醛 (MDA) 含量、使脑组织中 SOD、肌酐激酶 (CK) 及乳酸脱氢酶 (LDH) 活性增高，乳酸含量下降，减轻脑神经细胞损害[15]。

5. 增强免疫

酸枣种子及果肉所含多糖能显著增强小鼠免疫功能，对放射线引起的白细胞降低有明显保护作用，同时还能明显增加单核巨噬细胞系统的吞噬功能，延长受辐射小鼠的存活时间[16]。

6. 抗肿瘤

酸枣仁油能延长艾氏腹水癌小鼠的生存天数，生存延长率大于 50%，还能明显抑制荷瘤小鼠生命后期的体重增长[17]。

7. 抗溃疡

小剂量酸枣仁对小鼠应激性溃疡有明显的抑制作用[18]。

8. 其他

酸枣仁还有抗焦虑[19]、抗炎[20]、降血脂[21]和降血压[22]作用。

应用

本品为中医临床用药。功能：养心补肝，宁心安神，敛汗，生津。主治：虚烦不眠，惊悸多梦，体虚多汗，津伤口渴。

现代临床还用于失眠、各种疼痛症、更年期综合征、室性早搏、遗精、不射精症、胃肠疾病和皮肤瘙痒症等病的治疗。

评注

中国云南以同属植物滇刺枣 *Ziziphus mauritiana* Lam. 的种子为滇枣仁，功效与酸枣仁相近，常与酸枣仁混用。据现代化学研究，滇枣仁的化学成分与酸枣仁非常相似，也含有效成分酸枣仁皂苷 A 和酸枣仁皂苷 B，可望成为酸枣仁的代用品[23]。

参考文献

[1] 刘沁舡，王邠，梁鸿，等 . 酸枣仁皂苷 D 的分离及结构鉴定 [J]. 药学学报，2004，39(8)：601-604.

[2] 白焱晶，程功，陶晶，等 . 酸枣仁皂苷 E 的结构鉴定 [J]. 药学学报，2003，38(12)：934-937.

[3] CHENG G, BAI Y J, ZHAO Y Y, et al. Flavonoids from *Ziziphus jujuba* Mill var. *spinosa*[J]. Tetrahedron, 2000, 56(45): 8915-8920.

[4] 郭胜民，范晓雯，赵强 . 酸枣仁中黄酮类成分的研究 [J]. 中药材，1997，20(10)：516-517.

[5] 尹升镇，金河奎，金宝渊，等 . 酸枣仁生物碱的研究 [J]. 中国中药杂志，1997，22(5)：296-297.

[6] 王健 . 生、炒酸枣仁中镇静催眠成分初探 [J]. 中成药，1989，11(1)：18-19.

[7] 陈百泉，杜钢军，许启泰 . 酸枣仁皂苷的镇静催眠作用 [J]. 中药材，2002，25(6)：429-430.

[8] 封洲燕，郭殿武，苏松，等 . 酸枣仁皂苷 A 镇静和抗惊厥作用试验 [J]. 浙江大学学报：医学版，2002，31(2)：103-106.

[9] 李哲 . 酸枣仁汤对小鼠脑组织内啡肽的影响 [J]. 河南中医，2001，21(5)：21-22.

[10] 侯建平，张恩户，胡悦，等 . 酸枣仁对小鼠学习记忆能力的影响 [J]. 广西中医学院学报，2002，5(3)：11-13.

[11] 吴尚霖，袁秉祥，马志义 . 酸枣仁油对小鼠学习记忆的影响 [J]. 中草药，2001，32(3)：246-247.

[12] 王少敏，李萍，赵明强 . 生物化学发光法测定酸枣仁的抗氧化活性 [J]. 中草药，2003，34(5)：417-419.

[13] 彭智聪，张华年，陈莎，等 . 酸枣仁对内毒素发热小鼠 SOD 降低的保护作用 [J]. 中国中药杂志，1995，20(6)：369-370.

[14] 万华印，丁力，孔祥平，等 . 酸枣仁总皂苷抗心肌细胞缺氧—复氧损伤作用及其机理 [J]. 中国病理生理杂志，1997，13(5)：522-526.

[15] 白晓玲，黄志光，莫志贤，等 . 酸枣仁总皂苷对大鼠脑缺血损害及脑组织生化指针的影响 [J]. 中国中药杂志，1996，21(2)：110-112.

[16] 郎杏彩，李明湘，贾秉义，等 . 酸枣仁、肉多糖增强小鼠免疫功能和抗放射性损伤的实验研究 [J]. 中国中药杂志，1991，16(6)：366-368.

[17] 王清莲，袁秉祥，黄建华，等 . 酸枣仁油对艾氏腹水癌小鼠生存期和体重的影响 [J]. 西安医科大学学报，1995，16(3)：295-297.

[18] 李立华，郑书国 . 酸枣仁对应激性溃疡的影响 [J]. 安徽中医临床杂志，2003，15(5)：387-388.

[19] 徐建林，周颖斌，徐珞，等 . 酸枣仁合剂对大学生考试焦虑的防治研究 [J]. 中国行为医学科学，1997，6(3)：182-183.

[20] 鲍淑娟，李淑芳，韩国强，等 . 酸枣仁的抗炎作用 [J]. 贵阳医学院学报，1994，19(4)：336-338.

[21] 袁秉祥，李庆 . 酸枣仁总皂苷对大鼠血脂和血脂蛋白胆固醇的影响 [J]. 中国药理学通报，1990，6(1)：34-36.

[22] 张典，袁秉祥，孙红 . 酸枣仁总皂苷对原发性高血压大鼠的降压作用 [J]. 西安交通大学学报：医学版，2003，24(1)：59-60.

[23] 黄星 . 理枣仁与酸枣仁有效成分的分析比较 [J]. 中国药业，2002，11(9)：61.

锁阳 Suoyang CP, KHP

Cynomorium songaricum Rupr.
Songaria Cynomorium

概述

锁阳科 (Cynomoriaceae) 植物锁阳 *Cynomorium songaricum* Rupr.，其干燥肉质茎入药。中药名：锁阳。

锁阳科植物仅有1属2种，分布于地中海沿岸、北非、中亚及中国西北、北部沙漠地带。中国本属仅有1种可供药用。分布于中国新疆、青海、甘肃、宁夏、内蒙古、陕西等省区，多寄生在白刺属 (*Nitraria*) 和红沙属 (*Reaumuria*) 等植物的根上。中亚地区及伊朗、蒙古等国也有分布。

"锁阳"药用之名，始载于《本草衍义补遗》。历代本草多有著录。《中国药典》（2015年版）收载本种为中药锁阳的法定原植物来源种。主产于中国内蒙古、宁夏、甘肃、青海。

锁阳的主要活性成分为三萜类化合物。此外，还含有挥发油、鞣质等成分。《中国药典》以性状、显微和薄层色谱鉴别来控制锁阳药材的质量。

药理研究表明，锁阳有增强免疫、促进性成熟、润肠通便、抗衰老、抗氧化等作用。

中医理论认为锁阳有补肾阳，益精血，润肠通便等功效。

◆ 锁阳
Cynomorium songaricum Rupr.

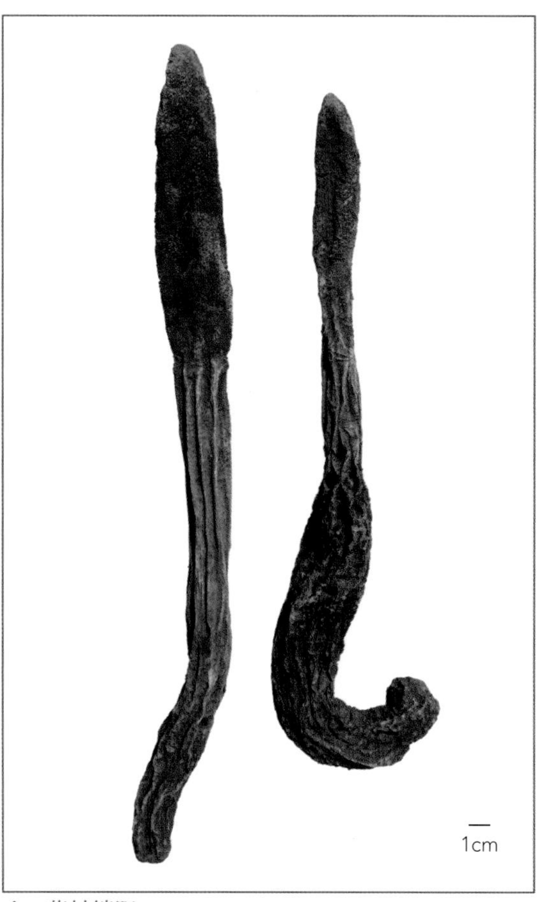

◆ 药材锁阳
Cynomorii Herba

化学成分

锁阳含三萜类化合物：锁阳萜 (cynoterpene)、熊果酸 (ursolic acid)、乙酰熊果酸 (acetyl ursolic acid)、乌苏烷-12-烯-28酸,3*β*-丙二酸单酯 (urs-12-ene-28-oic acid, 3*β*-propanedioic acid monoester)[1]、齐墩果酸丙二酸半酯 (malonyl oleanolic hemiester)[2]；还含糖苷类成分：根皮苷 (phloridzin)、芦丁 (rutin)、(–)-异落叶松脂素4-*O*-*β*-*D*-吡喃葡萄糖苷 [(–)-isolariciresinol 4-*O*-*β*-*D*- glucopyranoside]、(7*S*,8*R*)-脱氢双松柏醇-9'-*β*-吡喃葡萄糖苷 [(7*S*,8*R*)-dehydrodiconiferyl alcohol-9'-*β*-glucopyranoside]、姜油酮葡萄糖苷(zingerone-4-*O*-*β*-glucopyranoside)、柑橘素-4'-*O*-吡喃葡萄糖苷 (naringenin-4'-*O*- glucopyranoside)[2-4]；还含挥发油成分：主要有棕榈酸 (palmitic acid)、油酸 (oleic acid)和呋喃甲醇 (2-furancarbinol)等[5]；此外，还含有nicoloside、没食子酸 (gallic acid)、甲基原儿茶酯 (methyl protocatechuicate)、对羟基苯甲酸 (*p*-hydroxy benzoic acid)、(–)-儿茶酚 [(–)-catechin][3]、琥珀酸 (amber acid)[4]、鞣质[6]、甾体[7]、活性多糖[8]等化学成分。

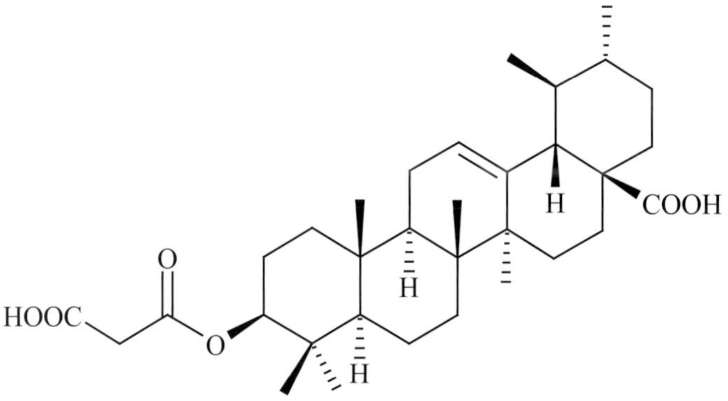

◆ cynoterpene

药理作用

1. 对性功能的影响

锁阳盐制水提取物对正常和阳虚小鼠睾丸、附睾和包皮腺的功能有明显促进作用；未经炮制的锁阳却呈抑制作用 [9]。锁阳醇提取物可提高幼年雄性大鼠血浆睾酮含量，有促进性成熟作用 [10]。

2. 增强免疫功能

锁阳煎剂对阳虚及正常小鼠的体液免疫有明显促进作用，其机制与增加脾脏淋巴细胞数目和脾脏重量有关；锁阳还可升高阳虚小鼠减少的中性粒细胞数，从而增强机体的防御功能 [11]。锁阳醇提取物可恢复免疫抑制小鼠的腹腔巨噬细胞吞噬功能和脾脏淋巴细胞转化功能，并增加正常小鼠脾脏直接溶血空斑形成细胞数目 [10]。

3. 润肠通便

锁阳水煎剂能明显增强小鼠肠蠕动，缩短排便时间。其有效组分为无机物，其机制可能为无机离子在水溶液中形成盐类泻药如硫酸镁、硫酸钠等，从而起到润肠通便的作用 [12]。

4. 抗衰老、抗氧化

锁阳能延长果蝇寿命，增强小鼠超氧化物歧化酶 (SOD) 活性，减少丙二醛 (MDA) 含量；还能显著阻止白酒损伤造成的小鼠 SOD 活性降低和过氧化脂质 (LPO) 水平升高 [13-14]。体外试验结果表明锁阳鞣质具有直接清除羟自由基的作用 [14]。

5. **抗缺氧**

锁阳中提取的锁阳总糖、总苷类（含少量鞣质）和总甾体类（含少量三萜）能延长小鼠常压耐缺氧、硫酸异丙肾上腺素所致缺氧的存活时间；延长小鼠静脉注射空气的存活时间，并可增加断头小鼠张口持续时间和张口次数[15]。

6. **抑制血小板聚集**

锁阳中提取的锁阳总糖、总苷类（含少量鞣质）和总甾体类（含少量三萜）对二磷酸腺苷 (ADP) 诱导的大鼠血小板聚集均有抑制作用，并呈良好量效关系[15]。

7. **其他**

锁阳还有抗癫痫[16]、抗溃疡[17]、改善记忆力[18]、抗人类免疫缺陷病毒 (HIV)[19] 和诱导髓样白血病细胞 HL-60 死亡[20] 的作用。

应用

本品为中医临床用药。功能：补肾阳，益精血，润肠通便。主治：肾阳不足，精血亏虚，腰膝痿软，阳痿滑精，肠燥便秘。

现代临床还用于原发性血小板减少性紫癜、阳痿、哮喘、胃溃疡、小儿麻痹后遗症、子宫下垂等病的治疗。

评注

锁阳不仅是中药，还是常用蒙药，名为“乌兰高腰”，蒙医学认为其有止泻健胃的功效，主治肠热、胃炎、消化不良、痢疾等[21]。目前对锁阳的研究主要是根据中医认识展开的，对其止泻健胃的研究尚未见报道，有待深入研究。

锁阳营养价值较高，可开发为系列保健品。

由于锁阳生于沙漠地带，对稳定生态环境具有重要意义。在开发锁阳植物资源的同时，应注重发展人工栽培、组织培养等技术，确保这种天然的沙生药用植物资源的永续利用。

参考文献

[1] 马超美，贾世山，孙韬，等. 锁阳中三萜及甾体成分的研究 [J]. 药学学报，1993，28(2)：152-155.

[2] 马超美，中村宪夫，服部征雄，等. 锁阳的抗艾滋病毒蛋白酶活性成分 (2)：齐墩果酸丙二酸半酯的分离和鉴定 [J]. 中国药学杂志，2002，37(5)：336-338.

[3] Jiang Z H, Tanaka T, Sakamoto M, et al. Studies on a medicinal parasitic plant: lignans from the stems of *Cynomorium songaricum*[J]. Chemical & Pharmaceutical Bulletin, 2001, 49(8): 1036-1038.

[4] 陶晶，屠鹏飞. 锁阳茎的化学成分及其药理活性研究 [J]. 中国中药杂志，1999，24(5)：292-294.

[5] 张思巨，张淑运. 常用中药锁阳的挥发性成分研究 [J]. 中国中药杂志，1990，15(2)：39-41.

[6] 张百舜，张润珍，李川. 络合量法测定锁阳鞣质含量 [J]. 中草药，1992，23(11)：577-578.

[7] 徐秀芝，张承忠，李冲. 锁阳化学成分的研究 [J]. 中国中药杂志，1996，21(11)：676-677.

[8] 张思巨，张淑运，扈继萍. 锁阳多糖的研究 [J]. 中国中药杂志，2001，26(6)：409-411.

[9] 丘桐，延自强，李萍，等. 盐锁阳与锁阳对小鼠睾丸、附睾和包皮腺组织学的比较研究 [J]. 中药药理与临床，1994，5：22-25.

[10] 石刚刚，屠国瑞，王金华，等. 锁阳对小鼠免疫机能及大鼠血浆睾酮水平的影响 [J]. 中国医药学报，1989，4(3)：27-28.

[11] 郑云霞，孙启祥，延自强. 锁阳对小鼠免疫功能的影响 [J].

甘肃中医学院学报，1991，8(4)：28-30.

[12] 张百舜，鲁学书，张润珍，等 . 锁阳通便有效组分的研究 [J]. 中药材，1990，13(10)：36-38.

[13] 盛惟，刘炳茹，徐东升，等 . 天然锁阳与栽培锁阳抗衰老作用的比较 [J]. 中国民族医药杂志，2000，6(4)：39-40.

[14] 张百舜，李向红，秦林，等 . 锁阳清除自由基的作用 [J]. 中药材，1993，16(10)：32-35.

[15] 俞腾飞，田向东，朱惠珍 . 锁阳三种总成分耐缺氧及对血小板聚集功能的影响 [J]. 中国中药杂志，1994，19(4)：244-246.

[16] 胡艳丽，王志祥，肖文礼 . 锁阳的抗缺氧效应及抗实验性癫痫的研究 [J]. 石河子大学学报，2005，23(3)：302-303.

[17] 那生桑，苏喜格达来，吴恩 . 锁阳煎剂对动物实验性胃溃疡的作用 [J]. 北京中医药大学学报，1994，17(6)：32-33.

[18] 赵永青，王振武，景玉宏 . 锁阳对痴呆病模型鼠记忆相关脑区超威结构的影响 [J]. 中国临床康复，2002，6(15)：2220-2221.

[19] Nakamura N. Inhibitory effects of some traditional medicines on proliferation of HIV-1 and its protease[J]. Yakugaku Zasshi, 2004, 124(8): 519-529.

[20] Nishida S, Kikuichi S, Yoshioka S, et al. Induction of apoptosis in HL-60 cells treated with medicinal herbs[J]. American Journal of Chinese Medicine, 2003, 31(4): 551-562.

[21] 韩多红，孟红梅，张勇 .“沙漠人参”锁阳植物资源的研究和开发利用 [J]. 中国野生植物资源，2003，22(4)：42-46.

桃 Tao CP, JP

Prunus persica (L.) Batsch
Peach

概述

蔷薇科 (Rosaceae) 植物桃 *Prunus persica* (L.) Batsch，其干燥成熟种子入药。中药名：桃仁。

李属 (*Prunus*) 植物全世界约 8 种，分布于东亚、中亚、小亚细亚和高加索。中国产约 7 种，本属现供药用者约有 4 种。本种原产中国，各省区有广泛栽培；世界各地也均有种植。

“桃仁”药用之名，始载于《神农本草经》，列为下品。据中国历代本草的记述，桃仁来源于桃属多种植物的种子，但以非嫁接的桃和山桃的种子为最佳。《中国药典》（2015 年版）收载本种为中药桃仁的法定原植物来源种之一。主产于中国四川、云南、陕西、北京、河北等地。

桃仁的化学成分主要为脂肪油类、苷类。《中国药典》采用高效液相色谱法进行测定，规定桃仁药材含苦杏仁苷不得少于 2.0%，以控制药材质量。

药理研究表明，桃的种子具有增加循环系统血流量、润肠缓下等作用。

中医理论认为桃仁具有活血祛瘀，润肠通便，止咳平喘等功效。

◆ 桃
Prunus persica (L.) Batsch

◆ 桃
P. persica (L.) Batsch

◆ 药材桃仁
Persicae Semen

化学成分

桃的种仁富含不饱和脂肪酸及其酯，主要为油酸 (oleic acid)、亚油酸 (linoleic acid)、甘油三油酸酯 (triolein)[1]；苷类物质：苦杏仁苷 (amygdalin)、野樱苷 (prunasin)、甲基-*α*-*D*-呋喃果糖苷 (methyl-*α*-*D*-fructofuranoside)[2]；甾醇及其苷类：24-亚甲基环木菠萝烷醇 (24-methylene cycloartanol)、柠檬甾二烯醇 (citrostadienol)、7-去氢燕麦甾醇 (Δ^7-avenasterol)、*β*-谷甾醇3-*O*-*β*-*D*-吡喃葡萄糖苷 (*β*-sitosterol 3-*O*-*β*-*D*-glucopyranoside)、菜油甾醇3-*O*-*β*-*D*-吡喃葡萄糖苷(campesterol 3-*O*-*β*-*D*-glucopyranoside)、*β*-谷甾醇3-*O*-*β*-*D*-(6-*O*-棕榈酰)-吡喃葡萄糖苷 [*β*-sitosterol 3-*O*-*β*-*D*-(6-*O*-palmitoyl)glucopyranoside]、菜油甾醇3-*O*-*β*-*D*-（6-*O*-油酰）-吡喃葡萄糖苷 [campesterol 3-*O*-*β*-*D*-(6-*O*-oleoyl) glucopyranoside][2]。

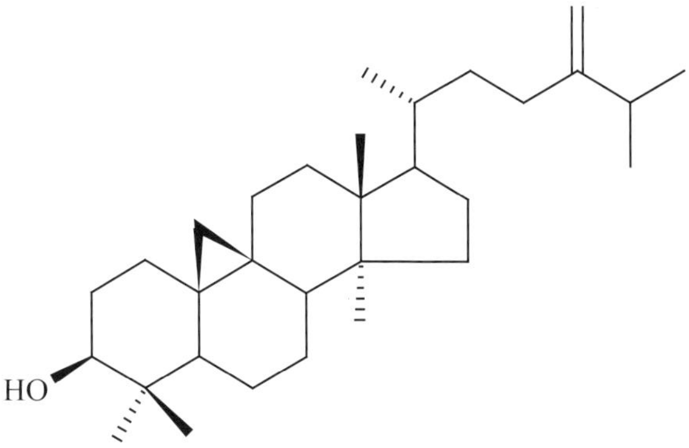

◆ 24-methylene cycloartanol

药理作用

1. 抗凝血及抑制血栓形成

桃仁的乙酸乙酯提取物灌胃给药能延长小鼠的凝血时间，缓解二磷酸腺苷 (ADP) 诱导的小鼠肺栓塞所致的呼吸窘迫症状，明显延长实验性大鼠血栓形成的时间[3]，桃仁、桃仁皮的水煎液也有显著的抗凝血和抗血栓作用[4]。桃仁注射液在体外和小鼠尾静脉注射给药均能明显抑制血小板聚集[5]。桃仁所含的甘油三油酸酯是抗凝血的有效成分[6]。

2. 对循环系统的影响

桃仁水煎液灌胃能增强小鼠软脑膜微动脉对去甲肾上腺素的反应性，对软脑膜微循环有改善作用[7]。桃仁石油醚提取物灌胃给药能降低结扎冠状动脉造型的急性心肌梗死大鼠心电图 ST 段的抬高，抑制血清中心肌细胞乳酸脱氢酶 (LDH) 和血清磷酸肌酸激酶 (CPK) 的升高，降低心肌梗死面积，改善心肌缺血损伤[8]。

3. 润肠缓泻

桃仁水煎液灌胃能显著促进小鼠肠推进[4]，其机制为桃仁内含 45% 的脂肪油，可提高肠黏膜的润滑性，使便易于排出[9]。

4. 抗炎

桃仁水提取物具有较强的抗大鼠角叉菜胶所致足趾肿胀作用；其抗炎活性物质为蛋白质类成分[10]。

5. 抑制成纤维细胞

桃仁提取液（主要含苦杏仁苷）对体外细胞培养的成纤维细胞生长具有抑制作用[11]；给行实验性巩膜瓣下小梁切除术的家兔滴眼也有抑制炎症细胞及成纤维细胞增生的作用，可用于防止抗青光眼滤过性手术后过度疤痕的形成[12]。

6. 保肝

桃仁提取物皮下注射对 CCl_4 引起的大鼠肝纤维化有防治作用，能促进纤维连接蛋白 (FN) 的降解，减少纤维肝内的纤维间隔，修复肝组织结构[13]。桃仁水煎醇沉液腹腔注射能明显防止急性酒精中毒小鼠肝脏谷胱甘肽 (GSH) 的耗竭，降低脂质过氧化物丙二醛 (MDA) 的生成；在体外对 Fe^{2+}- 半胱氨酸所致的大鼠肝细胞的脂质过氧化损伤也有明显的保护作用[14]。

7. 抗肿瘤

桃仁总蛋白腹腔注射能提高荷瘤小鼠 S_{180} 血清白介素 2 (IL-2) 和白介素 4 (IL-4) 水平，调节 T 淋巴细胞中

CD_4^+/CD_8^+ 细胞的比例，使荷瘤小鼠低下的免疫功能得到改善，免疫系统趋于平衡，并促进肿瘤细胞凋亡[15-16]。桃仁总蛋白腹腔注射还能促进小鼠抗体形成细胞的产生和血清溶血素的生成，使小鼠的体液免疫功能得到提高[17]。桃仁中的苦杏仁苷等苷类物质也有抗肿瘤活性[18]。

8. 其他

桃仁还有镇痛、抗过敏[19]、激活酪氨酸酶活性[20]及抑制硅肺纤维化[21]等作用。

应用

本品为中医临床用药。

功能：活血祛瘀，润肠通便，止咳平喘。主治：经闭痛经，癥瘕痞块，肺痈肠痈，跌扑损伤，肠燥便秘，咳嗽气喘。

现代临床还用于肝纤维化、脑血栓、心绞痛、高血压、闭经等病的治疗。

评注

药用植物图像数据库

桃仁是中国卫生部规定的药食用源品种之一。

除本种外，《中国药典》还收载同属植物山桃 *Prunus davidiana* (Carr.) Franch. 为中药材桃仁的法定来源种。

桃甘甜多汁，营养丰富，是一种优良的水果，有很高的经济价值，栽培桃树也多从果用的角度选育品种。《中国植物志》依据桃的果实特征，将中国栽培桃划分为北方桃、南方桃、黄肉桃、蟠桃、油桃等五个品种群，此外还有观赏的碧桃、绯桃、绛桃等品种。当前商品桃仁的来源主要是果用桃生产加工的副产品，不同栽培品种之间桃仁的药用质量有差异，因此，以药用桃仁为目的进行品种选育、开展规模化生产，提高药材的质量，应是以后发展的方向。

有食用桃仁做成的“小豆腐”而引起急性中毒的报道[22]，应予注意。

桃树除桃外，可供药用的部位很多。未成熟的幼果干燥后称“碧桃干”，可以敛汗。桃花焙干研成细末，内服可以治疗水肿腹水、大便干结、小便不利。而桃树皮中分泌的树胶，也具有药用价值，可治疗乳糜尿、糖尿病等症。

参考文献

[1] FARINES M, SOULIER J, COMES F. Study of the glyceride fraction of lipids of seeds from plums and related species in the Rosaceae[J]. Revue Francaise des Corps Gras, 1986, 33(3): 115-117.

[2] MORISHIGE H, IDA Y, SHOJI J. Studies on the constituents of Persicae Semen. Ⅰ[J]. Shoyakugaku Zasshi, 1983, 37(1): 46-51.

[3] 汪宁，刘青云，彭代银，等. 桃仁不同提取物抗血栓作用的实验研究 [J]. 中药材，2002，25(6)：414-415.

[4] 吕文海，卜永春. 桃仁炮制品的初步药理研究 [J]. 中药材，1994，17(3)：29-32.

[5] 王雅君，刘宏鸣，李吉. 桃仁抑制血小板聚集作用的研究 [J]. 上海医药，1998，19(3)：27-28.

[6] KOSUGE T, ISHIDA H, ISHII M. Studies on active substances in the herbs used for Oketsu (“stagnant blood”) in Chinese medicine. Ⅱ. On the anticoagulative principle in persicae semen[J]. Chemical & Pharmaceutical Bulletin, 1985, 33(4): 1496-1498.

[7] 赵乔，曲玲，游秋云，等. 口服活血化瘀药对小鼠软脑膜微循环的影响 [J]. 中国微循环，2003，7(1)：27-28.

[8] 耿涛，谢海林，彭少平．桃仁提取物抗大鼠心肌缺血作用的研究 [J]. 苏州大学学报：医学版，2005，25(2)：238-240.

[9] 王本祥．现代中药药理学 [M]. 天津：天津科学技术出版社，1997：903-905.

[10] ARICHI S, KUBO M, TANI T, et al. Studies on Persicae semen (1). Studies on active principles having anti-inflammatory and analgesic activity[J]. Shoyakugaku Zasshi, 1986, 40(2): 129-138.

[11] 宋月莲，郑应昭，李素慧．中药桃仁对体外纤维母细胞增生的抑制作用的实验研究 [J]. 中西医结合眼科杂志，1995，13(1)：1-3.

[12] 汪素萍，方军，嵇训传，等．桃仁提取液抑制巩膜瓣下小梁切除术后滤床纤维母细胞增殖的实验研究 [J]. 上海医科大学学报，1993，20(1)：35-38.

[13] 徐列明，刘平，刘成，等．桃仁提取物抗实验性肝纤维化的作用观察 [J]. 中国中药杂志，1994，19(8)：491-494.

[14] 季光，胡梅，孙维强．桃仁抗肝脂质过氧化损伤作用的研究 [J]. 江西中医学院学报，1995，7(3)：34-35.

[15] 吕跃山，王雅贤，运晨霞，等．桃仁总蛋白对荷瘤鼠 IL-2、IL-4 水平的影响 [J]. 中医药信息，2004，21(4)：60-61.

[16] 许惠玉，运晨霞，王雅贤．桃仁总蛋白对荷瘤鼠 T 淋巴细胞亚群及细胞凋亡的影响 [J]. 齐齐哈尔医学院学报，2004，25(5)：485-487.

[17] 刘英，张传刚，王雅贤，等．炒桃仁总蛋白对小鼠 B 细胞功能影响的实验研究 [J]. 中医药学报，2001，29(2)：55-56.

[18] FUKUDA T, ITO H, MUKAINAKA T, et al. Anti-tumor promoting effect of glycosides from *Prunus persica* seeds[J]. Biological & Pharmaceutical Bulletin, 2003, 26(2): 271-273.

[19] ARICHI S, KUBO M, TANI T, et al. Studies on Persicae semen. Ⅱ.Pharmacological activity of water soluble compositions of Persicae Semen[J]. Yakugaku Zasshi, 1985, 105(9): 886-894.

[20] 郑向宇，罗少华．桃仁对酪氨酸酶激活作用的实验研究 [J]. 南京铁道医学院学报，1996，15(4)：257-258.

[21] 洪长福，娄金萍，周华仕，等．桃仁提取物对大鼠实验性硅肺纤维化的影响 [J]. 浙江省医学科学院学报，2000，(3)：7-8，11.

[22] 赵玉英，范玉义．桃仁急性中毒 2 例 [J]. 山东中医杂志，1995，14(8)：356-357.

◆ 桃种植基地

桃儿七 Tao'erqi [CP]

Sinopodophyllum hexandrum (Royle) Ying
Himalayan Mayapple

概述

小檗科 (Berberidaceae) 植物桃儿七 *Sinopodophyllum hexandrum* (Royle) Ying，其根及根茎为中国西北民间草药，中药名：桃儿七。藏药则以其干燥成熟果实入药，藏药名：小叶莲。

桃儿七属 (*Sinopodophyllum*) 为单种属。本种分布于中国、尼泊尔、不丹、印度北部、巴基斯坦、阿富汗东部和克什米尔等地，已被列为中国三级珍稀濒危保护植物。

桃儿七以"奥莫色 (Omose)"之名，始载于《月王药珍》。《中国药典》（2015 年版）收载本种为藏药小叶莲的法定原植物来源种。主产于中国四川、西藏、陕西、甘肃等省区，多作原料药材。

桃儿七主要含木脂素类化合物，尚含黄酮类化合物。桃儿七所含的鬼臼毒素为抗癌有效成分，亦是合成多种抗癌药物的前体化合物。《中国药典》以性状、显微和薄层色谱鉴别来控制小叶莲药材的质量。有文献采用高效液相色谱法测定鬼臼毒素类木脂素的含量，以控制小叶莲和桃儿七药材质量[1]。

药理研究表明，桃儿七具有抗肿瘤、抗辐射、抗氧化、保肝和抗炎等作用。

中医理论认为桃儿七具有祛风除湿，活血止痛，祛痰止咳等功效；藏医理论认为小叶莲具有调经活血等功效。

◆ 桃儿七
Sinopodophyllum hexandrum (Royle) Ying

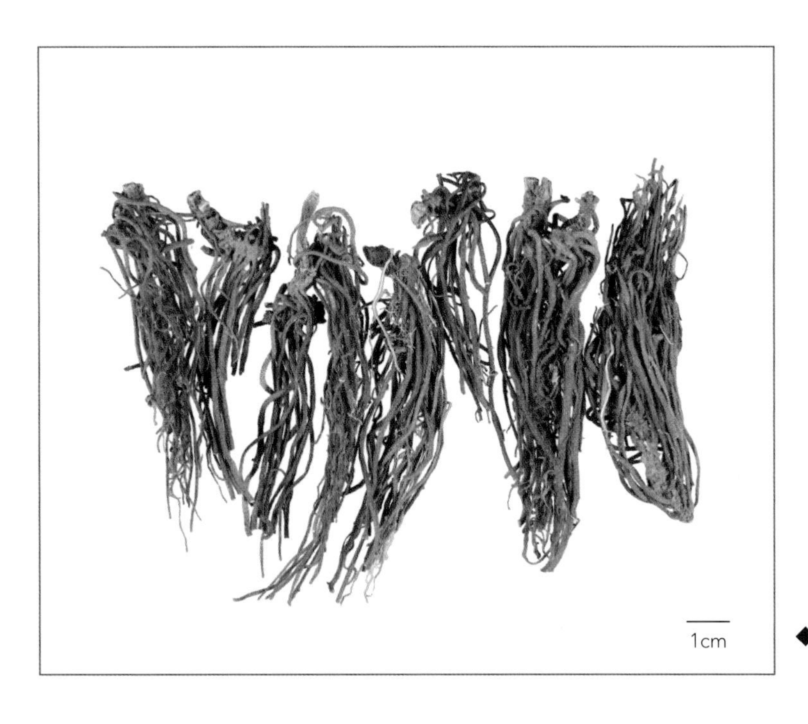

◆ 药材桃儿七
Sinopodophylli Radix et Rhizoma

化学成分

桃儿七的根和根茎含木脂素类成分：鬼臼毒素 (podophyllotoxin)、脱氧鬼臼毒素 (deoxypodophyllotoxin)、鬼臼苦素 (picropodophyllotoxin)、异鬼臼毒素-7'-*O*-*β*-*D*-吡喃葡萄糖基-(1→6)-*β*-*D*-吡喃葡萄糖苷 [isopodophyllotoxin-7'-*O*-*β*-*D*-glucopyranosyl-(1→6)-*β*-*D*-glucopyranoside]、4-去甲基鬼臼苦素-7'-*O*-*β*-*D*-吡喃葡萄糖苷 (4-demethyl-picropodophyllotoxin-7'-*O*-*β*-*D*-glucopyranoside)[2]、4-去甲基表鬼臼毒素-7'-*O*-*β*-*D*-吡喃葡萄糖苷(4-demethyl-epipodophyllotoxin-7'-*O*-*β*-*D*-glucopyranoside)[3]、*L*-鬼臼苦素-7'-*O*-*β*-*D*-吡喃葡萄糖基-(1→6)-*β*-*D*-吡喃葡萄糖苷 [*L*-picropodophyllotoxin-7'-*O*-*β*-*D*-glucopyranosyl-(1→6)-*β*-*D*-glucopyranoside]、*L*-鬼臼苦素-7'-*O*-*β*-*D*-吡喃葡萄糖苷 (*L*-picropodophyllotoxin-7'-*O*-*β*-*D*-glucopyranoside)[4]；黄酮类成分：山柰酚 (kaempferol)、槲皮素 (quercetin)、山柰酚-3-*O*-*β*-*D*-吡喃葡萄糖苷 (kaempferol-3-*O*-*β*-*D*-glucopyranoside)、芦丁 (rutin)、山柰酚-3-*O*-芸香苷 (kaempferol-3-*O*-rutinoside)[5]。

桃儿七的果实含脱氧鬼臼毒素、鬼臼毒素、4'-去甲脱氧鬼臼毒素 (4'-demethyldeoxypodophyllotoxin)、8-异戊烯基山柰酚 (8-prenylkaempferol)[6]等。

◆ podophyllotoxin

◆ picropodophyllotoxin

药理作用

1. 抗肿瘤

体外实验表明，桃儿七根及根茎的乙醇提取物对培养的人红白血病细胞 K_{562}、小鼠白血病细胞 L1210 及 L7712 具有杀伤作用 [7]；桃儿七的根、根茎和果实醇或水提取物及鬼臼毒素、脱氧鬼臼毒素和 4'- 去甲脱氧鬼臼毒素对小鼠移植性肝癌 HepA，艾氏腹水癌 EAT 及人乳腺癌 (MDA468, MCF7) 也有一定的抑制作用 [8-9]；桃儿七水提取物可以促使辐射诱导的癌细胞凋亡 [10]；从桃儿七中分离得到的 4- 去甲基鬼臼苦素 -7'-*O*-*β*-*D*- 葡萄吡喃糖苷对人宫颈癌细胞 HeLa 和人神经细胞瘤细胞 SH-SY5Y 具有细胞毒作用，可能是通过 p53 依赖途径引起细胞凋亡 [11]。

2. 抗氧化、保护辐射损伤

桃儿七水提取物给小鼠腹腔注射能增加辐射造成的空肠绒毛细胞存活数目，降低细胞凋亡的发生率[12]，对辐射造成精子产生障碍[13]、生理标志物改变[14]和神经元损伤[15]有明显的保护作用。含有少量鬼臼毒素的桃儿七粗提取物体外也具有显著的抗氧化活性和清除羟基离子、一氧化氮负离子能力，并可显著抑制辐射引起的溶血；腹腔注射可保护受辐射小鼠的造血系统[16]。实验显示桃儿七醇提取部位和含水醇提取部位是辐射保护作用最显著的部位，其中从桃儿七含水醇提取物分离获得的槲皮素-3-*O*-*β*-*D*-半乳糖苷对超致命*γ*射线引起的肾脏和神经系统脂质、蛋白损害具有保护作用[17-18]。鬼臼毒素对酵母菌*Saccharomyces cerevisiae* Co *γ*-射线辐射损伤也具有保护作用[19]。机制研究显示，桃儿七水提取物通过抗氧化[20]、提高超氧歧化酶 (SOD) 活性[21]、减少活性氧 (ROS) 和一氧化氮产生[22]，增加谷胱甘肽水平并抑制辐射诱导的线粒体膜电位降低[23]，保护抗氧化酶，减少脂质过氧化和增加硫醇含量[24]，以及调节与细胞死亡相关的蛋白表达[25]，从而产生辐射保护作用。

3. 保肝

桃儿七的根、根茎和果实醇提取物及鬼臼毒素经口给药，可抑制 CCl_4 致肝损伤小鼠的肝指数、血清谷丙转氨酶 (sGPT) 和谷草转氨酶 (sGOT) 上升，对肝损伤具保护作用。

4. 其他

桃儿七水提取物体外能抑制腹腔巨噬细胞中脂多糖诱导的亚硝酸盐的生成，并抑制 *γ* 干扰素 (IFN- *γ*)、白介素 6 (IL-6) 和肿瘤坏死因子 *α* (TNF-*α*) 的分泌，显示出抗炎活性 [26]。鬼臼毒素对黑腹果蝇 *Drosophila melanogaster* 具有杀灭作用 [27]。

应用

桃儿七

本品为中医临床用药。功能: 祛风除湿，活血止痛，祛痰止咳。主治: 风湿痹痛，跌打损伤，月经不调，痛经，脘腹疼通，咳嗽。

现代临床还用于淋巴癌、白血病、小细胞肺癌、宫颈癌、慢性支气管炎、尖锐湿疣、癔病等病的治疗。

小叶莲

本品为藏医临床用药。功能：调经活血。主治：血瘀经闭，难产，死胎、胎盘不下。

现代临床还用于胎盘滞留、肠炎等病的治疗。

药用植物图像数据库

评注

桃儿七的根和根茎常被称为鬼臼，但历代本草书中所载的鬼臼为小檗科八角莲属植物六角莲 *Dysosma pleiantha* (Hance) Woodson 或八角莲 *D. versipellis* (Hance) M. Cheng ex Ying (请参照本书第一册“八角莲”项）。桃儿七被列入中国香港常见 31 种毒剧中药名单，使用时应加以注意。

桃儿七的鬼臼毒素毒副作用较大，不适合直接临床上应用。以其为母体改造可获得一些活性高、毒性低的衍生物，其中的糖苷衍生物鬼臼乙叉苷（etoposide，VP_{16}，又名依托泊苷）和鬼臼噻吩苷（teniposide，VM_{26}，又名特尼泊苷）的临床效果显著，是治疗淋巴癌、白血病、小细胞肺癌的重要药物。

桃儿七作为获得抗癌药物前体鬼臼毒素的原料植物，市场需求越来越大，造成目前野生资源面临濒危的境地。应加强其资源研究，建立桃儿七栽培基地和野生种植遗传多样性保护基地，保证桃儿七的可持续利用。与此同时也应开展其代用品、新资源开发的研究。此外，还应加强研究植物细胞培养、毛状根诱导等现代生物技术获得高含量的鬼臼毒素，减少对桃儿七药材的需求量。

桃儿七新鲜果实的果汁在民间用于治疗烧伤、烫伤、生癣的皮肤，且对皮肤具美容作用。

参考文献

[1] 尚明英，徐国钧，徐珞珊，等. HPLC 法测定鬼臼类生药中鬼臼木脂素的含量 [J]. 中国药科大学学报，1996，27(4)：219-222.

[2] ZHAO C Q, HUANG J, NAGATSU A, et al. Two new podophyllotoxin glucosides from *Sinopodophyllum emodi* (Wall.) Ying[J]. Chemical & Pharmaceutical Bulletin, 2001, 49(6): 773-775.

[3] ZHAO C Q, CAO W, NAGATSU A, et al. Three new glycosides from *Sinopodophyllum emodi* (Wall.) Ying[J]. Chemical & Pharmaceutical Bulletin, 2001, 49(11): 1474-1476.

[4] ZHAO C Q, NAGATSU A, HATANO K, et al. New lignan glycosides from Chinese medicinal plant, *Sinopodophyllum emodi*[J]. Chemical & Pharmaceutical Bulletin, 2003, 51(3): 255-261.

[5] ZHAO C Q, CAO W, HUANG J, et al. Flavonoids from *Sinopodophyllum emodi* (Wall.) Ying[J]. Natural Medicines, 2001, 55(3): 152.

[6] 尚明英，李军，蔡少青，等. 藏药小叶莲的化学成分研究 [J]. 中草药，2000，31(8)：569-571.

[7] 王达纬，郭夫心，马学毅. 桃儿七的抗肿瘤作用 [J]. 中药材，1997，20(11)：571-573.

[8] GOEL H C, PRASAD J, SHARMA A, et al. Antitumour and radioprotective action of *Podophyllum hexandrum*[J]. Indian Journal of Experimental Biology, 1998, 36(6): 583-587.

[9] CHATTOPADHYAY S, BISARIA V S, PANDA A K, et al. Cytotoxicity of in vitro produced podophyllotoxin from *Podophyllum hexandrum* on human cancer cell line[J]. Natural Product Research, 2004, 18(1): 51-57.

[10] PREM KUMAR I, RANA S V, SAMANTA N, et al. Enhancement of radiation-induced apoptosis by *Podophyllum hexandrum*[J]. Journal of Pharmaceutical Pharmacology, 2003, 55(9): 1267-1273.

[11] ZHANG Q Y, JIANG M, ZHAO C Q, et al. Apoptosis induced by one new podophyllotoxin glucoside in human carcinoma cells[J]. Toxicology, 2005, 212(1): 46-53.

[12] SALIN C A, SAMANTA N, GOEL H C. Protection of mouse jejunum against lethal irradiation by *Podophyllum hexandrum*[J]. Phytomedicine, 2001, 8(6): 413-422.

[13] SAMANTA N, GOEL H C. Protection against radiation induced damage to spermatogenesis by *Podophyllum hexandrum*[J]. Journal of Ethnopharmacology, 2002, 81(2): 217-224.

[14] GOEL H C, SAJIKUMAR S, SHARMA A. Effects of *Podophyllum hexandrum* on radiation induced delay of postnatal appearance of reflexes and physiological markers in rats irradiated in utero[J]. Phytomedicine, 2002, 9(5): 447-454.

[15] SAJIKUMAR S, GOEL H C. *Podophyllum hexandrum* prevents radiation-induced neuronal damage in postnatal rats exposed in utero[J]. Phytotherapy Research, 2003, 17(7): 761-766.

[16] SAGAR R K, CHAWLA R, ARORA R, et al. Protection of the hemopoietic system by *Podophyllum hexandrum* against gamma radiation-induced damage[J]. Planta Medica, 2006, 72(2): 114-120.

[17] CHAWLA R, ARORA R, KUMAR R, et al. Antioxidant activity of fractionated extracts of rhizomes of high-altitude *Podophyllum hexandrum*: role in radiation protection[J]. Molecular and Cellular Biochemistry, 2005, 273(1-2): 193-208.

[18] CHAWLA R, ARORA R, SAGAR R K, et al. 3-O-beta-D-Galactopyranoside of quercetin as an active principle from high altitude *Podophyllum hexandrum* and evaluation of its radioprotective properties[J]. Zeitschrift für Naturforschung C, 2005, 60(9-10): 728-738.

[19] BALA M, GOEL H C. Radioprotective effect of podophyllotoxin in *Saccharomyces cerevisiae*[J].Journal of Environmental Pathology, Toxicology and Oncology, 2004, 23(2): 139-144.

[20] KUMAR I P, GOEL H C. Iron chelation and related properties of *Podophyllum hexandrum*, a possible role in radioprotection[J]. Indian Journal of Experimental Biology, 2000, 38(10): 1003-1006.

[21] MITTAL A, PATHANIA V, AGRAWALA P K, et al. Influence of *Podophyllum hexandrum* on endogenous antioxidant defence system in mice: possible role in radioprotection[J]. Journal of Ethnopharmacology, 2001, 76(3): 253-262.

[22] GUPTA D, ARORA R, GARG A P, et al. Radiation protection of $HepG_2$ cells by *Podophyllum hexandrum* Royale[J]. Molecular and Cellular Biochemistry, 2003, 250(1-2): 27-40.

[23] GUPTA D, ARORA R, GARG A P, et al. Modification of radiation damage to mitochondrial system *in vivo* by *Podophyllum hexandrum*: mechanistic aspects[J]. Molecular and Cellular Biochemistry, 2004, 266(1-2): 65-77.

[24] SAMANTA N, KANNAN K, BALA M, et al. Radioprotective mechanism of *Podophyllum hexandrum* during spermatogenesis[J]. Molecular and Cellular Biochemistry, 2004, 267(1-2): 167-176.

[25] KUMAR R, SINGH P K, SHARMA A, et al. *Podophyllum hexandrum* (Himalayan mayapple) extract provides radioprotection by modulating the expression of proteins associated with apoptosis[J]. Biotechnology and Applied Biochemistry, 2005, 42(Pt 1): 81-92.

[26] PRAKASH H, ALI A, BALA M, et al. Anti-inflammatory effects of *Podophyllum hexandrum* (RP-1) against lipopolysaccharides induced inflammation in mice[J]. Journal of Pharmacy & Pharmaceutical Sciences, 2005, 8(1): 107-114.

[27] MIYAZAWA M, FUKUYAMA M, YOSHIO K, et al. Biologically active components against *Drosophila melanogaster* from *Podophyllum hexandrum*[J]. Journal of Agricultural and Food Chemistry, 1999, 47(12): 5108-5110.

天冬 Tiandong CP, JP

Asparagus cochinchinensis (Lour.) Merr.
Cochin Chinese Asparagus

概述

百合科 (Liliaceae) 植物天冬 *Asparagus cochinchinensis* (Lour.) Merr.，其干燥块根入药。中药名：天冬。

天冬属 (*Asparagus*) 植物全世界约有 300 种，除美洲外，全世界温带至热带地区都有分布。中国有 24 种和一些外来栽培种，广泛分布于全国各地。本属现供药用者约有 13 种。本种从中国河北、山西、陕西、甘肃等省的南部至华东、中南、西南各省区都有分布；朝鲜半岛、日本、老挝和越南也有分布。

“天冬”药用之名，始载于《神农本草经》，列为上品。历代本草多有著录。《中国药典》（2015 年版）收载本种为中药天冬的法定原植物来源种。主产于中国贵州、广西、四川、云南等省，陕西、甘肃、安徽、湖北、河南、湖南、江西等省也产。以贵州产量最大，质量最好。

天冬主含甾体皂苷和多糖 [1]。《中国药典》以性状、显微和薄层色谱鉴别来控制天冬药材的质量。

药理研究表明，天冬具有镇咳祛痰、抗菌、抗肿瘤、免疫抑制等作用。

中医理论认为天冬具有养阴润燥，清肺生津等功效。

◆ 天冬
Asparagus cochinchinensis (Lour.) Merr.

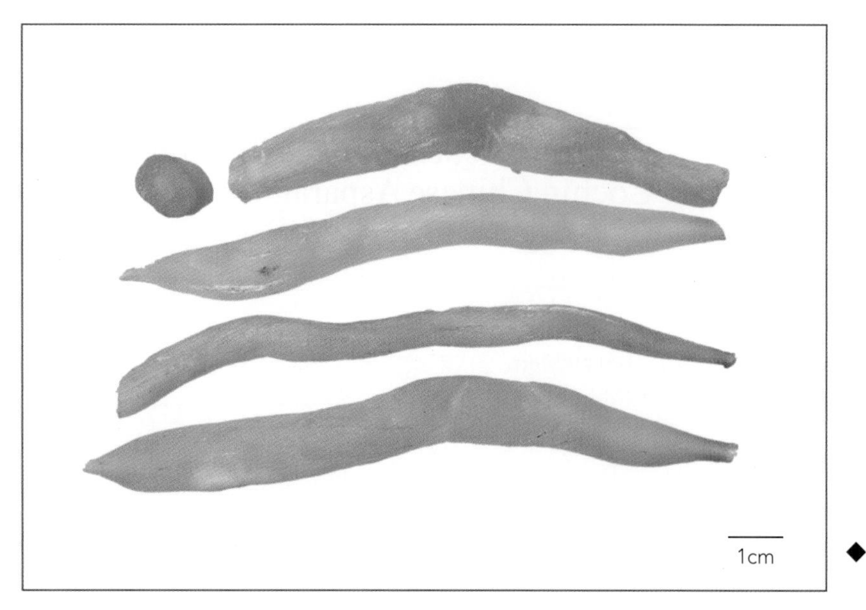

◆ 药材天冬
Asparagi Radix

◆ methylprotodioscin

◆ nyasol

◆ diosgenin

化学成分

天冬的块根含甾体皂苷：aspacochiosides A、B、C，3-*O*-[*α*-*L*- rhamnopyranosyl-(1→4)*β*-*D*-glucopyranosyl]-26-*O*-(*β*-*D*-glucopyranosyl)-(25*S*)-5*β*-spirostane-3*β*-ol[2]、3-*O*-[*α*-*L*-rhamnopyranosyl-(1→4)*β*-*D*-glucopyranosyl]-26-*O*-(*β*-*D*-glucopyranosyl)-(25*R*)-furosta-5,20-diene-3*β*,26-diol、甲基原薯蓣皂苷 (methylprotodioscin)、伪原薯蓣皂苷 (pseudoprotodioscin)[3]、asparacoside、asparacosin A、B[4]，菝葜皂苷元-3-*O*-[*α*-*L*-鼠李吡喃糖基-(1→4)]-*β*-*D*-葡萄吡喃糖苷 {3-*O*-[*α*-*L*-rhamnopyramosyl-(1→4)-*β*-*D*- glucopyranosyl]-(25*S*)-5*β*-spirostane-3*β*-ol}；甾体皂苷元：薯蓣皂苷元 (diosgenin)、菝葜皂苷元 (sarsasapogenin)[5]等；酚类化合物：3'-羟基-4'-甲氧基-4'-去羟基尼亚萨酚 (3'-hydroxy-4'-methoxy-4'-dehydroxynyasol)、3''-methoxyasparenydiol、asparenydiol、尼亚萨酚 (nyasol)、3''-甲氧基尼亚萨酚 (3''-methoxynyasol)、1,3-二对羟基苯基-4-戊烯-1-酮 (1,3-bis-di-*p*-hydroxyphenyl-4-penten-1-one)和反式松柏醇 (*trans*-coniferyl alcohol)[4]；多糖类成分：天冬多糖 A、B、C、D (asparagus polysaccharides A～D)[6]。

药理作用

1. 镇咳、祛痰、平喘

天冬水煎液灌胃能明显减少浓氨水诱发的小鼠咳嗽次数和组胺诱发的豚鼠咳嗽次数；显著增加小鼠呼吸道中酚红排泌量，有明显的祛痰作用；有效减轻磷酸组胺诱导的豚鼠哮喘发作症状[7]。

2. 抗菌

体外实验表明，天冬水煎液对多种革兰氏阳性球菌和阴性杆菌均有显著的抑菌作用[8]，天冬所含的菝葜皂苷元-3-*O*-[*α*-*L*-鼠李吡喃糖基-(1 → 4)]-*β*-*D*-葡萄吡喃糖苷对白色念珠菌等真菌具有抗菌活性[5]。

3. 抗肿瘤

天冬水提取物可抑制肿瘤坏死因子 *α*(TNF-*α*) 诱导的人肝癌 $HepG_2$ 细胞凋亡，从而防止乙醇引起的肝毒性[9]。天冬水提取物灌胃可使接种肉瘤 S_{180} 实体型肿瘤小鼠的瘤块明显减小，并延长小鼠的存活天数，对接种肝癌 H_{22} 实体型肿瘤小鼠也有明显的抑瘤作用[10]。菝葜皂苷元-3-*O*-[*α*-*L*-鼠李吡喃糖基-(1 → 4)]-*β*-*D*-葡萄吡喃糖苷体外对人白血病细胞 HL-60 和人乳腺癌细胞均有一定的抗癌活性[5]。天冬多糖也是抗癌活性成分之一[6]。

4. 抗氧化、抗衰老

对 *D*-半乳糖致衰老的小鼠，天冬水提取液灌胃能显著增强血清中一氧化氮合酶 (NOS) 的活性，使一氧化氮 (NO) 的含量增加，脂褐素 (LPF) 含量降低[11]；天冬氯仿、乙醇、水提取物灌胃均可不同程度提高心肌过氧化物酶 (GSH-Px) 的活性，降低 LPF 含量，以氯仿提取物抗氧化作用最强[12]；水提取液还能提高脑和肝组织中 Na^+, K^+-ATP 酶的活性，降低脑、肝、血浆中丙二醛含量，天冬总多糖也能降低肝组织中丙二醛含量。天冬总多糖灌胃可使正常小鼠胸腺和脾脏重量增加，水提取液灌胃能延长小鼠的耐缺氧时间[13]。

5. 抑制血小板聚集

体外实验表明天冬 75% 乙醇提取液可抑制二磷酸腺苷 (ADP) 所诱导的血小板聚集[14]。

应用

本品为中医临床用药。功能：养阴润燥，清肺生津。主治：肺燥干咳，顿咳痰黏，腰膝酸痛，骨蒸潮热，内热消渴，热病津伤，咽干口渴，肠燥便秘。

现代临床还用于百日咳、肺脓肿、肺结核、扁桃体炎及糖尿病等病的治疗。

评注

《中国药典》仅收载本种为法定原植物来源种，但在民间，天冬属多种植物均作为天冬药用，如有刺天冬 *Asparagus myriacanthus* Wang et S. C. Chen 和羊齿天冬 *A. filicinus* Ham. ex D. Don 等。研究发现天冬属多种植物亦含有与天冬相似的活性成分，可以进一步研究天冬属植物的资源利用。

四川内江作为川天冬的道地产区，已有 170 年的种植历史，现已建立了大规模的现代化天冬种植基地。

天冬除作药用外，开发绿色保健饮料，将会有广阔的市场前景。

参考文献

[1] 姚念环，孔令义. 天门冬属植物化学成分及生物活性研究进展 [J]. 天然产物研究与开发，1999，11(2)：67-71.

[2] SHI J G, LI G Q, HUANG S Y, et al. Furostanol oligoglycosides from *Asparagus cochinchinensis*[J]. Journal of Asian Natural Products Research, 2004, 6(2): 99-105.

[3] LIANG Z Z, AQUINO R, DE SIMONE F, et al. Oligofurostanosides from *Asparagus cochinchinensis*[J]. Planta Medica, 1988, 54(4): 344-346.

[4] ZHANG H J, SYDARA K, TAN G T, et al. Bioactive constituents from *Asparagus cochinchinensis*[J]. Journal of Natural Products, 2004, 67(2): 194-200.

[5] 徐从立，陈海生，谭兴起，等. 中药天冬的化学成分研究 [J]. 天然产物研究与开发，2005，17(2)：128-130.

[6] 杜旭华，郭允珍. 抗癌植物药的开发研究Ⅳ：中药天冬的多糖类抗癌活性成分的提取与分离 [J]. 沈阳药学院学报，1990，7(3)：197-200.

[7] 罗俊，龙庆德，李诚秀，等. 地冬与天冬的镇咳、祛痰及平喘作用比较 [J]. 贵阳医学院学报，1998，23(2)：132-134.

[8] 温晶媛，李颖，丁声颂，等. 中国百合科天冬属九种药用植物的药理作用筛选 [J]. 上海医科大学学报，1993，20(2)：107-111.

[9] KOO H K, JEONG H J, CHOI J Y, et al. Inhibition of tumor necrosis factor-alpha-induced apoptosis by *Asparagus cochinchinensis* in HepG$_2$ cells[J]. Journal of Ethnopharmacology, 2000, 73(1-2): 137-143.

[10] 罗俊，龙庆德，李诚秀，等. 地冬及天冬对荷瘤小鼠的抑瘤作用 [J]. 贵阳医学院学报，2000，25(1)：15-16.

[11] 赵玉佳，孟祥丽，李秀玲，等. 天冬水提液及其纳米中药对衰老模型小鼠 NOS、NO、LPF 的影响 [J]. 中国野生植物资源，2005，24(3)：49-51.

[12] 王旭，刘红，周淑晶，等. 天冬提取液对小鼠心肌 LPF、GSH-Px 影响的实验研究 [J]. 中国野生植物资源，2004，23(2)：43，65.

[13] 李敏，费曜，王家葵. 天冬药材药理实验研究 [J]. 时珍国医国药，2005，16(7)：580-582.

[14] 张小丽，谢人明，冯英菊. 四种中药对血小板聚集性的影响 [J]. 西北药学杂志，2000，15(6)：260-261.

天麻 Tianma CP, JP, KHP

Gastrodia elata Bl.
Tall Gastrodia

概述

兰科 (Orchidaceae) 植物天麻 *Gastrodia elata* Bl.，其干燥块茎入药。中药名：天麻。

天麻属 (*Gastrodia*) 植物全世界约有 20 种，分布于东亚、东南亚至大洋洲。中国产有 13 种，中国本属可供药用者仅 1 种。本种分布于中国吉林、辽宁、河北、陕西、甘肃、安徽、河南、湖北、四川、贵州、云南、西藏等地。

天麻以“赤箭”药用之名，始载于《神农本草经》，列为上品。“天麻”药用之名，始载于《雷公炮炙论》。《中国药典》（2015 年版）收载本种为中药天麻的法定原植物来源种。主产于中国贵州、陕西、四川、云南、湖北等地。

天麻的主要化学成分为酚类化合物及其苷类，其中天麻素为主要成分。《中国药典》采用高效液相色谱法进行测定，规定天麻药材含天麻素和对羟基苯甲醇的总量不得少于 0.25%，以控制药材质量。

药理研究表明，天麻具有抗惊厥、镇静、改善记忆力、抗衰老、增强免疫等作用。

中医理论认为天麻具有息风止痉，平抑肝阳，祛风通络等功效。

◆ 天麻
Gastrodia elata Bl.

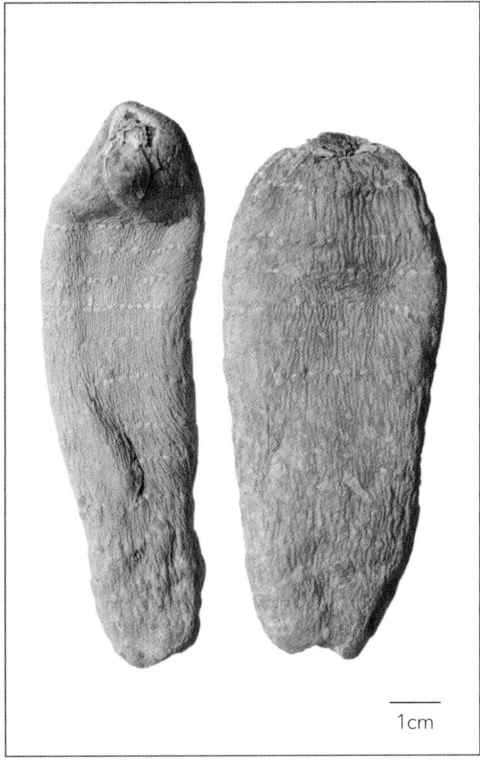

◆ 药材天麻
Gastrodiae Rhizoma

化学成分

天麻块茎含有酚类化合物及其苷类：天麻素 (gastrodin)、对甲基苯基-1-*O*-*β*-*D*-吡喃葡萄糖苷 (*p*-methylphenyl-1-*O*-*β*-*D*-glucopyranoside)、3,5-二甲氧基苯甲酸-4-*O*-*β*-*D*-吡喃葡萄糖苷 (3,5-dimethoxy benzoic acid-4-*O*-*β*-*D*-glucopyranoside)[1]、对羟基苯甲醇 (*p*-hydroxybenzylalcohol)、对羟基苯甲醛 (*p*-hydroxybenzaldehyde)、对羟苄基乙基醚 (*p*-hydroxybenzyl ethyl ether)、对羟苄基甲醚 (*p*-hydroxybenzyl methyl ether)、2,2'-亚甲基-二（6-叔丁基- 4 -甲基苯酚）[2,2'-methylenebis (6-tert-butyl-4-methylphenl)][2]、4,4'-二羟基二苄醚 (4,4'-dihydroxydibenzyl ether)、4,4'-二羟基二苄砜 (4,4'-dihydroxydibenzyl sulfone)[3]、4-羟基苯醛 (4-hydroxybenzaldehyde)、4-羟基-3-甲氧基苯甲醛 (4-hydroxy-3- methoxybenzaldehyde)[4]、香荚兰醇 (vanillyl alcohol)、3,4-二羟基苯甲醛 (3, 4-dihydroxybenzylaldehyde)、4,4'-二羟基二苯甲烷 (4,4'-dihydroxydiphenyl methane)、4-乙氧甲苯基-4'-羟基苄醚 (4-ethyloxytolyl-4'-hydroxybenzyl ether)、4-羟基苄甲醚 (4-hydroxybenzyl methyl ether)、4,4'-羟基苄基苄甲醚 [4-(4'-hydroxybenzyloxyl)-benzyl methyl ether]、双(4-羟苄基)醚单*β*-*D*-吡喃葡萄糖苷 [bis (4-hydroxybenzyl)-ether mono-*β*-*D*-glucopyrano-side]、天麻羟胺 (gastrodamine)[5]、a-acetylamino-phenylprophyl a-benzoylamino-phenylpropionate、4-hydroxybenzyl-b-sitosterol ether[6]、gastrol[7]、4-[4'-(4''-hydroxybenzyloxy) benzyloxy]-benzyl methyl ether[8]、赛比诺啶A (cymbinodin A)、硫化二对羟基苄 [bis(4-hydroxybenzyl) sulfide][9]；此外还含5-hydroxymethyl-2- furancarboxaldehyde[3]和天麻多糖[10]等。

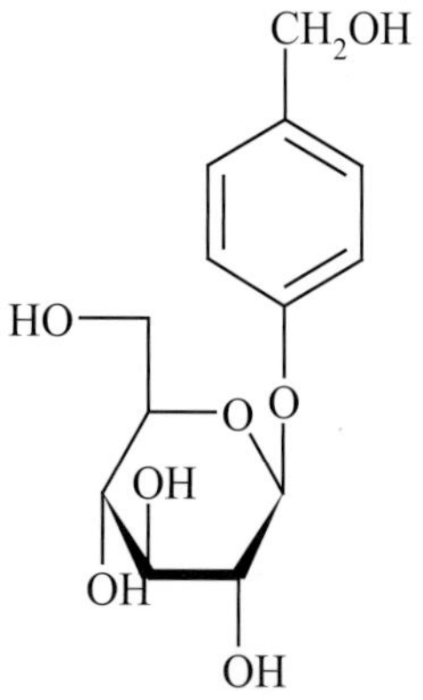

◆ gastrodin

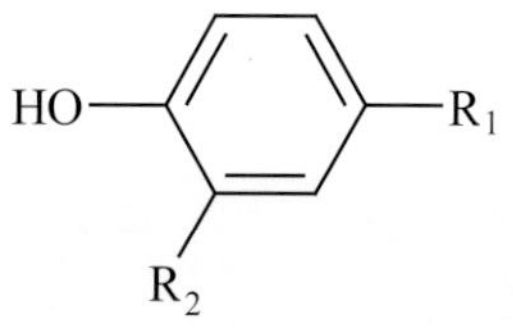

◆ *p*-hydroxybenzylalcohol: R_1=CH_2OH，R_2=H
p-hydroxybenzaldehyde: R_1=CHO，R_2=H
3, 4-dihydroxybenzylaldehyde: R_1=CHO，R_2=OH

药理作用

1．对中枢神经系统的影响

(1) 抗惊厥　天麻能对抗戊四氮所致小鼠强直性惊厥 [11-12]。对士的宁所致小鼠强直性惊厥无明显影响，提示其作用部位不在脊髓 [12]。天麻素及其苷元能延长戊四氮阵挛性惊厥的潜伏期；研究发现，天麻抗惊厥的有效成分是天麻素、香荚兰醇和香荚兰醛 [13]。天麻甲醇提取物的乙醚部位对卡英酸引起的兴奋性中毒有保护作用 [14]。

(2) 镇静、催眠、抗焦虑　天麻素与戊巴比妥、水合氯醛及硫喷妥钠等均有协同作用，可延长小鼠睡眠时间，减少小鼠自主活动 [13]。天麻能延长小鼠戊巴比妥钠阈下剂量睡眠时间，还能对抗咖啡因所致中枢兴奋 [12-13]。天麻水提取物给小鼠灌服或天麻酚类化合物给小鼠腹腔注射，均有抗焦虑的作用 [15]。

(3) 镇痛　天麻煎剂给小鼠灌胃能明显对抗醋酸引起的扭体反应，延长扭体潜伏期并减少扭体次数 [16]。

(4) 改善记忆力　天麻醇提取物对东莨菪碱、亚硝酸钠和40% 乙醇所致的小鼠记忆障碍均有显著改善作用[17-18]。天麻素及对羟基苯乙醇不影响学习获得，但能增强记忆巩固及再现，其作用机制与活化5-色羟胺5-HT1A及5-HT2受体有关[19-20]。天麻粉末灌服能减少*D*-半乳糖所致衰老小鼠及老年大鼠的跳台错误次数[21-22]。天麻能使大鼠大脑胶质细胞增生，胶质细胞群的面积增大，为活跃神经元、改善记忆力提供物质支持[23]。

2. 抗衰老

天麻糖复合物能延长果蝇的平均寿命和最高寿命；提高小鼠血清中超氧化物歧化酶(SOD)活性，降低丙二醛含量[24]。天麻粉末灌服能减少*D*-半乳糖所致衰老小鼠心肌脂褐质，降低老年大鼠的血清脂质过氧化物(LPO)含量[21-22]。

3. 对心血管系统的影响

(1) 对血压和血管的作用　天麻注射液耳缘静脉给药或天麻浸膏十二指肠注入，对家兔血压均有明显的降低作用[25]。天麻素静脉注射能降低犬血压，且能降低外周血管阻力，增加动脉血管中的血流惯性、中央和外周动脉血管的顺应性；还能抑制家兔主动脉血管平滑肌细胞增殖[26-27]。天麻注射液可减缓心率，增加心输出率，降低心肌耗氧量，并使血压下降[13]。

(2) 改善微循环　天麻注射液颈外静脉注射，可显著扩张麻醉大鼠肠系膜动脉管径，加快血流[13]。天麻煎剂能拮抗肾上腺素对大鼠的缩血管效应，能预防微循环障碍，阻止血栓形成；对缺血、缺氧及血液再灌注所致的大鼠脑组织损伤有保护作用[13]。天麻甲醇提取物的乙醚部位对二乙基溴乙酰胺导致的沙鼠全心缺血有保护作用[28]。

4. 增强免疫

天麻注射液能明显增强小鼠免疫功能和血清溶菌酶活力，提高小鼠迟发性变态反应[29]。天麻素注射液经溶血空斑试验、免疫玫瑰花结形成细胞试验和抗绵羊红细胞抗体试验证实，对小鼠非特异性免疫和特异性免疫中的细胞免疫、体液免疫均有增强作用[29]。天麻多糖亦具有增强机体非特异性免疫及细胞免疫的作用[30]。

5. 抗炎

天麻醇提取液对二甲苯所致小鼠耳郭肿胀，以及角叉菜胶和蛋清所致大、小鼠足趾肿胀均有显著抑制作用；还能降低醋酸所致小鼠腹腔毛细血管通透性增高[31]。

6. 其他

天麻还有保肝[32]、保护神经元的作用[33]。

应用

本品为中医临床用药。功能：息风止痉，平抑肝阳，祛风通络。主治：小儿惊风，癫痫抽搐，破伤风，头痛眩晕，手足不遂，肢体麻木，风湿痹痛。

现代临床还用于失眠、头痛、耳鸣等神经衰弱症，以及眩晕综合征、癫痫、高血压、阿尔茨海默病等病的治疗。

评注

天麻用途广泛，可药食两用，也是多种中成药和保健产品的原料，野生品种远远不能满足市场需求。

现人工栽培天麻已研究成功，并在四川和陕西建立天麻的规范化种植示范基地。

研究发现，人工栽培天麻与野生天麻主要药理作用相似，可替代使用，但同等剂量下作用强度有一定差异，临床运用时应注意品种与用量间的关系[12, 16]。

参考文献

[1] 黄占波，宋冬梅，陈发奎．天麻化学成分的研究（I）[J]. 中国药物化学杂志，2005，15(4)：227-229.

[2] 王莉，肖红斌，梁鑫森．天麻化学成分研究(I) [J]. 中草药，2003，34(7)：584-585.

[3] PYO M K, JIN J L, KOO Y K, et al. Phenolic and furan type compounds isolated from *Gastrodia elata* and their anti-platelet effects[J]. Archives of Pharmacal Research, 2004, 27(4): 381-385.

[4] HA J H, SHIN S M, LEE S K, et al. *In vitro* effects of hydroxybenzaldehydes from *Gastrodia elata* and their analogues on GABAergic neurotransmission, and a structure-activity correlation[J]. Planta Medica, 2001, 67(9): 877-880.

[5] 郝小燕，谭宁华，周俊．黔产天麻的化学成分 [J]. 云南植物研究，2000，22(1)：81-84.

[6] XIAO Y Q, LI L, YOU X L, et al. A new compound from *Gastrodia elata* Blume[J]. Journal of Asian Natural Products Research, 2002, 4(1): 73-79.

[7] HAYASHI J, SEKINE T, DEGUCHI S, et al. Phenolic compounds from Gastrodia rhizome and relaxant effects of related compounds on isolated smooth muscle preparation[J]. Phytochemistry, 2002, 59(5): 513-519.

[8] YUN-CHOI H S, PYO M K, PARK K M. Isolation of 3-O-(4'-hydroxybenzyl)-beta-sitosterol and 4-[4'-(4"-hydroxybenzyloxy) benzyloxy]benzyl methyl ether from fresh tubers of *Gastrodia elata*[J]. Archives of Pharmacal Research, 1998, 21(3): 357-360.

[9] 肖永庆，李丽，游小琳．天麻有效部位化学成分研究（I）[J]. 中国中药杂志，2002，27(1)：35-36.

[10] 丁晴．天麻多糖的含量测定 [J]. 中药饮片，1993，(1)：21-23.

[11] 代声龙，于榕．天麻对小鼠戊四唑惊厥的保护作用 [J]. 中国新药与临床杂志，2002，21(11)：641-644.

[12] 叶红，汪植，王绍柏，等．种麻及商品麻的药理作用比较Ⅱ [J]. 时珍国医国药，2003，14(12)：730-731.

[13] 岑信钊．天麻的化学成分与药理作用研究进展[J]. 中药材，2005，28(10)：958-962.

[14] KIM H J, MOON K D, OH S Y, et al. Ether fraction of methanol extracts of *Gastrodia elata*, a traditional medicinal herb, protects against kainic acid-induced neuronal damage in the mouse hippocampus[J]. Neuroscience Letters, 2001, 314(1-2): 65-68.

[15] JUNG J W, YOON B H, OH H R, et al. Anxiolytic-like effects of *Gastrodia elata* and its phenolic constituents in mice[J]. Biological & Pharmaceutical Bulletin, 2006, 29(2): 261-265.

[16] 叶红，沈映君，汪鋆植，等．天麻种子、种麻及商品麻的药理作用比较 I[J]. 时珍国医国药，2003，14(9)：F003-004.

[17] 周本宏，张洪，罗顺德，等．天麻提取物对小鼠学习记忆能力的影响 [J]. 中药药理与临床，1996，3：32-33.

[18] WU C R, HSIEH M T, HUANG S C, et al. Effects of *Gastrodia elata* and its active constituents on scopolamine-induced amnesia in rats[J]. Planta Medica, 1996, 62(4): 317-321.

[19] HSIEH M T, WU C R, CHEN C F. Gastrodin and *p*-hydroxybenzyl alcohol facilitate memory consolidation and retrieval, but not acquisition, on the passive avoidance task in rats[J]. Journal of Ethnopharmacology, 1997, 56(1): 45-54.

[20] HSIEH M T, WU C R, HSIEH C C. Ameliorating effect of *p*-hydroxybenzyl alcohol on cycloheximide-induced impairment of passive avoidance response in rats: interactions with compounds acting at 5-HT1A and 5-HT2 receptors[J]. Pharmacology, Biochemistry and Behavior, 1998, 60(2): 337-343.

[21] 高南南，于澍仁，徐锦堂．天麻对老龄大鼠学习记忆的改善作用 [J]. 中国中药杂志，1995，20(9)：562-563，568.

[22] 高南南，于澍仁，刘睿红，等．天麻对 *D*- 半乳糖所致衰老小鼠的改善作用 [J]. 中草药，1994，25(10)：521-523.

[23] 刘建新，周天达．天麻对大鼠大脑胶质细胞影响的实验研究 [J]. 中国中医基础医学杂志，1997，3(6)：23-25.

[24] 陶文娟，沈业寿，刘如娟，等．天麻糖复合物抗衰老作用的实验研究 [J]. 生物学杂志，2005，22(5)：24-26.

[25] 毛跟年，张嫱，聂萌，等．天麻制剂对家兔血压的影响 [J]. 陕西科技大学学报，2003，21(4)：50-53.

[26] 王正荣，罗红淋，肖静，等．天麻素对动脉血管顺应性以及血流动力学的影响 [J]. 生物医学工程学杂志，1994，11(3)：197-201.

[27] 罗红琳，肖静，袁淑兰，等．天麻注射液对主动脉平滑肌细胞增殖的影响 [J]. 华西医大学报，1997，28(1)：62-65.

[28] KIM H J, LEE S R, MOON K D. Ether fraction of methanol extracts of *Gastrodia elata*, medicinal herb protects against neuronal cell damage after transient global ischemia in gerbils[J]. Phytotherapy Research, 2003, 17(8): 909-912.

[29] 吕国平，王春芹，蔡中琴．天麻素注射液的药理及临床研究 [J]. 中草药，2002，33(5)：附 003- 附 004.

[30] 杨世林，兰进，徐锦堂．天麻的研究进展 [J]. 中草药，2000，31(1)：66-69.

[31] 杨万兴，吕金胜，封永勇，等．天麻醇提液对动物急性炎症的影响 [J]. 药品研究，2002，11(12)：26-27.

[32] 杨菁，白秀珍，孙黎光，等．天麻水煎剂对醋氨酚引起肝损伤的保护作用及机制研究 [J]. 数理医药学杂志，2003，16(5)：453-455.

[33] 李运曼，陈芳萍，刘国卿．天麻素抗谷氨酸和氧自由基诱导的 PC12 细胞损伤的研究 [J]. 中国药科大学学报，2003，34(5)：456-460.

天南星 Tiannanxing CP, VP

Arisaema erubescens (Wall.) Schott
Reddish Jack-in-the-Pulpit

概述

天南星科 (Araceae) 植物天南星 *Arisaema erubescens* (Wall.) Schott，其干燥块茎入药。中药名：天南星。

天南星属 (*Arisaema*) 植物全世界约有 150 种，大部分分布于亚洲热带、亚热带和温带，少数产自非洲热带，中美和北美。中国约有 82 种，其中 59 种系中国特有，以云南省最为丰富，约有 40 种。本属现供药用者有 10 余种。本种除东北及内蒙古、新疆、山东、江苏没有分布外，中国各省区均有分布。印度、尼泊尔、缅甸、泰国也有分布。

天南星以“虎掌”药用之名，载于《神农本草经》。《中国药典》（2015 年版）收载本种为中药天南星的法定原植物来源种之一。主产于中国陕西、甘肃、四川、贵州、云南等省区。

天南星属植物块茎含脂肪酸、黄酮苷及甾醇类化合物[1]。目前本属植物的有效、有毒成分尚不清楚。《中国药典》采用紫外－可见分光光度法进行测定，规定天南星药材含总黄酮以芹菜素计不得少于 0.050%，以控制药材质量。

药理研究指出，天南星具有祛痰、抗惊厥、抗肿瘤等作用。

中医理论认为天南星具有散结消肿等功效。

◆ 天南星
Arisaema erubescens (Wall.) Schott

◆ 异叶天南星
A. heterophyllum Bl.

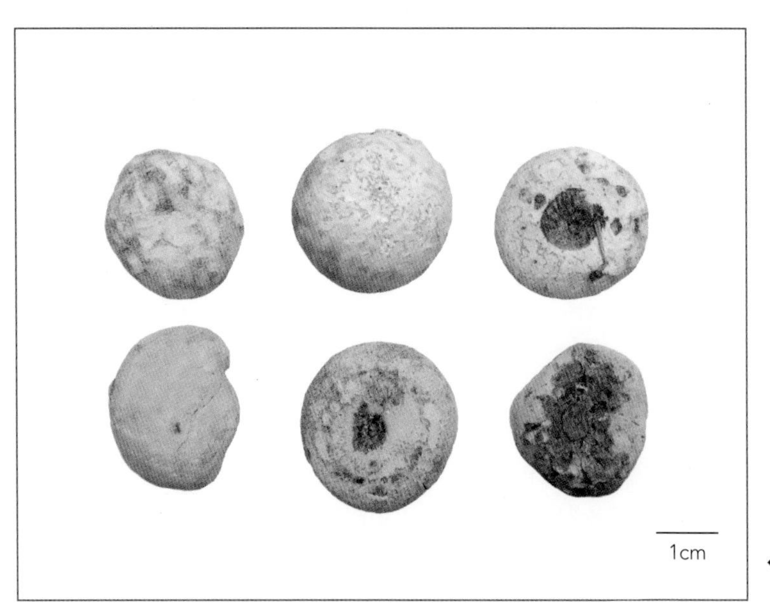

◆ 药材天南星
Arisaematis Rhizoma

◆ paeonol

◆ schaftoside

◆ isoschaftoside

化学成分

天南星的块茎含有甾醇类化合物：胡萝卜苷 (daucosterol)、β-谷甾醇 (β-sitosterol)[2]；脂肪酸类化合物：三十烷酸 (triacontanoic acid)、二十六烷酸 (cerotic acid)[2-3]等；脂肪烃类化合物：四十烷 (tetracontane)[2]；黄酮苷类化合物：夏佛托苷 (schaftoside)、异夏佛托苷 (isoschaftoside)[4]。此外，还含有没食子酸乙酯 (ethyl gallate)、没食子酸 (gallic acid)[2]、丹皮酚 (paeonol)[5]、乙酸橙酰胺 (aurantiamide acetate)[6]等。

药理作用

1. 祛痰

天南星水煎剂给麻醉兔灌服，能显著增加呼吸道黏液分泌；酚红法表明天南星水煎剂灌胃可增加小鼠呼吸道酚红排泌量，显示出祛痰作用 [7]。

2. 抗肿瘤

鲜天南星的水提醇沉液，体外对宫颈癌细胞 HeLa 有抑制作用，使细胞浓缩成团块，破坏细胞结构，部分细胞脱落 [8]。天南星水提取物灌胃对小鼠肝癌 H_{22} 也有一定的抑制作用 [9]。

3. 抗惊厥

小鼠腹腔注射天南星水煎剂，可明显拮抗士的宁、戊四唑、咖啡因、烟碱所致惊厥的发生率和死亡率 [10]。

4. 镇静

天南星煎剂腹腔注射，可使家兔和大鼠数分钟内出现安静、不动似睡、对声反应迟钝等表现 [10]；天南星醇提取物灌胃对小鼠的自主活动也有明显的抑制作用；天南星醇提取物灌胃还能显著延长小鼠戊巴比妥钠诱发的睡眠时间，表明天南星与戊巴比妥钠之间有协同作用 [11]。

5. 抗心律失常

大鼠口服天南星醇提取物能缩短乌头碱诱发的心律失常的持续时间 [11]。

应用

本品为中医临床用药。功能：散结消肿。主治：痈肿，蛇虫咬伤。

现代临床还用于癫痫、淋巴结核、偏头痛、冠心病、宫颈癌等病的治疗。

评注

生天南星被列入中国香港常见 31 种剧毒中药名单。《中国药典》（2015 年版）还收载异叶天南星 *Arisaema heterophyllum* Bl. 和东北天南星 *A. amurense* Maxim. 为中药天南星的法定原植物来源种。但目前商品中天南星以药材形态分为“虎掌形”和“圆球形”，药材市场上公认的天南星的优质品种是“虎掌南星”（因其“四边有子如虎掌”而得名），其来源为半夏属掌叶半夏 *Pinellia pedatisecta* Schott 的块茎。虎掌南星应用历史悠久，再加上产量大，成为天南星的主流品种。

半夏与天南星是两个属不同的中药，功效、主治各有所长。两者的对比研究，有待深入。

参考文献

[1] 杜树山，孟蕾，徐艳春，等.天南星属植物研究进展 [J]. 北京中医药大学学报，2001，24(3)：49-51.

[2] 杜树山，徐艳春，魏璐雪.天南星化学成分研究（Ⅰ）[J]. 中草药，2003，34(4)：310，342.

[3] 杜树山，徐艳春，魏璐雪.天南星中脂肪酸的分析 [J]. 北京中医药大学学报，2003，26(2)：44-46.

[4] 杜树山，雷宁，吴明，等.高效液相色谱法测定天南星中夏佛托苷和异夏佛托苷的含量 [J]. 中国药学杂志，2005，40(1)：21-23.

[5] DUCKI S, HADFIELD J A, LAWRENCE N J, et al. Isolation of paeonol from *Arisaema erubescens*[J]. Planta Medica, 1995, 61(6): 586-587.

[6] DUCKI S, HADFIELD J A, ZHANG X G, et al. Isolation of aurantiamide acetate from *Arisaema erubescens*[J]. Planta Medica, 1996, 62(3): 277-278.

[7] 冯汉林，刘美丽.天南星及其代用品研究概况 [J]. 中草药，1993，24(11)：602-605.

[8] 王庆才.生南星生半夏在肿瘤临床中的应用 [J]. 辽宁中医杂志，1993，(3)：37-38.

[9] 张蕻，李燕玲，任连生，等.马钱子、天南星对小鼠移植性肿瘤 H_{22} 的抑瘤作用 [J]. 中国药物与临床，2005，5(4)：272-274.

[10] 韦英杰，杨中林.天南星研究进展 [J]. 时珍国医国药，2001，12(3)：264-267.

[11] 秦彩玲，胡世林，刘君英，等.有毒中药天南星的安全性和药理活性的研究 [J]. 中草药，1994，25(10)：527-530.

贴梗海棠 Tiegenghaitang CP

Chaenomeles speciosa (Sweet) Nakai
Flowering Quince

概述

蔷薇科 (Rosaceae) 植物贴梗海棠 *Chaenomeles speciosa* (Sweet) Nakai，其干燥近成熟果实入药。中药名：木瓜。

木瓜属 (*Chaenomeles*) 植物全世界约 5 种，分布于亚洲东部，世界各地均有栽培。中国产约 5 种，本属现供药用者约 4 种。本种产于中国陕西、甘肃、贵州、四川、云南和广东等省区，缅甸也有分布。

贴梗海棠以“木瓜实”药用之名，始载于《名医别录》，列为中品。《中国药典》（2015 版）收载本种为中药木瓜的法定原植物来源种。主产于中国安徽、浙江、湖北和四川等地。

贴梗海棠主要含有机酸和三萜类化合物。《中国药典》采用高效液相色谱法进行测定，规定木瓜药材含齐墩果酸和熊果酸的总量不得少于 0.50%，以控制药材质量。

药理研究表明，贴梗海棠的果实具有保肝、抗炎、抗菌和免疫抑制等作用。

中医理论认为木瓜具有舒筋活络，和胃化湿等功效。

◆ 贴梗海棠
Chaenomeles speciosa (Sweet) Nakai

◆ 贴梗海棠
C. speciosa (Sweet) Nakai

◆ 药材木瓜
Chaenomelis Fructus

化学成分

贴梗海棠果实主要含有机酸类成分：苹果酸 (malic acid)、柠苹酸 (citramalic acid)[1]、酒石酸 (tartaric acid)、原儿茶酸 (protocatechuic acid)、咖啡酸 (caffeic acid)、绿原酸 (chlorogenic acid)、5-*O*-对香豆酰奎尼酸 (5-*O*-*p*-coumaroylquinic acid)、抗坏血酸 (ascorbic acid)[2]、反丁烯二酸 (fumaric acid)、苯甲酸 (benzoic acid)、对甲氧基苯甲酸(draconic acid)、苯基丙烯酸 (phenylacrylic acid)[1]、莽草酸 (shikimic acid)、奎尼酸 (quinic acid)[3]；三萜类化合物：齐墩果酸 (oleanolic acid)、熊果酸 (ursolic acid)[4]、3-*O*-乙酰熊果酸 (3-*O*-acetyl ursolic acid)、3-*O*-乙酰坡模醇酸(3-*O*-acetyl pomolic acid)、桦木酸 (betulinic acid)[2]；苷类化合物：trachelosperoside A-1、chaenomeloside A[4]等，还含有5-*O*-对香豆酰奎尼酸丁酯 (butyl 5-*O*-*p*-coumaroylquinate)[5]。

从贴梗海棠的花瓣中还分离到花青素类化合物：花葵素 (pelargonidin) 和矢车菊素 (cyanidin) 的双糖苷 (diglycoside)[6]。

HO COOH

◆ oleanolic acid

药理作用

1. 保肝

木瓜冲剂能减轻大鼠急性肝损伤模型的肝细胞肿胀和气球样变，促进肝细胞修复，显著降低血清谷丙转氨酶(SGPT)[7]。贴梗海棠中的齐墩果酸对体外培养的乙型肝炎病毒 (HBV) 的表面抗原 (HBsAg)、E 抗原 (HBeAg) 有较强抑制作用 [8]。

2. 抗炎、镇痛

贴梗海棠果实煎剂对蛋清所致小鼠关节炎有抑制作用；贴梗海棠中的皂苷成分灌胃可抑制弗氏佐剂和胶原所致的大鼠关节炎，减轻继发性足趾肿胀和炎性疼痛，改善滑膜细胞的形态和功能，降低白介素 -1 (IL-1)、肿瘤坏死因子 α (TNF-α) 和前列腺素 E_2 (PGE_2) 含量，对醋酸所致的小鼠扭体反应和甲醛第二相反应也有抑制作用 [9-11]。

3. 免疫抑制

贴梗海棠果实煎剂给小鼠灌胃，能明显抑制脾指数；其果实提取液腹腔注射，能显著降低小鼠腹腔巨噬细胞吞噬力和吞噬指数。

4. 抗过敏

贴梗海棠中的皂苷成分灌胃对环磷酰胺 (Cy) 增强的小鼠接触性超敏反应有明显的抑制作用，可有效地调节小鼠胸腺 CD_4/CD_8 和 Th 淋巴细胞亚群及细胞因子产生平衡 [12]。

5. 抗菌

贴梗海棠在体外对多种肠道菌、葡萄球菌、肺炎链球菌和结核分枝杆菌有不同程度的抑制作用；对恙虫病立克次氏体也有抑制作用。

6. 其他

体外实验表明，贴梗海棠中的 5-*O*- 对香豆酰奎尼酸丁酯能抑制化合物 48/80 诱导的大鼠肥大细胞释放组胺 [5]。贴梗海棠果实水浸液还有抗肿瘤作用。

应用

本品为中医临床用药。功能：舒筋活络，和胃化湿。主治：湿痹拘挛，腰膝关节酸重疼痛，暑湿吐泻，转筋挛痛，脚气水肿。

现代临床还用于肝炎、风湿性关节炎和急性细菌性痢疾等病的治疗。

评注

木瓜是中国卫生部规定的药食同源品种之一。贴梗海棠是具食用、药用和观赏价值于一身的植物，其果实营养丰富，已被开发为木瓜饮料、木瓜醋、木瓜果脯等食品；由于木瓜富含齐墩果酸，有改善胃肠道功能和保护肝脏的作用，更可作为保健食品进行开发利用。

药用植物图像数据库

参考文献

[1] 高诚伟，康勇，雷泽模，等.皱皮木瓜中有机酸的研究 [J]. 云南大学学报：自然科学版，1999，21(4)：319-321.

[2] 郭学敏，章玲，全山丛，等.皱皮木瓜中三萜化合物的分离鉴定 [J]. 中国中药杂志，1998，23(9)：546-547.

[3] 陈洪超，丁立生，彭树林，等.皱皮木瓜化学成分的研究 [J]. 中草药，2005，36(1)：30-31.

[4] LEE M H, HAN Y N. A new *in vitro* tissue inhibitory triterpene from the fruits of *Chaenomeles sinensis*[J]. Planta Medica, 2003, 69(4): 327-331.

[5] 张贵峰.木瓜中新的奎尼酸衍生物 [J]. 国外医学：中医中药分册，2003，25(2)：77.

[6] TIMBERLAKE C F, BRIDLE P. Anthocyanins in petals of *Chaenomeles speciosa*[J]. Phytochemistry, 1971, 10(9): 2265-2267.

[7] 田奇伟.木瓜舒肝冲剂治疗急性黄疸型肝炎的临床疗效观察 [J]. 中草药，1989，20(2)：4, 48.

[8] 刘厚佳，胡晋红，孙莲娜，等.木瓜中齐墩果酸抗乙型肝炎病毒研究 [J]. 解放军药学学报，2002，18(5)：272-274.

[9] DAI M, WEI W, SHEN Y X, et al. Glucosides of *Chaenomeles speciosa* remit rat adjuvant arthritis by inhibiting synoviocyte activities[J]. Acta Pharmacologica Sinica, 2003, 24(11): 1161-1166.

[10] CHEN Q, WEI W. Effects and mechanisms of glucosides of *Chaenomeles speciosa* on collagen-induced arthritis in rats[J]. International Immunopharmacology, 2003, 3(4): 593-608.

[11] 汪倪萍，戴敏，王华，等.木瓜苷的镇痛作用 [J]. 中国药理学与毒理学杂志，2005，19(3)：169-174.

[12] 郑咏秋，魏伟，汪倪萍.木瓜苷对环磷酰胺增强的小鼠接触性超敏反应的影响 [J]. 中国药理学与毒理学杂志，2004，18(6)：415-420.

土木香 Tumuxiang CP, KHP

Inula helenium L.
Elecampane Inula

概述

菊科 (Asteraceae) 植物土木香 *Inula helenium* L.，其干燥根入药。中药名：土木香。

旋覆花属 (*Inula*) 植物全世界约 100 种，分布于欧洲、非洲及亚洲，以地中海地区为主，俄罗斯西伯利亚西部至蒙古北部和北美均有。中国有 20 种和多数变种，本属现作药用者约有 17 种。本种分布于中国新疆，各地多有栽培；在欧洲、亚洲（西部、中部）、俄罗斯西伯利亚至蒙古北部、北美也有分布。

“土木香”药用之名，始载于《本草图经》。历代本草多有著录。《中国药典》（2015 年版）收载本种为中药土木香的法定原植物来源种。主产于中国河北，此外，新疆、甘肃、陕西、四川、河南、浙江等地也产。

土木香主要活性成分为倍半萜类成分，此外还有香豆素、黄酮等成分。《中国药典》采用气相色谱法进行测定，规定土木香药材含土木香内酯和异土木香内酯的总量不得少于 2.2%，以控制药材质量。

药理研究表明，土木香具有驱虫、抗菌、降血糖等作用。

中医理论认为土木香具有健脾和胃，行气止痛，安胎等功效。

◆ 土木香
Inula helenium L.

◆ 药材土木香
Inulae Radix

化学成分

土木香的根含挥发油，油中主要成分为倍半萜内酯类成分：土木香内酯 (alantolactone)、风毛菊内酯 (saussurealactone)、异土木香内酯 (iso-alantolactone) 、二氢异土木香内酯 (dihydro-iso-alantolactone)[1]、二氢土木香内酯 (dihydro-alantolactone)[2]；单萜类成分：肉豆蔻醚 (myristicin)、β-榄香烯 (β-elemene)、香橙烯 (aromadendrene)[1]；香豆素类成分：花椒毒素 (xanthotoxin)、异虎耳草素 (isopimpinellin)、异佛手柑内酯 (isobergapten)[3]；黄酮类成分：芦丁 (rutin)、槲皮素 (quercetin)[3]；三萜类成分：达玛二烯醇乙酸酯 (dammaradienyl acetate)，此成分水解后产生达玛二烯醇 (dammaradienol)[4]；多糖类成分：菊糖 (inulin)、胶质；脂肪酸类成分：酒石酸 (tartartic acid)、琥珀酸 (succinic acid)；此外还含有 10-isobutyryloxy-8,9-epoxythymol isobutyrate[5] 和皂苷类成分等[3]。

地上部分含双氧代大牻牛儿内酯 [11(13)-dehydroeriolin]和2α-羟基土木香内酯 (eudesmanolide)[6]。

叶中含土木香苦素 (alantopicrin)[7]。

◆ alantolactone

◆ dihydro-alantolactone

药理作用

1. 抗菌

土木香提取物具有抗菌活性[8]，对结核分枝杆菌有较强的抑制作用[6]，所含的 10-isobutyryloxy-8,9-epoxythymol isobutyrate 对金黄色葡萄球菌、粪肠球菌、大肠埃希氏菌、铜绿假单胞菌和白色念珠菌有一定的抗菌活性[5]。

2. 驱虫

体外实验表明，土木香水提取液能在 40 天内有效杀灭蛔虫幼虫，20 天内杀灭蛔虫虫卵[9]。体内实验表明，给家兔灌服含华支睾吸虫的土木香沸水提取液后，土木香能很好地抑制华支睾吸虫产卵[10]。

3. 抗肿瘤

土木香甲醇提取液对人胃癌细胞 MK-1、人宫颈癌细胞 HeLa 及小鼠黑色素瘤细胞 B16F10 的增殖均有抑制作用[2]。体外实验表明，土木香乙醇提取液具有显著的细胞毒性，可抑制拉吉类淋巴母细胞的生长，与抗肿瘤药物合用时，活性增强，其主要活性成分为土木香内酯等倍半萜类化合物[11]。

4. 镇痛

小鼠醋酸致痛法与热板法实验均表明，土木香根、茎、叶和种子的乙醇提取物都有明显的止痛效果[12]。

5. 致敏

含土木香提取物的搽剂可引起接触性皮炎，其过敏原为倍半萜类化合物，经体外淋巴细胞转化试验 (LTT) 与体内小鼠致敏度试验考察发现，土木香内酯的致敏作用强于异土木香内酯[13-15]。

6. 其他

在研究小鼠急性应激性试验中，土木香对小鼠体内器官、血液、糖代谢和脂质过氧化过程均有保护作用[16]。此外，土木香还具有降血糖等作用。

应用

本品为中医临床用药。功能：健脾和胃，行气止痛，安胎。主治：胸胁、脘腹胀痛，呕吐泻痢，胸胁挫伤，岔气作痛，胎动不安。

现代临床还用于牙痛[2]、慢性胃炎、胃肠功能紊乱、肋间神经痛和胸壁挫伤等病的治疗。

评注

《中国药典》（1985 年版）曾收载该种同属植物总状土木香 *Inula racemosa* Hook. f 为中药土木香的法定原植物来源种之一，该种分布于新疆天山阿尔泰山一带，在四川、湖北、陕西、甘肃、西藏等地有栽培，其根的功用与土木香大致相同。《中国药典》（2015 年版）仅以土木香 *I. helenium* L. 为法定来源种。

土木香在欧洲亦有栽培。欧洲将土木香用于利尿、祛痰、健胃，俄罗斯民间将土木香用于癌症的治疗[11]，中国用于治疗胃肠炎、支气管炎及结核性腹泻等。

土木香中含有大量倍半萜内酯，具有抗菌、驱虫、抗肿瘤等作用，但同时又具有致敏作用，易引起接触性皮炎。研究表明，土木香内酯致敏作用较强，异土木香内酯无显著的致敏作用。现已开发出一种对皮肤无刺激的植物抗炎剂，由土木香提取物和水溶性脱乙酰谷多糖组成，带有阳电荷，能与细菌细胞壁上的阴电荷产生较强的抗菌活性，可作为抗菌剂、抗炎剂用于医药、食品和化妆品[17]。

参考文献

[1] 戴斌，丘翠嫦．新疆木香挥发油气相色谱 - 质谱分析 [J]. 中药材，1995，18(3)：139-142.

[2] KONISHI T, SHIMADA Y, NAGAO T, et al. Antiproliferative sesquiterpene lactones from the roots of *Inula helenium*[J]. Biological & Pharmaceutical Bulletin, 2002, 25(10): 1370-1372.

[3] MATASOVA S A, MITINA N A, RYZHOVA G L, et al. Preparation of dried extract from *Inula helenium* roots and characterization of its chemical content[J]. Khimiya Rastitel'nogo Syr'ya, 1999, 2: 119-123.

[4] YOSIOKA I, YAMADA Y. Isolation of dammaradienyl acetate from *Inula helenium* L[J]. Yakugaku Zasshi, 1963, 83: 801-802.

[5] STOJAKOWSKA A, KEDZIA B, KISIEL W. Antimicrobial activity of 10-isobutyryloxy-8,9-epoxythymol isobutyrate[J]. Fitoterapia, 2005, 76(7-8): 687-690.

[6] CANTRELL C L, ABATE L, FRONCZEK F R, et al. Antimycobacterial eudesmanolides from *Inula helenium* and *Rudbeckia subtomentosa*[J]. Planta Medica. 1999, 65(4): 351-355.

[7] VON G F. Alantopicrin, a bitter principle from elecampane leaves; contribution to the composite bitter principles[J]. Archiv der Pharmazie und Berichte der Deutschen Pharmazeutischen Gesellschaft, 1954, 287(2): 57-62.

[8] OLECHNOWICZ-STEPIEN W, SKURSKA H. Studies on antibiotic properties of roots of *inula helenium*, Compositae[J]. Archivum Immunologiae et Therapiae Experimentalis, 1960, 8: 179-189.

[9] EL G M F, MAHMOUD L H. Anthelminthic efficacy of traditional herbs on *Ascaris lumbricoides*[J]. Journal of the Egyptian Society of Parasitology, 2002, 32(3): 893-900.

[10] RHEE J K, BAEK B K, AHN B Z. Alternations of *Clonorchis sinensis* EPG by administration of herbs in rabbits[J]. The American Journal of Chinese Medicine, 1985, 13(1-4): 65-69.

[11] SPIRIDONOV N A, KONOVALOV D A, ARKHIPOV V V. Cytotoxicity of some Russian ethnomedicinal plants and plant compounds[J]. Phytotherapy Research, 2005, 19: 428-432.

[12] 王良信 . 土木香乙醇提取物的镇痛作用 [J]. 国外医药：植物药分册，2004，19(6)：261.

[13] PAZZAGLIA M, VENTURO N, BORDA G, et al. Contact dermatitis due to a massage liniment containing *Inula helenium* extract[J]. Contact Dermatitis, 1995, 33(4): 267.

[14] PAULSEN E. Contact sensitization from Compositae-containing herbal remedies and cosmetics[J]. Contact Dermatitis, 2002, 47(4): 189-198.

[15] ALONSO B N, FRAGINALS R, LEPOITTEVIN J P, et al. A murine *in vitro* model of allergic contact dermatitis to sesquiterpene α-methylene-γ- butyrolactones[J]. Archives of Dermatological Research, 1992, 284(5): 297-302.

[16] NESTEROVA I V, ZELENSKAIA K L, VETOSHKINA T V, et al. Mechanism of antistressor activity of *Inula helenium* preparations[J]. Eksperimental'naia i Klinicheskaia Farmakologiia, 2003, 66(4): 63-65.

[17] 国外药讯编辑部 . 植物抗炎剂 [J]. 国外药讯，2003，(9)：37.

◆ 土木香种植基地

菟丝子 Tusizi CP, KHP

Cuscuta chinensis Lam.
Chinese Dodder

概述

旋花科 (Convolvulaceae) 植物菟丝子 *Cuscuta chinensis* Lam.，其干燥成熟种子入药。中药名：菟丝子。

菟丝子属 (*Cuscuta*) 植物全世界约有 170 种，广泛分布于全世界暖温带，主产美洲。中国约有 9 种，本属现供药用者约有 4 种。本种全国各地均有分布，以北方各省区为主。

“菟丝子”药用之名，始载于《神农本草经》，列为上品。历代本草多有著录。《中国药典》（2015 年版）收载本种为中药材菟丝子的法定原植物来源种之一。主产于中国山东、河北、山西、陕西、江苏等省区。

菟丝子主要含有黄酮类化合物，尚有木脂素、香豆素等成分。黄酮类成分为其主要活性成分。《中国药典》采用高效液相色谱法进行测定，规定菟丝子含金丝桃苷不得少于 0.10%，以控制药材质量。

药理研究表明，菟丝子具有增强性能力、促进精子运动、调节免疫功能、保肝、抗衰老、明目等作用。

中医理论认为菟丝子具有补益肝肾，固精缩尿，安胎，明目，止泻，消风祛斑等功效。

◆ 菟丝子
Cuscuta chinensis Lam.

◆ 金灯藤
C. japonica Choisy

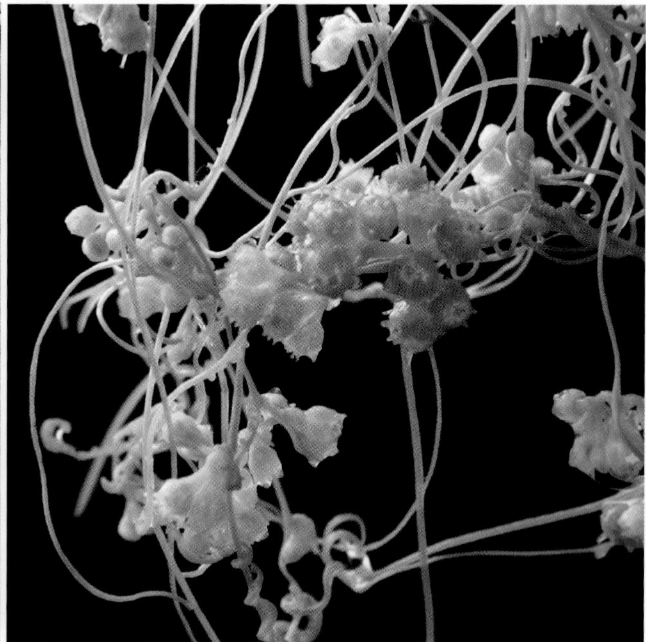

◆ 南方菟丝子
C. australis R. Br.

◆ 药材菟丝子
Cuscutae Semen

◆ 药材大菟丝子
Cuscutae Japonicae Semen

化学成分

菟丝子种子含有黄酮类成分：槲皮素 (quercetin)、紫云英苷 (astragalin)、金丝桃苷 (hyperin)、槲皮素-3-*O*-*β*-*D*-半乳糖-7-*O*-*β*-*D*-葡萄糖苷 (quercetin-3-*O*-*β*-*D*-galactoside-7-*O*-*β*-*D*-glucoside)[1]、山柰酚 (kaempferol)、4',4,6-三羟基橙酮 (4',4,6-trihydroxyaurone)[2]、异鼠李素 (isorhamnetin)[3]等；木脂素类成分：新芝麻脂素 (neo-sesamin)[2]、*d*-芝麻脂素 (*d*-sesamin)[3]、cuscutosides A、B[4] 及neocuscutosides A、B、C[5]等；生物碱类成分：cuscutamine[4] 等。还含有磷脂酰胆碱 (lecithin)及磷脂酰乙醇胺 (cephalin)[6]。近年从种子中还分离得到两种酸性多糖H_2、H_3和两种中性杂多糖H_6、H_8[7-9]。

从菟丝子全草中分得*d*-芝麻脂素 (*d*-sesamin)、9(*R*)-羟基-*d*-芝麻素[9(*R*)-hydroxy-*d*-sesamin]、*d*-松脂素 (*d*-pinoresionol) 等成分[10]。

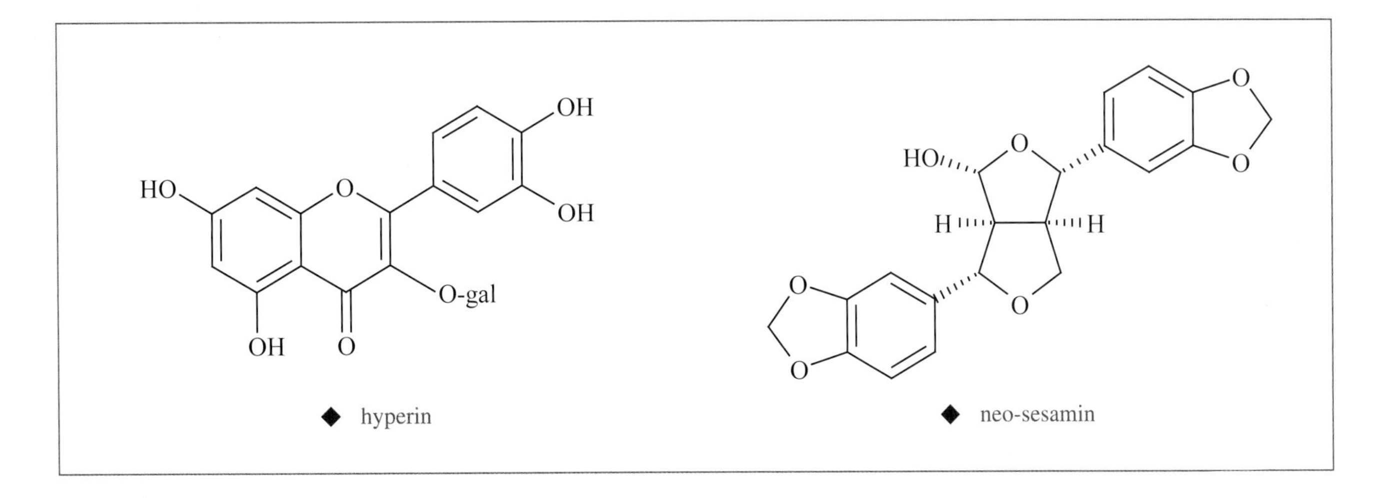

药理作用

1. 对生殖系统的作用

菟丝子水煎剂可增强果蝇性活力；促进人体外精子运动[11-12]。菟丝子黄酮灌胃可使成年大鼠腺垂体、卵巢、子宫重量增加，增强卵巢人绒毛促性腺激素 (hCG)/ 黄体生成素 (LH) 受体功能及垂体对促性腺激素释放激素 (LRH) 的反应性；增加未成年雄性小鼠睾丸、附睾重量。促进离体培养人早孕绒毛组织 hCG 分泌，以及离体培养大鼠睾丸间质细胞睾酮的分泌[13-14]。菟丝子黄酮灌胃能下调心理应激大鼠下丘脑神经递质 β- 肾上腺素，上调腺垂体 LH 水平，可能是菟丝子黄酮调节下丘脑－垂体－性腺轴功能的机制之一[15]。

2. 免疫调节功能

菟丝子有效成分金丝桃苷腹腔注射，中剂量组（300 mg/kg 和 150 mg/kg）对小鼠胸腺重量、腹腔巨噬细胞吞噬功能和脾脏 T、B 淋巴细胞增殖均具有明显的抑制作用；小剂量组 (50 mg/kg) 能显著增强小鼠脾脏 T、B 淋巴细胞的增殖反应和腹腔巨噬细胞的吞噬功能。体外实验也发现，适宜浓度的金丝桃苷能显著增强免疫细胞功能[16]。

3. 抗衰老

菟丝子水煎剂灌胃能提高 *D*- 半乳糖所致衰老模型小鼠红细胞 C_{3b} 受体花环率 (RBC-C_{3b}RR)，降低小鼠免疫复合物花环率 (RBC-ICR)，明显增强衰老模型小鼠的红细胞免疫功能，具有推迟衰老作用[17]。

4. 保肝

对 CCl_4 所致的小鼠肝损伤，菟丝子水提取液灌胃后能降低血清谷丙转氨酶 (sGPT)、血液乳酸和丙酮酸水平，提高肝糖原和肾上腺抗坏血酸水平，表明菟丝子具有保肝活性[18]。

5. 明目

菟丝子灌胃能推迟喂饲半乳糖所致大鼠白内障形成，其机制是降低醛糖还原酶活性，增强多元醇脱氢酶、己糖激酶及 6- 磷酸葡萄糖脱氢酶的活性，还可抑制及纠正白内障大鼠晶状体中酶的异常变化[19]。

6. 其他

小鼠游泳及常压耐缺氧实验表明，菟丝子水煎剂灌胃可增强非特异性抵抗力[11]。

应用

本品为中医临床用药。功能：补益肝肾，固精缩尿，安胎，明目，止泻；外用消风祛斑。主治：肝肾不足，腰膝酸软，阳痿遗精，遗尿尿频，肾虚胎漏，胎动不安，目昏耳鸣，脾肾虚泻；外治白癜风。

现代临床还用于治疗慢性肝炎、精子畸形、先兆流产、慢性前列腺炎[19]等病的治疗。

评注

药用植物图像数据库

《中国药典》除菟丝子外，还收载南方菟丝子 *Cuscuta australis* R. Br. 作为中药菟丝子的法定原植物来源种。同属植物金灯藤 *C. japonica* Choisy（日本菟丝子，又名大菟丝子）在中国的大部分地区亦作为菟丝子入药。南方菟丝子与菟丝子的主要化学成分和功效接近，自2015年开始被《中国药典》收载。

参考文献

[1] 金晓，李家实，阎文玫．菟丝子黄酮类成分的研究 [J]. 中国中药杂志，1992，17(5)：292-294.

[2] 王展，何直升．菟丝子化学成分的研究 [J]. 中草药，1998，29(9)：577-579.

[3] 叶敏，阎玉凝，乔梁，等．中药菟丝子化学成分研究 [J]. 中国中药杂志，2002，27(2)：115-117.

[4] YAHARA S, DOMOTO H, SUGIMURA C, et al. An alkaloid and two lignans from *Cuscuta chinensis*[J]. Phytochemistry, 1994, 37(6): 1755-1757.

[5] XIANG S X, HE Z S, YE Y. Furofuran lignans from *Cuscuta chinensis*[J]. Chinese Journal of Chemistry, 2001, 19(3): 282-285.

[6] 许益民，王永珍，郭戎，等．五子衍宗丸及其组成中药磷脂成分的分析 [J]. 中草药，1989，20(7)：15-17.

[7] 王展，方积年．具有抗氧化活性的酸性菟丝子多糖 H_2 的研究 [J]. 植物学报，2001，43(3)：243-248.

[8] 王展， 方积年．菟丝子多糖 H_3 的研究 [J]. 药学学报，2001，36(3)：192-195.

[9] 王展，鲍幸峰，方积年．菟丝子中两个中性杂多糖的化学结构研究 [J]. 中草药，2001，32(8)：675-678.

[10] 叶敏，阎玉凝，倪雪梅，等．菟丝子全草化学成分的研究 [J]. 中药材，2001，24(5)：339-341.

[11] 宓鹤鸣，郭澄，宋洪涛，等．三种菟丝子补肾壮阳作用的比较 [J]. 中草药，1991，22(12)：547-550.

[12] 彭守静，陆仁康，俞丽华，等．菟丝子、仙茅、巴戟天对人精子体外运动和膜功能影响的研究 [J]. 中国中西医结合杂志，1997，17(3)：145-147.

[13] 秦达念，畲白蓉，畲运初．菟丝子黄酮对实验动物及人绒毛组织生殖功能的影响 [J]. 中药新药与临床药理，2001，11(11)：349-351.

[14] 王建红，王敏璋，伍庆华，等．菟丝子黄酮对应激大鼠卵巢内分泌的影响 [J]. 中草药，2002，33(12)：1099-1101.

[15] 王建红，王敏璋，欧阳栋，等．菟丝子黄酮对心理应激雌性大鼠下丘脑 β-EP 与腺垂体 FSH、LH 的影响 [J]. 中药材，2002，25(12)：886-888.

[16] 顾立刚，叶敏，阎玉凝，等．菟丝子金丝桃苷体内外对小鼠免疫细胞功能的影响 [J]. 中国中医药信息杂志，2001，11(8)：42-44.

[17] 王昭，朴金花，张凤梅，等．菟丝子对 *D*- 半乳糖所致衰老模型小鼠红细胞免疫功能的影响 [J]. 黑龙江医药科学，2003，12(26)：16-17.

[18] 郭澄，苏中武，李承祜，等．中药菟丝子保肝活性的研究 [J]. 时珍国药研究，1992，3(2)：62-64.

[19] 王本祥．现代中药药理学 [M]. 天津：天津科学技术出版社，1997：1248-1250.

脱皮马勃 Tuopimabo [CP]

Lasiosphaera fenzlii Reich.
Puff-Ball

概述

灰包科 (Lycoperdaceae) 真菌脱皮马勃 *Lasiosphaera fenzlii* Reich.，其干燥子实体入药。中药名：马勃。

毛球马勃属 (*Lasiosphaera*) 真菌全世界分布种数尚未见有记载，中国仅见本种，为中药马勃常见来源品种之一，主要分布于黑龙江、内蒙古、河北、陕西、甘肃、新疆、湖北、湖南、江苏、安徽、贵州等省区[1-2]。

"马勃"药用之名，始载于《名医别录》，列为下品。历代本草所记载的"马勃"与现今所用马勃品种相似，但较难确定是哪一种[3]。《中国药典》（2015 年版）收载本种为中药马勃的法定原植物来源种之一。主产于中国安徽、江苏、广西、甘肃、内蒙古等省区，以安徽、内蒙古地区产量较大。

脱皮马勃中主要活性成分为马勃素、麦角甾醇等。《中国药典》以性状、显微和薄层色谱鉴别来控制马勃药材的质量。

药学研究表明，马勃具有止血、抗菌等作用。

中医理论认为马勃具有清肺利咽，止血等功效。

◆ 脱皮马勃
Lasiosphaera fenzlii Reich.

◆ 药材马勃
Lasiosphaera Calvatia

◆ 大马勃
Calvatia gigantea (Batsch ex Pers.) Lloyd

◆ 紫色马勃
C. lilacina (Mont. et Berk.) Lloyd

化学成分

脱皮马勃子实体中含有麦角甾类衍生物：麦角甾醇 (ergosterol)、麦角甾-7,22-二烯-3-酮 (ergosta-7,22-dien-3-one)[4]等；另尚含马勃素（gemmatein，为一种碱性黏蛋白）、尿素 (urea)、马勃多糖[3, 5]、多种氨基酸[6]。

◆ ergosta-7,22-dien-3-one

药理作用

1. **止血**

脱皮马勃中含有较高量的磷酸钠，具有机械性止血作用。

2. **抗菌**

脱皮马勃水浸剂体外对奥杜盎氏小芽孢癣菌、铁锈色小芽孢癣菌有抑制作用；其水煎剂体外对肺炎链球菌、金黄色葡萄球菌、变形杆菌属及铜绿假单胞菌等均有抑制作用[7]。

3. **抗炎、止咳**

脱皮马勃混悬液灌胃，可显著抑制二甲苯所致小鼠耳郭肿胀，延长受机械性刺激致咳的豚鼠咳嗽潜伏期，其止咳作用在45分钟、75分钟时较强[8]。

4. **抗病毒**

脱皮马勃水提取物及甲醇提取物体外具有抗人类免疫缺陷病毒-1 (HIV-1) 作用[9]。

5. **其他**

脱皮马勃中所含的马勃素具有一定抗肿瘤作用[3]。

应用

本品为中医临床用药。功能：清热解毒，利咽，止血。主治：风热郁肺咽痛，音哑，咳嗽；外治鼻衄，创伤出血。

现代临床还用于外科手术止血、外伤止血、鼻出血止血，以及非特异性溃疡性结肠炎、上呼吸道感染、荨麻疹等病的治疗。

评注

《中国药典》（2015年版）收载作马勃药用的还有灰包科真菌大马勃 *Calvatia gigantea* (Batsch ex Pers.) Lloyd 和紫色马勃 *C. lilacina* (Mont. et Berk.) Lloyd。此外，大口静灰球 *Bovistella sinensis* Lloyd、长根静灰球 *B. radicata* (Dur. et Mont.) Pat.、栓皮马勃 *Mycenastrum corium* (Guers.) Desv. 等10余种同科不同属或不同科类似品种亦在不同地区作马勃药用[10]。

马勃类真菌在中国大部分地区均有分布，在各地应用时常就地取材，使用较为复杂；对于不同种之间化学、药理及药效学等方面的比较研究报道较少，故此方面研究有待于深入进行。

马勃的人工栽培已获成功，但因药材用量不大，故货源仍以野生为主，现中国年需量约3万～4万千克[11]。

参考文献

[1] 应建浙．中国药用真菌图鉴 [M]. 北京：科学出版社，1987：514-515.

[2] 邓叔群．中国的真菌 [M]. 北京：科学出版社，1964：673.

[3] 徐锦堂．中国药用真菌学 [M]. 北京：北京医科大学、中国协和医科大学联合出版社，1997：763-765.

[4] 王隶书，金向群，程东岩，等．薄层扫描法测定不同品种马勃中麦角甾 -7,22- 二烯 -3- 酮含量 [J]. 中草药，1997，28(1)：15-16.

[5] 刘淑芬，甄攀．中药马勃中多糖含量测定 [J]. 张家口医学院学报，2001，18(5)：32-33.

[6] 张庆康，丁永辉．10 种马勃的氨基酸含量测定及聚类分析 [J]. 中成药，1996，18(8)：35-37.

[7] 孙菊英，郭朝晖．十种马勃体外抑菌作用的实验研究 [J]. 中药材，1994，17(4)：37-38.

[8] 左文英，尚孟坤，揣辛桂．脱皮马勃的抗炎、止咳作用观察 [J]. 河南大学学报：医学科学版，2004，(3)：65.

[9] MA C M, NAKAMURA N, MIYASHIRO H, et al. Screening of Chinese and Mongolian herbal drugs for anti-human immunodeficiency virus type 1 (HIV-1) activity[J]. Phytotherapy Research, 2002, 16(S1): 186-189.

[10] 丁永辉，常克俭，宋平顺，等．商品马勃的品种调查和鉴定 [J]. 中国中药杂志，1991，16(6)：323-326.

[11] 王惠清．中药材产销 [M]. 成都：四川出版集团四川科学技术出版社，2004：589-591.

望春花 Wangchunhua CP, JP

Magnolia biondii Pamp.
Magnolia Flower

概述

木兰科 (Magnoliaceae) 植物望春花 *Magnolia biondii* Pamp.，其干燥花蕾入药。中药名：辛夷。

木兰属 (*Magnolia*) 植物全世界约有 90 种，分布于亚洲东南部温带及热带地区，印度东北部、马来群岛、日本、北美东南部、北美洲中部及小安的列群岛也有。中国约有 31 种 1 亚种，本属现供药用者达 24 种。本种分布于中国陕西、甘肃、河南、湖北、四川等省。

“辛夷”药用之名，始载于《神农本草经》，列为上品。历代本草多有著录，古今药用品种均为木兰属植物。《中国药典》（2015 年版）收载本种为中药辛夷的法定原植物来源种之一。中国河南省南召县为道地药材产区，湖北、陕西、甘肃等省也产。

辛夷主要活性成分为挥发油，还含有木脂素、黄酮、生物碱、萜类等化学成分。《中国药典》采用挥发油测定法进行测定，规定辛夷药材含挥发油不得少于 1.0%；采用高效液相色谱法进行测定，规定含木兰脂素不得少于 0.40%，以控制其药材质量。

药理研究表明，望春花具有抗炎、抗过敏、抗病原微生物、局部收敛、刺激和麻醉等多种药理活性。

中医传统理论认为辛夷有散风寒，通鼻窍等功效。

◆ 望春花
Magnolia biondii Pamp.

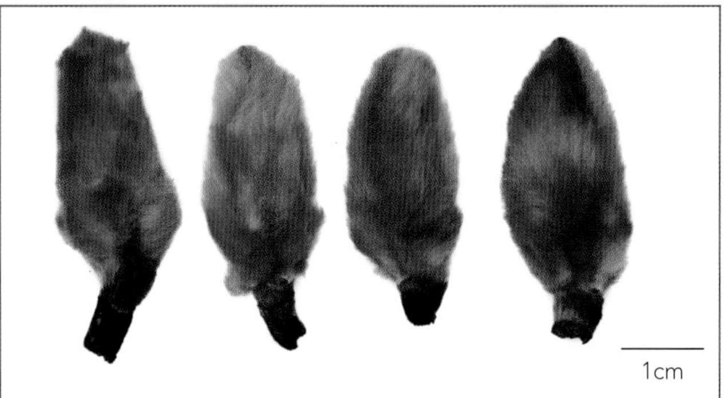

◆ 药材辛夷
Magnoliae Flos

◆ 玉兰
M. denudata Desr.

◆ 柳叶木兰
M. salicifolia Maxim.

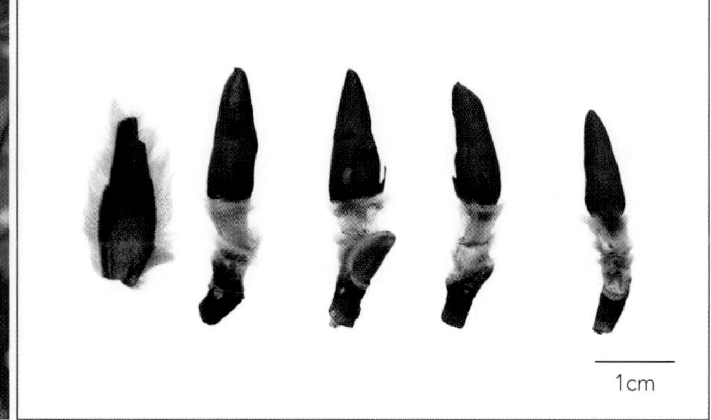

◆ 药材辛夷
Magnoliae Flos

化学成分

望春花花蕾含挥发油，主要成分有：1,8-桉叶素 (1,8-cineole)、香桧烯 (sabinene)、β-蒎烯 (β-pinene)、反-石竹烯 (*trans*-caryophyllene)、α-松油醇 (α-terpineol)、莰烯 (camphene)、α-荜澄茄醇 (α-cadinol)[1]等；木脂素类有：松脂素二甲醚 (pinoresinol dimethyl ether)、里立脂素B二甲醚 (lirioresinol B dimethyl ether)、辛夷脂素 (fargesin)、aschantin、demethoxyaschantin、木兰脂素 (magnolin)[2]、biondinin B、biondinin E、里立脂素A二甲醚 (lirioresinol A dimethyl ether)、(+)-spinescin、yangambin、(7*R*,7'*m*,8*R*)-7'9-dihydroxy-3',4',3, 4-tetramethoxy-9',7-epoxylignan[3]、magnosalin、magnoshinin[4]等；生物碱类有木兰碱 (magnoflorine)[5]等。

◆ magnolin

药理作用

1. 对鼻的作用

辛夷超临界萃取物和水蒸气蒸馏提取物能有效改善豚鼠变应性鼻炎症状，减轻鼻黏膜病理性改变，调低 SP/SP-R mRNA 分泌及表达 [6]。辛夷醇浸膏十二指肠给药能使大鼠鼻黏膜血流量明显增加 [7]。辛夷醇浸膏局部应用能抑制混合致炎液所致小鼠耳郭肿胀 [8]。辛夷挥发油对致敏豚鼠离体回肠的过敏性收缩有较强的抑制作用，明显阻止大鼠肥大细胞脱颗粒，对佐剂性关节炎有缓解作用 [8-9]。Magnosalin 和 magnoshinin 是抗慢性炎症反应作用的主要成分 [4]。

2. 降血压

辛夷酊剂、煎剂、去油水液、醚提取物及醇提取物静脉注射、腹腔注射或肌内注射对动物有显著降血压作用，醚提取物作用较强，辛夷降血压作用与中枢无关，可能与心脏抑制、血管扩张及阻断神经节有关 [10]。

3. 兴奋子宫

辛夷煎剂、流浸膏和浸剂对大鼠和家兔未孕离体子宫有明显的兴奋作用，其有效成分为溶于水及乙醇的非挥发性物质 [10]。

4. 抗血小板聚集

辛夷能拮抗血小板活化因子 (PAF) 受体活性，抑制 PAF 诱导的血小板聚集，主要活性成分为木脂素类，如木兰脂素、松脂素二甲醚、里立脂素 B 二甲醚等 [11]。

5. 抗菌

用试管琼脂倍比稀释法测定，辛夷醇浸膏对金黄色葡萄球菌、肺炎链球菌、铜绿假单胞菌、弗氏志贺氏杆菌和大肠埃希氏菌均有抑制作用 [7]。

6. 其他

辛夷还有镇痛、扩血管 [7] 和肌松作用 [10]。

应用

本品为中医临床用药。功能：散风寒，通鼻窍。主治：风寒头痛，鼻塞流涕，鼻鼽，鼻渊。

现代临床还用于感冒、过敏性鼻炎、鼻窦炎等病的治疗。

评注

药用植物图像数据库

同属植物玉兰 *Magnolia denudata* Desr. 和武当玉兰 *M. sprengeri* Pamp. 均为《中国药典》收载的辛夷法定原植物来源种。两者的化学成分及药理作用与望春花类似，国外的相关药理研究资料一般没有把品种分开 [12-15]。

市场上辛夷代用品达 10 余种之多。

辛夷挥发油含量高，除作为药用外还可作为香精的原料，有抗炎和抑菌作用，可开发为独特的化妆品香精、食品香精或天然防腐剂。开展本属植物新的药用资源开发研究，有着实际意义和广阔前景。

《日本药局方》（第 15 次修订）收载的辛夷品种还包括同属植物柳叶木兰 *M. salicifolia* Maxim. 和日本辛夷 *M. kobus* DC.，应加强对中、日产辛夷系统的比较研究。

参考文献

[1] 吴万征 . 辛夷挥发油成分的 GC-MS 分析 [J]. 中药材，2000，23(9)：538-541.

[2] 马玉良，韩桂秋 . 辛夷中木脂素成分的研究 [J]. 中国中药杂志，1995，20(2)：102-104，127.

[3] SATYAJIT D S, YUJI M. Magnolia: The Genus *Magnolia*[M]. New York: Taylor & Francis Group, 2002: 22.

[4] KOBAYASHI S, KIMURA I, KIMURA M. Inhibitory effect of magnosalin derived from Flos Magnoliae on tube formation of rat vascular endothelial cells during the angiogenic process[J]. Biological & Pharmaceutical Bulletin, 1996, 19(10): 1304-1306.

[5] 陈雅研，王邠，高从元，等 . 辛夷水溶性成分研究 [J]. 药学学报，1994，29(7)：506-510.

[6] 徐群英，董淳，洪俊荣 . 辛夷提取物对变应性鼻炎、P 物质及其受体 mRNA 表达的影响 [J]. 中药药理与临床，2004，20(3)：14-16.

[7] 韩双红，张昕新，李萌，等 . 两种辛夷药理作用比较 [J]. 中药材，1990，13(9)：33-35.

[8] 李小莉，张永忠 . 辛夷挥发油的抗过敏实验研究 [J]. 中国医院药学杂志，2002，22(9)：520-521.

[9] 王文魁，沈映君，齐云 . 辛夷油药效学初探 [J]. 山西医药杂志，2000，29(3)：206-207.

[10] 王本祥 . 现代中药药理学 [M]. 天津：天津科学技术出版社，1999：93-95.

[11] 张永忠，李小莉，郭群 . 辛夷木脂素类成分抗血小板活化因子 (PAF) 作用的研究 [J]. 湖北中医杂志，2001，23(10)：7.

[12] KIM G C, LEE S G, PARK B S, et al. Magnoliae Flos induces apoptosis of RBL-2H3 cells via mitochondria and caspase[J]. International Archives of Allergy and Immunology, 2003, 131(2): 101-110.

[13] KUROYANAGI M, YOSHIDA K, YAMAMOTO A, et al. Bicyclo[3.2.1]octane and 6-oxabicyclo[3.2.2]nonane type neolignans from *Magnolia denudata*[J]. Chemical & Pharmaceutical Bulletin, 2000, 48(6): 832-837.

[14] CHAE S H, KIM P S, CHO J Y, et al. Isolation and identification of inhibitory compounds on TNF-alpha production from *Magnolia fargesii*[J]. Archives of Pharmacal Research, 1998, 21(1): 67-69.

[15] AHN K S, JUNG K Y, KIM J H, et al. Inhibitory activity of lignan components from the flower buds of *Magnoliae fargesii* on the expression of cell adhesion molecules[J]. Biological & Pharmaceutical Bulletin, 2001, 24(9): 1085-1087.

◆ 望春花种植基地

威灵仙 Weilingxian CP, JP

Clematis chinensis Osbeck
Chinese Clematis

概述

毛茛科 (Ranunculaceae) 植物威灵仙 *Clematis chinensis* Osbeck，其干燥根和根茎入药。中药名：威灵仙。

铁线莲属 (*Clematis*) 植物全世界约有 300 种，分布于各大洲，主要分布在热带及亚热带，寒带地区也有。中国约有 108 种 1 亚种 47 变种，本属现供药用者约有 70 种。本种分布于中国华东地区，以及陕西、河南、湖北、湖南、广东、广西、四川、贵州、云南等省区，越南也有分布。

“威灵仙”药用之名，始载于《开宝本草》。中国从古至今作中药威灵仙入药者系该属多种植物。《中国药典》（2015 年版）收载本种为中药威灵仙的法定原植物来源种之一。主产于中国江苏、浙江、江西、湖南、湖北、四川等省区。

铁线莲属主要含皂苷、香豆素、黄酮、花色苷、生物碱等化合物，以皂苷类化合物含量最高。《中国药典》采用高效液相色谱法进行测定，规定威灵仙药材含齐墩果酸不得少于 0.30%，以控制药材质量。

药理研究表明，威灵仙具有抗菌、促进胆汁分泌、抗疟、抗肿瘤等作用。

中医理论认为威灵仙具有祛风湿，通经络等功效。

◆ 威灵仙
Clematis chinensis Osbeck

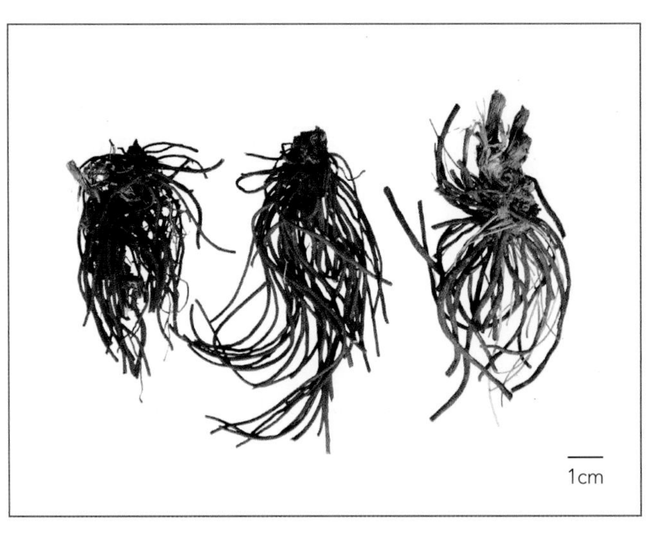

◆ 药材威灵仙
Clematidis Radix et Rhizoma

◆ 棉团铁线莲
C. hexapetala Pall.

◆ 毛柱铁线莲
C. meyeniama Walp.

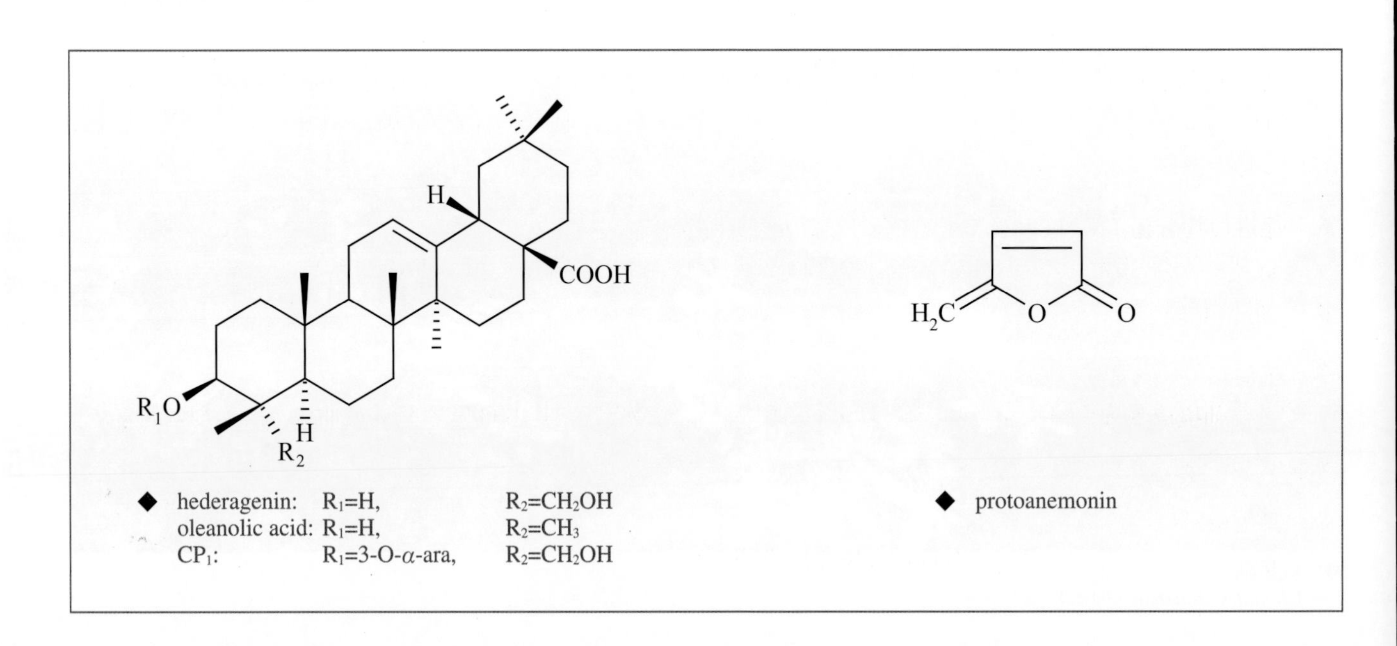

◆ hederagenin: R_1=H, R_2=CH_2OH
oleanolic acid: R_1=H, R_2=CH_3
CP_1: R_1=3-O-α-ara, R_2=CH_2OH

◆ protoanemonin

化学成分

威灵仙根含原白头翁素 (protoanemonin)、白头翁素 (anemonin)[1]；主要含齐墩果烷型三萜皂苷类化合物，其苷元常为齐墩果酸 (oleanolic acid) 和常春藤皂苷元 (hederagenin)[2-3]，如：威灵仙皂苷0 (CP_0，即hederagenin 23-*O*-*α*-*L*-arabinopyranoside)、威灵仙皂苷1、2、2b、3、3b、4、5、6、7、8、9、10 (CP_1, CP_2, CP_{2b}, CP_3, CP_{3b}, CP_4～CP_{10})[4-7]、胡中糖苷 (huzhongoside B)、铁线莲糖苷A、B、C (clematichinenosides A～C)[2, 8]；此外，还含威灵仙糖苷A (clemochinenoside A)[9]、 clemaphenol A和二氢-4-羟基-5-羟甲基-2(3H)-呋喃酮[dihydro-4-hydroxy-5-hyroxymethy-2(3H)-furanone]、异阿魏酸 (isoferulic acid)、5-羟甲基呋喃甲醛 (5-hydroxymethyl-2-furancarboxaldehyde)、5-羟基乙酰丙酸 (5-hydroxy-4-oxo-pentanoic acid) 等[1]。

威灵仙地上部分含原白头翁素 (protoanemonin)、白头翁素 (anemonin)；又含香豆素类成分clematichinenol；还含丁香树脂醇 [(+)-syringaresinol]、丁香树脂醇-4'-*O*-*β*-*D*-葡萄糖 [(–)-syringaresinol-4'-*O*-*β*-*D*-glucoside]、金合欢素-7-*α*-*L*-吡喃鼠李糖基-(1-6)-*β*-*D*-吡喃葡萄糖苷 [acacetin-7-*α*-*L*-rhamnopyranosyl-(1-6)- *β*-*D*-glucopyranoside][10]。

药理作用

1. 抗菌

体外实验表明威灵仙所含的原白头翁素具有抗菌、抗病毒活性[11]，对多种革兰氏阴性杆菌和阳性球菌有抑制作用[12]。

2. 抗炎

威灵仙注射液肌内注射能显著抑制二甲苯引起的小鼠耳郭肿胀，抑制纸片引起的大鼠肉芽组织生长[13]。威灵仙水提取液腹腔注射对小鼠耳郭肿胀及大鼠足趾肿胀均有显著抑制作用，能降低毛细血管的通透性，显著抑制醋酸所致的小鼠腹腔炎症渗出[14]。威灵仙注射剂膝关节腔内注射可推迟木瓜蛋白酶所致的大鼠骨关节炎的发展。其机制可能为通过保护软骨细胞来推迟关节软骨的退变，而对正常关节无明显影响[15]。

3. 镇痛

威灵仙注射液肌内注射能极显著地减少小鼠扭体反应的次数，延长潜伏期[13]。威灵仙水提取液腹腔注射能明显延长热板法所致的小鼠舔后肢的时间，减少小鼠扭体反应的次数[14]。

4. 解痉

威灵仙注射液能松弛离体豚鼠回肠，并能对抗组胺和乙酰胆碱引起的回肠收缩反应[13]。

5. 抗肿瘤

威灵仙总皂苷对体外培养的艾氏腹水癌 (EAC)、肉瘤腹水型 S_{180} 和肝癌腹水细胞 Hep A 均有显著的抑制作用；威灵仙总皂苷灌胃能有效抑制 S_{180} 荷瘤小鼠的瘤块的生长[16]。威灵仙总皂苷对体外培养的前髓细胞性白血病细胞 HL-60 亦有抑制作用[2]。

6. 促进胆汁分泌

威灵仙水煎剂灌胃能明显预防金黄地鼠胆结石的形成，其效果与服用熊脱氧胆酸相似，威灵仙大剂量组还可降低血清胆固醇的水平[17]。

7. 抗疟

威灵仙提取液灌胃能抑制接种疟原虫的小鼠红细胞原虫感染率，其中 60% 乙醇威灵仙块根提取液效果最好，抑制率达 78%[18]。

8. 其他

威灵仙还有降血压、保肝和免疫抑制等作用[19-21]。

应用

本品为中医临床用药。功能：祛风湿，通经络。主治：风湿痹痛，肢体麻木，筋脉拘挛，屈伸不利。

现代临床还用于腰肌劳损、风湿性关节炎、慢性胆囊炎等病的治疗，外涂尚治咽喉炎、牙痛及足跟痛。

评注

药用植物图像数据库

同属植物棉团铁线莲 *Clematis hexapetala* Pall. 和东北铁线莲 *C. mandshurica* Rupr. 的根、根茎亦为《中国药典》收载的威灵仙药材法定原植物来源种。棉团铁线莲和东北铁线莲与威灵仙具有类似的药理作用，其化学成分也大致相同，主要含原白头翁素、白头翁素和齐墩果酸型三萜皂苷类化合物。与威灵仙相比，棉团铁线莲不含威灵仙皂苷，另含铁线莲苷 B (clematoside B)[22-25]；东北铁线莲不含威灵仙皂苷，另含铁线莲苷 A、B、C、A′ (clematosides A ～ C, A′)[26-29] 等。棉团铁线莲与威灵仙相比另具有保护心肌缺血和抗利尿的药理作用 [30]。毛柱铁线莲 *C. meyeniana* Walp. 为岭南地区广泛分布种，民间也作药用。

威灵仙分布于中国华东地区；棉团铁线莲分布于中国东北等北方地区，南方长江流域几乎没有分布；东北铁线莲在中国东北地区野生资源极为丰富。

参考文献

[1] 何明，张静华，胡昌奇. 威灵仙化学成分研究 [J]. 中国药学杂志，2001，10(4)：180-182.

[2] MIMAKI Y, YOKOSUKA A, HAMANAKA M, et al. Triterpene saponins from the roots of *Clematis chinensis*[J]. Journal of Natural Products, 2004, 67(9): 1511-1516.

[3] SHAO B P, QIN G W, XU R S, et al. Triterpene saponins from *Clematis chinensis*[J]. Phytochemistry, 1995, 38(6): 1473-1479.

[4] KIZU H, TOMIMORI T. Studies on the constituents of *Clematis* species. Ⅴ. On the saponins of the root of *Clematis chinensis* Osbeck[J]. Chemical & Pharmaceutical Bulletin, 1982, 30(9): 3340-3346.

[5] KIZU H, TOMIMORI T. Studies on the constituents of *Clematis* species. Ⅲ. On the saponins of the root of *Clematis chinensis* Osbeck[J]. Chemical & Pharmaceutical Bulletin, 1980, 28(12): 3555-3560.

[6] KIZU H, TOMIMORI T. Studies on the constituents of Clematis species. Ⅱ. On the saponins of the root of *Clematis chinensis* Osbeck[J]. Chemical & Pharmaceutical Bulletin, 1980, 28(9): 2827-2830.

[7] KIZU H, TOMIMORI T. Studies on the constituents of Clematis species. Ⅰ. On the saponins of the root of *Clematis chinensis* Osbeck[J]. Chemical & Pharmaceutical Bulletin, 1979, 27(10): 2388-2393.

[8] SHAO B P, QIN G W, XU R S. Saponins from *Clematis chinensis*[J]. Phytochemistry, 1996, 42(3): 821-825.

[9] SONG C Q, XU R S. Clemochinenoside A, a macrocyclic compound from *Clematis chinensis*[J]. Chinese Chemical Letters, 1992, 3(2): 119-120.

[10] SHAO B P, WANG P, QIN G W, et al. Phenolics from *Clematis chinensis*[J]. Natural Product Letters, 1996, 8(2): 127-132.

[11] TOSHKOV A, IVANOV V, SOBEVA V, et al. Antibacterial, antiviral, antitoxic and cytopathogenic properties of protoanemonin and anemonin[J]. Antibiotiki, 1961, 6: 918-924.

[12] DIDRY N, DUBREUIL M PINKAS L. Antibacterial activity of protoanemonin vapor[J]. Pharmazie, 1991, 46(7): 546-547.

[13] 章蕴毅，张宏伟，李佩芬，等. 威灵仙的解痉抗炎镇痛作用 [J]. 中成药，2001，23(11)：808-811.

[14] 周效思，易德保. 威灵仙镇痛抗炎药效研究 [J]. 中华临床医药，2003，4(15)：12-13.

[15] 华英汇，顾湘杰，陈世益，等. 威灵仙注射液对骨关节炎影响的实验研究 [J]. 中国运动医学杂志，2003，22(4)：420-422.

[16] 邱光清，张敏，杨燕军. 威灵仙总皂甙的抗肿瘤作用 [J]. 中药材，1999，22(7)：351-353.

[17] 徐继红，耿宝琴，雍定国. 威灵仙预防胆结石的实验研究 [J]. 浙江医科大学学报，1996，25(4)：160-161.

[18] 黄双路，蒋智清. 威灵仙提取方法与抗疟作用研究 [J]. 海峡药学，2001，13(4)：22-24.

[19] HO C S, WONG Y H, CHIU K W. The hypotensive action of *Desmodium styracifolium* and *Clematis chinensis*[J]. American Journal of Chinese Medicine, 1989, 17(3-4): 189-202.

[20] CHIU H F, LIN C C, YANG C C, et al. The pharmacological and pathological studies on several hepatic protective crude drugs from Taiwan (Ⅰ) [J]. American Journal of Chinese Medicine, 1988, 16(3-4): 127-137.

[21] 宋跃 . 威灵仙、棉团铁线莲、鲇鱼须影响免疫器官质量的比较研究 [J]. 现代中西医结合杂志，2002，11(14)：1316.

[22] 金洙哲，李相来，李钟一 . 长白山若干抗癌植物的药理评价及应用 [J]. 延边大学农学学报，2004，26(1)：27-31.

[23] 江滨，廖心荣，贾向云，等 . 威灵仙和显脉旋复花挥发油成分的研究和比较 [J]. 中国中药杂志 .1990，15(8)：40-42.

[24] 王晓丹，宗希明，李海达 . 黑龙江产 14 种中草药中 8 种元素含量测定 [J]. 微量元素与健康研究，1998，15(2)：42-43.

[25] UDAL'TSOVA L A, MININA S A, CHERNYSHEVA Z I. Phytochemical study of the six-petal clematis-*Clematis hexapetala*. [J] Trudy Leningradskogo Khimiko-Farmatsevticheskogo Instituta, 1968, 26: 195-199.

[26] 孙付军，李晓晶 . 东北铁线莲及其挥发油急性毒性试验研究 [J]. 现代中药研究与实践，2005，19(1)：41-42.

[27] IL K H, IL R K, GUK C I. The behavior of protoanemonin in distilled *Clematis mandshurica* liquid[J]. Choson Minjujuui Inmin Konghwaguk Kwahagwon Tongbo, 2004, 5: 48-50.

[28] KHORLIN A Y, CHIRVA V Y, KOCHETKOV N K. Triterpene saponins. XV Clematoside C, a triterpene from the roots of *Clematis manshurica*[J]. Izvestiya Akademii Nauk SSSR, Seriya Khimicheskaya, 1965, 5: 811-818.

[29] 典灵辉 . 中药材威灵仙的研究进展 [J]. 西北药学杂志，2004，19(5)：231-232.

[30] 宋志宏，赵玉英，段京莉，等 . 铁线莲属植物的化学成分及药理作用研究概况 [J]. 天然产物研究与开发，1995，7(2)：66-72.

温郁金 Wenyujin CP

Curcuma wenyujin Y. H. Chen et C. Ling
Zhejiang Curcuma

概述

姜科 (Zingiberaceae) 植物温郁金 *Curcuma wenyujin* Y. H. Chen et C. Ling，其干燥根茎入药，中药名：莪术（温莪术）；干燥根茎纵切片入药，中药名：片姜黄；其干燥块根入药，中药名：郁金。

姜黄属 (*Curcuma*) 植物全世界约有 50 种，主要分布于东南亚至澳大利亚北部。中国产约有 7 种，均可供药用。温郁金分布于中国浙江。

“莪术”和“郁金”药用之名，始载于《药性论》；“片（子）姜黄”药用之名，始见于《本草纲目》。《中国药典》（2015 年版）收载本种为中药莪术和郁金的法定原植物来源种之一，也是片姜黄的法定原植物来源种。主产于中国浙江。

姜黄属植物主要活性成分为挥发油和姜黄素类化合物。《中国药典》规定莪术药材的挥发油含量不得低于 1.5% (mL/g)，莪术饮片的挥发油含量不得低于 1.0% (mL/g)；片姜黄药材的挥发油含量不得低于 1.0% (mL/g)，以控制药材质量。

药理研究表明，温郁金具有舒张血管、镇痛、保肝、抗肿瘤等作用。

中医理论认为莪术具有行气破血，消积止痛的功效；郁金具有活血止痛，行气解郁，清心凉血，利胆退黄的功效；片姜黄具有破气行血，通经止痛等功效。

◆ 温郁金
Curcuma wenyujin Y. H. Chen et C. Ling

◆ 药材郁金
Cucumae Radix

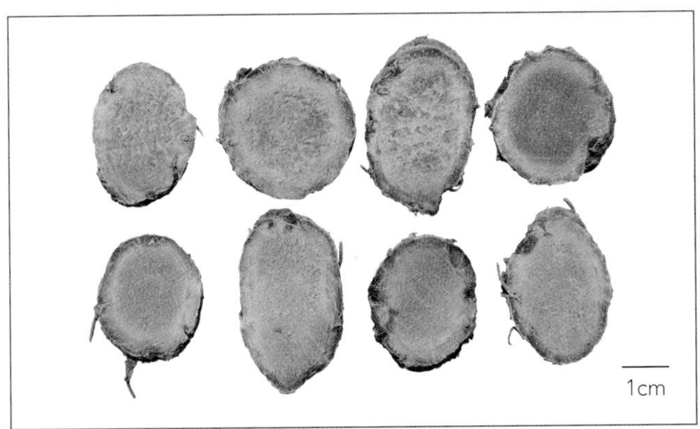

◆ 药材莪术
Cucumae Rhizoma

◆ 药材片姜黄
Wenyujin Rhizoma Concisum

化学成分

温郁金根茎富含挥发油，其主要成分为莪术二酮 (curdione)、莪术醇 (curcumol)、β,δ,γ-榄香烯 (β,δ,γ-elemenes)、吉马酮 (germacrone)、吉马烯 (germacrene)、樟脑 (camphor)、莪术螺内酯 (curcumalactone)、新莪术二酮 (neocurdione)、wenjine、莪术呋喃二烯 (furanodiene)、莪术双环烯酮 (curcumenone)[1-4]等。

根或根茎还含有姜黄素类化合物：姜黄素 (curcumin)、去甲氧基姜黄素 (demethoxycurcumin)、双去甲氧基姜黄素 (bisdemethoxycurcumin)[5]等。

◆ curdione

◆ wenjine

药理作用

1. 舒张血管

温郁金根茎甲醇提取物及所含姜黄素、倍半萜烯成分对离体大鼠动脉血管具有松弛作用[6]。

2. 镇痛

温郁金块根的生品和炮制品（醋炙）的水煎剂灌服可减少小鼠醋酸扭体反应次数，提高小鼠对热刺激引起疼痛反应的痛阈值，以醋制品作用最强且持久[7]。

3. 保肝

温郁金注射液（主要含挥发油）体外对 $^{14}CCl_4$ 代谢物与肝微粒体脂质和蛋白质共价结合具有强烈抑制作用；腹腔注射可使 CCl_4 所致中毒性肝炎大鼠脾细胞的空斑形成细胞 (PFC) 减少，亦具有去脂和抑制肝纤维化作用[8-9]。

4. 抗肿瘤

温郁金块根水蒸气蒸馏液灌胃对人胃癌裸鼠移植瘤的生长具有明显抑制作用，可下调瘤灶中血管内皮生长因子 (VEGF) 的表达，减少肿瘤灶内微血管密度 (MVD)[10]；温郁金根茎超临界 CO_2 萃取所得挥发油，体外对肺腺癌细胞 SPC-A-1 具有显著抑制作用[11]。温郁金块根水提取物、醚提取物和醇提取物灌胃能提高小鼠胃组织和血浆的生长抑素水平[12]。

5. 抗氧化

温郁金块根水蒸气蒸馏液灌胃可明显降低小鼠辐射所致过氧化脂质 (LPO) 含量增高，提高超氧化物歧化酶 (SOD) 活性和谷胱甘肽过氧化酶 (GSH-Px) 活力应激性，其机制可能是通过保护或提高抗氧化酶活力，减少脂类过氧化物的产生[13-14]。

应用

本品为中医临床用药。功能：行气破血，消积止痛，活血，解郁，清心凉血，利胆退黄，通经止痛。主治：胸胁刺痛，胸痹心痛，痛经经闭，癥瘕痞块，风湿肩臂疼痛，跌扑肿痛，乳房胀痛，热病神昏，癫痫发狂，血热吐衄，黄疸尿赤，食积胀痛。

现代临床还用于痛经、闭经、高脂血症、卒中（脑血栓）恢复期之半身不遂、跌打损伤等病的治疗。

评注

目前，姜科姜黄属 (*Curcuma*) 植物在应用上存在容易混淆的情况。温郁金的不同部位与不同加工方法在《中国药典》中分别出现三条目入药。块根为中药郁金的来源之一；根茎为中药莪术来源之一；根茎纵切为中药片姜黄的唯一来源。此种“一药多用”的习惯之合理性，尚有待深入探讨。

药用植物图像数据库

温郁金临床应用广泛，但温郁金的化学成分、药理作用的研究报道相对较少，还需做进一步深入研究。

参考文献

[1] OHKURA T, GAO J, NISHISHITA T, et al. Identification of sesquiterpenoid constituents in the essential oil of *Curcuma wenyujin* by capillary gas chromatographic mass spectrometry[J]. Shoyakugaku Zasshi, 1987, 41(2): 102-107.

[2] GAO J, XIE J, IITAKA Y, et al. The stereostructure of wenjine and related (1*S*,10*S*),(4*S*,5*S*)-germacrone-1(10),4-diepoxide isolated from *Curcuma wenyujin*[J]. Chemical & Pharmaceutical Bulletin, 1989, 37(1): 233-236.

[3] OHKURA T, GAO J F, XIE J H, et al. A GC/MS (gas chromatographic-mass spectrometric) study on constituents isolated from *Curcuma wenyujin*[J]. Shoyakugaku Zasshi, 1990, 44(3): 171-175.

[4] 李爱群，胡学军，邓远辉，等 . 温莪术挥发油的成分 [J]. 中草药，2001，32(9)：782-783.

[5] 陈健民，陈毓亨，余竟光 . 姜黄属根茎和块根中姜黄素类化合物的含量测定 [J]. 中草药，1983，14(2)：59-62.

[6] SASAKI Y, GOTO H, TOHDA C, et al. Effects of Curcuma drugs on vasomotion in isolated rat aorta[J]. Biological & Pharmaceutical Bulletin, 2003, 26(8): 1135-1143.

[7] 邱鲁婴 . 炮制对郁金镇痛作用影响的研究 [J]. 时珍国医国药，2001，12(6)：501.

[8] 张伟荣 . 温郁金注射液对 $^{14}CCl_4$ 代谢物与肝微粒体脂质和蛋白质共价结合的抑制作用研究 [J]. 中医药学报，1990，(2)：46-48.

[9] 俞彩珍，王德敏，李宗梅 . 中药温郁金对病毒性肝炎治疗作用的研究 [J]. 黑龙江中医药，1992，(5)：44-45.

[10] 王佳林，吕宾，倪桂宝，等 . 温郁金对 VEGF 和 MVD 在人胃癌裸小鼠移植瘤中表达的研究 [J]. 肿瘤，2005，25(1)：55-57.

[11] 聂小华，敖宗华，尹光耀，等 . 提取技术对温莪术挥发油化学成分及其体外抗肿瘤活性的影响 [J]. 药物生物技术，2003，10(3)：152-154.

[12] 徐毅，吕宾，项柏康，等 . 温郁金对鼠血浆和胃组织生长抑素水平的影响 [J]. 中国中西医结合消化杂志，2004，12(4)：222-224.

[13] 王滨，曹军 . 温郁金提取液抗自由基损伤的实验研究 [J]. 中国中医药科技，1996，3(1)：21-22.

[14] 王滨，周丽，牛淑冬，等 . 温郁金提取液在辐射损伤过程中对抗氧化酶活力的影响 [J]. 中医药学报，2000，28(2)：74-75.

乌头 Wutou CP, JP, VP

Aconitum carmichaelii Debx.
Common Monkshood

概述

毛茛科 (Ranunculaceae) 植物乌头 *Aconitum carmichaelii* Debx.，其干燥母根入药，中药名：川乌；其子根经加工后入药，中药名：附子。

乌头属 (*Aconitum*) 植物全世界约有 350 种，分布于北半球温带，主要分布于亚洲，其次为欧洲、北美洲。中国约有 167 种，本属现供药用者约有 36 种。本种分布于中国四川、云南东部、湖北、贵州、湖南等地；越南北部也有分布。

“乌头”与“附子”药用之名，始载于《神农本草经》，列为下品。历代本草多有著录。《中国药典》（2015 年版）收载本种为中药川乌和附子的法定原植物来源种。其中生品习称“泥附子”，主要流通品种根据加工方法的不同，有“盐附子”“黑顺片”和“白附片”三种主要加工商品。主产于中国四川、陕西等省区。

乌头属植物主要活性成分和毒性成分为生物碱类化合物。研究指出乌头属植物中普遍存在有具活性的乌头碱等二萜类生物碱成分，是该属的特征性成分。《中国药典》采用高效液相色谱法进行测定，规定川乌药材所含双酯型生物碱以乌头碱、次乌头碱及新乌头碱的总量计，为 0.050% ~ 0.17%，以控制药材质量；制川乌药材所含双酯型生物碱以乌头碱、次乌头碱及新乌头碱的总量计，不得过 0.040%，以控制药材毒性，单酯型生物碱以苯甲酰乌头原碱、苯甲酰次乌头原碱及苯甲酰新乌头原碱的总量计，为 0.050% ~ 0.17%，以控制药材质量。规定附子药材所含双酯型生物碱以乌头碱、次乌头碱及新乌头碱的总量计，不得过 0.020%，以控制药材毒性；单酯型生物碱以苯甲酰乌头原碱、苯甲酰次乌头原碱及苯甲酰新乌头原碱的总量计，不得少于 0.010%，以控制药材质量。

药理研究表明，乌头具有强心、抗炎、镇痛等作用。

中医理论认为川乌具有祛风除湿，温经止痛等功效；附子具有回阳救逆，补火助阳，散寒止痛等功效。

◆ 乌头
Aconitum carmichaelii Debx.

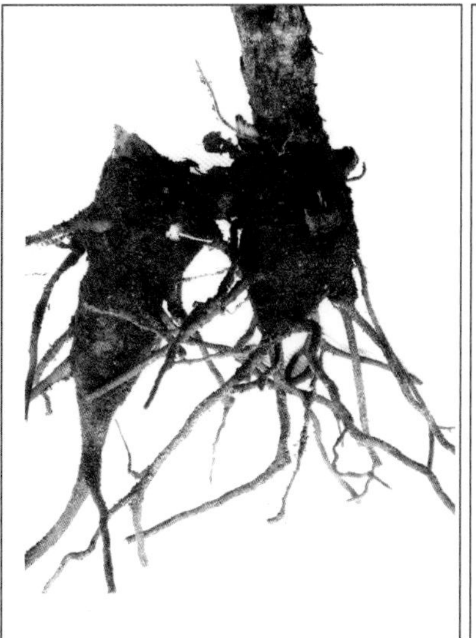

◆ 乌头
A. carmichaelii Debx.

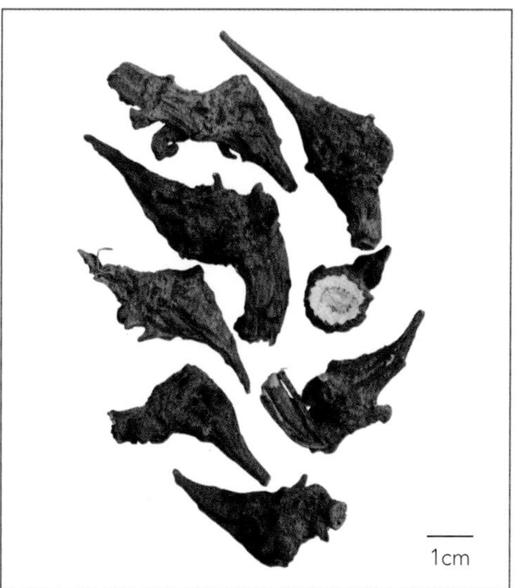

◆ 药材川乌
Aconiti Radix

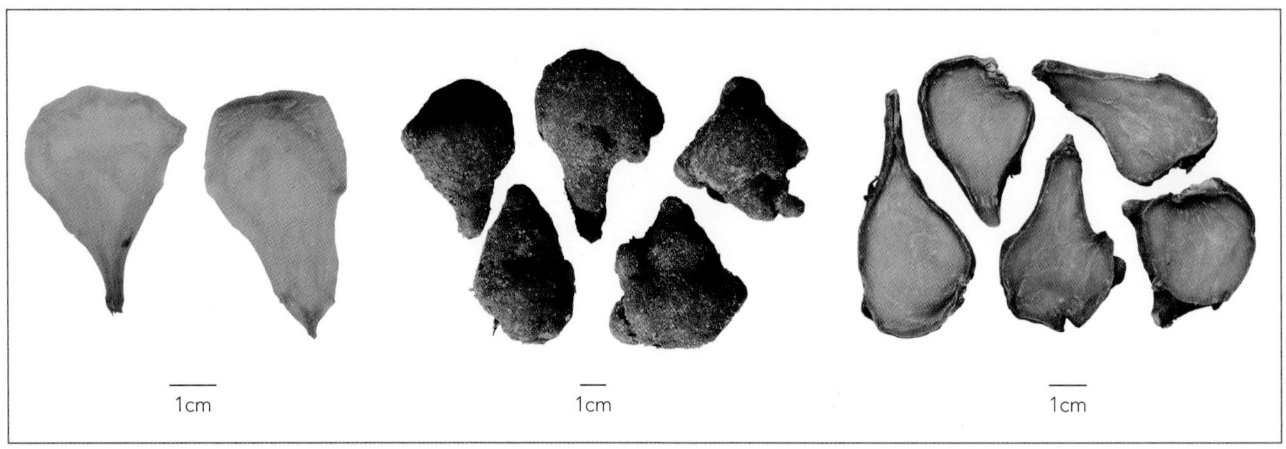

◆ 药材附子［白附片（左）、盐附子（中）、黑顺片（右）］
Aconiti Lateralis Radix Preparata

化学成分

川乌（母根）和附子（子根）主要含有二萜生物碱：乌头碱 (aconitine)、中乌头碱 (mesaconitine)、次乌头碱 (hypaconitine)、素馨乌头碱 (jesaconitine)、脱氧乌头碱 (deoxyaconitine)、塔拉乌头胺 (talatisamine)、异塔拉定 (isotalatizidine)、森布星A、B、C (senbusines A～C)、14-乙酰塔拉乌头胺 (14-acetyltalatisamine)、多根乌头碱 (karacoline)、新乌头碱 (neoline)、脂乌头碱(lipoaconitine)、脂次乌头碱 (lipohypaconitine)、脂中乌头碱(lipomesaconitine)、脂脱氧乌头碱 (lipodeoxyaconitine)[1-5]。此外，还含氯化棍掌碱 (coryneine chloride)、去甲猪毛菜碱 (salsolinol)、去甲乌药碱 (higenamine)[3]、苯甲酰乌头原碱 (benzoylaconine)、苯甲酰次乌头原碱 (benzoylhypaconine)、苯甲酰新乌头原碱 (benzoylmesaconine)[2]、异翠雀碱 (isodelphinine)[4]、华北乌头碱 (songorine)、*N*-去乙基新乌碱 (*N*-deethylneoline)[6]、14-*O*-肉桂酰新乌碱 (14-*O*-cinnamoylneoline)、14-*O*-茴香酰新乌碱 (14-*O*-anisoylneoline)、14-*O*-藜芦酰新乌碱 (14-*O*-veratroylneoline)、14-*O*-乙酰新乌碱 (14-*O*-acetylneoline)、丽江乌头碱 (foresaconitine)、粗茎乌头碱 A (crassicauline A)[7]、附子亭 (fuzitine)、新江油乌头碱 (neojiangyouaconitine)[8]、(α)中乌头碱氮氧化物[mesaconitine-*N*-oxide(α)]、(β)中乌头碱氮氧化物 [mesaconitine-*N*-oxide(β)]、醛次乌头碱 (aldohypaconitine)、准噶尔乌头胺 (songoramine)[4]等;尚含尿嘧啶 (uracil)[9]、乌头多糖A、B、C、D (aconitans A～D)[10-11]。

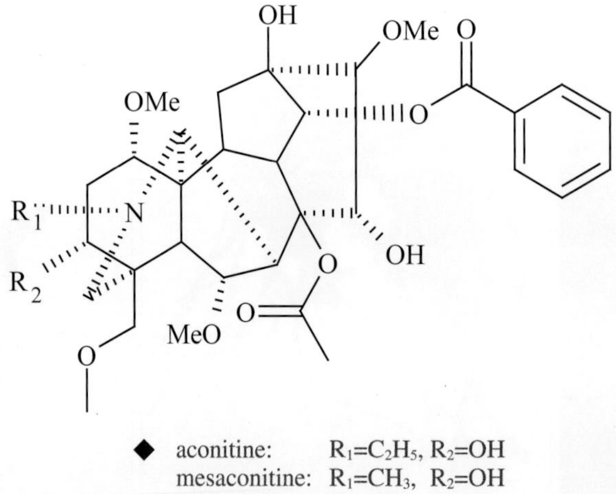

◆ aconitine: $R_1=C_2H_5$, $R_2=OH$
mesaconitine: $R_1=CH_3$, $R_2=OH$
hypaconitine: $R_1=CH_3$, $R_2=H$

药理作用

1. 对心血管系统的作用

(1) 强心　附子不同炮制品对离体心脏（蟾酥、豚鼠、大鼠、兔）均有强心作用，可明显增强心肌收缩力和加快心肌收缩速度[12-14]。附子的强心成分有氯化棍掌碱、去甲乌药碱、去甲猪毛菜碱和尿嘧啶[9, 15]。

(2) 抗心肌损伤　附子水煎剂灌胃对大鼠在冰水应激状态下内源性儿茶酚胺分泌增加引起的血小板聚集所致心肌损伤有一定的保护作用，并能在一定程度上恢复心肌细胞结合膜的异常变化[16]。微波炮附子对垂体后叶素所致心肌缺血有明显的保护作用[13]。

(3) 对心律的影响　附子有致心律失常和抗心律失常的双重作用。附子水煎剂、注射液和去甲乌药碱对多种心律失常动物模型均有显著对抗作用，能降低耗氧量，增加血流及供氧量，改善病窦的窦房结起搏功能。乌头碱给药达到一定剂量可以引起多种动物心律失常，随着剂量的增大，先后出现心动过缓、心动过速、室性期外收缩、室性心动过速、室颤，直至心跳停止。生川乌中的乌头碱大剂量时有致心律失常的作用，而久煎剂中由于乌头碱含量下降，在同样剂量时主要表现出强心作用[17]。

(4) 对血压的影响　附子有升血压和降血压的双重作用，已知氯化棍掌碱为升血压成分之一，去甲乌药碱是降血压的成分之一[15]。乌头碱能降低血压，但大剂量使用时，血压先变得不规则，而后明显降低[17]。

(5) 对血液流变学的影响　附子注射液腹腔注射对常压缺氧家兔模型的肠系膜微循环障碍有改善作用，能稳定血液流态及推迟红细胞聚集[18]。附子水提取物灌胃给药能对抗电刺激所致大鼠动脉血栓形成，明显延长白陶土部分凝血活酶时间及凝血酶原消耗时间[19]。

2. 抗炎

附子水煎液灌胃能明显减轻弗氏完全佐剂引起的大鼠原发性和继发性足趾肿胀，抗炎机制为增加下丘脑促肾上腺皮质激素释放激素 (CRH) 含量，促进促肾上腺皮质激素 (ACTH) 的分泌和释放，通过下丘脑－垂体－肾上腺 (HPA) 轴增加肾上腺皮质激素分泌，下调机体免疫细胞分泌细胞因子的水平[20]。川乌总碱灌胃，对角叉菜胶、蛋清、组胺和5-羟色胺所致的大鼠足趾肿胀有显著抑制作用，对二甲苯所致小鼠耳郭肿胀和5-羟色胺引起的毛细血管通透性增加亦有明显抑制作用[17]。

3. 镇痛

小鼠热板法和醋酸扭体反应实验证明，附子水煎液和川乌总碱（灌胃给药）、乌头注射液（腹腔注射）均有明显的镇痛作用，可提高小鼠在热板实验中的痛阈值[21-22]。

4. 抗应激

附子水煎液灌胃可延长断头小鼠张口动作持续时间和氰化钾 (KCN) 中毒小鼠的存活时间[23]。白附片和黑附片水煎液及黑附片的乙酸乙酯提取物能延长－5℃ 低温环境受寒小鼠的存活率[12]。

5. 对免疫功能的影响

附子水煎液灌胃给药能明显促进小鼠脾淋巴细胞分泌白介素 -2 (IL-2)，还有提高小鼠巨噬细胞吞噬功能的作用[12, 24]。乌头碱有抑制免疫功能的作用[17]。

6. 抗肿瘤

乌头注射液能抑制人胃癌细胞增殖，并可抑制体外培养胃癌细胞的有丝分裂；能延长原发性肝癌患者的生存期。腹腔注射乌头碱对小鼠 S_{180} 肉瘤有显著抑制作用[25]。附子多糖在体外有诱导人早幼粒白血病细胞分化的作用[26]。

7. 局部麻醉

乌头碱对皮肤黏膜有刺激作用，产生瘙痒、灼热感，并可麻痹感觉神经末梢而呈局部麻醉作用[17]。

8. 其他

附子水煎液有抗溃疡、抗腹泻作用[21]；乌头多糖有显著的降血糖和抗缺氧的作用[11]。

应用

本品为中医临床用药。

川乌

功能：祛风除湿，温经止痛。主治：风寒湿痹，关节疼痛，心腹冷痛，寒疝作痛。

现代临床还用于风湿性关节炎、头痛、牙痛、卒中、外科疮疡等病的治疗及手术麻醉。

附子

功能：回阳救逆，补火助阳，逐风寒湿邪。主治：亡阳虚脱，肢冷脉微，心阳不足，胸痹心痛，虚寒吐泻，脘腹冷痛，肾阳虚衰，阳疗宫冷，阴寒水肿，阳虚外感，寒湿痹痛。

现代临床还用于风湿性关节炎、类风湿性关节炎、心律失常、病窦综合征、感染性休克和多发性动脉炎等病的治疗。

评注

药用植物图像数据库

生川乌和生附子被列入中国香港常见 31 种剧毒中药名单。附子的临床药效受诸多因素的影响。经过炮制的附子，其毒性可以降低 70% ～ 80%，且峻烈之性大减，可用于缓证。在用量上，药典规定附子常用剂量为 3 ～ 15 g；如其作药引以增强补益作用时，常用 1.5 ～ 4.5 g；用以强心，温中散寒止痛时，常用 4.5 ～ 9.0 g；用以回阳救逆时，附子常大剂量使用，以不超过中毒剂量为度。在煎煮时间上，临床上附子入汤剂时应先煎 30 ～ 60 分钟，用量较大时煎煮时间更长，以降低其毒性，以煎至口尝无麻辣感为宜[27]。

目前商品药材主要来自四川江油附子基地，子根加工成各种附片，母根则加工成川乌。

参考文献

[1] KITAGAWA I, CHEN Z L, YOSHIHARA M, et al. Chemical studies on crude drug processing. Ⅱ. Aconiti tuber (1). On the constituents of "Chuan-wu", the dried tuber of *Aconitum carmichaeli* Debx.[J]. Yakugaku Zasshi, 1984, 104(8): 848-857.

[2] KITAGAWA I, CHEN Z L, YOSHIHARA M, et al. Chemical studies on crude drug processing. Ⅲ. Aconiti tuber (2). On the constituents of "Pao-fuzi", the processed tuber of *Aconitum carmichaeli* Debx. and biological activities of lipoalkaloids[J]. Yakugaku Zasshi, 1984, 104(8): 858-866.

[3] 李娅萍，田颂九，王国荣 . 乌头类药物的化学成分及分析方法概况 [J]. 中国中药杂志，2001，26(10)：659-662.

[4] 王宪楷，赵同芳 . 中坝附子及其化学成分 [J]. 中国药学杂志，1993，28(11)：690-692.

[5] KONNO C, SHIRASAKA M, HIKINO H. Pharmaceutical studies on Aconitum roots. 9. Structure of senbusine A, B and C, diterpenic alkaloids of *Aconitum carmichaeli* roots from China[J]. Journal of Natural Products, 1982, 45(2): 128-133.

[6] CHOI S Z, KWON H C, MIN Y D, et al. Diterpene alkaloids from Kyong-Po Buja (processed *Aconitum carmichaeli*) [J]. Saengyak Hakhoechi, 2002, 33(3): 187-190.

[7] SHIM S H, KIM J S, KANG S S. Norditerpenoid alkaloids from the processed tubers of *Aconitum carmichaeli*[J]. Chemical & Pharmaceutical Bulletin, 2003, 51(8): 999-1002.

[8] 张卫东，韩公羽，梁华清 . 四川江油附子生物碱成分的研究 [J]. 药学学报，1992，27(9)：670-673.

[9] 韩公羽，梁华清，廖耀中，等 . 四川江油附子新的强心成分 [J]. 第二军医大学学报，1991，12(1)：10-13.

[10] TOMODA M, SHIMADA K, KONNO C, et al. Validity of the oriental medicines. Part 98. Antidiabetic drugs. 11. Structure of aconitan A, a hypoglycemic glycan of *Aconitum carmichaeli* roots[J]. Carbohydrate Research. 1986, 147(1): 160-164.

[11] 苏孝礼，刘成基 . 乌头及其炮制品中粗多糖药理作用的研究 [J]. 中药材，1991，14(5)：27-29.

[12] 周永禄，李秀婵，王晓东，等 . 川产地道药材江油附子的药理比较研究 [J]. 四川中草药研究，1995，37-38：24-28.

[13] 杨明，沈映君，张为亮 . 附子生用与炮用的药理作用比较 [J]. 中国中药杂志，2000，25(12)：717-720.

[14] 陈长勋，金若敏，贺劲松，等 . 用血清药理学实验方法观察附子的强心作用 [J]. 中国中医药科技，1996，3(3)：12-14.

[15] 江京莉，周远鹏 . 附子的药理作用和毒性 [J]. 中成药，1991，13(12)：37-38.

[16] 许青媛，杨甫昭，陈春梅 . 附子的回阳救逆药理研究 [J]. 陕西中医，1996，17(2)：89-90.

[17] 王本祥 . 现代中药药理学 [M]. 天津：天津科学技术出版社，1997：425-430.

[18] 李立，王斌，赵群兰 . 附子、当归的抗缺氧作用及对微循环障碍的影响 [J]. 山西医学院学报，1990，21(1)：4-9.

[19] 许青媛，于利森，张小利，等 . 附子、吴茱萸对实验性血栓形成及凝血系统的影响 [J]. 西北药学杂志，1990，5(2)：9-11.

[20] 张宏，彭成 . 附子抗免疫佐剂性关节炎的蛋白质组学研究 [J]. 中华实用中西医杂志，2005，18(22)：1566-1569.

[21] 朱自平，沈雅琴，张明发，等 . 附子的温中止痛药理研究 [J]. 中国中药杂志，1992，17(4)：238-241.

[22] 黄衍民，李成韶，潘留华，等 . 乌头注射液对小鼠的镇痛作用及其药效动力学研究 [J]. 中国药学杂志，2000，35(9)：613-615.

[23] 张明发，沈雅琴，许青媛 . 附子和吴茱萸对缺氧和受寒小鼠的影响 [J]. 天然产物研究与开发，1990，2(1)：23-27.

[24] 陈玉春 . 人参、附子与参附汤的免疫调节作用机理初探 [J]. 中成药，1994，16(8)：30-31.

[25] 黄永融 . 乌头抗癌研究概述 [J]. 福建中医药，1991，22(1)：54-56.

[26] 彭文珍，吴雄志，曾升平，等 . 附子多糖诱导人早幼粒白血病细胞分化研究 [J]. 职业卫生与病伤，2003，18(2)：123-124.

[27] 朱林平 . 附子毒性研究概况 [J]. 江西中医药，2004，35(6)：53-55.

乌药 Wuyao CP

Lindera aggregata (Sims) Kosterm.
Combined Spicebush

概述

樟科 (Lauraceae) 植物乌药 *Lindera aggregata* (Sims) Kosterm.，其干燥块根入药。中药名：乌药。

山胡椒属 (*Lindera*) 植物全世界约有 100 种，分布于亚洲及北美洲温带、热带地区。中国约有 40 种，本属现供药用者约有 13 种。本种分布于中国浙江、福建、江西、安徽、湖南、广东、广西等省区；越南、菲律宾也有分布。

乌药以“旁其”药用之名，始载于《本草拾遗》；“乌药”药用之名，始见于《开宝本草》。古今药用品种一致。《中国药典》（2015 年版）收载本种为中药乌药的法定原植物来源种。主产于中国浙江、湖南等省区，湖北、安徽、广东、广西、福建、江西等省区也产；以浙江产量大，质量较优。

乌药主要含挥发油、生物碱、倍半萜及其内酯、黄酮等成分，其中呋喃倍半萜及其内酯类化合物是乌药的特征性成分。《中国药典》采用高效液相色谱法进行测定，规定乌药药材含乌药醚内酯不得少于 0.030%，去甲异波尔定不得少于 0.40%，以控制药材质量。

药理研究表明，乌药具有镇痛、抗炎、调节胃肠运动、抗菌、抗病毒、改善学习记忆等作用。

中医理论认为乌药具有行气止痛，温肾散寒等功效。

◆ 乌药
Lindera aggregata (Sims) Kosterm.

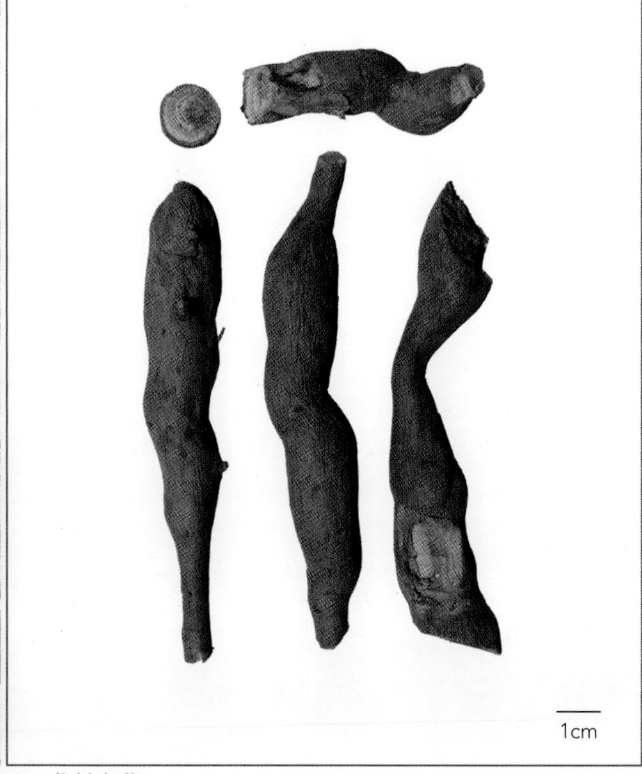

◆ 药材乌药
Linderae Radix

化学成分

乌药根含挥发油：其质和量因产地和提取方法不同而有较大差异，油中主成分为α-蒎烯 (α-pinene)、乙酸龙脑酯 (bornyl acetate)、乌药烯 (lindenene)、乌药烯醇 (lindenenol)[1-3]等；生物碱：新木姜子碱 (laurolitsine)、波尔定碱 (boldine)、牛心果碱 (reticuline)[4]、linderaline、(–)-黄堇碱 [(–)-pallidine]、protosinomenine、norisoboldine、前荷叶碱 (pronuciferine)[5]等；倍半萜及其内酯：bilindestenolide[6]、strychnilactone[7]、乌药内酯 (linderalactone)、异乌药内酯 (isolinderalactone)、lindenanolides A、B_1、B_2、C、D、乌药醇 (lindenenol)、6α-acetyl-lindenanolides B_1、B_2、乌药环氧内酯 (linderane)、羟基香樟内酯 (hydroxylindestrenolide)[8]、strychnistenolide[9]、pseudoneolinderane[10]等；鞣质：表儿茶素 [(–)-epicatechin]、(–)-epigallocatechin、cinnamtannin B_1、procyanidin B_2；黄酮：橙皮苷 (hesperidin)[11]等。

乌药叶含倍半萜内酯类成分：去氢香樟内酯 (dehydrolindestrenolide)、羟基香樟内酯、乌药醚内酯、乌药醇[12-13]等；黄酮类成分：山柰酚 (kaempferol) 及其苷、槲皮素 (quercetin)及其苷、nubigenol、香叶木素-7-β-D-葡萄糖苷 (chrysoeriol-7-β-D- glucopyranoside)、芦丁(rutin)[12-14]等。

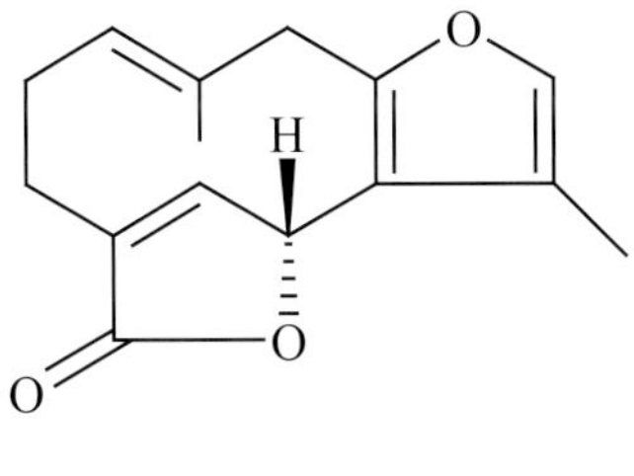

◆ linderalactone 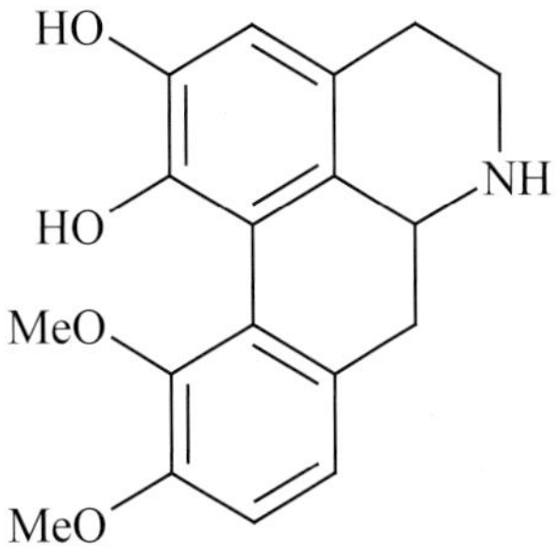　　　◆ linderaline

药理作用

1. 镇痛、抗炎

乌药根的水提取液、醇提取液灌胃能显著延长小鼠热板法痛阈值，显著抑制酒石酸锑钾所致的小鼠扭体反应；乌药根的水提取液、醇提取液灌胃能显著抑制混合致炎液所致的小鼠耳郭肿胀和角叉菜胶所致的大鼠足趾肿胀[15]。乌药根的镇痛抗炎活性组分（主要含鞣质）灌胃能显著降低风寒湿痹证模型大鼠致炎足的肿胀度及炎性组织渗出液中前列腺素 E_2 (PGE_2) 的水平[11]。

2. 对消化系统的作用

乌药根的水提取液、醇提取液皮下注射能显著降低小鼠胃中甲基橙的残留率，灌胃能显著促进小鼠小肠中的炭末推进率；体外能显著抑制家兔离体肠平滑肌蠕动，并能对抗乙酰胆碱、磷酸组胺、氯化钡所致的肠肌痉挛[16]。

3. 抗病原微生物

鲜乌药叶煎剂体外对金黄色葡萄球菌、炭疽芽孢杆菌、白喉棒杆菌、大肠埃希氏菌、铜绿假单胞菌等有抑制作用[17]；乌药根的提取液体外对呼吸道合胞病毒 (RSV) 和柯萨基 B_1、B_3 病毒有明显的抑制作用[18]。乌药茎所含的鞣质类成分体外有抗 HIV-1 整合酶的活性[19]。

4. 改善学习记忆

乌药根的甲醇提取物体外能显著抑制脯氨酰肽链内切酶 (PEP) 的活性，进一步实验证实根所含的乌药醚内酯、异乌药醚内酯等倍半萜内酯为抑酶活性成分[20]。

5. 其他

乌药根水提取物能显著延长荷瘤小鼠的生存时间；从根水提取物中分离得到的倍半萜内酯类成分对人小细胞肺癌细胞株 SBC-3 有显著的细胞毒活性[21]。乌药根水提取物口服能推迟糖尿病性肾病模型小鼠病情的发展[22]。

应用

本品为中医临床用药。功能：行气止痛，温肾散寒。主治：寒凝气滞，胸腹胀痛，气逆喘急，膀胱虚冷，遗尿尿频，疝气疼痛，经寒腹痛。

现代临床还用于消化性溃疡、风湿性关节炎、盆腔炎等病的治疗。

评注

药用植物图像数据库

《中国植物志》和《中国药典》采用 *Lindera aggregata* (Sims) Kosterm. 作为乌药原植物学名，而《中药大辞典》《全国中草药汇编》等早年的专著则采用 *L. strychnifolia* (Sieb. et Zucc.) F.-Vill. 作为其学名。

除块根外，乌药的叶、果实也可药用，分别称为“乌药叶”和“乌药子”。

乌药的根、叶、果实还可作为提取挥发油的原料。

参考文献

[1] 周继斌，翁水旺，范明，等. 乌药块根及根、茎挥发油成分测定 [J]. 中国野生植物资源，2000，19(3)：45-47.

[2] 杜志谦，夏华玲，江海肖，等. 乌药挥发油化学成分的 GC-MS 分析 [J]. 中草药，2003，34(4)：308-310.

[3] 董岩，刘洪玲，王新芳. 乌药挥发油化学成分的微波 - 蒸馏 GC-MS 分析 [J]. 山东中医杂志，2005，24(6)：370-372.

[4] KOZUKA M, YOSHIKAWA M, SAWADA T. Alkaloids from *Lindera strychnifolia*[J]. Journal of Natural Products, 1984, 47(6): 1063.

[5] 俞桂新，中村宪夫，马超美，等. 乌药中异喹啉类生物碱 [J]. 中国天然药物，2005，3(5)：272-275.

[6] KOUNO I, HIRAI A, JIANG Z H, et al. Bisesquiterpenoid from the root of *Lindera strychnifolia*[J]. Phytochemistry, 1997, 46(7): 1283-1284.

[7] KOUNO I, HIRAI A, FUKUSHIGE A, et al. A novel rearranged type of secoeudesmane sesquiterpenoid from the root of *Lindera strychnifolia* (Sieb. et Zucc.) F. Villars[J]. Chemical & Pharmaceutical Bulletin, 1999, 47(7): 1056-1057.

[8] CHOU G X, NAKAMURA N, MA C M, et al. Seven new sesquiterpene lactones from *Lindera aggregata*[J]. Journal of China Pharmaceutical University, 2000, 31(5): 339.

[9] KOUNO I, HIRAI A, FUKUSHIGE A, et al. New eudesmane sesquiterpenes from the root of *Lindera strychnifolia*[J]. Journal of Natural Products, 2001, 64(3): 286-288.

[10] LI J B, DING Y, LI W M. A new sesquiterpene from the roots of *Lindera strychnifolia*[J]. Chinese Chemical Letters, 2002, 13(10): 965-967.

[11] 俞桂新，李庆林，王峥涛，等. 乌药活性组分 LEF 的化学成分及抗风湿作用 [J]. 植物资源与环境，1999，8(4): 1-6.

[12] 张朝凤，孙启时，王峥涛，等. 乌药叶化学成分研究 [J]. 中国中药杂志，2001，26(11)：765-767.

[13] 张朝凤，孙启时，俞桂新，等. 乌药叶中黄酮类成分研究 (2) [J]. 沈阳药科大学学报，2003，20(5)：342-344.

[14] 张朝凤，孙启时，赵燕燕，等. 乌药叶中黄酮类成分研究 [J]. 中国药物化学杂志，2001，11(5)：274-276.

[15] 李庆林，俞桂新，窦昌贵，等. 乌药提取物的镇痛、抗炎作用研究 [J]. 中药材，1997，20(12)：629-631.

[16] 俞桂新，李庆林，王峥涛，等. 乌药提取物对消化系统的作用. 中国野生植物资源，1999，18(3)：52-53，57.

[17] 王本祥 . 现代中药药理学 [M]. 天津：天津科学技术出版社，1997：650.

[18] 张天明，胡珍姣，欧黎虹，等 . 三种中草药抗病毒的实验研究 [J]. 辽宁中医杂志，1994，21(11)：523-524.

[19] 张朝凤，孙启时，王峥涛，等 . 乌药茎中鞣质类成分及其抗 HIV-1 整合酶活性研究 [J]. 中国药学杂志，2003，38(12)：911-914.

[20] KOBAYASHI W, MIYASE T, SANO M, et al. Prolyl endopeptidase inhibitors from the roots of *Lindera strychnifolia* F. Vill[J]. Biological & Pharmaceutical Bulletin, 2002, 25(8): 1049-1052.

[21] OHNO T, NAGATSU A, NAKAGAWA M, et al. New sesquiterpene lactones from water extract of the root of *Lindera strychnifolia* with cytotoxicity against the human small cell lung cancer cell, SBC-3[J]. Tetrahedron Letters, 2005, 46(50): 8657-8660.

[22] OHNO T, TAKEMURA G, MURATA I, et al. Water extract of the root of *Lindera strychnifolia* slows down the progression of diabetic nephropathy in db/db mice[J]. Life Sciences, 2005, 77(12): 1391-1403.

无花果 Wuhuaguo BP

Ficus carica L.
Fig

概述

桑科 (Moraceae) 植物无花果 *Ficus carica* L.，其干燥和新鲜果实入药。中药名：无花果。

榕属 (*Ficus*) 植物全世界约 300 种，分布于非洲东部、亚洲和澳大利亚等地。中国约有 40 余种，本属现供药用者达 19 种 1 亚种 8 变种。本种原产于地中海和亚洲西部，现中国各地多有栽培。

"无花果"药用之名，始载于《救荒本草》。《英国药典》收载本种为植物药品种[1]。主产于中国广东、福建、江苏、浙江、湖北、安徽、河南、山东、云南、台湾等地；新疆阿图什有成片的无花果园，被称为"无花果之乡"[2]。

无花果主要活性成分为香豆素类、三萜类、挥发油[3]；其中苯甲醛是抗肿瘤的主要活性成分[4]。

药理研究表明，无花果具有抗菌、增强机体免疫功能、抑制多种肿瘤等作用[5]。

中医理论认为无花果具有清热生津，健脾开胃，解毒消肿等功效。

◆ 无花果
Ficus carica L.

◆ 药材无花果
Fici Fructus

化学成分

无花果果实和叶中含香豆素类成分：6-(2-甲氧基,顺-乙烯基)-7-甲基吡喃香豆素 [6-(2-methoxy-*Z*-vinyl)-7-methyl-pyranocoumarins]、佛手苷内酯 (bergapten)、补骨脂素 (psoralen)[6-7]、伞形花内酯 (umbelliferone)、东莨菪亭 (scopoletin)[8]；甾醇类成分：9,19-环丙基-24,25-环氧乙烷-5-烯-3*β*-螺甾醇 (9,19-cyclopropane-24,25-ethyleneoxide-5-en-3*β*-spirostol)[9]；皂苷类成分：22-环戊烷氧基-22-去异戊基-5-烯-3*β*-羟基呋喃甾烷醇 (Δ^5,22-cyclopentyloxil-22-deisopentyl-3*β*-hydroxyl-furanstanol)[10]；挥发油：*α*-丙基呋喃 (*α*-propylfuran)、邻-甲基苯甲酸 (*o*-methyl-phenylformic acid)、苯甲醛 (phenyl aldehyde) 等[11]；黄酮类成分：schaftoside 和isoschaftoside[12]；另外还有1*α*-*O*-[2'-(2'-甲基-5'-异丙基-3'-烯-二氢化呋喃)]-*β*-*D*-乳糖苷 {1*α*-*O*-[2'-(2'-methane-5'-isopropyl-3'-en-bihydrofuryl)]-*β*-*D*-lactose}[10]。

OMe

O O O

◆ bergapten

O O O

◆ psoralen

药理作用

1. 抗肿瘤、抗突变

无花果水提取物灌胃对小鼠的艾氏腹水瘤、肉瘤 S_{180} 和 HepA 肝癌及 Lewis 肺癌均有显著的抑瘤作用 [4]。其抗肿瘤作用可能与无花果多糖提高超氧化物歧化酶 (SOD)、谷胱甘肽过氧化物酶 (GSHPx) 活性和降低自由基水平有关 [13]。体外人淋巴细胞微核测试法研究发现，无花果所含的黄酮类、三萜类化合物可非常显著地拮抗致突变因子丝裂霉素 C (MMC) 和 *γ*- 射线对体外健康人淋巴细胞诱发的微核形成及对淋巴细胞转化率的抑制作用，表明其具有明显的抗突变作用 [14]。

2. 对免疫功能的影响

采用 C3b 受体花环测定结果表明，无花果口服液可提高荷瘤小鼠的红细胞免疫功能 [15]。无花果水提取物使小鼠炭粒廓清指数K值有一定的提高，脾系数明显高于对照组，表明其具有增强细胞免疫的功能[4]。无花果多糖灌胃给药能明显提高小鼠血清溶血素抗体水平，增强迟发型超敏反应的强度，体外实验在一定剂量范围能显著增强小鼠腹腔巨噬细胞(Mφ)的吞噬活性[16-17]。

3. 镇痛

无花果提取液给荷瘤小鼠（热板法）灌胃及给正常小鼠（醋酸扭体法）灌胃均有明显的镇痛作用[18]。

4. 其他

无花果叶提取物还有抗菌[19]、抗新城疫病毒[20]、抗单纯疱疹病毒[21]、降血压[22]、推迟衰老[23]等作用。

应用

本品为中医临床用药。功能：清热生津，健脾开胃，解毒消肿。主治：咽喉肿痛，燥咳声嘶，肠燥便秘，食欲不振，泄泻，痢疾，痈肿，癣疾。

现代临床还用于慢性腹泻、痔疮出血、阳痿及恶性肿瘤如胃癌、肠癌、食管癌、膀胱癌等病的治疗。

评注

药用植物图像数据库

无花果富含蛋白质、油脂、维生素、氨基酸、多糖、微量元素等营养成分，是一种营养价值极高的食品。现在无花果从栽培到加工及销售已形成专门的行业，无花果的果干、果脯、果酱、果汁发酵酒等各种新产品也先后问世。

无花果提取物具有抗肿瘤、增强免疫功能、抗突变作用，且无毒，资源丰富，因此值得深入研究，有望成为抗肿瘤、抗突变、抗衰老的药物。

此外，无花果叶含较高量的补骨脂类化合物，具光敏作用，其制剂可用于治疗白癜风。无花果叶和果实均含有较多的硒，具有较好的抗癌作用[24]。

参考文献

[1] British Pharmacopoeia Commission. British Pharmacopoeia[S]. London: The Stationary Office, 2007: 870.

[2] 融甫．果中明珠无花果[J]. 食品与生活，2002，(4)：52.

[3] 莫少红．无花果研究进展[J]. 基层中药杂志，1998，12(2)：54-55.

[4] 王佾先，张香莲，高凌，等．无花果抗癌作用的研究[J]. 癌症，1990，9(3)：223-225.

[5] 徐新春，吴明光．无花果本草考证[J]. 中国中药杂志，2001，26(6)：392.

[6] 尹卫平，陈宏明，王天欣，等．具有抗癌活性的一个新的香豆素化合物[J]. 中草药，1997，28(1)：3-4.

[7] 孟正木，王佾先，纪江，等．无花果叶化学成分研究[J]. 中国药科大学学报，1996，27(4)：202-204.

[8] ASHY M A, EI-TAWIL B A H. Constituents of local plants. Part 7: The coumarin constituents of *Ficus carica* L. and *Convolvulus aeyranisis* L.[J]. Pharmazie, 1981, 36(4): 297.

[9] 尹卫平，陈宏明，王天欣，等．9,19- 环丙基 -24,25 环氧乙烷 -5 烯 -3b 螺甾醇的化学结构和抗癌活性[J]. 中国药物化学杂志，1997，7(1)：46-47.

[10] 尹卫平，陈宏明，王天欣，等．从无花果中提取新的皂苷和糖苷化合物及其活性研究[J]．中草药，1998，29(8)：505-507.

[11] 尹卫平，陈宏明，王天欣，等．无花果抽提物抗肿瘤成分的分析[J]. 新乡医学院学报，1995，12(4)：316-319.

[12] SIEWEK F, HERRMANN K, GROTJAHN L, et al. Isomeric di-*C*-glycosylflavones in fig (*Ficus carica* L.) [J]. Journal of Biosciences, 1985, 40(1-2): 8-12.

[13] 朱凡河，王绍红，徐丽娟．荷S_{180}小鼠血清MDA、SOD和GSH-PX的变化及无花果多糖对其影响[J]. 中国民族民间医药杂志，2002，(4)：231-232.

[14] 马国建，孟正木，王佾先，等．无花果提取物致突变及抗突变研究 [J]. 癌变．畸变．突变，2002，14(3)：177-180.

[15] 张琴芬，王佾先，亢寿海．无花果口服液对红细胞免疫功能的测定 [J]. 江苏中医，1993，14(7)：44.

[16] 戴伟娟，司端运，辛勤，等．无花果多糖免疫药理作用的初步研究 [J]. 中国民族民间医药杂志，2000，3：160-162.

[17] 戴伟娟，司端运，苏艾兰，等．无花果多糖对小鼠迟发型超敏反应的影响 [J]. 济宁医学院学报，1999，22(4)：26-27.

[18] 王佾先，张琴芬，高凌，等．无花果提取液镇痛作用的研究 [J]. 癌症，1993，12(3)：265.

[19] 于福泉，刘玉国．无花果叶治疗慢性肠炎 [J]. 山东医药工业，2001，20(4)：45.

[20] 王桂亭，王皞，宋艳艳，等．无花果叶提取物抗新城疫病毒的实验研究 [J]. 中国人兽共患病杂志，2005，21(8)：710-712.

[21] 王桂亭，王皞，宋艳艳，等．无花果叶抗单纯疱疹病毒的实验研究 [J]. 中药材，2004，27(10)：754-756.

[22] 庄志发，冯紫慧．食药兼用无花果的开发利用 [J]. 山东食品发酵，2003，(3)：47-49.

[23] 肖碧玉，邓淑文，马龙，等．新疆维吾尔族的几种药食兼用果实对果蝇寿命的影响 [J]. 中国老年学杂志，1996，16(5)：291-292.

[24] 董善士，祝昱，安登魁，等．中药无花果及其口服液中微量元素硒的测定 [J]. 现代应用药学，1992，9(2)：57-59.

吴茱萸 Wuzhuyu CP, JP, VP

Euodia rutaecarpa (Juss.) Benth.
Medicinal Evodia

概述

芸香科 (Rutaceae) 植物吴茱萸 *Euodia rutaecarpa* (Juss.) Benth.，其干燥近成熟果实入药。中药名：吴茱萸。

吴茱萸属 (*Euodia*) 植物全世界约有 150 种，分布于亚洲、非洲东部及大洋洲。中国约有 20 种 5 变种，本属现供药用者约有 6 种。本种分布于中国秦岭以南各省区。

"吴茱萸"药用之名，始载于《神农本草经》，列为中品。历代本草多有著录，但所指为吴茱萸属多种植物。《中国药典》（2015 年版）收载本种为中药吴茱萸的法定原植物来源种之一。主产于中国广西，贵州、云南、四川、湖南、浙江、陕西等省区也产，药用通常为栽培品。

吴茱萸属植物主要含生物碱类化合物，尚有柠檬苦素、黄酮等成分，也含有挥发油。吴茱萸属植物中普遍存在具活性的喹诺酮类和吲哚喹唑啉类生物碱是该属的特征性成分。《中国药典》采用高效液相色谱法进行测定，规定吴茱萸药材含吴茱萸碱、吴茱萸次碱总量不得少于0.15%，柠檬苦素不得少于0.20%，以控制药材质量。

药理研究表明，吴茱萸具有抗炎、镇痛、抗胃溃疡、抑制血栓形成、抑菌和杀虫等作用。

中医理论认为吴茱萸具有散寒止痛，降逆止呕，助阳止泻等功效。

◆ 吴茱萸
Euodia rutaecarpa (Juss.) Benth.

◆ 药材吴茱萸
Euodiae Fructus

化学成分

吴茱萸果实含生物碱类成分：吴茱萸碱 (euodiamine)、吴茱萸次碱(rutaecarpine)、羟基吴茱萸碱(hydroxyeuodiamine)、二氢吴茱萸次碱(dihydrorutaecarpine)、吴茱萸因碱 (wuchuyine)、吴茱萸卡品碱(evocarpine)、二氢吴茱萸卡品碱 (dihydroevocarpine)、脱氢吴茱萸碱 (dehydroeuodiamine)[1-3]，吴茱萸酰胺Ⅰ、Ⅱ (wuchuyuamides Ⅰ,Ⅱ)[4]，丙酮基吴茱萸碱 (acetonyleuodiamine)[5]、吴茱萸宁碱 (euodianinine)[6] 及小檗碱(berberine)[7] 等；还含有柠檬苦素类成分：柠檬苦素 (limonin)、吴茱萸苦素 (rutaevin)、吴茱萸内酯醇 (euodol)、黄柏酮 (obacunone)等；黄酮类成分：金丝桃苷 (hyperoside)、异鼠李素-3-*O*-半乳糖苷 (isorhamnetin-3-*O*-galactoside)[8]等。果实亦含挥发油，其主要成分为吴茱萸烯 (euodene)[9]。

◆ euodiamine　　◆ rutaecarpine

药理作用

1. 抗炎、镇痛

吴茱萸次碱可抑制培养的骨髓源性肥大细胞 (BMCC) COX-1 和 COX-2 依赖性前列腺素 D_2（PGD_2）产生及外源性花生四烯酸转化生成前列腺素 E_2（PGE_2）；腹腔注射吴茱萸次碱对角叉菜胶所致大鼠足趾肿胀亦有抑制作用；吴茱萸提取部位灌胃能明显降低佐剂关节炎大鼠非造模侧后肢肿胀度，明显改善大鼠免疫器官胸腺、脾脏指数[10-11]。

2. 对胃肠道的影响

吴茱萸氯仿提取物经口给药可抑制正常小鼠、利血平造型小鼠胃排空，对抗新斯的明 (neostigmine)、胃复安

(metoclopramide) 所致的胃排空亢进，增强阿托品胃排空抑制作用；体外显著对抗氯化钡及乙酰胆碱所致的大鼠回肠收缩、平滑肌张力增加 [12]。

3. 保护心脏

吴茱萸碱和吴茱萸次碱可增强豚鼠离体心房收缩力，提高其收缩频率；吴茱萸次碱显著抑制抗原攻击所致的离体豚鼠心功能抑制，促进内源性降钙素基因相关肽 (CGRP) 的释放，降低心肌组织肿瘤坏死因子 α (TNF-α) 的浓度 [13-14]。

4. 降血压、舒张血管

静脉注射吴茱萸次碱可降低大鼠血压、升高血浆 CGRP 浓度，该作用与激活辣椒素受体 (VR_1) 促进 CGRP 释放有关 [15]。

5. 抗血小板聚集

吴茱萸次碱体外可能通过抑制磷脂酶 C 的活性，对抗胶原所诱导的血小板聚集 [16]；吴茱萸次碱小鼠静脉注射有类似阿司匹林的抗血小板聚集作用，有效降低二磷酸腺苷 (ADP) 导致的急性肺血栓栓塞小鼠的死亡率，具有抗血栓形成作用 [17]。

6. 抗肿瘤

吴茱萸碱可抑制结肠癌 26-L5、Lewis 肺肿瘤 (LLC)、黑素瘤细胞 B16F10 的侵袭，显著降低接种结肠癌细胞 26-L5 小鼠的肝、肺转移率 [18]。吴茱萸碱可诱导人宫颈癌细胞 HeLa 发生 caspase 蛋白酶依赖性凋亡 [19]。

7. 促进学习记忆

脱氢吴茱萸碱具有抗乙酰胆碱酶活性及改善由类淀粉样蛋白 (Aβ 25-35) 诱发的小鼠学习记忆障碍之健忘症 [20]。

8. 其他

喂饲吴茱萸果实提取物及吴茱萸碱可明显降低小鼠或大鼠肾和附睾周围脂肪量、血清游离脂肪酸水平以及肝中总脂、三酰甘油 (TG) 和胆固醇水平 [21]；吴茱萸次碱能显著降低抗原攻击所致豚鼠预致敏的离体胸主动脉血管的收缩效应 [22]。

应用

本品为中医临床用药。功能：散寒止痛，降逆止呕，助阳止泻。主治：厥阴头痛，寒疝腹痛，寒湿脚气，经行腹痛，脘腹胀痛，呕吐吞酸，五更泄泻。

现代临床还用于高血压、心绞痛、胆心综合征、风湿性关节炎、药物性肝损伤、神经性嗳气等病的治疗。

评注

药用植物图像数据库

《中国药典》还收载本种的两个变种：石虎 *Euodia rutaecarpa* (Juss.) Benth. var. *officinalis* (Dode) Huang、疏毛吴茱萸 *E. rutaecarpa* (Juss.) Benth. var. *bodinieri* (Dode) Huang 作为中药吴茱萸的法定原植物来源种。

临床应用吴茱萸常需进行炮制，但作为主要活性成分的生物碱在吴茱萸炮制后含量发生变化，同一品种不同炮制方法，生物碱含量明显不同，不同品种的吴茱萸生物碱成分也有较大差异，有待于进一步深入研究。

目前，四川省已建立了吴茱萸的生产种植试验基地。

参考文献

[1] TSCHESCHE R, WERNER W. Evocarpine, a new alkaloid from *Euodia rutaecarpa*[J]. Tetrahedron, 1967, 23(4): 1873-1881.

[2] KAMIKADO T, MURAKOSHI S, TAMURA S. Structure elucidation and synthesis of alkaloids isolated from fruits of *Euodia rutaecarpa*[J]. Agricultural and Biological Chemistry, 1978, 42(8): 1515-1519.

[3] PARK C H, KIM S H, CHOI W, et al. Novel anticholinesterase and antiamnesic activities of dehydroeuodiamine, a constituent of *Euodia rutaecarpa*[J]. Planta Medica. 1996, 62(5): 405-409.

[4] ZUO G Y, YANG X S, HAO X J. Two new indole alkaloids from *Euodia rutaecarpa*[J]. Chinese Chemical Letters, 2000, 11(2): 127-128.

[5] 左国营，何红平，王斌贵，等．吴茱萸果实的一种新吲哚喹唑啉生物碱——丙酮基吴茱萸碱 [J]. 云南植物研究，2003，25(1)：103-106.

[6] WANG Q Z, LIANG J Y. Studies on the chemical constituents of *Euodia rutaecarpa* (Juss.) Benth[J]. Acta Pharmaceutica Sinica, 2004, 39(8): 605-608.

[7] 张起辉，高慧媛，吴立军，等．吴茱萸的化学成分 [J]. 沈阳药科大学学报，2005，22(1)：12-14.

[8] 潘浪胜，吕秀阳，吴平东．吴茱萸中二种黄酮类化合物的分离和鉴定 [J]. 中草药，2004，35(3)：259-260.

[9] 王锐，倪京满，马星．中药吴茱萸挥发油成分的研究 [J]. 中国药学杂志，1993，28(1)：16-18.

[10] MOON T C, MURAKAMI M, KUDO I, et al. A new class of COX-2 inhibitor, rutaecarpine from *Euodia rutaecarpa*[J]. Inflammation Research, 1999, 48(12): 621-625.

[11] 盖玲，盖云，宋纯清，等．吴茱萸 B 对大鼠佐剂性关节炎的治疗作用 [J]. 中成药，2001，23(11)：807-808.

[12] 戴媛媛，刘保林，窦昌贵．吴茱萸氯仿提取物对胃排空的影响 [J]. 中药药理与临床，2003，19(3)：16-19.

[13] KOBAYASHI Y, HOSHIKUMA K, NAKANO Y, et al. The positive inotropic and chronotropic effects of euodiamine and rutaecarpine, indoloquinazoline alkaloids isolated from the fruits of *Euodia rutaecarpa*, on the guinea-pig isolated right atria: possible involvement of vanilloid receptors[J]. Planta Medica, 2001, 67(3): 244-248.

[14] 易宏辉，让蔚清，谭桂山，等．吴茱萸次碱对心脏过敏损伤的保护作用 [J]. 中南药学，2003，1(5)：262-265.

[15] HU C P, XIAO L, DENG H W, et al. The depressor and vasodilator effects of rutaecarpine are mediated by calcitonin gene-related peptide[J]. Planta Medica, 2003, 69(2): 125-129.

[16] SHEU J R, KAN Y C, HUNG W C, et al. The antiplatelet activity of rutaecarpine, an alkaloid isolated from *Euodia rutaecarpa*, is mediated through inhibition of phospholipase C[J]. Thrombosis Research, 1998, 92(2):53-64.

[17] SHEU J R, HUNG W C, WU C H, et al. Antithrombotic effect of rutaecarpine, an alkaloid isolated from *Euodia rutaecarpa*, on platelet plug formation in *in vivo* experiments[J]. British Journal of Haematology, 2000, 110(1): 110-115.

[18] OGASAWARA M, MATSUNAGA T, TAKAHASHI S, et al. Anti-invasive and metastatic activities of euodiamine[J]. Biological & Pharmaceutical Bulletin, 2002, 25(11): 1491-1493.

[19] 费晓方，王本祥，池岛乔．吴茱萸碱诱导人子宫颈癌 HeLa 细胞凋亡的机制研究 [J]. 药学学报，2002，37(9)：1348-1352.

[20] WANG H H, CHOU C J, LIAO J F, et al. Dehydroeuodiamine attenuates beta-amyloid peptide-induced amnesia in mice[J]. European Journal of Pharmacology, 2001, 413: 221-225.

[21] KOBAYASHI Y, NAKANO Y, KIZAKI M, et al. Capsaicin-like anti-obese activities of euodiamine from fruits of *Euodia rutaecarpa*, a vanilloid receptor agonist[J]. Planta Medica, 2001, 67(7): 628-633.

[22] 禹静，让蔚请，谭桂山，等．吴茱萸次碱和辣椒素对过敏反应所致血管收缩的影响 [J]. 中南药学，2003，1(4)：200-203.

五味子 Wuweizi CP, JP, VP

Schisandra chinensis (Turcz.) Baill.
Chinese Magnolivine

概述

木兰科 (Magnoliaceae) 植物五味子 *Schisandra chinensis* (Turcz.) Baill.，其干燥成熟果实入药。中药名：五味子。习称：北五味子。

五味子属 (*Schisandra*) 植物全世界约有 30 种，主要分布于亚洲东部和东南部，仅 1 种产自美国东南部。中国约有 19 种，南北各地均产。本属现供药用者约有 12 种。本种主要分布于中国辽宁、黑龙江、吉林、内蒙古和甘肃等省区，朝鲜半岛和日本也有分布。

“五味子”药用之名，始载于《神农本草经》，列为上品。历代本草多有著录。《中国药典》（2015 年版）收载本种为中药五味子的法定原植物来源种。主产于中国辽宁、黑龙江和吉林等省。

五味子主要活性成分为木脂素和挥发油类。《中国药典》采用高效液相色谱法进行测定，规定五味子药材含五味子醇甲不得少于 0.40%，以控制药材质量。

药理研究表明，五味子具有保肝、抗氧化、镇静和适应原样作用。

中医理论认为五味子具有收敛固涩，益气生津，补肾宁心等功效。

◆ 五味子
Schisandra chinensis (Turcz.) Baill.

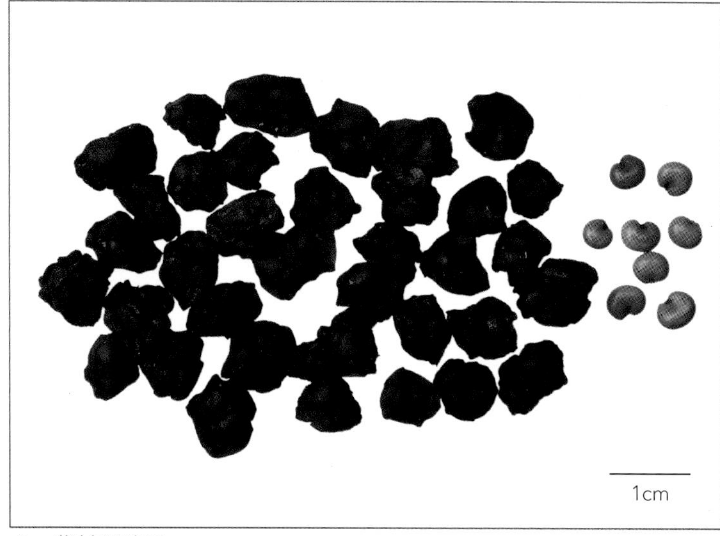

◆ 药材五味子
Schisandrae Chinensis Fructus

◆ 华中五味子
S. sphenanthera Rehd. et Wils.

化学成分

五味子果实以联苯环辛烷型木脂素为特征性成分：五味子醇甲 (schizandrin, schisandrin, schisandrol A, wuweizi alcohol A, wuweizichun A)、异五味子素(isoschizandrin)、γ-五味子素(γ-schizandrin, schisandrin B, schizandrin B, deoxygomisin A, wuweizisu B)、脱氧五味子素 (deoxyschisandrin, schisandrin A, schizandrin A, wuweizisu A, dimethylgomisin J)、五味子丙素 (schizandrin C, schisandrin C, wuweizisu C) 、戈米辛A (gomisin A, schisandrol B, wuweizi alcohol B, wuweizichun B)、戈米辛B (gomisin B, schisantherin B, schizandrer B, wuweizi ester B)、戈米辛C (gomisin C, schisantherin A, schizandrer A, wuweizi ester A)、戈米辛D、E、F、G (gomisins D～G)、戈米辛H (gomisin H, norschizandrin)、当归酰戈米辛H (angeloylgomisin H)、苯甲酰戈米辛H (benzoylgomisin H)、巴豆酰戈米辛H (tigloylgomisin H)、戈米辛J (gomisin J)、戈米辛K_1 (gomisin K_1)、戈米辛K_2 (gomisin K_2)、戈米辛K_3 (gomisin K_3, schisanhenol, schizantherol)、戈米辛L_1 (gomisin L_1)、戈米辛L_2 (gomisin L_2)、戈米辛M_1 (gomisin M_1)、戈米辛M_2 (gomisin M_2)、戈米辛N、O (gomisins N, O)、当归酰戈米辛O (angeloylgomisin O)、当归酰异戈米辛O (angeloylisogomisin O)、苯甲酰戈米辛O (benzoylgomisin O)、苯甲酰异戈米辛O (benzoylisogomisin O)、表戈米辛O (epigomisin O)、 当归酰戈米辛P (angeloylgomisin P, schisantherin C)、巴豆酰戈米辛P (tigloylgomisin

◆ schisandrin

◆ gomisin A

P)、当归酰戈米辛Q (angeloylgomisin Q)、苯甲酰戈米辛Q (benzoylgomisin Q)、戈米辛R、S、T (R～T)、前戈米辛 (pregomisin)、五味子酯D (schisantherin D)、schisandrene[1-3]、内消旋二氢愈创木脂酸 (*meso*-dihydroguaiaretic acid)[4]；还有挥发油，油中主要含：橙花叔醇 (nerolidol)、δ-杜松醇 (δ-cadinol)、α-衣兰烯 (α-ylangene)、β-恰米烯 (β-chamigrene)、β-雪松烯 (β-himachalene)、α-胡椒烯 (α-copaene)、α-金合欢烯 (α-farnesene)[5-8]。

药理作用

1. 保肝

五味子种仁及多种木脂素成分（γ-五味子素、五味子丙素、五味子素、戈米辛A等）对CCl_4、对乙酰氨基酚、硫代乙酰胺和半乳糖胺等致肝损害的多种动物模型（小鼠、大鼠、家兔）均有显著保护作用，其作用与增加肝线粒体 (GSH) 水平和GSH还原酶活性，促进肝细胞蛋白质合成代谢有关。五味子水提取物对大鼠肝药酶还有显著的诱导作用，可使细胞色素P_{450}显著升高[9-11]。

2. 抗氧化、抗衰老

五味子水提取液能对抗兔脑缺氧－复氧性脂质过氧化损伤，能提高动脉血中超氧化物歧化酶 (SOD) 活性，降低丙二醛 (MDA) 水平[12]。给老龄小鼠连续灌胃10天，可明显抑制脑和肝脏的单胺氧化酶B (MAO-B) 活性，显著增强SOD活性，降低MDA水平，还能增加脑和肝脏中的蛋白质含量，有一定的抗衰老作用[13]。

3. 镇静、催眠

五味子水提取液能显著减少小鼠的自主活动次数，增强阈下剂量戊巴比妥的作用，延长小鼠睡眠时间[14]。

4. 改善学习和记忆

腹腔注射五味子醇提取物，能改善戊巴比妥钠所致小鼠记忆获得不良和亚硝酸钠所致记忆巩固障碍；还能促进小鼠脑内DNA、RNA和蛋白质的生物合成[15-16]。

5. 降血糖

五味子浸出物在体外能抑制α-葡萄糖苷酶活性；从五味子中提取的α-葡萄糖苷酶抑制剂能显著降低四氧嘧啶糖尿病小鼠和肾上腺素引起的小鼠高血糖，还能降低正常小鼠的血糖，提高正常小鼠的糖耐量[17-18]。五味子乙醇提取物在体外对蛋白质糖化终产物 (AGEs) 有明显抑制作用，提示其对AGEs引起的糖尿病微血管病变有改善作用[19]。

6. 适应原样作用

五味子粗多糖灌胃，能显著提高小鼠在缺氧条件下的存活率，增加正常小鼠胸腺和脾脏的重量，增加小鼠静脉注射胶体碳粒的廓清速率[20]。

7. 对心血管系统的影响

五味子注射液静脉给药可明显降低麻醉正常大鼠和自发性高血压大鼠的血压[21]；五味子煎剂静脉给药具有抑制家兔心肌收缩功能和减慢心率的作用，可降低左心室内血压峰值 (LVSP)，减慢左心室内血压最大上升率，升高左心室舒张末期血压，缩小压力-压力变化速率环IP[22]。

8. 抗肿瘤

给荷S_{180}实体瘤小鼠灌胃五味子多糖，可在一定程度上促使瘤细胞退变和凋亡，使瘤内炎细胞增多，瘤周浸润部细胞部分退变，与环磷酰胺合用有协同增强作用[23]。

9. 抗诱变

以小鼠骨髓细胞微核率 (MNF) 和姊妹染色体单体交换频率 (SCE) 为观察指标，证实五味子煎剂对环磷酰胺和苯并芘诱发的小鼠染色体损伤有防护作用[24]。

10. 抗菌

在琼脂平板扩散法实验中，五味子水提取液对金黄色葡萄球菌、痢疾志贺氏菌、铜绿假单胞菌、伤寒沙门氏菌和白色念珠菌等均有显著抑制作用，对红色毛癣菌、许兰氏黄癣菌、石膏状毛癣菌、奥杜盎氏小芽孢癣菌、羊毛状小孢子菌等真菌也有较强抑制作用[25-27]。

11. 其他

五味子还有升高白细胞、促进精子发生和保护 PC12 神经细胞的作用[28-30]。戈米辛 A 有抗过敏作用[31]。γ- 五味子素体外能促进大鼠成骨细胞的增殖与分化[32]。

应用

本品为中医临床用药。功能：收敛固涩，益气生津，补肾宁心。主治：久咳虚喘，梦遗滑精，遗尿尿频，久泻不止，自汗盗汗，津伤口渴，内热消渴，心悸失眠。

现代临床还用于慢性肝炎、肝硬化和神经衰弱等病的治疗。

评注

药用植物图像数据库

五味子藤茎目前未作药用，仅在民间被用作调味品。经研究表明，五味子藤茎中五味子醇甲的含量与果实相近，五味子乙素含量约为果实的 50%，可用作原料药，用以提取五味子素和 γ- 五味子素[33]。

五味子属植物华中五味子 *Schisandra sphenanthera* Rehd. et Wils. 的成熟果实在中医临床上长期以来被认为可与五味子等同使用。《中国药典》（2000 年版）开始已将该种分列条目，中药名：南五味子；药典中还规定华中五味子含五味子酯甲不得少于 0.20%，以控制其药材质量。华中五味子分布于中国山西、河南、陕西、甘肃、江苏、浙江、四川等地。华中五味子具有与五味子相似的药理作用，其化学成分也大致相同，主要含联苯环辛烷型木脂素，与五味子相比，另含华中五脂素 (sphenanlignan)、五味子酮 (schisandrone)、五味子酮酸 (schisandronic acid)、安五酸 (anwuweizic acid) 和甘五酸 (ganwuweizic acid) 等[34]。

五味子属的多种植物如翼梗五味子 *S. henryi* C. B. Clarke、红花五味子 *S. rubriflora* Rehd. et Wils.、滇藏五味子 *S. neglecta* A. C. Smith 和铁箍散 *S. propinqua* (Wall.) Baill. var. *sinensis* Oliv. 等的果实在民间各地亦作药材五味子或南五味子入药。由于五味子和南五味子临床需求量大，加强近缘植物的对比研究，对扩大药源有长远的意义。

参考文献

[1] OPLETAL L, SOVOVA H, BARTLOVA M. Dibenzo[a,c]cyclooctadiene lignans of the genus *Schisandra*: importance, isolation and determination[J]. Journal of Chromatography B, 2004, 812(1-2):357-371.

[2] PIAO L Z, LEE Y J, PHAMPHU T T, et al. Dibenzocyclooctene lignan compounds isolated from the fruits of *Schisandra chinensis* Baill.[J]. Natural Product Sciences, 2005, 11(4):248-252.

[3] CHOI Y W, TAKAMATSU S, KHAN S I, et al. Schisandrene, a dibenzocyclooctadiene lignan from *Schisandra chinensis*: structure-antioxidant activity relationships of dibenzocyclooctadiene lignans[J]. Journal of Natural Products, 2006, 69(3):356-359.

[4] 王丽薇，周长新， Schneider B，等 . 北五味子化学成分研究 [J]. 中国现代应用药学杂志，2006，23(5)：363-365.

[5] 戴好富，谭宁华，周俊，等 . 北五味子挥发性化学成分研究 [J]. 中草药，2005，36(9)：1309-1310.

[6] 谭晓梅，陈飞龙 . 超临界 CO_2 萃取法与水蒸气蒸馏法提取的北五味子挥发油成分分析 [J]. 中药材，2002，25(11)：796-797.

[7] 李晓宁，崔卉，宋又群，等．辽五味子果实挥发油成分的鉴定 [J]. 药学学报，2001，36(3)：215-219.

[8] 王炎，王进福，尤宏，等．北五味子种子挥发油的 GC-MS 分析 [J]. 中国药学杂志，2001，36(2)：91-92.

[9] 叶兆波，车镇涛，高锦明．五味子素对四氯化碳染毒小鼠促进肝线粒体谷胱甘肽抗氧化状态的构效关系 [J]. 中国药理学报，1998，19(4)：313-316.

[10] 李秀娟，高文霞，冯玉霞．五味子对扑热息痛致肝脏毒性的保护作用 [J]. 齐齐哈尔医学院学报，2001，22(7)：727-728.

[11] 张锦楠，李亚伟，徐艳霞，等．甘草和五味子对大鼠肝微粒体 CYP450 诱导作用的研究 [J]. 中国药学杂志，2002，37(6)：424-426.

[12] 刘忠民，陈练，董加喜，等．兔脑缺氧 - 复氧性损伤与五味子提取液的保护作用 [J]. 中草药，1996，27(6)：355-357.

[13] 陈晓光，崔志勇，常一丁，等．五味子水提液对老龄小鼠衰老指标的影响 [J]. 老年学杂志，1991，11(2)：112-114.

[14] 霍艳双，陈晓辉，李康，等．北五味子的镇静、催眠作用 [J]. 沈阳药科大学学报，2005，22(2)：126-128.

[15] 叶春艳，刘志平，刘伯文，等．人参、三七、刺五加和五味子对小鼠学习记忆影响的比较研究 [J]. 中国林副特产，1994，30(3)：10-13.

[16] 叶春艳，刘志平．人参、三七、刺五加和五味子对小鼠脑内蛋白质生物合成的影响 [J]. 中成药，1993，15(6)：30-31.

[17] 刘志峰，李萍，李慎军，等．5 种中药体外 α- 糖苷酶抑制作用的观察 [J]. 山东中医杂志，2004，23(1)：41-42.

[18] 袁海波，沈忠明，殷建伟，等．五味子中 α- 葡萄糖苷酶抑制剂对小鼠的降血糖作用 [J]. 中国生化药物杂志，2002，23(3)：112-114.

[19] 许惠琴，朱荃，李祥，等．7 味中药对体外非酶糖化终产物生成的抑制作用 [J]. 中草药，2002，33(2)：145-147.

[20] 于晓凤，睢大员，吕忠智，等．五味子粗多糖的初步药理研究 [J]. 白求恩医科大学学报，1995，21(2)：147-148.

[21] 夏敬民，许德义，张丽，等．SEAP 对麻醉大鼠血压的影响 [J]. 石河子医学院学报，1994，16(1)：14-15.

[22] 刘菊秀，苗戎，陈静，等．五味子对心肌力学和心率的影响 [J]. 中草药，1999，30(2)：122-124.

[23] 黄玲，陈玲，张振林．五味子多糖对荷瘤鼠瘤体抑制作用的病理学观察 [J]. 中药材，2004，27(3)：202-203.

[24] 赵景春，刘叔平，刘秀兰．五味子对环磷酰胺和苯并芘诱发小鼠染色体损伤的防护作用 [J]. 卫生毒理学杂志，1996，10(4)：277-278.

[25] 刘志春，王小丽，林鹏，等．五味子等 29 种中草药的体外抑菌实验 [J]. 赣南医学院学报，2004，24(5)：509-512.

[26] 马廉兰，李娟，刘志春，等．五味子等中草药对肠道致病菌和条件致病菌的抗菌作用 [J]. 赣南医学院学报，2003，23(3)：241-244.

[27] 赵晓洋，葛荣明，闫哈一，等．五味子半夏等八种中药抗真菌作用 [J]. 中国皮肤性病学杂志，1992，6(3)：149-150.

[28] 罗基花，胡尚嘉，黄唯莉，等．五味子粗多糖升白细胞作用的初步研究 [J]. 吉林医学院学报，1997，17(1)：1-2.

[29] 朱家媛，黄秀兰，杜己平，等．五味子对成年小鼠睾丸作用的初步研究 [J]. 四川解剖学杂志，1997，5(4)：204-207.

[30] 李海涛，胡刚．五味子醇甲抑制 6- 羟基多巴胺诱导 PC12 细胞凋亡的研究 [J]. 南京中医药大学学报，2004，20(2)：96-98.

[31] 李长义．五味子成分 Gomisin A 的抗过敏作用 [J]. 国外医学：中医中药分册，1991，13(6)：11-13.

[32] 王建华，李力更，李恩．五味子乙素对大鼠成骨细胞增殖分化的影响 [J]. 天然产物研究与开发，2003，15(5)：446-451.

[33] 慕芳英，金美花，刘仁俊．五味子果实、藤茎及果柄的成分分析 [J]. 延边大学医学学报，2005，28(1)：28-30.

[34] 蒋司嘉，王彦涵，陈道峰．华中五脂素：华中五味子种子中得到的新木脂素 [J]. 中国天然药物，2005，3(2)：78-82.

豨莶 Xixian CP

Siegesbeckia orientalis L.
Common St. Paul's Wort

概述

菊科 (Asteraceae) 植物豨莶 *Siegesbeckia orientalis* L.，其干燥地上部分入药。中药名：豨莶草。

豨莶属 (*Siegesbeckia*) 植物全世界约 4 种，分布于两半球热带、亚热带及温带地区。中国有 3 种，均可供药用。本种分布于中国陕西、甘肃、江苏、浙江、安徽等省，还广布于欧洲、高加索、朝鲜半岛、日本、东南亚及北美热带、亚热带和温带地区。

"豨莶"药用之名，始载于唐《新修本草》，又名"猪膏莓"。历代本草多有著录，古今药用品种一致。《中国药典》（2015 年版）收载本种为中药豨莶草的法定原植物来源种之一。主产于中国秦岭及长江以南各省。

豨莶主要含二萜及其苷和倍半萜类。二萜类又以海松烷型、贝壳杉烷型为主。《中国药典》采用高效液相色谱法进行测定，规定豨莶草药材含奇壬醇不得少于 0.050%，以控制药材质量。

药理研究表明，豨莶具有免疫抑制、抗炎、降血压及舒张血管等作用。

中医理论认为豨莶具有祛风湿，利关节，解毒等功效。

◆ 豨莶
Siegesbeckia orientalis L.

◆ 药材豨莶草
Siegesbeckiae Herba

◆ 腺梗豨莶
S. pubescens Makino

化学成分

豨莶地上部分含有倍半萜内酯类化合物：豨莶萜内酯 (orientin)[1]、豨莶醛内酯 (orientalide)[2]、8β-当归酰氧基-4β,6α,15-三羟基-14-氧代-9,11(13)-愈创木二烯-12-酸 6,12-内酯 [8β-angeloyloxy-4β,6α,15-trihydroxy- 14-oxoguaia-9,11(13)-dien-12-oic acid 6,12- lactone]、4β,6α,15-三羟基-8β-异丁酰氧基-14-氧代-9,11(13)-愈创木二烯-12-酸 12,6-内酯 [4β,6α,15- trihydroxy-8β-isobutyryloxy-14-oxoguaia-9,11(13)-dien-12-oic acid 12,6-lactone]、11,12,13-trinorguai-6-ene-4β,10β- diol)[3]。还分得二萜类成分：豨莶甲素 (orientalin A)、豨莶乙素 (orientalin B)、奇壬醇 (kirenol)[4]、hythiemoside B[5]、对映-12α,16-环氧-2β,15α,19-三羟基-8-海松烯 (ent-12α,16-epoxy-2β,15α,19-trihydroxypimar-8-ene)、对映-12α,16-环氧-2β,15α,19-三羟基-8(14)-海松烯 (ent-12α,16-epoxy-2β,15α,19- trihydroxypimar-8(14)-ene)[6]、豨莶酯酸 (siegesesteric acid)、豨莶醚酸 (siegesetheric acid)、腺梗豨莶萜醇酸 (ent-16β,17-dihydroxy-kauran-19-oic acid)[7]、豨莶苷 (darutoside)、豨莶精醇 (darutigenol)[8]及异豨莶精醇B、C (isodarutigenols B, C)等。

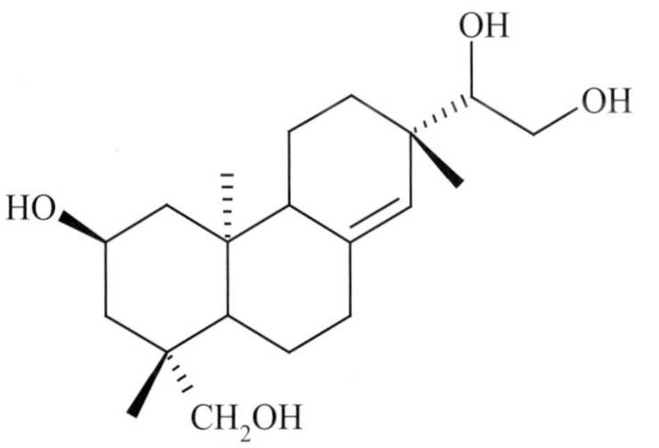

◆ kirenol

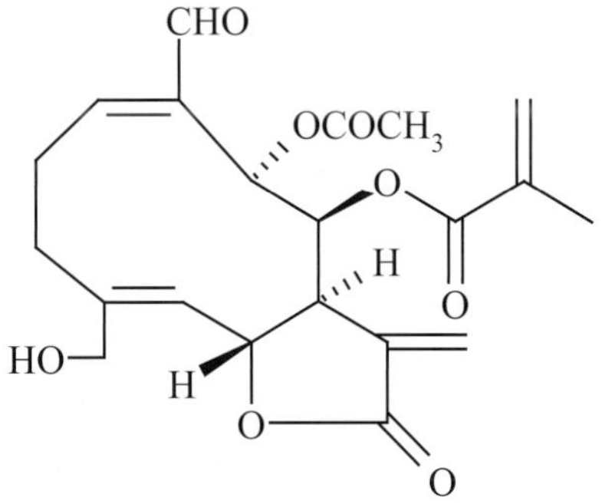

◆ orientalide

药理作用

1. 免疫调节功能

豨莶煎剂腹腔注射对小鼠胸腺有显著抑制作用，使脾脏重量减轻，血清抗体滴度降低，细胞内 DNA 和 RNA 吖啶橙荧光色染色的阳性率减少，抑制小白鼠腹腔巨噬细胞的吞噬功能，减低血清溶菌酶的活性。表明豨莶草煎剂不仅对细胞免疫有明显的抑制作用，而且对体液免疫亦有一定的抑制作用 [9]。体外实验表明，豨莶提取的奇王醇活性部位可增强佐剂性关节炎 (AA) 大鼠 T 细胞的增殖功能，促进白介素 2 (IL-2) 的活性，抑制白介素 1 (IL-1) 的活性，调节机体免疫功能，改善局部病理反应以达到抗风湿作用 [10]。豨莶还可通过抑制 B 淋巴细胞产生免疫球蛋白 E (IgE)，而起到抗过敏作用 [11]。

2. 抗炎

豨莶生品和炮制品水提取物灌胃，对大鼠角叉菜胶引起的足趾肿胀、慢性棉球肉芽肿有显著的抑制作用，炮制品还可明显抑制二甲苯所致的小鼠耳郭肿胀 [12]。

3. 降血压

豨莶的甲醇提取物对血管紧张素转化酶 (ACE) 有抑制作用 [13]。豨莶所含的腺梗豨莶萜醇酸十二指肠给药使家兔左侧股动脉收缩压 (ABP) 和舒张压 (DBP)、左心室收缩压 (LVSP) 和最大上升及下降速度均呈下降趋势，显示出显著的降血压作用 [14]。

4. 改善微循环和抑制血栓形成

豨莶乙醇提取物涂于小鼠耳郭可明显改善耳郭的微循环；涂于豚鼠擦伤创面还能提高组胺的致痒阈，具止痒作用[15]。豨莶乙醇提取物灌胃可明显延长小鼠的凝血时间，还可抑制静脉血栓型大鼠静脉内血栓的形成[16]。

5. 其他

豨莶苷具有抗早孕作用[13]。豨莶水煎液给家兔灌服可使家兔眼压明显且持久地下降[17]。

应用

本品为中医临床用药。功能：祛风湿，利关节，解毒。主治：风湿痹痛，筋骨无力，腰膝酸软，四肢麻痹，半身不遂，风疹湿疮。

现代临床还用于高血压、脑血管意外、急性肝炎、慢性肾炎、神经衰弱等病的治疗。

评注

《中国药典》还收载腺梗豨莶 *Siegesbeckia pubescens* Makino、毛梗豨莶 *S. glabrescens* Makino 作为中药材豨莶草的法定原植物来源种。腺梗豨莶的抗血栓作用最为显著[16]，毛梗豨莶醇提取物则具有更明显的抗早孕作用[13]。

药用植物图像数据库

现代科学对豨莶的研究日益深入，其临床应用范围也逐渐扩大，尤其在脑血管意外后遗症和面神经瘫痪方面有突出的临床效果。此外，豨莶苷有抗早孕方面的作用，可将豨莶研制开发为新型安全的天然抗早孕药物。

参考文献

[1] RYBALKO K S, KONOVALOVA O A, PETROVA E F. Orientin, a new sesquiterpene lactone from *Siegesbeckia orientalis*[J]. Khimiya Prirodnykh Soedinenii, 1976, 3: 394-395.

[2] BARUAH R N, SHARMA R P, MADHUSUDANAN K P, et al. A new melampolide from *Sigesbeckia orientalis*[J]. Phytochemistry, 1979, 18(6): 991-994.

[3] XIANG Y, FAN C Q, YUE J M. Novel sesquiterpenoids from *Siegesbeckia orientalis*[J]. Helvetica Chimica Acta, 2005, 88(1): 160-170.

[4] XIONG J, MA Y B, XU Y L. The constituents of *Siegesbeckia orientalis*[J]. Natural Product Sciences, 1997, 3(1): 14-18.

[5] GIANG P M, SON P T, OTSUKA H. Ent-Pimarane-type diterpenoids from *Siegesbeckia orientalis* L.[J]. Chemical & Pharmaceutical Bulletin, 2005, 53(2): 232-234.

[6] XIANG Y, ZHANG H, FAN C Q, et al. Novel diterpenoids and diterpenoid glycosides from *Siegesbeckia orientalis*[J]. Journal of Natural Products, 2004, 67(9): 1517-1521.

[7] 果德安，张正高，叶国庆，等. 豨莶脂溶性成分的研究 [J]. 药学学报，1997，32(4)：282-285.

[8] BARUA R N, SHARMA R P, THYAGARAJAN G, et al. New melampolides and darutigenol from *Sigesbeckia orientalis*[J]. Phytochemistry, 1980, 19(2): 323-325.

[9] 卜长武，杨正娟，那爱华，等. 豨莶草对小白鼠免疫功能的影响 [J]. 中国中药杂志，1989，14(3)：44-45.

[10] 钱瑞琴，张春英，付宏征，等. 豨莶草活性部位抗风湿作用机理研究 [J]. 中国中西医结合杂志，2000，20(3)：192-195.

[11] HWANG W J, PARK E J, JANG C H, et al. Inhibitory effect of immunoglobulin E production by jin-deuk-chal (*Sigesbeckia orientalis*) [J]. Immunopharmacology and Immunotoxicology, 2001, 23(4): 555-563.

[12] 胡慧华，汤鲁霞，李小猛. 豨莶草生品和炮制品抗炎、抗风湿作用的实验研究 [J]. 中国中药杂志，2004，29(6)：542-545.

[13] 许云龙，熊江，金歧端，等. 常用中药豨莶研究进展 [J].

天然产物研究与开发，2001，13(5)：80-85.

[14] 高辉，李平亚，李德坤，等 . 腺梗豨莶萜二醇酸降压及对血液流变学影响的研究 [J]. 白求恩医科大学学报，2001，27(5)：472-474.

[15] 王鹏 . 豨莶乙醇提取物改善微循环及止痒的研究 [J]. 医药论坛杂志，2003，24(12)：19，21.

[16] 俞桂新，金若敏，王峥涛，等 . 豨莶草抗血栓有效组分筛选研究 [J]. 上海中医药大学学报，2005，19(3)：39-41.

[17] 周永祺，柯铭华，杨伯宁，等 . 豨莶草对家兔眼压影响的实验研究 [J]. 眼科研究，1996，14(3)：169-170.

细叶小檗 Xiyexiaobo [CP]

Berberis poiretii Schneid.
Poiret Barberry

概述

小檗科 (Berberidaceae) 植物细叶小檗 *Berberis poiretii* Schneid.，其干燥根、茎和树皮入药。中药名：三棵针。

小檗属 (*Berberis*) 植物全世界约 500 种，为小檗科中的一个大属，广泛分布于欧洲、亚洲、南美洲和非洲。中国产约 250 种，本属现供药用者有 20 多种。本种分布于中国吉林、辽宁、内蒙古、青海、陕西、山西和河北等省区。朝鲜半岛、蒙古和俄罗斯也有分布。

"小檗"之名始载于《新修本草》。"三棵针"药用之名，始载于《分类草药性》。由于小檗属植物多具有三分叉的针刺，民间常将多种小檗属植物统称"三棵针"。主产于中国吉林、辽宁、内蒙古、河北、山西等省区，一般作为提取小檗碱的原料。

小檗属植物主要活性成分为生物碱类化合物，文献报道多以小檗胺 (berbamine) 和小檗碱 (berberine) 为主要的指标成分用于评价药材质量。

药理研究表明，小檗胺和小檗碱具有抗心律失常、降血脂、降血糖、拮抗钙调蛋白、抗肿瘤、清除自由基、抑制免疫反应和抗焦虑等作用。

中医理论认为三棵针具有清热，燥湿，泻火解毒等功效。

◆ 细叶小檗
Berberis poiretii Schneid.

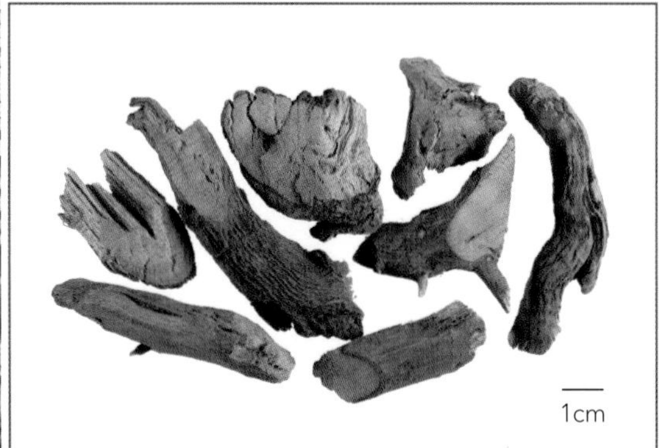

◆ 药材三棵针
Berberidis Poiretii Radix seu Cortex et Ramulus

化学成分

细叶小檗的根主要含生物碱类：小檗胺 (berbamine)、小檗碱 (berberine)、巴马亭 (palmatine)、药根碱 (jatrorrhizine)[1]、非洲防已碱 (columbamine)、异汉防已碱 (isotetrandrine)[2]。果实含有花青苷类色素成分，其苷元为天竺葵苷元(pelargonidin) 和矢车菊苷元 (cyanidin)[3]。生物碱含量以根皮最高，茎皮次之，然后是根木部、茎木部，地下部分高于地上部分[4]。

◆ berbamine

药理作用

1. 对心血管系统作用

(1) 对心脏的作用　体内和体外心室肌实验证实小檗碱能通过抑制迟后除极化而产生抗心律不齐作用[5]；离体大鼠胸主动脉实验表明小檗碱能通过抑制血管紧张素转化酶的活性和增加血管中 NO/cGMP 的释放产生降血压作用[6]；口服小檗碱能抑制大鼠实验性心脏肥大，降低血浆中去甲肾上腺素和肾上腺素水平及左心室组织中肾上腺素水平，显示小檗碱可调节交感神经活性，同时小檗碱能改善不正常心脏功能和防止压力负荷过大造成左心室肥大[7-8]；离体豚鼠左心房和气管条实验表明小檗碱对钾通道也具有阻滞作用[9]；DNA 合成和细胞增殖分析显示小檗碱呈剂量依赖性抑制大鼠主动脉血管平滑肌细胞生长，其机制是灭活外细胞信号调节酶而阻断早期生长反应基因信号传递[10]。

(2) 降血脂、降血糖　应用肝癌细胞研究发现小檗碱能通过激活内质网酶而上调低密度脂蛋白受体表达，显示小檗碱是不同于斯达汀作用机制的新降血脂药物，进一步研究还发现小檗碱能通过激活一磷酸腺苷 (AMP) 活性蛋白酶而抑制脂质合成[11-12]；在 Caco-2 细胞株中发现小檗碱能抑制 α- 葡萄糖苷酶和减少肠上皮细胞的葡萄糖转运，产生降血糖作用[13]；小檗碱还可明显降低高脂大鼠的高胰岛素血症，改善长期高脂饮食导致的胰岛素抵抗和内脏肥胖，提高胰岛素敏感性，这种作用与促进胰岛素的分泌和调节脂质代谢有关[14-16]。

2. 拮抗钙调蛋白

小檗胺能显著抑制家兔回肠平滑肌自律性及乙酰胆碱、组胺诱导的收缩反应，并呈剂量依赖性[17]；对正常牛胚肾细胞的增殖有抑制作用，并能降低其细胞内的钙调蛋白水平[18]；对大鼠心肌细胞靠电压依赖性和受体操纵性钙通道而升高的钙离子有拮抗作用，但不影响钙离子的释放[19]；能降低三磷酸腺苷 (ATP) 升高的胞内钙[20]；同时还能抑制氯化钾、去甲肾上腺素和卡西霉素 (calcimycin) 引起的钙浓度升高[21]。

3. 抗肿瘤

盐酸小檗碱灌胃实验性胃癌前病变大鼠，发现其癌前病变的发生率明显降低，其机制与提高细胞凋亡率和调控基因表达有关[22]；盐酸小檗碱呈剂量依赖性抑制结肠癌细胞的生长、增殖，其机制可能是通过抑制细胞内钙离子浓度进而通过某些途径抑制环氧化酶 -2 mRNA 水平和蛋白的表达，同时也抑制环氧化酶 -2 活性而抑制前列腺素 E_2 的生成[23]；此外，小檗碱对人宫颈癌细胞 HeLa、白血病细胞 L1210 和 HL-60、前列腺癌细胞、Ehrlich 腹水癌细胞和胃癌细胞 SNU-5 均有抑制作用，小檗碱抗肿瘤机制与诱导细胞周期停止、调节 caspase-3 依赖路径、激活 caspase-3 活性、抗癌细胞转移和抑制 β- 连环蛋白 (β-catenin) 调控的信号转导有关，也通过抑制血管内皮细胞的增殖并促进血管内皮细胞凋亡，从而抑制肿瘤血管形成 [24-31]。小檗胺及其衍生物对人宫颈癌细胞、恶性黑色素瘤细胞、肺巨细胞癌细胞和白血病细胞 K_{562} 的生长、增殖有明显抑制作用，对 K_{562} 细胞可快速诱导其凋亡 [32-35]。小檗胺及其衍生物抑制细胞增殖的作用可能与其降低细胞内钙调素 (calmodulin) 水平有关 [34, 36]。

4. 清除自由基

小檗胺能清除氧自由基，对白内障的发生、发展有明显的预防作用 [37]；小檗胺还可减少自由基对缺血脑组织和肾组织的损害作用 [38-39]。

5. 其他

小檗胺对迟发型超敏反应和混合淋巴细胞反应具有抑制作用 [40]；小檗碱还具有抗焦虑作用 [41]，以及对兔阴茎海绵体具有浓度依赖性舒张作用 [42-43]。

应用

本品为提取小檗碱的植物原料之一。现代临床上小檗碱用于肠道感染、腹泻等病的治疗。

评注

药用植物图像数据库

细叶小檗分布广，资源丰富，同属多种植物亦含有相似的化学成分。工业上，细叶小檗被用作为提取小檗碱的原料。小檗胺在细叶小檗中含量也很高，且也具很好的药理活性。因此应重视对细叶小檗资源的综合利用，积极开发相关产品。

细叶小檗果实酸甜可食，富有营养，含有天然花青苷类色素成分，可开发为天然色素添加剂，应用于糖果、饮料等食品工业。

参考文献

[1] 潘竞先，尹辅明，沈传勇，等. 三颗针活性成分的研究 [J]. 天然产物研究与开发，1989，1(2)：23-26.

[2] 吕光华，陈建民，肖培根. 改变检测波长 HPLC 法测定小檗属植物根中的生物碱 [J]. 药学学报，1995，30(4)：280-285.

[3] 于凤兰，王华亭，吴承顺. 细叶小檗果色素成分研究 [J]. 天然产物研究与开发，1992，4(4)：23-26.

[4] 吕光华，王立为，陈建民，等. 小檗属植物中的生物碱成分测定及资源利用 [J]. 中草药，1999，30(6)：428-430.

[5] WANG Y X, YAO X Y, TAN Y H. Effects of berberine on delayed after depolarizations in ventricular muscles *in vitro* and *in vivo*[J]. Journal of Cardiovascular Pharmacology, 1994, 23(5): 716-722.

[6] KANG D G, SOHN E J, KWON E K, et al. Effects of berberine on angiotensin-converting enzyme and NO/cGMP system in vessels[J]. Vascular Pharmacology, 2002, 39(6): 281-286.

[7] HONG Y, HUI S S, CHAN B T, et al. Effect of berberine on catecholamine levels in rats with experimental cardiac hypertrophy[J]. Life Science, 2003, 72(22): 2499-2507.

[8] HONG Y, HUI S C, CHAN T Y, et al. Effect of berberine on regression of pressure-overload induced cardiac hypertrophy in rats[J]. The American Journal of Chinese Medicine, 2002, 30(4): 589-599.

[9] 戴长蓉，罗来源. 小檗碱对豚鼠左心房和气管的作用 [J]. 中国临床药理学与治疗学，2005, 10(5): 567-569.

[10] LIANG K W, TING C T, YIN S C, et al. Berberine suppresses MEK/ERK-dependent Egr-1 signaling pathway and inhibits vascular smooth muscle cell regrowth after *in vitro* mechanical injury[J]. Biochemical Pharmacology, 2006, 71(6): 806-817.

[11] KONG W J, WEI J, ABIDI P, et al. Berberine is a novel cholesterol-lowing drug working through a unique mechanism distinct from statins[J]. Nature Medicine, 2004, 10: 1344-1351.

[12] BRUSQ J M, ANCELLIN N, GRONDIN P, et al. Inhibition of lipid synthesis through activation of AMP-kinase: an additional mechanism for the hypolipidemic effects of berberine[J].

Journal of Lipid Research, 2006, 47(6): 1281-1288.

[13] PAN G Y, HUANG Z J, WANG G J, et al. The antihyperglycaemic activity of berberine arises from a decrease of glucose absorption[J]. Planta Medica, 2003, 69(7): 632-636.

[14] 周丽斌，杨颖，尚文斌，等. 小檗碱改善高脂饮食大鼠的胰岛素抵抗 [J]. 放射免疫学杂志，2005, 18(3): 198-200.

[15] 崔琳琳，赵晓华，李丽，等. 小檗碱对高脂膳食大鼠胰岛素抵抗的早期干预实验研究 [J]. 中西医结合心脑血管病杂志，2005, 3(3): 230-231.

[16] LENG S H, LU F E, XU L J. Therapeutic effects of berberine in impaired glucose tolerance rats and its influence on insulin secretion[J]. Acta Pharmacologica Sinica, 2004, 25(4):496-502.

[17] 李乐，庄斐尔，赵东科，等. 小檗胺松弛家兔离体回肠的作用 [J]. 西安医科大学学报，1994，15(3)：264-266.

[18] 张金红，耿朝晖，段江燕，等. 钙调蛋白拮抗剂——小檗胺及其衍生物对正常牛胚肾细胞毒性的影响 [J]. 细胞生物学杂志，1997，19(2)：76-79.

[19] 乔国芬，周宏，李柏岩，等. 小檗胺对高钾、去甲肾上腺素及咖啡因引起大鼠心肌细胞内钙动员的拮抗作用 [J]. 中国药理学报，1999，20(4)：292-296.

[20] 李柏岩，乔国芬，赵艳玲，等. 小檗胺对 ATP 诱导的培养平滑肌及心肌细胞内游离钙动员的影响 [J]. 中国药理学报，1999，20(8)：705-708

[21] 李柏岩，付兵，赵艳玲，等. 小檗胺对培养的 HeLa 细胞内游离钙浓度的作用 [J]. 中国药理学报，1999，20(11)：1011-1014.

[22] 姚保泰，吴敏，王博. 盐酸小檗碱抗大鼠胃癌前病变及其作用机制 [J]. 中国中西医结合消化杂志，2005，13(2)：81-84.

[23] 台卫平，田耕，黄业斌，等. 盐酸小檗碱抑制结肠癌细胞环氧化酶 -2/ 钙离子途径 [J]. 中国药理学通报，2005，21(8)：950-953.

[24] JANTOVA S, CIPAK L, CERNAKOVA M, et al. Effect of berberine on proliferation, cell cycle and apoptosis in HeLa and L1210 cells[J]. The Journal of Pharmacy and Pharmacology, 2003, 55(8): 1143-1149.

[25] LIN C C, KAO S T, CHEN G W, et al. Apoptosis of human leukemia HL-60 cells and murine leukemia WEHI-3 cells induced by berberine through the activation of caspase-3[J]. Anticancer Research, 2006, 26(1A): 227-242.

[26] MANTENA S K, SHARMA S D, KATIYAR S K. Berberine, a natural product, induces G_1-phase cell cycle arrest and caspase-3-dependent apoptosis in human prostate carcinoma cells[J]. Molecular Cancer Therapeutics, 2006, 5(2): 296-308.

[27] LETASIOVA S, JANTOVA S, MIKO M, et al. Effect of berberine on proliferation, biosynthesis of macromolecules, cell cycle and induction of intercalation with DNA, dsDNA damage and apoptosis in Ehrlich ascites carcinoma cells[J]. The Journal of Pharmacy and Pharmacology, 2006, 58(2): 263-270.

[28] LIN J P, YANG J S, LEE J H, et al. Berberine induces cell cycle arrest and apoptosis in human gastric carcinoma SNU-5 cell line[J]. World Journal of Gastroenterology, 2006, 12(1): 21-28.

[29] PENG P L, HSIEH Y S, WANG C J, et al. Inhibitory effect of berberine on the invasion of human lung cancer cells via decreased productions of urokinase-plasminogen activator and matrix metalloproteinase-2[J]. Toxicology and Applied Pharmacology, 2006, 214(1): 8-15.

[30] 郝钰，徐泊文，郑宏，等. 小檗碱对人脐静脉内皮细胞增殖与凋亡的作用 [J]. 中国病理生理杂志，2005, 21(6): 1124-1127.

[31] 何百成，康全，杨俊卿，等. 小檗碱抗肿瘤作用与 Wnt/β-catenin 信号转导关系 [J]. 中国药理学通报，2005, 21(9): 1108-1111.

[32] 张金红，耿朝晖，段江燕，等. 小檗胺及其衍生物的结构对宫颈癌 (HeLa) 细胞生长增殖的影响 [J]. 南开大学学报：自然科学版，1996，29(2)：89-94.

[33] 张金红，段江燕，耿朝晖，等. 小檗胺及其衍生物对恶性黑色素瘤细胞增殖的影响 [J]. 中草药，1997，28(8)：483-485.

[34] 张金红，许乃寒，徐畅，等. 小檗胺衍生物 (EBB) 体外抑制肺癌细胞增殖机制的初探 [J]. 细胞生物学杂志，2001，23(4)：218-223.

[35] 徐磊，赵小英，徐荣臻，等. 钙调素拮抗剂小檗胺诱导 K562 细胞凋亡及其机制的研究 [J]. 中华血液学杂志，2003，24(5)：261-262.

[36] 段江燕，张金红. 小檗胺类化合物对黑色瘤细胞内钙调蛋白水平的影响 [J]. 中草药，2002，33(1)：59-61.

[37] 何浩，张家萍，张昌颖. 小檗胺对糖尿病性白内障的预防及 SOD、CAT 和 GSH-Px 酶活性变化研究 [J]. 中国生物化学与分子生物学报，1998，14(8)：304-308.

[38] 周虹，王玲，郝晓敏，等. 小檗胺及喜得镇对实验性脑缺血保护作用的研究 [J]. 中国药理学通报，1998，14(2)：165-166.

[39] 邸波，吴红赤，王杰，等. 小檗胺对大鼠肾缺血再灌注损伤保护作用的研究 [J]. 哈尔滨医科大学学报，1999，33(3)：189-191.

[40] LUO C N, LIN X, LI W K, et al. Effect of berbamine on T-cell mediated immunity and the prevention of rejection on skin transplants in mice[J]. Journal of Ethnopharmacology, 1998, 59(3): 211-215.

[41] PENG W H, WU C R, CHEN C S, et al. Anxiolytic effect of berberine on exploratory activity of the mouse in two experimental anxiety models: interaction with drugs acting at 5-HT receptors[J]. Life Science, 2004, 75(20): 2451-2462.

[42] 谭艳，汤强，胡本容，等. 小檗碱对兔阴茎海绵体的舒张效应及作用机制 [J]. 华中科技大学学报：医学版，2005，34(2)：145-148.

[43] 谭艳，汤强，胡本容，等. 小檗碱对离体阴茎海绵体 NO-cGMP 信号通路的调控 [J]. 中国药理学通报，2005，21(4)：435-440.

细柱五加 Xizhuwujia CP

Acanthopanax gracilistylus W.W. Smith
Slenderstyle Acanthopanax

概述

五加科 (Araliaceae) 植物细柱五加 *Acanthopanax gracilistylus* W. W. Smith，其干燥根皮入药。中药名：五加皮。

五加属 (*Acanthopanax*) 植物全世界约有 35 种，分布于亚洲。中国约有 26 种，占世界首位。本属现供药用者约有 22 种。本种分布于中国中南、西南及陕西、江苏、安徽、浙江、江西、福建等省区。

“五加皮”药用之名，始载于《神农本草经》，列为上品。历代本草所记载的五加皮，为细柱五加及五加属多种植物的根皮。《中国药典》（2015 年版）收载本种为中药五加皮的法定原植物来源种。主产于中国湖北、河南、安徽等地。

细柱五加主要含有苯丙素苷类、二萜类、挥发油等成分。《中国药典》以性状、显微和薄层色谱鉴别来控制五加皮药材的质量。

药理研究表明，细柱五加具有抗炎镇痛、抗疲劳、调节免疫、抗肿瘤等作用。

中医理论认为五加皮具有祛风除湿，补益肝肾，强筋壮骨，利水消肿等功效。

◆ 细柱五加
Acanthopanax gracilistylus W. W. Smith

◆ 药材五加皮
Acanthopanacis Cortex

◆ 白簕
A. trifoliatus (L.) Merr.

化学成分

细柱五加根皮含苷类成分：紫丁香苷 (刺五加苷B, syringin, eleutheroside B)、刺五加苷B_1 (eleutherosides B_1)；二萜类成分：16*α*-羟基-(–)-贝壳松-19-酸 [16*α*-hydroxy-(–)- kauran-19-oic acid]、异贝壳杉烯酸 [ent-16-kauren-19-oic

◆ syringin

◆ eleutheroside B_1

acid, kaurenoic acid]、五加酸[(–)-pimara-9 (11),15-dien-19-oic acid][1]、ent-16α, 17-dihydroxy-kauran-19-oic acid[2]、南五加萜酸 [3-hydroxy-lup-20(29)-eb-23,28-dioic acid]等；挥发油类成分：4-甲基水杨醛 (4-methylsalicylaldehyde)、优藏茴香酮 (eucarvone)、双氢葛缕酮 (dihydrocarvone)、花侧柏烯 (cuparene)、三肉豆蔻酸甘油酯 (myristin)、马鞭草烯酮 (verbenone)、反式马鞭草烯醇 (*trans*-verbenol)[3]等；还含有氨基酸[4]等。

茎皮含苷类成分：紫丁香苷[5]等；挥发油类成分：马鞭草烯酮、1,5,8-薄荷三烯 (*p*-mentha-1,5,8-triene)、*n*-butyl isobutylphthalate、*p*-mentha-1,5-diene-8-ol[3, 5]等。

叶含三萜苷类成分：acankoreosides A、C、D、wujiapiosides A、B[6-7]等。

药理作用

1. 抗炎、镇痛

五加皮水或正丁醇提取物腹腔注射对角叉菜胶所致大鼠足趾肿胀有显著抑制作用。五加皮所含的二萜类成分有抗炎活性[2]。热板法实验表明，给小鼠腹腔注射五加皮正丁醇提取物，有较明显的镇痛作用。

2. 适应原样作用

五加皮水提取液、总苷灌胃能显著延长小鼠游泳时间及在常压缺氧和寒冷条件下的生存时间；也能显著抑制中老龄大鼠体内脂质过氧化物 (LPO) 的生成[8-9]。

3. 免疫调节功能

腹腔注射五加皮注射剂可明显抑制小鼠腹腔巨噬细胞吞噬率和吞噬指数，降低空斑形成细胞 (PFC) 数目并能明显延长移植组织的存活时间[10]。细柱五加提取物体外显著抑制人淋巴细胞的增殖反应，但显著促进单核细胞产生细胞因子[11]；五加皮总苷可明显提高小鼠血清的抗体浓度。五加皮醇提取物灌胃能显著拮抗环磷酰胺所致的白细胞减少。

4. 促性腺激素样作用

南五加糖苷灌胃能明显增加幼年大鼠睾丸、前列腺和精囊重量。

5. 保肝

五加皮水提醇沉上清液和多糖给小鼠灌胃可使幼年小鼠和 CCl_4 中毒小鼠的肝细胞 DNA 合成明显增加。

6. 抗胃溃疡

南五加萜酸灌胃对消炎痛和无水乙醇及幽门结扎所致的大鼠实验性胃溃疡均有良好保护作用，还可显著升高幽门结扎大鼠胃液中氨基己糖的含量[10]。

7. 抗肿瘤

细柱五加提取物体外能显著抑制人肿瘤细胞 MT-2、Ragi、HL-60、TMK-1 和 HSC-2 的增殖[12]。五加皮水提取液体外显著抑制肿瘤细胞 MT-2 的增殖，抑制率与其浓度呈较好的量效关系；灌胃能改善荷瘤小鼠的一般情况，显著推迟肿瘤的生长，明显延长荷瘤小鼠的生存期，其抗肿瘤活性成分为蛋白质。该蛋白质通过促进单核细胞分泌细胞因子，增强其吞噬功能，可杀伤肿瘤细胞或抑制肿瘤发生[13-15]。

8. 抗诱变

五加皮水提取液灌胃，对丝裂霉素 C (mitomycin C) 诱发的小鼠骨髓细胞微核率和精子畸形率均有显著的拮抗作用[16]。

9. 其他

五加皮还有减肥[17]、抑制透明质酸酶活性[18]等作用。

应用

本品为中医临床用药。功能：祛风除湿，补益肝肾，强筋壮骨，利水消肿。主治：风湿痹病，筋骨痿软，小儿行迟，体虚乏力，水肿，脚气。

现代临床还用于风湿性关节炎、小儿麻痹后遗症、阳痿、贫血、神经衰弱等病的治疗。

评注

目前市售五加皮来源于同属多种植物根皮的混合品。近年对五加属 14 种南五加皮类药材的化学成分进行分析，结果显示除白簕 *Acanthopanax trifoliatus* (L.) Merr. 和其变种刚毛白簕 *A. trifoliatus* (L.) Merr. var. *setosus* Li 外，其他各种五加皮的总苷及苷 B、苷 D 的含量基本相近。刺五加 *A. senticosus* (Rupr. et Maxim.) Harms 与细柱五加相比有较强的抗疲劳、抗应激、升白作用。红毛五加 *A . giraldii* Harms 水提取物抗疲劳作用稍低于刺五加，但升白作用和抗炎作用都比刺五加强。

经多年研究和使用，五加皮已成为公认的较好的补益强壮药。有报道用五加属植物及其提取物制成保健食品，亦有用刺五加制成茶剂，用提取物与烟酸毛果芸香碱等合用制成生发剂等。刺五加所含多种葡萄糖苷，对皮脂分泌、皮肤水合作用、减少皱纹有益，效果优于人参的提取物。说明五加皮在保健、美容、化妆品研制等方面，有广阔的前景。

参考文献

[1] 刘向前，陆昌洙，张承烨 . 细柱五加皮化学成分的研究 [J]. 中草药，2004，35(3)：250-252.

[2] 唐祥怡，马元春，李培金 . 细柱五加抗炎二萜的分离和鉴定 [J]. 中国中药杂志，1995，20(4)：231.

[3] 刘向前，张承烨，印文教，等 . 细柱五加的挥发油成分分析 [J]. 中草药，2001，32(12)：1074-1075.

[4] 金同顺，欧惠英 . 3 种五加中微量元素和氨基酸含量分析 [J]. 南京师大学报：自然科学版，1995，18(12)：45-49.

[5] LIU X Q, CHANG S Y, PARK S Y, et al. Studies on the constituents of the stem barks of *Acanthopanax gracillistylus* W. W. Smith[J]. Natural Product Sciences, 2002, 8(1): 23-25.

[6] LIU X Q, CHANG S Y, PARK S Y, et al. A new lupane-triterpene glycoside from the leaves of *Acanthopanax gracilistylus*[J]. Archives of Pharmacal Research, 2002, 25(6): 831-836.

[7] YOOK C S, LIU X Q, CHANG S Y, et al. Lupane-triterpene glycosides from the leaves of *Acanthopanax gracilistylus*[J]. Chemical & Pharmaceutical Bulletin, 2002, 50(10): 1383-1385

[8] 谢世荣，黄彩云，黄胜英 . 五加皮水提液的抗衰老作用研究 [J]. 中药药理与临床，2004，20(2)：26.

[9] 谢世荣，黄彩云，黄胜英 . 五加皮总苷的抗衰老作用研究 [J]. 医药导报，2003，22(4)：226-228.

[10] 王本祥 . 现代中药药理学 [M]. 天津：天津科学技术出版社，1997：423-424.

[11] SHAN B E, YOSHITA Y, SUGIURA T, et al. Suppressive effect of Chinese medicinal herb, *Acanthopanax gracilistylus*, extract on human lymphocytes *in vitro*[J]. Clinical and Experimental Immunology, 1999, 118(1): 41-48.

[12] SHAN B E, ZEKI K, SUGIURA T, et al. Chinese medicinal herb, *Acanthopanax gracilistylus,* extract induces cell cycle arrest of human tumor cells *in vitro*[J]. Japanese Journal of Cancer Research, 2000, 91(4): 383-389.

[13] 单保恩，李巧霞，梁文杰，等 . 中药五加皮抗肿瘤作用体内外实验研究 [J]. 中国中西医结合杂志，2004，24(1)：55-58.

[14] 单保恩，斯重阳，张金忠，等 . 中药五加皮抗肿瘤活性成分的分离 [J]. 癌变 · 畸变 · 突变，2004，16(4)：203-205，222.

[15] 单保恩，段建萍，张丽华，等 . 五加皮抗肿瘤活性物质 Age 对单核细胞产生 TNF-α 和 IL-12 的影响 [J]. 中国免疫学杂志，2003，19(7)：490-493.

[16] 刘冰，庞慧民，陈敏怡 . 五加皮的体内抗诱变性研究 [J]. 癌变 · 畸变 · 突变，1999，11(1)：11-14.

[17] 朱彩凤，朱铉，李凤龙，等 . 细柱五加根皮水提液减肥作用的实验研究 [J]. 延边大学医学学报，1997，20(3)：152-154.

[18] KIM Y, NOH Y K, LEE G I, et al. Inhibitory effects of herbal medicines on hyaluronidase activity[J]. Saengyak Hakhoechi, 1995, 26(3): 265-272.

夏枯草 Xiakucao CP, JP, VP

Prunella vulgaris L.
Common Selfheal

概述

唇形科 (Lamiaceae) 植物夏枯草 *Prunella vulgaris* L.，其干燥果穗入药。中药名：夏枯草。

夏枯草属 (*Prunella*) 植物全世界约有 15 种，分布于欧洲温带地区及热带山区，非洲西北部及北美洲也有分布。中国产 4 种 3 变种，其中 1 种是引进栽培种。本属现供药用者约有 2 种。本种分布于中国大部分地区；朝鲜半岛、日本也有分布。

“夏枯草”药用之名，始载于《神农本草经》，列为下品。历代本草中多有著录。《中国药典》（2015 年版）收载本种为中药夏枯草法定原植物来源种。主产于中国江苏、安徽、河南等地，中国大部分地区均产。

夏枯草属植物含三萜和三萜皂苷类、黄酮、香豆素、有机酸、挥发油及糖类成分等。三萜及其苷为该属植物主要生理活性成分。《中国药典》采用高效液相色谱法进行测定，规定夏枯草药材含迷迭香酸不得少于0.20%，以控制药材质量。

药理研究表明，夏枯草具有降血压、抗病毒、抗炎、镇痛及降血糖等作用。

中医理论认为夏枯草具有清肝泻火，明目，散结消肿等功效。

◆ 夏枯草
Prunella vulgaris L

◆ 药材夏枯草
Prunellae Spica

◆ vulgarsaponin A

◆ vulgarsaponin B

化学成分

夏枯草的果穗含有三萜及三萜皂苷类成分：熊果酸 (ursolic acid)、齐墩果酸 (oleanolic acid)[1]、2α,3α-二羟基乌苏-12-烯-28-酸 (2α,3α-dihydroxyurs-12-en-28-oic acid)[2]、2α,3α,24-三羟基乌苏-12,20(30)-二烯-28-酸 (2α,3α,24-trihydroxyursa-12,20(30)-dien-28-oic acid)、2α,3α,24-三羟基齐墩果-12-烯-28-酸 (2α,3α,24-trihydroxyolean-12-en-28-oic acid)[3]等；还含夏枯草皂苷A、B (vulgarsaponins A, B)[2, 4]；苯丙素类化合物：3,4,α-三羟基苯丙素丁酯 (3,4,α-trihydroxy-butylphenylpropionate)[3]等。

夏枯草全草含有三萜及三萜皂苷类化合物：熊果酸 (ursolic acid)、齐墩果酸 (oleanolic acid)[5]、白桦脂酸 (betulinic acid)、2α,3α-二羟基乌苏-12-烯-28-酸 (2α,3α-dihydroxyurs-12-en-28-oic acid)[6]，夏枯草苷A、B (pruvulosides A, B)，小叶夏枯草苷F_1、F_2 (niga-ichigosides F_1, F_2)[7]等；黄酮类化合物：芸香苷 (rutin)、金丝桃苷 (hyperoside)、木犀草素 (luteolin)、异荭草素 (homoorientin)[8-9]等；香豆素类成分：伞形花内酯 (umbelliferone)、莨菪亭 (scopoletin)、七叶苷元 (esculetin)[10]等。

药理作用

1. 抗病毒

夏枯草中的多糖成分具有抗Ⅰ型和Ⅱ型单纯疱疹病毒 (HSV-1,2) 的作用[11]，对人类免疫缺陷病毒 (HIV) 亦具有明显抑制作用[12]。

2. 对心血管系统的影响

夏枯草总皂苷 (PVS) 腹腔注射可降低大鼠急性心肌梗死范围，降低早期死亡率，减少心律失常的发生率[13]。夏枯草煎剂静脉注射可使肾上腺素所致血压升高家兔血压下降[14]。

3. 抗炎、镇痛

夏枯草口服液灌胃能显著抑制巴豆油所致小鼠耳郭肿胀，减少醋酸引起的毛细血管通透性增加，对角叉莱胶、蛋清所致大鼠足趾肿胀及肉芽肿的增生亦具显著抑制作用；对醋酸引起的小鼠疼痛有较好的止痛效应[15]。夏枯草中提取的熊果酸、白桦脂酸等成分体外具有明显的抗过敏、抗炎活性[16]。

4. 降血糖

夏枯草醇提取物及从中分得的有效部位灌胃对肾上腺素所致小鼠血糖升高具有明显的预防作用，同时对四氧嘧啶所致小鼠血糖升高也有明显的保护作用，并具有改善糖耐量，增加肝糖原合成的作用。其机制可能与促进胰岛素分泌或增加组织对糖转化利用有关[17-19]。

5. 对血液流变学的影响

夏枯草水煎液灌胃能明显延长急性血瘀模型大鼠的凝血酶原时间 (PT)、缩短血浆优球蛋白溶解时间 (ELT)，对血液流变学部分指标有改善作用[20]。

6. 其他

夏枯草注射液 (IPV) 体外可明显抑制人胃腺癌 SCG-7901 细胞的生长并诱导其凋亡[21]；胸腔内注射能对抗高渗液体造成的兔胸腔积液，有效地促进胸腔纤维化形成，抑制胸水再生[22]。

应用

本品为中医临床用药。功能：清肝泻火，明目，散结消肿。主治：目赤肿痛，目珠夜痛，头痛眩晕，瘰疬，瘿瘤，乳痈，乳癖，乳房胀痛。

现代临床还用于甲状腺肿大、淋巴结核、肺结核、乳腺增生、癌症、急性黄疸型传染性肝炎、眼结膜炎、高血压等病的治疗。

评注

除夏枯草外，同属植物白花夏枯草 *Prunella vulgaris* L. var. *leucantha* Schur、山菠菜 *P. asiatica* Nakai、硬毛夏枯草 *P. hispida* Benth. 等，在中国的部分地区亦作为夏枯草入药。

在不同地区、不同采收季节采集的夏枯草，其所含有效成分熊果酸、总三萜酸的含量及其他化合物成分比例均有变化。

动物实验表明夏枯草能促进糖皮质激素的合成与分泌，具有一定的抗炎效应。糖皮质激素能提高血糖水平，而夏枯草又有降血糖作用，表明夏枯草对血糖有双向调节作用，其作用机制有待于进一步研究。

参考文献

[1] 何云庆，李荣芷，冯腊枝，等. 夏枯草化学成分的研究（一）[J]. 北京医科大学学报，1985，17(4)：297-299.

[2] 王祝举，赵玉英，涂光忠，等. 夏枯草化学成分的研究 [J]. 药学学报，1999，34(9)：679-681.

[3] 王祝举，赵玉英，王邠，等. 夏枯草中苯丙素和三萜的分离和鉴定 [J]. 中国药学，2000，9(3)：128-130.

[4] 田晶，肖志艳，陈雅研，等. 夏枯草皂苷 A 的结构鉴定 [J]. 药学学报，2000，35(1)：29-31.

[5] SENDRA J. Phytochemical studies on *Prunella vulgaris* and *Prunella grandiflora*. Ⅰ. Saponin and triterpene compounds[J]. Dissertationes Pharmaceuticae, 1963, 15(3): 333-341.

[6] RYU S Y, LEE C Y, LEE C O, et al. Antiviral triterpenes from *Prunella vulgaris*[J]. Archives of Pharmacal Research, 1992, 15(3): 242-245.

[7] 张颖君，杨崇仁. 法国产夏枯草中的两个新的乌索烷型三萜皂苷 [J]. 云南植物研究，1995，17(4)：468-472.

[8] DMITRUK S I, DMITRUK S E, KHORUZHAYA T G, et al. Pharmacognostic study of *Prunella vulgaris*[J]. Rastitel'nye Resursy, 1985, 21(4): 463-469.

[9] DMITRUK I S, DMITRUK S E, BEREZOVSKAYA T P, et al. Flavonoids of *Prunella vulgaris*[J]. Khimiya Prirodnykh Soedinenii, 1987, 3: 449-450.

[10] DMITRUK S I. Coumarins of *Prunella vulgaris*[J]. Khimiya Prirodnykh Soedinenii, 1986, 4: 510-511.

[11] CHIU L C M, ZHU W, OOI V E C. A polysaccharide fraction from medicinal herb *Prunella vulgaris* downregulates the expression of herpes simplex virus antigen in Vero cells[J]. Journal of Ethnopharmacology, 2004, 93(1): 63-68.

[12] TABBA H D, CHANG R S, SMITH K M. Isolation, purification, and partial characterization of prunellin, an anti-HIV component from aqueous extracts of *Prunella vulgaris*[J]. Antiviral Research, 1989, 11(5-6): 263-273.

[13] 王海波，张芝玉，苏中武，等. 夏枯草总苷对麻醉大鼠急性心肌梗死的保护作用及降压作用 [J]. 中草药，1994，25(6)：302-303.

[14] 何晓燕，赵淑梅，宫汝淳. 夏枯草对家兔降压作用机理的研究 [J]. 通化师范学院学报，2002，23(5)：100-102.

[15] 陈勤，曾炎贵，曹明成，等. 夏枯草口服液抗炎镇痛作用研究 [J]. 基层中药杂志，2002，16(2)：6-8.

[16] RYU S Y, OAK M H, YOON S K, et al. Anti-allergic and anti-inflammatory triterpenes from the herb of *Prunella vulgaris*[J]. Planta Medica, 2000, 66(4): 358-360.

[17] 徐声林，侯晓京，吴爱萍. 夏枯草有效成分降血糖作用的药理研究 [J]. 中草药，1989，10(8)：22-24.

[18] 刘保林，朱丹妮，王刚. 夏枯草醇提物对小鼠血糖的影响 [J]. 中国药科大学学报，1995，26(1)：44-46.

[19] 陈淑利，徐声林，陈兵钊. 夏枯草提取物降血糖作用的药理学研究 [J]. 中国现代应用药学杂志，2001，18(6)：436-437.

[20] 陈文梅，何基渊. 中药麻黄、夏枯草、乌贼骨对抗急性血瘀证形成的实验研究 [J]. 北京中医药大学学报，1997，20(3)：39-41.

[21] 王琨，董惠芳，章晓鹰，等. 夏枯草对 SGC-7901 细胞的影响 [J]. 上海医学检验杂志，2000，15(5)：305-307.

[22] 徐中伟，周荣耀，王文海，等. 夏枯草注射液对胸膜纤维化形成的机理研究 [J]. 上海中医药大学学报，2001，15(2)：49-51.

仙茅 Xianmao CP, KHP

Curculigo orchioides Gaertn.
Curculigo

概述

石蒜科 (Amaryllidaceae) 植物仙茅 *Curculigo orchioides* Gaertn.，其干燥根茎入药。中药名：仙茅。

仙茅属 (*Curculigo*) 植物全世界约有 20 种，分布于亚洲、非洲和大洋洲的热带与亚热带地区。中国有 7 种，本属现供药用者约有 3 种。本种分布于中国江苏、浙江、江西、福建、台湾、湖南、广东、广西、四川、贵州、云南等省区；日本及东南亚各国也有分布。

"仙茅"药用之名，始载于《雷公炮炙论》，历代本草多有著录。《中国药典》（2015 年版）收载本种为中药仙茅的法定原植物来源种。主产于中国四川；此外，广东、广西、云南、贵州等地也产。

仙茅主要含多种环木菠萝烷型三萜及其糖苷类、甲基苯酚和氯代甲基苯酚的糖苷类化合物。《中国药典》采用高效液相色谱法进行测定，规定仙茅药材含仙茅苷不得少于 0.10%，以控制药材质量。

药理研究表明，仙茅具有镇静、抗惊厥、抗衰老等作用。

中医理论认为仙茅有补肾阳，强筋骨，祛寒湿等功效。

◆ 仙茅
Curculigo orchioides Gaertn.

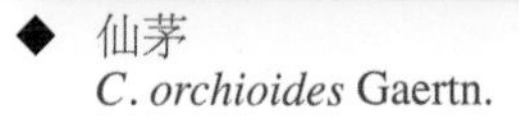

◆ 仙茅
C. orchioides Gaertn.

◆ 药材仙茅
Curculiginis Rhizoma

化学成分

仙茅根茎含环木菠萝烷型三萜及其糖苷类化合物：仙茅皂苷元A、B、C (curculigenin A～C)[1-2]，仙茅皂苷A、B、C、D、E、F、G、H、I、J、K、L (curculigosaponins A～L)[1-4]，仙茅醇 (curculigol)[5]；还含甲基苯酚和氯代甲基苯酚的糖苷类化合物：仙茅苷 (curculigoside)、地衣二醇葡萄糖苷 (orcinol glucoside)，仙茅素A、B、C (curculigine A～C)，仙茅苷 B (curculigoside B)[6]、corchioside[7]；还含环阿尔延醇型三萜皂苷成分：3*β*,11*α*,16*β*-三羟基环阿尔延烷-24-酮-3-*O*-[*β*-*D*-吡喃葡萄糖(1→3)-*β*-*D*-吡喃葡萄糖(1→2)-*β*-*D*-吡喃葡萄糖]-16-*O*-*α*-*L*-阿拉伯糖苷{3*β*,11*α*,16*β*-trihydroxycycloartane-24-one-3-*O*-[*β*-*D*-glucopyranosyl(1→3)-*β*-*D*-glucopyranosyl(1→2)-*β*-*D*-glucopyranosyl]-16-*O*-*α*-*L*-arabinopyranoside}和(24*S*)-3*β*, 11a,16*β*,24-四羟基环阿尔延烷-3-*O*-[*β*-*D*-吡喃葡萄糖(1→3)-*β*-*D*-吡喃葡萄糖(1→2)-*β*-*D*-吡喃葡萄糖]-24-*O*-*β*-*D*-吡喃葡萄糖苷 {(24*S*)-3*β*,11*α*,16*β*,24- tetrahydroxycycloartane-3-*O*-[*β*-*D*-glucopyranosyl(1→3)-*β*-*D*-glucopyranosyl (1→2)-*β*-*D*-glucopyranosyl]-24-*O*-*β*-*D*-glucopyranoside}[8]。

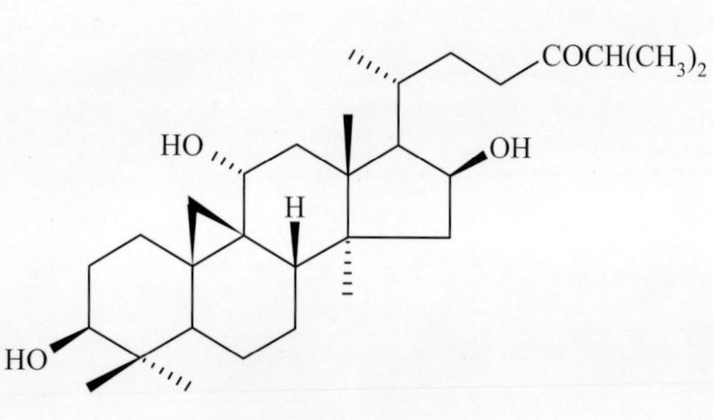

◆ curculigenin A

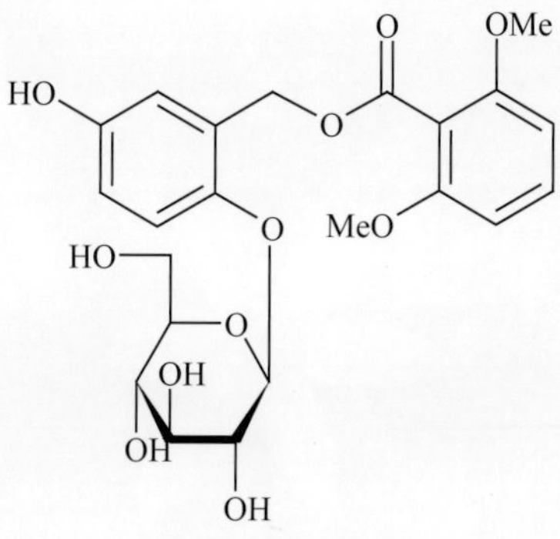

◆ curculigoside

药理作用

1. 适应原样作用

仙茅醇浸剂给小鼠灌服，可明显延长小鼠耐氧存活时间。仙茅醇浸剂给小鼠腹腔注射有抗高温作用[9]。

2. 抗衰老

仙茅可明显延长家蚕幼虫期、成虫期、总寿龄。还可延长小鼠存活数及平均存活时间，并可明显降低心、脑的脂褐质含量。

3. 增强免疫

仙茅多糖体外单独能刺激小鼠脾淋巴细胞增殖。在刀豆素 A (ConA) 存在条件下对胸腺细胞增殖有协同作用，体外对尼龙毛柱分离小鼠脾 T 细胞富含部分有明显刺激增殖作用；体外对由氢化可的松 (HC) 抑制的 ConA 诱导脾 T 细胞增殖有对抗作用。对 HC 诱导免疫受抑小鼠胸腺及脾脏重量降低，胸腺细胞及脾脏 T、B 细胞增殖降低有明显对抗作用[10]。

4. 抗骨质疏松

仙茅的醇提取物和成骨样细胞 UMR106 共同体外培养，以 3-（4,5- 二甲基噻唑 -2）-2,5- 二苯基 - 四唑氢溴酸盐 (MTT) 法检测细胞的增殖，证明仙茅对成骨样细胞的增殖有明显的促进作用[11]。

5. 镇静、抗惊厥

仙茅醇浸剂有明显的镇静作用。仙茅醇浸剂小鼠腹腔注射能明显延长戊巴比妥钠引起的睡眠时间；也能明显推迟印防己毒素引起的小鼠阵挛性惊厥出现时间[9]。

6. 抗炎

腹腔注射仙茅醇浸剂对巴豆油所致小鼠耳郭肿胀有明显抑制作用[9]。

7. 其他

仙茅水煎剂可显著提高 Na^+, K^+-ATP 酶活性；还有扩张冠状动脉、强心、加快心率等作用，可增加嘌呤系统转化酶活性，并促进胆囊收缩素释放[12]。

应用

本品为中医临床常用药。功能：补肾阳，强筋骨，祛寒湿。主治：阳痿精冷，筋骨痿软，腰膝冷痛，阳虚冷泻。

现代临床还用于更年期综合征[13]、不孕症、闭经、非功能性子宫出血、乳腺增生[14]等病的治疗。

评注

仙茅是应用广泛的传统中药。近年来对仙茅的报道较多，但主要集中在临床应用方面，对其活性成分与作用机制研究较少。为了有效地利用仙茅资源，有必要进行深入研究和开发利用。

药用植物图像数据库

参考文献

[1] XU J P, XU R S. New cycloartane sapogenin and its saponins from *Curculigo orchioides*[J]. Chinese Chemical Letters, 1991, 2(3): 227-230.

[2] XU J P, XU R S. Cycloartane-type sapogenins and their glycosides from *Curculigo orchioides*[J]. Phytochemistry, 1992, 31(7): 2455-2458.

[3] XU J P, XU R S, LI X Y. Glycosides of a cycloartane sapogenin from *Curculigo orchioides*[J]. Phytochemistry, 1991, 31(1): 233-236.

[4] XU J P, XU R S, LI X Y. Four new cycloartane saponins from *Curculigo orchioides*[J]. Planta Medica, 1992, 58(2): 208-210.

[5] MISRA T N, SINGH R S, TRIPATHI D M, et al. A cycloartane triterpene alcohol from *Curculigo orchioides*[J]. Phytochemistry, 1990, 29(3): 929-931.

[6] 徐俊平，徐任生．仙茅的酚性苷成分研究 [J]. 药学学报，1992，27(5)：353-357.

[7] MISRA T N, SINGH R S, TRIPATHI D M. Aliphatic compounds from *Curculigo orchioides* rhizomes[J]. Phytochemistry, 1984, 23(10): 2369-2371.

[8] 李宁，贾爱群，刘玉青，等．仙茅中两个新的环阿尔廷醇型三萜皂苷 [J]. 云南植物研究，2003，25(2)：241-244.

[9] 陈泉生，陈万群，杨士琰．仙茅的药理研究 [J]. 中国中药杂志，1989，14(10)：42-44.

[10] 周勇，张丽，赵离原，等．仙茅多糖对小鼠免疫功能调节作用实验研究 [J]. 上海免疫学杂志，1996，16(6)：336-338.

[11] 高晓燕，杜晓鹃，赵春颖.补肾中药对成骨样细胞UMR106增殖的影响(Ⅰ) [J].承德医学院学报，2001，18(4)：283-285.

[12] 黄有霖．仙茅的研究进展 [J]. 中药材，2003，26(3)：225-228.

[13] 杨晓勇．仙茅汤加味治疗男性更年期综合征 48 例 [J]. 湖南中医杂志，2002，18(5)：32.

[14] 曹建西，陈剑．仙茅乳瘤消汤治疗乳腺增生病 202 例疗效观察 [J]. 河南中医药学刊，2001，16(1)：15.

新疆紫草 Xinjiangzicao CP, JP

Arnebia euchroma (Royle) Johnst.
Sinkiang Arnebia

概述

紫草科 (Boraginaceae) 植物新疆紫草 *Arnebia euchroma* (Royle) Johnst.，其干燥根入药。中药名：紫草。

软紫草属 (*Arnebia*) 植物全世界约25种，主要分布于非洲北部、欧洲、中亚及喜马拉雅等地区。中国产6种，分布于西北及华北地区。本属现供药用者约有3种。本种分布于中国新疆及西藏西部，印度西北部、尼泊尔、巴基斯坦、阿富汗、伊朗、俄罗斯中亚地区及西伯利亚地区也有分布。

"紫草"药用之名，始载于《神农本草经》，列为中品。《中国药典》（2015年版）收载本种为中药紫草的法定原植物来源种。主产于中国新疆。

新疆紫草根中主要活性成分为萘醌类色素，此外还含有酚酸类成分等。《中国药典》采用紫外－可见分光光度法进行测定，规定紫草药材含羟基萘醌总色素以紫草素计不得少于0.8%；采用高效液相色谱法进行测定，含 β,β'-二甲基丙烯酰阿卡宁不得少于0.3%，以控制药材质量。

药理研究表明，新疆紫草具有抗菌、抗炎、抗肿瘤、抗血凝及抗人类免疫缺陷病毒等作用。

中医理论认为紫草具有清热凉血，活血解毒，透疹消斑等功效。

◆ 新疆紫草
Arnebia euchroma (Royle) Johnst.

◆ 药材紫草
Arnebiae Radix

化学成分

新疆紫草根中含萘醌类色素，有两种对映体，其中R型命名为紫草素 (shikonin)类，S 型命名为阿卡宁类 (alkannin)，包括紫草素 (shikonin)、乙酰紫草素 (acetylshikonin)、*β*, *β*'-二甲基丙烯酰紫草素 (*β*, *β*'-dimethylacrylshikonin)、异丁酰紫草素 (isobutylshikonin)、*α*-甲基丁酰紫草素 (*α*-methylbutyrylshikonin)、异戊酰紫草素 (isovalerylshikonin)、阿卡宁 (alkannin)、乙酰阿卡宁 (acetylalkannin)、*β*, *β*'-二甲基丙烯酰阿卡宁 (*β*, *β*'-dimethylacrylalkannin)、异丁酰阿卡宁(isobutyrylalkannin)、*α*-甲基丁酰阿卡宁(*α*-methylbutyrylalkannin)、异戊酰阿卡宁 (isovalerylalkannin)[1-2]等；酚类及苯醌类成分：新疆紫草酮 (arnebinone)、软紫草单萜醇 (arnebinol)、软紫草呋喃萜酮 (arnebifuranone)、脱氧甲基毛色二孢素 (de-*O*-methyllasiodiplodin)[3-4]等；酚酸类成分：迷迭香酸 (rosmarinic acid) 等。

◆ alkannin

◆ shikonin

◆ rosmarinic acid

药理作用

1. 抗菌、抗病毒

体外实验表明，紫草素、阿卡宁及其衍生物对耐甲氧西林金黄色葡萄球菌、耐万古霉素肠球菌、白色念珠菌等真菌均有抑制作用 [2,5]；从新疆紫草中分离得到的咖啡酸四聚物钠盐及钾盐具有抗人类免疫缺陷病毒作用 [6]；新疆紫草体外亦具有抗丙肝病毒 (HCV) 作用 [7]。

2. 抗炎、抗过敏

紫草素皮下注射对巴豆油所致小鼠耳郭肿胀和酵母所致大鼠足趾肿胀有明显抑制作用；在白细胞体外温孵系统中，紫草素可抑制白三烯 B_4 (LTB_4) 和 5- 羟基廿碳四烯酸 (5-HETE) 生物合成；紫草素衍生物如 1,4- 萘醌、脱氧紫草素、乙酰紫草素、β,β'- 二甲基丙烯酰紫草素对 LTB_4 的生物合成亦具有抑制作用 [8]；新疆紫草根的石油醚、氯仿、乙醇及水提取物口服对角叉菜胶等引起的大鼠足趾肿胀均具有抑制作用 [9]。体外实验证明，新疆紫草所含的软紫草单萜醇及脱氧甲基毛色二孢素具有抑制前列腺素生物合成的作用 [4]。

3. 抗肿瘤

阿卡宁衍生物体外对人肺腺癌细胞 GLC-82、人鼻咽癌细胞 CNE2、人肝癌细胞 Bel-7402、人白血病细胞 K_{562} 具有细胞毒作用 [10]；新疆紫草素可诱导体外培养的人大肠癌细胞 CCL229 凋亡 [11]；新疆紫草素对体外培养的小鼠胶质瘤细胞 C_6、人舌鳞癌细胞 Tca-8113 和人宫颈癌细胞 HeLa 均具有明显的杀伤、抑制作用 [12]；新疆紫草素可抑制体外培养的人肝癌细胞 SMMC-7721 增殖，灌胃对荷 H_{22} 肝癌小鼠肝癌具有明显抑制作用 [13]。

4. 抗血小板凝集

紫草素衍生物对胶原、花生四烯酸、凝血酶、血小板活化因子等引起的家兔血小板凝集具有抑制作用，同时还可抑制高钾及去甲肾上腺素引起的大鼠动脉收缩 [14-15]。

5. 其他

新疆紫草乙醇提取物灌胃，对野百合碱引起的大鼠肝窦阻塞综合征 (SOS) 具有预防作用 [16]。新疆紫草提取物还具有抗早孕 [17]、镇痛、镇静等作用。

应用

本品为中医临床用药。功能: 清热凉血，活血解毒，透疹消斑。主治: 血热毒盛，斑疹紫黑，麻疹不透，疮疡，湿疹，水火烫伤。

现代临床还用于皮肤病（如银屑病、玫瑰糠疹、过敏性紫癜）、中耳炎、单疱病毒性角膜炎、病毒性肝炎、慢性前列腺炎、宫颈炎、由药物刺激引起的继发性进行性静脉炎等病的治疗。

评注

中国古代本草中所记载的紫草为商品硬紫草的原植物紫草 *Lithospermum erythrorhizon* Sieb. et Zucc.，收载于《日本药局方》。

《中国药典》收载同属植物内蒙紫草 *Arnebia guttata* Bge. 作为中药紫草的另一个法定原植物来源。另外滇紫草 *Onosma paniculatum* Bur. et Franch.、密花滇紫草 *O. confertum* W. W. Smith、露蕊滇紫草 *O. exsertum* Hemsl. 及长花滇紫草 *O. hookeri* Clarke var. *longiflorum* (Duthie) Duthie ex Stapf 等也在云南、西藏等地区作紫草药用。

新疆紫草分布面积广，产量大，自 20 世纪 70 年代开始即成为药用紫草主流品种，有关其组织培养的研究已有报道 [18]。

新疆紫草色素类成分色泽鲜艳、着色力强、耐热、耐酸、耐光，且可抗菌、抗炎、促进血液循环，已被广泛用作日化、食品、染料等的着色剂，在天然食用色素及化妆品的开发方面具有极大潜力。

参考文献

[1] 黄志纾，张敏，马林，等.紫草的化学成分及其药理活性研究概况 [J]. 天然产物研究与开发，2000，12(1)：73-82.

[2] SHEN C C, SYU W J, LI S Y, et al. Antimicrobial activities of naphthazarins from *Arnebia euchroma*[J]. Journal of Natural Products, 2002, 65(12): 1857-1862.

[3] YAO X S, EBIZUKA Y, NOGUCHI H, et al. Biologically active constituents of *Arnebia euchroma*: structures of new monoterpenylbenzoquinones: arnebinone and arnebifuranone[J]. Chemical & Pharmaceutical Bulletin, 1991, 39(11): 2962-2964.

[4] YAO X S, EBBIZUKA Y, NOGUCHI H, et al. Biologically active constituents of *Arnebia euchroma*: structure of arnebinol, an ansa-type monoterpenylbenzenoid with inhibitory activity on prostaglandin biosynthesis[J]. Chemical & Pharmaceutical Bulletin, 1991, 39(11): 2956-2961.

[5] SASAKI K, YOSHIZAKI F, ABE H. The anti-*Candida* activity of Shikon[J]. Yakugaku Zasshi. 2000, 120(6): 587-589.

[6] KASHIWADA Y, NISHIZAWA M, YAMAGISHI T, et al. Anti-AIDS agents, 18. Sodium and potassium salts of caffeic acid tetramers from *Arnebia euchroma* as anti-HIV agents[J]. Journal of Natural Products, 1995, 58(3): 392-400.

[7] HO T Y, WU S L, LAI I L, et al. An *in vitro* system combined with an in-house quantitation assay for screening hepatitis C virus inhibitors[J]. Antiviral Research, 2003, 58(3): 199-208.

[8] 王文杰，白金叶，刘大培，等.紫草素抗炎及对白三烯 B_4 生物合成的抑制作用 [J]. 药学学报，1994，29(3)：161-165.

[9] KAITH B S, KAITH N S, CHAUHAN N S. Anti-inflammatory effect of *Arnebia euchroma* root extracts in rats[J]. Journal of Ethnopharmacology, 1996, 55(1): 77-80.

[10] HUANG Z S, WU H Q, DUAN Z F, et al. Synthesis and cytotoxicity study of alkannin derivatives[J]. European Journal of Medicinal Chemistry, 2004, 39(9): 755-764.

[11] 蒋英丽，宋今丹.新疆紫草素诱导人大肠癌细胞的凋亡 [J]. 癌症，2001，20(12)：1355-1358.

[12] 林江，韩福刚，王开正.新疆紫草素对肿瘤细胞生长抑制作用的研究 [J]. 泸州医学院学报，2003，26(2)：102-106.

[13] 徐贵颖，郭敏，王英丽.新疆紫草素对荷 H_{22} 肝癌小鼠抗肿瘤的实验性研究 [J]. 中华医学全科杂志，2004，3(5)：22-24.

[14] CHANG Y S, KUO S C, WENG S H, et al. Inhibition of platelet aggregation by shikonin derivatives isolated from *Arnebia euchroma*[J]. Planta Medica. 1993, 59(5): 401-404.

[15] KO F N, LEE Y S, KUO S C, et al. Inhibition on platelet activation by shikonin derivatives isolated from *Arnebia euchroma*[J]. Biochimica et Biophysica Acta, 1995, 1268(3): 329-334.

[16] 赵婷，吴彤，陆道培.新疆紫草的乙醇提取物抗肝窦阻塞综合征作用的实验研究 [J]. 中国药学杂志，2005，40(21)：1626-1629.

[17] 夏立程，王彩霞，李萍，等.具抗早孕活性的新疆紫草浸膏中金属元素的分析 [J]. 中草药，1996，27：65-66.

[18] 计巧灵，王卫国，李仁敬，等.新疆紫草外植体组织培养和植株再生 [J]. 新疆大学学报：自然科学版，1993，10(3)：91-94.

兴安杜鹃 Xing'andujuan [CP]

Rhododendron dauricum L.
Dahurian Azales

概述

杜鹃花科 (Ericaceae) 植物兴安杜鹃 *Rhododendron dauricum* L.，其干燥叶入药。中药名：满山红。

杜鹃属 (*Rhododendron*) 植物全世界约有 960 种，分布于欧洲、亚洲、北美洲，主产于东亚和东南亚，形成本属的两个分布中心，有 2 种分布至北极，大洋洲仅有 1 种，非洲、南美洲不产。中国约有 542 种，本属现供药用者约 17 种。本种分布于中国黑龙江、内蒙古、吉林；蒙古、日本、朝鲜半岛、俄罗斯也有分布。

兴安杜鹃以“满山红”药用之名，始载于《东北常用中草药手册》。《中国药典》（2015 年版）收载本种为中药满山红的法定原植物来源种。主产于中国黑龙江及内蒙古一带。

兴安杜鹃主要含挥发油和黄酮类化合物。《中国药典》采用高效液相色谱法进行测定，规定满山红药材含杜鹃素不得少于 0.080%，以控制药材质量。

药理研究表明，兴安杜鹃具有镇咳、祛痰和抗呼吸道变态性炎症等作用。

中医理论认为满山红具有止咳祛痰等功效。

◆ 兴安杜鹃
Rhododendron dauricum L.

◆ 药材满山红
Rhododendri Daurici Folium

化学成分

兴安杜鹃叶富含挥发油：其中主要成分有杜鹃酮 (germacrone)、焦牻牛儿酮(pyrogermacrone)，α、β-芹子烯 (α, β-selinene)，γ、δ-杜松烯 (γ, δ-cadinenes)，杜松烯 (cadinene)、α-松油醇 (α-terpineol)、檀香醇 (santalol)、柠檬烯 (limonene)、1,8-桉叶素 (1,8-cineole)、龙脑 (borneol)、龙脑乙酸酯 (bornyl acetate)、香叶醇乙酸酯 (geranyl acetate)、没药烯 (bisabolene)、别香橙烯 (allo-aromadendrene)[1-3]；黄酮类成分：杜鹃素 (farrerol)[4]、8-去甲杜鹃素 (8-demethylfarrerol)、金丝桃苷(hyperin)、萹蓄苷 (avicularin)、杜鹃黄素 (azaleatin)[5]、异金丝桃苷(isohyperoside)、杜鹃花醇(matteucinol)、双氢槲皮素 (dihydroquercetin)、棉花皮素 (gossypetin)、杨梅黄酮 (myricetin)[6]；酚酸类成分：香草酸 (vanillic acid)、丁香酸 (syringic acid)、原儿茶酸 (protocatechuic acid)、对羟基苯甲酸 (*p*-hydroxybenzoic acid)[4]；此外，还含有毒成分梫木毒素（又名闹羊花毒素、羊踯躅毒素，andromedotoxin）等二萜类及其他成分如氢醌 (hydroquinone)、2',6'-二羟基-4'-甲氧基乙酰苯 (2',6'-dihydroxy-4'-methoxyacetophenone)[7]、4-*O*-甲基根皮乙酰苯 (4-*O*-methylphloracetophenone)[8]、daurichromenic acid Ⅲ[9]，daurichromenes A、B、C、D，confluentin、奇果菌素 (grifolin)、地衣酚 (orcinol)[10]。

◆ farrerol

◆ andromedotoxin

药理作用

1. 祛痰、镇咳、平喘

在酚红排泌实验中，小鼠腹腔注射或灌服杜鹃素均能使酚红排泌量显著增加；大鼠灌服杜鹃素后，气管引流量明显增加；家兔腹腔注射杜鹃素后，气管纤毛运动显著加快[11]。满山红乙醇提取液、水提取液和挥发油灌胃或腹腔注射，对电刺激豚鼠或猫喉上神经所致咳嗽及浓氨水喷雾刺激小鼠引起的咳嗽均有止咳作用，其主要有效成分为杜鹃酮。满山红挥发油对超声雾化吸入 1% 卵清蛋白生理盐水致敏小鼠哮喘有明显抑制作用，可显著降低肺中组胺的浓度[12]。

2. 抗病原微生物

杜鹃素对金黄色葡萄球菌有抑制作用，香草酸和丁香酸也有抗菌活性。Daurichromenic acid Ⅲ有抑制人类免疫缺陷病毒 (HIV) 的作用[9]。

3. 抗炎

满山红挥发油灌胃，能改善气道变应性炎症小鼠气管、支气管黏膜的充血和水肿，减轻嗜酸细胞及淋巴细胞的浸润[12]。杜鹃素腹腔注射，能显著抑制大鼠烫伤性炎症渗出，减轻皮片水肿程度，使静脉注射伊文思兰的染料渗出减少[11]。

4. 对心血管系统的影响

豚鼠静脉注射满山红浸膏的生理盐水溶液，心电图可见窦性心律逐渐减慢，P-R 间期逐渐延长，剂量加大时可出现二度房室传导阻滞，S-T 段轻度下降，T 波高耸及 Q-T 间期延长，最后可致窦性停搏。此作用可能与满山红所含的梫木毒素有关，口服时无此作用。

应用

本品为中医临床常用药。功能：止咳祛痰。主治：咳嗽、气喘、痰多。

现代临床还用于支气管炎、肺心病的治疗。

评注

兴安杜鹃花花期长，是一种美丽的观赏植物和蜜源植物。根系发达，具有良好的水土保持作用，其根还可制造盆景、根雕等工艺品。除叶入药外，其根可治肠炎、急性菌痢；花有镇静与催眠功效。

据报道，兴安杜鹃叶中有效成分总黄酮和总挥发油的含量均以 10 月份最高，建议 10 月份为最佳采收期[13]。

参考文献

[1] 潘馨，梁鸣．兴安杜鹃中挥发油的气质联用分析 [J]. 药物分析杂志，2003，23(1)：73-76.

[2] PIGULEVSKII G V, BELOVA N V. Hydrocarbon compounds of essential oil *Rhododendron dauricum*[J]. Zhurnal Prikladnoi Khimii, 1964, 37(12): 2772-2775.

[3] BELOUSOV M V, DEMBITSKY A D, BEREZOVSKAYA T P, et al. Comparative characterization of essential oils of species of the genus *Rhododendron* L., subgenus *Rhodorastrum* (Maxim.) Drude[J]. Rastitel'nye Resursy, 1995, 31(4): 41-44.

[4] CAO Y H, LOU C G, FANG Y Z, et al. Determination of active ingredients of *Rhododendron dauricum* L. by capillary electrophoresis with electrochemical detection[J]. Journal of Chromatography A, 2002, 943(1): 153-157.

[5] OGANESYAN E T, BANDYUKOVA V A, SHINKARENKO A L. Flavonols of *Rhododendron luteum* and *Rhododendron*

dauricum[J]. Khimiya Prirodnykh Soedinenii, 1967, 3(4): 279.

[6] BELOUSOV M V, BEREZOVSKAYA T P, KOMISSARENKO N F, et al. Flavonoids of Siberian-far-eastern species of rhododendrons of the subspecies Rhodorastrum[J]. Chemistry of Natural Compounds, 1998, 34(4): 510-511.

[7] AOYAMA M, MORI M, OKUMURA M, et al. Antifungal activity of 2',6'-dihydroxy-4'-methoxyacetophenone and related compounds[J]. Mokuzai Gakkaishi, 1997, 43(1): 108-111.

[8] ANETAI M, HASEGAWA S, KANESHIMA H. Antifungal constituent from leaves of *Rhododendron dauricum* L.[J]. Natural Medicines, 1995, 49(2): 217.

[9] KASHIWADA Y, YAMAZAKI K, IKESHIRO Y, et al. Isolation of rhododaurichromanic acid B and the anti-HIV principles rhododaurichromanic acid A and rhododaurichromenic acid from *Rhododendron dauricum*[J]. Tetrahedron, 2001, 57(8): 1559-1563.

[10] IWATA N, WANG N L, YAO X S, et al. Structures and histamine release inhibitory effects of prenylated orcinol derivatives from *Rhododendron dauricum*[J]. Journal of Natural Products, 2004, 67(7): 1106-1109.

[11] 王本祥 . 现代中药药理学 [M]. 天津：天津科学技术出版社，1997：982-983.

[12] 杨宗辉，侯刚，张红军，等 . 兴安杜鹃挥发油抗气道变应性炎症的研究 [J]. 中国老年学杂志，2000，20(3)：155-156.

[13] 汪洁，张晔，吴永谦 . 黑龙江省东部山区满山红叶最佳采收期的研究 [J]. 中国林副特产，2000，(4)：1-2.

杏 Xing CP, JP, VP

Prunus armeniaca L.
Apricot

概述

蔷薇科 (Rosaceae) 植物杏 *Prunus armeniaca* L.，其干燥成熟种子入药。中药名：苦杏仁。

李属 (*Prunus*) 植物全世界约 8 种，分布于东亚、中亚、小亚细亚和高加索。中国产约 7 种，本属现供药用者约有 4 种。本种中国各地均产，多数为栽培，尤以华北、西北和华东地区种植较多。世界各地也均有栽植。

“杏仁”药用之名，始见于《神农本草经》，列为下品。据古代本草文献记载，杏仁入药有甜杏仁和苦杏仁两种，明代以前以甜杏仁入药为主流；及至清代，又反以苦杏仁入药为主。近代栽培品种很多，也还是以苦杏仁为主流商品。《中国药典》（2015 年版）收载本种为中药苦杏仁的法定原植物来源种之一。主产于中国北方各省区，以内蒙古东部、吉林、辽宁、河北、山西、陕西等省区产量最大。

苦杏仁主要含有苦杏仁苷、脂肪油等。《中国药典》采用高效液相色谱法进行测定，规定苦杏仁药材含苦杏仁苷不得少于 3.0%，以控制药材质量。

药理研究表明，杏的种子具有镇咳平喘、润肠通便等作用。

中医理论认为苦杏仁具有降气止咳平喘，润肠通便等功效。

◆ 杏
Prunus armeniaca L.

◆ 杏
P. armeniaca L.

◆ 药材苦杏仁
Armeniacae Semen Amarum

化学成分

杏的种仁含脂肪油约50%，油中有8种脂肪酸，主要是亚油酸 (linoleic acid)和油酸 (oleic acid)[1]；苦味成分：苦杏仁苷 (amygdalin)、野樱苷 (prunasin)[2]；与香味有关的挥发性成分：苯甲醛 (benzaldehyde)、芳樟醇 (linalool)、4-松油烯醇 (4-terpinenol)、α-松油醇 (α-terpineol)[3]；甾醇类成分：胆甾醇 (cholesterol)、Δ^{24}-胆甾烯醇 (Δ^{24}-cholesterol)、雌酮 (estrone)、α-雌二醇 (α-estradiol)[4]等。

另含蛋白质：KR-A、KR-B[5]。

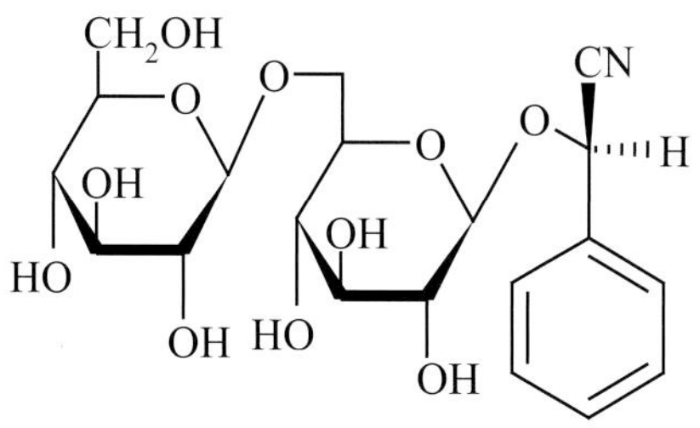

◆ amygdalin

药理作用

1. 镇咳平喘

苦杏仁中所含的苦杏仁苷在下消化道被肠道微生物酶分解或被苦杏仁本身所含的苦杏仁酶 (emulsin) 分解，产生微量氢氰酸，可对呼吸中枢产生镇静作用，使呼吸运动趋于安静而达到镇咳平喘效果[6]。杏仁水提取液腹腔注射能降低小鼠气管对氨水刺激的敏感性，对抗组胺、乙酰胆碱和氯化钡对离体豚鼠气管平滑肌的兴奋作用，有明显的止咳作用[7]。

2. 对消化系统的影响

(1) 润肠通便　苦杏仁所含的大量脂肪油有润肠通便作用。杏仁水提取液能对抗组胺、乙酰胆碱和氯化钡对离体豚鼠肠平滑肌的兴奋作用，经口灌胃给药能明显增加豚鼠肠蠕动，有润肠通便的作用[7]。

(2) 抗胃溃疡　苦杏仁苷灌胃给药能抑制小鼠束缚－冷冻应激性胃溃疡；促进大鼠醋酸烧灼溃疡愈合；减少幽门结扎所致胃溃疡的溃疡面积；降低胃蛋白酶活性，具有较好的抗胃溃疡作用[8]。

3. 免疫调节功能

苦杏仁苷灌胃能抑制大鼠佐剂性炎症，增强巨噬细胞的吞噬功能[9]；肌内或皮下注射对小鼠枯否细胞、肝细胞、肺内各级支气管、细支气管壁及肺泡巨噬细胞的吞噬功能有促进作用[10-11]；肌内注射还能明显促进小鼠脾脏自然杀伤 (NK) 细胞活性和有丝分裂原对小鼠脾脏 T 淋巴细胞的增殖[12-13]；显示出较好的免疫调节作用。

4. 抗炎、镇痛

从杏仁中提取得到的蛋白质成分 KR-A 和 KR-B 静脉注射给药对大鼠角叉菜胶所致足趾肿胀有明显抑制作用，小鼠扭体法也证明上述两种成分静脉注射时都表现出镇痛作用[5]。

5. 抗肿瘤

体外用抗 CEA 单抗 -β- 葡萄糖苷酶偶联物与苦杏仁苷联合处理 LoVo 细胞，表现出对 LoVo 细胞的靶向杀伤作用；体内研究表明，将抗 CEA 单抗 -β- 葡萄糖苷酶偶联物自尾静脉注入皮下大肠癌移植瘤裸鼠模型体内后 72 小时，给予苦杏仁苷，结果能显著抑制移植肿瘤的生长[14]。体外实验表明，苦杏仁苷无诱变性，且对表阿霉素、阿糖胞苷等多种抗肿瘤药物的诱变性有明显的抑制作用，可望成为肿瘤化疗药物毒副作用的拮抗剂[15]。

6. 其他

苦杏仁苷对体外高氧暴露早产鼠肺泡Ⅱ型细胞 (AEC Ⅱ) 有保护作用，有望成为治疗和预防支气管肺发育不良 (BPD) 的有效药物[16]；家兔腹腔注射杏仁液还可使肝、心等组织的金属硫蛋白 (MT) 合成增多，有助于减少动脉粥样硬化 (AS) 的发生[17]。

应用

本品为中医临床用药。功能：降气止咳平喘，润肠通便。主治：咳嗽气喘，胸满痰多，肠燥便秘。

现代临床还用于慢性支气管炎及呼吸道感染等病的治疗。

评注

药用植物图像数据库

杏在中国栽培历史悠久，其栽培品种按用途可分为食用杏类、药用杏类、加工用杏类三大类。除本种外，《中国药典》还收载同属植物山杏 *Prunus armeniaca* L. var. *ansu* Maxim.、西伯利亚杏 *P. sibirica* L.、东北杏 *P. mandshurica* (Maxim.) Koehne 作为中药材苦杏仁的法定原植物来源种。

杏仁，有南杏仁和北杏仁之分。北杏较小，微有苦味；南杏较大，略扁，不苦反稍甜；故俗称北杏为苦杏仁，南杏为甜杏仁。北杏有润肺止咳化痰的功效，南杏仅供糖果饼饵之用。苦杏仁和甜杏仁均为中国卫生部规定的药食同源品种。

大量口服苦杏仁、苦杏仁苷均易产生严重中毒。中毒机制主要是杏仁中所含的苦杏仁苷在体内分解产生氢氰酸，后者与细胞线粒体内的细胞色素氧化酶三价铁起反应，抑制酶的活性，从而引起组织细胞呼吸抑制，导致死亡。一般成人口服苦杏仁 55 枚约 60 g，含苦杏仁苷约 1.8 g（约 0.024 g/kg），可致死。因此，苦杏仁在服用时应注意剂量，切不可过量[18]。

参考文献

[1] 丁东宁，谭廷华，刘俊儒，等．镇原苦杏仁化学成分的研究 [J]. 西北药学杂志，1990，5(3)：21-23.

[2] GODTFREDSEN S E, KJAER A, MADSEN J O, et al. Bitterness in aqueous extracts of apricot kernels[J]. Organic Chemistry and Biochemistry,. 1978, B32(8): 588-592.

[3] CHAIROTE G, RODRIGUEZ F, CROUZET J. Characterization of additional volatile flavor components of apricot[J]. Journal of Food Science, 1981, 46(6): 1898-1901, 1906.

[4] AWAD O. Steroidal estrogens of *Prunus armeniaca* seeds[J]. Phytochemistry, 1974, 13(3): 678-679.

[5] NAGAMOTO N, NOGUCHI H, NANBA K, et al. Active components having anti-inflammatory and analgesic activities from Armeniaceae semen, pruni japonicae semen and almond seeds[J]. Shoyakugaku Zasshi, 1988, 42(1): 81-88.

[6] 邢国秀，李楠，杨美燕，等．天然苦杏仁苷的研究进展 [J]. 中成药，2003，25(12)：1007-1009.

[7] 李德清．杏仁水提取液对实验动物的止咳、通便作用研究 [J]. 中国基层医药，2003，10(10)：1001-1002.

[8] 蔡莹，李运曼，钟流．苦杏仁苷对实验性胃溃疡的作用 [J]. 中国药科大学学报，2003，34(3)：254-256.

[9] 方伟蓉，李运曼，钟林霖．苦杏仁苷对佐剂性炎症影响的实验研究 [J]. 中国临床药理学与治疗学，2004，9(3)：289-293.

[10] 李春华，赵素莲，吴玉秀，等．苦杏仁苷对单核吞噬细胞吞噬功能的影响 [J]. 山西医学院学报，1991，22(1)：1-3.

[11] 李春华，阎秀珍，解方，等．苦杏仁苷对小鼠肝、肾细胞增生的影响 [J]. 山西医学院学报，1991，22(2)：88-90.

[12] 赵素莲，戴兆雄，李春华．苦杏仁苷对小鼠脾脏 NK 细胞活性的影响 [J]. 山西医学院学报，1993，24(1)：14-16.

[13] 赵素莲，刘桂芬，戴兆雄，等．苦杏仁苷对小鼠免疫功能的影响 [J]. 山西医药杂志，1993，22(3)：166.

[14] 连彦军，许天文，郑勇斌，等．抗 CEA 单抗 -β- 葡萄糖苷酶偶联物：苦杏仁苷前药系统对裸鼠结直肠癌移植瘤的疗效观察 [J]. 华中医学杂志，2005，29(1)：49-50.

[15] 赵泽贞，温登瑰，魏丽珍，等．杏仁对 12 种抗肿瘤药物的诱变性的抑制效应 [J]. 癌变·畸变·突变，1992，4(6)：49-50，10.

[16] 常立文，祝华平，李文斌，等．苦杏仁苷对高氧暴露早产鼠肺泡Ⅱ型细胞的保护作用 [J]. 中华儿科杂志，2005，43(2)：118-123.

[17] 李淑莲，张永雪，林波，等．杏仁对家兔动脉粥样硬化及金属硫蛋白含量的影响 [J]. 河南大学学报：医学科学版，2002，21(4)：16-18.

[18] 王本祥．现代中药药理学 [M]. 天津：天津科学技术出版社，1997：1005-1009.

绣球藤 Xiuqiuteng CP

Clematis montana Buch. -Ham.
Anemone Clematis

概述

毛茛科 (Ranunculaceae) 植物绣球藤 *Clematis montana* Buch. -Ham.，其干燥藤茎入药。中药名：川木通。

铁线莲属 (*Clematis*) 植物全世界约有 300 种，分布于各大洲，主要分布在热带及亚热带，寒带地区也有。中国约有 108 种 1 亚种 47 变种。本属现供药用者约有 70 种。本种在中国主要分布于西南、西北、东部和南方各省；从喜马拉雅山区西部到尼泊尔、斯里兰卡、印度北部均有分布。

"绣球藤"药用之名，始载于《植物名实图考》。《中国药典》（2015 年版）收载本种为中药川木通的法定原植物种来源之一。主产于中国四川、西藏、云南、贵州、台湾等地。

铁线莲属主要含三萜皂苷类化合物，以皂苷类化合物含量最高。《中国药典》以性状、显微和薄层色谱鉴别法来控制川木通药材的质量。

药理研究表明，绣球藤具有利尿等作用。

中医理论认为川木通具有利尿通淋，清心除烦，通经下乳等功效。

◆ 绣球藤
Clematis montana Buch. -Ham.

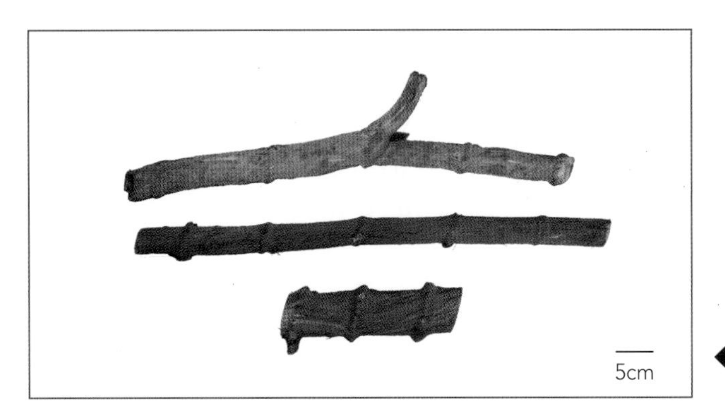

◆ 药材川木通
Clematidis Armandii Caulis

◆ 小木通
C. armandii Franch.

化学成分

绣球藤藤茎部分含有齐墩果烷型三萜皂苷类化合物：绣红藤苷C (clemontanoside C)[1]、常春藤皂苷元-(3-*O*-*β*-吡喃核糖)(1→3)-*α*-吡喃鼠李糖(1→2)-*α*-吡喃阿拉伯糖-28-*O*-*α*-*L*-吡喃鼠李糖-(1→4)-*β*-*D*-吡喃葡萄糖(1→6)-*β*-*D*-吡喃葡萄糖苷[hederagenin-(3-*O*-*β*-ribopyranosyl)(1→3)-*α*- rhamnopyranosyl (1→2)-*α*-arabinopyranosido-28-*O*-*α*-*L*-rhamnopyranosyl (1→4)-*β*- *D*-glucopyranosyl (1→6)-*β*-*D*-glucopyranoside]、常春藤皂苷元-(3-*O*-*β*-吡喃核糖) (1→3)-*α*-吡喃鼠李糖-(1→2)-*α*-吡喃阿拉伯糖苷 [hederagenin-(3-*O*-*β*-ribopyranosyl) (1→3)-*α*-rhamnopyranosyl-(1→2)-*α*-arabinopyranoside][2]；还含有齐墩果酸 (oleanolic acid)、*β*-香树脂醇(*β*-amyrin)、*β*-谷甾醇(*β*-sitosterol)、*β*-谷甾醇-*β*-*D*-葡萄糖苷 (*β*-sitosterol-*β*-*D*-glucoside)[3]。

绣球藤叶含三萜皂苷类成分：绣红藤苷A、B (clemontanosides A, B)[4-5]。

绣球藤根含绣红藤苷E、F (clemontanosides E, F)[6-7]。

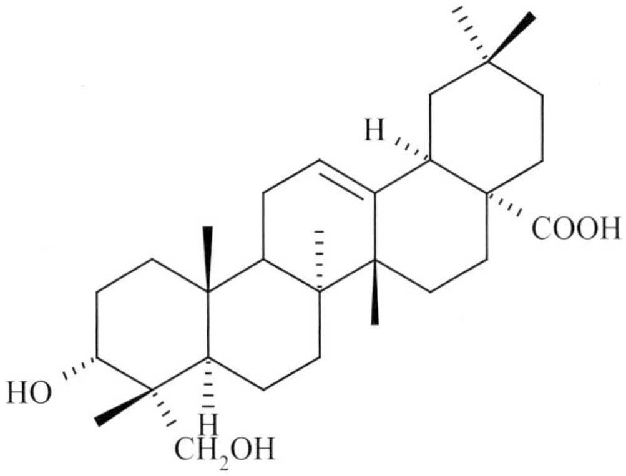

◆ hederagenin

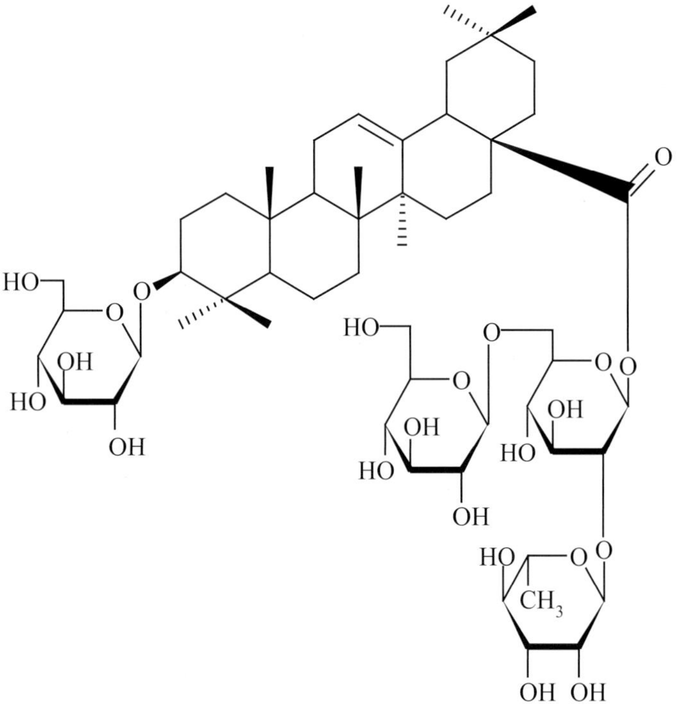

◆ clemontanoside A

药理作用

利尿

绣球藤水煎剂给大鼠灌胃，收集给药后 24 小时尿液，其平均排尿百分率为 167.32%±4.91%，呈明显的利尿作用。川木通水提醇沉剂给兔静脉注射，给药后 1 小时尿量为 24±1mL/h，呈显著利尿作用，同时增加钾、钠、氯离子的排出。

应用

本品为中医临床用药。功能：利尿通淋，清心除烦，通经下乳。主治：淋证，水肿，心烦尿赤，口舌生疮，经闭乳少，湿热痹痛。

现代临床还用于泌尿系统结石、尿路感染、肾炎水肿、前列腺肥大等病的治疗。

评注

《中国药典》还收载同属植物小木通 *Clematis armandii* Franch. 作为中药川木通的法定原植物来源种。川木通主产于四川省，故而得名。

在中国北方地区出产且一度广为使用的药材关木通，为马兜铃科植物东北马兜铃 *Aristolochia manshuriensis* Kom. 的干燥藤茎。关木通与川木通名称相似，但关木通含马兜铃酸，对肾脏有很大的毒副作用[8]，故《中国药典》自 2005 年版已将关木通删除。

参考文献

[1] THAPLIYAL R P, BAHUGUNA R P. Clemontanoside-C, a saponin from *Clematis montana*[J]. Phytochemistry, 1993, 33(3): 671-673.

[2] BAHUGUNA R P, THAPLIYAL R P, MURAKAMI N, et al. Saponins from *Clematis montana*[J]. International Journal of Crude Drug Research, 1990, 28(2): 125-127.

[3] THAPLIYAL R P, BAHUGUNA R P. Constituents of *Clematis montana*[J]. Fitoterapia, 1993, 64(5): 472.

[4] BAHUGUNA R P, JANGWAN J S, KAIYA T, et al. Clemontanoside A, a bisglycoside from *Clematis montana*[J]. Phytochemistry, 1989, 28(9): 2511-2513.

[5] JANGWAN J S, BAHUGUNA R P. Clemontanoside B, a new saponin from *Clematis montana*[J]. International Journal of Crude Drug Research, 1990, 28(1): 39-42.

[6] THAPLIYAL R P, BAHUGUNA R P. Clemontanoside-E, a new saponin from *Clematis montana*[J]. International Journal of Pharmacognosy, 1994, 32(4): 373-377.

[7] THAPLIYAL R P, BAHUGUNA R P. An oleanolic acid based bisglycoside from *Clematis montana* roots[J]. Phytochemistry, 1993, 34(3): 861-862.

[8] TANAKA A, SHINKAI S, KASUNO K, et al. Chinese herbs nephropathy in the Kansai area: a warning report[J]. Nippon Jinzo Gakkai Shi, 1997, 39(4): 438-440.

续随子 Xusuizi CP, KHP

Euphorbia lathyris L.
Caper Euphorbia

概述

大戟科 (Euphorbiaceae) 植物续随子 *Euphorbia lathyris* L.，其干燥成熟种子入药，中药名：千金子，又名续随子；种子油入药，中药名：千金子油。

大戟属 (*Euphorbia*) 植物全世界约 2000 种，全球广布。中国产约有 80 种，南北均产。本属现供药用者约 30 种。本种为世界性广布种，分布于全球热带和温带地区，中国大部分省区均有分布，栽培已久。

“续随子”药用之名，始载于《开宝本草》，《蜀本草》以“千金子”之名收载，历代本草多有著录。《中国药典》（2015 年版）收载本种为千金子和千金子霜的法定原植物来源种。主产于中国辽宁、吉林、河北、山西、江苏、浙江、福建、河南、四川、云南、台湾等地。

续随子的主要化学成分为二萜、香豆素和黄酮类成分，尚含丰富的脂肪酸，含油可高达 50%。《中国药典》规定千金子药材含脂肪油不得少于 35.0%；采用高效液相色谱法进行测定，规定千金子药材含千金子甾醇不得少于 0.35%，以控制药材质量。

药理研究表明，续随子具有泻下、抗菌、抗肿瘤等作用。

中医理论认为千金子和千金子油具有泻下逐水，破血消癥，疗癣蚀疣等功效。

◆ 续随子
Euphorbia lathyris L.

◆ 药材千金子
Euphorbiae Semen

化学成分

续随子的种子含多种二萜醇酯类成分：6,20-环氧千金藤醇-5,15-二乙酸-3-苯乙酸酯即酯L_1 (6,20-epoxylathyrol-5,15-diacetate-3-phenylacetate)[1]、7-羟基-千金藤醇-二乙酸-二苯甲酸酯即酯L_2 (7-hydroxylathyroldiacetate-dibenzoate)[2]、千金藤醇-3,15-二乙酸-5-苯甲酸酯即酯L_3 (lathyrol-3,15-diacetate-5-benzoate)[3]、巨大戟萜醇-20-棕榈酸酯即酯L_4 (ingenol-20-hexadecanoate)、巨大戟萜醇-3-棕榈酸酯即酯L_5 (ingenol-3-hexadecanoate)[4-5]、巨大

◆ ingenol-3-hexadecanoate

◆ 6,20-epoxylathyrol-5,15-diacetate-3-phenylacetate

戟萜醇-3-十四碳-2,4,6,8,10-五烯酸酯即酯L_6 (ingenol-3-tetradeca-2,4,6,8,10-pentaenoate)[4]、17-羟基岩大戟-15,17-二乙酸-3-*O*-桂皮酸酯即酯L_{7a} (17-hydroxyjolkinol-15,17-diacetate-3-*O*- cinnamate)、17-羟基-异千金藤醇-5,15,17-三-*O*-乙酸-3-*O*-苯甲酸酯即酯L_{7b} (17-hydroxyisolathyrol-5,15,17-tri-*O*-acetate-3-*O*-benzoate)[6]、千金藤醇-3,15-二乙酸-5-烟酸酯即酯L_8 (lathyrol-3,15-diacetate-5-nicotinate)、7-羟基千金藤醇-5,15-二乙酸-3-苯甲酸酯-7-烟酸酯即酯L_9 (7-hydroxylathyrol-5,15- diacetate-3-benzoate-7-nicotinate)[7]、7-羟基千金藤醇-5-乙酸-3,7-二苯甲酸酯即酯L_{11} (7-hydroxylathyrol-5-acetate-3,7-dibenzoate)[8]、巨大戟萜醇-1-H-3,4,5,8,9,13,14-七去氢-3-十四酸酯 (ingenol-1-H-3,4,5,8,9,13,14-hepta- dehydro-3-tetradecanoate)、千金藤醇-3,15-二乙酸-5-苯甲酸酯 (lathyrol- 3,15-diacetate-5-benzoate)、巨大戟萜醇-3-棕榈酸酯 (ingenol-3- hexadecanoate)[5]、续随子酸A (lathyranoic acid A)[8]等。种子还含千金子甾醇(euphobiasteroid)、瑞香素 (daphnetin)、七叶苷元 (esculetin)、千金子素 (euphorbetin)及异千金子素 (isoeuphorbetin)、秦皮乙素 (aesculetin)[9]等香豆素类成分。续随子茎中白色乳汁含16-羟基巨大戟萜醇 (16-hydroxy-ingenol) 和巨大戟萜醇长链不饱和脂肪酸酯[4]。

药理作用

1. 抗肿瘤

体外实验表明续随子甲醇提取物对人宫颈癌细胞 HeLa、人红白血病细胞 K_{562}、人单核细胞性白血病细胞 U937、人急性淋巴细胞性白血病细胞 HL-60、人肝癌细胞 $HepG_2$ 有明显的细胞毒活性；体内实验表明，甲醇提取物灌胃对小鼠肉瘤 S_{180} 和艾氏腹水癌 EAC 有较好的抑制作用 [10]，巨大戟萜醇 -3- 棕榈酸酯为活性成分之一 [5]。续随子种子油可诱导人类淋巴母细胞产生人疱疹病毒第四型 (EBV) 的早期 (EA) 和病毒衣壳 (VCA) 抗原，对产生 EA 和 VCA 的鼻咽癌细胞 P3HR-1 作用有协同效果 [11]。体外实验还表明，续随子对大鼠原代培养的肺成纤维细胞增殖有明显的抑制作用，且成剂量依赖性 [12]。续随子种子中的二萜类化合物对黑色素细胞系瘤小鼠的黑色素生成有抑制作用 [13]。

2. 致泻

续随子种子油对胃肠黏膜有强烈刺激作用，从而产生腹泻，其强度为蓖麻油的 3 倍 [14]。

3. 镇静、镇痛

瑞香素灌胃给药对小鼠醋酸诱发的扭体反应和热板所致的疼痛有较好的镇痛效果 [15]。瑞香素腹腔注射对小鼠有镇静催眠作用，与巴比妥类药物有协同作用，可降低给予巴比妥药物的小鼠入睡阈值并延长睡眠时间 [16]。

4. 抗炎

瑞香素对大鼠蛋清或右旋糖苷诱发的急性实验性关节炎有明显的抑制作用 [16]。

5. 抗菌

体外实验表明，瑞香素对金黄色葡萄球菌、大肠埃希氏菌、弗氏痢疾志贺氏菌及铜绿假单胞菌的生长有抑制作用 [16]，七叶苷元能抑制肠道中的大肠埃希氏菌的存活 [17]。

6. 其他

续随子种子中的七叶苷元可抑制酪氨酸酶活性 [9]。

应用

本品为中医临床用药。功能：泻下逐水，破血消症；外用疗癣蚀疣。主治：二便不通，水肿，痰饮，积滞胀满，血瘀经闭；外治顽癣，赘疣。

现代临床也用于治疗晚期血吸虫病腹水和毒蛇咬伤等病。

评注

生千金子被列入中国香港常见 31 种毒剧中药名单，临床应用时应予特别注意。

续随种子含脂肪油 48% ～ 50%，续随子油中主要有油酸 89.2%、棕榈酸 5.5%、亚油酸 0.4%、亚麻酸 0.3%，全草富含烃类，可作为人造石油的原料。经人工培育的油料品种在非洲热带地区已有规模化栽培，是值得进一步开发并进行综合利用的药用植物。

参考文献

[1] ADOLF W. *Euphorbia lathyris*[J]. Tetrahedron Letters, 1970, 26: 2241-2244.

[2] NARAYANAN P, ROEHRL M, ZECHMEISTER K, et al. Structure of 7-hydroxylathyrol, a further diterpene from *Euphorbia lathyris*[J]. Tetrahedron Letters, 1971, 18: 1325-1328.

[3] ADOLF W, HECKER E. Further new diterpene esters from the irritant and cocarcinogenic seed oil and latex of the caper spurge (*Euphorbia lathyris* L.) [J]. Experientia, 1971, 27(12): 1393-1394.

[4] ADOLF W, HECKER E. On the active principles of the spurge family. Ⅲ. Skin irritant and cocarcinogenic factors from the caper spurge[J]. Zeitschrift fuer Krebsforschung und Klinische Onkologie, 1975, 84(3): 325-344.

[5] ITOKAWA H, ICHIHARA Y, WATANABE K, et al. An antitumor principle from *Euphorbia lathyris*[J]. Planta Medica, 1989, 55(3): 271-272.

[6] ADOLF W, KOEHLER I, HECKER E. Lathyrane type diterpene esters from *Euphorbia lathyris*[J]. Phytochemistry, 1984, 23(7): 1461-1463.

[7] ITOKAWA H, ICHIHARA Y, YAHAGI M, et al. Lathyrane diterpene from *Euphorbia lathyris*[J]. Phytochemistry, 1990, 29(6): 2025-2026.

[8] LIAO S G, ZHAN Z J, YANG S P, et al. Lathyranoic acid A: first secolathyrane diterpenoid in nature from *Euphorbia lathyris*[J]. Organic Letters, 2005, 7(7): 1379-1382.

[9] MASANOTO Y, ANDO H, MURATA Y, et al. Mushroom tyrosinase inhibitory activity of esculetin isolated from seeds of *Euphorbia lathyris* L.[J]. Bioscience, Biotechnology, and Biochemistry, 2003, 67(3): 631-634.

[10] 黄晓桃，黄光英，薛存宽，等 . 千金子甲醇提取物抗肿瘤作用的实验研究 [J]. 肿瘤防治研究，2004，31(9)：556-558.

[11] ITO Y, KAWANISHI M, HARAYAMA T, et al. Combined effect of the extracts from *Croton tiglium*, *Euphorbia lathyris* or *Euphorbia tirucalli* and *n*-butyrate on Epstein-Barr virus expression in human lymphoblastoid P3HR-1 and Raji cells[J]. Cancer Letters, 1981, 12(3): 175-180.

[12] 杨珺，王世岭，付桂英，等 . 千金子提取液对大鼠肺成纤维细胞增殖的影响及细胞毒性作用 [J]. 中国临床康复，2005，9(27)：101-103.

[13] KIM C T, JUNG M H, KIM H S, et al. Inhibitors of melanogenesis from *Euphorbia lathyris* semen[J]. Saengyak Hakhoechi, 2000, 31(2): 167-173.

[14] DEY C D. Study of the laxative action of *Euphorbia lathyris* seed oil[J]. Journal of Experimental Medical Sciences, 1967, 10(4): 79-81.

[15] 叶和杨，熊小琴，邱伟，等 . 瑞香素对醋酸、热板及电刺激致痛小鼠的镇痛作用 [J]. 中国临床康复，2005，9(22)：174-176.

[16] 郑建靖，石森林 . 瑞香素的药理研究进展 [J]. 浙江中医学院学报，1999，23(4)：50-51.

[17] DUNCAN S H, LEITCH E C, STANLEY K N, et al. Effects of esculin and esculetin on the survival of *Escherichia coli* 0157 in human faecal slurries, continuous-flow simulations of the rumen and colon and in calves[J]. The British Journal of Nutrition, 2004, 91(5): 749-755.

萱草 Xuancao [KHP]

Hemerocallis fulva L.
Orange Daylily

概述

百合科 (Liliaceae) 植物萱草 *Hemerocallis fulva* L.，其干燥根入药。中药名：萱草根。

萱草属 (*Hemerocallis*) 植物全世界约有 14 种，大部分分布于亚洲温带至亚热带地区，少数见于欧洲。中国产约有 11 种。有些种类被广泛栽培，供食用和观赏。大多数种类的花可供食用和药用。

“萱草根”药用之名，始载于《嘉祐本草》。中国从古至今作中药材萱草根入药者为萱草属多种植物，本种为其主流品种。萱草根主产于中国湖南、福建、江西、浙江等地。

萱草属植物主要化学成分为蒽醌类、二氢呋喃 -γ- 内酰胺类、生物碱、黄酮、萘酚、甾醇等，此外，皂苷、脂肪族、单苯环衍生物也有过报道 [1]。近代学者研究指出：萱草类植物中普遍存在具活性的大黄酚、大黄酸，是该类植物利尿的有效成分。

药理研究表明，萱草具有利尿、抗肿瘤、抗氧化、抗菌等作用。

中医理论认为萱草具有清热凉血，利尿通淋等功效。

◆ 萱草
Hemerocallis fulva L.

◆ 黄花菜
H. citrina Baroni

◆ 药材萱草根
Hemerocallis Fulvae Radix

化学成分

萱草根含蒽醌类成分：大黄酚 (chrysophanol)、甲基大黄酸 (methyl rhein)、大黄酸 (rhein)、1,8-二羟基-3-甲氧基蒽醌 (1,8-dihydroxy-3-methoxy-anthraquinone)[2]、7-羟基-1,2,8-三甲氧基-3-甲基蒽醌 (7-hydroxy-1,2,8-trimethoxy-3-methylanthraquinone)、7,8-二羟基-1,2-二甲氧基-3-甲基蒽醌 (7,8-dihydroxy-1,2 -dimethoxy-3-methylanthraquinone)[3]、2-羟基大黄酚 (2-hydroxychrysophanol)及kwanzoquinones A、B、C、D、E、F、G[4]；三萜类成分：3*α*-乙酰基-11-氧代-12-乌苏烯-24-羧酸 (3*α*-acetyl-11-oxo-12-ursene-24-oic acid)、3-氧代羊毛甾-8,24-二烯-21-羧酸 (3-oxolanosta-8,24-diene-21-oic acid)、3*β*-羟基羊毛甾-8,24-二烯-21-羧酸 (3*β*-hydroxylanosta-8,24-diene-21-oic acid)、3*α*-羟基羊毛甾-8,24-二烯-21-羧酸 (3*α*-hydroxylanosta-8,24-diene-21-oic acid)、*α*-乳香酸 (*α*-boswellic acid)、*β*-乳香酸 (*β*-boswellic acid)、11*α*-羟基-3-乙酰基-*β*-乳香酸 (11*α*-hydroxy-3-acetyl-*β*-boswellic acid)；螺甾烷类成分：25(*R*)-螺甾烷-4-烯-3,12-二酮 [25(*R*)-spirostan-4-ene-3,12-dione][5]；二萜类成分：hemercalla A[6]；黄酮类成分：2',4,6'-三羟基-4'-甲氧基-3'-甲基二氢查耳酮 (2',4,6'-trihydroxoy-4'- methoxy-3'-methylchalcone)[5]、6-甲基木犀草素 (6-methylluteolin)[7]；苷类成分：5-hydroxydianellin、dianellin[7]、hemercalloside[6]。

萱草叶含有长寿花糖苷 (roseoside)、phlomuroside、落叶松脂素 (lariciresinol)、腺苷 (adenosine)、槲皮素-3,7-*O*-*β*-*D*-二葡萄糖苷 (quercetin-3,7-*O*-*β*-*D*-diglucopyranoside)、异鼠李素-3-*O*-*β*-*D*-6'-乙酰葡萄糖苷 (isorhamnetin-3-*O*-*β*-*D*-6'- acetylglucopyranoside) 等[8]。

萱草花中还含有环己酰亚胺 (cycloheximide) 和细胞分裂素 (cytokinin)[9]等。

◆ chrysophanol: R_1=H　R_2=CH_3
rhein: R_1=COOH　R_2=H

药理作用

1. 利尿

萱草根所含的大黄酚、大黄酸有利尿的作用[1]。

2. 抗肿瘤

萱草根所含的蒽醌类化合物在体外对人乳腺、中枢神经系统、结肠及肺部肿瘤细胞的增殖均有一定抑制作用[4]。

3. 抗氧化

萱草叶甲醇提取物中多种成分在体外均显示出显著的抗脂质过氧化作用[8]。萱草花乙醇提取物也有很强的抗氧化活性[10]。

4. 抗菌

体外实验表明，萱草根对结核分枝杆菌有一定的抑制作用，萱草根及萱草乙醚浸膏对豚鼠实验性结核病均有一定的治疗作用。萱草的氯仿提取物及其所含的多种蒽醌类化合物都具有抗菌活性[2]。

5. 抗血吸虫

萱草根所含的2-羟基大黄酚和kwanzoquinone E对人病原性吸虫曼氏血吸虫成虫和尾蚴阶段有杀灭活性，对童虫阶段无作用[7]。由于萱草根对宿主有强烈的毒性，安全范围小，故无临床价值[11]。

6. 其他

萱草花浸膏小鼠灌胃有明显的镇静作用，能逐渐减少小鼠的活动，2小时后逐渐恢复，与戊巴比妥钠联合用药还能减少后者的用量[12]。此外，萱草花提取液尚能抑制成纤维细胞增生[13]。

应用

萱草根

本品为中医临床用药。功能：清热利湿，凉血止血。解毒消肿，利尿通淋。主治：黄疸，水肿，淋浊，带下，衄血，便血，崩漏，瘰疬，乳痈，乳汁不通。

现代临床还用于肝炎、肺结核、尿路感染、乳腺炎等病的治疗。

萱草嫩苗

本品为中医临床用药。功能：清热利湿。主治：胸膈烦热，黄疸，小便短赤。

评注

药用植物图像数据库

中医认为萱草根为清热利尿药，但其原植物自古即有混乱，现代植物分类学界也存在不同的观点。宋代萱草根的基原植物为本种，明代以后出现多基原现象，有萱草、黄花菜 *Hemerocallis citrina* Baroni、重瓣萱草 *H. fulva* var. *kwanso* Regel、北黄花菜 *H. lilio-asphodelus* L. 和小黄花菜 *H. minor* Mill.。

《中国药典》1977年版规定萱草根的来源为本种及黄花菜和小黄花菜的干燥根。因萱草根有一定的毒副作用，《中国药典》1985年版以后均未收载。

在中国，萱草属植物的根及根茎除作药用以外，有些种类（如黄花菜又名金针菜）的花加工后可供食用，有些种类作为观赏植物也有很悠久的历史。

由于长期栽培，在欧美更培育出五千多个品种以供观赏。萱草属多数种类的叶还是优良的纤维原料，可供造纸、捻绳、编织草垫；花葶开后可作燃料。

参考文献

[1] 杨中铎，李援朝. 萱草属植物化学成分及生物活性研究进展[J]. 天然产物研究与开发，2002，14(1)：93-97.

[2] SARG T M, SALEM S A, FARRAG N M, et al. Phytochemical and antimicrobial investigation of *Hemerocallis fulva* L. grown in Egypt[J]. International Journal of Crude Drug Research, 1990, 28(2): 153-156.

[3] HUANG Y L, CHOW F H, SHIEH B J, et al. Two new anthraquinones from *Hemerocallis fulva*[J]. Chinese Pharmaceutical Journal, 2003, 55(1): 83-86.

[4] CICHEWICZ R H, ZHANG Y J, SEERAM N P, et al. Inhibition of human tumor cell proliferation by novel anthraquinones from daylilies[J]. Life Sciences, 2004, 74(14):

1791-1799.

[5] 杨中铎，李援朝．萱草根化学成分的分离与结构鉴定 [J]. 中国药物化学杂志，2003，13(1)：34-37.

[6] YANG Z D, CHEN H, LI Y C. A new glycoside and a novel-type diterpene from *Hemerocallis fulva* L.[J]. Helvetica Chimica Acta, 2003, 86(10): 3305-3309.

[7] CICHEWICZ R H, LIM K C, MCKERROW J H, et al. Kwanzoquinones A-G and other constituents of *Hemerocallis fulva* 'Kwanzo' roots and their activity against the human pathogenic trematode Schistosoma mansoni[J]. Tetrahedron, 2002, 58(42): 8597-8606.

[8] ZHANG Y, CICHEWICZ R H, NAIR M G. Lipid peroxidation inhibitory compounds from daylily (*Hemerocallis fulva*) leaves[J]. Life Sciences, 2004, 75(6): 753-763.

[9] GULZAR S, TAHIR I, FAROOQ S, et al. Effects of cytokinins on the senescence and longevity of isolated flowers of day lily (*Hemerocallis fulva*) cv. Royal Crown sprayed with cycloheximide[J]. Acta Horticulturae, 2005, 669: 395-403.

[10] MAO L C, PAN X, QUE F, et al. Antioxidant properties of water and ethanol extracts from hot air-dried and freeze-dried daylily flowers[J]. Food Research and Technology, 2006, 222 (3-4): 236-241.

[11] 王本祥．现代中药药理学 [M]. 天津：天津科学技术出版社，1997：591-592.

[12] 范斌，王佳，许绍芬．萱草花对小鼠镇静作用的实验观察 [J]. 上海中医药杂志，1996，(2)：40-41.

[13] 何成雄．萱草花提取液及表皮生长因子对人真皮成纤维细胞增殖的作用 [J]. 中华皮肤科杂志，1994，27(4)：218-220.

◆ 野生萱草

玄参 Xuanshen CP, VP

Scrophularia ningpoensis Hemsl.
Figwort

概述

玄参科 (Scrophulariaceae) 植物玄参 *Scrophularia ningpoensis* Hemsl.，其干燥根入药。中药名：玄参。

玄参属 (*Scrophularia*) 植物全世界约有 200 种，分布于欧、亚大陆温带地区，地中海地区尤多。中国约有 30 种，本属现供药用者约有 5 种。本种为中国特有种，分布于中国河北、山西、陕西、河南、江苏、安徽、浙江、江西、福建、湖北、湖南、广东、四川、贵州等省区，各地多有栽培。

“玄参”药用之名，始载于《神农本草经》，列为中品。历代本草多有著录，古今药用品种一致。《中国药典》（2015 年版）收载本种为中药玄参的法定原植物来源种。主产于中国浙江省，四川、陕西、湖北、江西等省也产，浙江为主产区。

玄参主要活性成分为环烯醚萜类和苯丙素类。《中国药典》采用高效液相色谱法进行测定，规定玄参药材含哈巴苷和哈巴俄苷的总量不得少于 0.45%，以控制药材质量。

药理研究表明，玄参具有抗炎、抗菌、抗血小板聚集、降血压等作用。

中医理论认为玄参具有清热凉血，滋阴降火，解毒散结等功效。

◆ 玄参
Scrophularia ningpoensis Hemsl.

◆ 玄参
S. ningpoensis Hemsl.

◆ 药材玄参
Scrophulariae Radix

◆ 北玄参
S. buergeriana Miq.

化学成分

玄参干燥根含环烯醚萜类：哈巴苷（又名爪钩草苷，harpagide）、士可玄参苷A (scropolioside A)、*O*-甲基梓醇 (*O*-methyl-catalpol)[1]、哈巴俄苷（又名爪钩草酯苷，harpagoside）[1-2]、6'-*O*-乙酰哈巴苷 (6'-*O*-acetylharpagoside)、异玄参苷元 (ningpogenin)、京尼平苷 (geniposide)[3]、桃叶珊瑚苷 (aucubin)、梓醇 (catalpol)，异玄参苷A、B (ningpogosides A, B)，iridoidlacton[4]、scrophuloside B_4[5]；苯丙素类成分：ningposides A、B、C、D[5-6]，安格洛苷C (angoroside C)，肉苁蓉苷D、F (cistanosides D, F)，类叶升麻苷（又名毛蕊花糖苷，acteoside）、去咖啡酰基类叶升麻苷 (decaffeoylacteoside)[6]。此外，还含3-*O*-乙酰基-2-*O*-对羟基肉桂酰基-*α*-*L*-鼠李糖 [3-*O*-acetyl-2-*O*-(*p*-hydroxycinnamoyl)-*α*-*L*-rhamnose]、肉桂酸 (cinnamic acid)、对甲氧基肉桂酸 (*p*-methoxycinnamic acid)、4-羟基-3-甲氧基肉桂酸 (4-hydroxy-3-methoxycinnamic acid)、4-羟基-3-甲氧基苯甲酸 (4-hydroxy-3-methoxybenzoic acid)、5-羟甲基糠醛 (5-hydroxymethyl furfural)[7]、3-羟基-4-甲氧基苯甲酸 (3-hydroxy-4-methoxy benzoic acid)、齐墩果酮酸 (oleanonic acid)、ursolonic acid[5]。

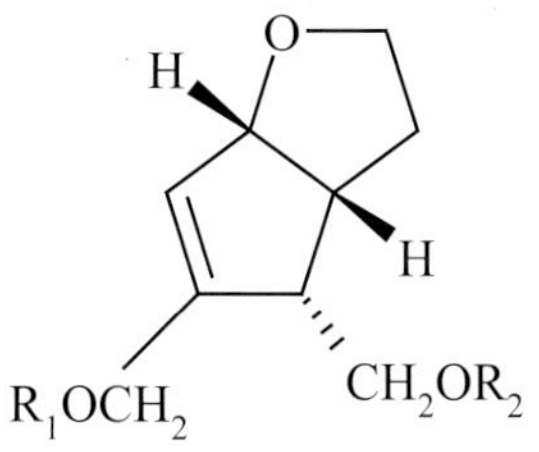

◆ ningpogenin: $R_1=R_2=H$
ningpogoside A: $R_1=H$, $R_2=glc$
ningpogoside B: $R_1=glc$, $R_2=H$

药理作用

1. 抗炎

玄参乙醇提取液灌胃对角叉菜胶和眼镜蛇毒诱导的大鼠足趾肿胀有显著的抑制作用[8]。玄参所含苯丙素类成分安格洛苷C和类叶升麻苷对大鼠腹腔中性白细胞中花生四烯酸 (AA) 代谢产物白三烯 B_4 (LTB_4) 的产生有较强的抑制作用[9]。

2. 抗菌

玄参叶对金黄色葡萄球菌有强抑制作用，对白喉棒杆菌和伤寒沙门氏菌作用次之，玄参叶抑菌作用比根强[10]。

3. 抗血小板聚集

玄参醚、醇及水提取物均有抗血小板聚集和增强纤维蛋白溶解活性的作用[11]。玄参中的环烯醚萜苷、苯丙素苷成分对二磷酸腺苷 (ADP) 和花生四烯酸诱导的体外血小板聚集有不同程度的抑制作用，苯丙素苷的作用比环烯醚萜苷强[9]；其作用途径为升高血小板cAMP浓度，降低血浆血栓素 B_2 (TXB_2) 和6-keto-prostaglandin $F_{1α}$ ($PGF_{1α}$) 水平[12]。

4. 降血压

玄参水浸、醇浸液灌胃或注射，对正常猫、犬、兔及肾型高血压犬均有降血压作用。

5. 抗脑缺血

玄参提取物大鼠尾静脉注射，对大脑中动脉线栓法建立的局灶性脑缺血模型有保护作用，可明显减少脑梗死体积，改善神经功能和脑血流量[13]。

6. 其他

玄参还有抗氧化[8]、保肝[14]、抗抑郁[15]、抗内毒素[16]和抗肿瘤作用[5, 10]。

应用

本品为中医临床用药。功能：清热凉血，滋阴降火，解毒散结。主治：热入营血，温毒发斑，热病伤阴，舌绛烦渴，津伤便秘，骨蒸劳嗽，目赤，咽痛，白喉，瘰疬，痈肿疮毒。

现代临床还用于糖尿病、高血压、扁桃体炎、淋巴结核等病的治疗。

评注

玄参中的有效成分为环烯醚萜和苯丙素类，玄参属中很多植物都含有与玄参类似的化学成分，如北玄参 *Scrophularia buergeriana* Miq.、穗花玄参 *S. spicata* Fr. 在中国民间常代玄参作药用。印度植物 *S. koelzii* Pennell、日本植物 *S. kakudensis* Franch. 和土耳其植物 *S. ilwensis* C. Koch.、*S. scoplii* Pers. 在当地亦作药用[10]。湖北恩施现已建立了玄参的规范化种植基地。

参考文献

[1] 张雯洁，刘玉青，李兴从，等. 中药玄参的化学成分 [J]. 云南植物研究，1994，16(4)：407-412.

[2] 蔡少青，谢丽华，王建华，等. 中药玄参中哈巴俄苷和肉桂酸的高效液相色谱法测定 [J]. 药物分析杂志，2000，20(3)：191-194.

[3] 邹臣亭，杨秀伟. 玄参中一个新的环烯醚萜糖苷化合物 [J]. 中草药，2000，31(4)：241-243.

[4] 李医明，蒋山好，朱大元，等. 玄参中微量单萜和二萜成分 [J]. 解放军药学学报，2000，16(1)：22-24.

[5] NGUYEN A T, FONTAINE J, MALONNE H, et al . A sugar ester and an iridoid glycoside from *Scrophularia ningpoensis*[J]. Phytochemistry, 2005, 66(10): 1186-1191.

[6] LI Y M, JIANG S H, GAO W Y, et al. Phenylpropanoid glycosides from *Scrophularia ningpoensis*[J]. Phytochemistry, 2000, 54(8): 923-925.

[7] 李医明，蒋山好，高文运，等. 玄参的脂溶性化学成分 [J]. 药学学报，1999，34(6)：448-450.

[8] 曾华武，李医明，贺祥，等. 玄参提取物的抗炎和抗氧活性 [J]. 第二军医大学学报，1999，20(9)：614-616.

[9] 李医明，曾华武，贺祥，等. 玄参中环烯醚萜苷和苯丙素苷对 LTB_4 产生及血小板聚集的影响 [J]. 第二军医大学学报，1999，20(5)：301-303.

[10] 李医明，蒋山好，朱大元. 玄参属植物化学成分与药理活性研究进展 [J]. 中草药，1999，30(4)：307-310.

[11] 倪正，蔡雪珠，黄一平，等. 玄参提取物对大鼠血液流变性、凝固性和纤溶活性的影响 [J]. 中国微循环，2004，8(5)：339.

[12] 黄才国，李医明，贺祥，等. 玄参中苯丙素苷 XS-8 对兔血小板 cAMP 和兔血浆中 PGI_2/TXA_2 的影响 [J]. 第二军医大学学报，2004，25(8)：920-921.

[13] 黄前，贡沁燕，姚明辉，等. 玄参提取物对大鼠局灶性脑缺血的保护作用 [J]. 中国新药与临床杂志，2004，23(6)：323-327.

[14] 黄才国，李医明，贺祥，等. 玄参中苯丙素苷对大鼠肝损伤细胞凋亡的影响 [J]. 中西医结合肝病杂志，2004，14(3)：160-161.

[15] XU C, LUO L, TAN R X. Antidepressant effect of three traditional Chinese medicines in the learned helplessness model[J]. Journal of Ethnopharmacology, 2004, 91(2-3): 345-349.

[16] 谢文光，邵宁生，马晓昌，等. 玄参治疗大鼠内毒素血症的血清蛋白质组变化的初步研究 [J]. 中国中药杂志，2004，29(9)：877-882.

旋覆花 Xuanfuhua CP, KHP

Inula japonica Thunb.
Japanese Inula

概述

菊科 (Asteraceae) 植物旋覆花 *Inula japonica* Thunb.，其干燥头状花序入药，中药名：旋覆花；其干燥地上部分入药，中药名：金沸草。

旋覆花属 (*Inula*) 植物全世界约 100 种，分布于欧洲、非洲及亚洲，以地中海地区为主，俄罗斯西伯利亚西部至蒙古北部和北美均有。中国有 20 余种和多数变种，本属现作药用者约有 17 种。本种主要分布于中国东北部、北部、东部，日本也有。

“旋覆花”药用之名，始载于《神农本草经》，列为下品。历代本草多有著录。中国自古以来作中药材旋覆花入药者为菊科多种植物的花序。《中国药典》（2015 年版）收载本种为中药旋覆花的法定原植物来源种之一。主产于中国河南、江苏、河北、浙江。以河南产量最大，江苏、浙江质量最佳。

旋覆花主要含有倍半萜内酯和黄酮类化合物。《中国药典》以性状、显微和薄层色谱鉴别来控制旋覆花药材的质量。

药理研究表明，旋覆花具有镇咳、祛痰和抗炎等作用。

中医理论认为旋覆花具有降气，消痰，行水，止呕等功效。

◆ 旋覆花
Inula japonica Thunb.

◆ 药材旋覆花
Inulae Flos

化学成分

旋覆花头状花序含甾醇类化合物：蒲公英甾醇 (taraxasterol)[1]；倍半萜内酯类成分：大花旋覆花内酯 (britannilactone)、1-*O*-乙酰大花旋覆花内酯 (1-*O*-acetylbritannilactone)、1,6-*O*,*O*-二乙酰大花旋覆花内酯 (1,6-*O*,*O*-diacetylbritannilactone)[2]、球醚大花旋覆花内酯 (britannilide)、氧化大花旋覆花内酯 (oxobritannilactone)、旋覆花佛术内酯 (eremobritanilin)[3]、1-*O*-乙酰-4*R*,6*S*-旋覆花内酯 (1-*O*-acetyl-4*R*,6*S*-britannilactone)[4]、锦菊素 (bigelovin)、2,3-二氢芳香堆心菊素 (2,3-dihydroaromaticin)、二氢锦菊素 (ergolide)[5]；黄酮类成分：山柰酚 (kaempferol)、槲皮素 (quercetin)、柽柳素 (tamarixetin)、杜鹃黄素 (azaleatin) 等。

地上部分含倍半萜内酯类成分：旋覆花素 (inulicin)[6]、去乙酰旋覆花素 (deacetylinulicin)[7]、银胶菊素 (tomentosin)、豚草素 (ivalin)、4-表异黏性旋覆花内酯 (4-epi-isoinuviscolide)、天人菊内酯 (gaillardin)，旋覆花内酯A、B、C (inuchinenolides A～C)[8]，1β-羟基-8β-乙酰氧基木香酸甲酯 (1β-hydroxy-8β-acetoxycostic acid methyl ester)、1β-羟基-8β-乙酰氧基异木香酸甲酯 (1β-hydroxy-8β-acetoxyisocostic acid methyl ester)、1β-hydroxy-4α,11α-eudesma-5-en-12,8β-olide[9]。

◆ 1-*O*-acetylbritannilactone

◆ inulicin

药理作用

1. 止咳、祛痰、平喘

SO_2 引咳法表明旋覆花煎剂小鼠腹腔注射有显著的镇咳作用；酚红排泌法显示有很好的祛痰作用[10]。旋覆花黄酮对组胺引起的豚鼠支气管痉挛性哮喘有明显的保护作用，对组胺引起的豚鼠离体支气管痉挛有对抗作用。

2. 抗炎

旋覆花煎剂腹腔注射对巴豆油所致小鼠耳郭肿胀有明显抑制作用[10]。对体外 RAW264.7 巨噬细胞抗炎实验表明，1-*O*- 乙酰大花旋覆花内酯可能通过抑制核因子 ϰB (NF-ϰB) 与相应作用位点结合，降低环加氧酶 2 (COX-2) 和诱导型一氧化氮合酶 (iNOS) 基因表达的活性，以及前列腺素 E_2 (PGE_2) 与一氧化氮的合成而发挥其抗炎作用[11]；

二氢锦菊素、2,3- 二氢芳香堆心菊素和锦菊素对脂多糖诱导的一氧化氮合酶均有一定的抑制作用[5]。旋覆花素也具有抗炎活性[12]。

3. 抗菌

体外实验表明旋覆花乙醇提取物对大肠埃希氏菌、金黄色葡萄球菌、枯草芽孢杆菌都有一定程度的抑菌作用。黄酮类化合物可能是其主要的抗菌成分[13]。

4. 保肝

旋覆花热水提取物注射给药可提高可化舒 (propionibacterium acnes) 和脂多糖所致肝损伤小鼠的存活率，其有效成分为蒲公英甾醇[1]。

5. 降血糖

旋覆花水提取物灌胃给药可显著降低四氧嘧啶所致糖尿病小鼠血清三酰甘油含量，升高血浆中胰岛素水平，使水和食物的消耗量大大减少，血糖明显降低，而对正常小鼠的血糖影响很小[14]。

6. 抗肿瘤

体外实验表明，球醚大花旋覆花内酯和旋覆花佛术内酯可抑制人白血病 (P388) 细胞株的生长[3]；1,6-*O*,*O*- 二乙酰大花旋覆花内酯也显示出对肿瘤细胞的细胞毒活性[2]。

7. 其他

旋覆花水提取液在体外对猪晶体醛糖还原酶有较好的抑制作用，提示对糖性白内障有防治效果[15]。旋覆花乙醇提取物对动物油脂有较好的抗氧化作用[13]。旋覆花素具有刺激中枢神经系统、促进肠平滑肌运动、抗溃疡、利尿、大剂量抑制心搏等多种药理活性[12]。

应用

本品为中医临床用药。功能：降气，消痰，行水，止呕。主治：风寒咳嗽，痰饮蓄结，胸膈痞闷，喘咳痰多，呕吐噫气，心下痞硬。

现代临床还用于急慢性支气管炎、支气管哮喘等病的治疗。

评注

《中国药典》规定中药旋覆花的正品来源为旋覆花和欧亚旋覆花 *Inula britannica* L. 的头状花序。旋覆花与欧亚旋覆花极为相似，仅以叶形和毛茸为区别，化学成分和药理作用也无太大差别。

条叶旋覆花 *I. linariifolia* Turcz. 由于习性、分布均与旋覆花和欧亚旋覆花相近，植物形态亦相似，在采摘过程中易混淆。条叶旋覆花的头状花序在临床上应用时曾出现过多例致吐的不良反应，不宜作旋覆花入药，使用时应多加注意。

在日本，旋覆花用作健胃、祛痰、利尿药，民间用来镇吐；俄罗斯则将欧亚旋覆花作为解痉剂，治疗胃肠部疼痛、风湿、痔疮等，全草或根茎用作祛痰、利尿、发汗和泻药，新鲜的叶外敷伤口用于止血。

参考文献

[1] IIJIMA K, KIYOHARA H, TANAKA M, et al. Preventive effect of taraxasteryl acetate from *Inula britannica* subsp. *japonica* on experimental hepatitis *in vivo*[J]. Planta Medica, 1995, 61(1): 50-53.

[2] ZHOU B N, BAI N S, LIN L Z, et al. Sesquiterpene lactones from *Inula britannica*[J]. Phytochemistry, 1993, 34(1): 249-252.

[3] BAI N S, ZHOU B N, SANG L, et al. Three new sesquiterpene lactones from *Inula britannica*[J]. ACS Symposium Series, 2003, 859: 271-278.

[4] HAN A R, MAR W, SEO E K. X-ray crystallography of a new sesquiterpene lactone isolated from *Inula britannica* var. *chinensis*[J]. Natural Product Sciences, 2003, 9(1): 28-30.

[5] LEE H T, YANG S W, KIM K H, et al. Pseudoguaianolides isolated from *Inula britannica* var. *chinenis* as inhibitory constituents against inducible nitric oxide synthase[J]. Archives of Pharmacal Research, 2002, 25(2):151-153.

[6] KISELEVA E Y, SHEICHENKO V I, RYBALKO K S, et al. Inulicin, a new sesquiterpene lactone from *Inula japonica*[J]. Khimiya Prirodnykh Soedinenii, 1968, 4(6): 386-387.

[7] EVSTRATOVA R I, SHEICHENKO V I, RYBALKO K S. Sesquiterpene lactones from *Inula japonica*[J]. Khimiya Prirodnykh Soedinenii. 1974, 6: 730-733.

[8] ITO K, IIDA T. Seven sesquiterpene lactones from *Inula britannica* var. *chinensis*[J]. Phytochemistry, 1981, 20(2): 271-273.

[9] YANG C, WANG C M, JIA Z J. Sesquiterpenes and other constituents from the aerial parts of *Inula japonica*[J]. Planta Medica, 2003, 69(7): 662-666.

[10] 王建华，齐治，贾桂胜，等 . 中药旋覆花与其地区惯用品的药理作用研究 [J]. 北京中医，1997，(1)：42-44.

[11] HAN M, WEN J K, ZHENG B, et al. Acetylbritannilatone suppresses NO and PGE_2 synthesis in RAW 264.7 macrophages through the inhibition of iNOS and COX-2 gene expression[J]. Life Sciences, 2004, 75(6): 675-684.

[12] BELOVA L F, BAGINSKAYA A I, TRUMPE T, et al. Pharmacological properties of inulicin, a sesquiterpene lactone from *Inula japonica*[J]. Farmakologiya i Toksikologiya, 1981, 44(4): 463-467.

[13] 王萍，吴冬青，李彩霞 . 旋覆花乙醇提取物的抗氧化性与抑菌作用研究 [J]. 中国医学理论与实践，2005，15(1)：142-143，153.

[14] SHAN J J, YANG M, REN J W. Anti-diabetic and hypolipidemic effects of aqueous-extract from the flower of *Inula japonica* in alloxan-induced diabetic mice[J]. *Biological & Pharmaceutical Bulletin*, 2006, 29(3): 455-459.

[15] 胡书群，任孝衡，赵惠仁 . 旋覆花等 50 种中药对猪晶体醛糖还原酶的抑制作用 [J]. 中西医结合眼科杂志，1992，10(1)：1-3.

◆ 旋覆花种植基地

鸭跖草 Yazhicao CP

Commelina communis L.
Common Dayflower

概述

鸭跖草科 (Commelinaceae) 植物鸭跖草 *Commelina communis* L.，其干燥地上部分入药。中药名：鸭跖草。

鸭跖草属 (*Commelina*) 植物约有 100 种，广布于全世界，主产于热带、亚热带地区。中国南方各省区有 7 种，本属现供药用者约有 4 种。本种分布于中国云南、四川、甘肃以东的南北各省区；朝鲜半岛、日本、越南、俄罗斯远东地区及北美也有分布。

"鸭跖草"药用之名，始载于唐《本草拾遗》。历代本草多有著录。《中国药典》（2015 年版）收载本种为中药鸭跖草的法定原植物来源种。主产于中国东南部地区。

鸭跖草全草含黄酮苷和生物碱等成分。《中国药典》以性状、显微和薄层色谱鉴别来控制鸭跖草药材的质量。

药理研究表明，鸭跖草具有抗菌、抗炎、止咳、保肝等作用。

中医理论认为鸭跖草具有清热泻火，解毒，利水消肿等功效。

◆ 鸭跖草
Commelina communis L.

化学成分

鸭跖草全草含木栓酮 (friedelin)、左旋黑麦草内酯 (loliolide)、β-谷甾醇 (β-sitosterol)、胡萝卜苷 (daucosterol)、正三十烷醇 (*n*-triacontanol)、对羟基桂皮酸 (*p*-hydroxycinnamic acid)、*D*-甘露醇 (*D*-mannitol)[1]。

鸭跖草地上部分含生物碱：1-carbomethoxy-b-carboline、哈尔满 (harman)、去甲哈尔满 (norharman)[2]、2,5-二羟甲基-3,4-二羟基吡咯烷 (2,5-dihydroxymethyl-3,4-dihydroxypyrrolidine)、1-deoxymannojirimycin、脱氧野尻霉素 (1-deoxynojirimycin)、α-高野尻霉素 (α-homonojirimycin)、7-*O*-β-*D*-吡喃葡萄糖-α-高野尻霉素 (7-*O*-β-*D*-glucopyranosyl -α-homonojirimycin)[3]。

花瓣含黄酮类成分：鸭跖黄酮苷 (flavocommelin)、鸭跖草素(commelinin)[4]、鸭跖黄素 (flavocommelitin)[5]；花色苷类成分：丙二酸单酰基对香豆酰飞燕草苷 (malonylawobanin)[6]。

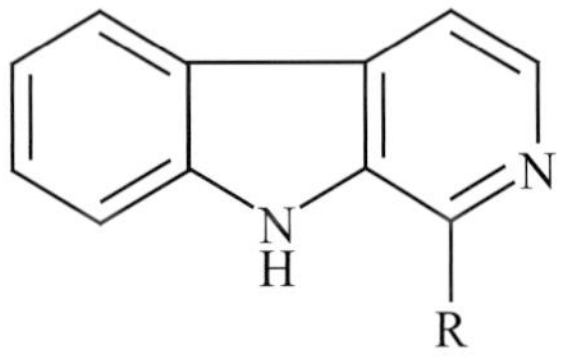

◆ 1-carbomethoxy-b-carboline: R=$COOCH_3$
flavocommelin: R=*D*-glc
harman: R=CH_3

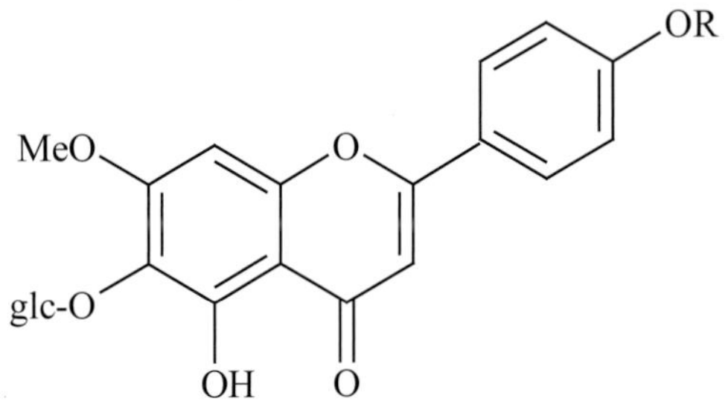

◆ lavocommelitin: R=H
norharman: R=H

药理作用

1. 抗菌

体外实验表明鸭跖草水煎液对金黄色葡萄球菌、白色葡萄球菌、溶血性链球菌、痢疾志贺氏菌、大肠埃希氏菌和枯草芽孢杆菌等均有抑制作用[7-8]；其乙酸乙酯提取液对金黄色葡萄球菌、白色葡萄球菌、大肠埃希氏菌和伤寒沙门氏菌有抑菌作用，经分离后得出的对羟基桂皮酸抑菌效价更高[1]。鸭跖草地上部分甲醇提取液对龋齿细菌、变异链球菌也有较好的抗菌作用[2]。

2. 止咳

鸭跖草石油醚和甲醇提取物对喷氨水气雾造成的小白鼠咳嗽反应有抑制作用，经分离后得出的*D*-甘露醇被证实为有效成分[1]。

3. 镇痛

鸭跖草水煎液灌胃，对醋酸扭体法和热板法实验小鼠有明显的镇痛作用[7]。

4. 抗炎

鸭跖草水煎液小鼠灌胃，对二甲苯所致耳郭肿胀有明显的抑制作用[7]。

5. 保肝

鸭跖草水提取液灌胃给药能显著降低四氯化碳、乙醇所致肝损伤小鼠血清谷丙转氨酶和谷草转氨酶活性的升高[9]。

6. 其他

鸭跖草及其变种的提取物有降血糖作用[3, 10]；此外，鸭跖草在体外还有抗细菌内毒素作用[7]。

应用

本品为中医临床用药。功能：清热泻火，解毒，利水消肿。主治：感冒发热，热病烦渴，咽喉肿痛，水肿尿少，热淋涩痛，痈肿疔毒。

现代临床还用于上呼吸道感染、高热、水痘、流行性腮腺炎、急性病毒性肝炎、高血压、睑腺炎等病的治疗。

评注

鸭跖草分布在云南、甘肃以东的南、北各省区，一般被认作杂草，主要危害小麦、大豆、玉米、蔬菜等农作物。鸭跖草分布广，产量大，还可作为天然的蓝色染料，对多种热证均有良好效果。近来研究发现其有很好的降血糖作用，有必要开展进一步的研究，拓展其应用范围。

药用植物图像数据库

参考文献

[1] 唐祥怡，周茉华，张执候，等. 鸭跖草的有效成分研究[J]. 中国中药杂志，1994，19(5)：297-298.

[2] BAE K, SEO W, KWON T, et al. Anticariogenic β-carboline alkaloids from *Commelina communis*[J]. Archives of Pharmacal Research, 1992, 15(3): 220-223.

[3] KIM H S, KIM Y H, HONG Y S, et al. alpha-Glucosidase inhibitors from *Commelina communis*[J]. Planta Medica, 1999, 65(5): 437-439.

[4] OYAMA K I, KONDO T. Total synthesis of flavocommelin, a component of the blue supramolecular pigment from *Commelina communis*, on the basis of direct 6-*C*-glycosylation of flavan[J]. Journal of Organic Chemistry, 2004, 69(16): 5240-5246.

[5] TAKEDA K, MITSUI S, HAYASHI K. Anthocyanins. LIV. Structure of a new flavonoid in the blue complex molecule of commelinin[J]. Shokubutsugaku Zasshi, 1966, 79(10-11): 578-587.

[6] GOTO T, KONDO T, TAMURA H, et al. Structure of malonylawobanin, the real anthocyanin present in blue-colored flower petals of *Commelina communis*[J]. Tetrahedron Letters, 1983, 24(44): 4863-4866.

[7] 吕贻胜，李素琴，丁瑞梅. 鸭趾草药理学研究[J]. 安徽医科大学学报，1995，30(3)：244-245.

[8] 万京华，章晓联，辛善禄. 鸭跖草的抑菌作用研究[J]. 公共卫生与预防医学，2005，16(1)：25-27.

[9] 张善玉，张艺莲，金在久，等. 鸭跖草对四氯化碳和乙醇所致肝损伤的保护作用[J]. 延边大学医学学报，2001，24(2)：98-100.

[10] SHIBANO M, TSUKAMOTO D, TANAKA Y, et al. Determination of 1-deoxynojirimycin and 2,5-dihydroxymethyl 3,4-dihydroxypyrrolidine contents of *Commelina communis* var. *hortensis* and the antihyperglycemic activity[J]. Natural Medicines, 2001, 55(5): 251-254.

延胡索 Yanhusuo CP, JP

Corydalis yanhusuo W. T. Wang
Yanhusuo

概述

罂粟科 (Papaveraceae) 延胡索 *Corydalis yanhusuo* W. T. Wang，其干燥块茎入药。中药名：延胡索，又名元胡。

紫堇属 (*Corydalis*) 植物全世界约有 428 种，主要广布于北温带地区，南可到北非至印度沙漠区的边缘，个别种类分布在东非的草原区。中国约有 288 种，南北各地均有分布，以西南地区为多，尤其在亚高山针叶林带最为集中。本属现供药用者约有 34 种 5 变型。本种分布于中国安徽、江苏、浙江、湖北、河南等地。

"延胡索"药用之名，始载于《本草拾遗》。《中国药典》（2015 年版）收载本种为中药延胡索的法定原植物来源种。主产于中国浙江，并引种到湖北、湖南、江苏等省区；野生资源稀缺，多为栽培品，以浙江东阳产者质优而被作为道地药材 [1-2]。

延胡索主要含有多种生物碱，为其主要活性成分。《中国药典》采用高效液相色谱法进行测定，规定延胡索中含四氢巴马亭不得少于 0.050%，以控制药材质量。

药理研究表明，延胡索具有镇痛镇静、扩张冠状动脉、抗心律失常、抗溃疡等作用。

中医理论认为延胡索具有活血，行气，止痛等功效。

◆ 延胡索
Corydalis yanhusuo W. T. Wang

◆ 药材延胡索
Corydalis Rhizoma

化学成分

延胡索块茎中含有多种类型生物碱成分：(+)-紫堇碱 [(+)-corydaline]、(±) -四氢巴马亭 [(±)-tetrahydropalmatine]、(–) -四氢黄连碱 [(–)-tetrahydrocoptisine, THD]、四氢非洲防己胺 [(–)-tetrahydrocolumbamine]、(+)-紫堇球碱 [(+)-corybulbine]、去氢紫堇碱 (dehydrocorydaline, DHC)、(+)-海罂粟碱 [(+)-glaucine]、原阿片碱(protopine)、α-别隐品碱 [α-allocryptopine]、(–) -四氢小檗碱 [(–)-tetrahydroberberine]、巴马亭 (palmatine) 、非洲防己碱 (columbamine)、(+)-N-甲基樟苍碱 [(+)-N-methyllaurotetanine]、去氢海罂粟碱 (dehydroglaucine)、元胡宁 (yuanhunine)[3]、异紫堇球碱 (isocorybulbine)、saulatine[4]、狮足草碱(leonticine)、二氢血根碱 (dihydrosanguinarine)、小檗碱 (berberine)、去氢南天宁碱 (dehydronantenine)、黄连碱 (coptisine)、延胡索胺碱 (corydalmine)、去氢延胡索胺碱 (dehydrocorydalmine)等。

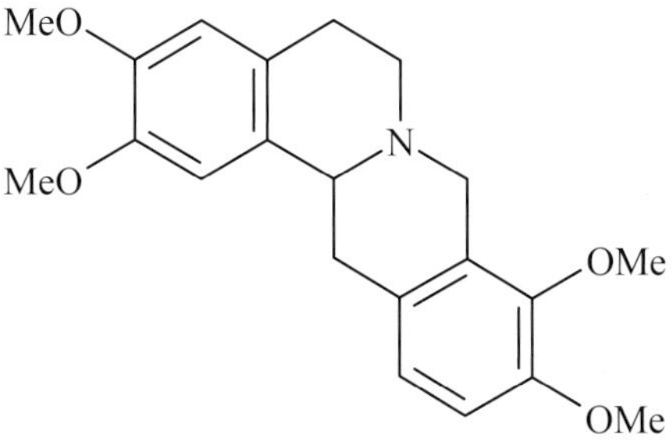

◆ tetrahydropalmatine

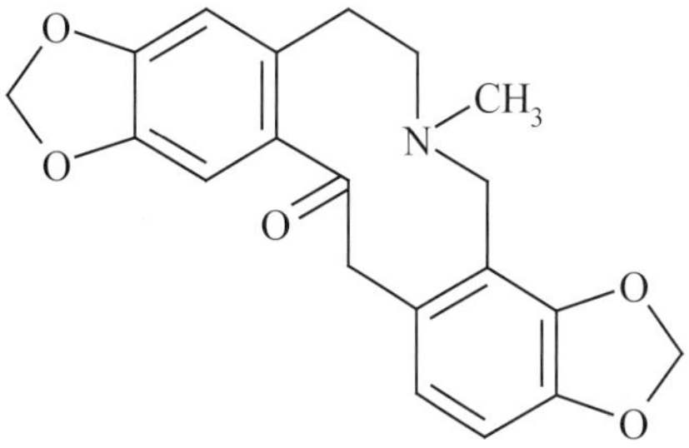

◆ protopine

药理作用

1. 镇痛、镇静

延胡索水提取液灌胃，小鼠甩尾法、热板法测定有显著镇痛作用，延胡索总生物碱、延胡索乙素 (THP)、紫堇碱均有较强镇痛活性，而未发现有成瘾性 [5]，延胡索口服对冷冻引发的疼痛也有较好的缓解作用 [6]。较大剂量 THP 皮下注射对犬有镇静催眠作用；四氢小檗碱也具有镇静作用，延胡索和延胡索乙素通过阻断脑内多巴胺 (dopamine) 受体，发挥镇静催眠作用 [7-8]。

2. 保护心脏、抗心律失常、降血压

去氢紫堇碱 (DHC) 腹腔注射可明显提高小鼠常压和减压耐缺氧能力；DHC 静脉注射可扩张麻醉猫冠脉，增加冠脉血流量，减慢心率，腹腔注射对垂体后叶素 (pit) 致大鼠心电图 (ECG) T 波改变和心律失常有保护作用 [9]。延胡索生物碱静脉注射，明显降低冠状动脉结扎急性心肌梗死大鼠的红细胞聚集指数，降低血黏度，减少 N-BT 染色所显示的心肌梗死范围，降低血清磷酸肌酸激酶 (CPK)、丙氨酸转氨酶 (ALT)、α- 丁酮酸脱氢酶 (HBDH) 等心肌酶活性 [10]。THP 腹腔注射对 pit 致大鼠急性心肌缺血有保护作用，能对抗异丙肾上腺素致 ECG ST 段升高，抑制心肌组织 CPK 和乳酸脱氢酶 (LDH) 释放，降低血清 CPK、LDH 水平，增强心肌组织超氧化物歧化酶 (SOD) 活性，减少丙二醛 (MDA) 生成，降低血清游离脂肪酸 (FAA) 水平，减少心肌坏死面积 [11-12]，延胡索总碱亦有相似作用 [13]。延胡索总碱静脉注射对乌头碱诱发的大鼠心律失常、对异丙肾上腺素诱发的大鼠心肌缺血，均有明显的保护作用 [14]。THP 体外可明显延迟豚鼠心肌细胞整流钾电流 (I_K) 和内向整流钾电流 (I_{K1})，使动作电位时程 (APD) 和有效不应期 (ERP) 延长 [15]。THP 能降低血压作用系由于阻断脑内多巴胺受体，以及减少下视丘 5- 色羟胺释放有关 [16-17]。

3. 抗溃疡

THP 可明显抑制离体大鼠胃黏膜基础胃酸分泌，对组胺 (His) 诱导的大鼠胃酸分泌有非竞争性抑制作用 [18]，

对大鼠幽门结扎和阿司匹林诱发的胃溃疡有保护作用[8]。

4. 抗甲状腺机能过高

THP 有抑制甲状腺机能过高作用，其作用机制不是抑制甲状腺细胞，而是抑制促甲状腺激素 (TSH)[19]。

5. 其他

THP 静脉注射对大鼠非开颅局灶性脑缺血再灌注损伤有保护作用[20]。延胡索水提取液灌胃有增强小鼠免疫力，提高学习能力和抗氧化作用[21]。延胡索酸二甲酯 (DMF) 对大鼠醌还原酶 (QR) 和谷胱甘肽 -S- 转移酶 (GSTs) 的活性有诱导作用[22]。延胡索生物碱体外可抑制人类免疫缺陷病毒 -1 (HIV-1) 反转录酶的活性[23]。延胡索提取物体外能有效逆转乳腺癌细胞 MCF-7/VCR 的耐药性[24]。

应用

本品为中医临床用药。功能：活血，行气，止痛。主治：胸胁、脘腹疼痛，胸痹心痛，经闭痛经，产后瘀阻，跌扑肿痛。

现代临床还用于神经痛、腰痛、关节痛、经痛、肿疡疼痛、慢性腰腿痛等多种痛症及消化性溃疡、浅表性胃炎等病的治疗。

评注

延胡索为中药止痛要药，具有确切的镇痛活性，止痛作用显著，作用部位广泛。四氢巴马亭作为其主要的镇痛有效成分已被开发为镇痛药，并在临床上应用多年，是中药创新研究开发的重要范例。

临床有因内服大量及长期使用延胡索引起急性中毒、神经系统不良反应的报道[25]。中医传统经验认为孕妇忌用本品。

参考文献

[1] 徐国钧，何宏贤，徐珞珊，等. 中国药材学 [M]. 北京：中国医药科技出版社，1996：542-547.

[2] 许翔鸿，余国奠，王峥涛. 野生延胡索种质资源现状及其质量评价 [J]. 中国中药杂志，2004，29(5)：399-401.

[3] 傅小勇，梁文藻，涂国士. 东阳元胡块茎中的生物碱的化学研究 [J]. 药学学报，1986，21(6)：447-453.

[4] 许翔鸿，王铮涛，余国奠，等. 延胡索中生物碱成分的研究 [J]. 中国药科大学学报，2002, 33(6)： 483-486.

[5] 徐婷，金昔陆，曹惠明. 延胡索乙素药理作用的研究进展 [J]. 中国临床药学杂志，2001，10(1)：58-60.

[6] YUAN C S, MEHENDALE S R, WANG C Z, et al. Effects of *Corydalis yanhusuo* and *Angelicae dahuricae* on cold pressor-induced pain in humans: A controlled trial[J]. Journal of Clinical Pharmacology, 2004, 44(11): 1323-1327.

[7] 许守玺，陈�，金国章. 四氢原小檗碱同类物对脑内多巴胺受体的亲和力比较 [J]. 科学通报，1985，(6)：468-471.

[8] 王本祥. 现代中药药理学 [M]. 天津：天津科学技术出版社，1997：894-897.

[9] 蒋夔荣，吴庆仙，施化莲，等. 脱氢紫堇碱对心血管系统的药理作用 [J]. 药学学报，1982，17(1)：61-65.

[10] 刘剑刚，刘立新，马晓斌，等. 延胡索碱注射液对大鼠实验性急性心肌梗死和红细胞流变性的作用 [J]. 中药新药与临床药理，2000，11(2)：76-79.

[11] 闵清，舒思洁，吴基良，等. 延胡索乙素对大鼠实验性心肌缺血的保护作用 [J]. 中国基层医药，2001，8(5)：430-431.

[12] 闵清，白育庭，舒思洁，等. 延胡索乙素对异丙肾上腺素所致心肌坏死的保护作用 [J]. 中医药学报，2001，29(4)：44-45.

[13] 邱蓉丽，李祥，陈建伟，等. 延胡索总生物碱抗心肌缺血作用的实验研究 [J]. 中国中医药科技，2001， 8(4)：265.

[14] 马胜兴，陈可冀，马玉玲，等. 延胡索抗心律失常作用的

初步试验 [J]. 中药通报，1985，10(11)：41-42.

[15] 刘玉梅，周宇宏，单宏丽，等 . 延胡索乙素对豚鼠单个心室肌细胞钾离子通道的影响 [J]. 中国药理学通报，2005，21(5)：599-601.

[16] CHUEH F Y, HSIEH M T, CHEN C F, et al. *DL*-tetrahydropalmatine-produced hypotension and bradycardia in rats through the inhibition of central nervous dopaminergic mechanisms[J]. Pharmacology, 1995, 51(4): 237-244.

[17] CHUEH F Y, HSIEH M T, CHEN C F, et al. Hypotensive and bradycardic effects of *dl*-tetrahydropalmatine mediated by decrease in hypothalamic serotonin release in the rat[J]. The Japanese Journal of Pharmacology, 1995, 69(2): 177-180.

[18] 李毓，王建华，劳绍贤，等 . 延胡索乙素对离体大鼠胃酸分泌的抑制作用 [J]. 中国药理学通报，1993，9(1)：44-47.

[19] HSIEH M T, WU L Y. Inhibitory effects of (+/-)-tetrahydropalmatine on thyrotropin-stimulating hormone concentration in hyperthyroid rats[J]. Journal of Pharmacy and Pharmacoclogy, 1996, 48(9): 959-961.

[20] 梁健，王富强，郑平香，等 . 延胡索乙素抗脂质过氧化作用与对脑缺血再灌注大鼠行为及病理改变的保护 [J]. 中国药理学通报，1999，15(2)：167-169.

[21] 徐丽珊，韩建标，楼芸萍 . 延胡索对小鼠学习能力及抗氧化作用的影响 [J]. 浙江师大学报：自然科学版，2001，24(4)：374-376.

[22] 王立新，林三仁 . 延胡索酸二甲酯对大鼠醌还原酶和谷胱甘肽 -S- 转移酶的诱导作用 [J]. 中华预防医学杂志，1999，33(6)：366-368.

[23] WANG H X, NG T B. Examination of lectins, polysaccharopeptide, polysaccharide, alkaloid, coumarin and trypsin inhibitors for inhibitory activity against human immunodeficiency virus reverse transcriptase and glycohydrolases[J]. Planta Medica, 2001, 67(7): 669-672.

[24] 谭成，俞惠新，林秀峰，等 . 中药逆转乳腺癌细胞多药耐药性的实验研究 [J]. 中药药理与临床，2005，21(3)：32-34.

[25] 陈江平 . 急性延胡索中毒的急救 [J]. 急诊医学，1999，8(5)：361.

◆ 延胡索种植基地

野葛 Yege CP, JP, KHP

Pueraria lobata (Willd.) Ohwi
Kudzu

概述

豆科 (Fabaceae) 植物野葛 *Pueraria lobata* (Willd.) Ohwi，以其干燥根入药。中药名：葛根。

葛属 (*Pueraria*) 植物全世界约 35 种，分布于印度至日本，南至马来西亚。中国产 8 种 2 变种，主要分布于西南、中南至东南部各省区。本属现供药用者约有 5 种。本种分布于中国各地，东南亚至澳大利亚也有分布。

"葛根"药用之名，始载于《神农本草经》，列为中品。历代本草多有著录。《中国药典》（2015 年版）收载本种为中药葛根的法定原植物来源种。全国均产，主产于中国湖南、河南、广东、浙江、四川。

野葛主要含异黄酮类和三萜皂苷类化合物，其中葛根素具有多方面的生理活性，是评价中药葛根质量的主要有效成分之一。《中国药典》采用高效液相色谱法进行测定，规定葛根药材含葛根素不得少于 2.4%，以控制药材质量。

药理研究表明，葛根具有保护缺血心肌、抗心律失常、扩张血管、降血脂、降血糖、抗骨质丢失、保肝、抗肿瘤和解热等作用。

中医理论认为葛根具有解肌退热，生津止渴，透疹，升阳止泻，通经活络，解酒毒等功效。

◆ 野葛
Pueraria lobata (Willd.) Ohwi

◆ 药材葛根
Puerariae Lobatae Radix

◆ 药材粉葛
Puerariae Thomsonii Radix

◆ 三裂野葛
P. phaseoloides (Roxb.) Benth.

化学成分

野葛的根含异黄酮类：葛根素 (puerarin)、大豆苷元 (daidzein)、大豆苷(daidzin)、3'-羟基葛根素 (3'-hydroxypuerarin)、3'-甲氧基葛根素 (3'-methoxypuerarin)、6"-*O*-*D*-木糖基葛根素 (6"-*O*-*D*-xylosylpuerarin)、鹰嘴豆素A (biochanin A)、刺芒柄花素 (formononetin)、染料木素 (genistein)[1]、鸢尾黄素 (tectorigenin)[2]、3'-羟基葛根素-4'-*O*-脱氧己糖苷 (3'-hydroxypuerarin-4'-*O*-deoxyhexoside) 和3'-甲氧基-6"-*O*-*D*-木糖基葛根素 (3'-methoxy-6"-

R_3 R_2O O O R_1 OR_4

◆ puerarin: $R_1=R_2=R_4=H$, $R_3=glc$
daidzein: $R_1=R_2=R_3=R_4=H$
daidzin: $R_1=R_3=R_4=H$, $R_2=glc$
formononetin: $R_1=R_2=R_3=H$, $R_4=CH_3$
genistein: $R_2=R_3=R_4=H$, $R_1=OH$

O-D-xylosylpuerarin)[1]等；皂苷类：以槐花二醇 (sophoradiol)、广东相思子三醇 (cantoniensistriol)，大豆皂醇A、B (soyasapogenols A,B)，葛根皂醇A、C (kudzusapogenols A, C) 和葛根皂醇B甲酯 (kudzusapogenol B methylester) 为苷元的三萜皂苷[3]，如葛根皂苷 A_1、A_2、A_3、Ar、SA_4、SB_1 (kudzusaponins A_1～A_3, Ar, SA_4, SB_1)，大豆皂苷 SA_3、I (soyasaponins SA_3, I)[4]等。

野葛的花也含异黄酮类：尼泊尔鸢尾异黄酮 (irisolidone)、葛花苷 (kakkalide)、刺芒柄花素、染料木素和大豆苷元等[5]。

药理作用

1. 对心血管系统的影响

(1) 保护缺血心肌 葛根素静脉注射能促进心肌梗死 (MI) 犬冠脉侧支循环的开放和形成，抑制血小板聚集，降低血黏度，改善微循环；葛根素灌胃还能抑制大鼠心肌缺血再灌注损伤中的细胞凋亡，增加 *bcl*-2并降低 Bax 的表达，对缺血心肌具有保护作用 [6-7]。

(2) 抗心律失常 葛根素体外可抑制大鼠心肌细胞的 L 型钙离子通道电流和内向整流钾通道电流 (I_{k1})，具有抗心律失常的作用 [8-9]。

(3) 降血脂 葛根素经口给药可降低高脂血症大鼠血栓素 A_2 和前列环素 I_2 的比值 (TXA2/PGI2)[10]，还能降低膳食胆固醇对大鼠的致动脉粥样化性，其降胆固醇功能与促进肝脏胆固醇和胆汁酸的排泄有关 [11]。

(4) 其他 葛根素体外可促进血管平滑肌细胞凋亡，其作用靶点为葡萄糖调节蛋白94基因 [12]；葛根素亦对离体大鼠胸主动脉环具有舒张作用，且为非内皮依赖性 [13]；葛根素灌胃还可有效调节糖尿病血管并发症大鼠血浆内皮素－一氧化氮 (ET-NO)、内皮素－心钠素 (ET-ANF) 间的动态平衡，抑制糖尿病大鼠主动脉非酶糖化的形成，从而防治糖尿病血管病变的发生发展 [14-15]。此外，葛根总黄酮体外对神经肽 Y (NPY) 诱导的血管平滑肌细胞增殖及心肌肥大有拮抗作用 [16-17]。

2. 调节糖代谢

葛根素给链脲菌素所致的糖尿病大鼠静脉注射后，可通过激活 α- 肾上腺素受体，增加 β- 内腓肽的释放，产生降血糖作用 [18]；葛根素腹腔注射可调节糖尿病大鼠肾小球基质蛋白酶 2、10 (MMP-2, 10) 及其组织抑制剂 1、2 (TIMP-1, 2) 的表达，保护大鼠的肾功能 [19-20]；葛根素腹腔注射还可以提高胰岛素抵抗大鼠脂肪细胞葡萄糖转运蛋白 4 (GLUT4) 的表达水平，且改善其转位机制，加强葡萄糖的摄取和利用 [21]；葛根素体外也能加强胰岛素诱导的前脂肪细胞分化，促进脂肪细胞摄取糖分 [22]；葛根素还能通过激活抗氧化酶活性保护大鼠过氧化氢引起的胰岛损害 [23]；此外，葛根素注射液腹腔注射也可以增加大鼠骨骼肌中蛋白激酶 B (PKB) 表达并改善胰岛素抵抗 [24]。

3. 对脑神经系统的影响

葛根素具有植物类雌激素作用，腹腔注射可通过影响海马谷氨酸能和 γ- 氨基丁酸能递质系统改善切除卵巢大鼠的学习、记忆能力 [25]；葛根素腹腔注射还可通过激活大鼠下丘脑 5- 羟色氨 (5-HT) 或拮抗 5-HT2A 受体产生降温和退热作用 [26]；葛根素腹腔注射对大鼠脑缺血造成的神经损伤具有保护作用，可推迟迟发性神经元死亡，其机制与上调抗凋亡基因 *bcl*-2、转化生长因子 β_1 和热休克蛋白表达有关 [27-30]；葛根素腹腔注射可通过下调阿尔茨海默病 (AD) 模型大鼠脑组织 β- 淀粉样肽 -(1-40) (Aβ_{1-40}) 和 Bax 的表达，抑制 β- 淀粉样肽的神经毒性，减轻脑皮层和海马神经元凋亡，产生神经保护及抗痴呆作用 [31]；葛根素体外也可抑制线粒体机能失调，激活半胱天冬酶 -3 样蛋白酶 (caspase-3-like)，从而对 1- 甲基 -4- 苯基吡啶 (MPP^+) 诱导神经细胞 PC12 的神经毒性产生保护作用 [32]。此外，葛根乙醇提取物和葛根素体外对乙醇引起的胎鼠海马细胞氧化损伤具有保护作用 [33]。

4. 抗骨质丢失

体外实验表明，葛根素可以促进成骨样细胞 UMR106 细胞合成和分泌碱性磷酸酶 (ALP)，促进成骨细胞的增殖、分化及矿化，直接抑制破骨细胞性骨吸收[34-36]。

5. 保肝

葛根所含的皂苷类成分对体外培养的小鼠肝组织免疫肝损害具有保护作用，构效关系研究显示 C-21 位羟基和 C-5″含氧基团可增强保肝活性[37-38]；葛根素灌胃可保护肝损伤，诱导活化肝星状细胞凋亡，有效逆转化学诱导的大鼠肝纤维化[39]，对四氯化碳诱导的大鼠急性肝损伤也具有保护作用[40]。

6. 其他

葛根素还具有保护急性肺损伤[41-42]、抗肿瘤[43]和雌激素样作用[44]；此外，野葛花的乙醇提取物能对抗酒精引起的中枢神经系统细胞毒性[45]；葛根所含的菠菜甾醇有抗肿瘤活性[46]，大豆苷和大豆苷元还具有解热和止痛作用[47]，其皂苷类成分具有抗补体活性[48]。

应用

本品为中医临床用药。功能：解肌退热，生津止渴，透疹，升阳止泻，通经活络，解酒毒。主治：外感发热头痛，项背强痛，口渴，消渴，麻疹不透，热痢，泄泻，眩晕头痛，中风偏瘫，胸痹心痛，酒毒伤中。

现代临床还用于高血脂、高血压、冠心病、心肌梗死、偏头痛、脑动脉硬化、缺血性卒中等病的治疗。

评注

药用植物图像数据库

《中国药典》还收载了同属植物甘葛藤 *Pueraria thomsoni* Benth. 的根入药，中药名：粉葛。甘葛藤根的成分和药理作用与野葛基本相同。另外，印度葛根 *P. tuberosa* (Roxb. ex Willd.) DC. 和泰国葛根 *P. mirifica* Airy Shaw et Suva. 化学成分研究工作的报道也较多。研究表明：上述 4 种葛属植物都存在着比较丰富的异黄酮类化合物，包括葛根素、大豆苷及大豆苷元；葛根素是葛属的特有成分，也是主要的活性成分[49]。同属物三裂野葛 *P. phaseoloides* (Roxb.) Benth. 也是工业上提取葛根素的来源之一。

葛根素的制剂葛根素注射液被临床广泛用于心脑血管疾病、糖尿病并发症及眼病等多种疾病的治疗，但近年也有葛根素注射液导致过敏性休克、急性溶血，甚至死亡的严重不良反应报道[50]。

葛根是中国卫生部规定的药食同源品种之一。从葛根中制备的高级优质淀粉葛粉，富含钙、锌、铁、铜、磷、钾等 10 多种人体所必需的微量元素及多种氨基酸、维生素等[51]。野葛在中国分布广泛，储量丰富，且在中国和日本有长期食用的历史，因此对野葛进行食物添加剂、保健食品的开发具有良好的潜力和市场前景。

野葛除了根部位可供药用外，其花、叶、藤茎、种子也具有药用价值。中医认为野葛花、种子具有解酒健脾的功效，因此对野葛花、种子进行开发和研制解酒药具有广阔的前景。

参考文献

[1] RONG H J, STEVENS J F, DEINZER M L, et al. Identification of isoflavones in the roots of *Pueraria lobata*[J]. Planta Medica, 1998, 64(7): 620-627.

[2] MIYAZAWA M, SAKANO K, NAKAMURA S, et al. Antimutagenic activity of isoflavone from *Pueraria lobata*[J]. Journal of Agricultural and Food Chemistry, 2001, 49(1): 336-341.

[3] KINJO J, MIYAMOTO I, MURAKAMI K, et al. Oleanene-sapogenols from Puerariae Radix[J]. Chemical & Pharmaceutical Bulletin, 1985, 33(3): 1293-1296.

[4] ARAO T, KINJO J, NOHARA T, et al. Oleanene-type triterpene glycosides from Puerariae Radix. Ⅳ. Six new saponins from *Pueraria lobata*[J]. Chemical & Pharmaceutical Bulletin, 1997, 45(2): 362-366.

[5] 张淑萍，张尊听．野葛花异黄酮化学成分研究 [J]. 天然产物研究与开发，2005，17(5)：595-597.

[6] 刘启功，王琳，陆再英，等．葛根素抗心肌缺血及其机理的实验研究 [J]. 临床心血管病杂志，1998，14(5)：292-295.

[7] 颜永进，李明春，浦大玲，等．葛根素对心肌缺血再灌注损伤保护作用的研究 [J]. 南通大学学报：医学版，2005，25(6)：407-409.

[8] 郭晓纲，陈君柱，张雄，等．葛根素对大鼠心肌细胞 L 型钙离子通道的影响 [J]. 中国中药杂志，2004，29(3)：248-251.

[9] 张华，马兰香，杨星昌，等．葛根素对大鼠心肌细胞离子通道的影响 [J]. 第四军医大学学报，2006，27(3)：249-251.

[10] 刘海燕，石元刚．葛根素对高脂血症大鼠脂质代谢及血浆 PGI_2、TXA_2 水平的影响 [J]. 第三军医大学学报，2004，26(11)：967-969.

[11] YAN L P, CHAN S W, CHAN A S, et al. Puerarin decreases serum total cholesterol and enhances thoracic aorta endothelial nitric oxide synthase expression in diet-induced hypercholesterolemic rats[J]. Life Science, 2006, 79(4): 324-330.

[12] 荆涛，王绿娅，王伟，等．葛根素调节血管平滑肌细胞凋亡相关基因在斑块组织中表达的研究 [J]. 中国药学杂志，2003，38(9)：667-670.

[13] 董侃，陶谦民，夏强，等．葛根素的非内皮依赖性血管舒张作用机制 [J]. 中国中药杂志，2004，29(10)：981-984.

[14] 茅彩萍，顾振纶．葛根素对糖尿病血管并发症大鼠血浆 ET-NO、ET-ANT 动态平衡的影响 [J]. 中成药，2004，26(6)：487-489.

[15] 茅彩萍，顾振纶．葛根素对糖尿病大鼠主动脉糖基化终产物的形成及其受体表达的影响 [J]. 中国药理学通报，2004，20(4)：393-397.

[16] 姚红，黄少华，苏子仁．葛根总黄酮对神经肽 Y 诱导血管平滑肌细胞增殖的抑制作用 [J]. 广州中医药大学学报，2005，22(3)：203-205.

[17] 姚红，黄少华，苏子仁．葛根总黄酮对离体神经肽 Y 诱导的心肌细胞肥大的影响 [J]. 中国病理生理杂志，2004，20(7)：1283-1285.

[18] CHEN W C, HAYAKAWA S, YAMAMOTO T, et al. Mediation of beta-endorphin by the isoflavone puerarin to lower plasma glucose in streptozotocin-induced diabetic rats[J]. Planta Medica, 2004, 70(2): 113-116.

[19] 段惠军，刘淑霞，张玉军，等．葛根素对糖尿病大鼠肾功能及肾组织 MMP-2 与 TIMP-2 表达的影响 [J]. 药学学报，2004，39(7)：481-485.

[20] 刘淑霞，陈志强，何宁，等．葛根素对糖尿病大鼠肾功能及肾组织 MMP-10 与 TIMP-1 表达的影响 [J]. 中草药，2004，35(2)：170-174.

[21] 李娟娟，毕会民．葛根素对胰岛素抵抗大鼠脂肪细胞葡萄糖转运蛋白 4 的影响 [J]. 中国临床药理学与治疗学，2004，9(8)：885-888.

[22] XU M E, XIAO S Z, SUN Y H, et al. The study of anti-metabolic syndrome effect of puerarin *in vitro*[J]. Life Science, 2005, 77(25): 3183-3196.

[23] XIONG F L, SUN X H, GAN L, et al. Puerarin protects rat pancreatic islets from damage by hydrogen peroxide[J]. European Journal of Pharmacology, 2006, 529(1-3): 1-7.

[24] 张妍，毕会民，甘佩珍．葛根素对胰岛素抵抗大鼠骨骼肌中蛋白激酶 B 表达影响 [J]. 中国药理学通报，2004，20(3)：307-310.

[25] XU X, HU Y, RUAN Q. Effects of puerarin on learning-memory and amino acid transmitters of brain in ovariectomized mice[J]. Planta Medica, 2004, 70(7): 627-631.

[26] CHUEH F S, CHANG C P, CHIO C C, et al. Puerarin acts through brain serotonergic mechanisms to induce thermal effects[J]. Journal of Pharmacological Sciences, 2004, 96(4): 420-427.

[27] XU X, ZHANG S, ZHANG L, et al. The Neuroprotection of puerarin against cerebral ischemia is associated with the prevention of apoptosis in rats[J]. Planta Medica, 2005, 71(7): 585-591.

[28] 邹永明，雄鹰，姚文艳，等．葛根素对大鼠局灶性脑出血损伤的神经保护作用 [J]. 中国临床康复，2005，9(33)：73-75.

[29] 吴海琴，张蓓，张桂莲，等．葛根素对脑缺血再灌注损伤的保护作用 [J]. 卒中与神经疾病，2005，12(4)：209-211.

[30] 潘洪平，莫祥兰，杨嘉珍，等．葛根素对大鼠急性脑缺血损伤 Hsp70 表达的影响 [J]. 中国中药杂志，2005，30(7)：538-540.

[31] 闫福岭，鲁国，王雅琼，等．葛根素对 AD 大鼠脑内 $A\beta_{1-40}$ 和 Bax 表达的影响 [J]. 中华神经医学杂志，2006，5(2)：158-161.

[32] BO J, MING B Y, GANG L Z, et al. Protection by puerarin against MPP^+-induced neurotoxicity in PC12 cells mediated by inhibiting mitochondrial dysfunction and caspase-3-like activation[J]. Neuroscience Research, 2005, 53(2): 183-188.

[33] 韩萍，吴德生，李文杰，等．葛根粗提物及葛根素对乙醇所致海马细胞 HSP70 表达的影响 [J]. 中华医学杂志，2005，85(41)：2930-2933.

[34] 李灵芝，刘启兵，张永亮，等．葛根素对 UMR106 细胞增殖及碱性磷酸酶活性的影响 [J]. 中国新药杂志，2005，14(11)：1291-1294.

[35] 臧洪敏，陈君长，刘亦恒，等．葛根素对成骨细胞生物学作用的实验研究 [J]. 中国中药杂志，2005，30(24)：1947-1949.

[36] 李灵芝，刘启兵，姜孟臣，等．葛根素对体外破骨细胞性骨吸收的影响 [J]. 第三军医大学学报，2004，26(20)：1830-1833.

[37] ARAO T, UDAYAMA M, KINJO J, et al. Preventive effects of saponins from puerariae radix (the root of *Pueraria lobata* Ohwi) on *in vitro* immunological injury of rat primary hepatocyte cultures[J]. Biological & Pharmaceutical Bulletin, 1997, 20(9): 988-991.

[38] ARAO T, UDAYAMA M, KINJO J, et al. Preventive effects of saponins from the *Pueraria lobata* root on *in vitro* immunological liver injury of rat primary hepatocyte cultures[J]. Planta Medica, 1998, 64(5): 413-416.

[39] ZHANG S, JI G, LIU J. Reversal of chemical-induced liver fibrosis in Wistar rats by puerarin[J]. The Journal of Nutritional Biochemistry, 2006, 17(7):485-491.

[40] 赵春景，魏来．葛根素对 CCl_4 所致大鼠急性肝损伤的保护作用 [J]. 第三军医大学学报，2005，27(7)：625-627.

[41] 谭明韬，高尔．葛根素对失血性休克家兔急性肺损伤的保护作用 [J]. 中国临床药学杂志，2004，13(6)：345-349.

[42] 陈少贤，姜琴华，王良兴，等．葛根素对急性肺血栓栓塞溶栓治疗后再灌注损伤的影响 [J]. 中国药理学通报，2004，20(11)：1245-1250.

[43] YU Z, LI W. Induction of apoptosis by puerarin in colon cancer HT-29 cells[J]. Cancer Letters, 2006, 238(1):53-60.

[44] 郑高利，张信岳，郑经伟，等．葛根素和葛根总异黄酮的雌激素样活性 [J]. 中药材，2002，25(8)：566-568.

[45] JANG M H, SHIN M C, KIM Y J, et al. Protective effects of puerariaeflos against ethanol-induced apoptosis on human neuroblastoma cell line SK-N-MC[J]. Japanese Journal of Pharmacology, 2001, 87(4): 338-342.

[46] JEON G C, PARK M S, YOON D Y, et al. Antitumor activity of spinasterol isolated from Pueraria roots[J]. Experimental & Molecular Medicine, 2005, 37(2): 111-120.

[47] YASUDA T, ENDO M, KON-NO T, et al. Antipyretic, analgesic and muscle relaxant activities of pueraria isoflavonoids and their metabolites from *Pueraria lobata* Ohwi-a traditional Chinese drug[J]. Biological & Pharmaceutical Bulletin, 2005, 28(7): 1224-1228.

[48] OH S R, KINJO J, SHII Y, et al. Effects of triterpenoids from *Pueraria lobata* on immunohemolysis: β-*D*-glucuronic acid plays an active role in anticomplementary activity *in vitro*[J]. Planta Medica, 2000, 66(6): 506-510.

[49] 顾志平，陈碧珠，冯瑞芝，等．中药葛根及其同属植物的资源利用和评价 [J]. 药学学报，1996，31(5)：387-393.

[50] 刘绍德，莫惠平．葛根素注射液的不良反应及预防 [J]. 中国中西医结合杂志，2005，25(9)：852-855.

[51] 彭靖里，马敏象，安华轩，等．论葛属植物的开发及综合利用前景 [J]. 资源开发与市场，2000，16(2)：80-82.

野菊 Yeju CP, JP, KHP

Chrysanthemum indicum L.
Wild Chrysanthemum

概述

菊科 (Asteraceae) 植物野菊 *Chrysanthemum indicum* L.，其干燥头状花序入药。中药名：野菊花。

菊属 (*Chrysanthemum*) 植物全世界约 30 种，分布于中国、日本、朝鲜半岛、俄罗斯等地。中国约有 17 种，本属现供药用者约有 4 种。本种在中国各地均有分布。

野菊以"苦薏"药用之名，始载于《本草经集注》，在《本草拾遗》中名"野菊"。野菊是一个多型性的种，有许多生态的、地理的或生态地理的居群，表现出体态、叶型、叶序、伞形花序式样，以及茎叶毛被性状等诸多特征上的多样性。这从历代本草的记述中也得到反映。《中国药典》（2015 年版）收载本种为中药野菊花的法定原植物来源种。中国各地均产，主产于湖北、安徽、江苏、江西等省区 [1]。

野菊花主要含挥发油、黄酮、萜类（倍半萜和三萜）等成分。《中国药典》采用高效液相色谱法进行测定，规定野菊花药材含蒙花苷不得少于 0.80%，以控制药材质量。

药理研究表明，野菊的花序具有抗菌、抗病毒、抗炎、解热、镇痛、提高机体免疫功能等作用。

中医理论认为野菊花具有清热解毒，泻火平肝等功效。

◆ 野菊
Chrysanthemum indicum L.

◆ 药材野菊花
Chrysanthemi Indici Flos

化学成分

野菊地上部分含挥发油：龙脑 (borneol)、菊烯酮 (chrysanthenone)、乙酸龙脑酯 (bornyl acetate)[2]、吉马烯D (germacrene D)、樟脑 (camphor)、*α*-侧柏酮 (*α*-thujone)、*α*-蒎烯 (*α*-pinene)、*α*-杜松醇 (*α*-cadinol)、樟烯 (camphene)、*β*-蒎烯 (*β*-pinene)、姜烯 (zingiberene)、*cis*-chrysanthenol、胡椒酮 (piperitone)、1,8-桉叶素 (1,8-cineole)[3]等；倍半萜内酯类成分：当归酰豚草素 B (angeloylcumambrin B)、苏格兰蒿素 A (arteglasin A)、当归酰亚菊素 (angeloylajadin)[4]等。

花含挥发油[2, 5]，其质和量受产地、提取方法的影响较大[6-7]；倍半萜类成分：野菊花内酯 (handelin)[8]、野菊花醇 (chrysanthemol)、野菊花三醇 (chrysanthetriol)[9]、chrysantherol[10]和kikkanol A、B、C、D、E、F[11-12]等；三萜类成分：*α*-香树脂素 (*α*-amyrin)、*β*-香树脂素 (*β*-amyrin)、羽扇豆醇 (lupeol)[13]等；黄酮类成分：蒙花苷 (buddleoside)、木犀草素 (luteolin)、菊苷 (chrysanthemin)、刺槐素-7-*O*-*β*-*D*-吡喃半乳糖苷(acacetin-7-*O*-*β*-*D*-galactopyranoside)[14]、芹菜素-7-*O*-*β*-*D*-吡喃葡糖苷 (apigenin-7-O-*β*-D-glucoside)、香叶木素7-*O*-*β*-*D*-吡喃葡糖苷 (diosmetin-7-*O*-*β*-*D*-glucopyranoside)、槲皮素-3,7-二-*O*-*β*-*D*-吡喃葡糖苷 (quercetin-3,7-di-*O*-*β*-*D*-glucopyranoside)、(2*S*)/(2*R*)-圣草素-7-*O*-*β*-*D*-吡喃葡萄糖苷糠醛酸 [(2*S*)/(2*R*)-eriodictyol-7-*O*-*β*-*D*-glucopyranosiduronic acids][15]、5-羟基-6,7,3',4'-四甲氧基黄酮 (5-hydroxy-6,7,3',4'-tetramethoxyflavone)[16]等。还分得 (1*R*,9*S*,10*S*)-10-hydroxyl-8(2',4'-diynehexylidene)-9-isovaleryloxy-2,7-dioxaspirodecane[17] 、顺螺烯醇醚 (*cis*-spiroenol-ether)。

野菊的根还含有生物碱类成分[18]。

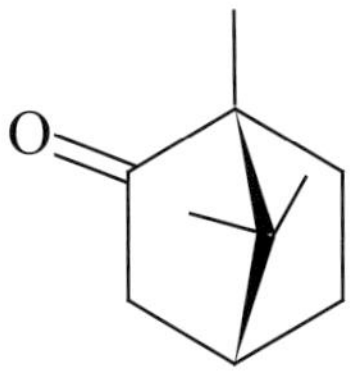

◆ camphor

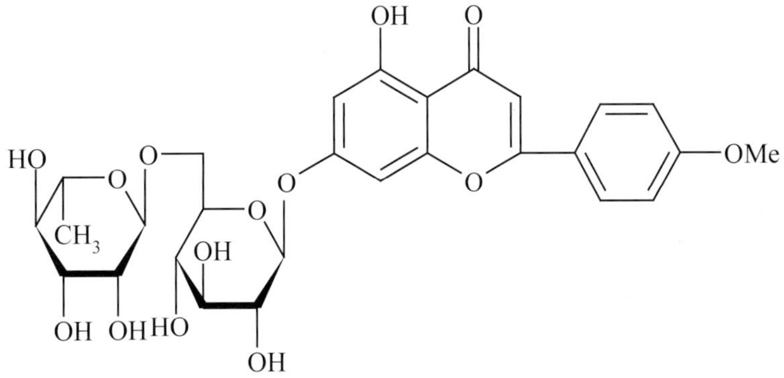

◆ buddleoside

药理作用

1. 抗病原微生物

野菊花水提取物和挥发油体外均有显著的抗菌、抗病毒作用，对金黄色葡萄球菌、大肠埃希氏菌 [19]、铜绿假单胞菌、弗氏志贺氏菌和病毒的抑制作用，水提取物强于挥发油；对肺炎链球菌的作用则相反 [20]。对异烟肼、链霉素、对氨基水杨酸耐药菌株、卡介菌、钩端螺旋体等也均有抑制作用 [21]。

2. 抗炎、免疫调节

野菊花挥发油灌胃能显著抑制二甲苯所致的小鼠耳郭肿胀，水提取物灌胃能显著抑制蛋清所致的大鼠足趾肿胀 [22]；野菊花总黄酮灌胃，能显著抑制二甲苯所致的小鼠耳郭肿胀，角叉菜胶所致的大鼠足趾肿胀及大鼠棉球肉芽肿，并浓度依赖性地抑制大鼠腹腔巨噬细胞产生前列腺素 E_2 (PGE_2) 和白三烯 B_4[23]。野菊花正丁醇提取物口服能显著提高小鼠脾细胞生成抗体的水平及绵羊红细胞免疫小鼠的血清中免疫球蛋白 G (IgG) 和免疫球蛋 M (IgM)

水平；增强单核－巨噬细胞的吞噬功能，提高免疫功能低下小鼠的体液免疫及细胞免疫功能[24]。野菊花水煎剂灌胃对家兔 Ⅲ 型变态反应有调节作用[25]。

3. 解热、镇痛

野菊花注射液（水提醇沉法制备）静脉注射对三联菌苗所致的家兔发热有显著的解热作用；野菊花还有显著的镇痛作用[21]。

4. 对心血管系统的影响

野菊花注射液静脉注射能明显增加麻醉猫冠脉血流量，降低心肌耗氧量；对犬实验性心肌缺血亦有明显保护作用。野菊花乙醇流浸膏水溶液腹腔注射或灌胃，对不麻醉大鼠、麻醉猫和麻醉犬均有明显的降血压作用。

5. 对血小板聚集的影响

野菊花乙酸乙酯提取物体外能显著抑制二磷酸腺苷 (ADP) 诱导的血小板聚集，活性成分为黄酮类化合物[26]。

6. 抗氧化

野菊花多糖体外有显著的清除活性氧自由基的能力[27]；野菊花水提取液体外能抑制大鼠心、脑、肝、肾组织自动脂质过氧化和过氧化氢引发的红细胞脂质过氧化及溶血；水提取液灌胃能显著升高小鼠全血谷胱甘肽过氧化物酶 (GSH-Px) 、过氧化氢酶 (CAT) 活力[28]。

7. 抗肿瘤

野菊花注射液体外可抑制人前列腺癌细胞 PC3 和人髓原细胞白血病细胞 HL60 的增殖[29]。

应用

本品为中医临床用药。功能：清热解毒，泻火平肝。主治：疔疮痈肿，目赤肿痛，头痛眩晕。

现代临床还用于治疗淋巴结核、盆腔结核、慢性盆腔炎、急性痢疾、慢性前列腺炎、恶性肿瘤、高血压、冠心病等病的治疗。

评注

药用植物图像数据库

野菊在中国各地均有野生，除头状花序外，野菊的根、茎、叶亦可入药。

野菊花临床疗效确切，是常用的清热解毒类中药。其色泽金黄，芳香宜人，富含营养保健成分，是四季皆宜的健康饮品；所含的黄色素亦可作为食品添加剂。

参考文献

[1] 王惠清 . 中药材产销 [M]. 成都：四川科学技术出版社，2004：494-495.

[2] STOIANOVA-IVANOVA B, BUDZIKIEWICZ H, KOUMANOVA B, et al. Essential oil of *Chrysanthemum indicum*[J]. Planta Medica, 1983, 49(4): 236-239.

[3] HONG C U. Essential oil composition of *Chrysanthemum boreale* and *Chrysanthemum indicum*[J]. Han'guk Nonghwa Hakhoechi, 2002, 45(2):108-113.

[4] MLADENOVA K, TSANKOVA E, STOIANOVA-IVANOVA B. Sesquiterpene lactones from *Chrysanthemum indicum*[J]. Planta Medica, 1985, 3: 284-285.

[5] ZHU S Y, YANG Y, YU H D, et al. Chemical composition and antimicrobial activity of the essential oils of *Chrysanthemum indicum*[J]. Journal of Ethnopharmacology, 2005, 96(1-2): 151-158.

[6] 张永明，黄亚非，陶玲，等 . 不同产地野菊花挥发油化学成分比较研究 [J]. 中国中药杂志，2002，27(4)：265-267.

[7] 周欣，莫彬彬，赵超，等 . 野菊花二氧化碳超临界萃取物

的化学成分研究 [J]. 中国药学杂志，2002，37(3)：170-172.

[8] 陈泽乃，徐佩娟 . 野菊花内酯的结构鉴定 [J]. 药学学报，1987，22(1)：67-69.

[9] 于德泉，谢风指，贺文义，等 . 用二维核磁共振技术研究野菊花三醇的结构 [J]. 药学学报，1992，27(3)：191-196.

[10] YU D Q, XIE F Z. A new sesquiterpene from *Chrysanthemum indicum*[J]. Chinese Chemical Letters, 1993, 4(10): 893-894.

[11] YOSHIKAWA M, MORIKAWA T, MURAKAMI T, et al. Medicinal flowers. Ⅰ. Aldose reductase inhibitors and three new eudesmane-type sesquiterpenes, kikkanols A, B and C, from the flowers of *Chrysanthemum indicum* L[J]. Chemical & Pharmaceutical Bulletin, 1999, 47(3): 340-345.

[12] YOSHIKAWA M, MORIKAWA T, TOGUCHIDA I, et al. Medicinal flowers. Ⅱ. Inhibitors of nitric oxide production and absolute stereostructures of five new germacrane-type sesquiterpenes, kikkanols D, D monoacetate, E, F, and F monoacetate from the flowers of *Chrysanthemum indicum* L.[J]. Chemical & Pharmaceutical Bulletin, 2000, 48(5): 651-656.

[13] MLADENOVA K, MIKHAILOVA R, TSUTSULOVA A, et al. Triterpene alcohols and sterols in *Chrysanthemum indicum* absolute[J]. Doklady Bolgarskoi Akademii Nauk, 1989, 42(9): 39-41.

[14] CHATTERJEE A, SARKAR S, SAHA S K. Acacetin 7-O-β-*D*-galactopyranoside from *Chrysanthemum indicum*[J]. Phytochemistry, 1981, 20(7): 1760-1761.

[15] MATSUDA H, MORIKAWA T, TOGUCHIDA I, et al. Medicinal flowers. Ⅵ. Absolute stereostructures of two new flavanone glycosides and a phenylbutanoid glycoside from the flowers of *Chrysanthemum indicum* L.: their inhibitory activities for rat lens aldose reductase[J]. Chemical & Pharmaceutical Bulletin, 2002, 50(7): 972-975.

[16] NAM Y J, LEE H S, LEE S W, et al. Effect of kikkanol F monoacetate and 5-hydroxy-6,7,3',4'-tetramethoxyflavone isolated from *Chrysanthemum indicum* L. on IL-6 production[J]. Saengyak Hakhoech, 2005, 36(3): 186-190.

[17] CHENG W M, YOU T P, LI J. A new compound from the bud of *Chrysanthemum indicum* L.[J]. Chinese Chemical Letters, 2005, 16(10): 1341-1342.

[18] AL-NAJAR H A, SADIQ J. Effects of *Chrysanthemum indicum* alkaloids on carrageenin induced edema and abdominal constriction response[J]. Alexandria Journal of Pharmaceutical Sciences, 1996, 10(2): 152-155.

[19] ARIDOGAN B C, BAYDAR H, KAYA S, et al. Antimicrobial activity and chemical composition of some essential oils[J]. Archives of Pharmacal Research, 2002 , 25(6): 860-864.

[20] 任爱农，王志刚，卢振初，等 . 野菊花抑菌和抗病毒作用实验研究 [J]. 药物生物技术，1999，6(4)：241-244.

[21] 王本祥 . 现代中药药理学 [J]. 天津：天津科学技术出版社 .1997：260-264.

[22] 王志刚，任爱农，许立，等 . 野菊花抗炎和免疫作用的实验研究 [J]. 中国中医药科技，2000，7(2)： 92-93.

[23] 张骏艳，张磊，金涌，等 . 野菊花总黄酮抗炎作用及部分机制 [J]. 安徽医科大学学报，2005，40(5)：405-408.

[24] 程文明，李俊，胡成穆 . 野菊花提取物的抗炎及免疫调节作用 [J]. 中国药理通讯 ，2005，22(3)：49.

[25] 张淑萍，李雅玲，郑芳 . 中药野菊花对家兔模型 SIL-2R、IL-6、TNF-α 的影响 [J]. 天津中医，2000，17(2)：34-36.

[26] 陈日炎，关雄泰，江黎明，等 . 野菊花抗血小板聚集有效成分的筛选 [J]. 广东医学院学报，1993，11(3)：101-103.

[27] 李贵荣 . 野菊花多糖的提取及其对活性氧自由基的清除作用 [J]. 中国公共卫生，2002，18(3)：269 -270.

[28] 严亦慈，娄小娥，蒋惠娣 . 野菊花水提液抗氧化作用的实验研究 [J]. 中国现代应用药学杂志，1999，16(6)：16-18.

[29] 金沈锐，祝彼得，秦旭华 . 野菊花注射液对人肿瘤细胞 SMMC7721、PC3、HL60 增殖的影响 [J]. 中药药理与临床，2005，21(3)：39-40.

益母草 Yimucao CP, VP

Leonurus japonicus Houtt.
Motherwort

概述

唇形科 (Lamiaceae) 植物益母草 *Leonurus japonicus* Houtt.，其新鲜或干燥地上部分入药，中药名：益母草；其干燥成熟果实入药，中药名：茺蔚子。

益母草属 (*Leonurus*) 植物全世界约有 20 种，分布于欧洲、亚洲温带，少数种在美洲、非洲各地逸生。中国有 12 种 2 变种 2 变型，本属现供药用者约有 5 种 2 变种 1 变型。本种中国各地均有分布；俄罗斯、朝鲜半岛、日本、亚洲热带地区、非洲、美洲也有分布。

“茺蔚”药用之名，始载于《神农本草经》，列为上品。“益母草”药用之名，始见于《本草图经》。历代本草多有著录，古今药用品种一致。《中国药典》（2015 年版）收载本种为中药益母草和茺蔚子的法定原植物来源种。主产于中国河南、安徽、四川、江苏、浙江；此外，广东、广西、河北等大部分地区均产。

益母草的主要活性成分是生物碱类及二萜类，尚含有肽类、环烯醚萜类、黄酮类、脂肪酸类和挥发油类等。《中国药典》采用高效液相色谱法进行测定，规定益母草药材含盐酸水苏碱不得少于 0.50%，盐酸益母草碱不得少于 0.050%；茺蔚子药材含盐酸水苏碱不得少于 0.050%，以控制药材质量。

药理研究表明，益母草具有兴奋子宫、改善微循环、减慢心率、抗血小板凝聚、利尿、抗诱变等作用。

中医理论认为益母草有活血调经，利尿消肿，清热解毒等功效。

◆ 益母草
Leonurus japonicus Houtt.

◆ 药材益母草
Leonuri Herba

◆ 药材茺蔚子
Leonuri Fructus

化学成分

益母草地上部分含生物碱类：益母草碱 (leonurine)、水苏碱 (stachydrine)[1]；二萜类：前益母草素 (prehispanolone)[2]、益母草素 (hispanolone)、益母草二萜 (leoheterin)、鼬瓣花二萜 (galeopsin)，leoheteronins A、B、C、D、E[3]，leoheteronones A、B、C、D、E，15-epileopersins B、C，leopersin B、C，15-epileoheteronone B、D、E[4]，前益母草二萜 (preleoheterin)[5]、益母草酮A (heteronone A)[6]等；环肽类：益母草环肽 A、B、C、D、E、F (cycloleonuripeptides A～F)[7-9]；黄酮类：山柰酚香豆酰基吡喃葡萄糖苷 (tiliroside)[10]、芫花素 (genkwanin)[3]、芦丁 (rutin)、异槲皮苷 (isoquercitrin)[11]；酚类：益母草苷 A、B (leonurisides A, B)[11]；环烯醚萜苷类：益母苷 (leonuride)[11]、筋骨草苷 (ajugoside)[12]。

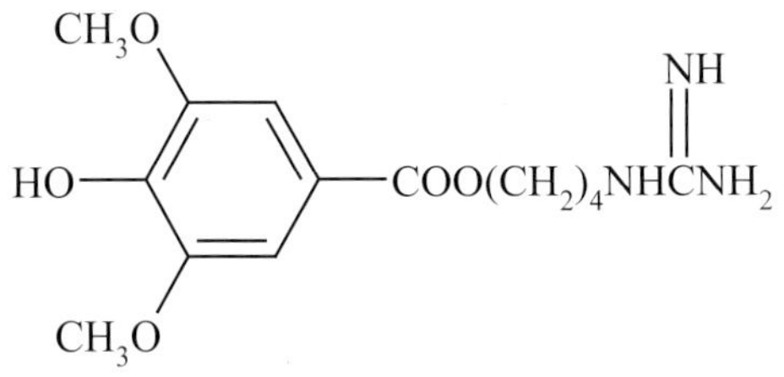

◆ leonurine 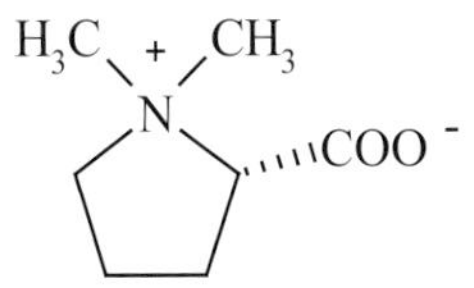　　◆ stachydrine

药理作用

1. 对子宫的影响

(1) 兴奋子宫　益母草水煎液给大鼠腹腔注射可改变子宫中与电活动有关的一些离子浓度，使起步细胞电活动加强，动作电位去极化速度加快，引起子宫兴奋[13]。离体实验表明，益母草的水煎醇沉物、醇提取物也有一定的兴奋子宫作用[14]，其兴奋作用与兴奋组胺 H_1 受体及肾上腺素 α 受体有关[15]，以新鲜营养期的益母草作用较强[16]。

(2) 缓解痛经　益母草水提取液经十二指肠给药，可增强未孕正常豚鼠在体子宫的收缩；灌胃给药能缓解15-甲基前列腺素 $F_{2\alpha}$ (15M-$PGF_{2\alpha}$) 及缩宫素所致的小鼠子宫痉挛，改善实验性大鼠子宫炎症状况，降低大鼠子宫平滑肌上前列腺素 $F_{2\alpha}$ ($PGF_{2\alpha}$) 和前列腺素 E_2 (PGE_2) 的含量，升高大鼠体内孕激素水平[17]。

2. 对血液及淋巴系统的影响

(1) 改善淋巴微循环　益母草注射液颈静脉给药能明显增强失血性休克大鼠和急性血瘀大鼠肠系膜淋巴管自主收缩频率及收缩性，扩张微淋巴管口径，增强微淋巴管的活性，使淋巴液的生成和回流增多，对淋巴微循环有很好的改善作用[18-19]。

(2) 对血液流变学的影响　益母草注射液给微小血管血栓新西兰兔腹腔注射，可通过减少血液有形成分的聚集和降低血黏度，预防和抑制微小血管血栓形成[20]。益母草注射液尾静脉注射可减轻心肌缺血大鼠缺血过程中血液黏度的升高，抑制血小板聚集及血栓形成，具有抗心肌缺血的作用[21]。其有效成分之一为益母草碱[22]。鲜益母草胶囊灌胃可明显延长小鼠的凝血时间，缩短大鼠优球蛋白溶解时间 (ELT)[23]，提高纤溶活性；益母草注射液耳静脉注射还可降低家兔血液黏度及纤维蛋白原含量[24]。

3. 对心血管系统的影响

益母草注射液静脉注射能明显降低大鼠心肌缺血再灌注心律失常的发生率，对心肌缺血再灌注有保护作用[25-26]。其作用机制可能与益母草减轻氧自由基对心肌的损害、保护清除自由基系统酶的活性、保护心肌细胞离子交换酶、改善微循环和血液流变性等有关[27-28]。低浓度的益母草注射液能使离体猪心冠脉螺旋条轻微舒张，高浓度时则有收缩反应，高浓度时还对低浓度 KCl 引起的冠脉收缩有明显的增强作用[29]。

4. 抗诱变

益母草水提取物灌胃可明显降低醋酸铅诱发的小鼠精子程序外 DNA 合成 (UDS) 值，显著抑制小鼠精原细胞姐妹染色单体交换 (SCE) 和小鼠精子畸形，对雄性生殖细胞遗传物质具有保护作用[30-32]。硫酸镉可诱发小鼠骨髓细胞产生微核，益母草水提取物灌胃能使微核率显著降低，对镉引起的遗传物质损伤具有防护作用[33]。

5. 利尿

水苏碱和益母草碱灌胃能显著增加大鼠尿量，增加 Na^+ 和 Cl^- 的排出量，减少 K^+ 的排出量，具有保钾利尿作用[34]。

6. 其他

前益母草素能够增强机体的细胞免疫功能[35]。益母草总生物碱有明显的抗炎镇痛作用[36]。益母草还具有杀精、抗肿瘤等作用[37-38]。

应用

本品为中医临床用药。功能：活血调经，利尿消肿，清热解毒。主治：月经不调，痛经经闭，恶露不尽，水肿尿少，疮疡肿毒。

现代临床还用于妇科出血性疾病及痛经，也用于冠心病、心肌缺血、高脂血症、急性肾炎、尿路结石，以及一些免疫性疾病如荨麻疹、支气管哮喘、类风湿性关节炎等病的治疗。亦可用于预防 ABO 型新生儿溶血症。

评注

药用植物图像数据库

益母草不同物候期的总生物碱含量不同，以营养期至花初期含量较高，故宜在初夏开花初期适时采收，以提高药材质量。

益母草含有的水苏碱，是治疗慢性气管炎的有效成分。在此基础上，值得研究开发成新的制剂。《新修本草》载有武则天益母保颜方，又名神仙玉女粉，其原料为益母草。将传统美容方开发成现代中药化妆品是值得探讨的课题。

参考文献

[1] YEUNG H W, KONG Y C, LAY W P, et al. The structure and biological effect of leonurine. A uterotonic principle from the Chinese drug, I-mu Ts'ao[J]. Planta Medica, 1977, 31(1): 51-56.

[2] HON P M, LEE C M, SHANG H S, et al. Prehispanolone, a labdane diterpene from *Leonurus heterophyllus*[J]. Phytochemistry, 1991, 30(1): 354-356.

[3] GIANG P M, SON P T, MATSUNAMI K, et al. New labdane-type diterpenoids from *Leonurus heterophyllus* Sw.[J]. Chemical & Pharmaceutical Bulletin, 2005, 53(8): 938-941.

[4] GIANG P M, SON P T, MATSUNAMI K, et al. New bis-spirolabdane-type diterpenoids from *Leonurus heterophyllus* Sw.[J]. Chemical & Pharmaceutical Bulletin, 2005, 53(11): 1475-1479.

[5] HON P M, WANG E S, LAM S K M, et al. Preleoheterin and leoheterin, two labdane diterpenes from *Leonurus heterophyllus*[J]. Phytochemistry, 1993, 33(3): 639-641.

[6] 张娴，彭国平 . 益母草化学成分研究 [J]. 天然产物研究与开发，2004，16(2)：104-106.

[7] MORITA H, GONDA A, TAKEYA K, et al. Cyclic peptides

from higher plants. 31. Conformational preference of cycloleonuripeptides A, B, and C, three proline-rich cyclic nonapeptides from *Leonurus heterophyllus*[J]. Chemical & Pharmaceutical Bulletin, 1997, 45(1): 161-164.

[8] MORITA H, GONDA A, TAKEYA K, et al. Cyclic peptides from higher plants. 36. Cycloleonuripeptide D, a new pro line-rich cyclic decapeptide from *Leonurus heterophyllus*[J]. Tetrahedron, 1997, 53(5): 1617-1626.

[9] MORITA H, IIZUKA T, GONDA A, et al. Cycloleonuripeptides E and F, cyclic nonapeptides from *Leonurus heterophyllus*[J]. Journal of Natural Products, 2006, 69(5): 839-841.

[10] 丛悦，王金辉，郭洪仁，等. 益母草化学成分的分离与鉴定 II [J]. 中国药物化学杂志，2003，13(6)：349-352.

[11] SUGAYA K, HASHIMOTO F, ONO M, et al. Antioxidative constituents from Leonurii Herba (*Leonurus japonicus*) [J]. Food Science and Technology International, 1998, 4(4): 278-281.

[12] 王金辉，丛悦，李铣，等. 益母草化学成分的分离与鉴定 [J]. 中国药物化学杂志，2002，12(3)：146-148.

[13] 马永明，杨东焱，田治峰，等. 益母草对大鼠在体子宫肌电活动的影响 [J]. 中国中药杂志，2000，25(6)：364-366.

[14] 张恩户，刘耀武，孙涛，等. 三种益母草提取物对大鼠离体子宫活动性的影响 [J]. 陕西中医学院学报，2003，26(3)：46.

[15] 石米扬，昌兰芳，何功倍. 红花、当归、益母草对子宫兴奋作用的机理研究 [J]. 中国中药杂志，1995，20(3)：173-175.

[16] 杨明华，王万青，金祖汉，等. 新鲜益母草缩宫作用的研究 [J]. 基层中药杂志，2001，15(3)：61-62.

[17] 金若敏，陈兆善，陈长勋，等. 益母草治疗痛经机制探索 [J]. 中国现代应用药学杂志，2004，21(2)：90-93.

[18] 姜华，张利民，张学锋，等. 益母草注射液对失血性休克大鼠淋巴微循环的作用 [J]. 陕西中医，2004，25(8)：759-760.

[19] 姜华，张利民，刘艳凯，等. 益母草注射液对急性血瘀大鼠肠系膜淋巴微循环的作用 [J]. 中成药，2004，26(8)：686-687.

[20] 袁忠治，李继云，王琰. 中药益母草预防和抑制微小血管血栓形成作用 [J]. 深圳中西医结合杂志，2003，13(3)：148-150.

[21] 尹俊，王鸿利. 益母草对心肌缺血大鼠血液流变学及血栓形成的影响 [J]. 血栓与止血学，2001，7(1)：13-15.

[22] 丁伯平，熊莺，徐朝阳，等. 益母草碱对急性血瘀证大鼠血液流变学的影响 [J]. 中国中医药科技，2004，11(1)：36-37.

[23] 杨明华，郭月芳，金祖汉，等. 鲜益母草胶囊和益母草流浸膏对血液系统影响的比较研究 [J]. 中国现代应用药学杂志，2002，19(1)：14-16.

[24] 韩中秀，李仲然，韩立斌. 益母草注射液对家兔血液黏度及纤维蛋白原的影响 [J]. 沈阳药学院学报，1992，9(3)：196-199.

[25] 陈穗，陈韩秋，陈晴晖，等. 益母草注射液对大鼠心肌缺血再灌注时心律失常的保护作用 [J]. 汕头大学医学院学报，1999，12(3)：9-10.

[26] 陈少如，陈穗，李秋元. 益母草注射液对冠心病患者及大鼠心肌缺血再灌注心律失常的治疗作用 [J]. 临床心血管病杂志，2002，18(10)：490-491.

[27] 郑鸿翱，陈少如，尹俊. 益母草对兔心肌缺血再灌注损伤时氧自由基的影响 [J]. 汕头大学医学院学报，1997，10(2)：10-12.

[28] 陈少如，陈穗，郑鸿翱，等. 益母草治疗心肌缺血或再灌注损伤及其机制研究 [J]. 微循环学杂志，2001，11(4)：16-19.

[29] 吴惜贞，石刚刚，陈锦香，等. 益母草注射液对猪冠脉螺旋条影响的实验研究 [J]. 汕头大学医学院学报，1997，10(1)：17-19.

[30] 朱玉琢，庞慧民，邢沈阳，等. 益母草对小鼠精子程序外 DNA 合成的抑制作用 [J]. 中国公共卫生，2003，19(11)：1340.

[31] 朱玉琢，庞慧民，邢沈阳，等. 益母草对小鼠雄性生殖细胞遗传损伤的影响 [J]. 吉林大学学报：医学版，2003，29(6)：756-758.

[32] 朱玉琢，庞慧民，邢沈阳，等. 益母草对小鼠雄性生殖细胞遗传损伤的防护作用 [J]. 卫生毒理学杂志，2003，17(4)：211-213.

[33] 庞慧民，朱玉琢，刘念稚. 益母草对硫酸镉诱发的小鼠骨髓细胞微核率的影响 [J]. 吉林大学学报：医学版，2002，28(5)：463-464.

[34] 晁志，马丽玲，周秀佳. 益母草中生物碱成分对大鼠的利尿作用研究 [J]. 时珍国医国药，2005，16(1)：11-12.

[35] 徐杭民，李志明，韩宝铭，等. 前益母草素 (prehispanolone) 对小鼠 T、B 淋巴细胞的影响 [J]. 药学学报，1992，27(11)：812-816.

[36] 李万，蔡亚玲. 益母草总生物碱的药理实验研究 [J]. 华中科技大学学报：医学版，2002，31(2)：168-170.

[37] 任淑君，朱淑英，杨长虹. 中药益母草及三棱杀精作用的研究 [J]. 黑龙江医药，1999，12(2)：83.

[38] CHINWALA M G, GAO M, DAI J, et al. *In vitro* anticancer activities of *Leonurus heterophyllus* sweet (Chinese motherwort herb)[J]. Journal of Alternative and Complementary Medicine, 2003, 9(4): 511-518.

薏苡 Yiyi CP, JP

Coix lacryma-jobi L. var. mayuen (Roman.) Stapf
Job's Tears

概述

禾本科 (Poaceae) 植物薏苡 *Coix lacryma-jobi* L. var. *mayuen* (Roman.) Stapf，其干燥成熟种仁入药。中药名：薏苡仁。

薏苡属 (*Coix*) 植物全世界约有 10 种，主要分布于亚洲热带。中国约有 6 种，仅本种入药。本种广布于中国南北方各地，世界热带、亚热带有栽培或野生。

“薏苡”药用之名，始载于《神农本草经》，列为上品。历代本草多有著录。中国产的薏苡有多个变种。《中国药典》（2015 年版）收载本种为中药薏苡仁的法定原植物来源种。主产于中国福建、江苏、河北、辽宁等省，四川、江西、湖南、湖北、广东、广西、贵州、云南、陕西、浙江等省区也有栽培。

薏苡仁主要活性成分为甘油酯类成分和多糖。《中国药典》采用高效液相色谱法进行测定，规定薏苡仁药材含甘油三油酸酯不得低于 0.50%，以控制药材质量。

药理研究表明，薏苡具有抗肿瘤、提高机体免疫力、镇痛、解热、抗炎、降血糖等作用。

中医理论认为薏苡仁具有利水渗湿，健脾止泻，除痹，排脓，解毒散结等功效。

◆ 薏苡
Coix lacryma-jobi L. var. *mayuen* (Roman.) Stapf

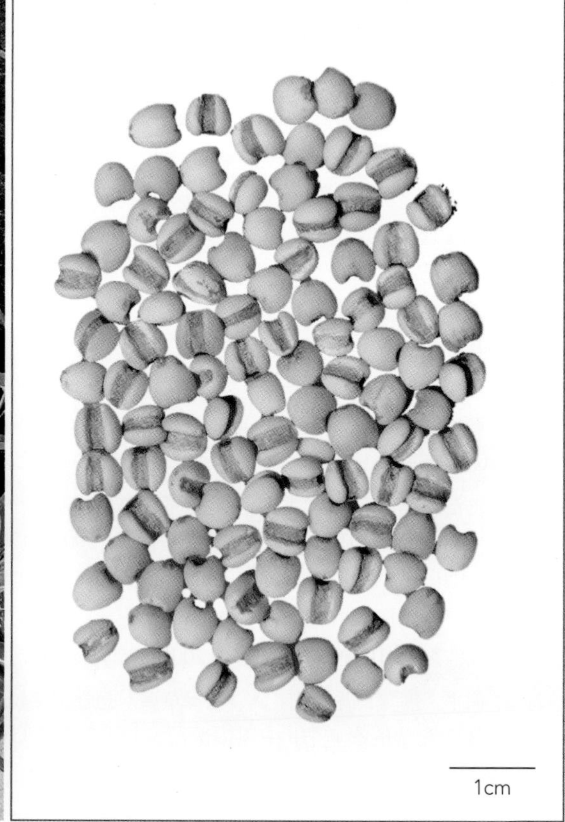

◆ 药材薏苡仁
Coicis Semen

◆ 薏苡
C. lacryma-jobi L. var. *mayuen* (Roman.) Stapf

化学成分

薏苡的果实及种仁含多糖类成分：coixans A、B、C[1]；苯丙素类成分：4-ketopinoresinol、threo-1-*C*-syringylglycerol、erythro-1-*C*-syringylglycerol[2]、1-*C*-(4-hydroxyphenyl)-glycerol、1,2-bis-(4-hydroxy-3-methoxyphenyl)-1,3- propanediol、dehydrodiconiferyl alcohol、4-hydroxycinnamic acid；苯骈恶唑酮类成分：2-(2-hydroxy-4,7-dimethoxy-1,4-2H-benzoxazin-3-one) *β-D*-glucopyranoside[3]、薏苡素 (coixol)、2,6-dimethoxy-p-hydroquinone 1-*O*-*β*-*D*-glucopyranoside[2]、4-hydroxybenzaldehyde[4]、chlorzoxazone[5]、mayuenolide[6]及腺苷(adenosine)[2]等；薏苡种仁含2%～8%脂类成分，其中三酰甘油占61%～64%，薏苡油含丰富不饱和脂肪酸[7]。

薏苡的根含有与种子相似的苯骈恶唑酮类成分：薏苡素[8]、6-methoxybenzoxazolinone、2-hydroxy-7-methoxy-1,4(2H)-benzoxazin-3-one、2-*O*-glucosyl-7-methoxy-1,4(2H)-benzoxazin-3-one[9]、2-*O*-*β*-*D*-glucopyranosyl-7-methoxy1,4(2H)- benzoxazin-3-one[10]和benzoxazinoids Ⅰ、Ⅱ[11]等成分。

◆ 4-ketopinoresinol

◆ coixol

药理作用

1. 增强免疫

薏苡仁多糖可显著提高环磷酰胺致免疫低下小鼠腹腔巨噬细胞吞噬百分率和吞噬指数，促进溶血素及溶血空斑形成和淋巴细胞转化[12]；薏苡仁酯可显著降低 S_{180}、EAC、L615 荷瘤小鼠红细胞膜 Na^+, K^+-ATP 酶活性，其作用呈量效相关[13]，并可提高荷瘤小鼠的红细胞 C_{3b} 受体花环率 (RBC-C_{3b}RR) 和红细胞 C_{3b} 受体花环促进率 (RFER)，降低红细胞免疫复合物花环率 (RBC-ICRR)、红细胞 C_{3b} 受体花环抑制率 (RFIR)[14]。

2. 降血糖

薏苡仁多糖腹腔注射，可降低正常小鼠、四氧嘧啶糖尿病小鼠和肾上腺素高血糖小鼠的血糖水平[15]，薏苡仁多糖能改善链脲佐菌素致 2 型糖尿病大鼠糖耐量异常，增加肝糖原量和肝葡萄糖激酶活性[16]，降低大鼠血清脂质过氧化物 (LPO) 水平，显著提高红细胞和胰腺的 SOD 活性[17]。

3. 抗肿瘤

薏苡仁油对小鼠 S_{180} 肉瘤和 HAC 肝癌移植瘤有明显的抑制效果[18]，薏苡仁注射液可抑制无血清培养大鼠主动脉的血管生成[19]，对小鼠 S_{180} 移植瘤的血管生成也有显著抑制作用[20]；薏苡仁提取物可诱导小鼠 SGC-7901 胃癌移植瘤的细胞凋亡[21]，体外可诱导肝癌 p53 基因表达增加及细胞凋亡[22]，薏苡仁酯体外能引起喉癌 Hep-2 细胞的 DNA 损伤，明显抑制其增殖[23]，能阻滞人宫颈癌 HeLa 细胞分裂于 G_2 期，增加 *fas* 基因表达，诱导 HeLa 细胞凋亡[24]。薏苡仁酯能量效依赖性地抑制人鼻咽癌 CNE-2Z 裸鼠移植瘤生长，选择性杀伤肿瘤细胞[25]，小剂量、短时间使用薏苡仁酯可使 CNE-2Z 细胞周期阻滞于 S 期，大剂量长时间则阻滞于 G_2/M 期[26]，并可以选择性地加强 ^{60}Co 射线对 CNE-2Z 的杀伤作用[27]。薏苡仁提取液体外可诱导人胰腺癌 PaTu-8988 的凋亡，并具有剂量和时间依赖性[28]。

4. 抗炎

薏苡仁的甲醇提取物能剂量依赖性地抑制 γ-干扰素-脂多糖诱导RAW264.7细胞产生NO，显著抑制NO合成酶mRNA的表达和大戟醇酯诱导产生超氧阴离子(O^{2-})[29]。

5. 其他

薏苡素还有镇静、解热、镇痛作用；薏苡仁油有抑制骨骼肌收缩作用[30]。

应用

本品为中医临床用药。功能：利水渗湿，健脾止泻，除痹，排脓，解毒散结。主治：水肿，脚气，小便不利，脾虚泄泻，湿痹拘挛，肺痈，肠痈，赘疣，癌肿。

现代临床还用于多种癌症、糖尿病、扁平疣、传染性软疣、关节炎及坐骨结节滑囊炎等病的治疗。

评注

薏苡仁是中国卫生部规定的药食同源品种之一。中国有薏苡属多种植物分布，除薏苡 *Coix lacryma-jobi* L. var. *mayuen* (Roman.) Stapf 外，还有窄果薏苡 *C. stenocarpa* Balansa、薏苡 *C. lacryma-jobi* L.、念珠薏苡 *C. lacryma-jobi* L. var. *maxima* Makino、台湾薏苡 *C. chinensis* Tod. var. *formosana* (Ohwi) L. Liu 等类群，但大都未得到开发利用。上述几种（变种）植物中窄果薏苡的种子油含量最高，薏苡的总多糖含量最高[7]。薏苡属的种子油和多糖各有不同的食用、药用价值，应在进一步研究的基础上对薏苡属植物资源进行开发利用。

中药薏苡的传统药用部位为种仁，薏苡的根中也含有苯骈恶唑酮类等活性成分，也是值得开发利用的资源。

薏苡资源丰富，在中国被广泛种植，浙江泰顺县已建立了薏苡的规范化种植基地。

参考文献

[1] TAKAHASHI M, KONNO C, HIKINO H. Isolation and hypoglycemic activity of coixans A, B and C, glycans of *Coix lachryma-jobi* var. *ma-yuen* seeds[J]. Planta Medica, 1986, 1: 64-65.

[2] OTSUKA H, TAKEUCHI M, INOSHIRI S, et al. Phenolic compounds from *Coix lachryma-jobi* var. *ma-yuen*[J]. Phytochemistry, 1989, 28(3): 883-886.

[3] KATAKAWA J, TETSUMI T, KAMEI S, et al. Phenolic compounds of fruit of *Coix lachryma-jobi* L.[J]. Natural Medicines, 2000, 54(5): 257-260.

[4] HOFMAN J, HOFMANOVA O, HANUS V. 1,4-Benzoxazine derivatives in plants. New Type of glucoside from *Zea mays*[J]. Tetrahedron Letters, 1970, 37: 3213-3214.

[5] GOMITA Y, ICHIMARU Y, MORIYAMA M, et al. Behavioral and EEG effects of coixol (6-methoxybenzoxazolone), one of the components in *Coix lachryma-jobi* L. var. *ma-yuen* Stapf[J]. Nippon Yakurigaku Zasshi, 1981, 77(3): 245-259.

[6] KUO C C, CHIANG W C, LIU G P, et al. 2,2′-Diphenyl-1-picrylhydrazyl radical-scavenging active components from Adlay (*Coix lachryma-jobi* L. var. *ma-yuen* Stapf) Hulls[J]. Journal of Agricultural and Food Chemistry, 2002, 50(21): 5850-5855.

[7] 董云发，潘泽惠，庄体德，等. 中国薏苡属植物种仁油脂及多糖成分分析 [J]. 植物资源与环境学报，2000，9(1)：57-58.

[8] KOYAMA T, YAMATO M. Constituents of Coix species. I. Constituents of the root of *Coix lachryma-jobi*[J]. Yakugaku Zasshi, 1955, 75: 699-701.

[9] SHIGEMATSU N, KOUNO I, KAWANO N. The root constituents of *Coix lachryma-jobi* L.[J]. Yakugaku Zasshi, 1981, 101(12): 1156-1158.

[10] NAGAO T, OTSUKA H, KOHDA H, et al. Benzoxazinones from *Coix lachryma-jobi* var. *ma-yuen*[J]. Phytochemistry, 1985, 24(12): 2959-2962.

[11] OTSUKA H, HIRAI Y, NAGAO T, et al. Anti-inflammatory activity of benzoxazinoids form roots of *Coix lachryma-jobi* var. *ma-yuen*[J]. Journal of Natural Products, 1988, 51(1): 74-79.

[12] 苗明三. 薏苡仁多糖对环磷酰胺致免疫抑制小鼠免疫功能的影响 [J]. 中医药学报，2002，30(5)：49-50.

[13] 张闯，李常国，张旗军. 薏苡仁酯对荷瘤小鼠 Na^+、K^+-ATPase 活性的影响 [J]. 黑龙江医药，2000，13(2)：89-91.

[14] 杨生，王英杰，张闯. 薏苡仁酯对荷瘤小鼠红细胞免疫功能的影响 [J]. 黑龙江医药，1999，12(6)：343-345.

[15] 徐梓辉，周世文，黄林清. 薏苡仁多糖的分离提取及其降血糖作用的研究 [J]. 第三军医大学学报，2000，22(6)：578-581.

[16] 徐梓辉，周世文，黄林清，等. 薏苡仁多糖对实验性 2 型糖尿病大鼠胰岛素抵抗的影响 [J]. 中国糖尿病杂志，2002，10(1)：44-48.

[17] 徐梓辉，周世文，黄林清. 薏苡仁多糖对实验性糖尿病大鼠 LPO 水平、SOD 活性变化的影响 [J]. 成都中医药大学学报，2002，25(1)：38，43.

[18] 范伟忠，章荣华，傅剑云. 薏苡仁油对小鼠移植性肿瘤的影响 [J]. 上海预防医学杂志，2000，12(5)：210-211，217.

[19] 姜晓玲，张良，徐卓玉，等. 薏苡仁注射液对血管生成的影响 [J]. 肿瘤，2000，20(4)：313-314.

[20] 冯刚，孔庆志，黄冬生，等. 薏苡仁注射液对小鼠 S_{180} 肉瘤血管形成抑制的作用 [J]. 肿瘤防治研究，2004，31(4)：229-230，248.

[21] 郑世营，李德春，张志德，等. 薏苡仁提取物诱导胃癌细胞 SGC-7901 凋亡和抑制增殖的体内实验 [J]. 肿瘤，2000，20(6)：460-461.

[22] 韦长元，李挺，唐宗平，等. 薏苡仁提取物对人肝癌细胞增殖、凋亡及 p53 表达的影响 [J]. 广西医科大学学报，2001，18(6)：793-795.

[23] 肖立峰，张天虹，刘江涛，等. 中药薏苡仁酯作用喉癌 Hep-2 细胞的体外研究 [J]. 哈尔滨医科大学学报，2004，38(3)：252-253，262.

[24] 韩苏夏，朱青，杜蓓茹，等. 薏苡仁酯诱导人宫颈癌 HeLa 细胞凋亡的实验研究 [J]. 肿瘤，2002，22(6)：481-482.

[25] 李毓，胡笑克，吴棣华，等. 薏苡仁酯对人鼻咽癌细胞裸鼠移植瘤的治疗作用 [J]. 肿瘤防治研究，2001，28(5)：356-358.

[26] 李毓，胡祖光，胡笑克. 薏苡仁酯对人鼻咽癌细胞周期的影响 [J]. 华夏医学，2004，17(2)：131-132.

[27] 陈宁，熊带水，冯惠强，等. 薏苡仁酯对辐射诱导的人鼻咽癌细胞凋亡的促进作用 [J]. 华夏医学，2001，14(3)：257-259.

[28] 鲍英，夏璐，姜华，等. 薏苡仁提取液对人胰腺癌细胞凋亡和超威结构的影响 [J]. 胃肠医学，2005，10(2)：75-78.

[29] SEO W G, PAE H O, CHAI K Y, et al. Inhibitory effects of methanol extract of seeds of Job's Tears (*Coix lachryma-jobi* L. var. *ma-yuen*) on nitric oxide and superoxide production in RAW 264.7 macrophages[J]. Immunopharmacology and Immunotoxicology, 2000, 22(3): 545-554.

[30] 范伟忠，章荣华，傅剑云. 薏苡仁油的毒性研究及安全性评价 [J]. 上海预防医学杂志，2000，12(4)：178-179.

银柴胡 Yinchaihu CP

Stellaria dichotoma L. var. *lanceolata* Bge.
Lanceolate Dichotomous Starwort

概述

石竹科 (Caryophyllaceae) 植物银柴胡 *Stellaria dichotoma* L. var. *lanceolata* Bge.，其干燥根入药。中药名：银柴胡。

繁缕属 (*Stellaria*) 植物全世界约有 120 种，分布于温带至寒带地区。中国产约有 63 种 15 变种 2 变型，本属现供药用者约有 9 种。本种分布于中国内蒙古、辽宁、陕西、甘肃、宁夏等省区，蒙古、俄罗斯也有分布。

“银柴胡”药用之名，始载于《本草纲目》柴胡项下。明清两代本草多有著录，古今药用品种一致。《中国药典》（2015 年版）收载本种为中药银柴胡的法定原植物来源种。主产于中国宁夏，甘肃及内蒙古亦产。

银柴胡主要化学成分有环肽，生物碱、黄酮类等化合物。《中国药典》以性状、显微和薄层色谱鉴别来控制银柴胡药材的质量。

药理研究表明，银柴胡具有解热、抗炎等作用。

中医理论认为银柴胡具有清虚热，除疳热等功效。

◆ 银柴胡
Stellaria dichotoma L. var. *lanceolata* Bge.

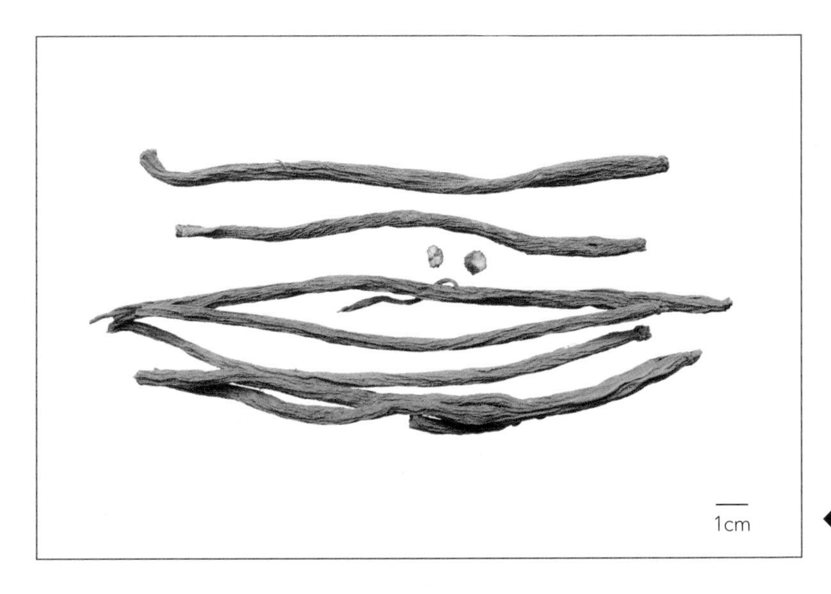

◆ 药材银柴胡
Stellariae Radix

◆ stellaria cyclopeptide

◆ stellarine A: R= NH_2
stellarine B: R= $NH\text{-}CH{=}CH\text{-}COOCH_3$

化学成分

银柴胡的根含环肽类成分：银柴胡环肽 (stellaria cyclopeptide)[1-2]和dichotomins A、B、C、D、E、F、G、H、I[3-5]；生物碱类成分：stellarines A、B[6]和glucodichotomine B[7]；新木脂素类成分：dichotomosides A、B、C、D；苯丙素苷类成分：dichotomoside E[7]；黄酮类成分：汉黄芩素 (wogonin)[8]、芹菜素-6,8-二-吡喃半乳糖碳苷(6,8-di-*C*-galactopyranosylapigenin)、异黄芩素-6-吡喃半乳糖碳苷(6-*C*-galactopyranosylisoscutellarein)[9]、5,7-二羟基-二氢黄酮 (pinocembrin)[10]。还含有α-菠甾醇(α-spinasterol)[11]。

药理作用

1. 解热、抗炎

银柴胡水煎醇沉剂腹腔注射，对三联疫苗致热的兔具有解热作用，银柴胡 2 年生以上，随生长年限增加解热递增，2 年生以下则无解热作用；银柴胡的乙醚提取物也有明显的解热和抗炎作用。银柴胡所含的 α- 菠甾醇可明显抑制前列腺素 E_2 (PGE_2)、缓激肽、组胺、5- 羟色胺 (5-HT) 等炎症介质的致炎作用，抑制白细胞游走，对动物角叉菜胶和热烫性足趾肿胀、巴豆油气囊肿肉芽组织增生有显著的抑制作用 [11]。

2. 促进免疫

银柴胡野生品水提取物、栽培品石油醚及乙醇提取物对吞噬细胞吞噬功能有促进作用。

3. 其他

银柴胡挥发油中的糠醇有抗菌作用[12]；dichotomoside D 体外可抑制大鼠嗜碱性细胞 RBL-2H3 对β-己糖胺酶、肿瘤坏死因子 α (TNF-α) 和白介素 4 (IL-4) 的释放[7]。

应用

本品为中医临床用药。功能：清虚热，除疳热。主治：阴虚发热，骨蒸劳热，小儿疳热。

现代临床还用于功能性低热、感冒、肺炎、肺结核、慢性湿疹等病的治疗。

评注

明代以前的本草著作中银柴胡常与伞形科植物银州柴胡 *Bupleurum yinchowense* Shan et Y. Li 相混乱，明清两代已明确银柴胡 *Stellaria dichotoma* L. var. *lanceolata* Bge. 为银柴胡的原植物来源种。

商品调查结果发现银柴胡野生资源已近枯竭，市场上主要是栽培品和几种同科植物在流通，因此应用时要注意鉴别，并加强对野生资源的保护，开展优质银柴胡栽培的研究，提高产量与质量，为资源可持续利用提供保障。

目前，对银柴胡药理活性研究不足，应积极开展活性筛选，为银柴胡开发利用提供科学依据。

参考文献

[1] 王英华，邢世瑞，刘明生，等. 栽培银柴胡化学成分的研究 [J]. 沈阳药学院学报，1991，8(4)：269-271.

[2] 刘明生，陈英杰，王英华，等. 银柴胡环肽类研究 [J]. 药学学报，1992，27(9)：667-669.

[3] MORITA H, KAYASHITA T, SHISHIDO A, et al. Cyclic peptides from higher plants. 26. Dichotomins A-E, new cyclic peptides from *Stellaria dichotoma* L. var. *lanceolata* Bge.[J]. Tetrahedron, 1996, 52(4): 1165-1176.

[4] MORITA H, SHISHIDO A, KAYASHITA T, et al. Cyclic peptides from higher plants. 39. Dichotomins F and G, cyclic peptides from *Stellaria dichotoma* var. *lanceolata*[J]. Journal of Natural Products, 1997, 60(4): 404-407.

[5] MORITA H, TAKEYA K, ITOKAWA H. Cyclic octapeptides from *Stellaria dichotoma* var. *lanceolata*[J]. Phytochemistry, 1997, 45(4): 841-845.

[6] CUI Z H, LI G Y, QIAO L, et al. Two new alkaloids from *Stellaria dichotoma* var. *lanceolata*[J]. Natural Product Letters, 1995, 7(1): 59-64.

[7] MORIKAWA T, SUN B, MATSUDA H, et al. Bioactive constituents from Chinese natural medicines. XIV. New glycosides of β-carboline-type alkaloid, neolignan, and phenylpropanoid from *Stellaria dichotoma* L. var. *lanceolata* and their antiallergic activities[J]. Chemical & Pharmaceutical Bulletin, 2004, 52(10): 1194-1199.

[8] YASUKAWA K, YAMANOUCHI S, TAKIDO M. Studies on the constituents in the water extracts of crude drugs. Ⅲ. On the roots of *Stellaria dichotoma* L. var. *lanceolata* Bge. 1[J]. Yakugaku Zasshi, 1981, 101(1): 64-66.

[9] YASUKAWA K, YAMANOUCHI S, TAKIDO M. Studies on the constituents in the water extracts of crude drugs. Ⅳ. The roots of *Stellaria dichotoma* L. var. *lanceolata* Bge. 2[J]. Yakugaku Zasshi, 1982, 102(3): 292-294.

[10] 孙博航，吉川雅之，陈英杰，等. 银柴胡的化学成分 [J]. 沈阳药科大学学报，2006，23(2)：84-87.

[11] 周重楚，孙晓波，刘建勇，等. α-菠菜甾醇的抗炎作用 [J]. 药学学报，1985，20(4)：257-261.

[12] 刘明生，陈英杰，王英华，等. 银柴胡挥发油的研究 [J]. 沈阳药学院学报，1991，8(2)：134-136.

银耳 Yin'er

Tremella fuciformis Berk.
White Tremella

概述

银耳科 (Tremellaceae) 真菌银耳 *Tremella fuciformis* Berk.，其干燥子实体入药。中药名：银耳。

银耳 (*Tremella*) 属植物全世界约有 60 余种，广布世界各地。中国产 32 种，各地均有分布 [1]。本属现供药用者约有 3 种。

"银耳"药用之名，始载于清《本草再新》[2]，书中对银耳的药效有所记述。主产于中国四川、贵州、云南、福建、湖北、安徽、浙江、广西、陕西、台湾等省区，其中以四川通江银耳和福建漳州雪耳最为著名，俗称白木耳。

银耳中主要活性成分为多糖、甾醇类和磷脂类成分。

药理研究表明，银耳具有增强免疫、保肝、抗辐射、抗肿瘤等作用。

中医理论认为银耳具有滋补生津，润肺养胃等功效。

◆ 银耳
Tremella fuciformis Berk.

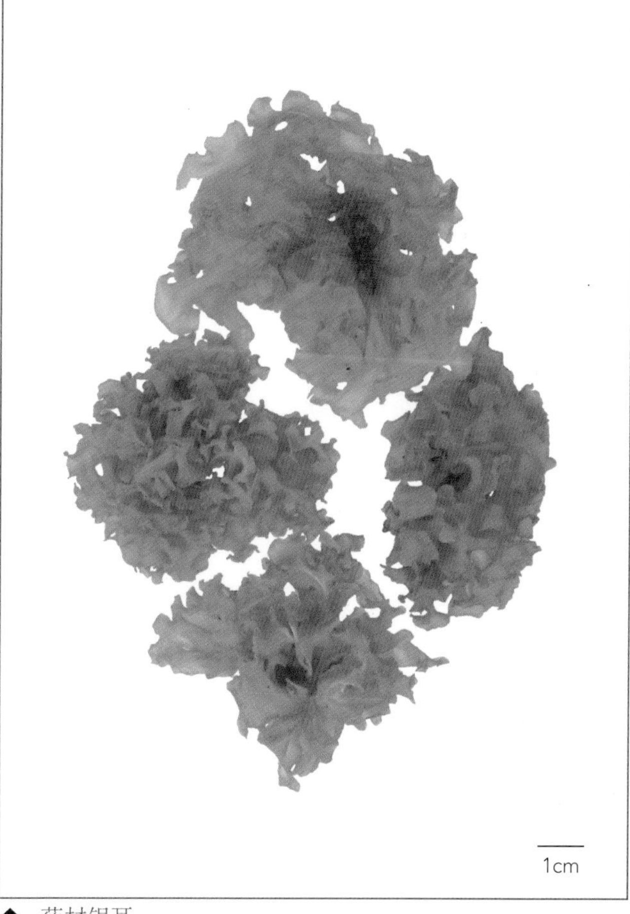

◆ 药材银耳
Tremella

化学成分

银耳中含有多种多糖类成分，即酸性杂多糖（主要是由木糖、葡萄糖醛酸和甘露糖组成，另含少量葡萄糖及微量岩藻糖）、中性杂多糖（主要由木糖、甘露糖、半乳糖、葡萄糖组成）、酸性低聚糖 [如：*O*-β-*D*-吡喃葡萄糖醛酸-(1→2)-*O*-α-*D*-吡喃甘露糖-(1→3)-*O*-α-*D*-吡喃甘露糖-(1→3)-*D*-吡喃甘露糖、*O*-β-*D*-吡喃葡萄糖醛酸-(1→2)-*O*-α-*D*-吡喃甘露糖-(1→3)-*D*-吡喃甘露糖、2-*O*-β-*D*-吡喃葡糖醛酸-*D*-吡喃甘露糖等]、胞壁多糖、胞外多糖[3-6]等；含甾醇类成分：麦角甾醇 (ergosterol)、麦角甾-7-烯-3β-醇 (ergosta-7-en-3β-ol)等；脂肪酸类成分有：十一烷酸 (undecanoic acid)、十二烷酸 (*n*-dodecanoic acid)、十三烷酸 (tridecanoic acid)、十四烷酸 (*n*-tetradecanoic acid)、十五烷酸 (pentadecanoic acid)、十六烷酸 (*n*-hexadecanoic acid)等；含磷脂类成分：磷脂酰甘油 (phosphatidyl glycerol)、磷脂酰乙醇胺 (phosphatidyl ethanolamine)、磷脂酰丝氨酸 (phosphatidyl serine)、磷脂酰胆碱 (phosphatidyl choline)、磷脂酰肌醇 (phosphatidyl inositol)等。

药理作用

1. 增强免疫

银耳多糖可增强体外培养的小鼠脾脏淋巴细胞蛋白激酶 C (PKC) 活性 [7]；增强小鼠脾细胞内游离 Ca^{2+} 浓度而激活淋巴细胞，发挥免疫调节作用 [8]；明显增强小鼠腹腔巨噬细胞 TNF-α 活性，促进小鼠脾细胞中细胞因子 IL-2、IL-6、TNF-α mRNA 的表达量 [9]。银耳多糖灌胃，可明显促进 ConA 诱导的小鼠脾淋巴细胞增殖转化，提高小鼠血清中 IL-2、IL-6 含量 [10]。银耳多糖提取物喂饲，还可提高感染球虫病鸡的细胞免疫反应及体液免疫反应 [11-12]。

2. 抗肿瘤

银耳孢糖腹腔注射，可显著提高荷 S_{180} 肉瘤小鼠脾重及脾有核细胞数，以及脾细胞产生 IL-2 的能力 [13]。银耳杂多糖体外亦可促使人单核细胞产生 IL-1、IL-6 及肿瘤坏死因子 TNF[14-15]。

3. 抗放射

银耳孢糖腹腔注射，可提高 X 线照射小鼠脾重、脾有核细胞数、胸腺细胞 ^{3}H-TdR 自发掺入率，拮抗受照后 NK 细胞活性的下降 [16]；使亚致死剂量 ^{60}Coγ 射线反复照射的小鼠股骨中造血干细胞 (CFU-S) 数上升至正常或接近正常水平，使内源性脾结节和脾重显著升高 [17]；亦可使 ^{137}Csγ 射线照射小鼠的股骨有核细胞数、脾结节和脾指数明显增高 [18]。

4. 抗病毒

银耳多糖及其硫酸酯体外对牛免疫缺陷病毒 R29 有抑制的作用 [19]。

5. 抗氧化

银耳多糖提取物体外可清除羟基自由基及超氧阴离子自由基，显著降低 H_2O_2 诱导的红细胞氧化溶血率 [20]，并防止油脂质氧化 [21]。

6. 其他

银耳多糖还具有抗疲劳 [22]、抗肝炎、抗突变 [23]、降血糖 [24-25]、降血脂 [26]、抗衰老等作用 [10]。

应用

本品为中医临床用药。功能：滋补生津，润肺养胃。主治：虚劳咳嗽，痰中带血，津少口渴，病后体虚，气短乏力，产后虚弱，月经不调，大便秘结，大便下血，新久痢疾。

现代临床还用于慢性气管炎、肺源性心脏病及白细胞减少症等病的治疗，亦可用于肺结核、糖尿病、高血压、慢性肝炎等慢性病的辅助调理及补养。

评注

银耳作为药食两用滋补品，既可作药物治疗肺虚久咳、虚热口渴等病症，又可作食品长期服用，对肺结核、糖尿病、高血压等慢性病起到辅助治疗及调理、补养等作用。银耳已成为药膳及煲汤的常用原料之一，以银耳为原料的加工制成品亦广泛投入市场。

研究发现，银耳多糖及其衍生物可抑制牛免疫缺陷病毒[19]，提示其对于艾滋病患者的联合药物治疗以及艾滋病高危人群的预防将有一定作用。

此外，银耳多糖加入饲料中喂饲鸡只，可促进鸡只生长[27]，并使鸡只盲肠中有益菌群增加，有害菌群减少[28]，提示银耳在家禽饲料添加剂的开发方面有较大潜力。

野生银耳资源稀少，价格昂贵。自 20 世纪 60 年代以后，随着人工栽培的成功及技术不断进步，银耳产量逐年上升。至 80 年代连续多年银耳生产达高峰，从而一度出现产大于销，迫使银耳停产、转产。1995 年以后银耳又出现缺货的局面，特别是上等质量者更为缺少，因此产区应做好合理的计划栽培，以适应市场需求。

近年来，市场上出现用硫黄熏白的银耳，食用后对人体有害，故不可食用。此外，银耳变质后受细菌污染，产生毒素，食用后会中毒，严重者会导致肾功能衰竭、脑水肿等，以至死亡。

参考文献

[1] 中国科学院中国孢子植物志编辑委员会 . 中国真菌志：第二卷 [M]. 北京：科学出版社，1992：60-92.

[2] 王惠清 . 中药材产销 [M]. 成都：四川出版集团四川科学技术出版社，2004：594-598.

[3] 徐锦堂 . 中国药用真菌学 [M]. 北京：北京医科大学中国协和医科大学联合出版社， 1997：421-435.

[4] 杨世海，尹春梅，缪双红 . 银耳多糖及其药理作用的研究进展 [J]. 中草药，1993，24(3)：153-157.

[5] GAO Q, SELJELID R, CHEN H, et al. Characterisation of acidic heteroglycans from *Tremella fuciformis* Berk with cytokine stimulating activity[J]. Carbohydrate Research, 1996, 288: 135-142.

[6] GAO Q, BERNTZEN G, JIANG R, et al. Conjugates of Tremella polysaccharides with microbeads and their TNF-stimulating activity[J]. Planta Medica, 1998, 64(6): 551-554.

[7] 胡庭俊，梁纪兰，程富胜，等 . 银耳多糖对小鼠脾脏淋巴细胞蛋白激酶 C 活性的影响 [J]. 中草药，2005，36(1)：81-84.

[8] 崔金莺，林志彬 . 银耳多糖对小鼠脾细胞内游离钙离子浓度的影响 [J]. 药学学报，1997，32(8)：561-564.

[9] 崔金莺，林志彬 . 银耳多糖对小鼠 IL-2、IL-6、TNF-α 活性及其 mRNA 表达的影响 [J]. 北京医科大学学报，1996，28(4)：244-248.

[10] 李燕，刘晓丽，裴素萍，等 . 银耳多糖对实验性衰老模型小鼠免疫功能的影响 [J]. 中国临床营养杂志，2005，13(4)：228-231.

[11] GUO F C, KWAKKEL R P, WILLIAMS B A, et al. Effects of mushroom and herb polysaccharides on cellular and humoral immune responses of Eimeria tenella-infected chickens[J]. Poultry Science, 2004, 83(7): 1124-1132.

[12] GUO F C, KWAKKEL R P, WILLIAMS C B, et al. Coccidiosis immunization: effects of mushroom and herb polysaccharides on immune responses of chickens infected with *Eimeria tenella*[J]. Avian Diseases, 2005, 49(1): 70-73.

[13] 郑仕中，王汝勤，李志旺 . 银耳孢糖荷瘤小鼠免疫功能的增强效应及抑瘤作用的研究 [J]. 中国实验临床免疫学杂志，1994，6(5)：39-43.

[14] GAO Q P, JIANG R Z, CHEN H Q, et al. Characterization and cytokine stimulating activities of heteroglycans from *Tremella fuciformis*[J]. Planta Medica, 1996, 62(4): 297-302.

[15] GAO Q, KILLIE M K, CHEN H, et al. Characterization and cytokine-stimulating activities of acidic heteroglycans from *Tremella fuciformis*[J]. Planta Medica, 1997, 63(5): 457-460.

[16] 郑仕中，王汝勤，李志旺 . 银耳孢糖增强肿瘤辐射效应的初步探讨 [J]. 南京医学院学报，1992，12(4)：384-387.

[[17] 卢绍平，杨凤桐，徐承熊 . 银耳孢糖对 $^{60}Co\gamma$ 线分次照射

引起的小鼠造血系统残留损伤的治疗作用 [J]. 辐射研究与辐射工艺学报，1989，7(1)：33-38.

[18] 徐文清，高文远，沈秀，等. 银耳多糖注射剂保护辐射损伤小鼠造血功能的研究 [J]. 国际放射医学核医学杂志，2006，30(2)：114-116.

[19] 徐文清，李美佳，陈木天. 银耳多糖及其衍生物抑制牛免疫缺陷病毒的实验研究 [J]. 中国性病艾滋病防治，2001，7(5)：277-278.

[20] 刘培勋，高小荣，徐文清，等. 银耳碱提多糖抗氧化活性的研究 [J]. 中药药理与临床，2005，21(4)：35-37.

[21] 颜军，郭晓强，邬晓勇，等. 银耳多糖的提取及其清除自由基作用 [J]. 成都大学学报：自然科学版，2006，25(1)：35-38.

[22] 辛晓林，史亚丽，杨立红. 银耳多糖对离体骨骼肌疲劳的影响 [J]. 西北农业学报，2006，15(2)：128-130，133.

[23] 周慧萍，殷霞，高红霞，等. 银耳多糖和黑木耳多糖的抗肝炎和抗突变作用 [J]. 中国药科大学学报，1989，20(1)：51-53.

[24] 薛惟建，鞠彪，王淑如，等. 银耳多糖和木耳多糖对四氧嘧啶糖尿病小鼠高血糖的防治作用 [J]. 中国药科大学学报，1989，20(3)：181-183.

[25] KIHO T, TSUJIMURA Y, SAKUSHIMA M, et al. Polysaccharides in fungi. XXXIII. Hypoglycemic activity of an acidic polysaccharide (AC) from *Tremella fuciformis*[J]. Yakugaku zasshi, 1994, 114(5): 308-315.

[26] CHENG H H, HOU W C, LU M L. Interactions of lipid metabolism and intestinal physiology with *Tremella fuciformis* Berk edible mushroom in rats fed a high-cholesterol diet with or without Nebacitin[J]. Journal of Agricultural and Food Chemistry, 2002, 50(25): 7438-7443.

[27] GUO F C, KWAKKEL R P, WILLIAMS B A, et al. Effects of mushroom and herb polysaccharides, as alternatives for an antibiotic, on growth performance of broilers[J]. British Poultry Science, 2004, 45(5): 684-694.

[28] GUO F C, WILLIAMS B A, KWAKKEL R P, et al. Effects of mushroom and herb polysaccharides, as alternatives for an antibiotic, on the cecal microbial ecosystem in broiler chickens[J]. Poultry Science, 2004, 83(2): 175-182.

银杏 Yinxing BP, CP, EP, KHP, USP

Ginkgo biloba L.
Ginkgo

概述

银杏科 (Ginkgoaceae) 植物银杏 *Ginkgo biloba* L.，其种子入药。中药名：白果。其叶也入药。

银杏是世界上残存的植物活化石之一，作为中生代的孑遗植物，为中国特有。银杏在中国多为栽培，北自辽宁沈阳，南至广东广州，西至贵州、云南西部，东至华东各省均有分布。朝鲜半岛、日本、欧洲及美洲也有栽培。

银杏以"白果"药用之名，始载于《证类本草》。《中国药典》（2015年版）收载其种子和叶作药用；《韩国药典》收载白果药用[1]；《英国药典》收载银杏叶药用[2]，近年银杏叶已为多国药典收载。主产于中国广西、四川、河南、山东、湖北、辽宁等地。

银杏的主要活性成分为黄酮类和倍半萜内酯类化合物。银杏内酯B和白果内酯是银杏的特征性成分。《中国药典》采用高效液相色谱法进行测定，规定银杏叶药材以槲皮素、山柰素、异鼠李素总量换算的总黄酮醇苷不得少于0.40%，含银杏内酯A、B、C和白果内酯的总量不得少于0.25%，以控制药材质量。

药理研究表明，银杏叶具有扩张血管、降血脂、清除自由基、抗缺氧等作用。银杏叶标准提取物 (EGb761) 为全世界销售量最大的天然药物制剂之一。

中医理论认为白果具有敛肺定喘，止带缩尿等功效。

◆ 银杏
Ginkgo biloba L.

◆ 白果
Ginkgo Semen

化学成分

银杏叶中的主要活性成分为黄酮类和倍半萜内酯类成分。单黄酮类成分主要有槲皮素 (quercetin)、山柰酚 (kaempferol)、异鼠李素 (isorhamnetin)[3]、槲皮素-3-鼠李糖-2-(6-对羟基反式桂皮酰)-葡萄糖苷[quercetin-3-rhamnopyranosyl-2- (6-*p*-hydroxy-*cis*-cinnamoyl)-glucopyranoside]、山柰酚-3-鼠李糖-2-(6-对羟基反式桂皮酰)-葡萄糖苷[kaempferol-3-rhamnopyranosyl-2-(6-*p*-hydroxy-*cis*-cinnamoyl)-glucopyranoside]、槲皮素-3-鼠李糖-2-(6-对羟基反式桂皮酰)-葡萄糖-7-葡萄糖苷 [quercetin-3- rhamnopyranosyl-2-(6-*p*-hydroxy-*cis*-cinnamoyl)-glucosyl-7-glucopyranoside][3]；双黄酮类成分有穗花杉双黄酮(amentoflavone)、银杏双黄酮 (bilobetin)、白果双黄酮 (ginkgetin)、异白果双黄酮 (isoginkgetin)、5'-甲氧基银杏双黄酮 (5'-methoxybilobetin)、金松双黄酮 (sciadopitysin)[3]；儿茶素类成分：(+)-儿茶素 [(+)-catechin]、(–)-表儿茶素 [(–)-epicatechin]、(+)-没食子酸儿茶素 [(+)-gallocatechin]和(–)-表没食子酸儿茶素 [(–)-epigallocatechin]；含内酯类成分：银杏内酯A、B、C、J、K、M (ginkgolides A～C, J, K, M)[4]和白果内酯 (bilobalide)；尚含白果酸 (ginkgoic acid)、氢化白果酸 (hydroginkgolic acid)、氢化白果亚酸 (hydrginkgolinic acid)、白果酮 (ginnone)、银杏酮 (bilobanone)、白果酚 (ginkgol)及银杏多糖[5]等成分。

银杏种子中含有4-*O*-甲基吡多醇 (4-*O*-methylpyridoxol)，又称银杏毒素 (ginkgotoxin)。

银杏外种皮含白果双黄酮、异白果双黄酮、氢化白果酸、白果酚和白果醇 (ginnol)[6]。

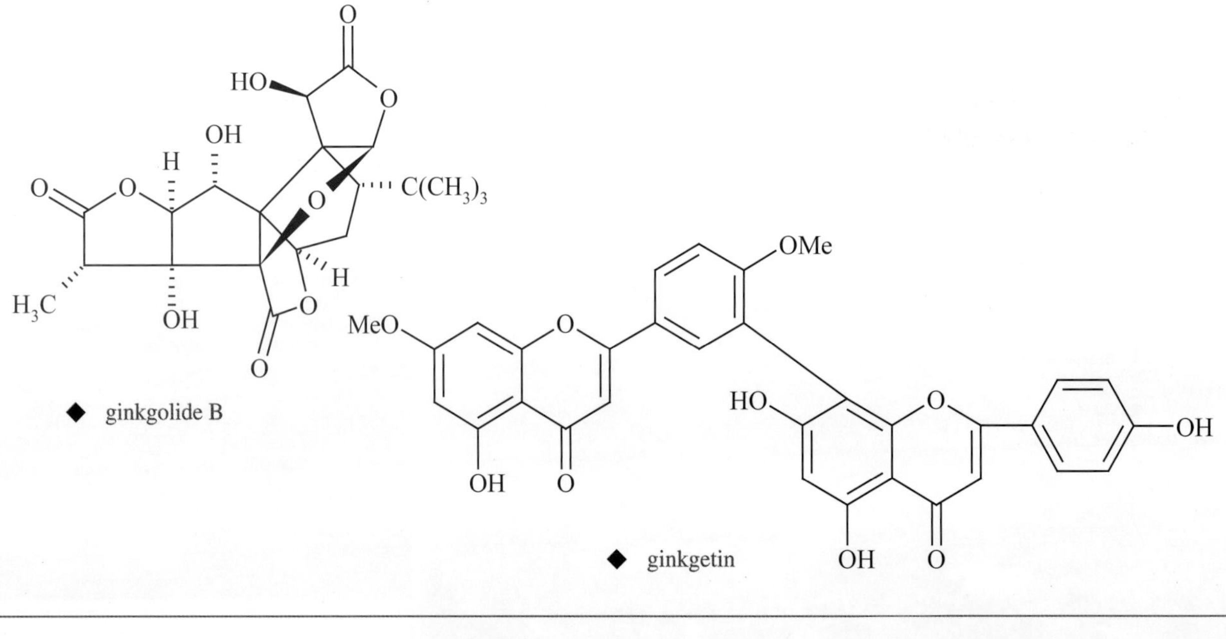

◆ ginkgolide B

◆ ginkgetin

药理作用

1. 祛痰

银杏种子醇提取物腹腔注射，小鼠酚红排泌法证明有祛痰作用。

2. 保护心血管系统

银杏黄酮静脉注射可使胎儿羊水致血瘀症模型家兔的肠系膜管径、全血黏度和血浆黏度增加，红细胞聚集指数、变形指数和取向指数降低，明显改善血液流变学及微循环障碍 [7]；银杏叶提取物体外可诱导培养胎儿血管平滑肌细胞 (VSMC) *bcl*-2 蛋白表达减少，凋亡率增加 [8]。银杏提取物灌胃，可显著抑制动脉粥样硬化大鼠主动脉致炎细胞因子白介素 1β (IL-1b)、肿瘤坏死因子 α (TNF-α) 的表达，上调抗炎细胞因子 IL-10、IL-10R 的表达 [9]。银杏内酯 B 和 C 体外能明显地抑制血小板激活因子 (PAF) 诱导的血小板聚集 [10]，银杏内酯 B 静脉注射可阻断 PAF 导致的烫伤大鼠血压下降，改善心功能 [11]；银杏提取物对外源性 PAF 加重离体豚鼠心脏缺血再灌注损伤具有保护作用 [12]。

3. 保护中枢神经系统

银杏内酯灌胃可降低麻醉犬脑血管阻力，增加脑血流量[13]；银杏提取物灌胃可有效改善*D*-半乳糖、三氯化铝致痴呆大鼠学习和记忆能力[14]；银杏外种皮内酯可改善*D*-半乳糖致衰老小鼠学习记忆和运动能力，提高小鼠海马超氧化歧化酶(SOD)活性，降低大脑皮质血清胆碱酯酶(CHE)活性和丙二醛(MDA)含量[15]。银杏内酯灌胃可改善急性不完全性脑缺血(AICI)、中动脉阻塞(MCAO)、全脑缺血(GI)大鼠的缺血状态，对抗缺血性脑损伤[16]；银杏叶提取物体外能逆转低氧复氧、H_2O_2、*L*-谷氨酸损伤后谷氨酸诱导的星形胶质细胞$[Ca^{2+}]_i$异常变化[17]；银杏内酯B灌胃，可明显提高全脑缺血再灌注损伤模型大鼠脑组织的SOD、谷胱甘肽过氧化物酶(GSH-Px)、ATP酶活性，降低MDA水平，减轻脑组织神经细胞损伤[18]。

4. 抗氧化

银杏叶提取物腹腔注射，可降低对乙酰氨基酚致肝损伤小鼠的丙氨酸转氨酶(ALT)和天冬氨酸转氨酶(AST)、肿瘤坏死因子α(TNF-α)水平，提高GSH、MDA水平和髓过氧化物酶(MPO)活性[19]。EGb761体外能显著抑制H_2O_2诱导的红细胞溶血反应，提高红细胞SOD、Na^+, K^+-ATP酶、Mg^{2+},Ca^{2+}-ATP酶的活性，降低MDA水平[20]。

5. 抗肿瘤

银杏提取物体外可抑制S_{180}和H_{22}细胞生长，腹腔注射可抑制小鼠S_{180}、H_{22}移植瘤生长[21]；银杏叶多糖体外可增加环磷酰胺等化疗药物和^{60}Co γ照射对鼻咽癌细胞CNE-2、宫颈癌细胞HeLa的杀伤作用[22]。EGb761体外显著抑制重组人肿瘤坏死因子α(rhTNF-α)诱导HeLa细胞凋亡[23]。

6. 其他

银杏叶乙醇提取物与总黄酮苷类对豚鼠离体肠平滑肌有解痉作用，能对抗组胺、胆碱及$BaCl_2$引起的痉挛。银杏内酯B能抑制小鼠慢性炎症性血管生成[24]。白果内酯体外可抑制卡氏肺孢子虫增殖[25]。银杏叶提取物还具有改善人工衰老大鼠肾肺功能[26]，防止乙醇诱发的大鼠胃溃疡[27]，以及抗菌[28]、镇痛[29]、抗病毒、提高免疫力[30]等作用。白果肉、白果汁有抑菌作用，外种皮水提取物有抗过敏作用。

应用

种子（白果）

本品为中医临床用药。功能：敛肺定喘，止带缩尿。主治：痰多喘咳，带下白浊，遗尿尿频。

现代临床还用于治疗慢性气管炎。

叶（银杏叶）

功能：活血化瘀，通络止痛，敛肺平喘，化浊降脂。主治：瘀血阻络，胸痹心痛，卒中偏瘫，肺虚咳喘，高脂血症。

现代临床还用于冠心病、心绞痛、脑血管痉挛、脑供血不全、记忆力衰退、阿尔茨海默病、支气管哮喘等病的治疗。

评注

白果是中国卫生部规定的药食同源的品种之一。除药品外，银杏还用于保健品、食品、化妆品中，具有一定的保健作用。

银杏叶片精美、典雅，可用作书签，亦有防虫作用，银杏叶在农药与驱虫药的开发研究方面值得探索。

目前银杏叶已成为中国出口量最大的药材之一，银杏叶年产量2万吨[31]，年产银杏黄酮苷近百吨，80%销往国外[32]。

银杏为中国的特有树种，中国是全球银杏的供应大国。为保证药源的可持续发展，江苏现已建立了银杏的规范化种植基地。

参考文献

[1] 肖培根，金在佶．东洋传统药物原色图鉴 [M]. 汉城：永林社，1995：288.

[2] British Pharmacopoeia Commission. British Pharmacopoeia[S]. London: The Stationery Office, 2016.

[3] 钱天秀，杨世林，徐丽珍，等．银杏研究现状 [M]. 国外医药：植物药分册，1997，12(4)：157-163.

[4] 楼凤昌，凌娅，唐于平，等．银杏萜内酯的分离、纯化和结构鉴定 [J]. 中国天然药物，2004，2(1)：11-15.

[5] 黄桂宽，曾麒燕．银杏叶多糖的化学研究 [J]. 中草药，1997，28(8)：459-461.

[6] 王杰，余碧玉，刘向龙，等．银杏外种皮化学成分的分离和鉴定 [J]. 中草药，1995，26(8)：290-292，328.

[7] 刘发明，李勇剑，李淑玮，等．银杏黄酮磷脂复合物对家兔血液流变性与微循环的影响 [J]. 潍坊医学院学报，2005，27(4)：241-245.

[8] 董少红，高虹，梁新剑．银杏叶提取物对培养中胎儿血管平滑肌细胞 Bcl-2 蛋白表达量的影响 [J]. 中国心血管杂志，2005，10(4)：241-244.

[9] 焦亚斌，芮耀诚，杨鹏远，等．动脉粥样硬化大鼠主动脉 IL-1β、TNFα、IL-10 及 IL-10R 的表达及银杏叶提取物的作用 [J]. 第二军医大学学报，2005，26(2)：158-160.

[10] STROMGAARD K, SAITO D R, SHINDOU H, et al. Ginkgolide derivatives for photolabeling studies: preparation and pharmacological evaluation[J]. Journal of Medicinal Chemistry, 2002, 45(18): 4038-4046.

[11] 殷明，方之扬，葛绳德，等．血小板激活因子拮抗剂银杏苦内酯 B 对烫伤大鼠心血管功能的影响 [J]. 第二军医大学学报，1990，11(3)：210-212.

[12] 王秋娟，高建．银杏内酯对血小板活化因子加重离体豚鼠心肌缺血再灌注损伤的影响 [J]. 中国新药杂志，2005，14(4)：423-427.

[13] 徐江平，李琳，孙莉莎．银杏内酯对犬脑血流量的影响 [J]. 中西医结合学报，2005，3(1)：50-53.

[14] 李红枝，陈伟强．银杏叶提取物对雌性阿尔茨海默病大鼠学习记忆能力影响 [J]. 武汉大学学报：医学版，2005，26(5)：582-584.

[15] 王爱萍，史明仪，费文勇，等．银杏外种皮内酯对 *D*- 半乳糖致脑衰老小鼠的作用 [J]. 中国中医基础医学杂志，2005，11(3)：189-191.

[16] 任俊，贾正平，邓虹珠，等．银杏内酯对三种脑缺血模型大鼠的保护作用 [J]. 中药新药与临床药理，2005，16(1)：41-45.

[17] LI Z, LIN X M, GONG P L, et al. Effects of *Ginkgo biloba* extract on glutamate-induced $[Ca^{2+}]_i$ changes in cultured cortical astrocytes after hypoxia/ reoxygenation, H_2O_2 or *L*-glutamate injury[J]. Acta Pharmaceutica Sinica, 2005, 40(3): 213-219.

[18] 秦兵，张根葆，陈冬云，等．银杏内酯 B 对脑缺血 - 再灌注神经元损伤的保护作用 [J]. 中国中西医结合急救杂志，2005，12(1)：17-20.

[19] SENER G, OMURTAG G Z, SEHIRLI O, et al. Protective effects of *Ginkgo biloba* against acetaminophen-induced toxicity in mice[J]. Molecular and Cellular Biochemistry, 2006, 283(1-2): 39-45.

[20] 李静，刘成玉．银杏叶提取物 (EGb761) 对红细胞脂质过氧化损伤的影响 [J]. 中国海洋大学学报，2005，35(3)：487-490.

[21] 嵇玉峰，黄金活，梁洪江，等．银杏提取物抗肿瘤作用的实验研究 [J]. 中医研究，2005，18(7)：14-16.

[22] 侯华新，黎丹戎，黄桂宽，等．银杏叶多糖在肿瘤放射、化学治疗中的增敏作用研究 [J]. 广西医科大学学报，2005，22(1)：29-31.

[23] 黄迪南，侯敢，刘万策．银杏叶提取物 EGb761 通过 caspase-3 抑制 TNF-α 诱导 HeLa 细胞凋亡 [J]. 肿瘤，2005，25(3)：229-231，242.

[24] 欧阳雪宇，王文杰，廖文辉，等．银杏内酯 B 对慢性炎症血管生成的抑制作用 [J]. 药学学报，2005，40(4)：311-315.

[25] 倪小毅，王健，陈雅棠，等．白果内酯抗卡氏肺孢子虫体外作用的研究 [J]. 中国人兽共患病杂志，2005，21(8)：677-680

[26] SUN Y, SUN R Y, DU Y W, et al. Protective effect of *Ginkgo biloba* extract on lung and kidney function in artificial aging rats[J]. Chinese Journal of Clinical Rehabilitation, 2005, 9(27): 239-241.

[27] CHEN S H, LIANG Y C, CHAO J C J, et al. Protective effects of *Ginkgo biloba* extract on the ethanol-induced gastric ulcer in rats[J]. World Journal of Gastroenterology, 2005, 11(24): 3746-3750.

[28] 杨小明，陈钧，钱之玉，等．银杏酸抑菌效果的初步研究 [J]. 中药材，2002，25(9)：651-653.

[29] 张黎，赵春晖，陈志武，等．银杏叶总黄酮镇痛作用及机制的探讨 [J]. 安徽医科大学学报，2001，36(4)：263-266.

[30] 张艳，明亮，李卫平，等．银杏叶提取物对氢化可的松型小鼠的记忆和免疫功能的影响 [J]. 安徽医科大学学报，2001，36(3)：181-183.

[31] 陈榕虎，林端宜．我国银杏开发价值及思考 [J]. 海峡药学，2001，13(14)：60-62.

[32] 马文祥．银杏发展态势及其价值分析 [J]. 生物学杂志，2003，20(4)：34-35.

淫羊藿 Yinyanghuo CP, JP, VP

Epimedium brevicornu Maxim.
Short-Horned Epimedium

概述

小檗科 (Berberidaceae) 植物淫羊藿 *Epimedium brevicornu* Maxim.，其干燥叶入药。中药名：淫羊藿。

淫羊藿属 (*Epimedium*) 植物全世界约有 50 种，分布于阿尔及利亚、意大利北部至黑海、西喜马拉雅一带、中国、朝鲜半岛和日本。中国产约有 40 种，是现代该属植物分布的中心。本属现供药用者约 20 种。本种主要分布于中国陕西、甘肃、山西、河南、青海、湖北和四川。

“淫羊藿”药用之名，始载于《神农本草经》，列为中品。中国从古至今作中药材淫羊藿入药者系该属多种植物。《中国药典》（2015 年版）收载本种为中药淫羊藿的法定原植物来源种之一。主产于中国陕西、山西、河南、广西等省区。

淫羊藿属植物主要活性成分为黄酮类化合物，尚有木脂素、蒽醌类、生物碱、多糖、挥发油等。淫羊藿属植物中普遍存在具活性的 8 位异戊烯基黄酮醇及其苷类化合物，即淫羊藿苷类，是该属的特征性成分。《中国药典》采用紫外－可见分光光度法进行测定，规定淫羊藿药材含总黄酮以淫羊藿苷计，不得少于 5.0%；采用高效液相色谱法进行测定，规定淫羊藿药材含淫羊藿苷不得少于 0.50%，以控制药材质量。

药理研究表明，淫羊藿具有促进性腺功能、促进骨形成、改善血液流变学指标、保护心肌缺血、抗肿瘤、免疫调节、抗抑郁等作用。

中医理论认为淫羊藿具有补肾阳，强筋骨，祛风湿等功效。

◆ 淫羊藿
Epimedium brevicornu Maxim.

◆ 箭叶淫羊藿
E. sagittatum (Sieb. et Zucc.) Maxim.

◆ 柔毛淫羊藿
E. pubescens Maxim.

◆ 朝鲜淫羊藿
E. koreanum Nakai

◆ 药材淫羊藿
Epimedii Folium

◆ icariin

◆ icariside Ⅰ

化学成分

淫羊藿的地上部分含黄酮类成分：淫羊藿苷 (icariin)、淫羊藿新苷 (epimedoside A)，淫羊藿次苷Ⅰ、Ⅱ (icarisides Ⅰ, Ⅱ)，鼠李糖基淫羊藿次苷Ⅱ (2‴-*O*-rhamnosyl icariside Ⅱ)、箭藿苷B (saggittatoside B)，大花淫羊藿苷A、C、F (ikavisosides A, C, F)[1-2]，巫山淫羊藿苷 (wushanicariin)、宝藿苷Ⅵ (baohuoside Ⅵ)、山柰酚-3,7-*O*-α-*L*-二鼠李糖苷 (kaempferol-3,7-*O*-α-*L*-di-rhamnoside)、hexsandraside E[3]，淫羊藿定A、B、C (epimedins A～C)，金丝桃苷 (hyperoside)、β-脱水淫羊藿苷 (β-anhydroicaritin)[4-6]、breviflavone B[7]等。

药理作用

1. 促进性腺功能

淫羊藿流浸膏可以改善氢化可的松对雄性大鼠性腺造成的损害，提高睾酮的含量，增加雌二醇水平[8]；淫羊藿水提取物的萃取部位呈剂量依赖性使苯肾上腺素或电刺激处理的海绵体平滑肌松弛并增加耐受性，同时增加*L*-精氨酸水平和小鼠海绵体组织中环磷鸟苷 (cGMP) 的产生[9]，小鼠海绵体内注射淫羊藿提取物可促进勃起功能。研究显示长期口服淫羊藿苷，可提高勃起功能障碍去势大鼠阴茎海绵体一氧化氮合成酶 mRNA 和蛋白表达，同时淫羊藿苷可呈浓度依赖性增强家兔阴蒂海绵体平滑肌的一氧化氮合成酶活性并增加一氧化氮的生成[10-12]；同时淫羊藿多酚提取物中非极性部位、淫羊藿 70% 乙醇提取物及化合物 breviflavone B 具有雌激素样作用[7, 13-14]。

2. 促进骨形成

淫羊藿总黄酮、乙醇提取物及其正丁醇萃取部位、化合物淫羊藿苷和淫羊藿次苷Ⅰ、Ⅱ及淫羊藿定 B、C 对体外培养的成骨样细胞具有促进增殖和分化作用，并在体外减少破骨细胞数目和减弱破骨细胞吸收功能[15-18]，淫羊藿总黄酮还抑制卵巢切除小鼠骨细胞吸收，促进骨细胞生长[19]。机制研究显示淫羊藿总黄酮可能通过保护性腺，抑制骨吸收和骨细胞白介素 -6 (IL-6) 、肿瘤坏死因子 α (TNF-α) 的 mRNA 表达，促进骨形成和骨细胞转化生长因子 β_1 (TGF-β_1) 的 mRNA 表达，从而防止骨质疏松症[20-22]。

3. 对心血管系统的影响

淫羊藿提取物能降低麻醉犬总外周血管阻力和左室舒张末期压，增加冠状动脉血流量、心输出量、脉搏输出量等[23]，并对离体心脏灌流法、垂体后叶素及结扎冠状动脉所致心肌缺血具有保护作用[24-25]，同时淫羊藿水提取物具有钙拮抗活性[26]；淫羊藿苷对去甲肾上腺素、氯化钾及氯化钙收缩兔主动脉条的量效曲线呈非竞争性拮抗作用，能明显抑制去甲肾上腺素诱导的兔主动脉条依赖于细胞外钙的收缩反应[27]，同时对缺氧的血管内皮细胞和神经元损伤具有保护作用，其作用机制与抗脂质过氧化物产生、提高超氧化物歧化酶 (SOD) 活力及抗细胞凋亡有关[28-29]。

4. 抗肿瘤

淫羊藿苷体外能诱导急性早幼粒白血病细胞 HL-60 凋亡，其机制与抑制细胞端粒酶活性及下调 *bcl-2*、*c-myc* 基因 mRNA 和蛋白表达水平密切相关[30-33]，还可提高高转移肺癌细胞膜流动性，增加膜表面 HLA-ABC 抗原的表达，增强肿瘤细胞的抗原性[34]。

5. 调节免疫

淫羊藿总黄酮能显著增加正常小鼠单核巨噬细胞的吞噬功能，提高血清溶血素抗体生成水平，可显著拮抗环磷酰胺所致小鼠单核巨噬细胞吞噬能力、血清溶血素抗体生成水平和迟发型超敏反应强度降低，还可显著降低致敏前给予环磷酰胺所致的迟发型超敏反应增强，这种免疫调节作用与其对 T 辅助细胞 / 抑制 T 细胞 (T_H / T_S) 比值的调节作用有关[35]；淫羊藿苷呈剂量依赖性协同植物凝集素诱导扁桃体单个核细胞产生 IL-2、3、6，还可提高扁桃体单个核细胞自然杀伤细胞 (NK)、淋巴因子激活的杀伤细胞 (LAK) 的细胞杀伤活性，机制研究显示淫羊藿苷可促进小鼠脾淋巴细胞 IL-3 mRNA 及 IL-6 mRNA 表达[36-37]。

6. 其他

淫羊藿提取物及淫羊藿苷具有抗忧郁作用[38-39]；淫羊藿总黄酮还具有抗炎作用[40]；淫羊藿苷对氧自由基损伤的大鼠脑线粒体呼吸链具有保护作用[41]。

应用

本品为中医临床用药。功能：补肾阳，强筋骨，祛风湿。主治：肾阳虚衰，阳痿遗精，筋骨痿软，风湿痹痛，麻木拘挛。

现代临床还用于骨质疏松症、冠心病、神经衰弱、慢性气管炎、病毒性心肌炎、白细胞减少症、妇女更年期综合征及高血压等病的治疗。

评注

药用植物图像数据库

《中国药典》除淫羊藿外，还收载了朝鲜淫羊藿 *Epimedium koreanum* Nakai、箭叶淫羊藿 *E. sagittatum* (Sieb. et Zucc.) Maxim.、柔毛淫羊藿 *E. pubescens* Maxim. 三种同属植物作为中药淫羊藿的法定原植物来源种。四种淫羊藿的主要成分较为一致，但不同种植物所含成分的种类和含量差异较大[42-43]。《中国药典》还收载同属植物巫山淫羊藿 *E. wushanense* T. S. Ying 的干燥叶为中药巫山淫羊藿药材的法定原植物来源种，由于含淫羊藿苷明显低于其他四种原植物（淫羊藿、箭叶淫羊藿、柔毛淫羊藿和朝鲜淫羊藿），而朝藿定 C 的含量则明显高于其他四种原植物，故自 2010 年版《中国药典》开始，将其单列。

淫羊藿中除淫羊藿苷外，淫羊藿定 B、C 等一些较淫羊藿苷水溶性好、含量也较高的成分及具有免疫刺激样作用的淫羊藿多糖，值得加强研究。中国是全球淫羊藿属药用植物的分布中心，具有资源优势，应将现代药理研究与传统中医药经验结合进行深度开发。

参考文献

[1] 徐绥绪，王志学，吴立军，等 . 淫羊藿苷及 Epimedoside A 的分离与鉴定 [J]. 中草药，1982，13(5)：9-11.

[2] 郭宝林，余竞光，肖培根 . 淫羊藿化学成分的研究 [J]. 中国中药杂志，1996，21(5)：290-292.

[3] 阎文玫，符颖，马艳，等 . 心叶淫羊藿黄酮类化学成分研究 [J]. 中国中药杂志，1998，23(12)：735-736.

[4] GUO B L, LI W K, YU J G, et al. Brevicornin, a flavonol from *Epimedium brevicornu*[J]. Phytochemistry, 1996, 41(3): 991-992.

[5] 王明权，彭昕，甘祺锋 . 心叶淫羊藿的化学成分研究 [J]. 现代中药研究与实践，2005，19(2)：39-42.

[6] 李遇伯，孟繁浩，鹿秀梅，等 . 淫羊藿化学成分的研究 [J]. 中国中药杂志，2005，30(8)：586-588.

[7] YAN S P, SHEN P, BUTLER M S, et al. New estrogenic prenylflavone from *Epimedium brevicornu* inhibits the growth of breast cancer cells[J]. Planta Medica, 2005, 71(2): 114-119.

[8] 许青媛 . 淫羊藿对大鼠性腺功能的影响 [J]. 中药药理与临床，1996，(2)：22-24.

[9] CHIU J H, CHEN K K, CHIEN T M, et al. *Epimedium brevicornu* Maxim extract relaxes rabbit corpus cavernosum through multitargets on nitric oxide/cyclic guanosine monophosphate signaling pathway[J]. International Journal of Impotence Research: Official Journal of the International Society for Impotence Research, 2006, 18: 335-342.

[10] CHEN K K, CHIU J H. Effect of *Epimedium brevicornu* Maxim extract on elicitation of penile erection in the rat[J]. Urology, 2006, 67(3): 631-635.

[11] 刘武江，辛钟成，付杰，等 . 淫羊藿苷对去势大鼠阴茎海绵体一氧化氮合酶亚型 mRNA 和蛋白表达的影响 [J]. 中国药理学通报，2003，19(6)：645-649.

[12] 杨春，辛钟成，付杰，等 . 淫羊藿苷对兔阴蒂海绵体平滑肌细胞 NO 及 NOS 活性的影响 [J]. 中国男科学杂志，2005，19(1)：6-10.

[13] DE NAEYER A, POCOCK V, MILLIGAN S, et al. Estrogenic activity of a polyphenolic extract of the leaves of *Epimedium brevicornu*[J]. Fitoterapia, 2005, 76(1): 35-40.

[14] ZHANG C Z, WANG S X, ZHANG Y, et al. *In vitro* estrogenic activities of Chinese medicinal plants traditionally used for the management of menopausal symptoms[J]. Journal of Ethnopharmacology, 2005, 98(3): 295-300.

[15] 刘思金，贾桂英，薛延，等．淫羊藿总黄酮对体外培养的人成骨样细胞增殖和骨形成功能的影响 [J]. 中国新药杂志，2003，12(6)：432-435.

[16] 张秀珍，韩峻峰，杨黎娟，等．淫羊藿总黄酮对体外培养骨细胞功能的影响 [J]. 中国新药与临床杂志，2004，23(9)：602-605.

[17] MENG F H, LI Y B, XIONG Z L, et al. Osteoblastic proliferative activity of *Epimedium brevicornu* Maxim.[J]. Phytomedicine, 2005, 12(3): 189-193.

[18] 蔡曼玲，季晖，李萍，等．5 种淫羊藿黄酮类成分对体外培养成骨细胞的影响 [J]. 中国天然药物，2004，2(4)：235-238.

[19] ZHANG G, QIN L, HUNG W Y, et al. Flavonoids derived from herbal *Epimedium brevicornu* Maxim prevent OVX-induced osteoporosis in rats independent of its enhancement in intestinal calcium absorption[J]. Bone, 2006. 38(6): 818-825.

[20] 马慧萍，贾正平，葛欣，等．淫羊藿总黄酮抗大鼠实验性骨质疏松作用研究 [J]. 华西药学杂志，2002，17(3)：163-167.

[21] 陈虹，张秀珍．淫羊藿苷对大鼠成骨细胞分泌细胞因子的影响 [J]. 同济大学学报：医学版，2005，26(2)：5-7，16.

[22] 马慧萍，贾正平，白孟海，等．淫羊藿总黄酮对大鼠实验性骨质疏松生化学指针的影响 [J]. 中国药理学通报，2003，19(2)：187-190.

[23] 岳攀，王秋娟，胡哲一，等．淫羊藿提取物对犬血流动力学的影响 [J]. 中国天然药物，2004，2(3)：184-188.

[24] 郭英，谢建平，曾博程，等．淫羊藿提取物对大鼠急性心肌缺血的影响 [J]. 华西药学杂志，2005，20(1)：44-45.

[25] 黄秀兰，张雪静，王伟，等．淫羊藿总黄酮注射液对垂体后叶素致大鼠心肌缺血的影响 [J]. 中华中医药杂志，2005，20(9)：533-534.

[26] 王少峡，房蓓，张志国．淫羊藿提取物对大鼠胸主动脉 Ca^{2+} 内流量的影响 [J]. 天津中医学院学报，2003，22(2)：16-18.

[27] 关利新，衣欣，杨履艳，等．淫羊藿苷扩血管作用机制的研究 [J]. 中国药理学通报，1996，12(4)：320-322.

[28] 吉瑞瑞，李付英，张雪静，等．淫羊藿苷对缺氧诱导血管内皮细胞损伤的保护作用 [J]. 中国中西医结合杂志，2005，25(6)：525-530.

[29] 李梨，吴芹，蒋青松，等．淫羊藿苷对原代培养神经元缺氧缺糖损伤的保护作用 [J]. 中国脑血管病杂志，2004，1(8)：359-361.

[30] 赵勇，张玲，崔正言，等．淫羊藿苷对 HL-60 细胞增殖与分化的影响 [J]. 中国药理学通报，1996，12(1)：52-54.

[31] 李贵新，张玲，王芸，等．淫羊藿苷诱导肿瘤细胞凋亡及其机制的研究 [J]. 中国肿瘤生物治疗杂志，1999，6(2)：131-135.

[32] 葛林阜，董政军，姜国胜，等．淫羊藿甙对急性早幼粒白血病细胞端粒酶活性的影响 [J]. 中国肿瘤生物治疗杂志，2002，9(1)：36-38.

[33] 张玲，王芸，毛海婷，等．淫羊藿苷抑制肿瘤细胞端粒酶活性及其调节机制的研究 [J]. 中国免疫学杂志，2002，18(3)：191-194，196.

[34] 毛海婷，张玲，王芸，等．淫羊藿苷对人高转移肺癌细胞膜的影响 [J]. 中药材，1999，22(1)：35-36.

[35] 张逸凡，于庆海．淫羊藿总黄酮的免疫调节作用 [J]. 沈阳药科大学学报，1999，16(3)：182-184.

[36] 赵勇，张玲，王芸，等．淫羊藿苷的体外免疫调节作用研究 [J]. 中草药，1996，27(11)：669-672.

[37] 曹颖瑛，郑钦岳，张国庆，等．淫羊藿苷促进小鼠脾细胞 IL-3 mRNA 及 IL-6 mRNA 的表达 [J]. 第二军医大学学报，1998，19(2)：199-200.

[38] 钟海波，潘颖，孔令东．淫羊藿提取物抗抑郁作用研究 [J]. 中草药，2005，36(10)：1506-1510.

[39] PAN Y, KONG L, XIA X, et al. Antidepressant-like effect of icariin and its possible mechanism in mice[J]. Pharmacology, Biochemistry, and Behavior, 2005, 82(4): 686-694.

[40] 张逸凡，于庆海．淫羊藿总黄酮的抗炎作用 [J]. 沈阳药科大学学报，1999，16(2)：122-124，133.

[41] 李梨，吴芹，周歧新，等．淫羊藿苷对氧自由基所致大鼠脑线粒体损伤的保护作用 [J]. 中国药理学与毒理学杂志，2005，19(5)：333-337

[42] 郭宝林，肖培根．淫羊藿属药用植物的质量评价和资源开发前景 [J]. 天然产物研究与开发，1996，8(1)：74-78.

[43] 郭宝林，王春兰，陈建民，等．药典内 5 种淫羊藿中黄酮类成分的反相高效液相色谱分析 [J]. 药学学报，1996，31(4)：292-295.

罂粟 Yingsu CP, BP, EP, USP

Papaver somniferum L.
Opium Poppy

概述

罂粟科 (Papaveraceae) 植物罂粟 *Papaver somniferum* L.，其干燥成熟果壳入药。中药名：罂粟壳。

罂粟属 (*Papaver*) 植物全世界约有 100 种，主产于中欧、南欧至亚洲温带，少数种产自美洲、大洋洲和非洲南部。中国产约有 7 种，分布于东北部和西北部，或各地栽培。

罂粟以“罂子粟”药用之名，始载于《本草拾遗》。《中国药典》（2015 年版）收载本种为中药罂粟壳的法定原植物来源种。罂粟由政府指定农场生产。

罂粟属植物主要活性成分为生物碱类化合物。对罂粟科植物的化学成分研究主要都集中在其所含的异喹啉类生物碱上，这也是该属的特征性成分。《中国药典》采用高效液相色谱法进行测定，规定罂粟壳药材含吗啡应为 0.06% ～ 0.40%，以控制药材质量。

早在公元前 2000 年，西方已了解罂粟，据说当时的医生已将罂粟果汁药用[1]。药理研究表明，罂粟壳具有止痛、止咳、松弛平滑肌等作用。

中医理论认为罂粟壳具有敛肺，涩肠，止痛等功效。

◆ 罂粟
Papaver somniferum L.

◆ 药材罂粟壳
Papaveris Pericarpium

化学成分

罂粟果壳中主要含有多种生物碱，包括吗啡 (morphine)、那可汀 (narcotine)、可待因 (codeine)、蒂巴因 (thebaine)、罂粟壳碱 (narcotoline)、罂粟碱 (papaverine)、那碎因 (narceine)、原阿片碱 (protopine)、隐品碱 (cryptopine)、别隐品碱 (allocryptopine)、异紫堇杷明碱 (isocorypalmine)、杷拉乌定碱 (palaudine)、多花罂粟碱 (salutaridine)、半日花酚碱 (laudanidine)、右旋网叶番荔枝碱 (reticuline)，以及bismorphine A、B等[2]。

种子中含有少量罂粟碱 (papaverine)、吗啡 (morphine) 及痕量的那可汀 (narcotine)[2]；还含有挥发油类成分，主要为2,4-壬二烯醛(2,4-nonadienal)、2,4-癸烯醛 (2,4-decenal)、己醛 (hexanal)等[3]；还含methyl-(19*Z*)-pentacosenoate,8-heptacosanol[4]等成分。

R_1O … NCH_3 … H … HO … O

◆ morphine: R_1=H
codeine: R_1=CH_3

MeO … MeO … N … MeO … OMe

◆ papaverine

药理作用

1. 镇痛

罂粟中所含吗啡 (morphine) 有显著的镇痛作用，并有高度的选择性，镇痛时患者的意识不受影响，其他感觉亦存在，对持续性疼痛的镇痛效力胜过其对间断性的锐痛。可待因 (codeine) 的镇痛作用约为吗啡的 1/4。作用机制是和体内的阿片受体相结合[5]。

2. 镇咳

吗啡可抑制咳嗽中枢，有很强的止咳作用，所需剂量比镇痛小。可待因镇咳作用不及吗啡，但是没有强成瘾性。那可汀 (narcotinum) 与可待因镇咳作用相等，且无其他中枢抑制作用，大量时反有兴奋呼吸的作用。

3. 对心血管系统的影响

吗啡有舒张外周小血管及释放组胺的作用。血容量减少的患者应用吗啡易引起低血压，吗啡与酚噻嗪类药物合用对呼吸抑制有协同作用，并有引起低血压的危险。罂粟碱 (papaverine) 能松弛各种平滑肌，尤其是大动脉平滑肌，当存在痉挛时，松弛作用更显著；兔实验模型与人体临床研究均显示罂粟碱局部灌洗能有效防治脑动脉瘤术后血管痉挛[6-9]，罂粟碱浸泡术野对颅内动脉瘤手术患者局部脑血流有增加作用[10]。那可汀也能抑制平滑肌及心肌，但止咳剂量时不表现。那碎因 (narceine) 能强烈降低血压。原阿片碱 (protopine)、隐品碱 (cryptopine) 和别隐品碱 (allocryptopine) 主要影响心脏，是有效的冠状动脉血管舒张剂。

4. 呼吸抑制

吗啡对呼吸中枢有高度选择性抑制作用，可用于治疗心源性哮喘。抑制过深，严重缺氧则中毒，呼吸中枢麻痹为吗啡中毒的直接死因。蒂巴因 (thebaine) 和那碎因对呼吸有兴奋作用，但大剂量蒂巴因能引起痉挛和呼吸麻痹。

5. 其他

罂粟有抗肿瘤作用[11]，吗啡还有一定的催眠作用。

应用

本品为中医临床用药。功能：敛肺，涩肠，止痛。主治：久咳，久泻，脱肛，脘腹疼痛。

现代临床还用于慢性腹泻、慢性阻塞性肺病、各种痛症、血管痉挛引起的缺血等病的治疗。

评注

药用植物图像数据库

中医临床也使用罂粟种子与罂粟嫩苗，在止泻、涩肠方面有类似功效。

阿片是罂粟的未成熟蒴果割破果皮后渗出的乳汁，有强烈的生理活性，但也能导致成瘾和中毒。阿片依赖性的作用机制可能涉及脑内奖赏中心、多巴胺 (DA) 通路、阿片受体、内源性阿片肽及多种神经递质系统[12]。对阿片类依赖性的具体作用机制的探讨及新药的开发将是今后的研究方向。

罂粟壳有麻醉镇痛等作用，且有成瘾性。罂粟壳的毒副作用报道也屡见不鲜，如致新生儿严重呼吸衰竭、婴幼儿中毒致死，另有研究发现，罂粟还会导致职业性哮喘[13-15]。

同属植物野罂粟 *Papaver nudicaule* L. 也有较强的镇咳、平喘、止痛作用。其全草入药，主要成分是生物碱，也是药效成分，但是其结构和药理作用均与鸦片生物碱不同，没有致药物依赖性。它在民间应用已久，能否作为替代鸦片的止咳镇痛药，有待深入的药理药效研究[16-17]。

参考文献

[1] 谢仁谦. 人类阿片药用和滥用的历史与现状 [J]. 甘肃科技，2000，16(5)：65-66.

[2] MORIMOTO S, SUEMORI K, TAURA F, et al. New dimeric morphine from opium poppy (*Papaver somuniferum*) and its physiological function[J]. Journal of Natural Products, 2003, 66(7): 987-988.

[3] 陈永宽，李雪梅，孔宁川，等. 罂粟籽油挥发性化学成分的分析 [J]. 中草药，2003，34(10): 88-89.

[4] AGARWAL S K, VERMA S, SINGH S S, et al. New long chain alcohol and ester from *Papaver somniferum* (Poppy) seeds[J]. Indian Journal of Chemistry, 2002, 41B(5): 1061-1063.

[5] CALIXTO J B, SCHEIDT C, OTUKI M, et al. Biological activity of plant extracts: Novel analgesic drugs[J]. Expert Opinion on Emerging Drugs, 2001, 6(2): 261-279.

[6] 栾杰，唐勇，杨佩英，等. 外用罂粟碱霜加速组织扩张的实验研究 [J]. 中华整形外科杂志，2002，18(1)：29-32.

[7] 芦奕，孙丕通，惠国桢，等. 动脉持续灌注罂粟碱对兔脑血管痉挛的实验研究 [J]. 江苏医药杂志，2004，30(5)：334-336.

[8] 王君，周敬安，刘策，等. 罂粟碱对于防治脑动脉瘤术后脑血管痉挛的临床研究 [J]. 解放军医学杂志，2002，27(12)：1109-1110.

[9] 刘斌，蔡学见，陈铮立，等. 脑动脉瘤破裂术后以罂粟碱防治脑血管痉挛 12 例 [J]. 中国脑血管病杂志，2004，1(10)：470-471.

[10] 梅弘勋，王恩真，孙峰丽，等. 罂粟碱对颅内动脉瘤手术病人局部脑血流的影响 [J]. 临床麻醉学杂志，2004，20(2)：75-77.

[11] ARUNA K, SIVARAMAKRISHNAN V M. Anticarcinogenic effects of some Indian plant products[J]. Food and Chemical Toxicology, 1992, 30(11): 953-956.

[12] 盛瑞，顾振纶. 罂粟中阿片依赖机制及药物治疗进展 [J]. 中国野生植物资源，2002，21(1)：5-7，20.

[13] 刘元江，邓泽普. 罂粟壳致新生儿严重呼吸衰竭 2 例 [J]. 中西医结合实用临床急救，1996，3(5)：238.

[14] 王喜娥. 婴幼儿腹泻服罂粟壳中毒 5 例 [J]. 中华医药学杂志，2003，2(7)：45.

[15] MONEO I, ALDAY E, RAMOS C, et al. Occupational asthma caused by *Papaver somniferum*[J]. Allergologia et Immunopathologia,1993, 21(4): 145-148.

[16] 崔箭. 野罂粟的研究与开发：康少文教授访谈录 [J]. 承德医学院学报，2003，20(3)：2.

[17] 崔箭，庞宗然，崔勋. 野罂粟化学成分及药理作用研究进展 [J]. 河北医学，2003，9(6)：553-554.

◆ 罂粟种植基地

玉竹 Yuzhu CP

Polygonatum odoratum (Mill.) Druce
Solomon's Seal

概述

百合科 (Liliaceae) 植物玉竹 *Polygonatum odoratum* (Mill.) Druce，其干燥根茎入药。中药名：玉竹。

黄精属 (*Polygonatum*) 植物全世界约有 40 种，广布于北温带。中国约有 31 种。本属现供药用者约有 12 种。本种主要分布于中国东北、华北、华东及甘肃、青海、山东、河南、湖北、湖南、安徽、江西、江苏、台湾等省区；在欧亚大陆温带地区广布。

玉竹以"女萎"药用之名，始载于《神农本草经》，列为上品。《本草经集注》称其为玉竹。"萎蕤"为别名，在处方中亦广为应用。《中国药典》（2015 年版）收载本种为中药玉竹的法定原植物来源种。主产于中国湖南、河南、江苏等省。

黄精属植物主要含甾体皂苷及多糖类成分。《中国药典》采用紫外－可见分光光度法进行测定，规定玉竹药材含玉竹多糖以葡萄糖计不得少于 6.0%，以控制药材质量。

药理研究表明，玉竹具有提高机体免疫力、强心、降低血脂、降血糖等作用。

中医理论认为玉竹具有养阴润燥，生津止渴等功效。

◆ 玉竹
Polygonatum odoratum (Mill.) Druce

◆ 药材玉竹
Polygonati Odorati Rhizoma

◆ 玉竹
P. odoratum (Mill.) Druce

化学成分

玉竹根茎含多种甾体皂苷：3-*O*-β-*D*-glucopyranosyl-(1→2)-[β-*D*- xylopyranoxyl-(1→3)]-β-*D*-glucopyranosyl-(1→4)-β-*D*-galactopyranosyl-(β-lycotetraosyl)-(25*R*,*S*)-spirost-5-en- 3β,14α-diol、3-*O*-β-lycotetraosyl-22-methoxy-(25*R*,*S*)-furost-5-en-3β,14α,26-triol-26-*O*-β-*D*-glucopyranoside、3-*O*-β-*D*- glucopyranosyl-(1→2)-[β-*D*-glucopyranosyl-(1→3)]-β-*D*-glucopyranosyl-(1→4)-β-*D*-galactopyranosyl-22-methoxy-(25*R*,*S*)-furost-5-en-3β,14α,26-triol-26-*O*-β-*D*-glucopyranoside、3-*O*-β-lycotetraosyl yamogenin[1]、22-羟基-25(*R*,*S*)-呋甾-5-烯-12-酮-3β,22,26-三醇-26-*O*-β-*D*-吡喃葡萄糖苷 [22-hydroxy-25(*R*,*S*)furost-5-en- 12-on-3β,22,26-triol-26-*O*-β-*D*-glucopyranoside][2]、25(*R*,*S*)螺甾-5-烯-3β-醇-3-*O*-β-*D*-吡喃葡萄糖基-(1→2)-[β-*D*-吡喃木糖基(1→3)]-β-*D*-吡喃葡萄糖基(1→4)-β-*D*-吡喃半乳糖苷(POD-I)、25(*R*)螺甾-5-烯-3β,14α-二醇-3-*O*-β-*D*-吡喃葡萄糖基-(1→2)-[β-*D*-吡喃木糖基-(1→3)]-β-*D*-吡喃葡萄糖基-(1→4)-β-*D*-吡喃半乳糖苷(POD-Ⅱ)、25(*R*,*S*)螺甾-5-烯-3β,14α-二醇-3-*O*-β-*D*-吡喃葡萄糖基-(1→2)-[β-*D*-吡喃葡萄糖基-(1→3)]-β-*D*-吡喃葡萄糖基-(1→4)-β-*D*-吡喃半乳糖苷(POD-Ⅲ)、25(*R*,*S*)螺甾-5-烯-3β-醇-3-*O*-β-*D*-吡喃葡萄糖基-(1→2)-[β-*D*-吡喃葡萄糖基-(1→3)]-β-*D*-吡喃葡萄糖基-(1→4)-β-*D*-吡喃半乳糖苷(POD-Ⅳ)等甾体皂苷[3]，此外还含有二肽类*N*(*N*-苯甲酰基-*S*-苯丙胺酰基)-*S*-苯丙胺醇醋酸酯 [*N*-(*N*-benzoyl-*S*- phenylalaninyl)-*S*-phenylalaninol][4]。

玉竹根茎含有玉竹黏多糖：odoratan[5]及玉竹果聚糖O-A、O-B、O-C、O-D (polygonatum-fructan O-A, O-B, O-C, O-D)[6]等多糖类成分。

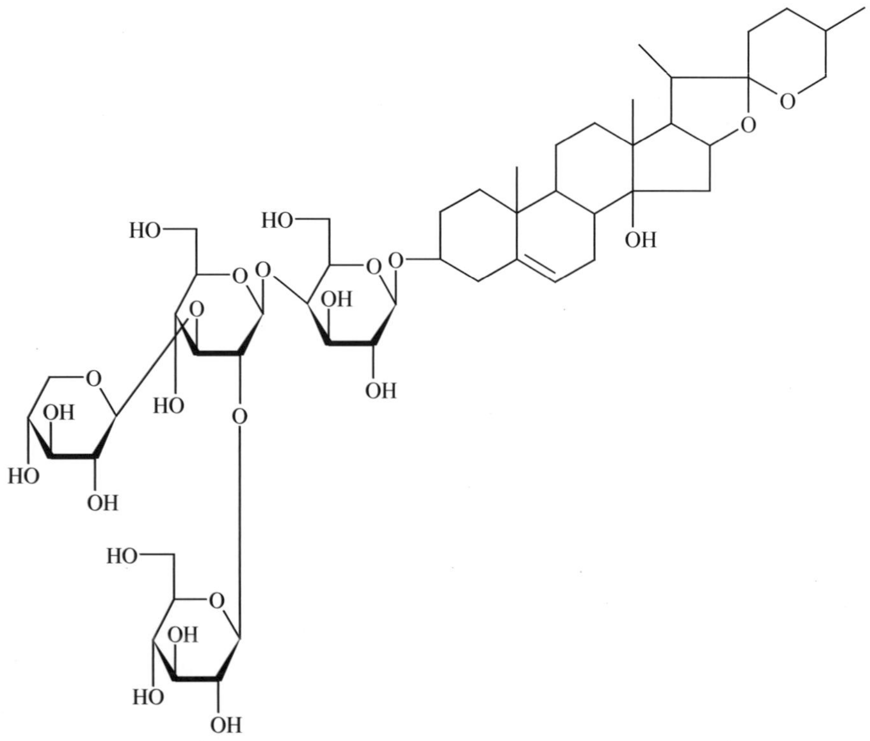

◆ 3-*O*-*β*-*D*-glucopyranosyl-(1 → 2)-[*β*-*D*-xylopyranoxyl-(1 → 3)]-*β*-*D*-glucopyranosyl-(1 → 4)-*β*-*D*-galactopyranosyl-(*β*-lycotetraosyl)-(25*R*, *S*)-spirost-5-en- 3*β*,14*α*-diol

药理作用

1. 抗衰老

玉竹煎液口服，可提高小鼠全血超氧化物歧化酶 (SOD) 和谷胱甘肽过氧化物酶 (GSH-Px) 的活性，抑制过氧化脂质 (LPO) 形成，具有抗衰老作用 [7]。

2. 对免疫功能的影响

玉竹提取物能促进荷瘤小鼠脾细胞 S_{180} 分泌 IL-2、腹腔巨噬细胞分泌 IL-1 和 TNF-α，增强细胞免疫功能 [8]，抑制小鼠移植瘤 S_{180} 的生长，延长荷瘤小鼠的存活期 [9]。玉竹醇提取物给皮肤烧伤小鼠灌服，可提高血清溶血素水平、增强巨噬细胞吞噬功能和脾淋巴细胞对 ConA 诱导的增殖反应；玉竹提取物腹腔注射可明显提高小鼠血清集落刺激因子 (CSF) 水平 [10]。

3. 降血糖

玉竹醇提取物腹腔注射能显著降低链脲佐菌素诱导的 1 型糖尿病小鼠的血糖水平 [11]，玉竹提取物可增加葡萄糖的利用，降低 90% 胰脏切除大鼠的血糖 [12]。

4. 调节心脏功能

玉竹煎剂或酊剂小量使离体蛙心搏动增强，大剂量则使心跳减弱甚至停止；对离体兔心肌收缩先抑制后兴奋，不影响心率，对垂体后叶素所致兔急性心肌缺血有保护作用 [13]；玉竹对心动过速有较明显的减慢心率作用，对正常心率亦有减慢作用 [14]。

5. 抗肿瘤

玉竹提取物体外可剂量依赖性地抑制人宫颈癌 HeLa 细胞株和人结肠癌 CL187 的细胞增殖 [15-16]，并使 HeLa

细胞和 CL187 细胞阻滞在 G_2/M 期而凋亡[17-18]，玉竹提取物体外对人 T 淋巴细胞白血病细胞株 (CEM) 抗原表达有显著影响[19]，能促进 CEM 表面分子 HLA-Ⅰ分子、CD_2、CD_3 的表达，提高 CEM 分化程度[9]，能剂量依赖性地抑制 CEM 细胞增殖，诱导 CEM 细胞凋亡，对正常 T 细胞无影响[20]。

6. 其他

玉竹低聚糖的硫酸酯有抗Ⅱ型单纯性疱疹病毒 (HSV-2) 活性，浓度为 125 ～ 2000 μg/mL 时能抑制 HSV-2 引起的细胞病变，200 μg/mL 时能完全抑制病毒空斑形成[21]；此外，玉竹还有降血压、降血脂、抑制动脉粥样硬化等作用[13]。

应用

本品为中医临床用药。功能：养阴润燥，生津止渴。主治：肺胃阴伤，燥热咳嗽，咽干口渴，内热消渴。

现代临床还用于糖尿病、高脂血症、冠心病引起的左心室收缩功能减退，以及急性和慢性活动性肝炎引起的谷丙转氨酶升高等病的治疗。

评注

玉竹是中国卫生部规定的药食同源品种之一。以玉竹为原料的食疗方众多，其保健产品的开发日益受到关注。

药用植物图像数据库

参考文献

[1] SUGIYAMA M, NAKANO K, TOMIMATSU T, et al. Five steroidal components from the rhizomes of *Polygonatum odoratum* var. *pluriflorum*[J]. Chemical & Pharmaceutical Bulletin, 1984, 32(4): 1365-1372.

[2] QIN H L, LI Z H, WANG P. A new furostanol glycoside from *Polygonatum odoratum*[J]. Chinese Chemical Letters, 2003, 14(12): 1259-1260.

[3] 林厚文，韩公羽，廖时萱 . 中药玉竹有效成分研究 [J]. 药学学报，1994，29(3)：215-222.

[4] 秦海林，李志宏，王鹏，等 . 中药玉竹中新的次生代谢产物 [J]. 中国中药杂志，2004，29(1)：42-44.

[5] TOMODA M, YOSHIDA Y, TANAKA H, et al. Plant mucilages. Ⅱ. Isolation and characterization of a mucous polysaccharide, odoratan, from *Polygonatum odoratum* var. *japonicum* rhizomes[J]. Chemical & Pharmaceutical Bulletin, 1971, 19(10): 2173-2177.

[6] TOMODA M, SATOH N, SUGIYAMA A. Isolation and characterization of fructans from *Polygonatum odoratum* var. *japonicum*[J]. Chemical & Pharmaceutical Bulletin, 1973, 21(8): 1806-1810.

[7] 张行海，董盈盈 . 萎蕤抗衰老作用的实验研究 [J]. 老年学杂志，1993，13(3)：173-174.

[8] 李尘远，潘兴瑜，张明策，等 . 玉竹提取物 B 抗肿瘤机制的初步研究 [J]. 中国免疫学杂志，2003，19(4)：253-254.

[9] 潘兴瑜，张明策，李宏伟，等 . 玉竹提取物 B 对肿瘤的抑制作用 [J]. 中国免疫学杂志，2000，16(7)：376-377.

[10] 肖锦松，崔风军，赵文仲，等 . 玉竹、菟丝子提取物对小鼠血清集落刺激因子的影响 [J]. 中医研究，1992，5(2)：12-15.

[11] 陈莹，潘兴瑜，吕雪荣，等 . 玉竹提取物 A 对 STZ 诱导的 1 型糖尿病小鼠血糖及死亡率的影响 [J]. 锦州医学院学报，2004，25(5)：28-30，34.

[12] CHOI S B, PARK S. The effects of water extract of *Polygonatum odoratum* (Mill.) Druce on insulin resistance in 90% pancreatectomized rats[J]. Journal of Food Science, 2002, 67(6): 2375-2379.

[13] 王本祥 . 现代中药药理学 [M]. 天津：天津科学技术出版社，1997：1358-1360.

[14] 刘晓红 . 中药玉竹减慢心率的临床观察 [J]. 职业与健康，2002，18(5)：139-140.

[15] 李尘远，刘玲，潘兴瑜 . 玉竹提取物 B 对 HeLa 细胞的抑制作用 [J]. 锦州医学院学报，2003，24(5)：1-3.

[16] 李尘远，刘艳华，李淑华，等 . 玉竹提取物 B 对人结肠

癌 CL-187 细胞的抑制作用 [J] . 锦州医学院学报，2003，24(1) ：40-42.

[17] 李尘远，刘玲，潘兴瑜 . 玉竹提取物 B 对 HeLa 细胞凋亡的影响 [J]. 锦州医学院学报，2003，24(6)：14-16.

[18] 李尘远，刘艳华，李淑华，等 . 玉竹提取物 B 诱导人结肠癌 CL-187 细胞凋亡的实验研究 [J]. 锦州医学院学报，2003，24(2)：26-29.

[19] 李淑华，潘兴瑜，李宏伟，等 . 玉竹提取物对 CEM 细胞表面标志的影响 [J]. 锦州医学院学报，1997，18(6)：14-15.

[20] 吕雪荣，潘兴瑜，陈莹，等 . 玉竹提取物 B 对 CEM 的抑制作用 [J]. 锦州医学院学报，2004，25(5)：35-38.

[21] 杨敏，蒙义文 . 大玉竹低聚糖硫酸酯抗 HSV-2 病毒活性的研究 [J]. 应用与环境生物学报，2000，6(5)：483-486.

◆ 玉竹种植基地

远志 Yuanzhi CP, JP

Polygala tenuifolia Willd.
Thinleaf Milkwort

概述

远志科 (Polygalaceae) 植物远志 *Polygala tenuifolia* Willd.，其干燥根入药。中药名：远志。

远志属 (*Polygala*) 植物全世界约有 500 种，分布于全世界。中国产约有 42 种 8 变种。本属现供药用者约有 19 种。本种分布于中国东北、华北、西北、华中及四川。朝鲜半岛、蒙古和俄罗斯也有分布。

“远志”药用之名，始载于《神农本草经》，列为上品。《中国药典》（2015 年版）收载有本种为中药远志的法定原植物来源种之一。主产于中国山西、陕西、吉林、河南；山东、内蒙古、安徽、辽宁、河北等地也有产。以山西产量较大，陕西的质量较好。

远志主要活性成分为三萜皂苷类化合物，还有生物碱、呫酮和寡糖多醋等。《中国药典》采用高效液相色谱法进行测定，规定远志药材含细叶远志皂苷不得少于 2.0%，远志呫酮Ⅲ不得少于 0.15%，3，6′- 二芥子酰基蔗糖不得少于 0.50%，以控制药材质量。

现代研究表明，远志具有镇静、益智、祛痰、镇咳、降血压等作用。

中医理论认为远志具有安神益智，交通心肾，祛痰，消肿等功效。

◆ 远志
Polygala tenuifolia Willd.

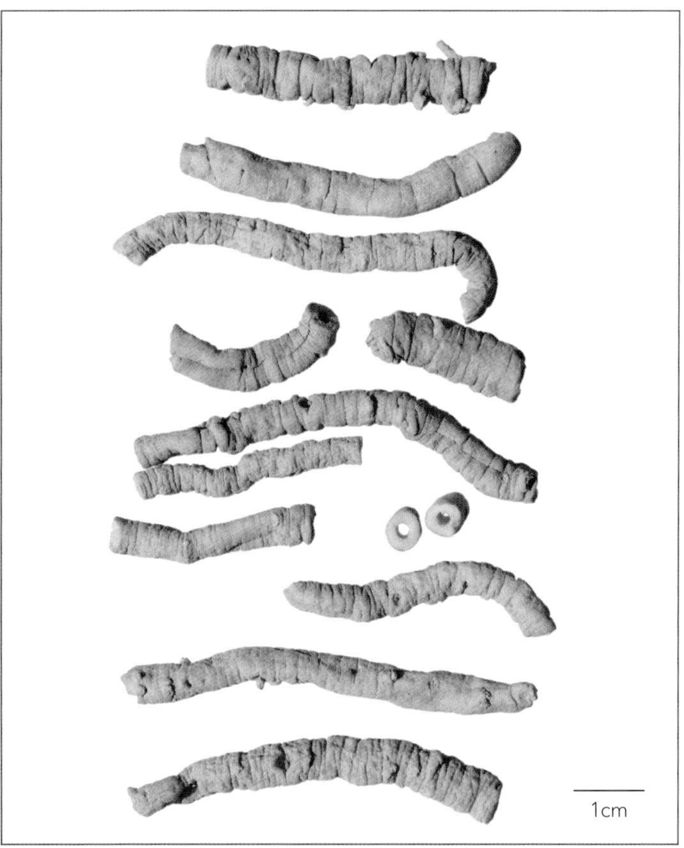

◆ 药材远志
Polygalae Radix

化学成分

远志根含三萜皂苷类成分：远志皂苷A、B、C、D、E、F、G (onjisaponins A～G)[1]，细叶远志素(tenuifolin)，tenuifolisides A、B[2-3]；咖酮类成分：polygalaxanthone Ⅲ、7-*O*-methylmangiferin、lancerin[3]、1,2,3,6,7-五甲氧基咖酮 (1,2,3,6,7-pentamethoxyxanthone)、1,2,3,7-四甲氧基咖酮 (1,2,3,7-tetramethoxyxanthone)、1,3,7-三羟基咖酮 (1,3,7-trihydroxyxanthone)、1,6,7-三羟基-2,3-二甲氧基咖酮 (1,6,7-trihydroxy-2,3-dimethoxyxanthone)、1,7-dimethoxy-2,3-methylenedioxyxanthone[4]；生物碱类成分：N_9-甲酰基哈尔满 (N_9-formylharman)、1-丁氧羰基-*β*-咔啉(1-carbobutoxy-*β*-carboline)、1-乙氧羰基-*β*-咔啉、1-甲氧羰基-*β*-咔啉、perlolyrine、降哈尔满 (norharman) 和哈尔满 (harman)[5]；糖及酯类成分：从远志根中分离鉴定了寡糖多酯tenuifolioses A、B、C、D、E、F、G、N、I、J、K、L、M、N、O、P[6-7]，sibiricoses A_5、A_6及3',6-disinapoyl sucrose[2]。

此外，从远志中还分离出一种多巴胺受体活性化合物：四氢非洲防己胺(tetrahydrocolumbamine)[8]。

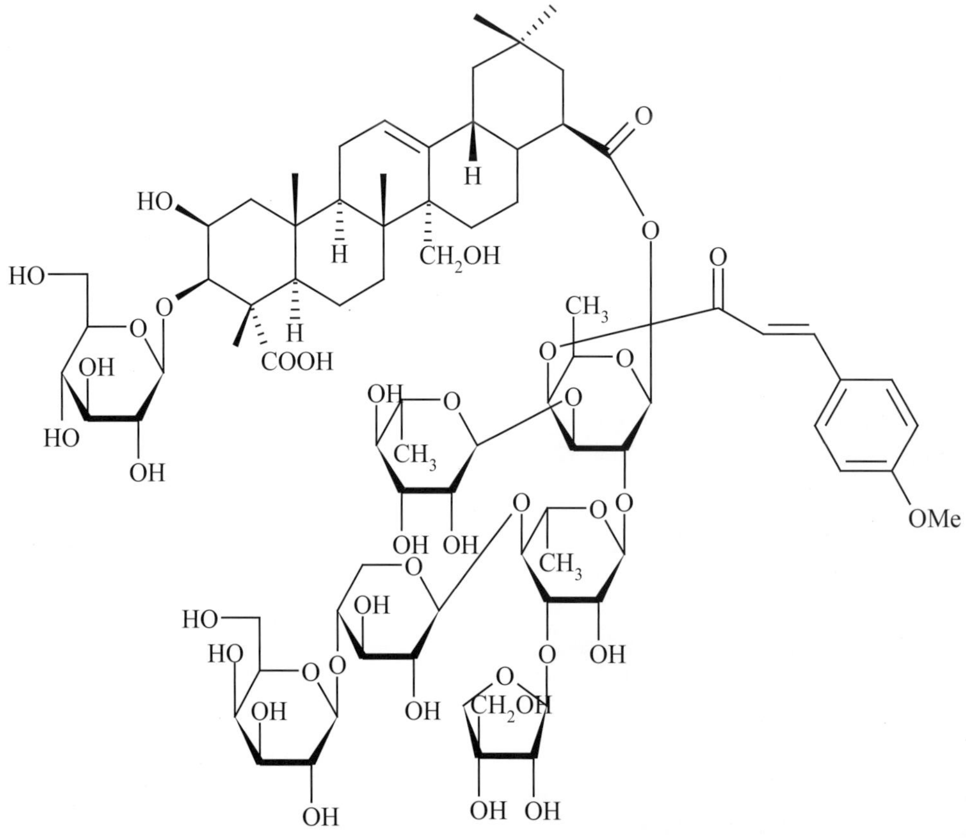

◆ onjisaponin A

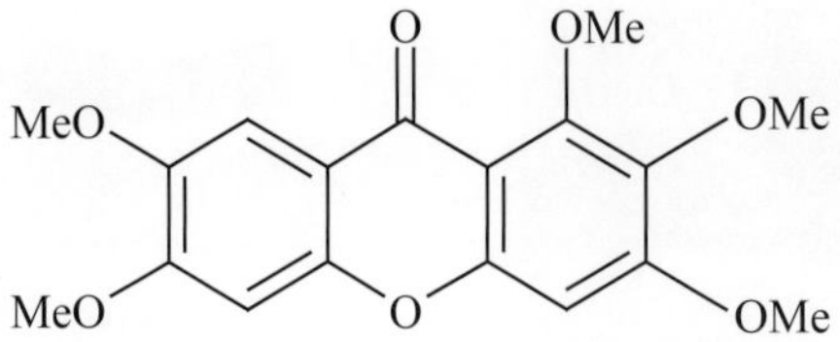

◆ 1,2,3,6,7-pentamethoxyxanthone

药理作用

1. 镇静

远志根皮、全根及木心对巴比妥类药物均有协同作用。灌胃给予小鼠 3.125g/kg 可使阈下剂量的戊巴比妥钠产生催眠作用。远志水提取物大鼠灌胃后，在血液和胆汁中发现了能延长戊巴比妥钠睡眠时间的活性物质 3,4,5-三甲氧基桂皮酸、甲基 -3,4,5- 三甲氧基肉桂酸甲酯和对甲氧基肉桂酸，提示了远志的水提取物中含有 3,4,5- 三甲氧基桂皮酸的天然前体物 [9]。

2. 益智

通过对大鼠穿梭行为及脑区域性代谢影响的研究发现，灌胃给予远志提取物后，大鼠条件反应及非条件反应次数增多，间脑辅酶 I (NAD^+) 浓度显著增高，海马、尾纹核和脑干内辅酶 I 、还原性辅酶 I (NADH) 浓度亦显著增高，表明远志具有强身益智和增强脑区域性代谢的作用 [10]。对脑内右侧基底核内联合注射 β- 淀粉样肽和鹅膏蕈氨酸所致的大鼠拟痴呆模型，远志皂苷元能明显提高大鼠的学习记忆能力，升高脑内 M 受体密度和胆碱乙酰转移酶活性，抑制脑胆碱酯酶活性，在一定程度上能改善阿尔茨海默病的胆碱能系统功能减退 [11]。

3. 镇咳祛痰

生远志、甘草汁炙远志、蜜制远志和姜制远志对氨雾法所致小鼠咳嗽有显著的抑制作用；采用小鼠酚红排泌法实验，结果表明生远志、蜜远志和炙远志具有明显祛痰作用 [12]。在远志中分离得到 4 个新皂苷，其中皂苷 3D 为祛痰的主要成分，2D 和 3C 为镇咳作用的主要成分 [13] 。

4. 降血压

远志皂苷能降低大鼠麻醉后平均动脉压，降低清醒大鼠和肾性高血压大鼠收缩压，并至少维持2～3小时，此降血压作用与迷走神经兴奋、神经节阻断、外周α-肾上腺能、M-胆碱能和H_1受体均无关[14]。

5. 对平滑肌的影响

远志皂苷 H 对离体兔回肠、胸主动脉条、豚鼠气管条和动情期未孕大鼠子宫平滑肌均具兴奋作用，对 Langendorff 兔心肌具抑制作用，其对子宫平滑肌的兴奋不受盐酸苯海拉明 (diphenhydramine) 影响，但可被吲哚美辛 (indomethacine) 部分抑制。表明远志皂苷 H 对子宫的作用可能与前列腺素合成酶相关 [15]。远志总皂苷能增加小鼠炭末推进率，有促进小鼠小肠运动的作用 [16]。

6. 抗菌

远志煎剂能抑制肺炎链球菌，远志醇浸液对革兰氏阳性菌及痢疾杆菌、伤寒志贺氏菌和人结核分枝杆菌均有明显的抑制作用。

7. 其他

远志还有抗诱变 [17]、抗衰老 [18] 和抗肿瘤作用。

应用

本品为中医临床用药。功能：安神益智，交通心肾，祛痰，消肿。主治：心肾不交引起的失眠多梦、健忘惊悸、神志恍惚，咳痰不爽，疮疡肿毒，乳房肿痛。

现代临床还用于神经衰弱、小儿多动症、冠心病、阑尾炎、滴虫性阴道炎、乳腺纤维瘤等病的治疗。

评注

同属植物卵叶远志 *Polygala sibirica* L. 为《中国药典》收载中药“远志”的另一来源品种。

远志在治疗阿尔茨海默病等疾病上应用较广，其有效成分为远志皂苷。经研究，不同采收时间对远志根中的皂苷含量有较明显影响。现蕾期时远志皂苷的含量最高，其动态规律为现蕾期 > 盛花期 > 果期 > 果后营养期，故建议远志在春季花开前采收为宜[19]。

参考文献

[1] SAKUMA S, SHOJI J. Studies on the constituents of the root of *Polygala tenuifolia* Willd. Ⅰ. Isolation of saponins and the structures of onjisaponins G and F[J]. Chemical & Pharmaceutical Bulletin, 1981, 29(9): 2431-2434.

[2] 姜勇，屠鹏飞．远志的化学成分研究 Ⅱ[J]. 中国中药杂志，2004，29(8)：751-753.

[3] 姜勇，屠鹏飞．远志的化学成分研究 Ⅰ[J]. 中草药，2002，33(10)：875-877.

[4] 姜勇，刘蕾，屠鹏飞．远志的化学成分研究Ⅲ [J]. 中国天然药物，2003，1(3)：142-145.

[5] 金宝渊，朴政一．远志生物碱成分的研究 [J]. 中国中药杂志，1993，18(11)：675-677.

[6] MIYASE T, IWATA Y, UENO A. Tenuifolioses A-F, oligosaccharide multi-esters from the roots of *Polygala tenuifolia* Willd[J]. Chemical & Pharmaceutical Bulletin, 1991, 39(11): 3082-3084.

[7] MIYASE T, IWATA Y, UENO A. Tenuifolioses G-P, oligosaccharide multi-esters from the roots of *Polygala tenuifolia* Willd.[J]. Chemical & Pharmaceutical Bulletin, 1992, 40(10): 2741-2748.

[8] 沈行良，MR Witt，K Dekermendjian，等．从远志中分离鉴定出一种多巴胺受体活性化合物 [J]. 药学学报，1994，29(12)：887-890.

[9] 姜勇，屠鹏飞．远志研究进展 [J]. 中草药，2001，32(8)：759-761.

[10] 郑秀华，沈政．远志、石菖蒲对大鼠穿梭行为及脑区域性代谢率的影响 [J]. 锦州医学院学报，1991，12(5)：288-290.

[11] 陈勤，曹炎贵，张传惠．远志皂苷对 *β*- 淀粉样肽和鹅膏蕈氨酸引起胆碱能系统功能降低的影响 [J]. 药学学报，2002，37(12)：913-917.

[12] 郭娟，王建．生远志及炮制品对小鼠止咳化痰作用 [J]. 中药药理及临床，2003，19(4)：29.

[13] 彭汶铎，许实波．四种远志皂苷的镇咳和祛痰作用 [J]. 中国药学杂志，1998，33(8)：491.

[14] 彭汶铎．远志皂苷的降压作用及其机制 [J]. 中国药理学报，1999，20(7) : 639-642.

[15] 彭汶铎．远志皂苷 H 对离体平滑肌与心脏的作用 [J]. 中国药学杂志，1999，34(4): 241-243.

[16] 闫明，李萍，李平亚．远志总皂苷对小鼠胃肠运动的作用 [J]. 辽宁药物与临床，2004，7(2)：95.

[17] 朱玉琢，庞慧民，高久春，等．中草药远志对实验性小鼠雄性生殖细胞遗传物质损伤的保护作用 [J]. 吉林大学学报：医学版，2003，29(3)：258-260.

[18] 李光植，黄瑛，王琳．远志对 *D*- 半乳糖致衰小鼠红细胞中超氧化物歧化酶、肝组织谷胱甘肽过氧化物酶活性影响的实验研究 [J]. 黑龙江医药科学，2000，23(1)：4.

[19] 万德光，陈幼竹，刘友平．远志活成分的动态变化 [J]. 成都中医药大学学报，1999，22(3)：42，47.

越桔 Yueju

Vaccinium vitis-idaea L.
Lingonberry

概述

杜鹃花科 (Ericaceae) 植物越桔 *Vaccinium vitis-idaea* L. (*Vaccinium jesoense* Miq.)，其干燥叶入药。中药名：越桔叶。

越桔属 (*Vaccinium*) 植物全世界约有 450 种，分布于北半球温带、亚热带，美洲和亚洲的热带山区，少数分布于非洲南部、马达加斯加岛，但非洲热带高山和热带低地不产。中国约有 91 种 24 变种 2 亚种，本属现供药用者约有 10 种。本种主要分布于中国黑龙江、吉林、内蒙古、新疆、陕西等省区。

越桔叶以“熊果叶”药用之名，载于《新疆中草药手册》，主产于新疆、黑龙江、吉林、内蒙古等地。

越桔茎叶中主要含酚苷和黄酮类。

药理研究表明，越桔的叶具有抗炎、祛痰和镇咳等作用；越桔果实具有抗氧化和抗肿瘤等作用。

中医理论认为越桔叶具有解毒，利湿等功效。

◆ 越桔
Vaccinium vitis-idaea L.

◆ 药材越桔叶
Vaccinii Vitis-idaeae Folium

化学成分

越桔茎叶主要成分有酚苷类成分：熊果苷 (arbutin)[1]、2-*O*-咖啡酰熊果苷(2-*O*-caffeoylarbutin)、甲基熊果苷 (methylarbutin)、2-*O*-乙酰咖啡酰熊果苷(2-*O*-acetylcaffeoylarbutin)、6-*O*-乙酰熊果苷(6-*O*-acetylarbutin)[2]、毛柳苷 (salidroside)；又含黄酮类成分：槲皮素 (quercetin)、金丝桃苷 (hyperin)[3]、山柰黄素 (kaempferol)、槲皮素-3-阿拉伯糖苷 (quercetin-3-arabinoside)、槲皮素-3-葡萄糖苷 (quercetin-3-glucoside)、槲皮素-3-鼠李糖苷 (quercetin-3- rhamnoside)、芦丁 (rutin)、萹蓄苷 (avicularin)、花青素-2-葡萄糖苷 (anthocyanidin-2-glucoside)、花

青素-3-木糖苷(anthocyanidin-3-xyloside)、花青素-3-鼠李糖苷 (anthocyanidin-3-rhamnoside)[2]等；香豆素类成分：秦皮苷 (fraxin)[3]；缩合鞣质类成分：表儿茶精-(4β→8)-表儿茶精(4β→8,2β→O→7)-儿茶素[epicatechin-(4β→8)-epicatechin-(4β→8,2β→O→7)-catechin][4]、表儿茶精-(4β→6)- 表儿茶精(4β→8,2β→O→7)-儿茶素[epicatechin-(4β→6)-epicatechin-(4β→8, 2β→O→7)-catechin]、肉桂鞣质B_1 (cinnamtannin B_1)、proanthocyanidin A_1[5]；此外，还含新氯原酸 (neochlorogenic acid)、1-咖啡酰奎尼酸(1-caffeoylquinic acid)、4-咖啡酰奎尼酸(4-caffeoylquinic acid)、丁香油酚 (eugenol)[2]等。

越桔果实中还含白藜芦醇 (resveratrol)[6]、肉桂酸 (cinnamic acid)、对香豆酸 (*p*-coumaric acid)[7]等。

药理作用

1. 抗炎、祛痰、镇咳

越桔茎叶乙醇提取物对小鼠有显著的抗炎、祛痰和镇咳作用，其中熊果苷和秦皮苷为主要有效成分[8]。

2. 抗菌、抗病毒

琼脂扩散法证明，越桔地上部分提取物对大肠埃希氏菌和普通变形杆菌属有极强的抑制作用。越桔果实水提取物对蜱传播的脑炎病毒有抑制作用[9]。

3. 抗氧化

越桔果实水提取物对 DPPH·、ROO·、OH·和 $O_2·^-$ 自由基均有明显的清除作用[10]。所含的缩合鞣质和其他酚性类化合物为抗氧化的主要有效成分[5, 7]。

4. 抗肿瘤

越桔果实提取物体外能剂量依赖地诱导人白血病细胞 HL-60 的凋亡[10]。果实提取物对促癌剂 TPA 所致的醌还原酶 (QR) 活性有诱导作用，对鸟氨酸脱羧酶 (ODC) 有抑制作用。所含的原花青素成分为抗癌主要活性成分[11]。

5. 其他

越桔全株的 5% 提取液对雄蛙有抗性激素作用。叶中所含熊果苷在碱性尿液中分解生成氢醌，对尿道疾病有治疗作用。

应用

本品为中医临床用药。功能：解毒，利湿。主治：淋证，痛风。

现代临床还用于尿道炎、膀胱炎、支气管炎和肺心病等病的治疗。

评注

越桔叶中的主要活性成分为熊果苷。据报道，熊果苷含量与越桔的采收季节明显相关，以 9 ～ 10 月份果实成熟后期的含量最高，为保证越桔叶药材质量提供了科学依据[12]。

越桔果实中含有大量的色素，此类色素具有耐光和耐热的特性，可作为食品的天然色素和化妆品等的着色剂[13]。

越桔果实中含大量的氨基酸和维生素，营养价值很高，可用以酿造果酒、制果酱和作为保健品原料。

参考文献

[1] 孙辉，王喜军，黄睿，等. RP-HPLC 法测越桔茎叶熊果甙的含量 [J]. 中国中药杂志，1997，22(9)：555.

[2] 邓健，陈于澍，赵树年. 越桔亚科植物化学成分研究进展 [J]. 天然产物研究与开发，1990，2(1)：73-80.

[3] 王喜军，范玉玲，闫雪莹. 越桔茎叶化学成分提取、分离及结构鉴定 [J]. 中草药，2002，33(7)：595-596.

[4] HO K Y, TSAI C C, HUANG J S, et al. Antimicrobial activity of tannin components from *Vaccinium vitis-idaea* L.[J]. The Journal of Pharmacy and Pharmacology, 2001, 53(2): 187-191.

[5] HO K Y, HUANG J S, TSAI C C, et al. Antioxidant activity of tannin components from *Vaccinium vitis-idaea* L.[J]. The Journal of Pharmacy and Pharmacology, 1999, 51(9): 1075-1078.

[6] RIMANDO A M, KALT W, MAGEE J B, et al. Resveratrol, pterostilbene, and piceatannol in *Vaccinium* berries[J]. Journal of Agricultural and Food Chemistry, 2004, 52(15): 4713-4719.

[7] EHALA S, VAHER M, KALJURAND M. Characterization of phenolic profiles of Northern European berries by capillary electrophoresis and determination of their antioxidant activity[J]. Journal of Agricultural and Food Chemistry, 2005, 53(16): 6484-6490.

[8] WANG X, SUN H, FAN Y, et al. Analysis and bioactive evaluation of the compounds absorbed into blood after oral administration of the extracts of *Vaccinium vitis-idaea* in rat[J]. Biological & Pharmaceutical Bulletin, 2005, 28(6): 1106-1108.

[9] FOKINA G I, ROIKHEL V M, FROLOVA M P, et al. The antiviral action of medicinal plant extracts in experimental tick-borne encephalitis[J]. Voprosy Virusologii,1993, 38(4): 170-173.

[10] WANG S Y, FENG R, BOWMAN L, et al. Antioxidant activity in lingonberries (*Vaccinium vitis-idaea* L.) and its inhibitory effect on activator protein-1, nuclear factor-kappaB, and mitogen-activated protein kinases activation[J]. Journal of Agricultural and Food Chemistry, 2005, 53(8): 3156-3166.

[11] BOMSER J, MADHAVI D L, SINGLETARY K, et al. *In vitro* anticancer activity of fruit extracts from *Vaccinium* species[J]. Planta Medica, 1996, 62(3): 212-216.

[12] 王振月，王喜军，康毅华，等. 越桔叶有效成分熊果苷的变化动态 [J]. 中药材，1999，22(7): 330-331.

[13] 张秀成，刘广平，何双，等. 越桔（红豆）色素稳定性的研究 [J]. 东北林业大学学报，2000，28(2)：39-42.

云南重楼 Yunnanchonglou CP

Paris polyphylla Smith var. *yunnanensis* (Franch.) Hand. -Mazz.
Yunnan Manyleaf Paris

概述

百合科 (Liliaceae) 植物云南重楼 *Paris polyphylla* Smith var. *yunnanensis* (Franch.) Hand.-Mazz.，其干燥根茎入药。中药名：重楼。

重楼属 (*Paris*) 植物全世界约有近 30 种，分布于欧洲、亚洲的温带和亚热带地区。中国约有 20 种，绝大多数种类均供药用。本变种分布于中国福建、湖北、湖南、广西、四川、贵州、云南等省区；缅甸也有分布。

重楼属植物以“蚤休”药用之名，始载于《神农本草经》，列为下品。历代本草多有著录。《滇南本草》所收载的即指本变种。《中国药典》（2015 年版）收载本变种为中药重楼的法定原植物来源种之一。主产于中国云南、四川、贵州、广西等省区。

云南重楼主要含甾体皂苷类成分。所含的甾体皂苷类化合物为其主要的活性成分。《中国药典》采用高效液相色谱法进行测定，规定重楼药材含重楼皂苷Ⅰ、重楼皂苷Ⅱ、重楼皂苷Ⅵ和重楼皂苷Ⅶ的总量不得少于 0.60%，以控制药材质量。

药理研究表明，云南重楼具有止血、镇痛、镇静、抗病原微生物、抗胃黏膜损伤、抗肿瘤等作用。

中医理论认为重楼具有清热解毒，消肿止痛，凉肝定惊等功效。

◆ 云南重楼
Paris polyphylla Smith var. *yunnanensis* (Franch.) Hand. -Mazz.

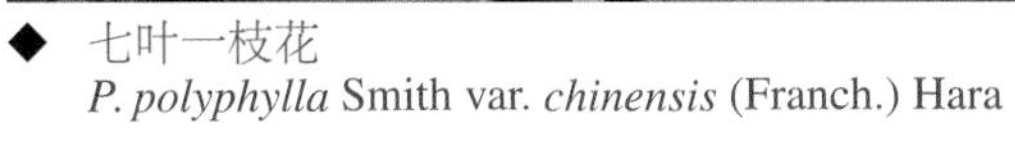

◆ 七叶一枝花
P. polyphylla Smith var. *chinensis* (Franch.) Hara

◆ 药材重楼
Paridis Rhizoma

◆ polyphyllin Ⅰ

化学成分

云南重楼的根茎含甾体皂苷类成分：重楼皂苷Ⅰ (paris saponin Pa, polyphyllin Ⅰ, polyphyllin D)、重楼皂苷Ⅱ(paris saponin Pb, formosanin C)、薯蓣皂苷 (dioscin)[1]、薯蓣次苷A (prosapogenin A of dioscin, polyphyllin Ⅴ)、重楼皂苷Ⅵ、Ⅶ(polyphyllin Ⅵ、Ⅶ)[2]、trigofoenoside A、parisaponin Ⅰ、原纤细薯蓣皂苷 (protogracillin)[3]、纤细薯蓣皂苷 (gracillin)[4]等；植物蜕皮激素：β-蜕皮激素 (β-ecdysone)[1]等成分。

云南重楼的地上部分含甾体及甾体皂苷类成分：偏诺皂苷元-3-*O*-α-*L*-吡喃鼠李糖基 (1→2)[α-*L*-吡喃鼠李糖基(1→4)]-β-*D*-吡喃葡萄糖苷{pennogenin-3-*O*-α-*L*-rhamnopyranosyl (1→2) [α-*L*-rhamnopyranosyl (1→4)]-β-*D*-glucopyranoside}[5]、27-羟基偏诺皂苷元(27-hydroxyl-pennogenin)、27,23β-二羟基偏诺皂苷元 (27,23β-dihydroxyl-pennogenin)[6]，polyphyllosides Ⅲ、Ⅳ[7]，25*S*-异钮替皂苷元-3-*O*-α-*L*-吡喃鼠李糖基(1→2)[α-*L*-吡喃鼠李糖基(1→4)]-β-*D*-吡喃葡萄糖苷{25*S*-isonuatigenin-3-*O*-α-*L*-rhamnopyranosyl(1→2)[α-*L*-rhamnopyranosyl (1→4)]-β-*D*-glucopyranoside}[8]等；黄酮类成分：山柰酚-3-*O*-β-*D*-吡喃葡萄糖基(1→6)-β-*D*-吡喃葡萄糖苷 [kaempferol-3-*O*-β-*D*-glucopyranosyl(1→6)-β-*D*-glucopyranoside]、7-*O*-α-*L*-吡喃鼠李糖基-山柰酚-3-*O*-β-*D*-吡喃葡萄糖基(1→6)-β-*D*-葡萄糖苷[7-*O*-α-*L*-rhamnopyranosyl-kaempferol-3-*O*-β-*D*-glucopyranosyl(1→6)-β-*D*-glucopyranoside][8]等成分。

药理作用

1. 止血

云南重楼根茎的甲醇提取物灌胃，能显著缩短小鼠凝血时间（毛细管法）[9]。

2. 抗病原微生物

云南重楼根茎的甲醇提取物体外对宋氏痢疾志贺氏菌、黏质沙雷氏菌、大肠埃希氏菌、敏感和耐药金黄色葡萄球菌有抑制作用。重楼皂苷体外能杀灭血吸虫尾蚴；小鼠皮肤涂搽重楼皂苷油膏或溶液，能阻止尾蚴的侵入[10]。

3. 镇痛、镇静

云南重楼根茎醇提取物灌胃，小鼠电刺激法、热板法、扭体法实验表明有显著镇痛作用；云南重楼根茎醇提取物灌胃可显著减少小鼠自发活动，显著延长戊巴比妥钠小鼠睡眠时间[9, 11]。

4. 抗胃黏膜损伤

云南重楼根茎的甲醇提取物口服能显著抑制酒精、消炎痛 (indomethacin) 所致的大鼠胃黏膜损害，所含的重楼皂苷I等甾体皂苷为保护胃黏膜活性成分[3]。

5. 抗肿瘤

重楼总皂苷小鼠腹腔注射，能干扰 ^{3}H-TdR、^{3}H-UR 渗入肿瘤细胞 H_{22}，抑制荷瘤小鼠脾组织 DNA、RNA 的生物合成；灌胃及腹腔注射能显著抑制小鼠 H_{22} 腹水型和实体性移植瘤的生长[12]；总皂苷可提高培养宫颈癌细胞 HeLa 内游离钙的浓度[13]。重楼皂苷Ⅰ体外能剂量依赖地抑制人肝癌细胞 $HepG_2$、人肝癌耐药细胞 R-$HepG_2$、人乳腺癌细胞 MCF-7 等的增殖活性，通过激活线粒体调控的凋亡通路诱导其凋亡；重楼皂苷Ⅰ静脉注射能有效抑制荷 MCF-7 瘤裸鼠肿瘤的生长，降低肿瘤的重量和大小，而且对裸鼠的肝肾无明显毒性[14-15]。

6. 其他

重楼皂苷还有杀精子作用；云南重楼根茎醇提取物有止咳、平喘[9]等作用。

应用

本品为中医临床用药。功能：清热解毒，消肿止痛，凉肝定惊。主治：疔疮痈肿，咽喉肿痛，蛇虫咬伤，跌扑伤痛，惊风抽搐。

现代临床还用于静脉炎、腮腺炎、急慢性扁桃体炎、咽炎、慢性气管炎、毛囊炎、乳腺炎、乳癌、子宫出血等病的治疗。

评注

七叶一枝花 *Paris polyphylla* Smith var. *chinensis* (Franch.) Hara 也被《中国药典》收载为中药重楼的法定原植物来源种。分布于中国江苏、江西、浙江、福建、台湾、湖南、湖北、广东、广西、四川、贵州、云南等省区。

七叶一枝花与云南重楼具有类似的药理作用，其化学成分也大致相同[16]。新近从七叶一枝花根茎中分得一个类胆甾烷皂苷：parispolyside E[17]。

重楼属不同种植物所含甾体皂苷的苷元不同、糖基不同，其生理活性也有差异，有必要深入研究其化学结构与生理活性之间的关系。

云南重楼地上部分也含甾体皂苷，值得进一步研究并开发利用。

参考文献

[1] 陈昌祥，周俊．滇产植物皂素成分的研究V：滇重楼的甾体皂苷和β-蜕皮激素[J]. 云南植物研究，1981，3(1)：89-93.

[2] 陈昌祥，张玉童，周俊．滇产植物皂素成分的研究Ⅵ：滇重楼皂苷(2)[J]. 云南植物研究，1983，5(1)：91-97.

[3] MATSUDA H, PONGPIRIYADACHA Y, MORIKAWA T, et al. Protective effects of steroid saponins from *Paris polyphylla* var. *yunnanensis* on ethanol- or indomethacin-induced gastric mucosal lesions in rats: structural requirement for activity and mode of action[J]. Bioorganic & Medicinal Chemistry Letters, 2003, 13(6): 1101-1106.

[4] 康利平，马百平，张洁，等．重楼中甾体皂苷的分离与结构鉴定[J]. 中国药物化学杂志，2005，15(1)：25-30.

[5] 陈昌祥，周俊，张玉童，等．滇重楼地上部分的甾体皂苷[J]. 云南植物研究，1990，12(3)：323-329.

[6] 陈昌祥，周俊．滇重楼的两个新甾体皂苷元[J]. 云南植物研究，1992，14(1)：111-113.

[7] 陈昌祥，周俊，H Nagasawa，等．滇重楼地上部分的两个微量皂苷[J]. 云南植物研究，1995，17(2)：215-220.

[8] 陈昌祥，张玉童，周俊．滇重楼地上部分的配糖体[J]. 云南植物研究，1995，17(4)：473-478.

[9] 马云淑，淤泽溥，吕俊，等．胶质重楼与粉质重楼主要药理作用的比较研究[J]. 中医药研究，1999，15(1)：26-29.

[10] 黄文通，黄珊，谈佩萍，等．重楼皂苷杀灭血吸虫尾蚴及防护效果的研究[J]. 实用预防医学，1999，6(2)：90-91.

[11] 王强，徐国钧，蒋莹．重楼类中药镇痛和镇静作用的研究[J]. 中国中药杂志，1990，15(2)：45-47.

[12] 石小枫，杜德极，谢定成，等．重楼总皂苷对H_{22}动物移植性肿瘤的影响[J]. 中药材，1992，15(2)：33-36.

[13] 高冬，高永琳，白平．重楼对宫颈癌细胞钙信号的影响[J]. 福建中医学院学报，2003，13(4)：26-28.

[14] CHEUNG J Y N, ONG R C Y, SUEN Y K, et al. Polyphyllin D is a potent apoptosis inducer in drug-resistant HepG2 cells[J]. Cancer Letters, 2005, 217(2): 203-211.

[15] LEE M S, CHAN J Y W, KONG S K, et al. Effects of polyphyllin D, a steroidal saponin in *Paris polyphylla*, in growth inhibition of human breast cancer cells and in xenograft[J]. Cancer Biology & Therapy, 2005, 4(11): 1248-1254.

[16] MIMAKI Y, KURODA M, OBATA Y, et al. Steroidal saponins from the rhizomes of *Paris polyphylla* var. *chinensis* and their cytotoxic activity on HL-60 cells[J]. Natural Product Letters, 2000, 14(5): 357-364.

[17] 黄芸，王强，叶文才，等．华重楼中一个新的类胆甾烷皂苷[J]. 中国天然药物，2005，3(3)：138-140.

枣 Zao CP, IP, JP

Ziziphus jujuba Mill.
Jujube

概述

鼠李科 (Rhamnaceae) 植物枣 *Ziziphus jujuba* Mill.，其干燥成熟果实入药。中药名：大枣。

枣属 (*Ziziphus*) 植物全世界约有 100 种，主要分布于亚洲和美洲的热带、亚热带地区。中国有 12 种 3 变种，本属现供药用者约有 5 种。本种中国各地均有分布。

中国是最早栽培枣树的国家，栽培历史在 3000 年以上，"枣"之名在《诗经》中已有记载。"枣"药用之名，始载于《神农本草经》，列为上品，名"大枣"。历代本草多有著录，古今药用品种一致。《中国药典》（2015 年版）收载本种为中药大枣的法定原植物来源种。主产于中国河南、山东，河北、山西、四川、贵州等地也产。

枣的果实含三萜类、三萜皂苷类、生物碱类成分等。《中国药典》以性状、显微和薄层色谱鉴别来控制大枣药材的质量。

药理研究表明，枣具有增强免疫、改善造血功能、抗衰老、保肝、抗肿瘤、中枢神经抑制等作用。

中医理论认为枣具有补中益气，养血安神等功效。

◆ 枣
Ziziphus jujuba Mill.

◆ 枣
Z. jujuba Mill.

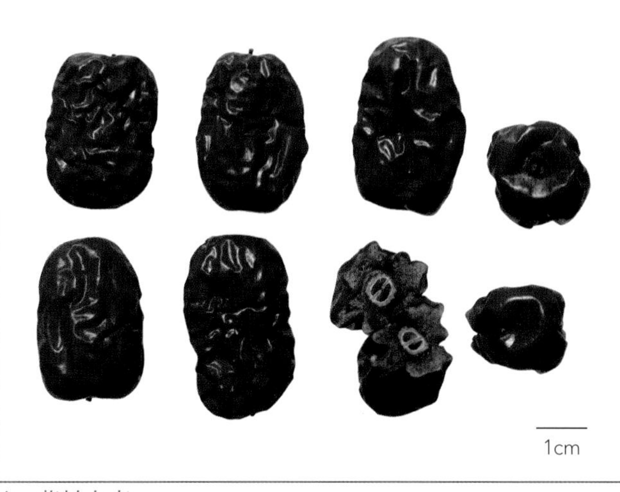

◆ 药材大枣
Jujubae Fructus

化学成分

枣果实中含三萜类化合物：白桦脂酮酸 (betulonic acid)、白桦脂酸 (betulinic acid)、齐墩果酸 (oleanolic acid)、齐墩果酮酸 (oleanonic acid)、zizyberenalic acid、蛇藤酸 (colubrinic acid)、朦胧木酸 (alphitolic acid)、山楂酸-3-*O*-反式对香豆酰酯 (3-*O*-*trans*-*p*-coumaroyl maslinic acid)、山楂酸-3-*O*-顺式对香豆酰酯 (3-*O*-*cis*-*p*-coumaroyl maslinic acid)、朦胧木酸-3-*O*-反式对香豆酰酯 (3-*O*-*trans*-*p*-coumaroyl alphitolic acid)、朦胧木酸-3-*O*-顺式对香豆酰酯 (3-*O*-*cis*-*p*-coumaroyl alphitolic acid)[1]、ursolonic acid[2]等；三萜皂苷类化合物：大枣皂苷Ⅰ、Ⅱ、Ⅲ (zizyphus saponins Ⅰ~Ⅲ)及酸枣仁皂苷B (jujuboside B)[3]；生物碱类化合物：降荷叶碱 (nornuciferine)、观音莲明 (lysicamine)、无刺枣环肽-1 (daechucyclopeptide-1)、酸枣碱 (zizyphusine)[4]；多糖类化合物：ZJ-1、ZJ-2[5]、ZJ-9、

◆ zizyphus saponin Ⅰ

ZJ-10[6]。种子含黄酮类化合物：棘苷 (spinosin)、獐牙菜素 (swertisin)、6'''-阿魏酰棘苷 (6'''-feruloylspinosin)、6'''-芥子酰棘苷 (6'''-sinapoylspinosin)、6'''-对香豆酰棘苷 (6'''-*p*-counaloylspinosin)、2''-*O*-葡萄糖基异獐牙菜素 (2''-*O*-glucosylisoswertisin)、新西兰牡荆苷-2 (vicenin 2)[7]等。

枣的茎皮和根皮含生物碱：jubanines A、B、C、D[8-10]，numularines A、B，安木非宾碱 H (amphibine H)、mucronine D、滇刺枣碱 A (mauritine A)[8]、scutianine C、枣碱 A (zizyphine A)[9]、欧鼠李叶碱 (frangufoline)[11]。

枣的叶含生物碱：枣碱 (yuziphine)、玉兰碱 (yuzirine)[12]；黄酮类：圣草素 (eriodictyol)、鼠李素 (rhamnetin)、槲皮素-3-*O*-葡萄糖苷 (quercetin-3-*O*-glucoside)、槲皮素-3-*O*-双葡萄糖苷 (quercetin-3-*O*-diglucoside)、槲皮素-3-*O*-鼠李糖苷 (quercetin-3-*O*-rutinoside)[13]；缩合鞣质类：(–)-表阿夫儿茶素-(4β-8)-(–)-表儿茶素 [(–)-epiafzelechin-(4β-8)-(–)-epicatechin]、原花色素 B_2 (proanthocyanidin B_2)[14]。

药理作用

1. 增强免疫

大枣多糖给放血与环磷酰胺并用所致的气血两虚小鼠灌胃，可明显对抗小鼠胸腺和脾脏等免疫器官的萎缩，增加小鼠胸腺皮质厚度和皮质细胞数量 [15]，促进小鼠脾细胞产生和分泌白介素 1α (IL-1α) 与白介素 2 (IL-2)，降低血清白介素 2 受体 (IL-2R) 水平，对小鼠低下的免疫功能有较好的提升作用 [16-17]。大枣中性多糖体外还能促进小鼠脾细胞自发增殖反应和混合淋巴细胞培养反应 [18]，诱导小鼠腹腔巨噬细胞 (Mφ) 分泌肿瘤坏死因子 (TNF)，促进 MφTNF-α mRNA 的表达 [19]。

2. 改善造血功能

大枣多糖给放血与环磷酰胺并用所致的气血两虚大鼠灌胃，可显著增加血红细胞、白细胞、血小板数量和血红蛋白含量，增强红细胞 Na^+,K^+-ATP 酶、Mg^{2+}-ATP 酶、Ca^{2+},Mg^{2+}-ATP 酶的活力，改善大鼠的造血功能和红细胞能量代谢 [20]。

3. 抗衰老

大枣多糖给 *D*- 半乳糖致衰老小鼠灌胃，可明显增加小鼠胸腺厚度、胸腺皮质细胞数量、脾淋巴细胞数，增大脾小结，防止脑组织神经细胞和胶质细胞的退行性改变 [21]。水煎剂灌胃能提高脑组织和红细胞中超氧化物歧化酶 (SOD) 活性，以及心肌细胞膜 Na^+,K^+-ATP 酶、Ca^{2+}-ATP 酶活性，降低脑组织和心肌线粒体内丙二醛 (MDA) 含量及心肌组织中钙离子 (Ca^{2+}) 含量，有一定的抗衰老作用 [22-23]。

4. 保肝

大枣多糖灌胃能提高四氯化碳 (CCl_4) 致急性肝损伤小鼠血清中 SOD 和谷胱甘肽过氧化物酶 (GSH-Px) 活性 [24]，提高小鼠体内肌糖原和肝糖原的储备量，对肝损伤有保护作用 [25]。

5. 抗肿瘤

枣所含的三萜类化合物体外对人白血病细胞 K_{562}、黑色素瘤细胞 B16 (F-10)、黑色素瘤细胞 SK-MEL-2、人前列腺癌细胞 PC-3、黑色素瘤细胞 LOX-IMVI 和人肺腺癌细胞 A549 等具有细胞毒活性 [26]。枣花粉体外也具有抗肿瘤作用 [27]。

6. 其他

枣还具有镇静 [4]、抗焦虑 [28]、降血压 [29]、降血糖 [30]、降血脂 [31]、抗疲劳 [25] 及抗补体作用 [32] 等。

应用

本品为中医临床用药。功能：补中益气，养血安神。主治：脾虚食少，乏力便溏，妇人脏躁。

现代临床还用于失眠、贫血、过敏性紫癜、非血小板减少性紫癜、慢性萎缩性胃炎、肝炎、肝硬化、小儿遗尿等病的治疗。

评注

枣的变种，无刺枣 *Ziziphus jujuba* Mill. var. *inermis* (Bge.) Rehd. 果实也作大枣入药。

大枣是中国卫生部规定的药食同源品种之一。其经济用途广泛，果实除药用外，可制成食品，近年开发成红枣带肉果汁、红枣果茶等，还可酿酒。提取的枣子酊，是重要的香料，主要用于烟草加香和食品添加剂。枣花是重要的蜜源，可生产枣花蜜。除果实药用外，枣叶、枣核、枣树皮、枣树根均可药有。枣树皮有治疗腹泻和烧伤的报道。因此对枣综合利用的研究有广阔的前景。

参考文献

[1] LEE S M, PARK J K, LEE C G. Quantitative determination of triterpenoids from the fruits of *Zizyphus jujuba*[J]. Natural Product Sciences, 2004, 10(3): 93-95.

[2] HUANG R L, WANG W Y, KUO Y H, et al. Cytotoxic triterpenes from the fruit of *Ziziphus jujuba*[J]. Chinese Pharmaceutical Journal, 2001, 53(4): 179-184.

[3] OKAMURA N, NOHARA T, YAGI A, et al. Studies on the constituents of *Zizyphi Fructus*. Ⅲ. Structures of dammarane-type saponins[J]. Chemical & Pharmaceutical Bulletin, 1981, 29(3): 676-683.

[4] HAN B H, PARK M H. Sedative activity and the active components of Zizyphi Fructus[J]. Archives of Pharmacal Research, 1987, 10(4): 208-211.

[5] 杨云，李振国，孟江，等. 大枣多糖的分离、纯化及分子量的测定 [J]. 世界科学技术：中医药现代化，2003，5(3)：53-55.

[6] 杨云，弓建红，冯卫生，等. 大枣中性多糖的化学研究 [J]. 时珍国医国药，2005，2(12)：1215-1216.

[7] TANAKA Y, SANADA S. Studies on the constituents of *Ziziphus jujuba* Miller[J]. Shoyakugaku Zasshi, 1991, 45(2): 148-152.

[8] KHOKHAR I, AHMAD A. Alkaloidal studies of medicinal plants of Pakistan from the root bark of *Ziziphus jujuba* Mill.[J]. Pakistan Journal of Science, 1992, 44: 37-42.

[9] TRIPATHI M, PANDEY M B, JHA R N, et al. Cyclopeptide alkaloids from *Zizyphus jujuba*[J]. Fitoterapia, 2001, 72(5): 507-510.

[10] KHOKHAR I, AHMED A, KASHMIRI M A. Alkaloidal studies of medicinal plants of Pakistan from the root bark of *Zizyphus jujuba* Mill.[J]. Journal of Natural Sciences and Mathematics, 1994, 34(1): 159-163.

[11] DEVI S, PANDEY V B, SINGH J P, et al. Peptide alkaloids from *Zizyphus* species[J]. Phytochemistry, 1987, 26(12): 3374-3375.

[12] ZIYAEV R, IRGASHEV T, ISRAILOV I A, et al. Alkaloids of *Ziziphus jujuba*. Structure of yuziphine and yuzirine[J]. Khimiya Prirodnykh Soedinenii, 1977, 2: 239-243.

[13] SOULELES C, SHAMMAS G. Flavonoids from the leaves of *Zizyphus jujuba*[J]. Fitoterapia, 1988, 59(2): 154.

[14] MALIK A, KULIEV Z A, AKHMEDOV Y A, et al. Proanthocyanidins of *Ziziphus jujuba*[J]. Chemistry of Natural Compounds, 1997, 33(2): 165-173.

[15] 苗明三. 大枣多糖对小鼠气血双虚模型胸腺及脾脏组织的影响 [J]. 中国临床康复，2004，8(27)：5894-5895.

[16] 苗明三. 大枣多糖对免疫抑制小鼠白细胞介素 2 及其受体水平的影响 [J]. 中国临床康复，2004，8(30)：6692-6693.

[17] 苗明三. 大枣多糖对免疫抑制小鼠腹腔巨噬细胞产生 IL-1α 及脾细胞体外增殖的影响 [J]. 中国药理与临床，2004，20(4)：21-22.

[18] 张庆，雷林生，杨淑琴，等. 大枣中性多糖对小鼠脾淋巴细胞增殖的影响 [J]. 第一军医大学学报，2001，21(6)：426-428.

[19] 张庆，雷林生，杨淑琴，等. 大枣中性多糖对小鼠腹腔巨噬细胞分泌肿瘤坏死因子及其 mRNA 表达的影响 [J]. 第一军医大学学报，2001，21(8)：592-594.

[20] 苗明三，苗艳艳，孙艳红. 大枣多糖对血虚大鼠全血细胞及红细胞 ATP 酶活力的影响 [J]. 中国临床康复，2006，10(11)：97-99.

[21] 苗明三，盛家河. 大枣多糖对衰老模型小鼠胸腺、脾脏和脑组织影响的形态计量学观察 [J]. 中国药理与临床，2001，17(5)：18.

[22] 杨新宇，王建光，李新成，等. 不同剂量大枣对 *D*- 半乳

糖衰老小鼠 SOD 活性和 MDA 含量影响的实验研究 [J]. 黑龙江医药科学，2001，24(2)：13-14.

[23] 王建光，杨新宇，张伟，等. 大枣对 *D*- 半乳糖致衰老小鼠钙稳态影响的实验研究 [J]. 中国老年学杂志，2004，24(10)：930-931.

[24] 顾有方，李卫民，李升和，等. 大枣多糖对小鼠四氯化碳诱发肝损伤防护作用的实验研究 [J]. 中国中医药科技，2006，13(2)：105-107.

[25] 张钟，吴茂东. 大枣多糖对小鼠化学性肝损伤的保护作用和抗疲劳作用 [J]. 南京农业大学学报，2006，29(1)：94-97.

[26] LEE S M, MIN B S, LEE C G, et al. Cytotoxic triterpenoids from the fruits of *Zizyphus jujuba*[J]. Planta Medica, 2003, 69(11): 1051-1054.

[27] 张志友，房林华，许欣欣，等. 枣花粉提取物抗肿瘤效应及其机理的探讨 [J]. 中国公共卫生学报，1997，16(2)：81.

[28] PENG W H, HSIEH M T, LEE Y S, et al. Anxiolytic effect of seed of *Ziziphus jujuba* in mouse models of anxiety[J]. Journal of Ethnopharmacology, 2000, 72(3): 435-441.

[29] GU W X, LIU J F, ZHANG J X, et al. A study of the hypotensive action of total saponin of *Ziziphus jujuba* Mill and its mechanism[J]. Journal of Medical Colleges of PLA, 1987, 2(4): 315-318.

[30] 常红，车素萍，刘莉，等. 微量营养素及中草药大枣对糖尿病大鼠抗氧化能力的影响 [J]. 中国慢性病预防与控制，2003，11(5)：236-237.

[31] 张雅利，陈锦屏，李建科. 红枣汁对小鼠高脂血症的影响 [J]. 河南农业大学学报，2004，38(1)：116-118.

[32] LEE S M, PARK J G, LEE Y H, et al. Anti-complementary activity of triterpenoids from fruits of *Zizyphus jujuba*[J]. Biological & Pharmaceutical Bulletin, 2004, 27(11): 1883-1886.

皂荚 Zaojia CP

Gleditsia sinensis Lam.
Chinese Honeylocust

概述

豆科 (Fabaceae) 植物皂荚 *Gleditsia sinensis* Lam.，其干燥棘刺入药，中药名：皂角刺；其干燥不育果实入药，中药名：猪牙皂；其干燥成熟果实入药，中药名：大皂角。

皂荚属 (*Gleditsia*) 植物全世界约 16 种，分布于亚洲中部、东南部及南北美洲。中国产 6 种 2 变种，广布于南北各省区。本属现供药用者约有 4 种。皂荚分布于中国东北、华北、华东、华南及四川、贵州等地。

“皂荚”药用之名，始载于《神农本草经》，列为下品。《中国药典》（2015 年版）收载本种为中药皂角刺和猪牙皂的法定原植物来源种，并在附录中规定皂荚为中药大皂角的原植物来源种。皂角刺主产于河南、江苏、湖北、广西、安徽、四川、湖南等地。大皂角中国大部分地区均产，仅在山西、江苏、浙江、江西的个别地区药用；猪牙皂主产于山东、四川、云南、贵州、陕西、河南等省区。

皂荚属植物主要活性成分为三萜皂苷类化合物，尚有黄酮及黄酮苷等。《中国药典》以性状、显微和薄层色谱鉴别来控制皂角刺药材的质量。

药理研究表明，皂荚的棘刺具有祛痰、抗菌、抗癌等作用。

中医理论认为皂角刺具有消肿托毒，排脓，杀虫等功效。

◆ 皂荚
Gleditsia sinensis Lam.

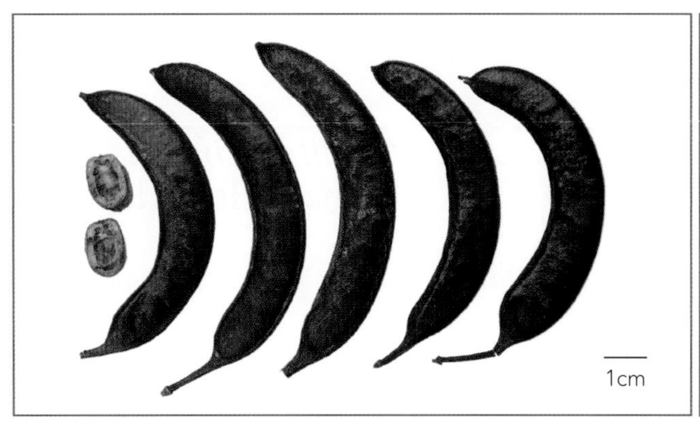

◆ 药材猪牙皂
Gleditsiae Fructus Abnormalis

◆ 药材皂角刺
Gleditsiae Spina

◆ 皂荚
G. sinensis Lam.

化学成分

皂荚的果实含三萜及其皂苷类成分：皂荚苷元 (gledigenin)、皂荚苷 (gledinin)、皂荚皂苷 (gleditschia saponin)，皂角苷A、B、C、D、E、F、G、H、I、J、K、N、O、P、Q (gleditsiosides A～K, N～Q)及皂角皂苷C'、E' (gleditsia saponins C', E')[1-4]等。

皂荚种子含树胶 (gum)、半乳甘露聚糖 (galactomannan)[5-6]。

皂荚叶含黄酮苷类成分：木犀草素-7-葡萄糖苷 (luteolin-7-glucoside)、异槲皮苷 (isoquercitrin)、牡荆素 (vitexin)、异牡荆素 (isovitexin)、荭草素 (orientin)、异荭草素 (homoorientin)[7]等。

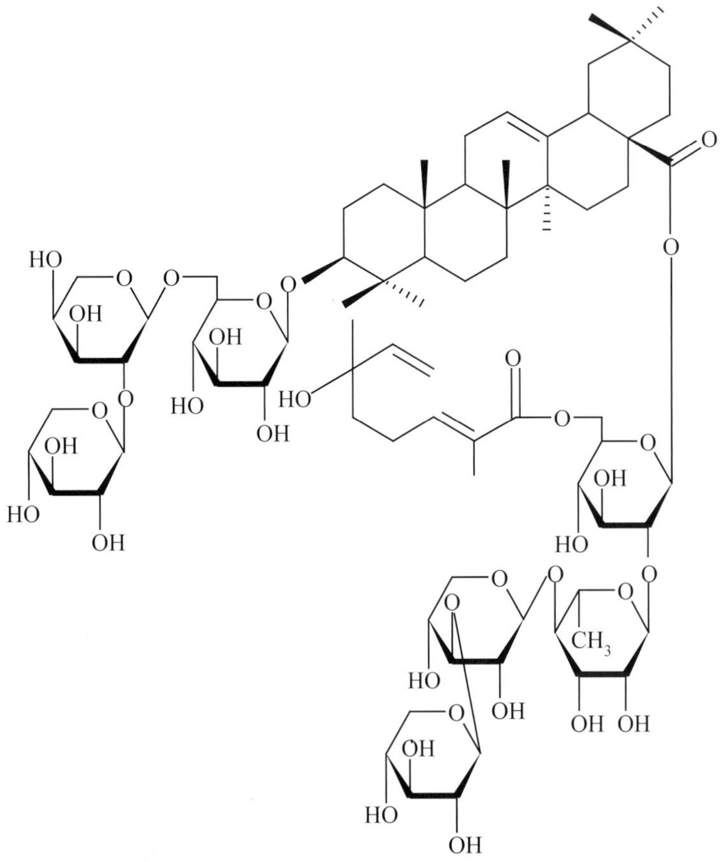

◆ gleditsioside A

皂角刺含黄酮类成分：漆二氢素 (fustin)、漆黄素 (fisetin)；还含三萜类成分：合欢酸(echinocystic acid)；以及三萜皂苷类成分：皂角皂苷C (gleditsia saponin C)[8]等。

药理作用

1. 祛痰

皂荚所含皂苷类成分有刺激胃黏膜反射，促进呼吸道黏液分泌的作用[9]。

2. 抗菌

皂荚体外对大肠埃希氏菌、痢疾志贺氏菌、铜绿假单胞菌和霍乱弧菌等革兰氏阴性肠内致病菌有抑制作用[9]。

3. 抗肿瘤

从皂荚中提取得到的三萜皂苷 gleditsioside E 对人肝癌细胞 Bel-7402、髓样白血病细胞 HL-60 等表现出显著的细胞毒活性[10]。小鼠每天灌胃猪牙皂提取物浸膏 300 mg/kg 或 500 mg/kg，连续 10 天，对小鼠肉瘤 S_{180}、宫颈 U14、血性 Sb_{180} 实体瘤有较好的治疗作用[9]。皂荚果实提取物 (GSE) 对乳腺癌细胞 MCF-7、肝癌细胞 $HepG_2$、急慢性骨髓性白血病细胞等 4 种实体肿瘤细胞表现出显著的抗增殖活性，可诱导人实体肿瘤细胞凋亡[11-12]。

4. 抗过敏

猪牙皂提取物正丁醇部位口服对抗原诱导的大鼠实验性过敏性鼻炎有抑制作用[13]。

5. 其他

皂荚果实煎液有镇静、催眠作用。

应用

本品为中医临床用药。功能：消肿托毒，排脓，杀虫。主治：痈疽初起或脓成不溃；外治疥癣麻风。

现代临床还用于支气管炎、哮喘、慢性阻塞性肺疾病、高脂血症、面神经炎、面神经麻痹、慢性传染性肝炎[14-16]、阴道炎、肠梗阻、骨癌[17-18]等病的治疗。

评注

皂荚除药用外，在其他方面亦具有很高的利用价值。因其抗寒、抗风、耐酸碱、适应性强等特点，被作为一种很好的绿化树种广泛种植；皂荚（属）果实作为工业原料用途广泛，其中植物胶（瓜尔胶）可望成为重要的战略原料资源；皂荚（属）种仁富含多种氨基酸、微量元素和半乳甘露聚糖，有益于人体身心健康，可制保健饼干、面包、饮料等。在面粉中加入一定的植物胶，可提高面粉的质量，制成各种专用面粉供食品生产。

此外，皂荚有深层清洁、滋润、温和收敛和抗皱的功效，可用于美容。

参考文献

[1] ZHANG Z Z, KOIKE K, JIA Z H, et al. Four new triterpenoidal saponins acylated with one monoterpenic acid from *Gleditsia sinensis*[J]. Journal of Natural Products, 1999, 62(5): 740-745.

[2] ZHANG Z, KOIKE K, JIA Z, et al. Triterpenoidal saponins acylated with two monoterpenic acids from *Gleditsia sinensis*[J]. Chemical & Pharmaceutical Bulletin, 1999, 47(3): 388-393.

[3] ZHANG Z Z, KOIKE K, JIA Z H, et al. Triterpenoidal saponins from *Gleditsia sinensis*[J]. Phytochemistry, 1999, 52(4): 715-722.

[4] ZHANG Z, KOIKE K, JIA Z, et al. Gleditsiosides N-Q, new triterpenoid saponins from *Gleditsia sinensis*[J]. Journal of Natural Products, 1999, 62(6): 877-881.

[5] HUA J, FAN M J, CHANG G W. Studies on the chemical structure of the galactomannan from the seed of *Gleditsia sinensis* Lam[J]. Zhiwu Xuebao, 1983, 25(2): 149-152.

[6] MIRZAEVA M R, RAKHMANBERDYEVA R K, KRISTALLOVICH E L. DA Rakbimov, NI Shtonda. Water-soluble polysaccharides of seeds of the genus *Gleditsia*[J]. Chemistry of Natural Compounds, 1999, 34(6): 653-655.

[7] YOSHIZAKI M, TOMIMORI T, NAMBA T. Pharmacognostical studies on Gleditsia. III. Flavonoidal constituents in the leaves of *Gleditsia japonica* Miquel and *G. sinensis* Lamarck[J]. Chemical & Pharmaceutical Bulletin, 1977, 25(12): 3408-3409.

[8] 李万华，傅建熙，范代娣，等 . 皂角刺化学成分的研究：皂苷成分的研究 [J]. 西北大学学报：自然科学版，2002，30(2)：137-138.

[9] 王本祥 . 现代中药药理学 [M]. 天津：天津科学技术出版社，1997：966-968.

[10] ZHONG L, QU G Q, LI P, et aL. Induction of apoptosis and G_2/M cell cycle arrest by gleditsioside e from *Gleditsia sinensis* in HL-60 cells[J]. Planta Medica, 2003, 69(6): 561-563.

[11] CHOW L M C, TANG J C O, TEO I T N, et al. Antiproliferative activity of the extract of *Gleditsia sinensis* fruit on human solid tumour cell lines[J]. Chemotherapy, 2002, 48(6): 303-308.

[12] CHOW L M C, CHUI C H, TANG J C O, et al. *Gleditsia sinensis* fruit extract is a potential chemotherapeutic agent in chronic and acute myelogenous leukemia[J]. Oncology Reports, 2003, 10(5): 1601-1607.

[13] FU L J, DAI Y, WANG Z T, et al. Inhibition of experimental allergic rhinitis by the *n*-butanol fraction from the anomalous fruits of *Gleditsia sinensis*[J]. Biological & Pharmaceutical Bulletin, 2003, 26(7): 974-977.

[14] 岳旭东 . 皂荚丸在呼吸系统疾病中的应用 [J]. 光明中医，2002，17(4)：12-14.

[15] 王业龙 . 皂荚在喉源性咳嗽中的应用 [J]. 山西中医，2004，20(2)：8.

[16] 包娜丽，马天义，温素梅 . 皂荚治疗慢性传染性肝炎 [J]. 实用中西医结合杂志，1997，10(8)：801.

[17] 尹旭君，尹浩，张德秀 . 皂荚苦参液治疗滴虫性阴道炎 68 例 [J]. 甘肃中医，1996，9(3)：35-36.

[18] 李智 . 皂荚临床新用 [J]. 陕西中医学院学报，1995，18(4)：25.

掌叶大黄 Zhangyedahuang BP, CP, JP, VP

Rheum palmatum L.
Rhubarb

概述

蓼科 (Polygonaceae) 植物掌叶大黄 *Rheum palmatum* L.，其干燥根和根茎入药。中药名：大黄。

大黄属 (*Rheum*) 植物全世界约有 60 种，分布于亚洲温带及亚热带的高寒山区。中国产 39 种 2 变种，主要分布于西北、西南及华北等地区。本属现供药用者约有 12 种。本种分布于中国甘肃、四川、青海、云南及西藏等省区。

"大黄"药用之名，始载于《神农本草经》，列为下品。历代本草多有著录。《中国药典》（2015 年版）收载本种为中药大黄的法定原植物来源种之一。主产于中国甘肃、青海、西藏、四川等省区。

大黄属植物主要活性成分为蒽醌类化合物，其中致泻的有效成分是结合型蒽醌衍生物，特别是番泻苷类，以番泻苷 A 作用最强。《中国药典》采用高效液相色谱法进行测定，规定大黄药材总蒽醌以含芦荟大黄素、大黄酸、大黄素和大黄酚的总量计，不得低于 1.5%；含游离蒽醌以芦荟大黄素、大黄酸、大黄素、大黄酚和大黄素甲醚的总量计，不得少于 0.20%，以控制药材质量。

药理研究表明，掌叶大黄具有致泻、抗菌、抗肝纤维化、抗血栓等作用。

中医理论认为大黄具有泻下攻积，清热泻火，凉血解毒，逐瘀通经，利湿退黄等功效。

◆ 掌叶大黄
Rheum palmatum L.

◆ 唐古特大黄
R. tanguticum Maxim. ex Balf.

◆ 药用大黄
R. officinale Baill.

◆ 药材大黄（来源掌叶大黄）
Rhei Radix et Rhizoma

◆ 药材大黄（来源唐古特大黄）
Rhei Radix et Rhizoma

◆ 药材大黄（来源药用大黄）
Rhei Radix et Rhizoma

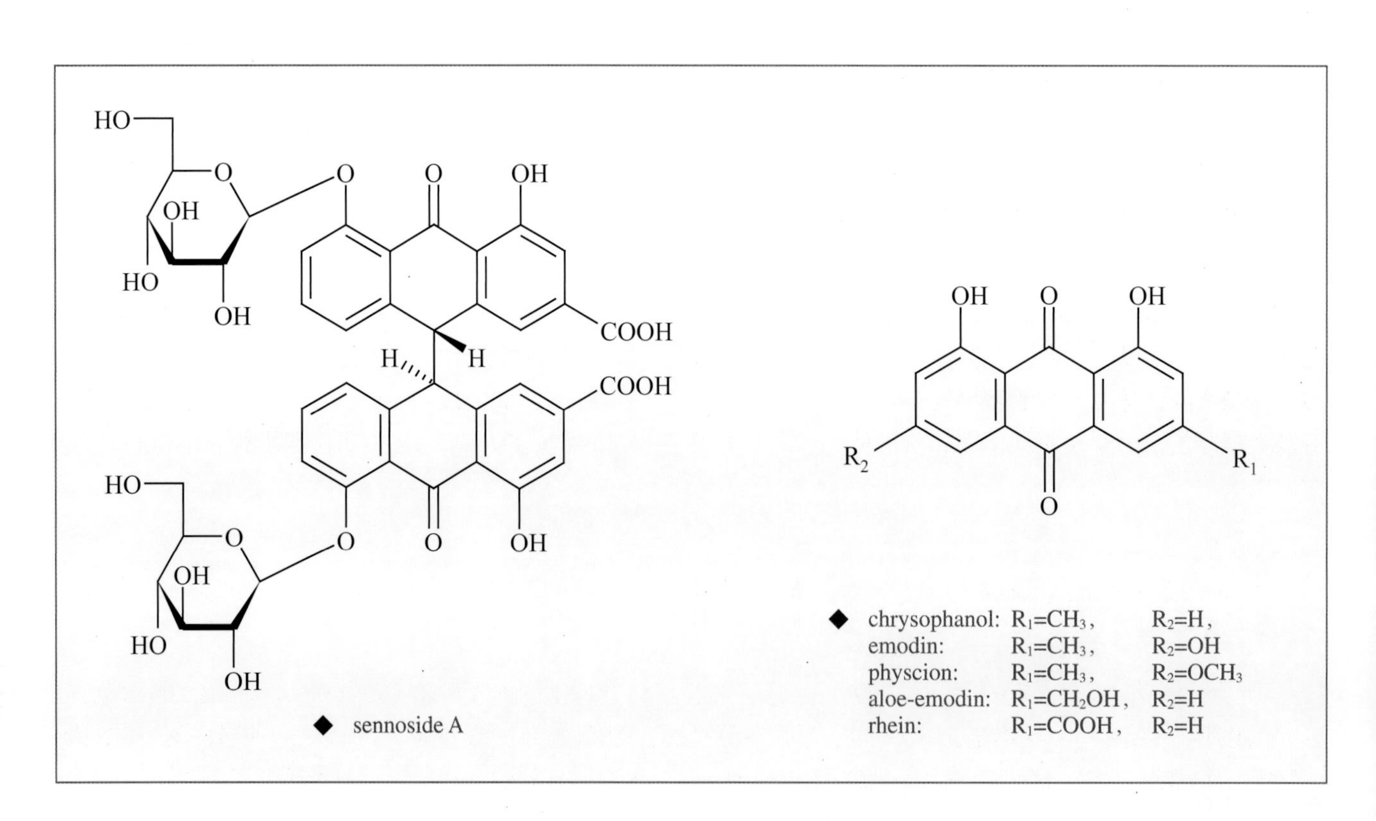

◆ sennoside A

◆ chrysophanol: R_1=CH_3, R_2=H,
emodin: R_1=CH_3, R_2=OH
physcion: R_1=CH_3, R_2=OCH_3
aloe-emodin: R_1=CH_2OH, R_2=H
rhein: R_1=COOH, R_2=H

化学成分

掌叶大黄根和根茎的有效成分为蒽醌衍生物，游离蒽醌类成分：芦荟大黄素 (aloe-emodin)、大黄酸 (rhein)、大黄素 (emodin)、大黄酚 (chrysophanol)、大黄素甲醚 (physcion)[1]、6-羟基芦荟大黄素 (citreorosein)、虫漆酸D (laccaic acid D)[2]等；结合蒽醌类成分：大黄酸-8-葡萄糖苷 (rhein-8-monoglucoside)、大黄素甲醚葡萄糖苷(physcion monoglucoside)、芦荟大黄素葡萄糖苷 (aloe-emodin monoglucoside)、大黄酚葡萄糖苷 (chrysophanol monoglucoside)、大黄素葡萄糖苷 (rheumemodin monoglucoside)[3]及大黄酸苷 A、C、D (rheinoside A, C, D)[4]；双蒽酮类成分：番泻苷 A、B、C、D、E、F (sennoside A～F)[5-6]，掌叶大黄二蒽酮 A、B、C (palmidin A～C)[7]，大黄二蒽酮 A (reidin A)[8]等；又含二苯乙烯苷类：4'-O-甲基云杉新苷 (4'-*O*-methylpiceid)、食用大黄苷 (rhapontin)[9]；酚酸类成分：没食子酸 (gallic acid)、绿原酸 (chlorogenic acid)、阿魏酸 (ferulic acid)、香草酸 (vanillic acid)[10]等。

药理作用

1. 对消化系统的影响

(1) 致泻　掌叶大黄水煎液灌胃对小鼠小肠推进运动有显著的促进作用[11]。其泻下作用的有效成分是结合型蒽醌衍生物，特别是番泻苷，其机制可能与促进肠道胃动素释放、降低肠道生长抑素水平及抑制小肠黏膜 Na^+, K^+-ATP 酶活性等有关[6]。

(2) 对结肠平滑肌的影响　豚鼠或大鼠离体结肠实验表明，大黄素可加强平滑肌电和收缩活动，其作用机制与升高结肠平滑肌细胞游离钙水平 ($[Ca^{2+}]i$)，抑制细胞膜 ATP 敏感的 K^+ 通道 (K_{ATP}) 活性，阻断延迟整流型钾通道及快速激活型钾通道等有关[12-14]。

(3) 抑制胃运动　掌叶大黄水煎液灌胃对大鼠胃运动有明显的抑制作用，其机制可能与胃窦肌间神经丛 P 物质 (SP) 的分布减少及血管活性肠肽 (VIP) 的分布增加有关[15]。

2. 抗肝纤维化

大黄素给四氯化碳 (CCl_4) 所至肝纤维化大鼠灌胃，可明显改善大鼠的肝功能，显著降低血清中谷氨酸转氨酶 (ALT)、碱性磷酸酶 (AKP)、血清透明质酸和层粘连蛋白的含量，升高血清中总蛋白及白蛋白含量，减少肝组织胶原蛋白含量，抑制肝组织转化生长因子 β_1 (TGF β_1) 的生成，使肝组织 α- 肌动蛋白表达减少，纤维化程度得到明显改善[16-17]。体外实验表明，大黄素抗肝纤维化还与抑制肝星状细胞增殖作用有关[18]。

3. 抗菌

体外实验表明，掌叶大黄水煎液对脆弱类杆菌、产黑色素类杆菌、多形类杆菌、消化链球菌等厌氧菌有抗菌活性[19]；掌叶大黄 80% 乙醇提取物能有效抑制变异链球菌、黏液放线菌和血链球菌等口腔致龋菌的生长、产酸，抑制变异链球菌产生水不溶性葡聚糖[20]；掌叶大黄醇提取物对产毒大肠埃希氏菌、耶尔森氏菌、麦氏弧菌等肠炎病原菌及痢疾志贺氏菌有较强的抑菌作用[21]；掌叶大黄的蒽醌类化合物还可抑制幽门螺杆菌和淋病链球菌的生长[22-23]。

4. 对心血管系统的影响

(1) 抑制血管平滑肌细胞增殖　体外实验表明，大黄素可抑制人脐动脉平滑肌细胞和家兔主动脉平滑肌细胞的增殖[24-26]。

(2) 舒张血管　体外实验表明，大黄素对苯肾上腺素 (PE) 预收缩的内皮完整或去内皮血管可产生舒张作用，对高钾预收缩血管环也有舒张作用，还可对抗无钙环境下由咖啡因或无钾环境下由苯肾上腺素引起的血管收缩，其机制与抑制细胞外钙内流、肌浆网内钙离子的释放，以及激活 Ca^{2+} 激活钾通道 (K_{Ca}) 有关[27]。

(3) 对凝血功能的影响　酒炖掌叶大黄水煎液给肾上腺素 (Adr) 致怒及寒冷造成血瘀模型的大鼠灌胃，可显著降低血小板黏附与聚集作用，使凝血酶原时间 (PT)、凝血酶时间 (TT)、凝血活酶时间 (PTT) 等明显延长[28]。大黄苷元灌胃能明显降低脑缺血大鼠血栓重量和长度，具有显著的抗血栓形成作用[29]。

(4) 降血脂　九制掌叶大黄蒽醌衍生物灌胃能显著降低高血脂大鼠血液胆固醇 (TC) 和三酰甘油 (TG) 的含量，改善血液的浓黏状态[30]。

(5) 其他　大黄素体外对血小板细胞外钙内流和内钙释放均有明显的促进作用[31]，对豚鼠心肌细胞内钙及 L-型钙电流具有双向调节作用[32]。

5. 抗肿瘤

大黄素体外对人肺腺癌细胞 Anip973、膀胱肿瘤细胞 T24、人卵巢癌细胞 HO-8910PM 等有抑制肿瘤细胞增殖和致凋亡作用[33-35]，对人高转移巨细胞肺癌细胞 PG 有抑制肿瘤细胞转移的作用[36]。掌叶大黄多糖体外可明显抑制人胃腺癌细胞 SGC-7901、人肝癌细胞 QGY-7703 和人肺腺癌细胞 SPC-A-1 肿瘤细胞的集落形成、生长及 DNA 合成[37]。

6. 抗炎

大黄素灌胃可明显抑制角叉菜胶所致的小鼠和大鼠足趾肿胀，抑制醋酸引起的小鼠毛细血管通透性增加，腹腔注射可显著抑制角叉菜胶引起的大鼠急性胸膜炎的渗出与白细胞游走[38]。

7. 免疫调节功能

掌叶大黄水煎液灌胃可促进小鼠牛血清蛋白诱导的迟发型超敏反应及脂多糖 (LPS) 和刀豆蛋白 A (ConA) 对小鼠脾细胞的增殖反应[39]。掌叶大黄挥发油乳剂灌胃或鼻嗅给药能显著增强 2,4- 二硝基氯苯 (DNCB) 所致小鼠迟发型超敏反应及植物血凝素 (PHA) 诱导的小鼠淋巴细胞转化反应，还可提高小鼠尾静脉注射碳粒廓清的速率和腹腔巨噬细胞吞噬功能，鼻嗅给药尚可促进小鼠抗绵羊红细胞溶血素的生成[40]。大黄素体外可促进小鼠腹腔巨噬细胞内 Ca^{2+} 释放和细胞外 Ca^{2+} 的内流，有增强免疫功能的作用[41]。但掌叶大黄水煎液长期灌胃给药则使小鼠出现体重、胸腺指数、脾指数、血清溶菌酶含量、腹腔巨噬细胞吞噬能力等降低的免疫功能低下的现象[42]。

8. 其他

掌叶大黄还具有降血糖、改善肾功能[43]、抗肾间质纤维化[44]、保护神经细胞[45]、抗氧化[46]、抗衰老[47]等作用。

应用

本品为中医临床用药。功能：泻下攻积，清热泻火，凉血解毒，逐瘀通经，利湿退黄。主治：实热积滞便秘，血热吐衄，目赤咽肿，痈肿疔疮，肠痈腹痛，瘀血经闭，产后瘀阻，跌打损伤，湿热痢疾，黄疸尿赤，淋证，水肿；外治烧烫伤。

现代临床还用于肠梗阻、上消化道出血、痢疾、肝炎、眼结膜炎、牙龈炎等病的治疗。

药用植物图像数据库

评注

除掌叶大黄外，《中国药典》还收载同属植物唐古特大黄 *Rheum tanguticum* Maxim. ex Balf. 和药用大黄 *R. officinale* Baill. 为中药大黄的法定原植物来源种。鉴于以往药理和化学研究数据大多未区分基原植物，建议今后的研究应在明确植物来源种的基础上进行。《日本药局方》（第 15 次修订）除收载《中国药典》的三种大黄外，还收载了同属植物 *R. coreanum* Nakai.。

大黄含有多量鞣质，因此小剂量不仅不引起泻下作用，且呈收敛作用；多次服用停药后，往往出现继发性便秘。大黄不同炮制品的致泻程度也不同，生大黄的致泻程度最强，长期服用可导致脾虚、肝硬化和电解质代谢紊乱；酒或醋炒后泻下效力降低 30% 左右；酒制大黄泻下能力降低 95% 左右；大黄炭几乎没有泻下作用。炮制后的大黄泻下作用缓和，具有清热通便的作用，有利于排除体内废物及有害细菌，保持人体健康。

意大利有一种大黄酒，原料就来自于中国甘肃。瑞士以大黄为原料制成了能帮助消化、消除疲劳和预防脂肪肝的各种保健食品。

参考文献

[1] DING J, NING B, FU G, et al. Separation of rhubarb anthraquinones by capillary electrochromatography[J]. Chromatographia, 2000, 52(5-6): 285-288.

[2] OSHIO H. Investigation of rhubarbs.Ⅳ. Isolation of sennoside D, citreorosein and laccaic acid D[J]. Shoyakugaku Zasshi, 1978, 32(1): 19-23.

[3] WAGNER H, HOERHAMMER L, FARKAS L. Genuine anthraquinone glycosides from the rhizome of *Rheum palmatum*[J]. Zeitschrift fuer Naturforschung, 1963, 18b: 89.

[4] 郑俊华，黄琴，张治国，等 . 大黄中五种蒽甙类成分积累动态的研究 [J]. 中国药学，1992，1(1)：85-87.

[5] ZWAVING J H. Sennoside content of *Rheum palmatum*[J]. Planta Medica, 1972, 21(3): 254-262.

[6] 武玉清，王静霞，周成华，等 . 番泻苷对小鼠肠道运动功能的影响及相关机制研究 [J]. 中国临床药理学与治疗学，2004，9(2)：162-165.

[7] LEMLI J, DEQUEKER R, CUVEELE J. Anthraquinone drugs. Ⅷ. The palmidins, a new group of dianthrones from the fresh root of *Rheum palmatum*[J]. Planta Medica, 1964, 12(1): 107-111.

[8] LEMIL J, DEQUEKER R, CUVEELE J. Anthraquinone drugs. Ⅲ. Reidin A, a new dianthrone from the roots of *Rheum palmatum*[J]. Pharmaceutisch Weekblad, 1963, 98(17): 655-659.

[9] KUBO I, MURAI Y, SOEDIRO I, et al. Efficient isolation of glycosidase inhibitory stilbene glycosides from *Rheum palmatum*[J]. Journal of Natural Products, 1991, 54(4): 1115-1118.

[10] MEDYNSKA E, SMOLARZ H D. Comparative study of phenolic acids from underground parts of *Rheum palmatum* L., *R. rhaponticum* L. and *R. undulatum* L[J]. Acta Societatis Botanicorum Poloniae, 2005, 74(4): 275-279.

[11] 杜群，吴秀美，邵庭荫 . 大黄给药后不同时间对小鼠小肠炭末推进率的影响 [J]. 中药药理与临床，1999，15(2)：27-29.

[12] 李俊英，杨文修，胡文卫，等 . 大黄素对豚鼠结肠带平滑肌细胞钾通道活性的影响 [J]. 药学学报，1998，33(5)：321-325.

[13] 马涛，齐清会，简序，等 . 大黄素对大鼠结肠环行平滑肌细胞 [Ca^{2+}]i 的影响 [J]. 世界华人消化杂志，2003，11(11)：1699-1702.

[14] 李世英，欧阳守 . 大黄素对大鼠近端结肠平滑肌细胞电压依赖性钾信道的影响 [J]. 药学学报，2005，40(9)：804-809.

[15] 朱金照，冷恩仁，张捷，等 . 大黄对大鼠胃运动的影响及机制 [J]. 中国中西医结合消化杂志，2002，10(2)：79-83.

[16] 展玉涛，魏红山，王志荣，等 . 大黄素抗肝纤维化作用的实验研究 [J]. 中国肝脏病杂志，2001，9(4)：235-236，239.

[17] 展玉涛，刘宾，李定国，等 . 大黄素抗肝纤维化的作用机制 [J]. 中国肝脏病杂志，2004，12(4)：245-246.

[18] 齐荔红，刘晔，史宁，等 . 大黄素对大鼠肝星状细胞增殖和合成胶原的影响 [J]. 第二军医大学学报，2005，26(10)：1190-1191.

[19] 杨淑芝，张晓坤 . 大黄等中药抗厌氧菌的作用研究 [J]. 辽宁中医杂志，1997，24(4)：187.

[20] 肖悦，刘天佳，黄正蔚，等 . 中药大黄对口腔致龋菌影响的体外实验研究 [J]. 华西药学杂志，2002，17(1)：23-25.

[21] 王文风，王守慈，陈聪敏，等 . 大黄醇提片抗痢疾杆菌和肠炎病原菌的实验研究 [J]. 中成药，1991，13(3)：27-28.

[22] 苟奎斌，孙丽华，娄卫宁，等 . 大黄中 4 种蒽醌类化合物抑幽门螺杆菌效果比较 [J]. 中国药学杂志，1997，32(5)：278-280.

[23] 陈知本，陈琼华，黄玉初，等 . 大黄的生化学研究XL：大黄蒽醌衍生物对淋病双球菌的抑菌作用 [J]. 中国药科大学学报，1990，21(6)：373-374.

[24] 王翔飞，葛均波，孙爱军，等 . 大黄素通过 p53 途径抑制血管平滑肌细胞增殖的实验研究 [J]. 中华心血管病杂志，2006，34(1)：44-49.

[25] 李志刚，王章阳，刘松青 . 大黄素对家兔离体主动脉平滑肌细胞增殖影响的可能途径 [J]. 中国临床康复，2005，9(26)：134-135.

[26] 尹春琳，徐成斌 . 大黄素对血管平滑肌细胞增生抑制作用的机制 [J]. 北京医科大学学报，1998，30(6)：515-517.

[27] 王为民，夏强，王琳琳，等 . 大黄素对大鼠主动脉非内皮依赖性的舒张作用及其机制研究 [J]. 中国药学杂志，2006，41(7)：505-508.

[28] 黄政德，蒋孟良，易延逵，等.酒制丹参、大黄对大鼠血小板功能及抗凝血作用的研究 [J]. 中成药，2001，23(5)：341-342.

[29] 李建生，王冬，方建，等.不同剂量大黄苷元影响脑缺血大鼠血栓形成及血小板和凝血功能：与阿司匹林及尼莫地平的效应比较 [J]. 中国临床康复，2005，9(21)：142-144.

[30] 胡昌江，马烈，何学梅，等.九制大黄蒽醌衍生物对动物高血脂及血液流变学的影响 [J]. 中成药，2001，23(1)：31-33.

[31] 林秀珍，崔志清，靳珠华，等.大黄素对血小板胞浆内游离钙浓度的影响 [J]. 中国药学，1994，3(2)：126-131.

[32] 刘影，单宏丽，孙宏丽，等.大黄素对豚鼠单个心室肌细胞胞浆游离钙浓度及 L- 型钙电流的影响 [J]. 药学学报，2004，39(1)：5-8.

[33] 李家宁，吕福祯，肖金玲，等.大黄素抑制肺癌 Anip973 细胞增殖作用的量效关系 [J]. 中国临床康复，2005，9(18)：140-141.

[34] 邱学德，刘乔保，孙力莉，等.大黄素对膀胱肿瘤细胞株 BIU87 和 T24 的作用研究 [J]. 云南医药，2004，25(3)：192-194.

[35] 朱峰，刘新光，梁念慈.大黄素、芹菜素抑制人卵巢癌细胞侵袭的体外实验研究 [J]. 癌症，2003，22(4)：358-362.

[36] 王心华，甄永苏.大黄素抑制人高转移巨细胞肺癌 PG 细胞的肿瘤转移相关性质 [J]. 癌症，2001，20(8)：789-793.

[37] 金槿实，李锐，明月，等.掌叶大黄多糖对肿瘤细胞 DNA 合成抑制作用的研究 [J]. 吉林中医药，1999，(4)：58-59.

[38] 祁红.大黄素的抗炎作用 [J]. 中草药，1999，30(7)：522-524.

[39] 马路，侯桂霞，顾华，等.大黄免疫调节作用的实验研究 [J]. 中西医结合杂志，1991，11(7)：418-419.

[40] 张丙生，陈华圣，许爱华，等.大黄挥发油对小鼠免疫功能的影响 [J]. 中药材，1997，20(2)：85-88.

[41] 崔荣芬，林秀珍.大黄素对小鼠腹腔巨噬细胞内游离钙浓度的影响 [J]. 中草药，1995，28(4)：199-200.

[42] 樊永平，周勇，严宣左.大黄水煎液对小鼠免疫功能的影响 [J]. 中国中医药科技，1995，2(2)：24-25.

[43] 杨俊伟，李磊石，张真.大黄治疗糖尿病肾病的实验研究 [J]. 中华内分泌代谢杂志，1993，9(4)：222-224.

[44] 秦建华，陈明.大黄素抗肾间质纤维化研究进展 [J]. 中国中西医结合肾病杂志，2006，7(3)：184-186.

[45] 李琳，段光琳，赵丽，等.大黄素对去卵巢大鼠和经 β 淀粉样蛋白作用的培养神经元的保护作用 [J]. 医药导报，2005，24(2)：100-103.

[46] 姚广涛，张冰冰，何丽君，等.掌叶大黄多糖抗氧化作用的实验研究 [J]. 中医药学刊，2004，22(7)：1295，1311.

[47] 李淑娟，张力，张丹参，等.大黄酚抗衰老作用的实验研究 [J]. 中国老年学杂志，2005，25(11)：1362-1363.

浙贝母 Zhebeimu CP, JP, VP

Fritillaria thunbergii Miq.
Thunberg Fritillary

概述

百合科 (Liliaceae) 植物浙贝母 *Fritillaria thunbergii* Miq.，其干燥鳞茎入药。中药名：浙贝母。

贝母属 (*Fritillaria*) 植物全世界约有 60 种，主要分布于北半球温带地区，特别是地中海区域、北美洲、亚洲中部。中国约有 20 种 2 变种。本属现供药用者约有 10 种。本种分布于中国江苏、浙江等省区。

“贝母”药用之名，始载于《神农本草经》，列为中品。历代本草多有著录，《本草纲目拾遗》已明确将浙贝母和川贝母分开。《中国药典》（2015 年版）收载本种为中药浙贝母的法定原植物来源种。主产于中国江苏、浙江等省，以栽培为主。

浙贝母主要活性成分为甾体生物碱类化合物，尚有二萜类成分。《中国药典》采用高效液相色谱法进行测定，规定浙贝母药材含贝母素甲 (verticine) 和贝母素乙 (peimine) 不得低于 0.080%，以控制其药材质量。

药理研究表明，浙贝母具有镇咳祛痰、镇静和镇痛等作用。

中医理论认为浙贝母具有清热化痰止咳，解毒散结消痈等功效。

◆ 浙贝母
Fritillaria thunbergii Miq.

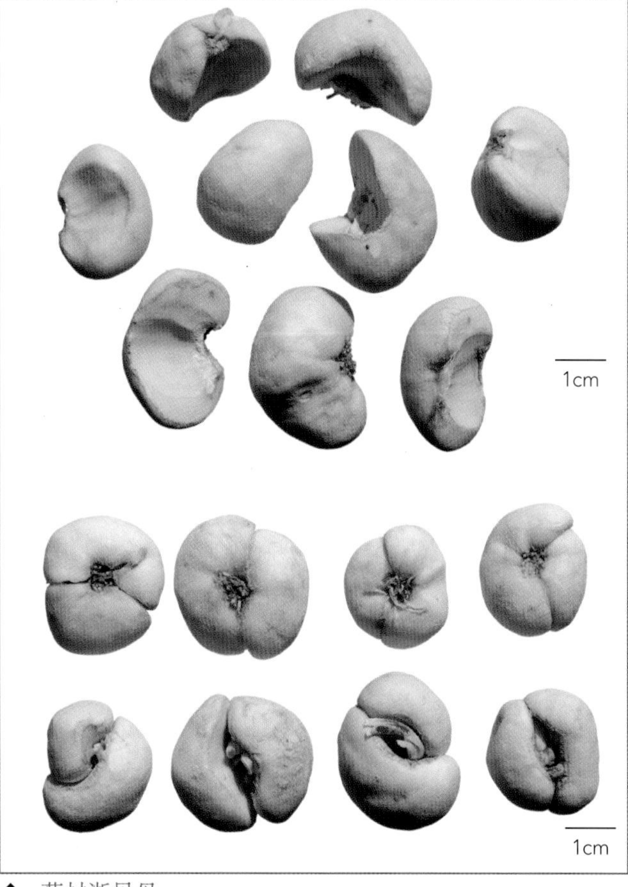

◆ 药材浙贝母
Fritillariae Thunbergii Bulbus

化学成分

浙贝母的鳞茎含多种甾体生物碱及其苷类成分：贝母素甲 (peimine, verticine)[1]、贝母素乙 (peiminine)[2]、浙贝宁 (zhebeinine)[2]、浙贝素 (zhebeiresinol)[3]、浙贝丙素 (zhebeirine)、鄂贝乙素 (eduardine)[4]、浙贝酮 (zhebeinone)[5]、浙贝母碱苷 (peiminoside)[1]、贝母辛 (peimisine)[6]、贝母素甲-*N*-氧化物 (verticine-*N*-oxide)[7]；还含有二萜及其苷类成分isopimaran-19-ol、ent-kauran-16β,17- diol[8]、ent-15β,16-epoxykauran-17-ol、ent-(16*S*)-atisan 13,17- oxide[9]等。

地上部分含贝母素甲、贝母素乙、茄啶 (solanidine)[10]、β_1-马铃薯素(β_1-chaconine)、solanidine 3-*O*-α-*L*-rhamnopyranosyl-(1→2)-[β-*D*-glucopyranosyl- (1→4)-]-β-*D*-glucopyranoside、hapepunine-3-*O*-α-*L*-rhamnopyranosyl-(1→2)-β-*D*- glucopyranoside[11]等。

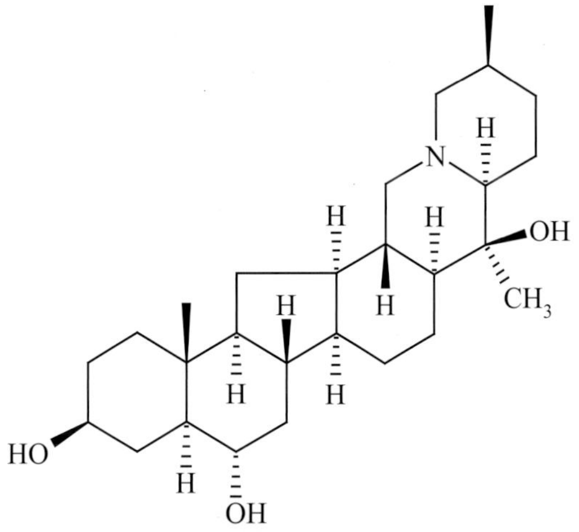

◆ peimine

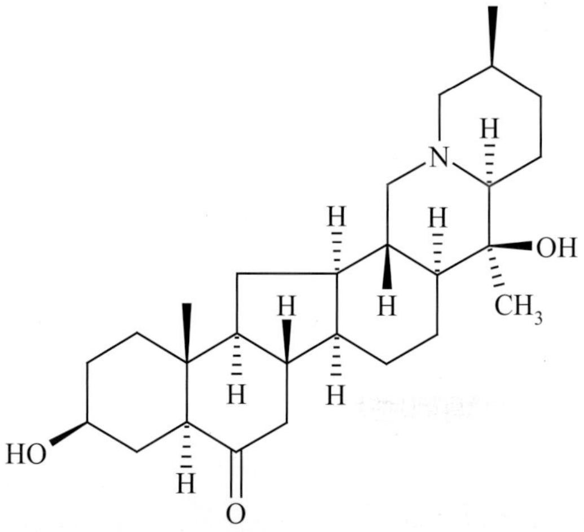

◆ peiminine

药理作用

1. 镇咳

贝母素甲和贝母素乙皮下注射或灌胃，对氨水引咳小鼠、机械刺激引咳豚鼠、电刺激引咳猫均有镇咳作用，贝母甲素腹腔注射对 SO_2 引咳小鼠有镇咳作用。

2. 抗炎

浙贝母醇提取物灌胃可抑制二甲苯所致小鼠耳郭肿胀、角叉菜胶引起足趾肿胀，抑制乙酸引起的小鼠腹腔毛细血管通透性增加 [12]。

3. 对平滑肌的影响

低浓度浙贝母碱给离体猫和兔肺灌流，对支气管平滑肌有扩张作用，可使每分钟流出量增加 50% 以上，高浓度灌流则有收缩作用，流量减少；浙贝母醇提取物对组胺引起的离体豚鼠气管片收缩和乙酰胆碱引起的豚鼠回肠收缩有松弛作用；浙贝母碱还可以增强离体兔子宫收缩，已孕子宫比未孕子宫更敏感。

4. 抗溃疡

浙贝母醇提取物可剂量依赖性地抑制小鼠水浸应激性溃疡、盐酸性溃疡形成，但对吲哚美辛－乙醇性溃疡效果不明显 [13]；浙贝母水提取物体外对幽门螺杆菌有显著抑制作用 [14]。

5. 镇痛、镇静

皮下注射贝母素甲和贝母素乙可使小鼠单位时间内活动减少，灌胃可使戊巴比妥钠引起的小鼠睡眠率提高，睡眠时间延长；浙贝母乙醇提取物皮下注射或灌胃可抑制醋酸所致小鼠扭体反应和热痛刺激所致甩尾反应[13]。

6. 对心血管系统的影响

贝母素甲和贝母素乙给离体蛙心灌流可使心率减慢，房室传导完全或周期性阻滞；还可引起麻醉猫、兔、犬血压下降。

7. 抗肿瘤

浙贝母对经典机制的白血病多药耐药细胞 K_{562}/A02 和以多药耐药相关蛋白 (MRP) 升高为主要耐药机制的细胞 HL-60/Adr 有相近的多药耐药逆转活性[15]；浙贝母提取物还有较强的酪氨酸酶抑制活性[16]。

应用

本品为中医临床用药。功能：清热化痰止咳，解毒散结消痈。主治：风热咳嗽，痰火咳嗽，肺痈，乳痈，瘰疬，疮毒。

现代临床还用于急慢性气管炎、肺炎、地方性甲状腺肿、胃溃疡等病的治疗。

评注

贝母属植物普遍含有甾体生物碱，为化痰止咳的有效成分，因此中国产的大多数贝母属植物的鳞茎均被作为贝母入药。各种贝母在所含化学成分的种类和含量有一定的差异，在使用中应特别注意。

浙江栽培的浙贝母变种东贝母 *Fritillaria thunbergii* Miq. var. *chekiangensis* Hsiao et K. C. Hsia 在产地也作为浙贝母使用，但由于东贝母鳞茎较小，接近川贝母，在广西等地往往被作为川贝母使用。东贝母除含有贝母素甲、贝母素乙[17]等贝母属较普遍的生物碱外，还含有东贝素 (dongbeirine)、东贝宁 (dongbeinine) 等成分[18]。其化学成分接近浙贝母，而与川贝母差别较大[17]，使用中应注意区别。

参考文献

[1] MORIMOTO H, KIMATA S. Components of *Fritillaria thunbergii*. Ⅰ. Isolation of peimine and its new glycoside[J]. Chemical & Pharmaceutical Bulletin, 1960, 8: 302-307.

[2] 张建兴，马广恩，劳爱娜，等．浙贝母化学成分研究 [J]. 药学学报，1991，26(3)：231-233.

[3] 金向群，徐东铭，徐亚娟，等．浙贝素的结构测定 [J]. 药学学报，1993，28(3)：212-215.

[4] ZHANG J X, LAO A N, MA G G, et al. Chemical constituents of *Fritillaria thunbergii* Miq.[J]. Acta Botanica Sinica, 1991, 33(12): 923-926.

[5] 张建兴，劳爱娜，黄慧珠，等．浙贝母化学成分研究Ⅲ：浙贝酮的分离和鉴定 [J]. 药学学报，1992，27(6)：472-475.

[6] 张建兴，劳爱娜，徐任生．浙贝母新鲜鳞茎化学成分的研究 [J]. 中国中药杂志，1993，18(6)：354-355.

[7] JUNICHI K, NAOKI N, YOSHITERU I, et al. Steroid alkaloids of fresh bulbs of *Fritillaria thunbergii* Miq. and of crude drug "Bai-mo" prepared therefrom[J]. Heterocycles, 1981, 15(2): 791-796.

[8] JUNICHI K, TETSUYA K, TOSHIO K. Studies on the constituents of the crude drug "Fritillariae Bulbus." Ⅲ. On the diterpenoid constituents of fresh bulbs of *Fritillaria thunbergii* Miq.[J]. Chemical & Pharmaceutical Bulletin, 1982, 30(11): 3912-3921.

[9] JUNICHI K, NAOKI N, YOSHITERU I, et al. Studies on the constituents of the crude drug "Fritillariae Bulbus". Ⅳ. On the diterpenoid constituents of the crude drug "Fritillariae Bulbus" [J]. Chemical & Pharmaceutical Bulletin, 1982, 30(11): 3922-3931.

[10] 严铭铭，金向群，徐东铭．浙贝母茎叶化学成分的研究 [J].

中草药，1994，25(7)：344-346.

[11] JUNICHI K, TETSUYA K, TOSHIO K, et al. Field desorption mass spectrometry of natural products. Part 9. Basic steroid saponins from aerial parts of *Fritillaria thunbergii*[J]. Phytochemistry, 1982, 21(1): 187-192.

[12] 张明发，沈雅琴，朱自平，等. 浙贝母的抗炎和抗腹泻作用 [J]. 湖南中医药导报，1998，4(10)：30-31.

[13] 张明发，沈雅琴，朱自平，等. 浙贝母的抗溃疡和镇痛作用 [J]. 西北药学杂志，1998，13(5)：208-209.

[14] LI Y, XU C, ZHANG Q, et al. *In vitro* anti-*Helicobacter pylori* action of 30 Chinese herbal medicines used to treat ulcer diseases[J]. Journal of Ethnopharmacology, 2005, 98(3): 329-333.

[15] 胡凯文，郑红霞，齐静，等. 浙贝母碱逆转白血病细胞多药耐药的研究 [J]. 中华血液学杂志，1999，20(12)：650-651.

[16] Z MIAO, H KAYAHARA, K TADASA. Superoxide-scavenging and tyrosinase-inhibitory activities of the extracts of some Chinese medicines[J]. Bioscience, Biotechnology, and Biochemistry, 1997, 61(12): 2106-2108.

[17] 张建兴，劳爱娜，陈秋群，等. 东贝母化学成分的研究 [J]. 中草药，1993，24(7)：341-342，347.

[18] ZHANG J X, LAO A N, XU R S. Steroidal alkaloids from *Fritillaria thunbergii* var. *chekiangensis*[J]. Phytochemistry, 1993, 33(4): 946-947.

知母 Zhimu CP, JP, VP

Anemarrhena asphodeloides Bge.
Common Anemarrhena

概述

百合科 (Liliaceae) 植物知母 *Anemarrhena asphodeloides* Bge.，其干燥根茎入药。中药名：知母。

知母属 (*Anemarrhena*) 植物全世界仅 1 种，分布于中国和朝鲜半岛。本种分布于中国东北、华北及陕西、甘肃、宁夏、山东、江苏等省区。

“知母”药用之名，始载于《神农本草经》，列为中品。历代本草多有著录。《中国药典》（2015 年版）收载本种为中药知母的法定原植物来源种。主产于中国河北；此外，山西、河南、甘肃、陕西、内蒙古及东北各省也产。

知母属植物主要活性成分为甾体皂苷。《中国药典》采用高效液相色谱法进行测定，规定知母药材含芒果苷不得少于 0.70%，知母皂苷 BⅡ不得少于 3.0%，以控制药材质量。

药理研究表明，知母具有抗菌、抗病毒、解热、抗炎、止喘、降血糖等作用。

中医理论认为知母具有清热泻火，滋阴润燥等功效。

◆ 知母
Anemarrhena asphodeloides Bge.

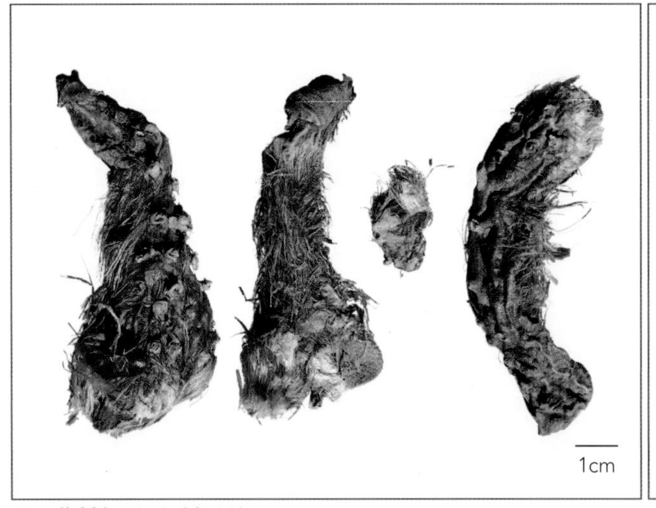

◆ 药材知母（毛知母）
Anemarrhenae Rhizoma

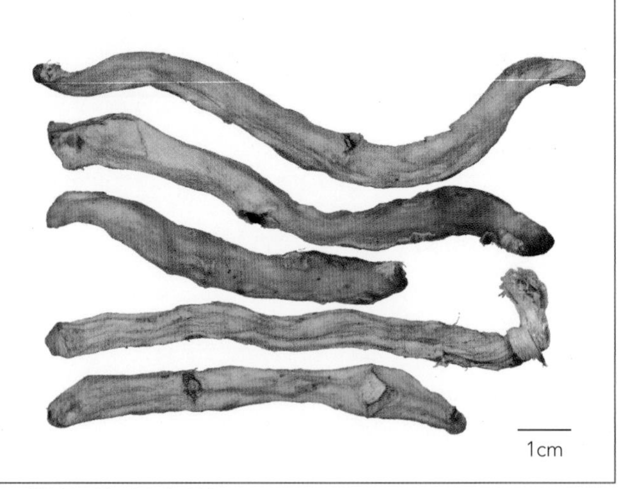

◆ 药材知母（光知母）
Anemarrhenae Rhizoma

◆ timosaponin B Ⅲ

◆ neomangiferin

化学成分

知母的根茎含甾体皂苷元及皂苷，如知母皂苷 A_1、A_2、B[1]、C、E[2]、F、G[3] (anemarsaponins A_1, A_2, B, C, E～G)，知母苷Ⅰ、Ⅱ、Ⅲ、Ⅳ[4]、Ⅰa[5-6] (anemarrhenasaponins Ⅰ～Ⅳ, Ⅰa)，菝葜皂苷元 (sarsasapogenin)、马尔可皂苷元 (marcogenin)[7]、pseudoprototimosaponin AⅢ[8]，知母皂苷AⅢ、B、BⅠ、BⅡ[6]、BⅢ[7]、BⅣ、BⅤ、BⅥ[9]、C_1、C_2、D[10]、D_1、D_2[11]、E_1[12]、F[6]、G[13]、H_1、H_2、I_1、I_2[14] (timosaponins AⅢ, B, BⅠ～BⅥ, C_1, C_2, D, D_1, D_2, E_1, F, G, H_1, H_2, I_1, I_2)，西陵皂苷A、B (xilingsaponins A, B)[15]，异菝葜皂苷 (smilageninoside)[16]、degalactotigonin、F-gitonin[17]。

此外，还含黄酮类成分宝藿苷Ⅰ(baohuosideⅠ)、淫羊藿苷Ⅰ (icarisideⅠ)[7]、 吡酮类成分芒果苷 (知母宁，mangiferin)、新芒果苷 (neomangiferin)[18]及知母多糖A、B、C、D[19] (anemarrans A～D)、PS -Ⅰ[20]等。

知母的地上部分含有吡酮类成分芒果苷和异芒果苷 (isomangiferin)[21]。

药理作用

1. 抗病原微生物

知母煎剂体外对痢疾志贺氏菌、伤寒沙门氏菌、结核分枝杆菌等细菌和许兰氏黄癣菌、共心性毛癣菌等皮肤病真菌有抑制作用；知母宁体外对甲型人流感病毒 H_1N_1[22] 和单纯疱疹病毒 HSV Sm44[23] 有明显的抑制作用；知母宁腹腔注射可改善 H_1N_1 感染小鼠的临床症状，减少 14 日内的死亡数，延长存活时间[24]。

2. 抗炎

知母宁腹腔注射可使卵蛋白致哮喘豚鼠血清、肺泡灌洗液中的 NO 和内皮素 -1 (ET-1) 含量及毛细血管通透性降低，肺组织炎症减轻，预防哮喘发作，抗炎作用与糖皮质激素相似[25]。知母总多糖可调节肾上腺功能，提高大鼠血浆皮质酮 (corticosterone) 浓度，减少促肾上腺皮质激素 (ACTH) 分泌释放，抑制炎症组织前列腺素 E (PGE) 的合成或释放，对多种致炎剂引起的急性毛细血管通透性增高、炎性渗出增加、组织水肿及慢性肉芽肿增生有显著抑制作用[26]。

3. 解热

知母浸膏皮下注射能抑制大肠埃希氏菌所致兔发热，效果持久。

4. 降血糖

知母水提取物体外可抑制 α- 糖苷酶的活性[27]；知母多糖给四氧嘧啶致高血糖大鼠灌胃能增加肝糖原合成、减少肝糖原分解，增加骨骼肌对 ^{3}H-2- 脱氧葡萄糖的摄取，降低血糖[28]；知母水提取物或知母宁灌胃，可降低遗传 2 型糖尿病 KK-Ay 小鼠的血糖水平，并且降低胰岛素抵抗[29]。

5. 影响大脑功能

知母皂苷元能促进原代培养神经细胞 M 受体生成[30]；提高转基因细胞 CHOm2 的 M_2 受体 mRNA 的稳定性和含量及 M_2 受体密度[31]；知母皂苷元及其异构体口服可明显改善老年大鼠记忆力和提高脑内 M_1 受体密度[32]，知母皂苷元口服能提高 β- 淀粉样肽和兴奋性氨基酸所致痴呆大鼠大脑皮层、海马、纹状体中的 M 受体密度[33]，提高模型动物脑内乙酰胆碱转移酶 (ChAT) 活性，减少 β- 淀粉样肽的沉积[34]。知母总皂苷口服可提高 β- 淀粉样肽诱导的痴呆大鼠脑组织中 SOD 活性，降低 MDA 水平，增强抗氧化能力，改善学习记忆[35]。知母皂苷也能够提高老年大鼠脑内 N 受体浓度[36]，改善药物所致小鼠学习记忆障碍[37]。

6. 对激素影响

知母皂苷及苷元可使氢化可的松所致肾上腺皮质机能亢进兔上升的外周血淋巴细胞、甲亢大鼠脑组织的 β- 受体密度趋于正常，且不影响兔肝脏糖皮质激素受体密度和血清皮质醇含量[38]。

7. 抗氧化、抗辐射

知母宁灌胃给药能降低 γ 射线照射后小鼠肝、脾、肾中脂质过氧化物 (LPO) 的含量，对 5'-TMP 自由基有较强清除作用 [39]。

8. 抗肿瘤

知母宁体外对人早幼粒白血病细胞 HL-60 生长有抑制作用 [40]，体外对阿霉素引起的大鼠心脏线粒体 MDA 生成、ATP 酶活性丧失和膜流动性降低等毒性有保护作用，同时不降低阿霉素的疗效 [41]。

9. 其他

知母中的甾体皂苷对血小板聚集有显著的抑制作用 [42]。知母宁可使阴虚小鼠体重增加、血浆 cAMP 含量和 cAMP/cGMP 值降低，增强小鼠迟发性变态反应 [43]；还有抑制慢性低氧高二氧化碳性大鼠肺动脉高压和肺血管结构重建的作用 [44]。

应用

本品为中医临床用药。功能：清热泻火，滋阴润燥。主治：外感热病，高热烦渴，肺热燥咳，骨蒸潮热，内热消渴，肠燥便秘。

现代临床还用于阿尔茨海默病、感染性发热、糖尿病、风湿性关节炎等病的治疗。

评注

近年对知母的研究多在知母皂苷对阿尔茨海默病方面的作用，有研究认为抗阿尔茨海默病作用是由于提高了 N 胆碱受体的含量所导致的。随着全球老龄化的到来，阐明知母皂苷在增强学习和记忆方面作用的机制，探求开发相关产品，也将成为热点。

药用植物图像数据库

知母的商品药材分为两种：光知母和毛知母。采收时挖出根茎，除去茎苗及须根，保留黄绒毛和浅黄色的叶痕及茎痕晒干者，为“毛知母”；鲜时剥去栓皮晒干者为“光知母”。

参考文献

[1] 董俊兴，韩公羽 . 中药知母有效成分研究 [J]. 药学学报，1992，27(1)：26-32.

[2] 马百平，董俊兴，王秉伋，等 . 知母中呋甾皂苷的研究 [J]. 药学学报，1996，31(4) ：271-277.

[3] MA B P, WANG B J, DONG J X, et al. New spirostanol glycosides from *Anemarrhena asphodeloides*[J]. Planta Medica, 1997, 63(4): 376-379.

[4] SAITO S, NAGASE S, ICHINOSE K. New steroidal saponins from the rhizomes of *Anemarrhena asphodeloides* Bunge (Liliaceae) [J]. Chemical & Pharmaceutical Bulletin, 1994, 42(11): 2342-2345.

[5] 孟志云，徐绥绪 . 知母中的皂苷成分 [J]. 中国药物化学杂志，1998，8(2)：135-136，140.

[6] MENG Z Y, ZHANG J Y, XU S X, et al. Steroidal saponins from *Anemarrhena asphodeloides* and their effects on superoxide generation[J]. Planta Medica, 1999, 65(7): 661-663.

[7] 边际，徐绥绪，黄松，等 . 知母化学成分的研究 [J]. 沈阳药科大学学报，1996，13(1)：34-40.

[8] NAKASHIMA N, KIMURA I, KIMURA M, et al. Isolation of pseudoprototimosaponin AⅢ from rhizomes of *Anemarrhena asphodeloides* and its hypoglycemic activity in streptozotocin-induced diabetic mice[J]. Journal of Natural Products, 1993, 56(3): 345-350.

[9] 孟志云，徐绥绪，周晓棉 . 知母中新的甾体皂苷 [J]. 沈阳药科大学学报，1998，15(4)：254-256.

[10] 孟志云，徐绥绪．知母中三个新的呋甾皂苷 [J]. 沈阳药科大学学报，1998，15(2)：130-131.

[11] 杨军衡，曾雷，易诚．中药知母新皂苷成分的研究 [J]. 天然产物研究与开发，2001，13(5)：18-21.

[12] 孟志云，徐绥绪，孟令宏．知母皂苷 E_1 和 E_2[J]. 药学学报，1998，33(9)：693-696.

[13] 孟志云，李文，徐绥绪，等．知母的皂苷成分 [J]. 药学学报，1999，34(6)：451-453.

[14] 孟志云，徐绥绪，李文，等．知母中新的皂苷成分 [J]. 中国药物化学杂志，1999，9(4)：294-298.

[15] 洪永福，张广明，孙连娜，等．西陵知母中甾体皂苷的分离与鉴定 [J]. 药学学报，1999，34(7)：518-521.

[16] 郭冬，李书，池群，等．知母中一个新皂苷的分离和结构鉴定 [J]. 药学学报，1991，26(8)：619-621.

[17] NAGUMO S, KISHI S, INOUE T, et al. Saponins of Anemarrhenae Rhizoma[J]. Yakugaku Zasshi, 1991, 111(6): 306-310.

[18] 洪永福，韩公羽，郭学敏．西陵知母中新芒果苷的分离与结构鉴定 [J]. 药学学报，1997，32(6)：473-475.

[19] TAKAHASHI M, KONNO C, HIKINO H. Validity of the Oriental medicines. 86. Antidiabetes drugs. 7. Isolation and hypoglycemic activity of anemarans A, B, C and D, glycans of *Anemarrhena asphodeloides* rhizomes[J]. Planta Medica, 1985, 2: 100-102.

[20] 王靖，陈琦，赵帜平，等．知母多糖 PS-Ⅰ的分离、纯化和分析 [J]. 安徽大学学报：自然科学版，1996，20(1)：83-87.

[21] ARITOMI M, KAWASAKI T. New xanthone C-glucoside, position isomer of mangiferin, from *Anemarrhena asphodeloides*[J]. Chemical & Pharmaceutical Bulletin, 1970, 18(11): 2327-2333.

[22] 李沙，甄宏．知母宁体外抗甲型流感病毒作用研究 [J]. 中国药师，2005，8(4)：267-270.

[23] 蒋杰，向继洲．知母宁体外抗单纯性疱疹病毒Ⅰ型体外活性研究 [J]. 中国药师，2004，7(9)：666-670.

[24] 蒋杰，李明，向继洲．知母宁抗流感病毒作用研究 [J]. 中国药师，2004，7(5)：335-338.

[25] 李惠萍，丁劲松，李明，等．知母宁对豚鼠哮喘的预防作用及对体内一氧化氮和内皮素的影响 [J]. 中国药学杂志，1999，34(1)：14-17.

[26] 陈万生，韩军，李力，等．知母总多糖的抗炎作用 [J]. 第二军医大学学报，1999，20(10)：758-760.

[27] 刘志峰，李萍，李慎军，等．5 种中药体外 α- 糖苷酶抑制作用的观察 [J]. 山东中医杂志，2004，23(1)：41-43.

[28] 卢盛华，孙洪伟，王菊英，等．知母聚糖降糖作用及其机理研究 [J]. 中国生化药物杂志，2003，24(2)：81-83.

[29] MIURA T, ICHIKI H, IWAMOTO N, et al. Antidiabetic activity of the rhizoma of *Anemarrhena asphodeloides* and active components, mangiferin and its glucoside[J]. Biological & Pharmaceutical Bulletin, 2001, 24(9): 1009-1011.

[30] 范国煌，易宁育，夏宗勤．知母皂苷元对原代培养的神经细胞 M 受体密度和代谢动力学的影响 [J]. 中国中医基础医学杂志，1997，3(6)：15-17.

[31] 张永芳，胡雅儿，夏宗勤．知母活性成分 ZDY101 调节 M_2 受体 mRNA 稳定性的研究 [J]. 上海第二医科大学学报，2005，25(4)：368-370，381.

[32] 陈勤，曹炎贵，林义明，等．知母皂苷元及其异构体对老年大鼠学习记忆和脑内 M_1 受体密度的影响 [J]. 中国药理学通报，2004，20(5)：561-564.

[33] 陈勤，夏宗勤，胡雅儿．知母皂苷元对痴呆模型大鼠脑内 M 受体密度分布的影响 [J]. 激光生物学报，2003，12(6)：445-449.

[34] 陈勤，夏宗勤，胡雅儿．知母皂苷元对拟痴呆大鼠 β- 淀粉样肽沉积及胆碱能系统功能的影响 [J]. 中国药理学通报，2002，18(4)：390-393.

[35] 欧阳石，孙莉莎，郭胜蓝，等．知母皂苷对痴呆模型大鼠的影响 [J]. 第一军医大学学报，2005, 25(2): 121-126.

[36] 徐江平．知母皂苷对衰老大鼠脑 M、N 胆碱受体的调节作用 [J]. 中国老年学杂志，2001，21(5)：379-380.

[37] 马玉奎，李莉，刘国宾．知母皂苷对学习记忆障碍模型小鼠的作用 [J]. 齐鲁药事，2005，24(3)：172-174.

[38] 赵树进，韩丽萍，李俭洪．知母皂苷及其苷元对动物模型 β 肾上腺素受体的调整作用 [J]. 中国医院药学杂志，2000，20(2)：70-73.

[39] 王崇道，强亦忠，劳勤华，等．几种制剂抗氧化与清除自由基效应的比较研究 [J]. 工业卫生与职业病，2000，26(1)：13-16.

[40] 侯敢，黄迪南，祝其锋．三种天然抗氧化剂对早幼粒白血病细胞 (HL-60) 的生长抑制作用研究 [J]. 湖南中医学院学报，1996，16(1)：49-51.

[41] 王道毅，陈炼，李忌，等．知母宁 (Chinonin) 对阿霉素的减毒增效作用 [J]. 天然产物研究与开发，2000，12(4): 8-11.

[42] J Zhang, Z Meng, M Zhang, D Ma, S Xu, H Kodama. Effect of six steroidal saponins isolated from Anemarrhenae Rhizoma on platelet aggregation and hemolysis in human blood[J]. Clinica Chimica Acta. 1999, 289(1-2): 79-88.

[43] 王凤芝，陶站华，王晓惠，等．中药知母对小鼠免疫功能的影响 [J]. 黑龙江医药科学，2002，25(3)：7-8.

[44] 黄晓颖，王良兴，李明，等．知母宁对慢性低 O_2 高 CO_2 大鼠肺动脉高压的影响及其机制研究 [J]. 中国应用生理学杂志，2002，18(1)：75-79.

栀子 Zhizi CP, JP, VP

Gardenia jasminoides Ellis
Cape Jasmine

概述

茜草科 (Rubiaceae) 植物栀子 *Gardenia jasminoides* Ellis，其果实入药。中药名：栀子。

栀子属 (*Gardenia*) 植物全世界约有 250 种，分布于热带和亚热带地区。中国有 5 种 1 变种，均可供药用。本种主要分布在中国华东、华中、华南及西南地区，河北、陕西和甘肃有栽培；日本、朝鲜半岛、越南、老挝、柬埔寨、印度、尼泊尔、巴基斯坦、太平洋岛屿和美洲北部也有野生或栽培。

“栀子”药用之名，始载于《神农本草经》，列为中品。中国历代本草多有著录。《中国药典》（2015 年版）收载本种为中药栀子的法定原植物来源种。主产于中国湖南、江西、福建、浙江、四川、湖北等省区；以湖南产量大，浙江质量佳。

栀子主要含环烯醚萜苷类化合物，尚含酚类、二萜类成分。栀子苷为主要的活性成分和质量评价的指标性成分。《中国药典》采用高效液相色谱法进行测定，规定栀子药材含栀子苷不得少于 1.8%，以控制药材质量。

药理研究表明，栀子具有保肝利胆、抗炎、镇静、解热等作用。

中医理论认为栀子具有泻火除烦，清热利湿，凉血解毒，消肿止痛等功效。

◆ 栀子
Gardenia jasminoides Ellis

◆ 药材栀子
Gardeniae Fructus

化学成分

栀子的果实含环烯醚萜类成分：栀子苷 (geniposide)、羟异栀子苷 (gardenoside)、京尼平-1-*β*-*D*-龙胆双糖苷 (genipin-1-*β*-*D*-gentiobioside)、山栀苷 (shanzhiside)、栀子新苷 (gardoside)、鸡屎藤次苷甲酯 (scandoside methyl ester)、栀子苷酸 (geniposidic acid)、去乙酰基车前草酸 (deacetyl asperulosidic acid)、去乙酰基车前草酸甲酯 (deacetyl asperulosidic acid methyl ester)、10-乙酰基京尼平苷 (10-acetylgeniposide)、6″-对香豆酰基京尼平龙胆双糖苷 (6″-*p*-coumaroyl genipin gentiobioside)、戊乙酰基栀子苷 (penta-acetyl geniposide)[1]、gardaloside、jasminoside G[2]；酸类：绿原酸 (chlorogenic acid)、3,4-二-*O*-咖啡酰基奎宁酸 (3,4-di-*O*-caffeoyl quinic acid)、3-*O*-咖啡酰基-4-*O*-芥子酰基奎宁酸 (3-*O*-caffeoyl-4-*O*-sinapoyl quinic acid)、3,5-二-*O*-咖啡酰基-4-*O*-(3-羟基-3-甲基)-戊二酰基奎宁酸 [3,5-di-*O*-caffeoyl-4-*O*-(3-hydroxy-3-methyl)-glutaroyl quinic acid]、3,4-二咖啡酰基-5-(3-羟基-3-甲基戊二酰基)-奎宁酸 [3,4-dicaffeoyl-5-(3-hydroxy-3-methyl glutaroyl)-quinic acid]；二萜类化合物：藏红花酸 (crocetin)、藏红花素 (crocin)、熊果酸 (ursolic acid)、藏红花素葡萄糖苷 (crocin glucoside)；单萜类：gardenone、gardendiol[3]；还含有挥发油[4-5]。

果皮和种子中也含羟异栀子苷、栀子苷、栀子苷酸、京尼平-1-*β*-*D*-龙胆双糖苷。

花含三萜类成分：栀子花酸A、B (gardenolic acids A, B) 和栀子酸 (gardenic acid)；糖苷类：(*R*)-linalyl 6-*O*-*α*-*L*-arabinopyranosyl-*β*-*D*-glucopyranoside、bornyl 6-*O*-*β*-*D*-xylopyranosyl-*β*-*D*-glucopyranoside[6]。

叶含羟异栀子苷、栀子苷、栀子醛 (cerbinal)、二氢茉莉酮酸甲酯 (methyl dihydrojasmonate)、乙酸苄酯 (benzyl acetate)、桂皮酸-*α*-香树脂醇酯 (a-amyrin cinnamate)、柠檬烯 (limonene)、芳樟醇 (linalool) 等。

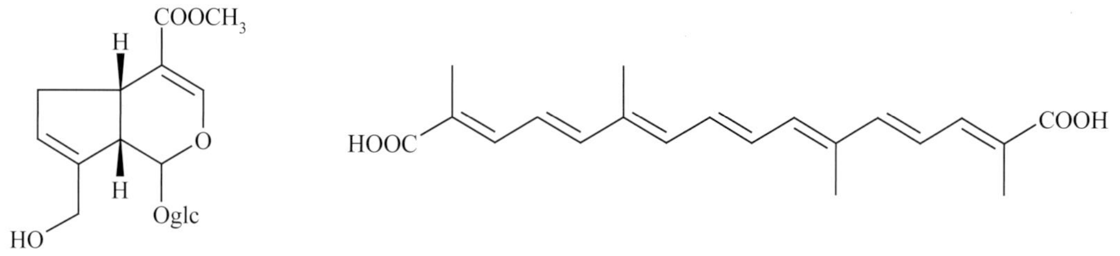

◆ geniposide　　◆ crocetin

药理作用

1. 镇静、解热

栀子藏红花总苷高剂量 (140 mg/kg) 不仅明显减少小鼠自发活动，而且显著影响小鼠机能协调功能，与阈下戊巴比妥钠有明显协同作用[7]；栀子醇渗漉浓缩液腹腔注射或灌胃可使小鼠自主活动减少，对环己烯巴比妥钠催眠作用也有明显协同作用，使小鼠睡眠时间显著延长[8]；给小鼠或大鼠腹腔注射栀子醇渗漉液均产生明显的降温作用，且作用持续 7 小时以上[8]；给酵母致热大鼠口服栀子水煎剂有明显解热作用。

2. 抗炎

栀子水煎液灌胃可显著地抑制巴豆油所致小鼠耳郭炎症和角叉菜胶所致小鼠足趾肿胀，栀子蓝色素、栀子提取物和栀子苷对二甲苯致小鼠耳郭肿胀也具有明显的抑制作用，且栀子提取物和栀子苷对甲醛致大鼠亚急性足趾肿胀亦具有抑制作用[9-10]。

3. 对消化系统的影响

(1) 对胆汁分泌的影响　栀子的水提取物及醇提取物家兔静脉给药，可见胆汁分泌量增加；大鼠十二指肠内给予栀子苷后半小时显著增加胆汁分泌，且呈显著的持续性的促进作用；京尼平静脉内及十二指肠内给药，均与去氢胆酸钠利胆作用相同或有过之[11]；栀子水提取物给药4小时后观察发现，豚鼠也有增加胆汁分泌的趋势；机制研究发现栀子苷的利胆作用是通过水解所生成的京尼平而引起的；但藏红花酸给药1小时后对大鼠胆汁分泌却有抑制作用[11]。

(2) 对肝脏功能的影响　栀子苷和栀子粗提取物能降低血浆中尿素氮水平，增加肝重 / 体重比值、总肝脏谷胱甘肽含量和肝细胞溶质谷胱甘肽 S 转移酶活性，进一步分析显示栀子苷能抑制肝脏细胞色素 P4503A 单氧化酶活性，并增加谷胱甘肽的含量[12]；栀子苷和藏红花酸均可对抗四氯化碳和对乙酰氨基酚肝损伤引起的丙二酰二醛升高，谷胱甘肽含量下降和谷胱甘肽过氧化物酶活力降低，肝组织的病理变化也有明显减轻，且栀子苷的作用明显强于藏红花酸[11]。栀子水煎液明显降低正常小鼠血清中总胆红素含量，以及四氯化碳和硫代乙酰胺诱发的血清谷丙转氨酶 (sGPT) 水平的升高。

(3) 对急性胰腺炎的作用　以大鼠急性出血坏死性胰腺炎作为动物模型，发现栀子提取液能够降低血清和组织髓过氧化物酶水平[13]。

4. 其他

栀子醇提取液可抑制肠系膜小动脉、脑组织小动脉、冠状小动脉和肾脏小动脉去甲肾上腺素的收缩反应，并对高钾引起的小动脉收缩有松弛作用[14]；栀子苷具有抗血管增生[15]、激活谷胱甘肽 S 转移酶[16]和保护神经元[17]的作用；藏红花素具有抗氧化[18]和抗高血脂[19]作用；栀子还有致泻、抗病原体、镇痛[13]、生殖毒性[20]和抗肿瘤[1]等作用。

应用

本品为中医临床用药。功能：泻火除烦，清热利湿，凉血解毒，消肿止痛。主治：热病心烦，湿热黄疸，淋证涩痛，血热吐衄，目赤肿痛，火毒疮疡；外治扭挫伤痛。

现代临床还用于急性肝炎、急性腮腺炎、扭挫伤、冠心病、小儿发热等病的治疗。

评注

栀子是中国卫生部规定的药食同源品种之一。市场销售商品中有一种常见混淆品"水栀子"，为大花栀子 *Gardenia jasminoides* Ellis var. *grandiflora* Nakai 的干燥果实。主要用作工业染料原料。以等量水煎剂给药，其毒性大于栀子，某些重要药理指标上与栀子也存在差异，因此"水栀子"不等同于栀子，使用时应注意[21]。

药用植物图像数据库

栀子资源丰富，在中国被广泛种植，其中湖南、江西两省种植最多，江西已建立了栀子的规范化种植基地，且栀子质量好。栀子色素是现代国际上重要的天然食品着色剂，用于糖果、糕点、饮料及酒类的调色；栀子花的挥发油可用于多种香型化妆品、香皂香精及高级香水香精。

参考文献

[1] PENG C H, HUANG C N, WANG C J. The anti-tumor effect and mechanisms of action of penta-acetyl geniposide[J]. Current Cancer Drug Targets, 2005, 5(4): 299-305.

[2] CHANG W L, WANG H Y, SHI L S, et al. Immunosuppressive iridoids from the fruits of *Gardenia jasminoides*[J]. Journal of Natural Products, 2005, 68(11):1683-1685.

[3] ZHAO W M, XU J P, QIN G W, et al. Two monoterpenes from fruits of *Gardenia jasminoides*[J]. Phytochemistry, 1994,

37(4): 1079-1081.

[4] 刘洁宇，张宏桂，周小平，等．中药栀子挥发油成分分析[J]. 白求恩医科大学学报，1999，25(1)：25.

[5] BUCHBAUER G, JIROVETZ L, NIKIFOROV A, et al. Volatiles of the absolute of *Gardenia jasminoides* Ellis (Rubiaceae) [J]. Journal of Essential Oil Research, 1996, 8(3): 241-245.

[6] WATANABE N, NAKAJIMA R, WATANABE S, et al. Linalyl and bornyl disaccharide glycosides from *Gardenia jasminoides* flowers[J]. Phytochemistry, 1994, 37(2): 457-459.

[7] 张陆勇，季慧芳，曹于平，等．栀子西红花总苷对神经、心血管及呼吸系统的影响[J]. 中国药科大学学报，2000，31(6)：455-457.

[8] 王本祥．现代中药药理学[M]. 天津：天津科学技术出版社，1997：292-294.

[9] 姚全胜，周国林，朱延勤，等．栀子抗炎、治疗软组织损伤有效部位的筛选研究[J]. 中国中药杂志，1991，16(8)：489-493.

[10] 赵维民，季新泉，叶庆华，等．栀子蓝色素可能为栀子粉末外用抗炎消肿时的活性物质[J]. 天然产物研究与开发，2000，12(4)：41-44.

[11] 彭婕，钱之玉，刘同征，等．京尼平苷和西红花酸保肝利胆作用的比较[J]. 中国新药杂志，2003，12(2)：105-108.

[12] KANG J J, WANG H W, LIU T Y, et al. Modulation of cytochrome P-450-dependent monooxygenases, glutathione and glutathione S-transferase in rat liver by geniposide from *Gardenia jasminoides*[J]. Food and Chemical Toxicology, 1997, 35(10/11): 957-965.

[13] 毛卫，席力罡，王晓光，等．栀子提取液治疗急性重症胰腺炎的疗效及其对髓过氧化物酶的影响[J]. 肝胆胰外科杂志，2003，15(3)：156-157.

[14] 杨翼风，石磊，王永信，等．栀子提取物对大鼠阻力动脉松弛作用的初步研究[J]. 徐州医学院学报，1999，19(2)：99-100.

[15] KOO H J, LEE S, SHIN K H, et al. Geniposide, an anti-angiogenic compound from the fruits of *Gardenia jasminoides*[J]. Planta Medica, 2004, 70(5): 467-469.

[16] KUO W H, CHOU F P, YOUNG S C, et al. Geniposide activates GSH S-transferase by the induction of GST M_1 and GST M_2 subunits involving the transcription and phosphorylation of MEK-1 signaling in rat hepatocytes[J]. Toxicology and Applied Pharmacology, 2005, 208(2):155-162.

[17] LEE P, LEE J, CHOI S Y, et al. Geniposide from *Gardenia jasminoides* attenuate neuronal cell death in oxygen and glucose deprivation-exposed rat hippocampal slice culture[J]. Biological & Pharmaceutical Bulletin, 2006, 29(1): 174-176.

[18] PHAM T Q, CORMIER F, FARNWORTH E, et al. Antioxidant properties of crocin from *Gardenia jasminoides* Ellis and study of the reactions of crocin with linoleic acid and crocin with oxygen[J]. Journal of Agricultural and Food Chemistry, 2000, 48(5): 1455-1461.

[19] LEE I A, LEE J H, BAEK N I, et al. Antihyperlipidemic effect of crocin isolated from the fructus of *Gardenia jasminoides* and its metabolite crocetin[J]. Biological & Pharmaceutical Bulletin, 2005, 28(11): 2106-2110.

[20] OZAKI A, KITANO M, FURUSAWA N, et al. Genotoxicity of gardenia yellow and its components[J]. Food and Chemical Toxicology, 2002, 40(11): 1603-1610.

[21] 谢宗万，李燕立，冈田稔．水栀子基原植物及其新学名[J]. 植物研究杂志，1990，65(4)：121-128.

直立百部 Zhilibaibu CP

Stemona sessilifolia (Miq.) Miq.
Sessile Stemona

概述

百部科 (Stemonaceae) 植物直立百部 *Stemona sessilifolia* (Miq.) Miq.，其干燥块根入药。中药名：百部。

百部属 (*Stemona*) 植物全世界约有 27 种，分布自印度东北部起，东至亚洲东部，南至澳大利亚及北美洲的亚热带地区。中国约有 5 种，本属现供药用者约有 4 种。本种分布于中国华东及河南、湖北等省区；日本也有分布。

“百部”药用之名，始载于《名医别录》，列为中品。中国历代本草多有著录，《本草图经》的“滁州百部”亦是指本种。《中国药典》（2015 年版）收载本种为中药百部的法定原植物来源种之一。主产于中国安徽、江苏、山东、河南，浙江、江西、湖北也有少量。

百部属植物主要活性成分为生物碱类化合物。《中国药典》以性状和显微鉴别来控制百部药材的质量。

药理研究表明，直立百部具有抗菌消炎、止咳平喘、杀虫等作用。

中医理论认为百部具有润肺下气止咳，杀虫灭虱等功效。

◆ 直立百部
Stemona sessilifolia (Miq.) Miq.

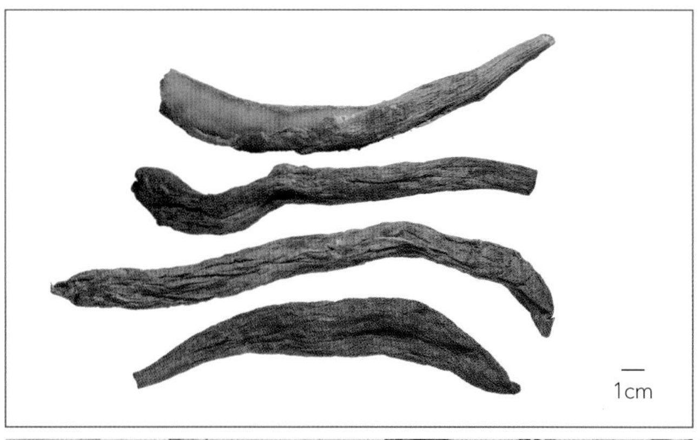

◆ 药材百部
Stemonae Radix

◆ 蔓生百部
S. japonica (Bl.) Miq.

◆ 对叶百部
S. tuberosa Lour.

化学成分

直立百部的块根总生物碱含量为0.26%～2.1%[1]，包括原百部次碱 (protostemotinine)[2]、百部新碱 (stemoninine)[3]、对叶百部碱 (tuberostemonine)、原百部碱 (protostemonine)、百部碱 (stemonine)、百部定碱 (stemonidine)、异百部定碱 (isostemonidine)、直立百部碱 (sessilistemonine)、霍多林碱 (hordorine)、百部次碱 (stenine)、2-氧代百部次碱 (2-oxostenine)、stemoninoamide、对叶百部酮碱 (tuberostemonone)、新对叶百部醇碱 (neotuberostemonol) 及直立百部酰胺 A、B、C、D (sessilifoliamides A～D)[4]。近年尚分离到百部螺碱 (stemospironine)，百部素 B、D (stilbostemins B, D)和4'-甲基赤松素 (4'-methylpinosylvin)[5]。

◆ protostemotinine

◆ stemoninine

药理作用

1. 抗病原微生物

百部乙醇浸液体外对金黄色葡萄球菌、白色葡萄球菌、乙型溶血性链球菌、炭疽芽孢杆菌、人结核菌 $H_{37}RV$ 等多种致病菌有抗菌作用[6-8]；水浸液体外对堇色毛癣菌、许兰氏黄癣菌、奥杜盎氏小芽孢癣菌、羊毛样小芽孢癣菌等常见皮肤致病真菌有抑制作用。

2. 杀虫

百部杀虫成分为生物碱，触杀能力较强[9]。百部水浸液和乙醇浸液对头虱、体虱、阴虱均有明显杀灭作用[8, 10]。百部硬皂剂 (CHBS) 以 1% 的生药含量浓度在 24 小时内对实验用虱种的灭杀率为 100%[8]。

3. 止咳祛痰

复方百部糖浆灌胃对氨雾引起的小鼠咳嗽次数有明显减少，小鼠酚红排泌法证明有明显祛痰作用[11]。

4. 其他

对叶百部碱对中枢神经系统有抑制和镇痛作用，对离体鼠心脏冠状动脉血管有扩张作用[7]。

应用

本品为中医临床用药。功能：润肺下气止咳，杀虫灭虱。主治：新久咳嗽，肺痨咳嗽，顿咳；外用于头虱，体虱，阴痒。

现代临床还用于阴道滴虫、慢性支气管炎等病的治疗。

评注

《中国药典》还收载蔓生百部 *Stemona japonica* (Bl.) Miq. 和对叶百部 *S. tuberosa* Lour. 为中药百部的法定原植物来源种。蔓生百部块根含百部定碱 (stemonidine)、百部碱 (stemonine)、原百部碱 (protostemonine)、蔓生百部碱 (stemonamine)[12-17] 等多种生物碱；茎叶中含有百部螺碱 (stemospironine)、蔓生百部叶碱 (stemofoline) 等生物碱[18]。对叶百部块根含有对叶百部酮 (tuberostemonone)、对叶百部醇碱 (tuberostemonol) 等生物碱[19-24] 成分。

除《中国药典》法定种之外，局部地区作百部药用者达 10 余种。使用时应注意品种和质量问题。

参考文献

[1] 丛晓东，徐国钧，金蓉鸾，等．百部生药学研究Ⅸ：中国百部属植物块根中总生物碱的测定与评估 [J]. 药学学报，1992，27(7)：556-560.

[2] CONG X D, ZHAO H R, GUILLAUME D, et al. Crystal structure and NMR analysis of the alkaloid protostemotinine[J]. Phytochemistry, 1995, 40(2): 615-617.

[3] CHENG D L, GUO J, CHU T T, et al. A study of *Stemona* alkaloids, Ⅲ. Application of 2D-NMR spectroscopy in the structure determination of stemoninine[J]. Journal of Natural Products, 1988, 51(2): 202-211.

[4] KAKUTA D, HITOTSUYANAGI Y, MATSUURA N, et al. Structures of new alkaloids sessilifoliamides A-D from *Stemona sessilifolia*[J]. Tetrahedron, 2003, 59(39): 7779-7786.

[5] 吕丽华，叶文才，赵守训，等．直立百部的化学成分 [J]. 中国药科大学学报，2005，36 (5)：408-410.

[6] 黄庆华，姜昌富，王晶，等．百部等 5 种中药及其复方乙醇提取物的抗菌作用 [J]. 中医研究，1993，6(2)：27-29.

[7] 王本祥．现代中药药理学 [M]. 天津：天津科学技术出版社，1997：1011-1014.

[8] 姜昌富，宁长修，邓伟文，等．复方百部皂剂灭虱、抑菌作用的实验研究 [J]. 同济医科大学学报，1992，21(5)：357-358.

[9] 陈旭东．百部、除虫菊酊驱虫、杀虫实验研究 [J]. 时珍国药研究，1996，7(4)：214-215.

[10] 韩献萍．阴虱病 28 例报告 [J]. 第一军医大学学报，1989，9(3)：257-258.

[11] 肖贵南，吴招娣，林宣伟，等．小儿百部止咳糖浆祛痰止咳作用及毒性研究 [J]. 中药新药与临床药理，2000，11(5)：310-312.

[12] IIZUKA H, IRIE H, MASAKI N, et al. X-ray crystallographic determination of the structure of stemonamine. A new alkaloid from *Stemona japonica*. Isolation of isostemonamine[J]. Journal of the Chemical Society, Chemical Communications, 1973, 4: 125-126.

[13] YE Y, XU R S. Studies on new alkaloids of *Stemona japonica*[J]. Chinese Chemical Letters, 1992, 3(7): 511-514.

[14] YE Y, QIN G W, XU R S. Alkaloids of *Stemona japonica*[J]. Phytochemistry, 1994, 37(4): 1205-1208.

[15] YE Y, QIN G W, XU R S. Studies on Stemona alkaloids. 6. Alkaloids of *Stemona japonica*[J]. Journal of Natural Products, 1994, 57(5): 665-669.

[16] 邹长英，付宏征，雷海民，等．蔓生百部新生物碱的化学研究 [J]. 中国药学，1999，8(4)：185-190.

[17] 邹长英，李军，雷海民，等．蔓生百部新生物碱的结构 [J]. 中国药学，2000，9(3)：113-115.

[18] SAKATA K, AOKI K, CHANG C F, et al. Stemospironine, a new insecticidal alkaloid of *Stemona japonica* Miq., isolation, structural determination and activity[J]. Agricultural and Biological Chemistry, 1978, 42(2): 457-463.

[19] LIN W H, YE Y, XU R S. Chemical studies on new Stemona alkaloids, Ⅳ. Studies on new alkaloids from *Stemona tuberosa*[J]. Journal of Natural Products, 1992, 55(5): 571-576.

[20] 林文翰，付宏征．对叶百部的新化学成分研究 [J]. 中国药学：英文版，1999，8(1)：1-7.

[21] PHAM H D, PHAN V K, LUU V K, et al. Alkaloids from Vietnamese *Stemona tuberosa* Lour (Stemonaceae) Part 1: Neotuberostemonine and bisdehydroneotuberostemonine[J]. Tap Chi Hoa Hoc, 2000, 38(1): 64-67.

[22] JIANG R W, HON P M, BUT P P H, et al. Isolation and stereochemistry of two new alkaloids from *Stemona tuberosa*[J]. Tetrahedron, 2002, 58(33): 6705-6712.

[23] CHUNG H S, HON P M, LIN G, et al. Antitussive activity of Stemona alkaloids from *Stemona tuberosa*[J]. Planta Medica, 2003, 69(10): 914-920.

[24] ASANO N, YAMAUCHI T, KAGAMIFUCHI K, et al. Iminosugar-producing Thai medicinal plants[J]. Journal of Natural Products, 2005, 68(8): 1238-1242.

朱砂根 Zhushagen CP

Ardisia crenata Sims
Coral Ardisia

概述

紫金牛科 (Myrsinaceae) 植物朱砂根 *Ardisia crenata* Sims，其干燥根入药。中药名：朱砂根。

紫金牛属 (*Ardisia*) 植物全世界约有 300 种，分布于热带美洲、太平洋诸岛、印度半岛东部及亚洲东部至南部，少数分布于大洋洲。中国有 68 种，大多可供药用。本种主要分布于中国西藏东南部及秦岭、长江以南各省区。印度、缅甸经马来半岛、印度尼西亚至日本均有。

"朱砂根"药用之名，始见于《本草纲目》。《中国药典》（2015 年版）收载本种为中药朱砂根的法定原植物来源种。主产于中国广西，广东、江西、浙江等地也产。

紫金牛属植物主要活性成份为三萜皂苷类和香豆素类成分。其中香豆素类主要为岩白菜素，皂苷类成分具有显著的抗肿瘤、抗 HIV 活性。《中国药典》采用高效液相色谱法进行测定，规定朱砂根药材含岩白菜素不得少于 1.5%，以控制药材质量。

药理研究表明，朱砂根具有抗菌、消炎、止痛等作用。

中医理论认为朱砂根具有解毒消肿，活血止痛，祛风除湿等功效。

◆ 朱砂根
Ardisia crenata Sims

◆ 药材朱砂根
Ardisiae Crenatae Radix

化学成分

朱砂根的根中含有香豆素类成分：岩白菜素 (bergenin)[1]及其衍生物去甲基岩白菜素 (demethylbergenin)、11-*O*-丁香酰基岩白菜素 (11-*O*-syrinylbergenin)[2]、11-*O*-没食子酰基岩白菜素 (11-*O*-galloylbergenin)、11-*O*-草香酰基岩白菜素 (11-*O*-vanilloylbergenin)、11-*O*-(3',4'-二甲基没食子酰基)-岩白菜素 [11-*O*-(3',4'- dimethylgalloyl)-bergenin][3]等；三萜类化合物： cyclamiretin A[4]；三萜皂苷类化合物：朱砂根苷 (ardicrenin)[5]，百两金皂苷A、B (ardisiacrispins A, B)[6]，朱砂根新苷A、B、C、D、E、F、G、H[6-9] (ardisicrenosides A～H)。还含紫金牛醌 (rapanone) 等[1]；此外尚含环状缩酚肽 FR900359[10]。

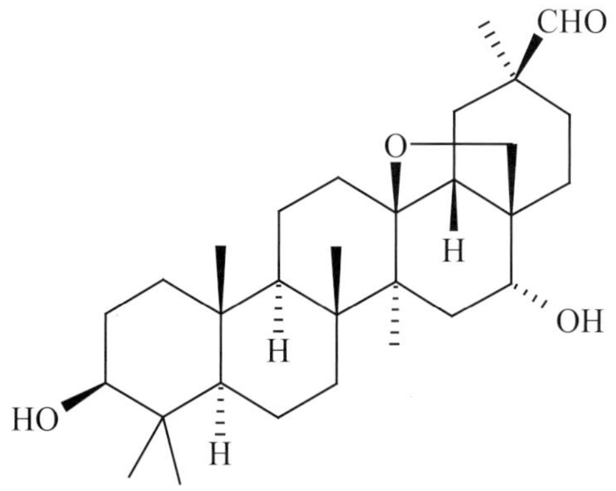

◆ cyclamiretin A

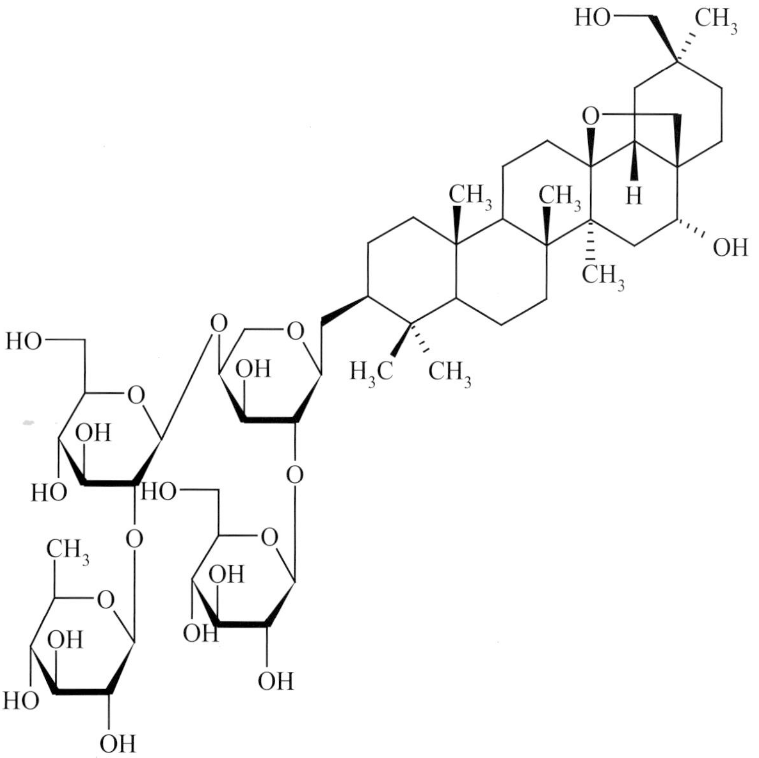

◆ ardisicrenoside A

药理作用

1. 抗菌

朱砂根醇提取液体外对甲型溶血性链球菌、乙型溶血性链球菌、金黄色葡萄球菌有抑菌和杀菌作用[11]。

2. 抗炎

朱砂根醇提取液灌胃能抑制醋酸所致小鼠毛细血管通透性增高，抑制大鼠蛋清性足趾肿胀[11]。

3. 抗生育

60% 朱砂根的乙醇提取物有抗生育作用，朱砂根三萜皂苷有抗早孕作用；朱砂根三萜皂苷 (CRTS) 对成年小鼠、豚鼠和家兔离体子宫均有兴奋作用。小剂量使子宫收缩频率加快，振幅加大，张力明显升高；大剂量使子宫直性收缩。

4. 止咳

岩白菜素止咳强度按剂量计算相当于可待因的 1/4 ～ 1/7。

5. 其他

从朱砂根中获得的环状缩酚肽 FR900359 能抑制血小板聚集和降血压[10]。

应用

本品为中医临床用药。功能：解毒消肿，活血止痛，祛风除湿。主治：咽喉肿痛，风湿痹痛，跌打损伤。

现代临床还用于胃炎、牙痛、扁桃体炎、肾炎、丝虫性淋巴管炎等病的治疗。

评注

本植物为中国民间常用的中草药之一，其根和叶均有消肿止痛、活血散瘀、祛风除湿的功效，临床上用于治疗多种病症。同时，其果可食用，亦可用于榨油，是制造肥皂的原料之一。朱砂根还是一观赏植物，在园艺方面应用广泛。

药用植物图像数据库

参考文献

[1] 倪慕云，韩力 . 朱砂根化学成分的研究 [J]. 中药通报，1988，13(12)：737-738.

[2] 韩力，倪慕云 . 中药朱砂根化学成分的研究 [J]. 中国中药杂志，1989，14(12)：33-35.

[3] Jia Z H, Mitsunaga K, Koike K, et al. New bergenin derivatives from *Ardisia crenata*[J]. Natural Medicines, 1995, 49(2): 187-189.

[4] 关雄泰，汪茂田，宫予敏，等 . 朱砂根中皂苷元及次生苷的研究 [J]. 中草药，1987，18(8)：338-341.

[5] Wang M T, Guan X T, Han X W, et al. A new triterpenoid saponin from *Ardisia crenata*[J]. Planta Medica, 1992, 58(2): 205-207

[6] Jia Z H, Koike K, Ohmoto T, et al. Triterpenoid saponins from *Ardisia crenata*[J]. Phytochemistry, 1994, 37(5): 1389-1396.

[7] Jia Z H, Koike K, Nikaido T, et al. Triterpenoid saponins from *Ardisia crenata* and their inhibitory activity on cAMP phosphodiesterase[J]. Chemical & Pharmaceutical Bulletin, 1994, 42(11): 2309-2314.

[8] Jia Z H, Koike K, Nikaido T, et al. Two novel triterpenoid pentasaccharides with an unusual glycosyl glycerol side chain from *Ardisia crenata*[J]. Tetrahedron, 1994, 50(41): 11853-11864.

[9] Koike K, Jia Z H, Ohura S, et al. Minor triterpenoid saponins from *Ardisia crenata*[J]. Chemical & Pharmaceutical Bulletin, 1999, 47(3): 434-435

[10] Fujioka M, Koda S, Morimoto Y, et al. Structure of FR900359, a cyclic depsipeptide from *Ardisia crenata* Sims[J]. Journal of Organic Chemistry, 1988, 53(12): 2820-2825.

[11] 田振华，何燕，骆红梅，等 . 朱砂根抗炎抗菌作用研究 [J]. 西北药学杂志，1998，13(3)：109-110.

猪苓 Zhuling CP, JP, VP

Polyporus umbellatus (Pers.) Fries
Umbrella Polypore

概述

多孔菌科 (Polyporaceae) 真菌猪苓 *Polyporus umbellatus* (Pers.) Fries，其干燥菌核入药。中药名：猪苓。

多孔菌属 (*Polyporus*) 真菌为世界广布属，全世界约有 500 种，主要分布于中国、日本、俄罗斯、波兰、美国等国家。中国约有 100 种。本属现供药用者约有 6 种。本种在中国西北、西南及东北地区均有分布[1-4]。

“猪苓”药用之名，始载于《神农本草经》，列为中品。历代本草多有著录，古今药用品种一致[3-4]。《中国药典》（2015 年版）收载本种为中药猪苓的法定来源种。主产于中国陕西、云南、河南、山西、河北等省区，以陕西、云南产量最大，陕西所产者质量最佳。

猪苓中主要活性成分为猪苓多糖和甾体育场类化合物等。《中国药典》采用高效液相色谱法进行测定，规定猪苓药材含麦角甾醇不得少于 0.070%，以控制药材质量。

药理研究表明，猪苓具有增强免疫、抗肿瘤、保肝及利尿等作用。

中医理论认为猪苓具有利水渗湿等功效。

◆ 猪苓
Polyporus umbellatus (Pers.) Fries

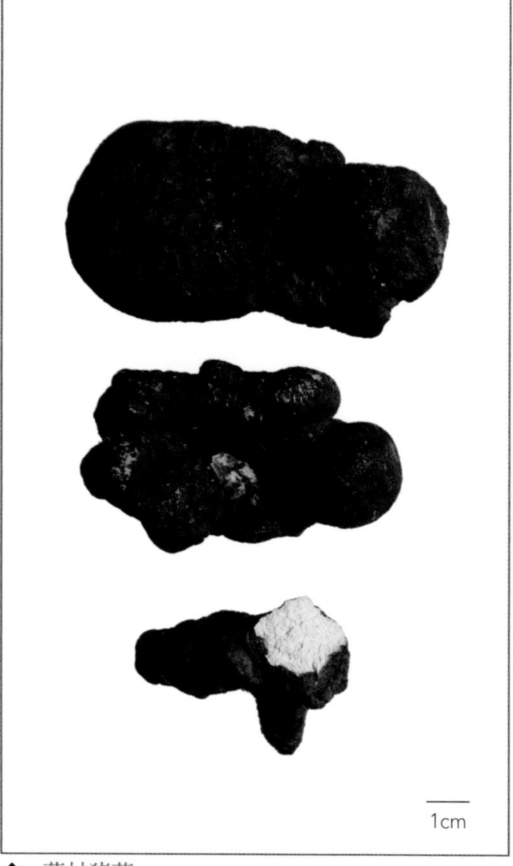

◆ 药材猪苓
Polyporus

化学成分

猪苓含有多糖类成分，如：猪苓葡聚糖I和水溶性多糖AP-1、AP-2、AP-3、AP-4、AP-5、AP-6、AP-7、AP-8、AP-9、AP-10；甾类化合物：多孔菌甾酮A、B、C、D、E、F、G (polyporusterones A～G)[5-7]及5α,8α-epidioxy-(24*S*)-24-methylcholest-6-en-3β-ol、5α,8α-epidioxy-(24*R*)-24-methylcholesta-6,9(11),22-trien-3β-ol[8]、麦角甾-4,6,8(14),22-四烯-3-酮 [ergosta-4,6,8(14),22-tetraen-3-one][9]、porusterone、polyprosterone[10]、25-脱氧罗汉松甾酮A (25-deoxymakisterone A)、25-脱氧-24(28)-脱氧罗汉松甾酮A [25-deoxy-24(28)-dehydromakisterone A]、麦角甾-7,22-二烯-3-酮 (ergosta-7,22-dien-3-one)。还含3,4-dihydroxybenzaldehyde[11]和acetosyringone[12]等。

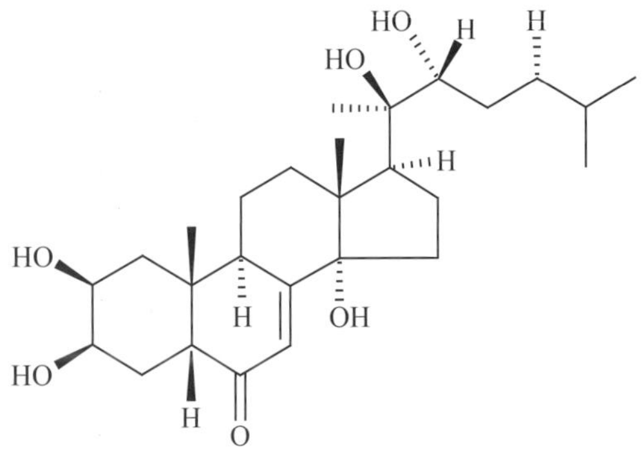

◆ polyporusterone A

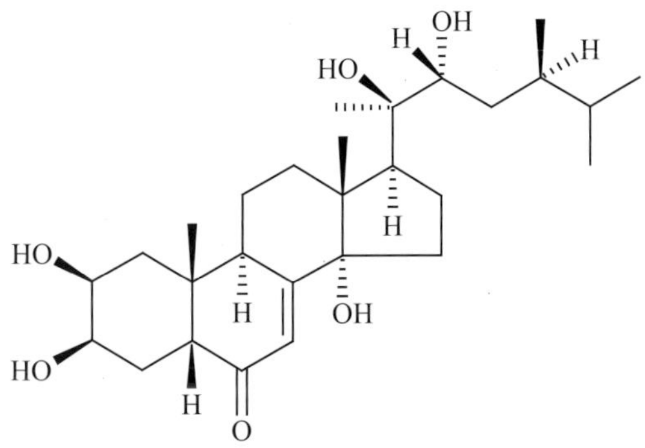

◆ 25-deoxymakisterone A

药理作用

1. 利尿

猪苓煎剂静脉注射或肌内注射，对输尿管瘘犬有利尿作用；麦角甾-4,6,8(14),22-四烯-3-酮皮下注射，可增加给予脱氧皮质酮醋酸盐的肾上腺切除大鼠尿中钠的分泌及钠－钾比例，且其作用呈剂量依赖性[13]。

2. 增强免疫

猪苓多糖体外可明显促进小鼠腹腔巨噬细胞 NO 的生成，可使诱导型一氧化氮合酶 (iNOS) 的活性增加，刺激 iNOS mRNA 的表达，其作用呈剂量依赖性，并与γ干扰素 (IFN-γ) 具有协同作用[14-16]；菌丝体猪苓多糖和野生猪苓多糖灌胃，均可明显增加小鼠肝脏、胸腺及脾脏的重量[17]；猪苓多糖腹腔注射，可减轻大鼠受 6Gy^{60}Co 辐射所引起的造血功能和免疫功能的抑制[18]。

3. 抗肿瘤

猪苓多糖腹腔注射，可明显抑制小鼠肿瘤B16、S_{180}、H_{22}的生长[19-20]，降低乙型肝炎病毒转基因小鼠血清乙型肝炎病毒表面抗原水平，减少肝组织中HBV mRNA[21]；ergosta-4,6,8(14),22-tetraen-3-one体外对人结肠癌HT-29、子宫颈癌HeLa 229、肝癌Hep3B及胃癌AGS细胞具有细胞毒作用[22]，猪苓多糖对白血病细胞HL-60、K_{562}及T24等具有诱导其凋亡作用[23-24]；猪苓多糖体外还可抑制人原发性肝癌患者腹水中提取的毒激素-L在诱导肿瘤恶病质中的作用[25]，抵消小鼠肿瘤细胞S_{180}培养上清的免疫抑制作用，并下调肿瘤细胞合成和（或）分泌免疫抑制物质[26]；多孔菌甾酮A、B、C、D、E、F、G等甾酮化合物在体外对白血病细胞L_{1210}的增殖亦具有抑制作用[5]。

4. 其他

猪苓及其提取物还具有抗诱变[27]及促进毛发再生[6-7, 11-12]等作用。

应用

本品为中医临床常用药。功能：利水渗湿。主治：小便不利，水肿，泄泻，淋浊，带下。

现代临床还用于肾积水、泌尿系统结石、病毒性肝炎、恶性肿瘤、急性膀胱炎等病的治疗。

评注

目前，中国野生猪苓资源已处于濒危状态。猪苓菌核数量有限，使猪苓半野生栽培技术的普及与推广受到影响，加之猪苓菌核生长速度缓慢，一般需要 3 ～ 5 年才能长成，因而在人工栽培技术方面如由猪苓菌丝繁殖菌核等的研究，则成为解决上述矛盾的有效途径之一[3, 28]。

现代研究证明，中药复方猪苓汤可抑制肾结石的形成[29]；猪苓多糖联用其他抗生素类药物治疗乙型肝炎、膀胱肿瘤等症具有显著疗效，因此，猪苓及其制剂现已被广泛应用于临床[30-32]。

近年来，随着猪苓多糖注射液在临床上的广泛应用，由其所引起的不良反应亦时有发生[33]，临床用药时应予注意。

参考文献

[1] 王惠清 . 中药材产销 [M]. 成都：四川出版集团四川科学技术出版社，2004：580-582.

[2] 中国科学院中国孢子植物志编辑委员会 . 中国真菌志：第三卷 [M]. 北京：科学出版社，1998：281-317.

[3] 徐锦堂 . 中国药用真菌学 [M]. 北京：北京医科大学中国协和医科大学联合出版社，1997：518-546.

[4] 应建新 . 中国药用真菌图鉴 [M]. 北京：科学出版社，1987：191-201.

[5] OHSAWA T, YUKAWA M, TAKAO C, et al. Studies on constituents of fruit body of *Polyporus umbellatus* and their cytotoxic activity[J]. Chemical & Pharmaceutical Bulletin, 1992, 40(1): 143-147.

[6] ISHIDA H, INAOKA Y, NOZAWA A, et al. Studies of active substances in herbs used for hair treatment. Ⅳ. The structure of the hair regrowth substance, polyporusterone A, from *Polyporus umbellatus* F[J]. Chemical & Pharmaceutical Bulletin, 1999, 47(11): 1626-1628.

[7] INAOKA Y, ISHIDA H, FUKAZAWA H, et al. Study on hair regrowth promoting substances from the potent herbs, especially *Polyporus umbellatus* F[J]. Tennen Yuki Kagobutsu Toronkai Koen Yoshishu, 1994, 36: 25-32.

[8] OHTA K, YAOITA Y, KIKUCHI M. Sterols from sclerotium of *Polyporus umbellatus* fries[J]. Natural Medicines, 1996, 50(5): 366.

[9] YUAN D, YAMAMOTO K, BI K, et al. Studies on the marker compounds for standardization of Traditional Chinese Medicine "*Polyporus sclerotium*（猪苓）"[J]. Yakugaku Zasshi, 2003, 123(2): 53-62.

10] INAOKA Y, SHAKUYA A, FUKAZAWA H, et al. Studies on active substances in herbs used for hair treatment. Ⅰ. Effects of herb extracts on hair growth and isolation of an active substance from *Polyporus umbellatus* F.[J]. Chemical & Pharmaceutical Bulletin, 1994, 42(3): 530-533.

[11] ZHENG S Z, YANG H P, MA X M, et al. Two new polyporusterones from *Polyporus umbellatus*[J]. Natural Product Research, 2004, 18(5): 403-407.

[12] ISHIDA H, INAOKA Y, SHIBATANI J, et al. Studies of the active substances in herbs used for hair treatment. Ⅱ. Isolation of hair regrowth substances, acetosyringone and polyporusterone A and B, from *Polyporus umbellatus* fries[J]. Biological & Pharmaceutical Bulletin, 1999, 22(11): 1189-1192.

[13] YUAN D, MORI J, KOMATSU K, et al. An anti-aldosteronic diuretic component (drain dampness) in *Polyporus sclerotium*[J]. Biological & Pharmaceutical Bulletin, 2004, 27(6): 867-870.

[14] 侯敢，黄迪南，祝其锋 . 猪苓多糖对小鼠腹腔巨噬细胞一氧化氮生成的影响及其机理 [J]. 中国老年学杂志，2000，20(7)：233-235.

[15] 陈伟珠，侯敢，张海涛 . 猪苓多糖对小鼠腹腔巨噬细胞一氧化氮生成、iNOS 活性和细胞内还原型谷胱甘肽含量的影响 [J]. 广东医学院学报，2003，21(4)：319-323.

[16] 黄迪南，侯敢，祝其锋 . 猪苓多糖对小鼠腹腔巨噬细胞诱导型一氧化氮合酶活性及 mRNA 表达的影响 [J]. 中西医

结合学报，2004，2(5)：350-352.

[17] 田广燕，李太元，许广波，等．猪苓菌核与猪苓菌丝体中提取多糖对小鼠免疫器官重量影响的比较研究 [J]. 延边大学农学学报，2005，27(2)：83-86.

[18] 胡名柏，杨国梁．猪苓多糖对受辐射损伤的大白鼠造血功能及免疫功能的促进作用 [J]. 湖北医科大学学报，1996，17(1)：29-31.

[19] 李金锋，黄信孚，林本耀．猪苓多糖对小鼠 NK、LAK 活性的影响 [J]. 中华微生物学和免疫学杂志，1995，15(2)：89-91.

[20] 杜肖娜，王润田，刘殿武，等．中药猪苓多糖抑瘤作用机理的初探 [J]. 中华微生物学和免疫学杂志，2001，21(3)：296-297.

[21] 郭长占，马俊良，田枫，等．猪苓多糖对 HBV 转基因小鼠 HBsAg 表达的影响 [J]. 中国实验临床免疫学杂志，1999，11(6)：48-50.

[22] LEE W Y, PARK Y K, AHN J K, et al. Cytotoxic activity of ergosta-4,6,8(14),22-tetraen-3-one from the sclerotia of *Polyporus umbellatus*[J]. Bulletin of the Korean Chemical Society, 2005, 26(9): 1464-1466.

[23] 姚仁南，黄晓静，徐开林．猪苓多糖对 HL-60 和 K_{562} 癌细胞株的诱导分化作用 [J]. 山东医药，2005，45(14)：26-27.

[24] 章国来，曾星，梅玉屏，等．猪苓多糖对膀胱癌细胞钙离子浓度的影响 [J]. 中国临床药理学与治疗学，2001，6(3)：204-206.

[25] 吴耕书，张荔彦，奥田拓道．猪苓多糖对毒激素 -L 诱导大鼠恶病质样表面的抑制作用 [J]. 中国中西医结合杂志，1997，17(4)：232-233.

[26] 杨丽娟，王润田，刘京生，等．猪苓多糖对 S_{180} 细胞培养上清免疫抑制作用影响的研究 [J]. 细胞与分子免疫学杂志，2004，20(2)：234-237.

[27] 刘冰，庞慧民，卢尧，等．猪苓对硫酸镉所致精子畸形的抑制作用 [J]. 中国公共卫生学报，1997，16(4)：245-246.

[28] 陈文强，邓百万，陈永刚，等．碳、氮营养对猪苓菌丝生长的影响 [J]. 江苏农业科学，2005，4：103-104.

[29] 王沙燕，石之驎，张阮章，等．猪苓汤对肾结石大鼠 Osteopotin mRNA 表达的影响 [J]. 中国优生与遗传杂志，2005，13(10)：39-40.

[30] 吕红，刘琳，宁彩霞．干扰素、猪苓多糖联合乙肝疫苗治疗慢性乙型肝炎疗效观察 [J]. 现代预防医学，2005，32(5)：537.

[31] 袁有斌，柳盛，孙树伦．α-2b 干扰素联合猪苓多糖注射液治疗慢性乙肝观察 [J]. 天津药学，2002，14(3)：50-51.

[32] 李江，李香铁，杨东亮，等．猪苓、吡喃阿霉素预防膀胱肿瘤复发临床研究 [J]. 实用中西医结合临床，2004，4(4)：24-25.

[33] 曾聪彦，梅全喜．25 例猪苓多糖注射液不良反应回顾性分析 [J]. 中国医院用药评价与分析，2004，4(6)：364-366.

应用

紫草 Zicao KHP, JP

Lithospermum erythrorhizon Sieb. et Zucc.
Redroot Gromwell

概述

紫草科 (Boraginaceae) 植物紫草 *Lithospermum erythrorhizon* Sieb. et Zucc.，其干燥根入药。中药名：紫草。

紫草属 (*Lithospermum*) 植物全世界约 50 种，分布于美洲、非洲、欧洲及亚洲。中国产 5 种，除青海、西藏外，各省区均有分布。

"紫草"药用之名，始载于《神农本草经》，列为中品。历代本草多有著录，为古代紫草的主流药用品种。《中国药典》（2000 年版）、《日本药局方》（第 15 次修订）[1] 及《韩国药典》（2002 年版）[2] 均收载本种。主产于中国黑龙江、吉林、辽宁、内蒙古。

紫草根中主要活性成分为萘醌类色素，此外还含有酚酸、苯酚、苯醌、生物碱及酸性多糖类成分等。《中国药典》（2000 年版）采用高效液相色谱法进行测定，规定紫草药材含羟基萘醌总色素以左旋紫草素计不得少于 0.80%，以控制药材质量。

药理研究表明，紫草具有抗菌、抗炎、抗肿瘤、抗血凝及抗人类免疫缺陷病毒等作用。

中医理论认为紫草具有凉血活血，解毒透疹等功效。

◆ 紫草
Lithospermum erythrorhizon Sieb. et Zucc.

◆ 药材紫草
Lithospermi Radix

◆ shikonin

◆ lithopermic acid

◆ rosmarinic acid

◆ pyrrolizidine alkaloids

◆ lithosenine: R_1=OH, R_2=H, R_3= $CH_2C(OH)Me_2$
acetyllithosenine: R_1=OAc, R_2=H, R_3= $CH_2C(OH)Me_2$
hydroxymyoscorpine: R_1=H, R_2=OH, R_3= C(Me)=CHMe

化学成分

紫草根中含有多种萘醌类色素，如紫草素 (shikonin)、乙酰紫草素 (acetylshikonin)、脱氧紫草素 (deoxyshikonin)、异丁酰紫草素 (isobutylshikonin)、β', β-二甲基丙烯酰紫草素 (β', β-dimethylacrylshikonin)、异戊酰紫草素 (isovalerylshikonin)、2-甲基正丁酰紫草素 (2-methyl-*n*-butylshikonin)[3]、β-羟基异戊酰紫草素 (β-hydroxy-iso-valerylshikonin)和紫草咪啶A、B、C (lithospermidins A～C)等；另尚含酚酸类成分，如紫草酸 (lithospermic acid)、迷迭香酸 (rosmarinic acid)、咖啡酸 (caffeic acid)等[4-6]；吡咯里西啶类生物碱 (pyrrolizidine alkaloids)，如lithosenine、acetyllithosenine、hydroxymyoscorpine等；苯酚及苯醌类成分，如紫草呋喃萜A、B、C、D、E、F (shikonofurans A～F)；及酸性多糖类成分等[7-9]。

药理作用

1. 抗菌、抗病毒

紫草氯仿提取物体外显示抗白色念珠菌活性[10]；紫草素等萘醌类衍生物体外对多种真菌均有抑制作用[11]；紫草水煎液及萘醌类色素成分对金黄色葡萄球菌、大肠埃希氏菌等多种细菌亦有抑制作用[12]；紫草煎剂及多糖对单纯疱疹病毒 (HSV-1) 有明显抑制作用；左旋紫草素体外具有一定抗副流感病毒活性及直接杀灭副流感病毒的作用，且在实验所用的质量浓度范围内毒性较低[13]；紫草素对 HIV-1 病毒亦有抑制作用[14]；紫草热水提取物体外可显著抑制 HIV-1 病毒的复制，且其作用强于冷水提取物[15]。

2. 抗炎、抗过敏

紫草素及其衍生物在体内、体外均可抑制人肿瘤坏死因子 α（TNF-α）的活性，且以紫草素、异丙酰紫草素作用最强[16-17]，皮下注射紫草素对小鼠巴豆油耳炎症和大鼠酵母性足趾肿胀等均有明显抑制作用，紫草素及其衍生物脱氧紫草素、乙酰紫草素等体外可抑制白三烯 B_4 (LTB_4) 的生物合成[18]。

3. 抗肿瘤

紫草素体外可显著抑制白血病细胞拓扑异构酶 I 的催化活性，并能诱导 K_{562}[19]、宫颈瘤细胞 HeLa[20-21]、人直肠结肠癌细胞 COLO205[21] 及恶性黑色素瘤细胞 A375-S2 凋亡，且对 A375-S2 细胞的抑制作用呈剂量及时间依赖性[22]；此外，β- 羟基异戊酰基紫草素体外对多种肿瘤细胞的生长也有抑制作用[23]。

4. 保肝

紫草水煎剂灌胃对四氯化碳所致大鼠及小鼠肝细胞损伤均具有保护作用[24]，紫草素可降低四氯化碳对离体大鼠肝脏的氧化损伤[25]。

5. 其他

紫草提取物还具有抗氧化[26]、抗补体[7-8]、抗生育[27]、止血、解热、镇痛、镇静等作用。

应用

本品为中医临床用药。功能：活血凉血，解毒透疹。主治：斑疹紫黑，麻疹不透，痈疽疮疡，湿疹阴痒，水火烫伤。

现代临床还用于皮肤病（如银屑病、玫瑰糠疹）、过敏性紫癜、中耳炎、单疱病毒性角膜炎、病毒性肝炎、慢性前列腺炎、宫颈炎和由药物刺激引起的继发性进行性静脉炎等病的治疗。

评注

紫草在中国应用历史悠久，曾为药用紫草的主要来源种，出口至日本、韩国及东南亚等地区。但由于其野生资源零星分散，产量不大，现在中国东北地区虽有人工栽培[28]，但难以满足日益增长的市场需求。《中国药典》（2005 年版）已将其从中药紫草的来源种中删除。

自 20 世纪 70 年代开始，新疆紫草 *Arnebia euchroma* (Royle) Johnst. 逐渐被开发，而成为药用紫草的主流品种。《中国药典》（2015 年版）收载新疆紫草 *A. euchroma* (Royle) Johnst. 及同属植物内蒙紫草 *A. guttata* Bunge. 的根作紫草药用。

此外，滇紫草属多种植物如滇紫草 *Onosma paniculatum* Bur. et Franch.、密花滇紫草 *O. confertum* W. W. Smith、露蕊滇紫草 *O. exsertum* Hemsl.、长花滇紫草 *O. hookeri* Clarke var. *longiflorum* Duthie 等在云南、西藏等地区亦作紫草药用，该属植物资源丰富，具有较大开发潜力[28]。

紫草中所含的萘醌色素类成分色泽鲜艳、着色力强、耐热、耐酸、耐光，且可抗菌、抗炎、促进血液循环，被用作日化、食品、染料等的着色剂及加入杀菌、除臭剂中[25]，在天然食用色素及化妆品的开发方面具有极大潜力。

紫草种子中含 γ-亚麻酸13.5%、α-亚麻酸31%，是迄今为止发现的 γ-亚麻酸含量最高的油品之一[29]，具有很好的开发利用价值，有关其药理活性的研究已有报道[30]。

参考文献

[1] 日本公定书协会 . 日本药局方：第十五改正 [S]. 东京：广川书店 , 2006：1222-1223.

[2] Korea Food & Drug Administration. The Korean Pharmacopoeia[S]. Seoul: The Yakup Shinmoon, 2002: 1461-1462.

[3] HU Y N, JIANG Z H, LEUNG K S Y, et al. Simultaneous determination of naphthoquinone derivatives in Boraginaceous herbs by high-performance liquid chromatography[J]. Analytica Chimica Acta, 2006, 577(1): 26-31.

[4] MATSUNO M, NAGATSU A, OGIHARA Y, et al. CYP98A6 from *Lithospermum erythrorhizon* encodes 4-coumaroyl-4'-hydroxyphenyllactic acid 3-hydroxylase involved in rosmarinic acid biosynthesis[J]. FEBS Letters, 2002, 514(2-3): 219-224.

[5] YAMAMOTO H, INOUE K, YAZAKI K. Caffeic acid oligomers in *Lithospermum erythrorhizon* cell suspension cultures[J]. Phytochemistry, 2000, 53(6): 651-657.

[6] YAMAMOTO H, ZHAO P, YAZAKI K, et al. Regulation of lithospermic acid B and shikonin production in *Lithospermum erythrorhizon* cell suspension cultures[J]. Chemical & Pharmaceutical Bulletin, 2002, 50(8): 1086-1090.

[7] ZHAO J F, KIYOHARA H, MATSUMOTO T, et al. Anti-complementary acidic polysaccharides from roots of *Lithospermum euchromum*[J]. Phytochemistry, 1993, 34(3): 719-724.

[8] YAMADA H, CYONG J C, OTSUKA Y. Purification and characterization of complement activating-acidic polysaccharide from the root of *Lithospermum euchromum* Royle[J]. International Journal of Immunopharmacology, 1986, 8(1): 71-82.

[9] 黄志纾，张敏，马林，等 . 紫草的化学成分及其药理活性研究概况 [J]. 天然产物研究与开发，2000，12(1)：73-82.

[10] SASAKI K, YOSHIZAKI F, ABE H. The anti-candida activity of shikon[J]. Yakugaku Zasshi, 2000, 120(6): 587-589.

[11] SASAKI K, ABE H, YOSHIZAKI F. *In vitro* antifungal activity of naphthoquinone derivatives[J]. Biological & Pharmaceutical Bulletin, 2002, 25(5): 669-670

[12] 王翠蓉，法小华 . 不同来源紫草的抗菌作用与含量关系的探讨 [J]. 中国药事，2003，17(10)：654-655.

[13] 罗学娅，李明辉，伦永志，等 . 左旋紫草素抗副流感病毒作用 [J]. 中草药，2005，36(4)：586-571.

[14] CHEN X, YANG L, ZHANG N, et al. Shikonin, a component of Chinese herbal medicine, inhibits chemokine receptor function and suppresses human immunodeficiency virus type 1[J]. Antimicrobial Agents and Chemotherapy, 2003, 47(9): 2810-2816.

[15] YAMASAKI K, OTAKE T, MORI H, et al. Screening test of crude drug extract on anti-HIV activity[J]. Yakugaku Zasshi, 1993, 113(11): 818-824.

[16] FUJITA N, SAKAGUCHI I, KOBAYASHI H, et al. An extract of the root of *Lithospermun erythrorhison* accelerates wound healing in diabetic mice[J]. Biological & Pharmaceutical Bulletin, 2003, 26(3): 329-335.

[17] STANIFORTH V, WANG S Y, SHYUR L F, et al. Shikonins, phytocompounds from *Lithospermum erythrorhizon*, inhibit the transcriptional activation of human tumor necrosis factor α promoter *in vivo*[J]. Journal of Biological Chemistry, 2004, 279(7): 5877-5885.

[18] 王文杰，白金叶，刘大培，等. 紫草素抗炎及对白三烯 B_4 生物合成的抑制作用 [J]. 药学学报，1994，29(3)：161-165.

[19] 李运曼，祝浩杰，刘国卿. 紫草素对 DNA 拓扑异构酶 I 活性的抑制作用和诱导人白血病 K_{562} 细胞的凋亡 [J]. 中国天然药物，2003，1(3)：165-168.

[20] WU Z, WU L J, LI L H, et al. Shikonin regulates HeLa cell death *via* caspase-3 activation and blockage of DNA synthesis[J]. Journal of Asian Natural Products Research, 2004, 6(3): 155-166.

[21] HSU P C, HUANG Y T, TSAI M L, et al. Induction of apoptosis by shikonin through coordinative modulation of the Bcl-2 Family, p27, and p53, release of cytochrome c, and sequential activation of caspases in human colorectal carcinoma cells[J]. Journal of Agricultural and Food Chemistry, 2004, 52(20): 6330-6337.

[22] WU Z, WU L J, LI L H, et al. p53-mediated cell cycle arrest and apoptosis induced by shikonin *via* a caspase-9-dependent mechanism in human malignant melanoma A375-S2 cells[J]. Journal of Pharmacological Sciences, 2004, 94(2): 166-176.

[23] 徐颖，王敏伟，中谷一泰. β- 羟基异戊酰紫草素对高表达酪氨酸激酶肿瘤细胞系的生长抑制作用 [J]. 沈阳药科大学学报，2003，20(3)：203-206.

[24] 邵鸿娥，李丽芬，崔建亚. 紫草对实验性肝损伤的保护作用 [J]. 中医药研究，1995，3：61-62.

[25] 周少波，赵秀娟，陈炳卿，等. 紫草素拮抗肝脏氧化损伤的研究 [J]. 哈尔滨医科大学学报，1996，30(6)：524-527

[26] 姜爱莉，孙丽芹，刘玉鹏. 紫草抗氧化成分的提取及其活性研究 [J]. 精细化工，2002，19(1)：51-54.

[27] 马保华，郦鲁军，王哲民，等. 中药紫草抗生育作用的研究 [J]. 山东医科大学学报，1993，31(1)：34-36.

[28] 王惠清. 中药材产销 [M]. 成都：四川出版集团四川科学技术出版社，2004：305-308.

[29] 石书河，刘发义. 紫草籽油的开发研究 [J]. 中国油脂，2000，25(3)：47-48.

[30] 周少甫，王桂杰，王跃新，等. 紫草油降血脂作用的研究 [J]. 中国公共卫生，1997，13(11)：665-666.

◆ 紫草种植基地

紫苏 Zisu CP, JP

Perilla frutescens (L.) Britt.
Common Perilla

概述

唇形科 (Lamiaceae) 植物紫苏 *Perilla frutescens* (L.) Britt.，其干燥叶、茎和种子入药。中药名：紫苏叶、紫苏梗、紫苏子。

紫苏属 (*Perilla*) 植物全世界仅 1 种 3 变种，分布于亚洲东部。本种广泛栽培在中国各地；日本、朝鲜半岛、不丹、印度、印度尼西亚也有分布。

紫苏以“苏”药用之名，始载于《名医别录》，列为中品。历代本草多有著录，古今药用品种一致。《中国药典》（2015 年版）收载本种为中药紫苏叶、紫苏梗和紫苏子的法定原植物来源种。主产于中国湖北、河南、山东、四川、江苏、广西、广东、浙江、河北、山西等地；以湖北、河南、山东、江苏等地产量大，广东、广西、湖北、河北等地所产品质佳。

紫苏的主要活性成分是茎叶中所含的挥发油及单萜苷类成分。《中国药典》采用挥发油测定法进行测定，规定紫苏叶药材含挥发油不得少于 0.40%(mL/g)；采用高效液相色谱法进行测定，规定紫苏梗药材含迷迭香酸不得少于 0.10%；紫苏子药材含迷迭香酸不得少于 0.25%，以控制药材质量。

药理研究表明，紫苏具有解热、止呕、镇静、抑菌、止咳、平喘、祛痰等作用。

中医理论认为紫苏叶具有解表散寒，行气和胃等功效；紫苏梗具有理气宽中，止痛，安胎等功效；紫苏子具有降气化痰，止咳平喘，润肠通便等功效。

◆ 紫苏
Perilla frutescens (L.) Britt.

◆ 回回苏
P. frutescens (L.) Britt. var. *crispa* (Thunb.) Hand. -Mazz.

◆ 药材紫苏叶
Perillae Folium

◆ 药材紫苏梗
Perillae Caulis

◆ 药材紫苏子
Perillae Fructus

化学成分

紫苏全草主要含挥发油成分，叶中含量较高，主要有：紫苏醛 (perillaldehyde)、紫苏酮 (perillaketone)、紫苏烯 (perillene)、香薷酮(elsholtziaketone)、柠檬醛(citral)[1]、柠檬烯 (*dl*-limonene)、β-檀香烯 (β-santalene)、α-金合欢烯 (α-farnesene)、反式石竹烯 (*trans*-caryophyllene)、β-芹子烯 (β-selinene)[2]、甲基紫苏酮 (methylperillaketone)[3]、异白苏烯酮 (isoegomaketone)、白苏酮 (naginataketone)[4]、牻牛儿基牻牛儿醇 (geranlygeraniol)[5]、胡椒烯酮 (piperitenone)[6]。此外，还含有迷迭香酸 (rosmarinic acid)，紫苏苷A、B、C、D、E (perillosides A～E)[4]，枯酸 (cumic acid)、矢车菊素3-[(6-对香豆酰)-β-*D*-葡萄糖]-5-β-*D*-葡萄糖苷 {cyanidin 3-[(6-*p*-coumaryl)- β-*D*-glucoside]-5-β-*D*-glucoside}、紫苏醇-β-*D*-吡喃葡萄糖苷 (perillyl-β-*D*-glucopyranoside) 等。

CHO

◆ perillaldehyde

O

O

◆ isoegomaketone

紫苏叶中还含紫苏糖肽 (perilla glycopeptide)[7]。

紫苏子油中含大量脂肪酸：软脂酸 (palmitic acid)、亚油酸 (linoleic acid)、亚麻酸 (linolenic acid)、硬脂酸 (stearic acid)、花生烯酸 (eicosenoic acid)、花生酸 (arachidic acid) 及油酸 (oleic acid)[8-9]。

药理作用

1. 解热

给家兔耳缘静脉注射副伤寒甲、乙三联菌苗后立即灌胃给药，结果显示紫苏水提浸膏和挥发油均有明显解热作用 [10]。紫苏叶浸出液对温刺发热的家兔有较弱的解热作用 [11]。

2. 止呕

紫苏水提浸膏和挥发油分别灌胃给药两小时后，给家鸽静脉注射洋地黄酊，结果显示紫苏水提浸膏和挥发油对洋地黄酊引起的家鸽呕吐均有抑制作用，水提浸膏的作用强于挥发油 [10]。

3. 镇静

紫苏叶中提取的紫苏醛灌胃可延长小鼠环己烯巴比妥的睡眠时间，证明具有镇静活性。

4. 抗微生物

体外实验表明，紫苏茎叶醇提取物对金黄色葡萄球菌、大肠埃希氏菌、变形杆菌属、产气肠杆菌、白色念珠菌、新型隐球菌及产黄青霉菌有抑制作用 [12-13]；紫苏挥发油、水浸液、水煎液和乙醇提取液对红色毛癣菌、石膏样小孢子癣菌、絮状表皮癣菌均有较好的抑菌作用 [13-14]；紫苏煎剂对孤儿病毒 ($ECHO_{11}$) 也有抑制作用。

5. 止咳、平喘、祛痰

被氨水引咳的小鼠灌服紫苏子脂肪油后，咳嗽潜伏期明显延长，咳嗽次数亦明显减少。紫苏子脂肪油对喷雾组胺和乙酰胆碱所致小鼠支气管哮喘有延长发作潜伏期的作用 [10]。紫苏中的石竹烯对离体豚鼠气管有松弛作用，小鼠酚红法显示其有祛痰作用 [11]。

6. 对免疫功能的影响

紫苏叶的乙醇提取物和紫苏醛有免疫抑制作用，相反地乙醚提取物能增强脾淋巴细胞免疫功能。紫苏叶的水提取物可抑制大鼠肥大细胞释放组胺。紫苏子醇提取物灌胃对小鼠细胞免疫功能、体液免疫功能及非特异免疫功能均有增强作用，能刺激白介素 2 (IL-2) 和 γ 干扰素 (IFN-γ) 的产生、释放 [15]。

7. 抗过敏

紫苏的脂肪酸类成分有抗过敏作用，可抑制血小板活化因子 (PAF) 和白三烯的生成 [16]。紫苏叶水煎液腹腔注射可显著抑制小鼠耳被动过敏性反应，迷迭香酸为主要活性成分 [17]。紫苏糖肽腹腔注射对抗体引致大鼠肥大细胞释放组胺及小鼠变态反应性耳肿胀均有显著抑制作用，其作用机制主要是阻断了钙内流之后的组胺释放途径 [7]。

8. 增强胃肠功能

紫苏能促进消化道分泌，增强胃肠蠕动。紫苏酮对小鼠空肠纵行肌有松弛作用，亦能增强环状肌的自主性运动。

9. 抗凝血

紫苏水提取液在体外能显著延长大鼠和家兔的凝血时间 [18]；紫苏在体内、体外均能抑制二磷酸腺苷 (ADP) 或胶原诱导的血小板聚集。此外，紫苏还能降低血浆中血栓烷 B_2 (TX B_2) 浓度，降低血细胞比容和全血黏度。

10. 其他

紫苏子及紫苏油还有降血压 [19]、抗氧化 [20]、益智 [21]、抗应激 [22]、降血脂 [23] 等作用；紫苏叶有抗炎 [24] 和抑制大鼠增殖性肾小球肾炎 [25] 的作用；紫苏醇和柠檬烯可以抑制乳房瘤和大鼠肝肿瘤细胞的生长 [4]；紫苏醇还能显著抑制 bcr/abl 基因移位阳性白血病细胞系 K_{562} 的增殖 [26]，并有治疗胰管癌、抑制皮肤癌的作用 [4] 和抗诱变活性。

应用

本品为中医临床用药。

紫苏叶

功能：解表散寒，行气和胃。主治：风寒感冒，咳嗽呕恶，妊娠呕吐，鱼蟹中毒。

现代临床还用于慢性支气管炎、功能性消化不良、肠胃炎等病的治疗。

紫苏梗

功能：理气宽中，止痛，安胎。主治：胸膈痞闷，胃脘疼痛，嗳气呕吐，胎动不安。

现代临床还用于慢性支气管炎、慢性萎缩性胃炎、急性肾炎、先兆流产等病的治疗。

紫苏子

功能：降气化痰，止咳平喘，润肠通便。主治：痰壅气逆，咳嗽气喘，肠燥便秘。

现代临床还用于哮喘、慢性阻塞性肺病、肠道蛔虫病等病的治疗。

评注

药用植物图像数据库

除紫苏外，回回苏 *Perilla frutescens* (L.)Britt.var. *crispa* (Thunb.) Hand.-Mazz. 及野苏 *P. frutescens* (L.) Britt. var. *acuta* (Thunb.) Kudo 在中国部分地区亦供药用。

关于紫苏与白苏的分类位置问题，学术上尚存不同的观点。《中国植物志》认为，白苏为 *P. frutescens* (L.) Britt.，紫苏为 *P. frutescens* var. *frutescens* (L.)Britt.。白苏与紫苏的药理作用相似[9, 12]，有望作为紫苏的代用品；回回苏、野紫苏与紫苏的对比研究较少，可做深入研究。

紫苏全株综合利用价值高。紫苏精油、紫苏色素等可用于保健品和化妆品。紫苏子油含丰富 α- 亚麻酸，α- 亚麻酸为人体必需脂肪酸，有降血压、降血脂、预防心肌梗死、促进神经功能系统与脑和视网膜发育、提高学习记忆能力、抗癌、预防阿尔茨海默病等作用，长期食用对健康有益。紫苏子油作为新食用油源，有着十分广阔的开发前景[27]。

参考文献

[1] ITO M, TOYODA M, HONDA G. Chemical composition of the essential oil of *Perilla frutescens*[J]. Natural Medicines, 1999, 53(1): 32-36

[2] 孟青，冯毅凡，梁汉明，等 . 紫苏挥发油 GC/MS 分析 [J]. 广东药学院学报，2004，20(6): 590-591.

[3] 吴周和，吴传茂，徐燕 . 紫苏叶精油化学成分分析研究 [J]. 氨基酸和生物资源，2003，25(2)：18-20.

[4] 王玉萍，杨峻山，赵杨景，等 . 紫苏类中药化学和药理的研究概况 [J]. 中国药学杂志，2003，38(4)：250-253.

[5] 郭群群，杜桂彩，李荣贵 . 紫苏叶挥发油抗菌活性研究 [J]. 食品工业科技，2003，24(9)：25-27.

[6] ITO M, TOYODA M, KAMAKURA S, et al. A new type of essential oil from *Perilla frutescens* from Thailand[J]. Journal of Essential Oil Research, 2002, 14(6): 416-419.

[7] TAKAGI S, NAKAGOMI K, SAKAKANE Y, et al. Anti-allergic activity of glycopeptide isolated from *Perilla frutescens* Britton[J]. Wakan Iyakugaku Zasshi, 2001, 18(6): 239-244.

[8] 谭亚芳，赖炳森，颜晓林，等 . 紫苏子油中脂肪酸组成的分析 [J]. 中国药学杂志，1998，33(7)：400-402.

[9] 林文群，陈忠，刘剑秋 . 紫苏子化学成分初步研究 [J]. 海峡药学，2002，14(4)：26-28.

[10] 王静珍，陶上乘，邢永春 . 紫苏与白苏药理作用的研究 [J]. 中国中药杂志，1997，22(1)：48-51.

[11] 王本祥 . 现代中药药理学 [M]. 天津：天津科学技术出版社，1997：72-77.

[12] 李国清，王天元，郑久利，等 . 紫苏茎叶抽取物抗菌能力的研究 [J]. 化学工程师，2003，99(6)：55-56.

[13] 刘小琴，万福珠，郑世玲．紫苏、白苏的抑菌实验 [J]. 天然产物研究与开发，1999，12(1)：42-45.

[14] 刘小琴，万福珠，郑世玲．紫苏挥发油抑制皮肤癣菌及 O_2·[J]. 天然产物研究与开发，2001，13(5)：39-41.

[15] 王钦富，于超，张巍峨，等．炒紫苏子醇提取物对小鼠免疫功能的影响 [J]. 中国自然医学杂志，2004，6(1)：16-18.

[16] 王永奇，王威，梁文波，等．紫苏油抗过敏、炎症的研究 [J]. 中草药，2001，32(1)：83-85.

[17] MAKINO T, FURUTA Y, WAKUSHIMA H, et al. Anti-allergic effect of *Perilla frutescens* and its active constituents[J]. Phytotherapy Research, 2003, 17(3): 240-243.

[18] 周华珠，唐尧，曹毅，等．紫苏抗凝血作用的实验研究 [J]. 山西中医，2000，16(3)：46-47.

[19] 嵇志红，王钦富，王永奇，等．植物提取剂紫苏油对大鼠血压及心率的影响 [J]. 中国临床康复，2004，8(3)：464-465.

[20] 王钦富，王永奇，于超，等．炒紫苏子提取物的抗氧化作用研究 [J]. 中国药学杂志，2004，39(10)：745-747.

[21] 张巍峨，于超，王钦富，等．炒紫苏子醇提取物对小鼠智力的影响 [J]. 中国中医药科技，2004，11(3)：162-163.

[22] 王钦富，邢福有，张巍峨，等．炒紫苏子醇提物对小鼠抗应激作用的影响 [J]. 中国中医药信息杂志，2004，11(10)：859-860.

[23] 郭英，宋祥福，杨世杰，等．紫苏油对实验性高脂血症形成的影响 [J]. 中国公共卫生学报，1997，16(1)：44-45.

[24] 任永欣，曾南，沈映君．荆芥、紫苏叶挥发油对 TNFa 诱导的内皮细胞 ICAM-1 表达的影响 [J]. 哈尔滨商业大学学报，2002，(18)：134.

[25] MAKINO T, NAKSMURA T, ONO T, et al. Suppressive effects of *Perilla frutescens* on mesangioproliferative glomerulonephritis in rats[J]. Biological & Pharmaceutical Bulletin, 2001, 24(2): 172-175.

[26] 胡东，陈燕，何静．紫苏醇单用及与格列卫 (STI571) 联用对 K_{562} 细胞增殖与凋亡的影响 [J]. 中华血液学杂志，2003，24(7)：376-377.

[27] 赵德义，徐爱遐，张博勇，等．紫苏子油的成分与生理功能的研究 [J]. 河南科技大学学报：农学版，2004，24(2)：47-50.

◆ 紫苏种植基地

紫菀 Ziwan CP, KHP

Aster tataricus L. f.
Tatarian Aster

概述

菊科 (Asteraceae) 植物紫菀 *Aster tataricus* L. f.，其干燥根和根茎入药。中药名：紫菀。

紫菀属 (*Aster*) 植物全世界约有 250 种，广泛分布于亚洲、欧洲及北美洲。中国约有 100 种，本属现供药用者约有 40 种。本种产于中国黑龙江、吉林、辽宁、内蒙古、山西、河北、河南、陕西及甘肃；朝鲜半岛、日本及俄罗斯西伯利亚东部也有分布。

“紫菀”药用之名，始载于《神农本草经》，列为中品。历代本草多有著录。《中国药典》（2015 年版）收载本种为中药紫菀的法定原植物来源种。主产于中国河北安国及安徽亳县、涡阳。

紫菀主要含有三萜皂苷和环肽类成分。《中国药典》采用高效液相色谱法进行测定，规定紫菀药材含紫菀酮不得少于 0.10%，以控制药材质量。

药理研究表明，紫菀具有祛痰、镇咳、抑菌、抗肿瘤等作用。

中医理论认为紫菀具有润肺下气，消痰止咳等功效。

◆ 紫菀
Aster tataricus L. f.

◆ 紫菀
A. tataricus L. f.

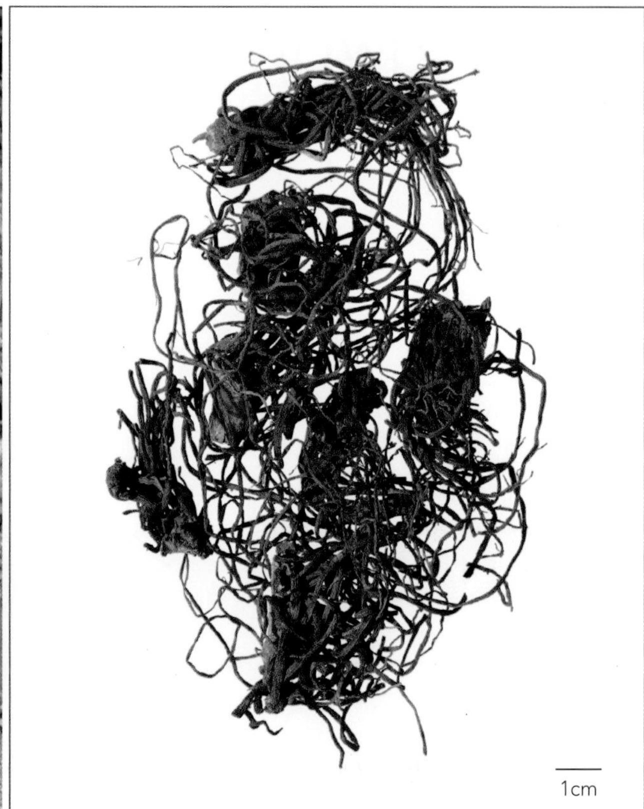

◆ 药材紫菀
Asteris Radix et Rhizoma

化学成分

紫菀的根和根茎含三萜及三萜皂苷类成分：紫菀酮 (shionone)、木栓酮 (friedelin)、表木栓酮 (epifriedelin)[1-2]、蒲公英萜醇 (taraxerol)、胡萝卜苷(daucosterin)[3]，astertarones A、B[4-5]，紫菀皂苷A、B、C、D、E、F、G (aster saponins A～G)[6]，*β*-香树脂素 (*β*-amyrin)[7]等；单萜苷类成分：紫菀苷A、B、C (shionosides A～C)[8]等；肽类：紫菀环肽 A、B、C、D、E、F、G、H、J (astins A～H, J)[9-12]，寡肽A、B (asteins A, B)；黄酮类：槲皮素 (quercetin)、山柰酚 (kaempferol)、3-甲氧基山柰酚 (3-*O*-methylkaempferol)[7]等；酰胺类化合物：*N*-（*N*-苯甲酰基-*L*-苯丙氨酰基）-*O*-乙酰基-*L*-苯丙氨醇 [*N*-(*N*-benzoyl-*L*-phenylalanyl-)-*O*-acetyl-*L*-phenylalanol][13]；蒽醌类类成分：大黄素 (emodin)、大黄酚 (chrysophanol)、大黄素甲醚 (physcion)[14]等成分；尚含丁基-*D*-核酮糖苷 (butyl-*D*-ribuloside)。

◆ shionone

◆ astersaponin G : R_1=ara-(1 → 6)-glc-
R_2=xyl-(1 → 4)-rha-

药理作用

1. 祛痰、镇咳

紫菀水煎剂、紫菀酮、表木栓酮灌胃均能显著增加小鼠呼吸道酚红排泄量[15]；从紫菀中分离得到的丁基-*D*-核酮糖苷亦有祛痰作用。紫菀酮、表木栓酮灌胃能显著抑制氨水所致的小鼠咳嗽[15]。

2. 抗微生物

体外实验表明，紫菀对大肠埃希氏菌、痢疾志贺氏菌、变形杆菌属、伤寒沙门氏菌、副伤寒沙门氏菌、铜绿假单胞菌和霍乱弧菌有抑制作用，并有抗致病性真菌和流感病毒的作用[16]。

3. 抗肿瘤

紫菀所含的表木栓酮对小鼠艾氏腹水癌 (EAC) 有抑制作用[16]。紫菀环肽亦有抗肿瘤活性[17]。

4. 其他

从紫菀中分离得到的槲皮素、山柰酚、东莨菪素和大黄素可显著抑制超氧自由基的生成及脂质过氧化；槲皮素和山柰酚还有抑制溶血的作用[18]。

应用

本品为中医临床用药。功能：润肺宣肺，消痰止咳。主治：痰多喘咳，新久咳嗽，劳嗽咳血。

现代临床还用于百日咳、慢性支气管炎、肺炎及尿潴留等病的治疗。

评注

在中国许多地区，菊科橐吾属 (*Ligularia*) 多种植物的根及根茎作紫菀使用，统称山紫菀。山紫菀类药材多含吡咯里西啶生物碱 (pyrrolizidine alkaloids)，为目前已知的重要的植物性肝毒成分，有的还有致突变、致癌及致畸胎作用。但其资源丰富，使用地区广，用药历史长。现代药理研究也表明，部分山紫菀类具有明显祛痰镇咳作用，并具一定的细胞毒及杀虫活性。在临床使用中应注意区别。

参考文献

[1] 卢艳花，王峥涛，叶文才，等. 紫菀化学成分的研究 [J]. 中国药科大学学报，1998，29(2)：97-99.

[2] SHIROTA O, MORITA H, TAKEYA K, et al. Cytotoxic triterpene from *Aster tataricus*[J]. Natural Medicines, 1997, 51(2): 170-172.

[3] 王国艳，吴弢，林平川，等. 紫菀三萜类化学成分的研究 [J]. 中草药，2003，34(10)：875-876.

[4] AKIHISA T, KIMURA Y, KOIKE K, et al. Astertarone A: a triterpenoid ketone isolated from the roots of *Aster tataricus* L.[J]. Chemical &Pharmaceutical Bulletin, 1998, 46(11): 1824-1826.

[5] AKIHISA T, KIMURA Y, TAI T, et al. Astertarone B, a hydroxy-triterpenoid ketone from the roots of *Aster tataricus* L.[J]. Chemical &Pharmaceutical Bulletin, 1999, 47(8): 1161-1163.

[6] NAGAO T, OKABE H, YAMAUCHI T. Studies on the constituents of *Aster tataricus* L. f. Ⅲ. Structures of aster saponins E and F isolated from the root[J]. Chemical &Pharmaceutical Bulletin, 1990, 38(3): 783-785.

[7] 卢艳花，王峥涛，徐珞珊，等. 紫菀中的多元酚类化合物 [J]. 中草药，2002，33(1)：17-18.

[8] 程东亮，邵宇，杨立，等. 紫菀中一个新单萜苷的结构 [J]. 植物学报，1993，35(4)：311-313.

[9] MORITA H, NAGASHIMA S, TAKEYA K, et al. Cyclic peptides from higher plants. XX. Solution forms of antitumor cyclic pentapeptides with 3,4-dichlorinated proline residues,

astins A and C, from *Aster tataricus*[J]. Chemical & Pharmaceutical Bulletin, 1995, 43(8): 1395-1397.

[10] 邵宇，程东亮，崔育新．紫菀中的一个新寡肽 [J]. 高等学校化学学报，1993，14(11)：1551-1552.

[11] MORITA H, NAGASHIMA S, TAKEYA K, et al. Cyclic peptides from higher plants. Part 8. Three novel cyclic pentapeptides, astins F, G and H from *Aster tataricus*[J]. Heterocycles, 1994, 38(10): 2247-2252.

[12] MORITA H, NAGASHIMA S, TAKEYA K, et al. Cyclic peptides from higher plants. Ⅻ. Structure of a new peptide, astin J, from *Aster tataricus*[J]. Chemical &Pharmaceutical Bulletin, 1995, 43(2): 271-273.

[13] 邹澄，张荣平，赵碧涛，等．紫菀活性酰胺研究 [J]. 云南植物研究，1999，21(1)：121-124.

[14] 卢艳花，王峥涛，徐珞珊，等．紫菀中的 3 个蒽醌类化合物 [J]. 中国药学，2003，12(2)：112-113.

[15] 卢艳花，戴岳，王峥涛，等．紫菀祛痰镇咳作用及其有效部位和有效成分 [J]. 中草药，1999，30(5)：360-362.

[16] 王本祥．现代中药药理学 [M]. 天津：天津科学技术出版社，1997：1019-1021.

[17] MORITA H, NAGASHIMA S, TAKEYA K, et al. Antitumor cyclic pentapeptides, astin series, from *Aster tataricus*[J]. Tennen Yuki Kagobutsu Toronkai Koen Yoshishu, 1994, 36: 445-452.

[18] NG T B, LIU F, LU Y H, et al. Antioxidant activity of compounds from the medicinal herb *Aster tataricus*[J]. Comparative Biochemistry and Physiology, Part C: Toxicology & Pharmacology, 2003, 136C(2): 109-115.

◆ 紫菀种植基地

总索引

拉丁学名总索引

C

N

O

P

中文笔画总索引

五画

六画

七画

八画

九画

十画

十一画

十二画

十三画

十四画

十五画

十六画

十七画

十八画

二十一画

汉语拼音总索引

D

E

F

G

H

J

T

W

X

Y

Z

英文名称总索引

D

W

Y

Z